전기기사 실기

이종칠 | 강성진 | 하상호 공저

11개년 | 기출문제집

머리말

실기시험을 준비하는 수험생 여러분들에게 2차 실기에 어려움을 덜어드리기 위한 기출문제집을 출간하게 되었습니다. 점점 더 고도화되는 산업발달 속에서 전기엔지니어에 대한 필요와 중요성이 더욱더 부각되고 있는 현실입니다. 1차 시험의 합격에 만족하여 제자리에 머물지 마시고 2차 시험 합격을 위한 고난의 길을 이겨내시길 바랍니다.

이 책의 문제는 수험생의 기억을 토대로 재구성하여 오차가 있음을 인정하며, 그러나 최대한 원래의 문제에 가깝도록 복원하였고 수험생에게 연관된 문제로서의 도움이 되도록 구성되었습니다.

이 책의 특징은,

1. 과년도 기출 11개년(34회분)치 수록(그 이전의 기출문제는 법 개정과 출제 경향 변동으로 수험생에게 실제적인 도움이 되지 않는 문제이므로 이 책에서는 제외하기로 하였습니다.)
2. 분야별 전문화된 강사진의 오랜 시간 축적된 노하우가 녹아들어간 강의식 해석
3. 수험생이 이해하거나 암기하기 쉽도록 답안을 구성
4. 문제마다 출제된 연도와 배점을 표시
5. 한국산업인력공단의 검증된 답안 작성 및 해설을 통하여 수험생에게 점수 불이익이 생기지 않도록 철저히 검수
6. 답안 작성 시 답안 외에 해설을 덧붙여 수험생의 이해를 돕고자 했으며, 해설 부분이 답안에 적시되지 않더라도 축약된 답안을 작성하여도 점수를 얻도록 제작

강사의 노력이 수험생에게 온전히 실력과 점수로 이어지길 바라며, 공부는 스스로의 싸움이므로 수험생은 끈기를 갖고 최선을 다해주기를 바랍니다.

함께 이 책을 발간하는데 힘써 주신 도서출판 세진사 문승현 대표님께도 감사하다는 말을 전합니다.

저자 이 종 칠 올림

차 례

2010년 전기기사 실기 1회 3
2회 19
3회 36

2011년 전기기사 실기 1회 57
2회 74
3회 89

2012년 전기기사 실기 1회 105
2회 120
3회 137

2013년 전기기사 실기 1회 157
2회 181
3회 198

2014년 전기기사 실기 1회 217
2회 234
3회 250

2015년 전기기사 실기 1회 273
2회 291
3회 311

2016년 전기기사 실기 1회 ······ 333
2회 ······ 354
3회 ······ 372

2017년 전기기사 실기 1회 ······ 393
2회 ······ 409
3회 ······ 425

2018년 전기기사 실기 1회 ······ 447
2회 ······ 467
3회 ······ 483

2019년 전기기사 실기 1회 ······ 503
2회 ······ 522
3회 ······ 543

2020년 전기기사 실기 1회 ······ 567
2회 ······ 587
3회 ······ 607
4회 ······ 625

전기기사 실기 기출문제

2010

2010년 실기 기출문제 분석

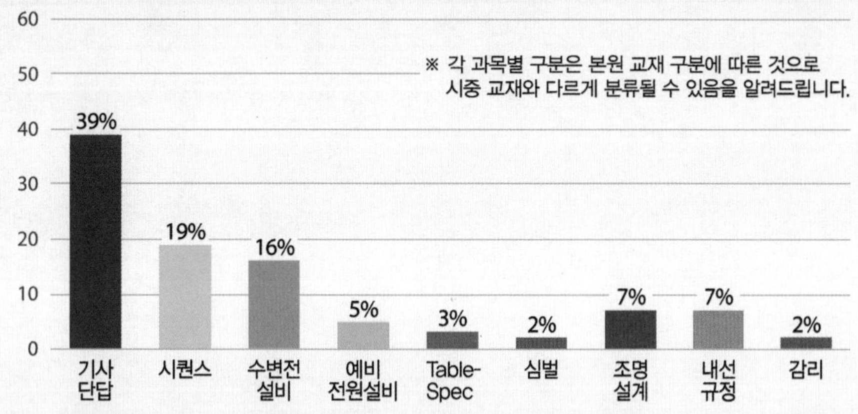

전기기사 실기 기출문제

2010년 1회

01 출제년도 : 10 **배점 5점**

그림과 같이 전류계 3개를 가지고 부하 전력을 측정하려고 한다. 각 전류계의 눈금이 도면과 같이 A_1, A_2, A_3[A]이고, 부하 역률을 $\cos\phi$라고 할 때 부하 전력과 역률은 얼마인가?
(단, A_1, A_2, A_3의 지시는 10[A], 4[A], 7[A]이고, $R = 25$이다)

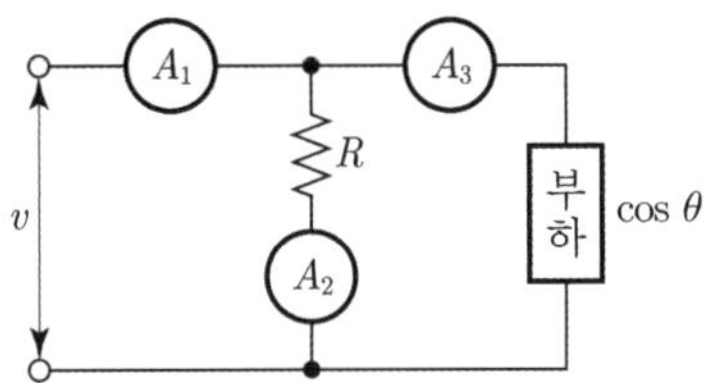

1) 부하 전력
- 계산 :
- 답 :

2) 역률
- 계산 :
- 답 :

답안

1) 부하 전력
- 계산 : $P = \dfrac{R}{2}(A_1^2 - A_2^2 - A_3^2) = \dfrac{25}{2}(10^2 - 4^2 - 7^2) = 437.5[W]$
- 답 : 437.5[W]

2) 역률
- 계산 : $A_1 = \sqrt{A_2^2 + A_3^2 + 2A_1A_2\cos\phi}$ 에서

  역률 $\cos\phi = \dfrac{A_1^2 - A_2^2 - A_3^2}{2A_2A_3} = \dfrac{10^2 - 4^2 - 7^2}{2\times4\times7} = 0.625$
- 답 : 0.625

02 출제년도 : 10

배점 5점

디젤 발전기를 5시간 전부하로 운전할 때 연료 소비량이 287[kg]이었다. 이 발전기의 정격 출력은 몇 [kVA]인가? (단, 중유의 열량은 10000[kcal/kg], 기관의 효율은 36.3[%], 발전기의 효율은 82.7[%], 전부하시 발전기의 역률은 80[%]이다)

• 계산 : • 답 :

답안

• 계산 : $P = \dfrac{BH\eta_1\eta_2}{860t\cos\theta} = \dfrac{287 \times 10000 \times 0.363 \times 0.827}{860 \times 5 \times 0.8}$

$= 250.458[\text{kVA}]$

• 답 : 300[kVA]

B : 연료소비량[kg]
H : 열량[kcal/kg]
η_1 : 기관효율
η_2 : 발전기효율

03 출제년도 : 10

배점 5점

그림과 같이 높이 5[m]의 점에 있는 백열전등에서 광도 12500[cd]의 빛이 수평 거리 7.5[m]의 점 P에 주어지고 있다. 표 1, 2를 이용하여 다음 각 물음에 답하시오.

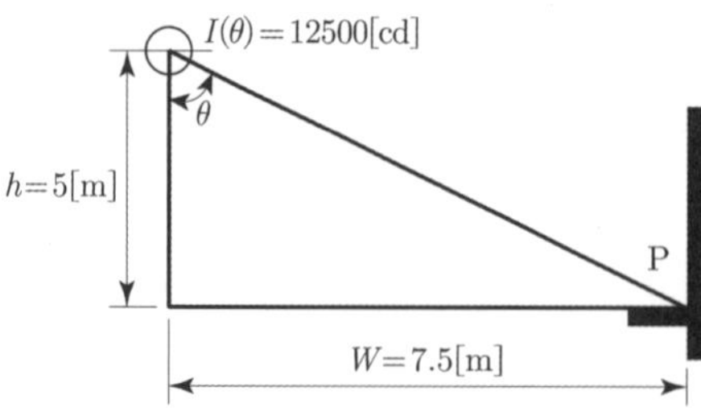

[표 1] W/h에서 구한 $\cos^2\theta\sin\theta$의 값

W	$0.1h$	$0.2h$	$0.3h$	$0.4h$	$0.5h$	$0.6h$	$0.7h$	$0.8h$	$0.9h$	$1.0h$	$1.5h$	$2.0h$	$3.0h$	$4.0h$	$5.0h$
$\cos^2\theta\sin\theta$	.099	.189	.264	.320	.358	.378	.385	.381	.370	.354	.256	.179	.095	.057	.038

[표 2] W/h에서 구한 $\cos^3\theta$의 값

W	$0.1h$	$0.2h$	$0.3h$	$0.4h$	$0.5h$	$0.6h$	$0.7h$	$0.8h$	$0.9h$	$1.0h$	$1.5h$	$2.0h$	$3.0h$	$4.0h$	$5.0h$
$\cos^3\theta$	.985	.943	.879	.800	.716	.631	.550	.476	.411	.354	.171	.089	.032	.014	.008

1) P점의 수평면 조도를 구하시오.

- 계산 : • 답 :

2) P점의 수직면 조도를 구하시오.

- 계산 : • 답 :

1) 수평면 조도

그림에서 $\frac{W}{h} = \frac{7.5}{5} = 1.5$이므로 $W = 1.5h$이다.

[표 2]에서 $1.5h$는 0.171이므로

- 계산 : $E_h = \frac{I}{h^2}\cos^3\theta = \frac{12500}{5^2} \times 0.171 = 85.5[\text{lx}]$
- 답 : 85.5[lx]

2) 수직면 조도

그림에서 $\frac{W}{h} = \frac{7.5}{5} = 1.5$이므로 $W = 1.5h$이다.

[표 1]에서 $1.5h$는 0.256이므로

- 계산 : $E_v = \frac{I}{h^2}\cos^2\theta\sin\theta = \frac{12500}{5^2} \times 0.256 = 128[\text{lx}]$
- 답 : 128[lx]

04 출제년도 : 10, 16

배점 5점

전구를 수요자가 부담하는 종량 수용가에서 A, B 어느 전구를 사용하는 편이 유리한가를 다음 표를 이용하여 산정하시오.

전구의 종류	전구의 수명	1[cd]당 소비전력[W] (수명 중의 평균)	평균 구면광도 [cd]	1[kWh]당 전력요금[원]	전구의 값 [원]
A	1500 시간	1.0	38	70	1,900
B	1800 시간	1.1	40	70	2,000

- 계산 :
- 답 :

- 계산 : A전구 : $1.0 \times 38 \times 10^{-3} \times 70 + \frac{1900}{1500} = 3.926$[원/시간] ∴ 3.93[원/시간]

  B전구 : $1.1 \times 40 \times 10^{-3} \times 70 + \frac{2000}{1800} = 4.191$[원/시간] ∴ 4.19[원/시간]
- 답 : A전구가 경제적으로 유리하다.

05 출제년도 : 10, 15 / 유사 : 16

배점 5점

어떤 변전소로부터 3.3[kV], 3상 3선식, 선로길이가 20[km]인 비접지식의 배전선 8회선이 접속되어 있다. 이 선로에 접속된 주상 변압기의 저압측에 시설될 중성점 접지공사의 저항값을 구하시오. (단, 자동차단장치는 없는 것으로 하며, 고압측의 1선지락전류는 4[A]라고 한다)

- 계산 :
- 답 :

- 계산 : 중성점 접지저항 $R_2 = \frac{150}{I_g} = \frac{150}{4} = 37.5[\Omega]$
- 답 : 37.5[Ω]

06 출제년도 : 10 　　　　배점 4점

다음 릴레이 회로를 보고 논리 회로를 완성하시오.

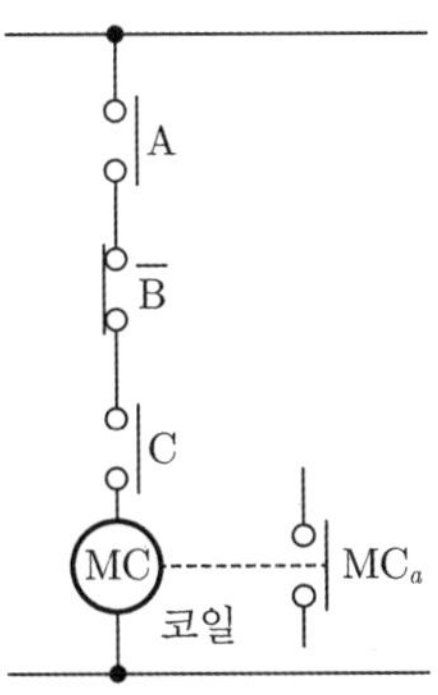

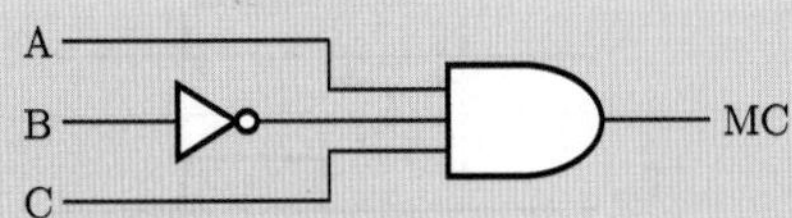

해설 유접점 시퀀스 회로에서 무접점 논리회로 또는 무접점 논리회로에서 유접점 시퀀스 회로로 변환하기 위해 중간과정인 논리식을 먼저 작성 후 변환시키도록 한다.

논리식 $MC = A\overline{B}\,C$

07 출제년도 : 10 배점 7점

타이머의 접점 기호와 명칭을 쓰고, 동작 설명 및 타임차트를 완성하시오.

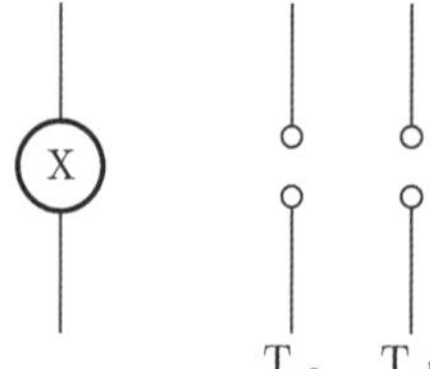

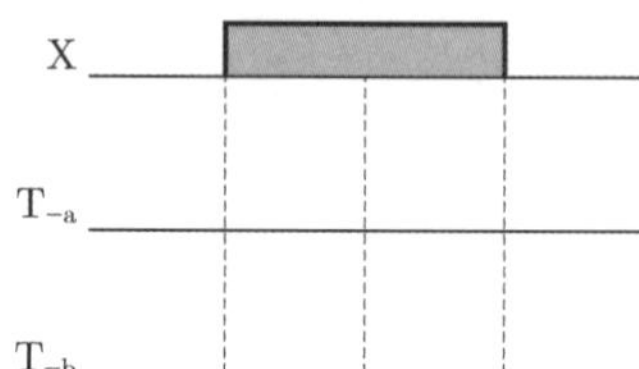

1) 한시동작 순시복귀 a접점 : 타이머가 여자되면 설정시간 후 접점이 폐로되고 타이머가 소자되면 즉시 복귀된다.
2) 한시동작 순시복귀 b접점 : 타이머가 여자되면 설정시간 후 접점이 개로되고 타이머가 소자되면 즉시 복귀된다.

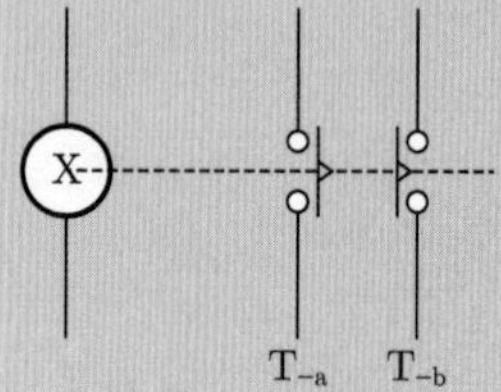

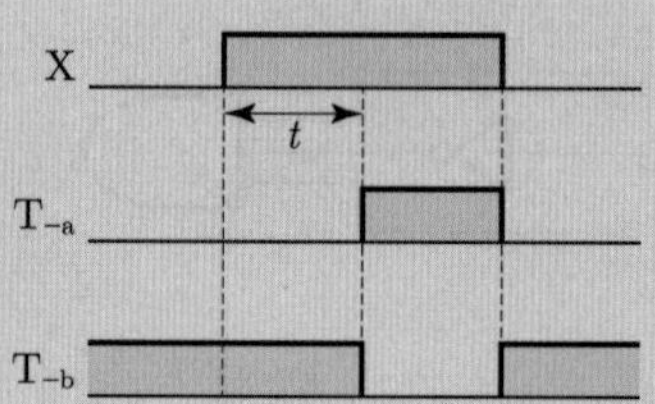

타이머 내부 접점 구조도

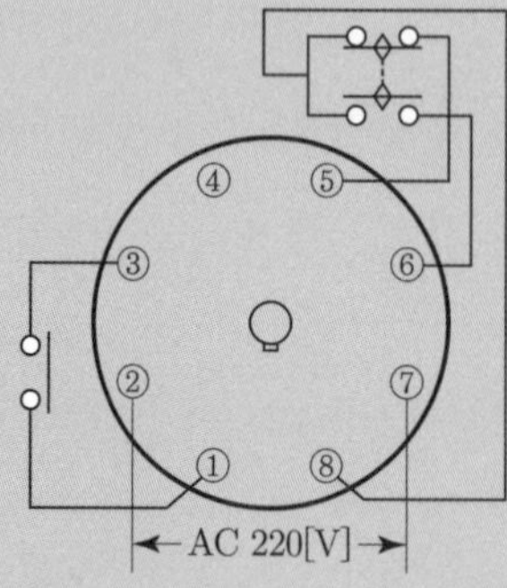

1-3 : 순시동작 순시복귀 a접점
8-6 : 한시동작 순시복귀 a접점
8-5 : 한시동작 순시복귀 b접점
2-7 : 전원(AC 220[V])

※ 접점 동작 사항

- 순시동작 순시복귀 a접점 : 타이머가 여자되면 즉시(순시) 폐로되고 타이머가 소자되면 즉시(순시) 복귀한다.
- 한시동작 순시복귀 a접점 : 타이머가 여자되면 설정시간 후 폐로되고 타이머가 소자되면 즉시(순시) 복귀한다.
- 한시동작 순시복귀 b접점 : 타이머가 여자되면 설정시간 후 개로되고 타이머가 소자되면 즉시(순시) 복귀한다.

08 출제년도 : 10 배점 5점

다음 명령어 등을 참고하여 주어진 미완성 PLC 래더 다이어그램을 완성하시오.

STEP	명 령	번 지
0	LOAD	P000
1	LOAD	P001
2	OR	P010
3	AND LOAD	–
4	AND NOT	P003
5	OUT	P010

[래더 다이어그램]

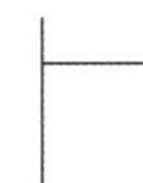

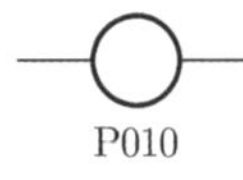

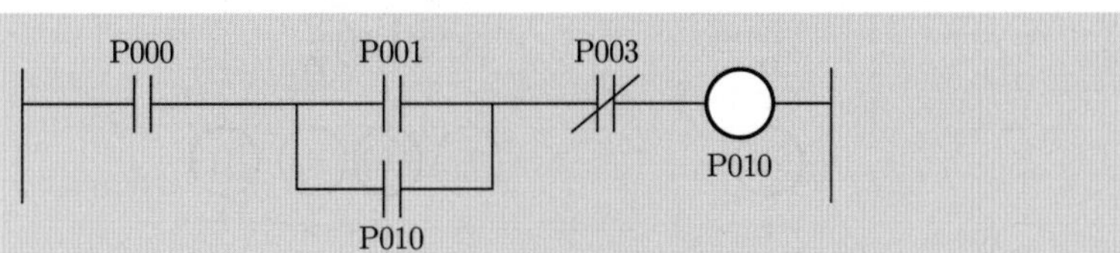

주어진 프로그램에 맞춰 순차적으로 래더 다이어그램을 작성하도록 한다.

① LOAD－P000

P000

② LOAD－P001

P000

P001

③ OR－P010

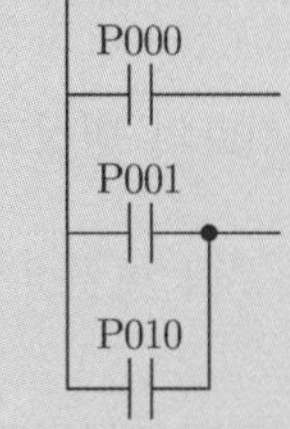

④ AND LOAD

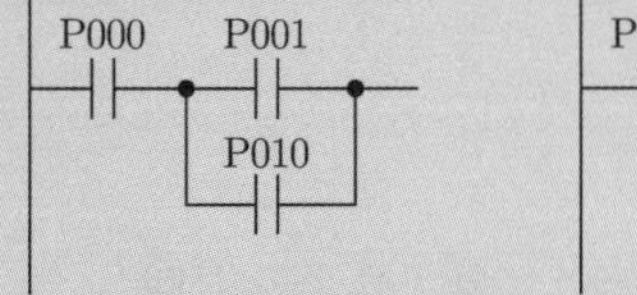

⑤ AND NOT - P003

P000 P001 P003

P010

⑥ OUT - P010

P000 P001 P003 P010

P010

※ OR 명령어는 항상 최근에 입력된 시작명령어와 즉시 연결한다.

※ 묶음(직렬 · 병렬)에 대한 명령어에는 별도로 번지가 존재하지 않는다.

09 출제년도 : 10

배점 8점

다음 회로는 환기팬의 자동운전 회로이다. 이 회로와 동작개요를 보고, 다음 각 물음에 답하시오.

동작 개요

① 연속운전을 할 경우가 없는 환기용 팬 등의 운전회로에서 기동 버튼에 의하여 운전을 개시하면 그 다음에는 자동적으로 운전정지를 반복하는 회로이다.
② 기동 버튼 PB_1을 "ON" 조작하면 타이머 T_1의 설정시간만 환기팬이 운전하고 자동적으로 정지한다. 그리고 타이머 T_2의 설정시간에만 정지하고 재차 자동적으로 운전을 개시한다.
③ 운전 도중에 환기팬을 정지시키려고 할 경우에는 버튼스위치 PB_2를 "ON" 조작하여 행한다.

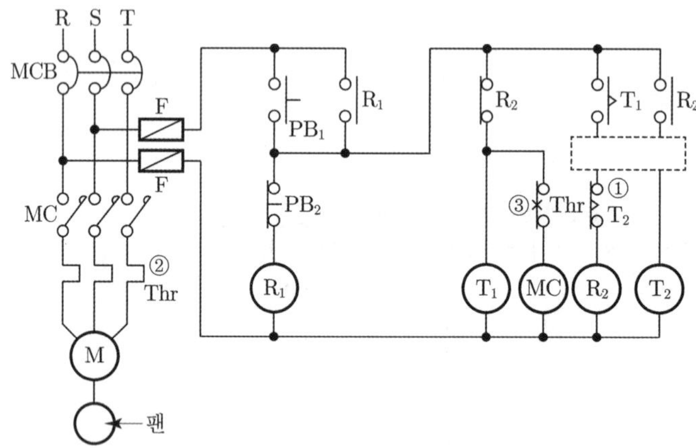

1) 주어진 동작설명에 맞게 미완성 회로의  부분을 도면에 완성하시오.

2) ①로 표시된 접점기호의 명칭과 동작을 간단히 설명하시오.

3) Thr로 표시된 ②, ③의 명칭과 동작을 간단히 설명하시오.

답안

1) (도면: T_1 접점과 R_2 접점을 병렬 접속)

2) • 명칭 : 한시동작 순시복귀 b접점
 • 동작 : 타이머 T_2가 여자되면 설정시간(t초) 후 개로되어 R_2와 T_2를 소자시킨다.

3) • 명칭 : ② 열동 계전기 ③ 수동복귀 b접점
 • 동작 : 전동기 운전 중 과부하가 검출되면 열동계전기 ② 이 동작하여 ③ 접점이 개로되어 전동기를 정지시킨다. 이 때 접점의 복귀는 수동으로 한다.

1) 타이머 T_1에 의해 설정시간(t초) 후 R_2와 T_2가 여자되어야 하기 때문에 R_2와 T_2를 병렬연결하여 회로를 완성시킨다.
3) 열동계전기(Thr)가 동작하는 경우는 회로가 정상동작 중 과부하 검출로 인하여 동작하기 때문에 동작 설명 작성시 "전동기 운전 중~" 등의 문구를 넣어 동작설명을 할 수 있도록 작성한다.

10

출제년도 : 10

배점 5점

수변전설비에서 에너지 절약을 위한 대응방안 4가지를 쓰시오.

-
-
-
-

① 적당한 변압기 용량을 채택한다.
② 변압기의 합리적 뱅크구성 및 병렬운전
③ 최대수요전력의 제어
④ 역률개선용 콘덴서 설치

최대수요전력제어(Peak Demand Control)
(최대계약전력제어)
: 계약전력 내에서 전력의 유효이용을 도모하기 위하여 항상 사용사항을 감시하고 계약전력을 초과할 가능성이 있을 경우에는 사전에 경보를 내거나 필요에 따라 직접 부하를 차단하여 계약 전력의 초과를 방지하는 것

11 출제년도 : 06, 10

배점 6점

다음 그림은 1, 2차 전압이 66/22[kV]이고, Y－Δ 결선된 전력용 변압기이다. 1, 2차에 CT를 이용하여 변압기의 차동 계전기를 동작시키려고 한다. 주어진 도면을 이용하여 다음 각 물음에 답하시오.

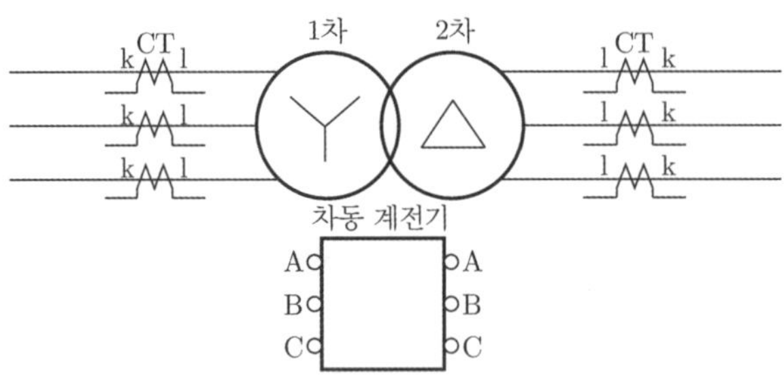

1) CT와 차동 계전기의 결선을 주어진 도면에 완성하시오.

2) 1차측 CT의 권수비를 200/5로 했을 때 2차측 CT의 권수비는 얼마나 좋은지를 쓰고, 그 이유를 설명하시오.

3) 변압기를 전력 계통에 투입할 때 여자 돌입 전류에 의한 차동 계전기의 오동작을 방지하기 위하여 이용되는 차동 계전기의 종류(또는 방식)를 한 가지만 쓰시오.

4) 우리나라에서 사용되는 CT의 극성은 일반적으로 어떤 극성의 것을 사용하는가?

1)

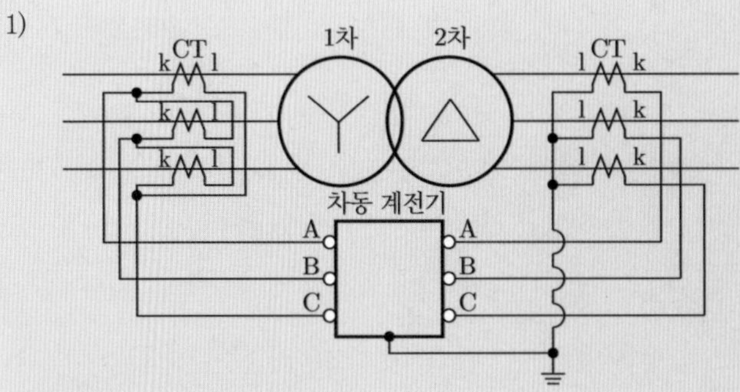

2) 변압기의 권수비 $= \dfrac{66}{22} = 3$

따라서, 2차측 CT의 권수비는 1차측 CT의 권수비의 3배이어야 한다.

2차측 CT의 권수비 $= \dfrac{200}{5} \times 3\,[\text{배}] = \dfrac{600}{5}$

3) 감도저하법

4) 감극성

12 출제년도 : 10 배점 5점

다음 그림은 갭형 피뢰기의 구조이다. 각 부분에 대한 명칭을 답란에 쓰시오.

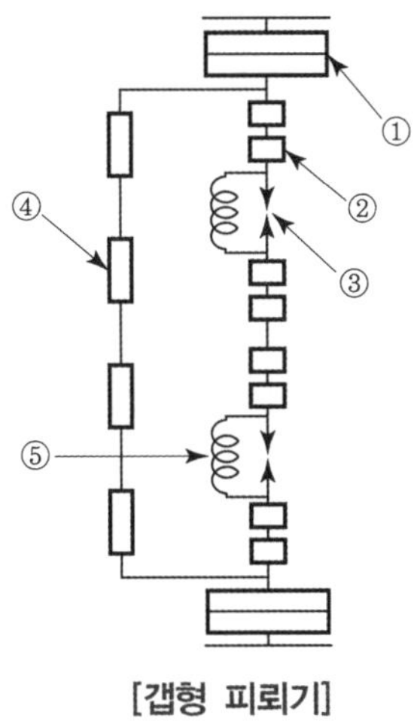

[갭형 피뢰기]

답안

① 특성요소 ② 주갭 ③ 측로갭
④ 분로저항 ⑤ 소호코일

13 출제년도 : 10 배점 5점

다음 물음에 답하시오.

1) 변압기의 호흡작용이란 무엇인가?

2) 호흡작용으로 인하여 발생되는 문제점을 쓰시오.

3) 호흡작용으로 발생되는 문제점을 방지하기 위한 대책은?

1) 변압기외부 온도와 내부에서 발생하는 열에 의해 변압기 내부에 있는 절연유의 부피가 수축 팽창하게 되고 이로 인하여 외부의 공기가 변압기 내부로 출입하게 되는데 이를 변압기 호흡작용이라 한다.
2) 호흡작용으로 인하여 변압기 내부에 수분 및 분순물이 혼입되어 절연유의 절연내력을 저하시키고 침전물을 발생시킬 수 있다.
3) (흡습)호흡기를 설치한다.

다음의 그림은 변압기 절연유의 열화 방지를 위한 습기 제거 장치로서 실리카겔(흡습제)과 절연유가 주입되는 2개의 용기로 이루어져 있다. 하부에 부착된 용기는 외부공기와 직접적인 접촉을 막아주기 위한 용기로, 표시된 눈금(용기의 2/3 정도)까지 절연유를 채워 관리되어져야 한다. 이 변압기 부착물의 명칭을 쓰시오.

[답] 흡습호흡기

14 출제년도 : 09, 10 배점 5점

전동기에는 소손을 방지하기 위하여 전동기용 과부하 보호장치를 시설하여 자동적으로 회로를 차단하거나 과부하시에 경보를 내는 장치를 사용하여야 한다. 전동기 소손방지를 위한 과부하 보호장치의 종류를 5가지만 쓰시오.

•
•
•
•
•

① 전동기용 퓨즈
② 열동계전기
③ 전동기 보호용 배선용 차단기
④ 유도형 계전기
⑤ 정지형 계전기

전동기 과부하 보호장치의 시설

전동기는 소손을 방지하기 위하여 전동기용 퓨즈, 열동 계전기, 전동기 보호용 배선용 차단기, 유도형 계전기, 정지형 계전기(전자식 계전기, 디지털식 계전기) 등의 전동기용 과부하 보호장치를 사용하여 자동적으로 회로를 차단하거나 과부하시에 경보를 내는 장치를 사용하여야 한다)

15 출제년도 : 10

배점 5점

매분 12[m^3]의 물을 높이 15[m]인 탱크에 양수하는데 필요한 전력을 V결선한 변압기로 공급한다면 여기에 필요한 단상 변압기 1대의 용량은 몇 [kVA]인지 선정하시오. (단, 펌프와 전동기의 합성효율은 65[%]이고 전동기의 전부하 역률은 80[%]이며 펌프의 축동력은 15[%]의 여유를 본다고 한다)

• 계산 : • 답 :

• 계산

펌프의 출력$(P)= \dfrac{K\times Q\times H}{6.12\times \eta}= \dfrac{1.15\times 12\times 15}{6.12\times 0.65}=52.036$[kW]

[kVA]로 환산하면 $= \dfrac{P}{\cos\theta}= \dfrac{52.036}{0.8}=65.045$[kVA]

V결선 출력$(P_V) = \sqrt{3}\,P_1 = 65.045$에서 $P_1 = \dfrac{63.045}{\sqrt{3}}=37.553$[kVA]

• 답 : 50[kVA]

$P= \dfrac{K\cdot Q\cdot H}{6.12\eta}$[kW] (여기서, K : 여유계수, Q : 양수량[m^3/min], H : 양정[m])

단상 변압기 용량 : … 20, 30, 50, 75[kVA] …
에서 표준변압기 50[kVA] 선정할 것

16 출제년도 : 10 배점 5점

전용 배전선에서 800[kW] 역률 0.8인 부하에 전력을 공급하는 경우 배전선 전력 손실은 90[kW]이다. 지금 이 부하와 병렬로 300[kVA]의 콘덴서를 시설할 때 배전선의 전력 손실[kW]을 구하시오.

• 계산 : • 답 :

• 계산 : 콘덴서 설치 후 역률$(\cos\theta') = \dfrac{P}{\sqrt{P^2+(P_r-Q_c)^2}}$

$$= \frac{800}{\sqrt{800^2+\left(800\times\dfrac{0.6}{0.8}-300\right)^2}} = 0.936$$

전력손실$(P_\ell) \propto \dfrac{1}{\cos^2\theta}$ 이므로 $\dfrac{P_\ell'}{P_\ell} = \dfrac{\dfrac{1}{\cos\theta'^2}}{\dfrac{1}{\cos\theta^2}} = \left(\dfrac{\cos\theta}{\cos\theta'}\right)^2$

단, P_ℓ' : 역률 개선 후 전력손실, P_ℓ : 역률 개선 전 전력손실

$\cos\theta'$: 콘덴서 설치 후 역률, $\cos\theta$: 콘덴서 설치 전 역률

역률 개선 후 전력손실$(P_\ell') = \left(\dfrac{\cos\theta}{\cos\theta'}\right)^2 \cdot P_\ell = \left(\dfrac{0.8}{0.936}\right)^2 \times 90 = 65.746$[kW]

• 답 : 65.75[kW]

17 출제년도 : 10

배점 9점

가스절연 개폐장치 G.I.S(Gas Insulated Switchgear)에 대하여 답하시오.

1) GIS에 사용되는 가스와 절연내력은 공기보다 몇 배인가?

2) GIS 시설의 장점 4가지를 쓰시오.

•

•

•

•

3) GIS 설비의 이상여부를 진단하는 방법 3가지를 쓰시오.

•

•

•

1) 가스 : SF_6(육불화황)가스

절연내력 : 공기의 2~3배

2) ① 설비의 소형화 ② 설치공기의 단축

③ 주변환경과의 조화가 유리하다. ④ 점검보수의 간소화가 가능하다.

3) ① 부분방전 검출 ② 초음파 검출

③ SF_6 가스 성분 분석

가스절연 개폐장치(GIS)는 밀폐된 탱크내에 각종 기기를 넣고 그 공간을 SF_6 가스를 사용하여 절연한 개폐장치로서 내장기기는 모선, 차단기, 단로기, 피뢰기, 접지개폐기, 계기용 변압기, 계기용 변류기 등이 있다.

• GIS 장점

① 설비의 소형화 : SF_6 가스는 절연내력이 커서 충전부의 절연거리를 줄일 수 있어 종래 변전소보다 $(\frac{1}{10} \sim \frac{1}{15})$ 정도 축소 가능

② 주변환경과의 조화 : 개폐음이 적고 소형이며 외부환경에 미치는 악영향이 적다.

③ 설치공기의 단축 : 공장에서 조립시험이 완료된 상태에서 수송 · 반입되므로 설치가 간단하여 공기가 단축된다.

④ 점검보수의 간소화 : 밀폐형 기기이므로 보수 및 점검 주기가 길어진다.

• GIS 단점

① 밀폐구조로 육안점검이 곤란하다.

② SF_6 가스의 압력과 수분함량에 주의가 필요하다.

③ 한냉지에선 가스의 액화방지장치가 필요하다.

④ 고장발생시 조기복구가 거의 불가능하다.

18 출제년도 : 10 **배점 6점**

DS 및 CB로 된 선로와 접지용구에 대한 그림을 보고 다음 각 물음에 답하시오.

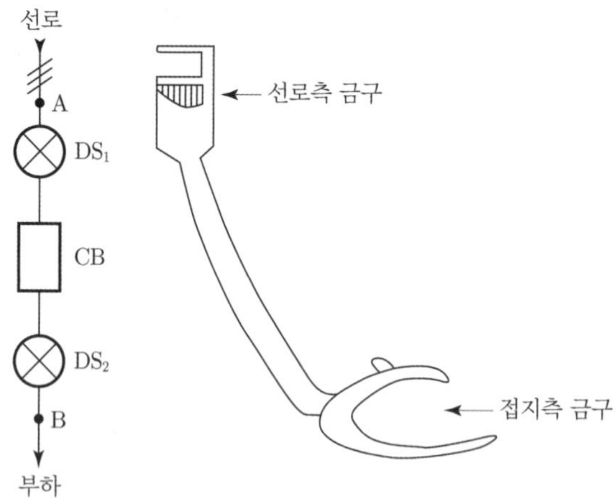

1) 접지 용구를 사용하여 접지를 하고자할 때 접지 순서 및 접지 개소에 대하여 설명하시오.

2) 부하측에서 휴전 작업을 할 때의 조작 순서를 설명하시오.

3) 휴전 작업이 끝난 후 부하측에 전력을 공급하는 조작 순서를 설명하시오.
(단, 접지 되지 않은 상태에서 작업한다고 가정한다)

4) 긴급할 때 DS로 개폐 가능한 전류의 종류를 2가지만 쓰시오.
-
-

답안

1) 접지 순서 : 접지측 금구를 대지에 먼저 연결한 후 선로측 금구를 선로에 연결한다.
접지 개소 : 선로측 A와 부하측 B 양측에 접지한다.

2) CB(OFF) → DS_2(OFF) → DS_1(OFF)

3) DS_2(ON) → DS_1(ON) → CB(ON)

4) • 변압기 여자전류
• 무부하 충전전류

전기기사 실기 기출문제 2010년 2회

01 출제년도 : 10 배점 5점

다음 회로도와 같이 전류계 A_1과 A_2를 연결했을 때 각각의 지시치를 계산하시오.
(단, 정류기는 이상적인 정류기이며, 전류계의 저항은 무시한다)

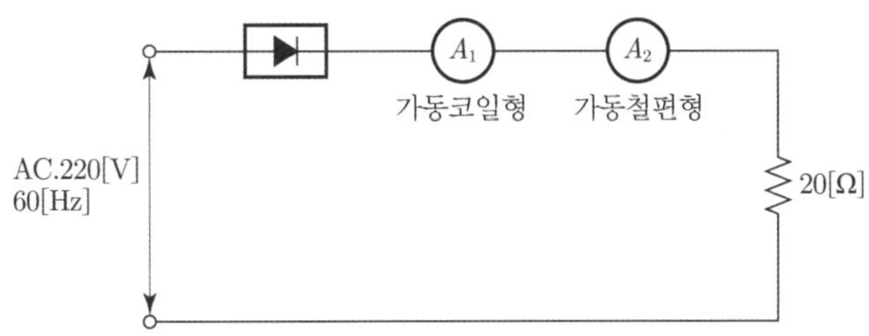

1) A_1 지시값
- 계산 : • 답 :

2) A_2 지시값
- 계산 : • 답 :

답안

1) • 계산 : A_1 지시값(가동코일형 = 평균값)

$$i_a = \frac{v_a}{R} = \frac{\frac{V_m}{\pi}}{R} = \frac{\frac{220\sqrt{2}}{\pi}}{20} \qquad (V_m = V \cdot \sqrt{2} = 220\sqrt{2})$$

$$= \frac{11\sqrt{2}}{\pi} = 4.952$$

• 답 : 4.952[A]

2) • 계산 : A_2 지시값(가동철편형 = 실효값)

$$I = \frac{V}{R} = \frac{\frac{V_m}{2}}{R} = \frac{\frac{220\sqrt{2}}{2}}{20} = 5.5\sqrt{2} = 7.778$$

• 답 : 7.78[A]

해설

정현 반파 (AC 교류 정현파가 다이오드를 통과하면 정류되어 정현 반파가 된다)

- 실효값 $I = \frac{I_m}{2}$
- 평균값 $I_a = \frac{I_m}{\pi}$

02 출제년도 : 10 　　　　　　　　　　　　　　　　　　　　　　　　　　　　**배점 6점**

다음 물음에 답하시오.

1) 정격전압 200[V], 정격출력 7.5[kW], 역률 80[%]인 전동기를 역률 90[%]로 개선하고자 하는 경우 3상 콘덴서 용량은?
   - 계산 : 　　　　　　　　　　　　　　　　　　　　　　• 답 :

2) 1)에서 구한 3상 콘덴서 용량 [kVA]를 [μF]로 환산한 용량을 구하고, 콘덴서 규격표를 이용하여 콘덴서 용량을 산정하시오.
   - 계산 : 　　　　　　　　　　　　　　　　　　　　　　• 답 :

표 1. 콘덴서 용량 계산표

		개선 후의 역률																	
		1.0	0.99	0.98	0.97	0.96	0.95	0.94	0.93	0.92	0.91	0.9	0.875	0.85	0.825	0.8	0.775	0.75	0.725
개선 전의 역률	0.4	230	215	210	205	201	197	194	190	187	184	181	175	168	161	155	149	142	136
	0.425	213	198	192	188	184	180	176	173	170	167	164	157	151	144	138	131	124	118
	0.45	198	183	177	173	168	165	161	158	155	152	149	142	136	129	123	116	110	103
	0.475	185	171	165	161	156	153	149	146	143	140	137	130	123	116	110	104	98	91
	0.5	173	159	153	148	144	140	137	134	130	128	125	118	112	104	98	92	87	85
	0.525	162	148	142	137	133	129	126	122	119	117	114	107	100	93	87	81	74	67
	0.55	152	138	132	127	123	119	116	112	109	106	104	97	90	87	77	71	64	57
	0.575	142	128	122	117	114	110	106	103	99	96	94	87	80	74	67	60	54	47
	0.6	133	119	113	108	104	101	97	94	91	88	85	78	71	65	58	52	46	39
	0.625	125	111	105	100	96	92	89	85	82	79	77	70	63	56	50	44	37	30
	0.65	117	103	97	92	88	84	81	77	74	71	69	62	55	48	42	36	29	22
	0.675	109	95	89	84	80	76	73	70	66	64	61	54	47	40	34	28	21	14
	0.7	102	88	81	77	73	69	66	62	59	56	54	46	40	33	27	20	14	7
	0.725	95	81	75	70	66	62	59	55	52	49	46	39	33	26	20	13	7	
	0.75	88	74	67	63	58	55	52	49	45	43	40	33	26	19	13	6.5		
	0.775	81	67	61	57	52	49	45	42	39	36	33	26	19	12	6.5			
	0.8	75	61	54	50	46	42	39	35	32	29	27	19	13	6.5				
	0.825	69	54	48	44	40	36	33	29	26	23	21	14	7					
	0.85	62	48	42	37	33	29	26	22	19	16	14	7						
	0.875	55	41	35	30	26	23	19	16	13	10	7							
	0.9	48	34	28	23	19	16	12	9	6	1.8								

표 2. 저압 200[V]용 콘덴서 규격표

정격주파수 : 60[Hz]

상 수	단상 및 3상								
정격용량[μF]	10	15	20	30	40	50	75	100	150

답안

1) • 계산 : $7.5 \times 0.27 = 2.025$

[표 1]에서

$$\begin{array}{ccc} & & 0.9 \\ & & \downarrow \\ 0.8 & \longrightarrow & 0.27 \end{array}$$

$\therefore\ Q_c = 2.025[\text{kVA}]$ • 답 : 2.03[kVA]

2) • 계산 : $Q = \dfrac{V^2}{X_c} = \omega C V^2$

$\therefore\ C = \dfrac{Q}{\omega V^2} = \dfrac{Q}{2\pi f V^2} = \dfrac{2030}{2\pi \times 60 \times 200^2} = 134.619[\mu\text{F}]$

[표 2]에서 $C = 150[\mu\text{F}]$ • 답 : 150[μF]

03

출제년도 : 10 / 유사 : 00, 01, 02, 03, 04, 05, 06, 07, 09, 10, 11, 12, 13, 14, 15, 16, 17

배점 6점

가로 20[m], 세로 50[m] 사무실에 평균조도 300[lx]를 얻고자 형광등 40[W] 2등용을 시설할 경우 형광등 기구수는? (단, 40[W] 2등용 형광등 기구 전체광속 4600[lm], 조명률 0.5, 감광보상률 1.3, 전기방식 단상 2선식 220[V], 40[W] 2등용 형광등 전체 입력 전류 0.87[A], 분기회로는 15[A] 분기회로이다)

1) 형광등기구수는?

• 계산 : • 답 :

2) 최소분기회로수는?

• 계산 : • 답 :

1) • 계산 : $N = \dfrac{DES}{FU} = \dfrac{1.3 \times 300 \times 20 \times 50}{4600 \times 0.5} = 169.565$개

• 답 : 170개

2) • 계산 : $n = \dfrac{170 \times 0.87}{15} = 9.8$

• 답 : 15[A] 분기 10회로

04 출제년도 : 10 / 유사 : 01, 11, 12 배점 4점

6600/220[V] 변압기 2차측에 전동기의 철대를 접지해서 절연파괴로 인한 철대와 대지 사이에 위험 접촉 전압을 25[V] 이하로 하고자 한다. 공급 변압기의 제2종 접지저항값이 10[Ω], 저압 전로의 임피던스를 무시할 경우 전동기의 보호접지저항의 최대값은?

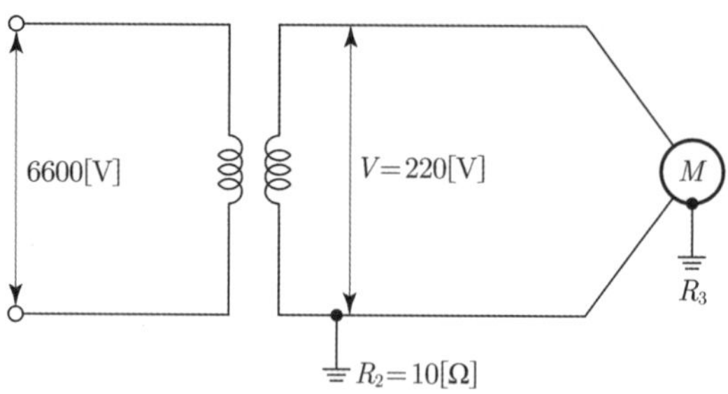

• 계산 :

• 답 :

답안

• 계산 : 접촉전압 $e = \dfrac{R_3}{R_2 + R_3} V$ [V]

$$25 = \frac{R_3}{10 + R_3} \times 220$$

$$195R_3 = 250$$

$$R_3 = \frac{250}{195} = 1.282[\Omega]$$

• 답 : 1.28[Ω]

05 출제년도 : 10

배점 5점

전동기에 소손을 방지하기 위하여 전동기용 과부하 보호장치를 설치하여야 한다. 설치하지 않아도 되는 경우를 쓰시오. (5가지)

-
-
-
-
-

답안

① 전동기의 출력이 0.2[kW] 이하
② 전동기의 출력이 4[kW] 이하이고 그 운전상태를 상시 취급자가 감시할 수 있는 위치에 시설시
③ 부하의 성질상 과전류가 생길 우려가 없는 전동기
④ 단상전동기로서 15[A] 분기회로(배선용차단기는 20[A])에서 사용할 경우
⑤ 전동기 자체에 유효한 과부하 소손방지장치가 있는 경우

06 출제년도 : 10

배점 5점

다음 PLC 래더 다이어그램을 보고 미완성 프로그램을 완성하시오.

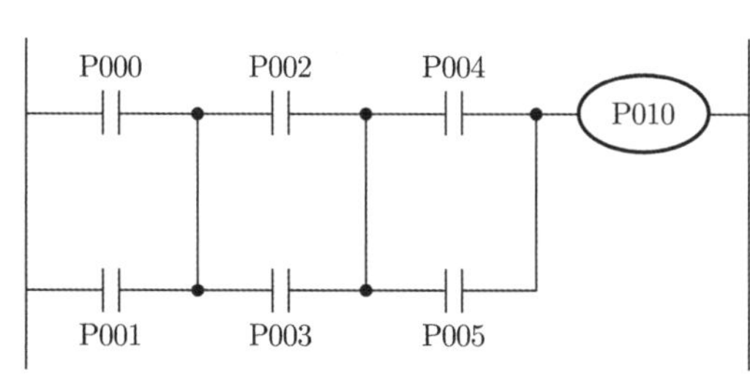

LOAD	P000
	P001
AND LOAD	–
AND LOAD	–
OUT	P010

답안

LOAD	P000
(OR)	P001
(LOAD)	(P002)
(OR)	(P003)
AND LOAD	–
(LOAD)	(P004)
(OR)	(P005)
AND LOAD	–
OUT	P010

해설

래더 다이어그램에 대해 병렬 연결간 그룹화를 해준 후 직렬묶음 명령어를 사용하여 래더 다이어그램에 대한 프로그램을 완성시킨다.

그룹 1 : P000, P001

그룹 2 : P002, P003

그룹 3 : P004, P005

그룹 1과 그룹 2에 대한 명령어 작성 후 직렬로 묶어준 후 그룹 3에 대한 명령어를 작성 후 직렬로 묶어준다. 이 때, 각 그룹에 대한 시작은 항상 시작명령어를 사용하여 작성한다.

07

출제년도 : 10

배점 5점

그림에서 고장 표시 접점 F가 닫혀 있을 때는 부저 BZ가 울리나 표시등 L은 켜지지 않으며, 스위치 24에 의하여 벨이 멈추는 동시에 표시등 L이 켜지도록 SCR의 게이트와 스위치 등을 접속하여 회로를 완성하시오. 또한 회로 작성에 필요한 저항이 있으면 그것도 삽입하여 도면을 완성하도록 하시오. (단, 트랜지스터는 NPN 트랜지스터이며, SCR은 P게이트형을 사용한다)

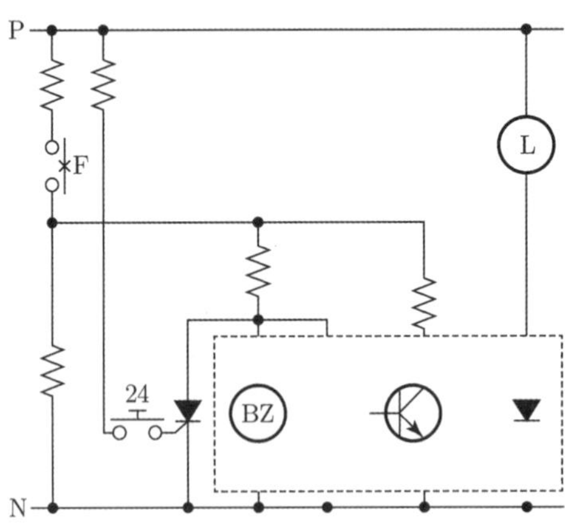

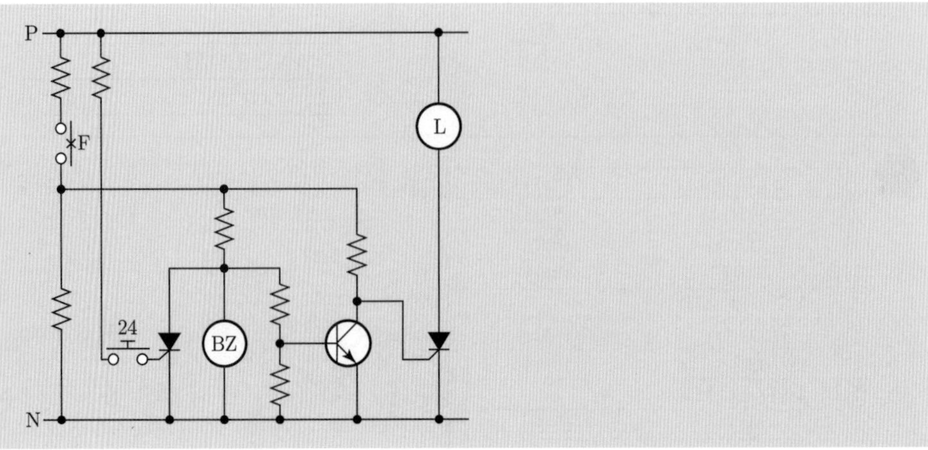

08 출제년도 : 10 배점 7점

유도전동기 IM을 정역운전하기 위한 시퀀스 도면을 작성하려고 한다. 주어진 조건을 이용하여 유도전동기의 정역운전, 시퀀스 회로를 그리시오. (조건 : 누름버튼 스위치 : ON용 2개, OFF용 1개, 정회전용 전자접촉기(F) 1개, 역회전용 전자접촉기(R) 1개, 배선용 차단기 1개, 열동계전기 1개를 사용하며, 정회전시에는 W램프가 점등되고, 역회전시에는 Y램프가 점등되도록 한다)

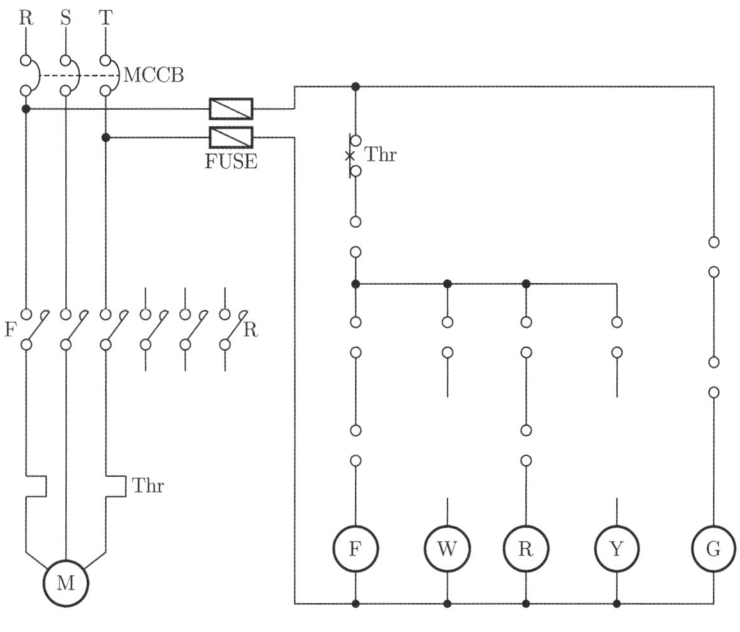

답안

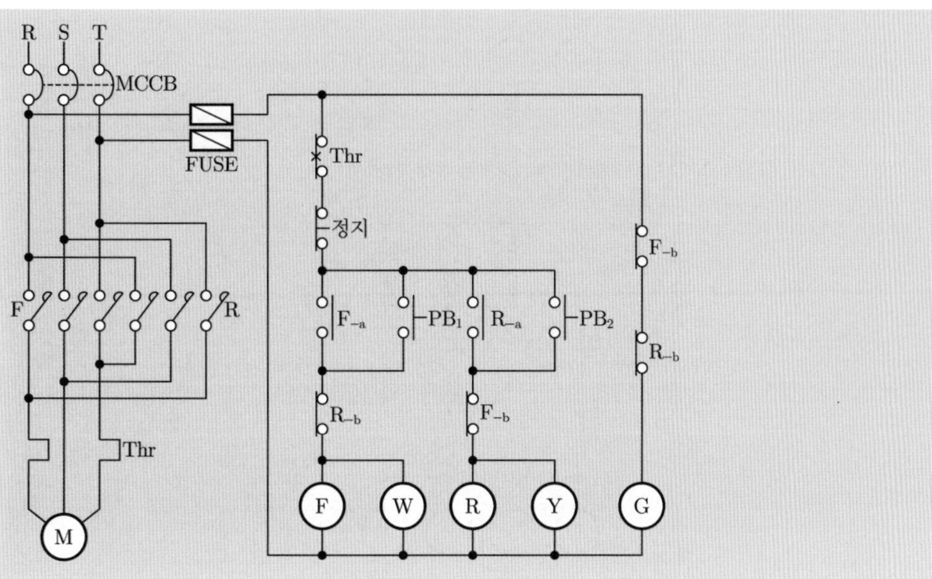

해설

상세 동작 설명

① MCCB(전원 투입) 후 정회전 ON 스위치 누를시 정회전 전자접촉기 F 여자, 정회전 램프 W 점등
② F 주전원 개폐기 폐로되며 전동기 정회전 운전
③ F_{-a} 접점이 폐로되며 정회전 ON 스위치에서 손을 떼어도 자기유지
④ F_{-b} 접점이 개로되어 역회전 ON 스위치를 누르더라도 투입 불가능
⑤ OFF 스위치 누를 시 정회전 전자접촉기 F 소자, 정회전 램프 W 소등
이 때, R 주전원 개폐기, F_{-a}, F_{-b} 접점 즉시 복귀하며 전동기 정지
⑥ 역회전 ON 스위치 누를 시 역회전 전자접촉기 R 여자, 역회전 램프 Y 점등
⑦ R 주전원 개폐기 폐로되며 전동기 역회전 운전
⑧ R_{-a} 접점이 폐로되며 역회전 ON 스위치에서 손을 떼어도 자기유지
⑨ R_{-b} 접점이 개로되어 정회전 ON 스위치를 누르더라도 투입 불가능
⑩ OFF 스위치 누를 시 역회전 전자접촉기 R 소자, 역회전 램프 Y 소등
이 때 R 주전원 개폐기, R_{-a}, R_{-b} 접점 즉시 복귀하며 전동기 정지
⑪ 전동기 운전 중 과부하가 검출되면 열동계전기(Thr)가 트립되어 수동 복귀 b접점이 개로되어 회로를 초기화 시키며 전동기를 정지시키고, 이 때 접점의 복귀는 반드시 수동으로 복귀하여야 한다.
※ 정-역 운전시 주회로에 대하여 아무상이나 두 상을 바꿔 결선하기 때문에 단락사고를 방지하기 위해 상호간 인터록을 걸어 동시투입을 방지한다.

예) ① 누름버튼 스위치 : ON용 2개, OFF용 2개 사용시

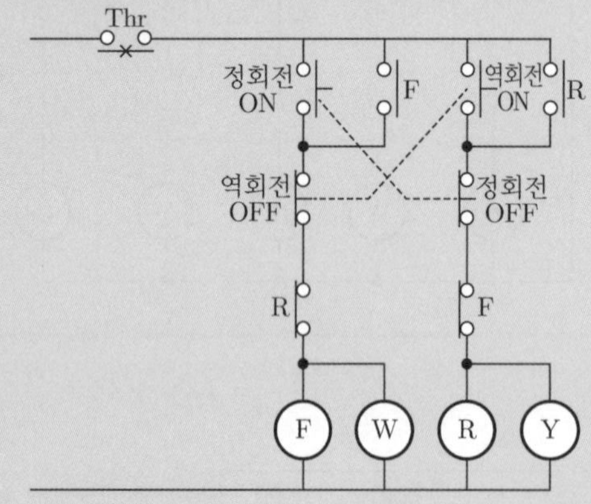

② 누름버튼 스위치 : ON용 2개, OFF용 3개 사용시

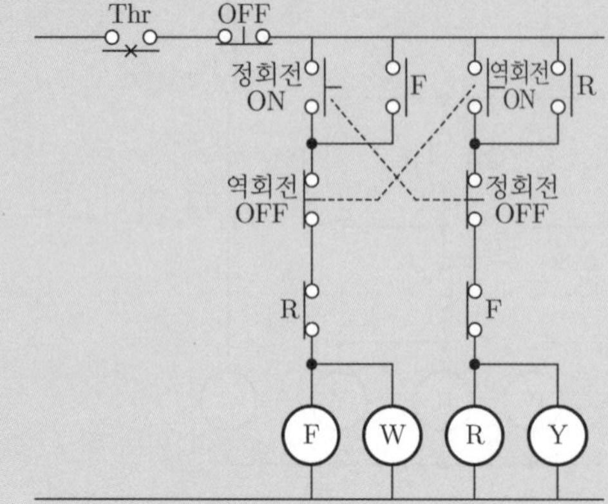

09 출제년도 : 10

배점 6점

다음 논리식에 대한 물음에 답하시오.

$$X = A + B\overline{C}$$

1) 무접점 시퀀스도로 그리시오.

2) NAND GATE 로 그리시오.

3) NOR GATE를 최소로 이용하여 그리시오.

답안

1)

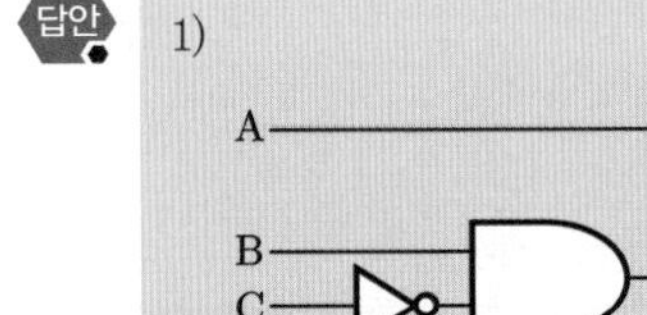

2)

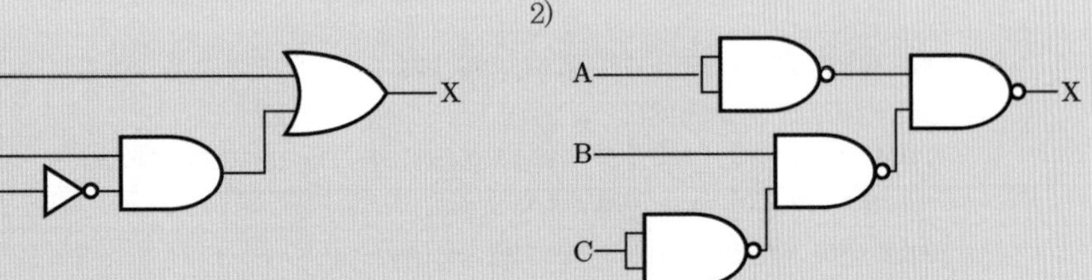

3)

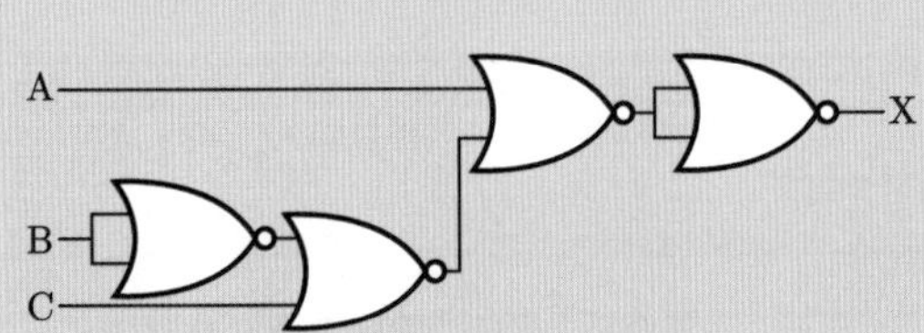

해설

무접점 논리회로를 NAND만의 회로, NOR만의 회로로 바꿔 그릴 때 4가지 순서를 이용하여 그린다.

2) NAND만의 논리회로로 구성하기 위한 4가지 순서

① 논리회로 안의 OR 논리소자를 등가변환하기 위해 체크한다.

② ①에서 체크한 OR 논리소자를 등가변환시킨다.
OR → AND, 긍정 → 부정

③ 등가변환 후 논리회로 안의 모든 논리소자를 NAND만의 논리소자로 변환시킨다.
단, 이 때 NOT 논리소자는 변환시키지 않는다.

④ 논리회로 안에 남아있는 NOT 논리소자를 정리한다.
(NOT 논리소자가 1개인 경우는 2입력 NAND 논리소자, NOT 논리소자가 2개(이중부정)인 경우는 긍정으로 변환한다)

ex) 2입력 NAND 논리소자 : ,

이중부정 → 긍정 :

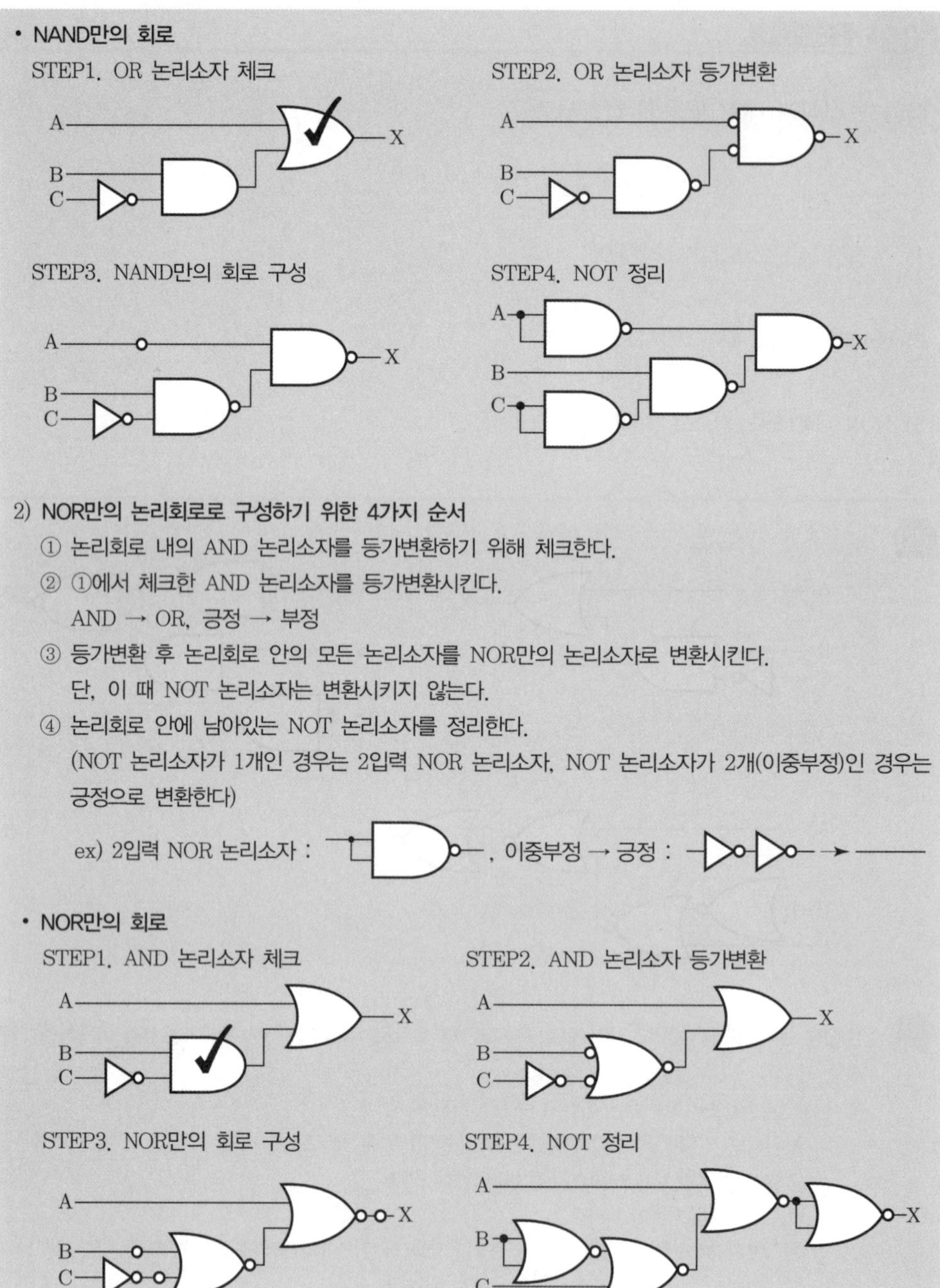

• NAND만의 회로

STEP1. OR 논리소자 체크

STEP2. OR 논리소자 등가변환

STEP3. NAND만의 회로 구성

STEP4. NOT 정리

2) NOR만의 논리회로로 구성하기 위한 4가지 순서

① 논리회로 내의 AND 논리소자를 등가변환하기 위해 체크한다.

② ①에서 체크한 AND 논리소자를 등가변환시킨다.
AND → OR, 긍정 → 부정

③ 등가변환 후 논리회로 안의 모든 논리소자를 NOR만의 논리소자로 변환시킨다.
단, 이 때 NOT 논리소자는 변환시키지 않는다.

④ 논리회로 안에 남아있는 NOT 논리소자를 정리한다.
(NOT 논리소자가 1개인 경우는 2입력 NOR 논리소자, NOT 논리소자가 2개(이중부정)인 경우는 긍정으로 변환한다)

ex) 2입력 NOR 논리소자 : , 이중부정 → 긍정 :

• NOR만의 회로

STEP1. AND 논리소자 체크

STEP2. AND 논리소자 등가변환

STEP3. NOR만의 회로 구성

STEP4. NOT 정리

10 출제년도 : 08, 10 배점 5점

수변전설비 기본설계시 검토할 주요사항 5가지를 쓰시오. (경제적인 것 제외. 기능, 기술 측면에서 고려)

-
-
-
-
-

① 필요한 전력의 추정(부하설비용량의 추정, 수전용량의 추정, 계약전력의 추정)
② 수전전압 및 수전방식
③ 주회로의 결선방식
④ 감시 및 제어방식
⑤ 변전설비의 형식
그 외 ⑥ 변전실의 위치와 면적

해설

② 수전방식은 1회선 수전방식과 2회선 수전방식, 스폿네트워크 수전방식이 있으며 2회선 수전방식에는 LOOP 수전방식, 평행 2회선 수전방식, 본선 예비선 수전방식이 있다.

11 출제년도 : 10 배점 8점

수변전설비 결선도를 이해하고 다음 물음에 답하시오.

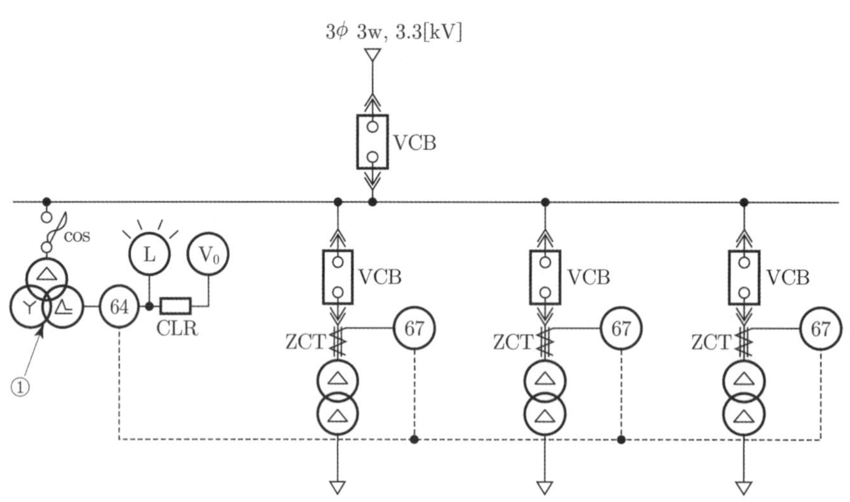

1) 도면에서 ①번의 명칭은 무엇인가?
2) 상기 배전계통의 접지 방식은?
3) 도면에서 C.L.R의 명칭은 무엇인가?
4) 도면에서 ⑰번 계전기의 명칭은?

답안

1) 접지형 계기용 변압기
2) 비접지 방식
3) 한류 저항기
4) 지락 방향 계전기

해설

한류저항기(CLR)

〈한류저항기(CLR : Current Limit Resister) 설치목적〉

- DGR을 효과적으로 동작시키기 위한 유효전류 발생
- 제3고조파 제거
- 중성점 불안정 현상 방지

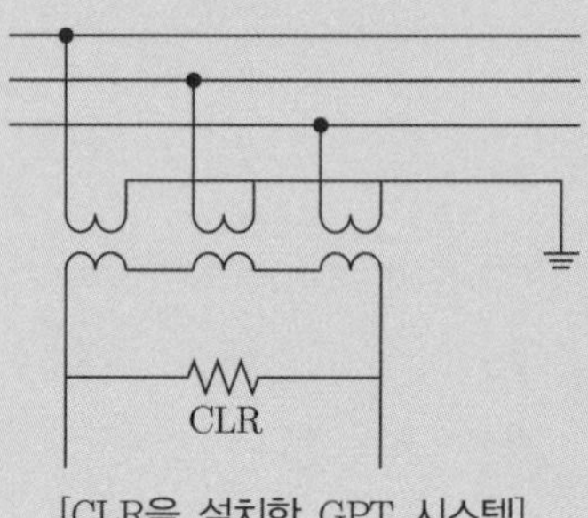

[CLR을 설치한 GPT 시스템]

12 출제년도 : 10 배점 5점

에너지 절약을 위한 동력설비 대응방안 5가지를 쓰시오.

-
-
-
-
-

① 전동기의 효율적 운전관리
② 고효율 전동기 채택
③ 최적 운전에 의한 운전효율 향상
④ 전동기 절전제어장치 사용
⑤ 냉동기의 에너지 절감방식 선정

동력에너지 절약 방안

1. 전동기의 효율적 운전관리
   ① 전압 불평형 방지
   ② 경부하 운전 방지
   ③ 공운전 방지
2. 고효율 전동기 채택 : 고효율 전동기는 일반전동기보다 4~10[%] 효율 향상
3. 최적 운전에 의한 운전효율 향상
   ① 직류전동기 속도제어 : 전압 제어, 저항 제어, 계자 제어
   ② 교류전동기 속도제어 : 전압 제어, 주파수 제어, 극수 제어
4. 전동기 절전 제어장치 사용
   ① VVVF 제어 방식
   ② VVCF 제어 방식
5. 냉동기의 에너지 절감방식 선정
   ① 흡수식 냉동기 채용
   ② 방축열 시스템 구성

13 출제년도 : 10

배점 5점

1시간에 18[m^3]로 솟아나오는 지하수를 5[m] 높이에 배수하고자 한다. 이 때 5[kW]의 전동기를 사용한다면 매시간당 몇 분씩 운전하면 되는가? (단, 펌프 효율 75[%], 관로의 손실계수 1.1로 한다)

• 계산 : • 답 :

답안

• 계산

$$P = \frac{k \times Q \times H}{6.12 \times \eta} = \frac{k\frac{V}{t}H}{6.12\eta} \quad (\text{단, } V : \text{저수용량}[m^3],\ t : \text{사용시간}[min])$$

$$t = \frac{k \times V \times H}{P \times 6.12 \times \eta} = \frac{1.1 \times 18 \times 5}{5 \times 6.12 \times 0.75} = 4.313[\text{분}]$$

• 답 : 4.31[분]

14 출제년도 : 10

배점 5점

용량 1000[kVA] 발전기를 역률 80[%]로 운전시 시간당 연료 소비량[L/h]는 얼마인가? (단, 발전기 효율 0.93, 엔진의 연료소비율 190[g/ps·h] 연료의 비중은 0.92[kg/L]이다)

• 계산 : • 답 :

• 계산 : 발전기 엔진출력 $= \frac{\text{발전기 용량}[kVA] \times \cos\theta}{\eta}[kW] = \frac{1000 \times 0.8}{0.93}[kW]$

$$= 860.215[kW] = 860.215[kW] \times \frac{1.3596[ps]}{1[kW]}$$

$$= 1169.548[ps] \quad (\text{단, } 1[kW] = 1.3596[ps],\ 1[ps] = 0.7355[kW])$$

연료소비량 $= 1169.548[ps] \times 190[g/ps \cdot h] = 222214.12[g/h]$

$$= 222.214[kg/h] \times \frac{1}{0.92}[L/kg] = 241.536[L/h]$$

• 답 : 241.54[L/h]

해설

별해 (□ 안 수치에 따라 답이 달라짐)

- 연료소비량 $= \dfrac{[\mathrm{kVA}] \times \cos\theta}{\boxed{0.736} \times \eta_G} \times \dfrac{b}{1000}[\mathrm{kg/h}]$

여기서, [kVA] : 발전기 용량, $\cos\theta$: 발전기 역률 η_G : 발전기 효율,
b : 연료소비율[g/ps·h]

- 연료소비량 $= \dfrac{1000 \times 0.8}{0.736 \times 0.93} \times \dfrac{190}{1000} = 222.066[\mathrm{kg/h}]$
- 연료비중 0.92[kg/L] 적용하면, 연료소비량 $= 222.066\left[\dfrac{\mathrm{kg}}{\mathrm{h}}\right] \times \dfrac{1}{0.92}[\mathrm{L/kg}]$
$= 241.376[\mathrm{L/h}]$

$\therefore$ 241.38[L/h]

※ 정답 범주에 들어갈 수 있다.

15 출제년도 : 10 **배점 8점**

변압기에 대한 각 물음에 답하시오.

1) 유입풍냉식은 어떤 냉각 방식인지 쓰시오.

2) 무부하 탭 절환장치는 어떤 장치인지 쓰시오.

3) 비율차동계전기는 어떤 목적으로 이용되는가?

4) 무부하손은 어떤 손실을 말하는가?

1) 유입자냉식 변압기의 방열기에 냉각팬을 설치하여 냉각효과를 증가시킨 방식
2) 무부하 상태에서 탭전압을 조정하여 변압기 2차측 전압을 조정하는 장치
3) 변압기 내부 고장 검출에 이용되는 전기적 보호방식
4) 부하증감과 관계없이 일정한 손실로 히스테리시스손과 와류손이 있다.

16 출제년도 : 06, 10

배점 6점

어떤 건물의 부하는 하루에 240[kW]로 5시간, 100[kW]로 8시간, 75[kW]로 나머지 시간을 사용한다. 이에 수전설비 450[kVA]로 하였을 때, 이 부하의 평균 역률이 0.8인 경우 다음 물음에 답하시오.

1) 수용률[%]은 얼마인??

- 계산 :
- 답 :

2) 일부하율[%]은 얼마인가?

- 계산 :
- 답 :

1) • 계산 : $\text{수용률} = \dfrac{\text{최대전력}}{\text{설비용량}} \times 100 = \dfrac{240}{450 \times 0.8} \times 100 = 66.666[\%]$

• 답 : 66.67[%]

2) • 계산 : $\text{일 부하율} = \dfrac{\text{평균 전력}}{\text{최대 전력}} \times 100 = \dfrac{\text{사용전력량/사용시간}}{\text{최대전력}} \times 100[\%]$

$$= \frac{(240 \times 5 + 100 \times 8 + 75 \times 11)}{240 \times 24} \times 100 = 49.045[\%]$$

• 답 : 49.05[%]

설비용량은 여기서는 수전설비용량이다.
단위를 [kW]로 바꾸기 위해서 $450[\text{kVA}] \times 0.8[\cos\theta]$을 이용한다.

17 출제년도 : 10

배점 5점

콘덴서 설비의 주요 사고 3가지와 원인을 예를 들어 설명하시오.

-
-
-

① 콘덴서 내부소자 절연파괴 : 주위온도 과대, 모선전압 과대, 서지침입
② 콘덴서 모선단락 및 지락 : 단자이완 국부과열, 내부소자 절연파괴
③ 콘덴서 오일누설 : 케이스부식 및 기계적 진동, 충격

18 출제년도 : 02, 10 배점 4점

어떤 전기 설비에서 3300[V]의 고압 3상 회로에 변압비 33의 계기용 변압기 2대를 그림과 같이 설치하였다. 전압계 V_1, V_2, V_3의 지시값을 각각 구하시오.

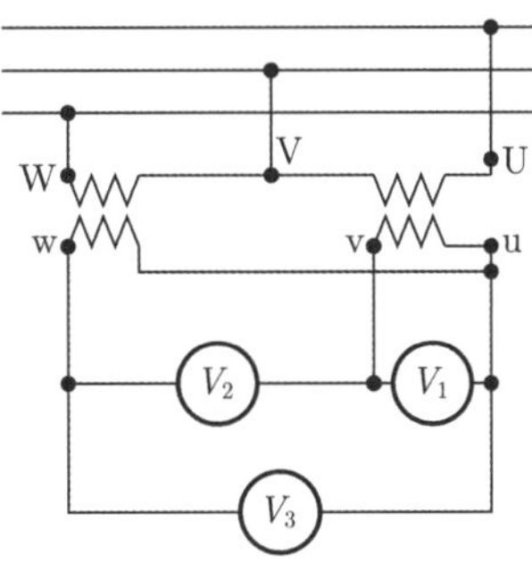

1) V_1

• 계산 : • 답 :

2) V_2

• 계산 : • 답 :

3) V_3

• 계산 : • 답 :

답안

1) • 계산 : $V_1 = \dfrac{3300}{33} = 100$ • 답 100[V]

2) • 계산 : $V_2 = \dfrac{3300}{33} \times \sqrt{3} = 173.205$ • 답 173.21[V]

3) • 계산 : $V_3 = \dfrac{3300}{33} = 100$ • 답 100[V]

해설

V_2 전압계는 역V결선이므로 다른 전압계보다 $\sqrt{3}$ 배가 크다.

전기기사 실기 기출문제 2010년 3회

01 출제년도 : 05, 10 **배점 9점**

어떤 공장에 예비전원설비로 발전기를 설계하고자 한다. 이 공장의 조건을 이용하여 다음 각 물음에 답하시오.

부하

- 부하는 전동기 부하 150[kW] 2대, 100[kW] 3대, 50[kW] 2대이며, 전등 부하는 40[kW]이다.
- 전동기 부하의 역률은 모두 0.9이고, 전등 부하의 역률은 1이다.
- 동력부하의 수용률은 용량이 최대인 전동기 1대는 100[%], 나머지 전동기는 그 용량의 합계를 80[%]로 계산하며, 전등 부하는 100[%]로 계산한다.
- 발전기 용량의 여유율은 10[%]를 주도록 한다.
- 발전기 과도리액턴스는 25[%] 적용한다.
- 허용 전압강하는 20[%]를 적용한다.
- 시동 용량은 750[kVA]를 적용한다.
- 기타 주어지지 않은 조건은 무시하고 계산하도록 한다.

1) 발전기에 걸리는 부하의 합계로부터 발전기 용량을 구하시오.
   - 계산 :
   - 답 :

2) 부하 중 가장 큰 전동기 시동시의 용량으로부터 발전기의 용량을 구하시오.
   - 계산 :
   - 답 :

3) 다음 "1)"과 "2)"에서 계산된 값 중 어느 쪽 값을 기준하여 발전기 용량을 정하는지 그 값을 쓰고 실제 필요한 발전기 용량을 정하시오.

답안

1) • 계산 : 발전기의 출력 $P = \dfrac{\Sigma W_L \times L}{\cos\theta}$ [kVA]

$$P = \left(\frac{150 + (150 + 100 \times 3 + 50 \times 2) \times 0.8}{0.9} + \frac{40}{1}\right) \times 1.1 = 765.11\,[\text{kVA}]$$

• 답 : 765.11[kVA]

2) • 계산 : 발전기 용량[kVA] $\geq \left(\dfrac{1}{\text{허용 전압 강하}} - 1\right) \times$ 기동 용량[kVA] × 과도 리액턴스

$$P \geq \left(\frac{1}{0.2} - 1\right) \times 0.25 \times 750 \times 1.1 = 825\,[\text{kVA}]$$

• 답 : 825[kVA]

3) 발전기 용량은 825[kVA] 기준으로 정하며 표준용량 1000[kVA]를 적용한다.

02 출제년도 : 00, 10 배점 4점

다음 그림과 같이 건물에 대한 배선설계를 하려고 한다. 표준부하에 의한 부하용량[VA]를 산정하고 최소 분기회로수를 구하시오. (단, 이 건물의 사용전압은 200[V]이고 15[A] 분기회로이다)

상 점 – 120[m²]	
음식점 – 60[m²]	미용실 – 60[m²]

1) 부하용량

• 계산 : • 답 :

2) 분기회로수

• 계산 : • 답 :

1) 부하용량

• 계산 : $120 \times 30 + 60 \times 20 + 60 \times 30 = 6600$ • 답 : 6600[VA]

2) 분기회로수

• 계산 : 분기회로수 : $\dfrac{6600}{200 \times 15} = 2$ • 답 : 3회로

03 출제년도 : 10

배점 4점

조명설계시 에너지 절약대책에 대하여 5가지만 쓰시오.

•

•

•

•

•

① 고효율 등기구 사용
② 고역률 등기구 사용
③ 자연광을 최대한 이용
④ 등기구의 격등제어
⑤ 등기구의 보수 및 유지관리

04 출제년도 : 10 / 유사 : 06, 11, 18

배점 5점

다음 주어진 단선도를 보고 실체도(복선도)를 완성하시오.

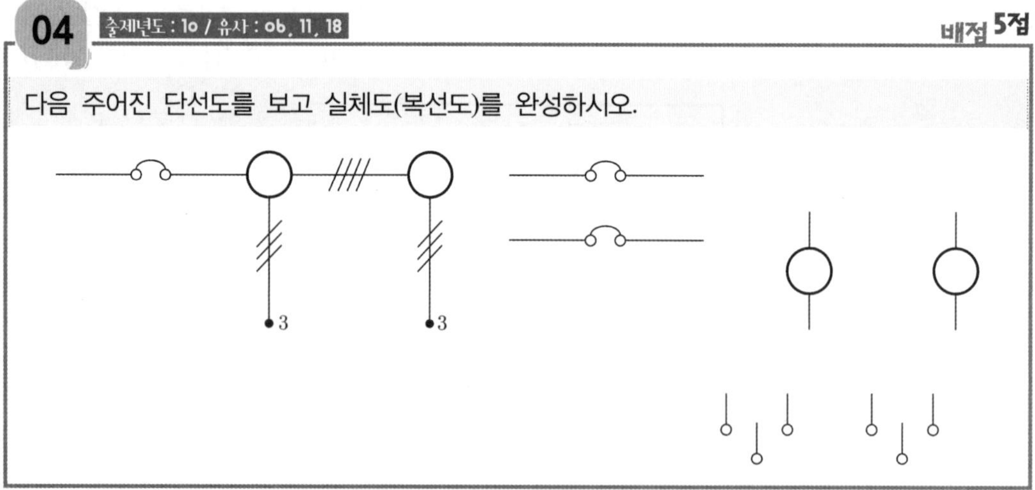

답안

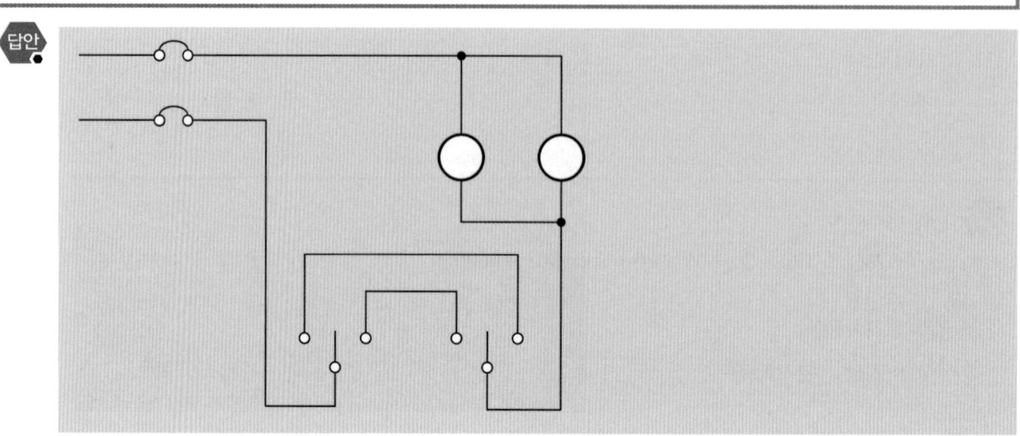

05 출제년도 : 10

배점 5점

전력 케이블에 있어서 열화의 대부분은 트리(Tree)가 성장 발전하여 절연 파괴에 이른다고 한다. 이와 관련하여 다음 각 물음에 답하시오.

1) 트리 현상이란?

2) 트리 현상의 종류 3가지를 쓰시오.

-
-
-

1) 절연체와 도체 사이에 나뭇가지 모양으로 절연물이 파괴되어 가는 현상
2) 수트리, 전기적 트리, 화학적 트리

06 출제년도 : 10

배점 4점

예상이 곤란한 전등 수구 및 콘센트 등이 있을 경우에는 예상부하를 적용하여 부하산정을 한다. 표준부하[VA/개]를 적으시오.

- 소형수구 : 150[VA/개]
- 대형수구 : 300[VA/개]

07 출제년도 : 10

배점 5점

전기화재 발생원인 5가지를 쓰시오.

-
-
-
-
-

답안

① 누전 ② 과전류(과부하)
③ 단락 ④ 도체접속부 과열
⑤ 정전기 불꽃

08 출제년도 : 10

배점 5점

전기설비 설계 완료시 필요한 시방서의 기재사항을 5가지를 쓰시오.

-
-
-
-
-

① 공사 명칭 및 공사 목적, 준공일 ② 시공범위 및 시공방법
③ 납품장소 및 공사장소 ④ 기기, 재료의 지정
⑤ 대금지불 방법

09 출제년도 : 10 배점 5점

그림은 전자개폐기 MC에 의한 시퀀스 회로를 개략적으로 그린 것이다. 이 그림을 보고 다음 각 물음에 답하시오.

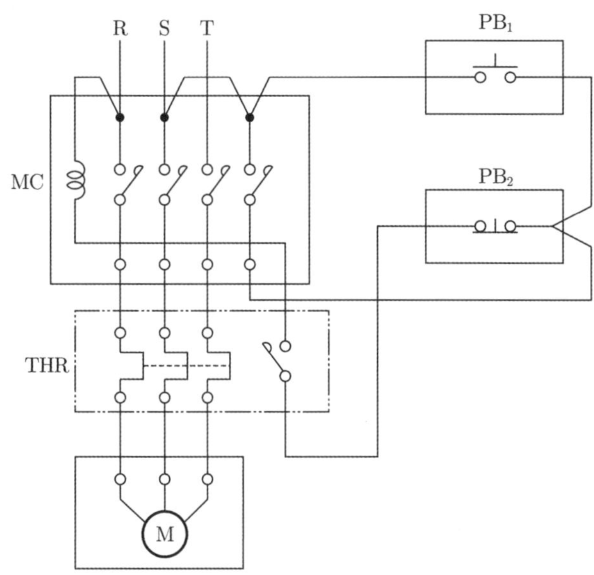

1) 그림과 같은 회로용 전자개폐기 MC의 보조 접점을 사용하여 자기유지가 될 수 있는 일반적인 시퀀스 회로로 다시 작성하여 그리시오.

2) 시간 t_3에 열동계전기가 작동하고, 시간 t_4에서 수동으로 복귀하였다. 이 때의 동작을 타임 차트에 표시하시오.

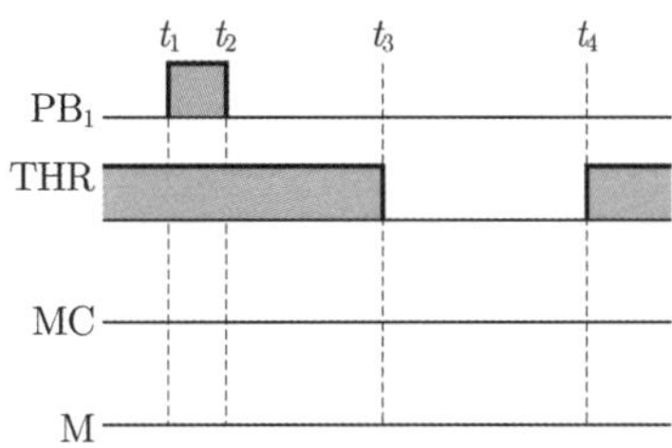

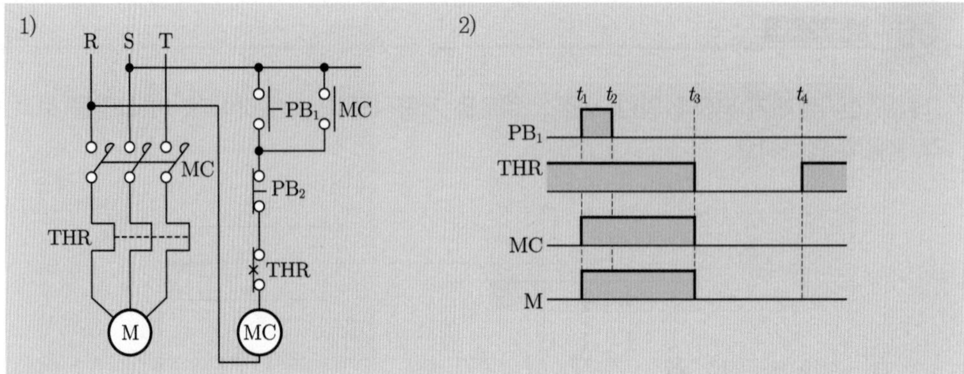

유접점 시퀀스 회로 각 부분 명칭

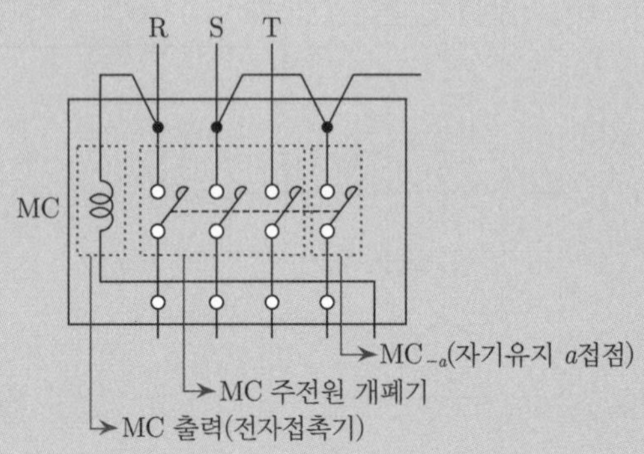

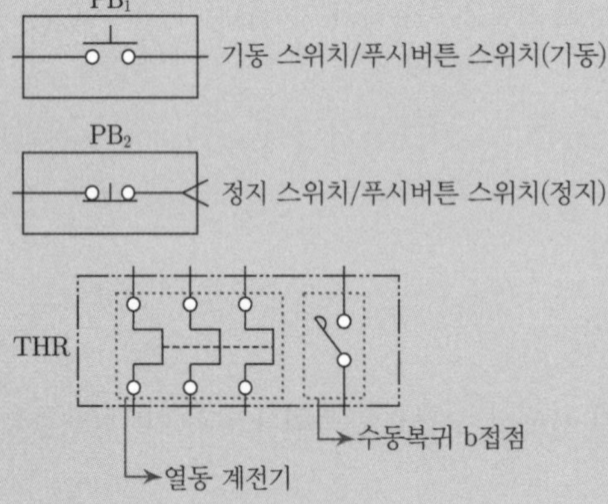

1) **동작 설명**

① 전원 인가 후 PB_1 누르면 MC 여자

② MC 주전원 개폐기 폐로되며 전동기 운전

③ MC_{-a}접점 폐로되며 PB_1에서 손을 떼어도 자기유지

④ PB_2 누를시 MC 소자

⑤ MC 주전원 개폐기 개로되며 전동기 정지

⑥ MC_{-a}접점 개로되며 자기유지 해제

⑦ 전동기 운전 중 과부하가 검출되면 열동계전기(THR)가 트립되어 수동복귀 b접점이 개로되며 전동기 정지. 이 때 접점의 복귀는 반드시 수동으로 복귀한다.

10 출제년도 : 10

배점 5점

다음 아래 PLC 프로그램에 대하여 PLC 래더 다이어그램, 논리회로 및 논리식을 작성하시오.

스텝	명령어	번지
1	STR NOT	170
2	AND	171
3	OR	170
4	OUT	172

1) PLC 래더 다이어그램을 그리시오.

2) 논리식을 완성하시오.

172 =

3) 논리회로를 그리시오.

답안

1) 래더 다이어그램

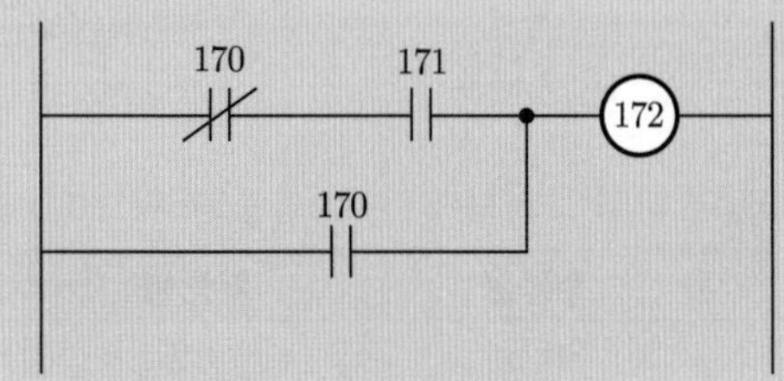

2) 출력식 $172 = \overline{170} \cdot 171 + 170$

3) 논리회로

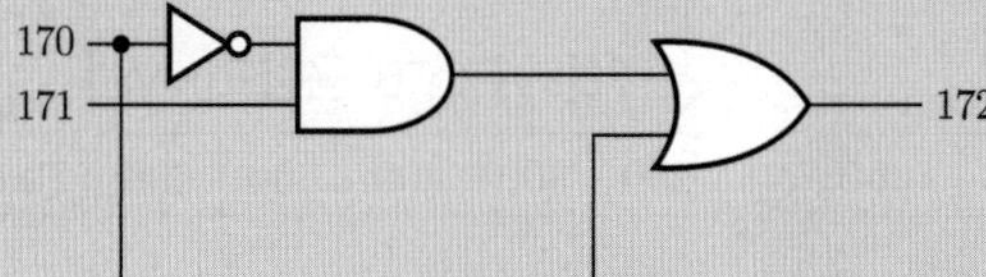

11 출제년도 : 00, 01, 10 / 유사 : 17 **배점 14점**

그림은 어떤 변전소의 도면이다. 변압기 상호 부등률이 1.3이고, 부하의 역률 90[%]이다. STr의 내부 임피던스 4.5[%], Tr_1, Tr_2, Tr_3의 내부 임피던스가 10[%], 154[kV] BUS의 내부 임피던스가 0.5[%]이다. 부하는 표와 같다고 할 때 주어진 도면과 참고표를 이용하여 다음 각 물음에 답하시오.

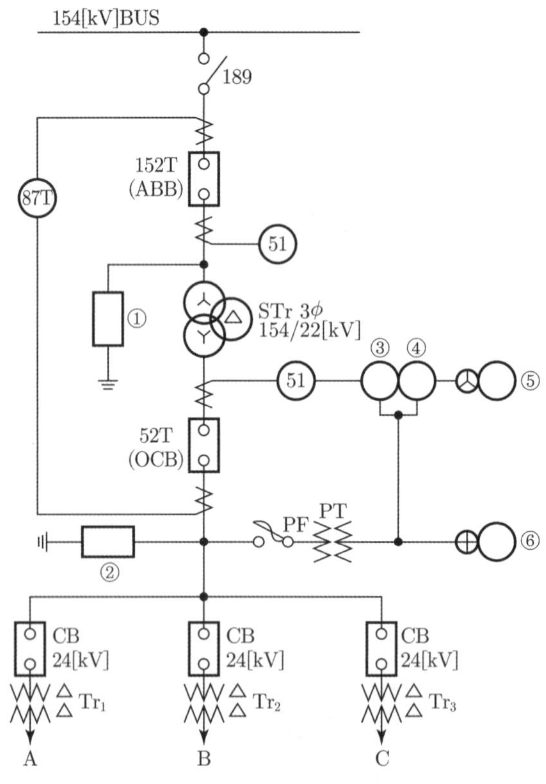

부 하	용 량	수용률	부등률
A	5000[kW]	80[%]	1.2
B	3000[kW]	84[%]	1.2
C	7000[kW]	92[%]	1.2

154[kV] ABB 용량표[MVA]

2000	3000	4000	5000	6000	7000

22[kV] OCB 용량표[MVA]

200	300	400	500	600	700

154[kV] 변압기 용량표[kVA]

10000	15000	20000	30000	40000	50000

22[kV] 변압기 용량표[kVA]

2000	3000	4000	5000	6000	7000

1) Tr_1 변압기 용량[kVA]은?

- 계산 : • 답 :

2) Tr_2 변압기 용량[kVA]은?

- 계산 : • 답 :

3) Tr_3 변압기 용량[kVA]은?

- 계산 : • 답 :

4) STr의 변압기 용량[kVA]은?

- 계산 : • 답 :

5) 차단기 152T의 용량[MVA]은?

- 계산 : • 답 :

6) 차단기 52T의 용량[MVA]은?

- 계산 : • 답 :

7) 87T의 명칭과 용도는?

- 명칭 :
- 용도 :

8) 51의 명칭과 용도는?

- 명칭 :
- 용도 :

9) ①～⑥에 알맞은 심벌을 기입하시오.

번호	심 벌	번호	심 벌
①		④	
②		⑤	
③		⑥	

답안

1) • 계산 : $Tr_1 = \dfrac{\text{설비용량} \times \text{수용률}}{\text{부등률} \times \text{역률}} = \dfrac{5000 \times 0.8}{1.2 \times 0.9} = 3703.703[\text{kVA}]$

∴ 표에서 4000[kVA] 선정

• 답 : 4000[kVA]

2) • 계산 : $Tr_2 = \dfrac{3000 \times 0.84}{1.2 \times 0.9} = 2333.333[\text{kVA}]$

∴ 표에서 3000[kVA] 선정

• 답 : 3000[kVA]

3) • 계산 : $Tr_3 = \dfrac{7000 \times 0.92}{1.2 \times 0.9} = 5962.962[\text{kVA}]$

∴ 표에서 6000[kVA] 선정

• 답 : 6000[kVA]

4) • 계산 : $STr = \dfrac{3703.703 + 2333.333 + 5962.962}{1.3} = 9230.767[\text{kVA}]$

∴ 표에서 10000[kVA] 선정

• 답 : 10000[kVA]

5) • 계산 : $152T = \dfrac{100}{0.5} \times 10 = 2000[\text{MVA}]$

∴ 표에서 2000[MVA] 선정

• 답 : 2000[MVA]

6) • 계산 : $52T = \dfrac{100}{0.5 + 4.5} \times 10 = 200[\text{MVA}]$

∴ 표에서 200[MVA] 선정

• 답 : 200[MVA]

7) • 명칭 : 주변압기 차동 계전기
• 용도 : 1, 2차측의 전류차에 의해 동작하여 변압기 보호

8) • 명칭 : 과전류 계전기
• 용도 : 과전류에 의해 동작 차단기를 개로시킴

9)

번호	심 벌	번호	심 벌
①		④	PF
②		⑤	A
③	KW	⑥	V

12 출제년도 : 00, 03, 10 / 유사 : 12, 17 배점 6점

비접지 선로의 접지 전압을 검출하기 위하여 그림과 같은 Y－개방△결선을 한 GPT가 있다.

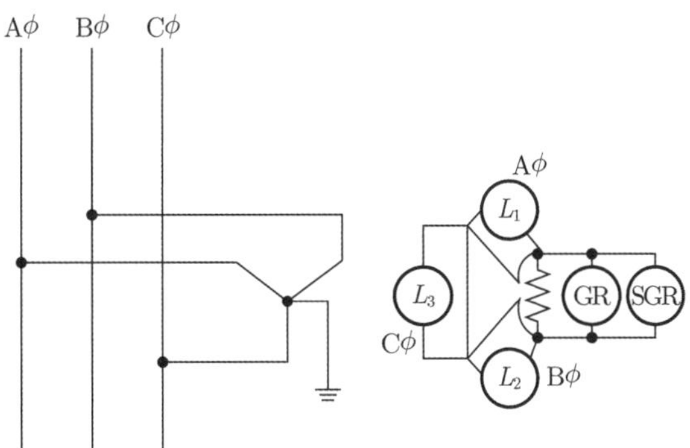

1) 정상상태시 각 상 전압과 $L_1 \sim L_3$의 밝기를 설명하시오.

2) Aϕ 고장시 각 상 전압과 $L_1 \sim L_3$의 밝기를 비교하시오.

3) GR, SGR의 우리말 명칭을 간단히 쓰시오.
- GR :
- SGR :

답안

1) 각 상 전압은 $\frac{110}{\sqrt{3}}$ 이며, 밝기는 동일하다.
2) Aϕ 전압은 0[V], B, C상 110[V], A상 소등, B, C상은 더 밝아진다.
3) • GR : 지락계전기
   • SGR : 지락 선택 계전기

해설

Aϕ 고장시(지락시) 지락이 일어난 상 즉 Aϕ은 0[V]로 전위가 떨어지며 건전상 즉 B, C상은 상규 대지전압$\left(\frac{110}{\sqrt{3}}\right)$의 $\sqrt{3}$ 배가 상승하여 110[V]가 된다.

13 출제년도 : 06, 10

배점 4점

머레이 루프법(Murray loop)으로 선로의 고장 지점을 찾고자 한다. 선로의 길이가 4[km](0.2[Ω/km])인 선로에 그림과 같이 접지 고장이 생겼을 때 고장점까지의 거리 X는 몇 [km]인가? (단, $P=270[\Omega]$, $Q=90[\Omega]$에서 브리지가 평형되었다고 한다)

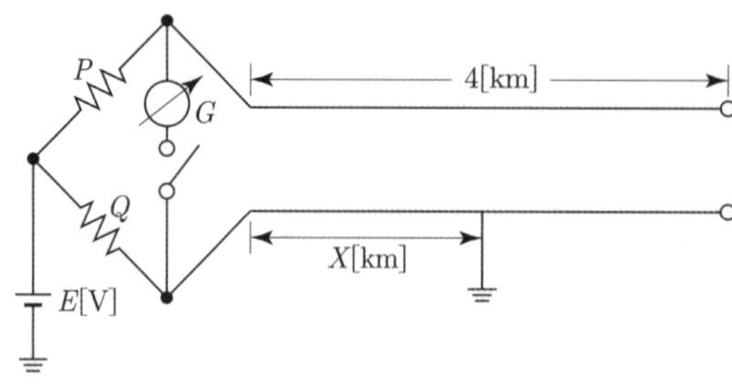

• 계산 :

• 답 :

• 계산 : $P \cdot X = (8-X) \times Q$

$PX = 8Q - QX$

$(P+Q)X = 8Q \Rightarrow X = \dfrac{8Q}{P+Q} = \dfrac{8 \times 90}{270+90}$ $\quad \therefore\ X = 2[\text{km}]$

• 답 : 2[km]

$R = \rho \dfrac{\ell}{A}$에서 고유저항과 단면적이 일정하면 $R \propto \ell$이므로 선로길이는 저항값으로 계산해도 된다.

14 출제년도 : 06, 08, 10

배점 4점

어느 수용가가 당초 지상 역률 80[%]로 160[kW]의 부하를 사용하고 있었는데, 새로 지상역률 60[%], 100[kW]의 부하를 증가하여 사용하게 되었다. 이 때 전력용 콘덴서를 이용하여 합성역률 90[%]로 개선하려고 한다면 필요한 전력용 콘덴서의 용량은 몇 [kVA]가 되겠는가?

- 계산 :
- 답 :

답안

- 계산 : 콘덴서 설치전 합성 유효전력$(P)=160+100=260[\text{kW}]$

  콘덴서 설치전 합성 무효전력$(Q)=160\times\dfrac{0.6}{0.8}+100\times\dfrac{0.8}{0.6}=253.333[\text{kVar}]$

  합성역률$(\cos\theta_1)=\dfrac{P}{\sqrt{P^2+Q^2}}=\dfrac{260}{\sqrt{260^2+253.333^2}}=0.716$

  $\therefore$ 콘덴서 용량$(Q_c)=P(\tan\theta_1-\tan\theta_2)=260\left(\dfrac{\sqrt{1-0.716^2}}{0.716}-\dfrac{\sqrt{1-0.9^2}}{0.9}\right)$

  $=127.576[\text{kVA}]$

- 답 : 127.58[kVA]

15 출제년도 : 01, 10

배점 4점

지표면상 10[m] 높이의 이 수조에 시간당 3600[m^3]의 물을 양수하는데 필요한 펌프용 전동기의 소요동력은 몇 [kW]인가? (단, 펌프 효율이 80[%]이고, 펌프측 동력에 20[%]의 여유를 준다)

- 계산 :
- 답 :

- 계산

  전동기 소요동력$(P)=\dfrac{k\times Q\times H}{6.12\times\eta}=\dfrac{1.2\times\dfrac{3600}{60}\times 10}{6.12\times 0.8}=147.058[\text{kW}]$

- 답 : 147.06[kW]

$$P=\frac{k\times Q\times H}{6.12\times\eta}=\frac{k\times\dfrac{Q'}{60}\times H}{6.12\times\eta}$$

단, $Q=\left[\dfrac{\text{m}^3}{\text{min}}\right]$, $Q'=\left[\dfrac{\text{m}^3}{\text{h}}\right]$, $Q=\dfrac{Q'}{60}$

16 출제년도 : 10 **배점 5점**

단상 2선식 전압 100[V], 전류 20[A] 부하를 사용하고 있다. 단상 적산전력량계의 계기정수가 1000[Rev/kWh]이고 원판이 20회 회전하는데 40.3초가 걸렸다. 만일 이 계기의 20[A]에 있어서 오차가 +2[%]라 하면 부하전력은 몇 [kW]인가?

• 계산 : • 답 :

• 계산 : 적산전력계의 측정값$(P_M) = \dfrac{3600 \times n}{k \cdot T} = \dfrac{3600 \times 20}{1000 \times 40.3} = 1.786[\text{kW}]$

오차율$(E) = \dfrac{P_M - P_T}{P_T} \times 100$

$\dfrac{2}{100} = \dfrac{1.786 - P_T}{P_T}$

$0.02P_T = 1.786 - P_T$

$(1 + 0.002)P_T = 1.786$

$\therefore\ P_T = \dfrac{1.786}{1.02} = 1.75[\text{kW}]$

• 답 : 1.75[kW]

적산전력계 측정값$(P_M) = \dfrac{3600 \times n}{k \times T}$ (단, n : 회전수, k : 계기정수[Rev/kWh], T : 시간[s])

오차율$(E) = \dfrac{P_M - P_T}{P_T} \times 100$ (단, P_M : 측정값 전력, P_T : 참값 전력)

17 출제년도 : 10 **배점 5점**

그림과 같이 6300/210[V]인 단상 변압기 3대를 $\Delta-\Delta$ 결선하여 수전단 전압이 6000[V]인 배전 선로에 연결하였다. 이 중 2대의 변압기는 감극성이고 CA상에 연결된 변압기가 가극성이었다고 한다. 전압계 ⓥ에는 몇 [V]의 전압이 유기되는가?

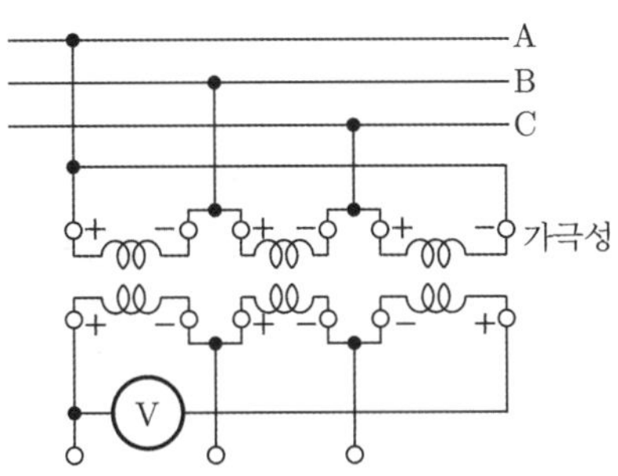

• 계산 :

• 답 :

• 계산 : 변압기 2차측 전압(V_2) $=6000\times\dfrac{210}{6300}=200[\text{V}]$

전압계 ⓥ $=200\angle 0+200\angle 240-200\angle 120[\text{V}]$

$$=200+200\left(-\frac{1}{2}-j\frac{\sqrt{3}}{2}\right)-200\left(-\frac{1}{2}+j\frac{\sqrt{3}}{2}\right)[\text{V}]$$

$$=200-j346.41[\text{V}]$$

ⓥ$=\sqrt{200^2+346.41^2}=399.999[\text{V}]$

• 답 : 400[V]

18 출제년도 : 04, 10, 19

배점 7점

그림과 같은 3상 3선식 220[V]의 수전회로가 있다. Ⓗ는 전열부하이고, Ⓜ은 역률 0.8의 전동기이다. 이 그림을 보고 다음 각 물음에 답하시오.

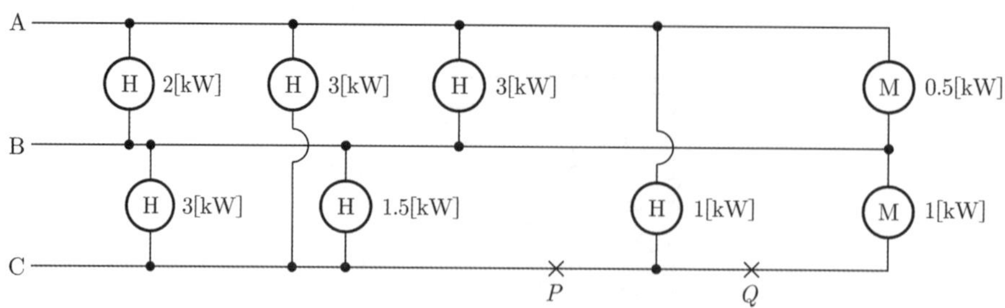

1) 저압 수전의 3상 3선식 선로인 경우에 설비불평형률은 몇 [%] 이하로 하여야 하는가?

2) 그림의 설비불평형률은 몇 [%]인가? (단, P, Q점은 단선이 아닌 것으로 계산한다)
- 계산 :
- 답 :

3) P, Q점에서 단선이 되었다면 설비불평형률은 몇 [%]가 되겠는가?
- 계산 :
- 답 :

1) 30[%]

2) • 계산 : $P_{AB} = 2 + 3 + \frac{0.5}{0.8} = 5.625[\text{kVA}]$

$P_{BC} = 3 + 1.5 + \frac{1}{0.8} = 5.75[\text{kVA}]$

$P_{CA} = 3 + 1 = 4[\text{kVA}]$

$\text{설비불평형률} = \frac{5.75 - 4}{(5.625 + 5.75 + 4) \times \frac{1}{3}} \times 100[\%] = 34.146[\%]$

• 답 : 34.15[%]

3) • 계산 : $P_{AB} = \left(2 + 3 + \frac{0.5}{0.8}\right) = 5.625[\text{kVA}]$

$P_{BC} = 3 + 1.5 = 4.5[\text{kVA}]$

$P_{CA} = 3[\text{kVA}]$

$\text{설비불평형률} = \frac{5.625 - 3}{(5.625 + 4.5 + 3) \times \frac{1}{3}} \times 100 = 60[\%]$

• 답 : 60[%]

해설

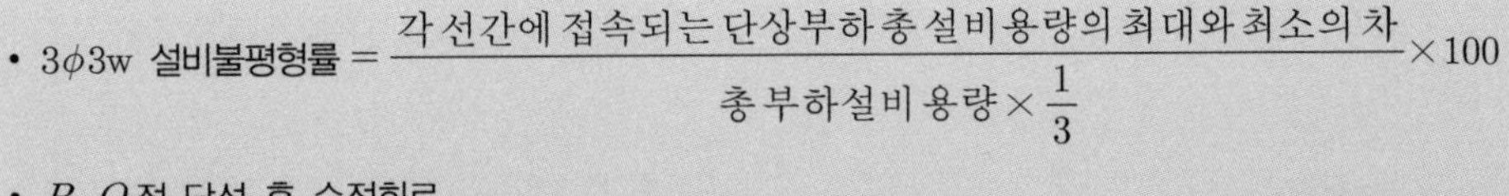

- 3φ3w 설비불평형률 $= \dfrac{\text{각 선간에 접속되는 단상부하 총 설비용량의 최대와 최소의 차}}{\text{총 부하설비 용량} \times \frac{1}{3}} \times 100$

- P, Q점 단선 후 수전회로

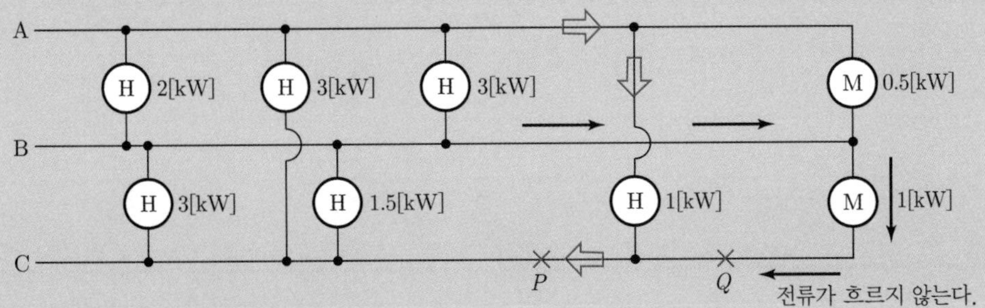

P_{AC} 전열기 1[kW], P_{BC} 전동기 1[kW] 사용 못한다.

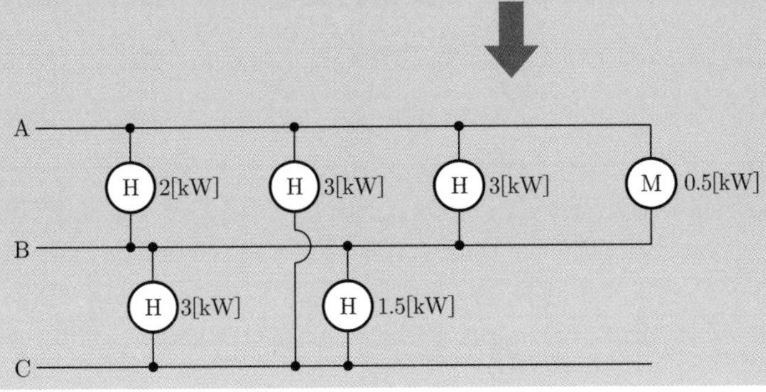

전기기사 실기 기출문제

2011

2011년 실기 기출문제 분석

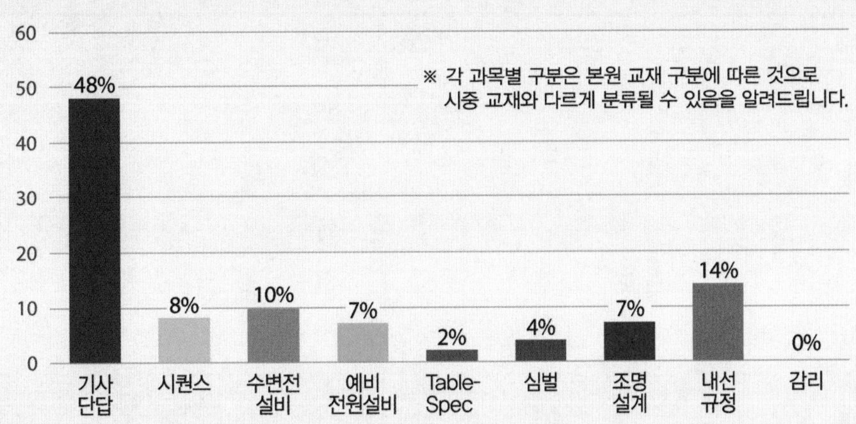

전기기사 실기 기출문제 2011년 1회

01 출제년도 : 11 배점 6점

그림과 같은 평면도의 건물에 대한 배선 설계를 하기 위하여 주어진 조건을 이용하여 분기회로 수를 결정하시오. (단, 사용전압은 220[V] 분기회로 정격은 15[A]로 한다)

• 계산 : • 답 :

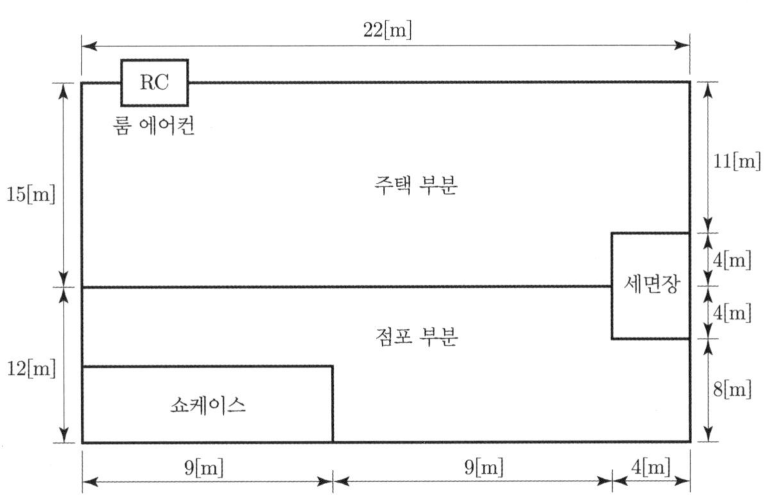

① 건물의 종류에 대응한 표준부하

건물의 종류	표준부하[VA/m^2]
공장, 공회당, 사원, 교회, 극장, 영화관, 연회장 등	10
기숙사, 여관, 호텔, 병원, 음식점, 다방, 대중목욕탕, 학교	20
주택, 아파트, 사무실, 은행, 상점, 이발소, 미장원	30

[비고 1] 건물이 음식점과 주택 부분의 2 종류로 될 때에는 각각 그에 따른 표준부하를 사용할 것
[비고 2] 학교와 같이 건물의 일부분이 사용되는 경우에는 그 부분만을 적용한다.

② 건물(주택, 아파트를 제외) 중 별도 계산할 부분의 표준부하

건물의 종류	표준부하[VA/m²]
복도, 계단, 세면장, 창고, 다락	5
강당, 관람석	10

③ 표준부하에 따라 산출한 수치에 가산하여야 할 [VA] 수

- 주택, 아파트(1세대마다)에 대하여는 1000～500[VA]
- 상점의 진열창에 대하여는 진열창의 폭 1[m]에 대하여 300[VA]
- 옥외의 광고등, 전광사인, 네온사인 등의 [VA] 수
- 극장, 댄스홀 등의 무대 조명, 영화관 등의 특수 전등부하의 [VA] 수

- 예상이 곤란한 콘센트 등에 끼우는 접속기, 소켓 등이 있을 경우에라도 이를 상정하지 않는다.

- 계산

최대부하용량 P = 바닥면적 × 표준부하 + 가산부하[VA]

$P_1 = (15 \times 22 - 4 \times 4) \times 30 + 1000 = 10420$[VA](주택)

$P_2 = (12 \times 22 - 4 \times 4) \times 30 + 9 \times 300 = 10140$[VA](상점)

$P_3 = (8 \times 4) \times 5 = 160$[VA](세면장)

분기회로수 $N = \dfrac{P}{VI}$

$$N = \frac{10420 + 10140 + 160}{220 \times 15} = 6.278 \Rightarrow 7\text{회로}$$

- 답 : 8회로(일반 7회로 + 룸 에어컨 1회로)

02 출제년도 : 06, 11 배점 8점

예비 전원으로 이용되는 축전지에 대한 다음 각 물음에 답하시오.

1) 그림과 같은 부하 특성을 갖는 축전지를 사용할 때 보수율이 0.8, 최저 축전지 온도 5[℃], 허용 최저 전압 90[V]일 때 몇 [Ah] 이상인 축전지를 선정하여야 하는가? (단, $I_1 = 50$[A], $I_2 = 40$[A], $K_1 = 1.15$, $K_2 = 0.91$, 셀(cell)당 전압은 1.06[V/cell]이다)
   - 계산 :
   - 답 :

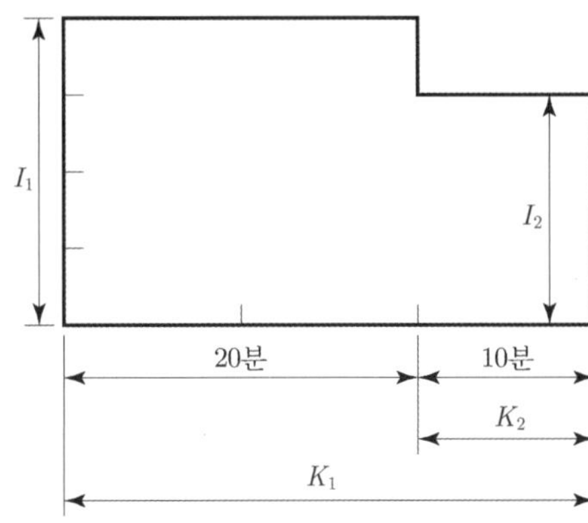

2) 축전지의 과방전 및 방치 상태, 가벼운 설페이션(Sulfation) 현상 등이 생겼을 때 기능 회복을 위하여 실시하는 충전 방식은 무엇인가?

3) 연 축전지와 알칼리 축전지의 공칭 전압은 각각 몇 [V]인가?
   - 연 축전지 :
   - 알칼리 축전지 :

4) 축전지 설비를 하려고 한다. 그 구성 요소를 크게 4가지로 구분하시오.

1) • 계산 : $C = \frac{1}{L}[K_1 I_1 + K_2(I_2 - I_1)]$ (여기서, L : 보수율, K : 용량환산시간, I : 방전전류)

$$= \frac{1}{0.8}[1.15 \times 50 + 0.91(40 - 50)] = 60.5\,[\text{Ah}]$$

   • 답 : 60.5[Ah]

2) 회복 충전

3) • 연 축전지 : 2[V] • 알칼리 축전지 : 1.2[V]

4) ① 축전지 ② 제어장치 ③ 보안장치 ④ 충전장치

03 출제년도 : 03, 11 　　　　배점 6점

점멸기의 물음에 답하시오.

1) 점멸기의 용량 표시 방법에서 몇 [A] 이상 표기하는가?

2) 다음 심벌의 명칭을 쓰시오.

① ●$_{2P}$

② ●$_4$

3) 방수형과 방폭형은 어떤 문자로 표기하는가?

① 방수형 :

② 방폭형 :

1) 15[A] 이상

2) ① 2극 스위치 　② 4로 스위치

3) ① 방수형 : WP 　② 방폭형 : EX

04 출제년도 : 11 / 유사 : 00, 01, 02, 03, 04, 05, 06, 07, 09, 10, 11, 12, 13, 14, 15, 16, 17 　　　　배점 5점

각 방향에 900[cd]의 광도를 갖는 광원을 높이 3[m]에 취부한 경우 직하로부터 30° 방향의 수평면 조도를 구하시오.

• 계산 : 　　　　• 답 :

• 계산 : $E_h = \frac{I}{h^2} \cdot \cos^3\theta$

$= \frac{900}{3^2} \times (\cos 30)^3$

$= 64.951 \text{[lx]}$

• 답 : 64.95[lx]

05 출제년도 : 11 / 유사 : 01, 10, 12 배점 4점

그림과 같이 단상 2선식 100[V]의 전원이 공급되는 전동기가 누전으로 인해 외함에 전기가 흐를 때 사람이 접촉하였다. 접촉한 사람에게 위험을 줄 접촉 전압 V_0 는 얼마인가? (단, 변압기 2차측 접지저항은 20[Ω], 전동기의 외함 접지저항은 30[Ω]이라 하고, 변압기 및 선로의 임피던스는 무시한다)

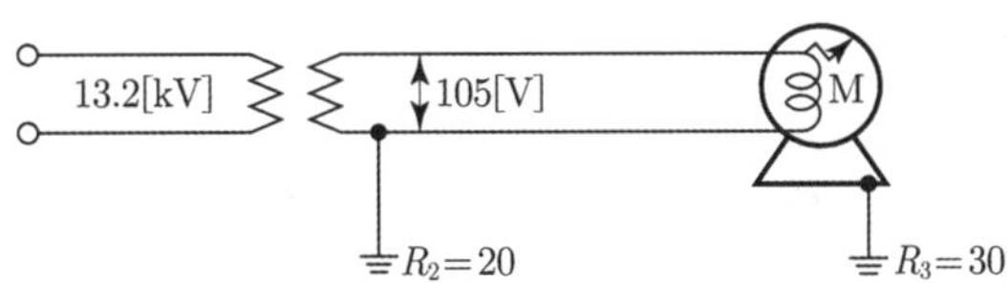

• 계산 : • 답 :

답안

• 계산 : $V_0 = \dfrac{R_3}{R_2+R_3} \cdot V$

$= \dfrac{30}{20+30} \times 105$

$= 63[V]$

• 답 : 63[V]

06 출제년도 : 11

배점 5점

다음 아래 그림에서 3개의 접점 A, B, C에서 두 개 이상이 ON되었을 때 RL이 점등되는 회로이다. 다음 물음에 답하시오.

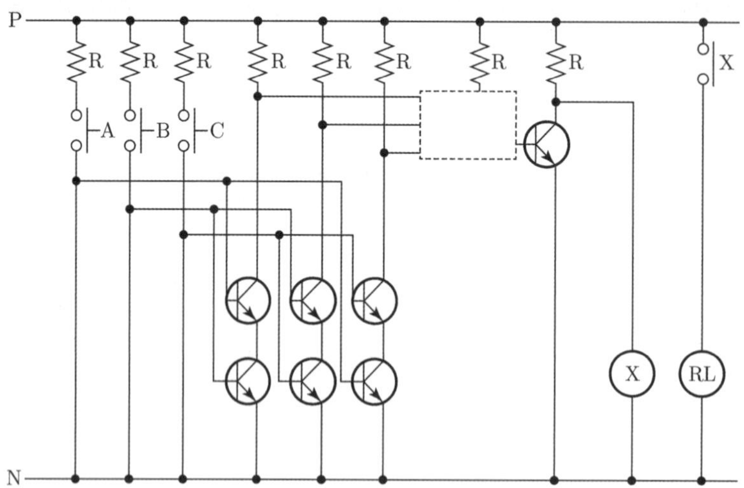

1) 점선 안에 내부회로를 다이오드 소자를 이용하여 올바르게 연결하시오.

2) 진리표를 완성하시오.

입 력			출 력
A	B	C	X
0	0	0	
0	0	1	
0	1	0	
0	1	1	
1	0	0	
1	0	1	
1	1	0	
1	1	1	

3) X의 논리식을 간단화 하시오.

1)

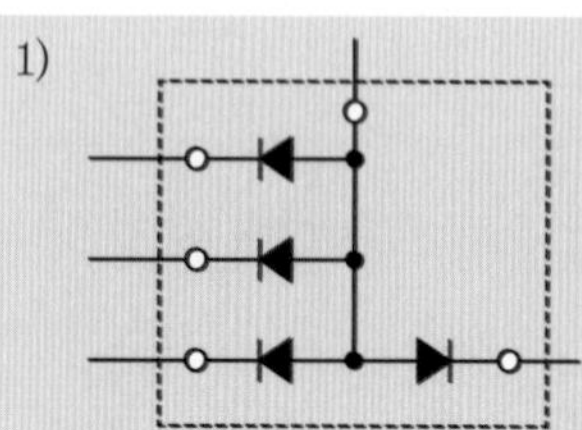

2)

입 력			출 력
A	B	C	X
0	0	0	0
0	0	1	0
0	1	0	0
0	1	1	1
1	0	0	0
1	0	1	1
1	1	0	1
1	1	1	1

3) 논리식

$$X = \overline{A}BC + A\overline{B}C + AB\overline{C} + ABC$$
$$= \overline{A}BC + A\overline{B}C + AB(\overline{C}+C)$$
$$= \overline{A}BC + A(\overline{B}C + B)$$
$$= \overline{A}BC + AB + AC$$
$$= B(\overline{A}C + A) + AC$$
$$= AB + BC + AC$$

2) 문제의 조건에서 3개의 A, B, C 중 두 개 이상이 ON 되었을 시 출력이 발생한다는 조건을 주어졌기 때문에 진리표에서 A, B, C 중 두 개가 "1"일 때 또는 A, B, C가 모두 "1"일 때 출력이 발생할 수 있다.

3) 논리식 간소화 3가지 법칙을 이용하여 논리식을 간소화시킨다.

① $(A+1)$: 1(괄호 내에 "1"이 있으면 그 결과는 항상 "1"이 된다)

② $(A+\overline{A})$: 1

③ $(A+\overline{A}B)$: 괄호 내에 있는 A를 삭제할 수 있다.

ex) $A+\overline{A}B = A+B$, $\overline{A}+AB = \overline{A}+B$

※ 변하지 않는 변수로 묶어 논리식 간소화 3가지 법칙을 이용하여 간소화시킨다.

논리식 $X = \overline{A}BC + A\overline{B}C + AB\overline{C} + ABC$ → 진리표의 출력

$= \overline{A}BC + A\overline{B}C + AB(\overline{C}+C)$ → 변하지 않는 변수 AB로 묶어준다. $(\overline{C}+C)=1$

$= \overline{A}BC + A(\overline{B}C + B)$ → 변하지 않는 변수 A로 묶어준다. $(\overline{B}C+B)=(C+B)$

$= \overline{A}BC + AB + AC$ → 간소화 이후 괄호 내에 있는 변수를 분배법칙을 이용하여 전개한다.

$= B(\overline{A}C + A) + AC$ → 변하지 않는 변수 B로 묶어준다. $(\overline{A}C+A)=(C+A)$

$= AB + BC + AC$ → 간소화 이후 괄호 내에 있는 변수를 분배법칙을 이용하여 전개한다.

07 출제년도 : 11 배점 8점

다음은 유도전동기 $Y-\Delta$ 회로입니다. 다음 회로를 보고 물음에 답하시오.

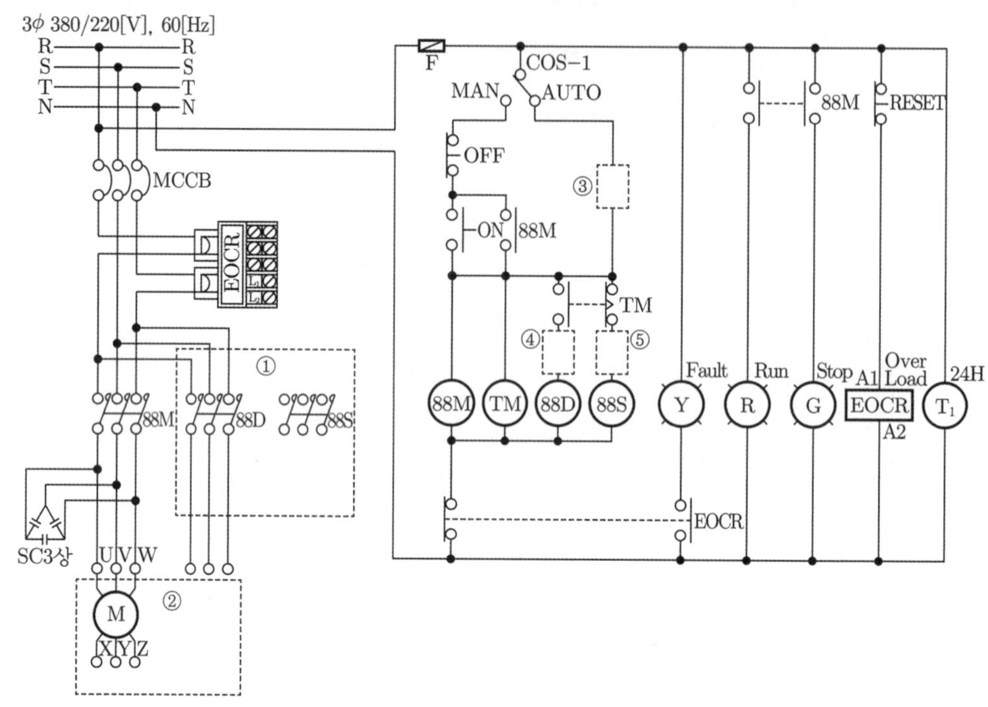

1) ①, ② 빈칸의 회로를 완성하시오.

2) ③, ④, ⑤의 알맞은 접점을 그리시오.

3) 다음 기호의 명칭은?

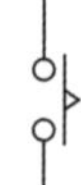

4) 타임차트를 완성하시오.

	t_1	t_2	t_3	t_4	t_5
ON					
OFF					
88M					
88S					
88D					
Run					

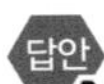

답안

1)

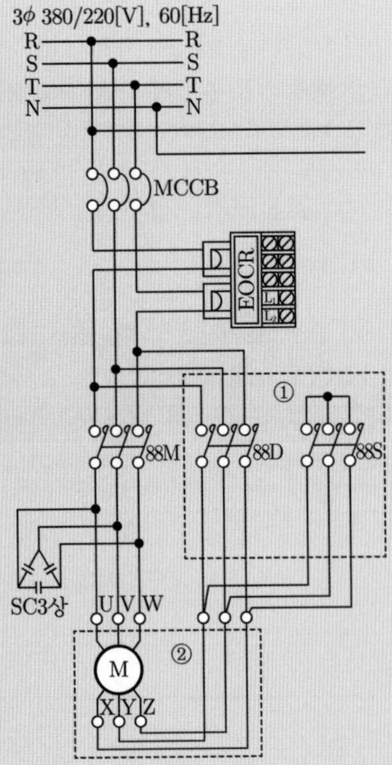

3φ 380/220[V], 60[Hz]
R
S
T
N
MCCB
EOCR
①
88M
88D
88S
SC3상
U V W
M
②
X Y Z

2) ③ ④ ⑤

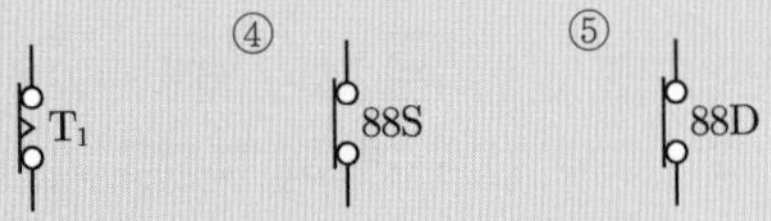

T_1
88S
88D

3) 한시동작 순시복귀 a접점

4)

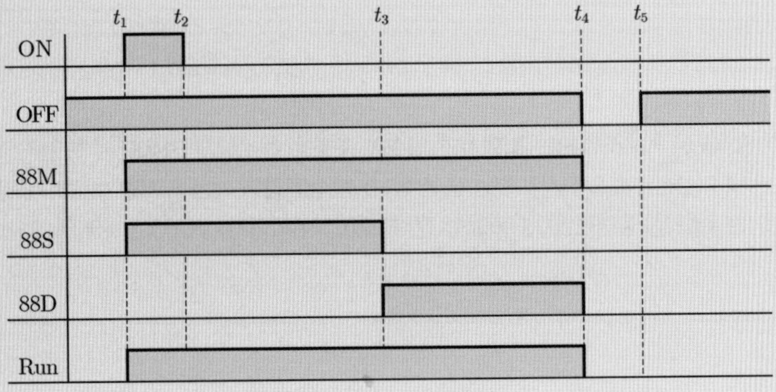

t_1
t_2
t_3
t_4
t_5
ON
OFF
88M
88S
88D
Run

1) • 자동 동작시 : 전원 투입(MCCB 투입) 시 88S가 여자되고 설정시간(t초) 후 한시동작 순시복귀 b접점(TM_{-b})이 개로되어 88S가 소자되며 한시동작 순시복귀 a접점(TM_{-a})이 폐로되어 88D가 여자되므로 88S가 Y결선으로 기동, 88D가 Δ결선으로 운전된다.

• 수동 동작시 : 전원 투입(MCCB 투입) 후 ON 버튼 누를 시 88S가 여자되고 설정시간(t초) 후 한시동작 순시복귀 b접점(TM_{-b})이 개로되어 88S가 소자되며 한시동작 순시복귀 a접점(TM_{-a})이 폐로되어 88D가 여자되므로 88S가 Y결선으로 기동, 88D가 Δ결선으로 운전된다.

2) ③ 자동으로 전동기 운전시 T_1의 설정시간(24H) 동안 전동기가 운전되며 설정시간(24H) 후 전동기가 정지해야 하기 때문에 한시동작 순시복귀 b접점(T_{1-b})을 넣어준다.

④·⑤ 88S, 88D는 Y-Δ 운전에 대한 전자접촉기로서 동시 투입이 될 수 없는 인터록 관계이기 때문에 ④는 $88S_{-b}$접점, ⑤는 $88D_{-b}$ 접점을 넣어준다.

08 출제년도 : 11

배점 4점

수전전압 22.9[kV−Y]에 진공차단기와 몰드변압기를 사용하는 경우 개폐 시 이상전압으로부터 변압기 등 기기보호 목적으로 사용되는 것으로 LA와 같은 구조와 특성을 가진 것을 쓰시오.

서지 흡수기

① 서지 흡수기(Surge Absorber)는 피뢰기와 비슷한 구조로 선로에서 발생할 수 있는 개폐서지, 순간과도전압 등의 이상전압에 2차 기기(변압기, 전동기) 등 내전압이 낮은 기기를 보호하기 위해 설치한다.

② 서지 흡수기는 18[kV](정격전압), 5000[A](정격전류)로서 피뢰기 18[kV], 2500[A]와 비교하여 암기한다.

09 출제년도 : 11 배점 9점

그림은 고압 진상용 콘덴서 설치도이다. 다음 물음에 답하시오.

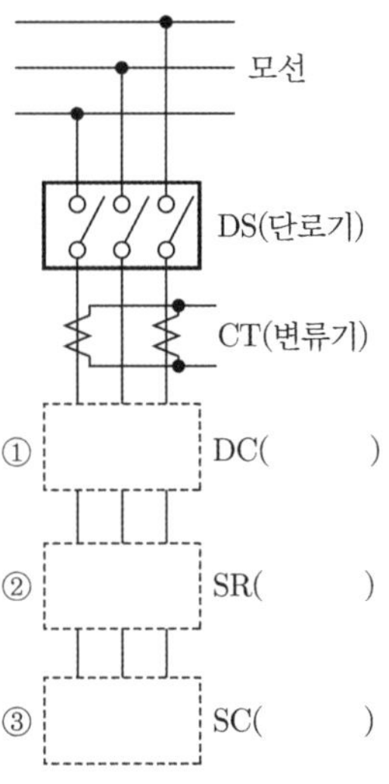

1) ①, ②, ③의 명칭을 우리말로 쓰시오.

① ( ), ② ( ), ③ ( )

2) ①, ②, ③의 설치 사유를 쓰시오.

①

②

③

(3) ①, ②, ③의 회로를 완성하시오.

1) ① 방전코일, ② 직렬 리액터, ③ 전력용 콘덴서

2) ① 전원 개방시 콘덴서에 축적된 잔류전하 방전

② 제5고조파 제거하여 기전력의 파형 개선

③ 부하의 역률 개선

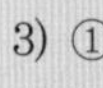

3) ① ② ③

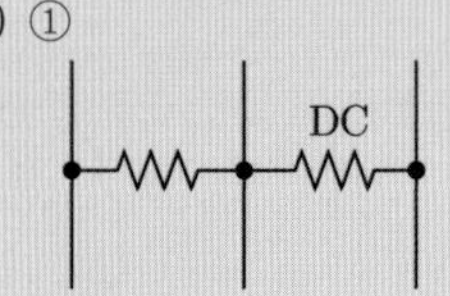

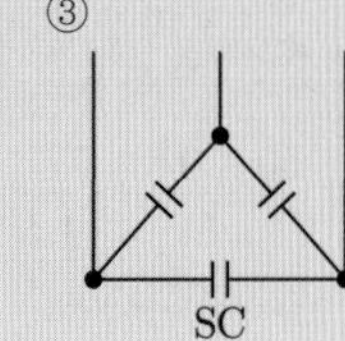

SC

10 출제년도 : 11

배점 3점

사용중의 변류기 2차측을 개로하면 변류기에는 어떤 현상이 발생하는지 원인과 결과를 쓰시오.

- 원인 :
- 결과 :

- 원인 : 변류기 2차가 개로되면 1차 전류가 모두 여자전류가 되어 철심은 포화되고 철손이 증가하여 2차측에 과전압이 발생한다.
- 결과 : 변류기의 절연이 파괴될 수 있다.

11 출제년도 : 04, 11

배점 4점

그림과 같이 부하가 A, B, C에 시설될 경우, 이것에 공급할 변압기 Tr의 용량을 계산하여 표준용량을 선정하시오. (단, 부등률은 1.1, 부하 역률은 80[%]로 한다)

변압기 표준용량[kVA]

50	100	150	200	250	300	350

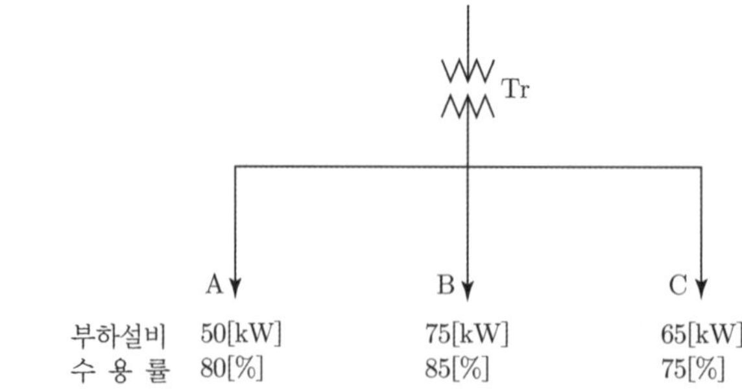

- 계산 :
- 답 :

- 계산 : $변압기\ 용량 = \dfrac{\sum(설비용량 \times 수용률)}{부등률 \times 역률}[\text{kVA}]$

$$= \frac{50 \times 0.8 + 75 \times 0.85 + 65 \times 0.75}{1.1 \times 0.8}$$

$$= 173.295[\text{kVA}]$$

- 답 : 200[kVA]

12 출제년도 : 01, 11

배점 5점

역률 80[%], 500[kVA]의 부하를 가지는 변압기 설비에 150[kVA]의 콘덴서를 설치해서 역률을 개선하는 경우 변압기에 걸리는 부하는 몇 [kVA]인가?

• 계산 :

• 답 :

• 계산 : 역률 개선 전 유효전력$(P) = P_a \times \cos\theta = 500 \times 0.8 = 400[\text{kW}]$

역률 개선 전 무효전력$(Q) = P_a \times \sin\theta = 500 \times 0.6 = 300[\text{kVar}]$

역률 개선 후 무효전력$(Q') = Q - Q_c = 300 - 150 = 150[\text{kVar}]$

∴ 변압기에 걸리는 부하 $= \sqrt{P^2 + Q'^2} = \sqrt{400^2 + 150^2} = 427.2[\text{kVA}]$

• 답 : 427.2[kVA]

13 출제년도 : 01, 11

배점 5점

3개의 접지판 상호간의 저항을 측정한 값이 그림과 같다면 G_3의 접지 저항값은 몇 $[\Omega]$이 되겠는가?

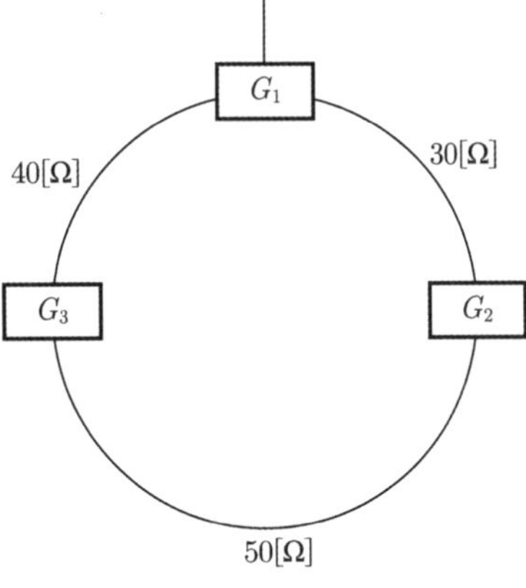

• 계산 :

• 답 :

• 계산 : 접지 저항값 $R_{G3} = \dfrac{1}{2} \times (40 + 50 - 30) = 30[\Omega]$

• 답 : 30[Ω]

14 출제년도 : 03, 11

배점 5점

부하율을 식으로 표시하고 부하율이 적다는 것은 무엇을 의미하는지 2가지만 쓰시오.

1) 식 :

2) 의미 :

1) 식 : 부하율 $= \dfrac{\text{평균 전력}}{\text{최대 전력}} \times 100[\%]$

2) 의미

① 공급 설비를 유용하게 사용하지 못한다.

② 전력(부하)변동이 커진다.

① 부하율 $= \dfrac{\text{평균 전력}}{\text{최대 전력}} \times 100[\%]$

어느 기간동안 전기설비가 어느 정도 유효하게 사용되는가를 나타내는 지표

② 부하율이 적다는 의미

㉠ 공급설비를 유용하게 사용하지 못한다.(공급설비의 이용률이 낮게 된다)

㉡ 최대전력과 평균전력 차가 커져서 전력(부하) 변동이 커진다.

15 출제년도 : 07, 11

배점 5점

유도전동기는 농형과 권선형으로 구분되는데 각 형식별 기동법을 아래 빈 칸에 쓰시오.

전동기 형식	기동법	기동법의 특징
농형	①	전동기에 직접 전원을 접속하여 기동하는 방식으로 5[kW] 이하의 소용량에 사용
	②	1차 권선을 Y 접속으로 하여 전동기를 기동시 상전압을 감압하여 기동하고 속도가 상승되어 운전속도에 가깝게 도달하였을 때 △접속으로 바꿔 큰 기동전류를 흘리지 않고 기동하는 방식으로 보통 5.5~37[kW] 정도의 용량에 사용
	③	기동전압을 떨어뜨려서 기동전류를 제한하는 기동방식으로 고전압 농형 유도전동기를 기동할 때 사용
권선형	④	유도전동기의 비례추이 특성을 이용하여 기동하는 방법으로 회전자 회로에 슬립링을 통하여 가변저항을 접속하고 그의 저항을 속도의 상승과 더불어 순차적으로 바꾸어서 적게 하면서 기동하는 방법
	⑤	회전자 회로에 고정저항과 리액터를 병렬 접속한 것을 삽입하여 기동하는 방법

① 직입기동

② $Y-\Delta$ 기동법

③ 기동보상기법

④ 2차 저항 기동법

⑤ 2차 임피던스 기동법

16 출제년도 : 11 배점 6점

지표면상 10[m] 높이의 수조에 초당 1[m^3]의 물을 양수하는 펌프용 전동기에 3상 전력을 공급하기 위하여 단상변압기 2대를 V결선하였다. 펌프 효율이 70[%]이고, 펌프축 동력에 20[%]의 여유를 두는 경우 다음 각 물음에 답하시오. (단, 펌프용 3상 농형 유도전동기 역률은 100[%]이다)

1) 펌프용전동기의 소요동력은 몇 [kW]인가?
   - 계산 :
   - 답 :

2) 변압기 1대의 용량은 몇 [kVA]인가?
   - 계산 :
   - 답 :

1) • 계산 : 펌프용 전동기 소요동력$(P) = \dfrac{9.8KQH}{\eta} = \dfrac{9.8 \times 1.2 \times 1 \times 10}{0.7} = 168[\text{kW}]$

   • 답 : 168[kW]

2) • 계산 : V결선 출력$(P_v) = \sqrt{3}\,P_1 = 168[\text{kVA}]$ (단, 역률이 100[%]이므로 [kW]=[kVA])

   변압기 1대 용량$(P_1) = \dfrac{168}{\sqrt{3}} = 96.994$

   • 답 : 96.99[kVA]

펌프 출력$(P) = \dfrac{9.8KQH}{\eta}$ 단) $Q = \left[\dfrac{\text{m}^3}{\text{s}}\right]$

$= \dfrac{KQ'H}{6.12 \times \eta}$ 단) $Q' = \left[\dfrac{\text{m}^3}{\text{min}}\right]$이므로

문제 조건에 따라 적절하게 적용할 것

17 출제년도 : 02, 05, 07, 08, 11 **배점 9점**

그림과 같은 3상 배전선이 있다. 변전소(A점)의 전압은 3300[V], 중간(B점) 지점의 부하는 50[A], 역률 0.8(지상), 말단(C점)의 부하는 50[A], 역률 0.8이다. AB 사이의 길이는 2[km], BC 사이의 길이는 4[km]이고, 선로의 km당 임피던스는 저항 0.9[Ω], 리액턴스 0.4[Ω]이다.

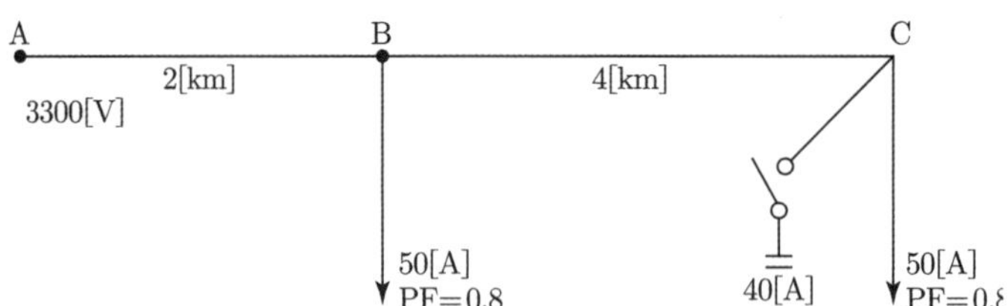

1) 이 경우 B점과 C점의 전압은 몇 [V]인가?

① B점의 전압

• 계산 : • 답 :

② C점의 전압

• 계산 : • 답 :

2) C점에 전력용 콘덴서를 설치하여 진상전류 40[A]를 흘릴 때 B점과 C점의 전압은 각각 몇 [V]인가?

① B점의 전압

• 계산 : • 답 :

② C점의 전압

• 계산 : • 답 :

3) 전력용 콘덴서를 설치하기 전과 후의 선로의 전력손실[kW]을 구하시오.

① 전력용 콘덴서 설치 전

• 계산 : • 답 :

② 전력용 콘덴서 설치 후

• 계산 : • 답 :

1) 콘덴서 설치 전

① B점의 전압

- 계산 : $V_B = V_A - \sqrt{3}\, I_1 (R_1 \cos\theta + X_1 \sin\theta)$

$= 3300 - \sqrt{3} \times 100 (0.9 \times 2 \times 0.8 + 0.4 \times 2 \times 0.6)$

$= 2967.446[\text{V}]$

- 답 : 2967.45 [V]

② C점의 전압

- 계산 : $V_C = V_B - \sqrt{3}\, I_2 (R_2 \cos\theta + X_2 \sin\theta)$

$= 2967.45 - \sqrt{3} \times 50 (0.9 \times 4 \times 0.8 + 0.4 \times 4 \times 0.6)$

$= 2634.896[\text{V}]$

- 답 : 2634.9 [V]

2) 콘덴서 설치 후

① B점의 전압

- 계산 : $V_B = V_A - \sqrt{3} \times \{I_1 \cos\theta \cdot R_1 + (I_1 \sin\theta - I_C) \cdot X_1\}$

$= 3300 - \sqrt{3} \times \{100 \times 0.8 \times 0.9 \times 2 + (100 \times 0.6 - 40) \times 0.4 \times 2\}$

$= 3022.871[\text{V}]$

- 답 : 3022.87 [V]

② C점의 전압

- 계산 : $V_C = V_B - \sqrt{3} \times \{I_2 \cos\theta \cdot R_2 + (I_2 \sin\theta - I_C) \cdot X_2\}$

$= 3022.87 - \sqrt{3} \times \{50 \times 0.8 \times 0.9 \times 4 + (50 \times 0.6 - 40) \times 0.4 \times 4\}$

$= 2801.167[\text{V}]$

- 답 : 2801.17 [V]

3) ① 콘덴서 설치 전

- 계산 : $P_{L1} = 3I_1^2 R_1 + 3 I_2^2 R_2$

$= 3 \times 100^2 \times 1.8 + 3 \times 50^2 \times 3.6 = 81000\,[\text{W}] = 81\,[\text{kW}]$

- 답 : 81 [kW]

② 콘덴서 설치 후

- 계산 : $I_1 = 100(0.8 - j0.6) + j40 = 80 - j20 = 82.46\,[\text{A}]$

$I_2 = 50(0.8 - j\,0.6) + j\,40 = 40 + j\,10 = 41.23\,[\text{A}]$

$\therefore\ P_{L2} = 3 \times 82.46^2 \times 1.8 + 3 \times 41.23^2 \times 3.6 = 55080\,[\text{W}] = 55.08\,[\text{kW}]$

- 답 : 55.08 [kW]

출제기준 변경 및 개정된 관계법규에 따라 삭제된 문제가 있어 배점의 합계가 100점이 안됩니다.

전기기사 실기 기출문제

2011년 2회

01 출제년도 : 11, 19

배점 6점

태양광 발전의 장점 4가지, 단점 2가지를 쓰시오.

1) 장점
-
-
-
-

2) 단점
-
-

1) 장점
- 규모에 관계없이 발전효율이 일정하다.
- 설치가 용이
- 자원이 반영구적이다.
- 친환경 에너지

2) 단점
- 일몰 후에는 발전 불가능
- 대규모 발전일 경우 넓은 설치 면적 필요

태양열 발전과 태양광 발전설비의 비교

구분	태양열 발전	태양광 발전
전환 효율	최대 40[%]까지 가능	효율이 가장 높은 단결정 실리콘의 경우 15~18[%] 수준
장점	• 높은 전환효율과 낮은 재료비 부담으로 발전 단가 저렴 • 터빈 구동방식으로 기존 화력발전과 조합 • 축열기술 발전으로 일몰 후에도 발전 가능 • 긴 수명과 낮은 유지·보수 비용	• 다양한 장소에 다양한 규모로 설치 가능 • 긴 수명과 낮은 유지·보수 비용 • 발전효율이 규모에 관계없이 일정 • 자원이 반영구적 • 친환경에너지 • 설치가 용이
단점	• 사막 등 일사량이 풍부한 지역에만 설치 가능 • 대규모 설치면적 필요	• 높은 재료비 부담과 낮은 전환효율로 발전 단가 상대적 열세 • 일몰 후에는 발전 불가능 • 대규모 발전의 경우 넓은 설치면적 필요

02

출제년도 : 11 / 유사 : 00, 01, 02, 03, 04, 05, 06, 07, 09, 10, 11, 12, 13, 14, 15, 16, 17

배점 5점

평균조도 500[lx] 전반조명을 한 40[m^2] 크기의 방이 있다. 사용된 조명기구 1대당 광속은 500[lm], 조명률 0.5, 보수율 0.8로 되어 있을 때 조명기구당 소비전력 70[W]로 한 경우 이 방전체를 24시간 연속점등 하였다면 총 전력량은 얼마인지 계산하시오.

• 계산 : • 답 :

• 계산 : $FUN = DES$

$$N = \frac{DES}{FU} = \frac{\frac{1}{0.8} \times 500 \times 40}{500 \times 0.5} = 100[\text{기구}]$$

$$W = P \cdot t = 70 \times 100 \times 24 \times 10^{-3} = 168[\text{kWh}]$$

• 답 : 168[kWh]

03

출제년도 : 11

배점 3점

최대 사용전압이 161[kV] 가공전선과 교차하여 최대사용전압이 360[kV] 가공전선이 시설되어 있는 경우 양자간 최소 이격거리는 몇 [m]인지 쓰시오.

• 계산 : • 답 :

• 계산 : $L = 2 + (x - 6) \times 0.12[\text{m}]$

$$= 2 + (36 - 6) \times 0.12 = 5.6[\text{m}]$$

• 답 : 5.6[m]

04 출제년도 : 08, 11

배점 5점

일반용전기설비 및 자가용전기설비에 있어서의 과전류(過電流) 종류 2가지와 각각에 대한 용어의 정의를 쓰시오.

① 과부하전류 : 정격전류 또는 허용전류를 어느 정도 초과하여 기기 또는 전선의 손상방지상 자동차단을 필요로 하는 전류를 말한다.
② 단락전류 : 전로의 선간이 임피던스가 적은 상태로 접촉되었을 때 그 부분을 통하여 흐르는 큰 전류를 말한다.

05 출제년도 : 07, 11 / 유사 : 03, 04, 12, 16, 18

배점 5점

다음과 같이 전열기 Ⓗ와 전동기 Ⓜ이 간선에 접속되어 있을 때 간선 허용전류의 최소값과 과전류 차단기의 정격전류 최대값은 몇 [A]인가? (단, 수용률은 100[%]이며, 전동기의 기동계급은 표시가 없다고 본다)

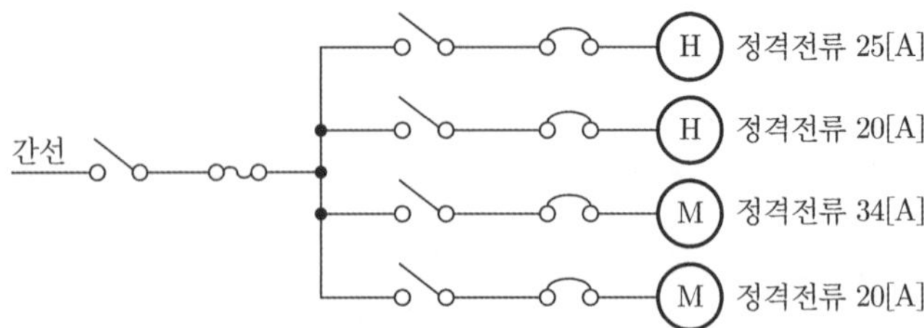

1) 간선 허용전류의 최소값
   • 계산 : • 답 :

2) 과전류 차단기의 정격전류 최대값
   • 계산 : • 답 :

답안

1) • 계산 : $I_a = (I_M \times 1.1) + I_H$
$= (34+20) \times 1.1 + 25 + 20 = 104.4[A]$
• 답 : 104.4[A]

2) • 계산 : $I_B = (I_M \times 3) + I_H$
$= (34+20) \times 3 + 25 + 20 = 207[A]$
• 답 : 200[A]

06 출제년도 : 07, 11 배점 5점

피뢰기에 흐르는 정격방전전류는 변전소의 차폐유무와 그 지방의 연간 뇌우(雷雨) 발생 일수와 관계되나 모든 요소를 고려한 경우 일반적인 시설장소별 적용할 피뢰기의 공칭 방전전류를 쓰시오.

공칭방전 전류	설치 장소	적용 조건
①	변전소	• 154[kV] 이상의 계통 • 66[kV] 및 그 이하의 계통에서 Bank 용량이 3000[kVA]를 초과하거나 특히 중요한 곳 • 장거리 송전케이블(배전선로 인출용 단거리케이블은 제외) 및 정전축전기 Bank를 개폐하는 곳 • 배전선로 인출측(배전 간선 인출용 장거리 케이블은 제외)
②	변전소	• 66[kV] 및 그 이하의 계통에서 Bank 용량이 3000[kVA] 이하인 곳
③	선로	• 배전선로

① 10,000[A]
② 5,000[A]
③ 2,500[A]

07 출제년도 : 05, 06, 11

배점 8점

다음 그림을 보고 물음에 답하시오.

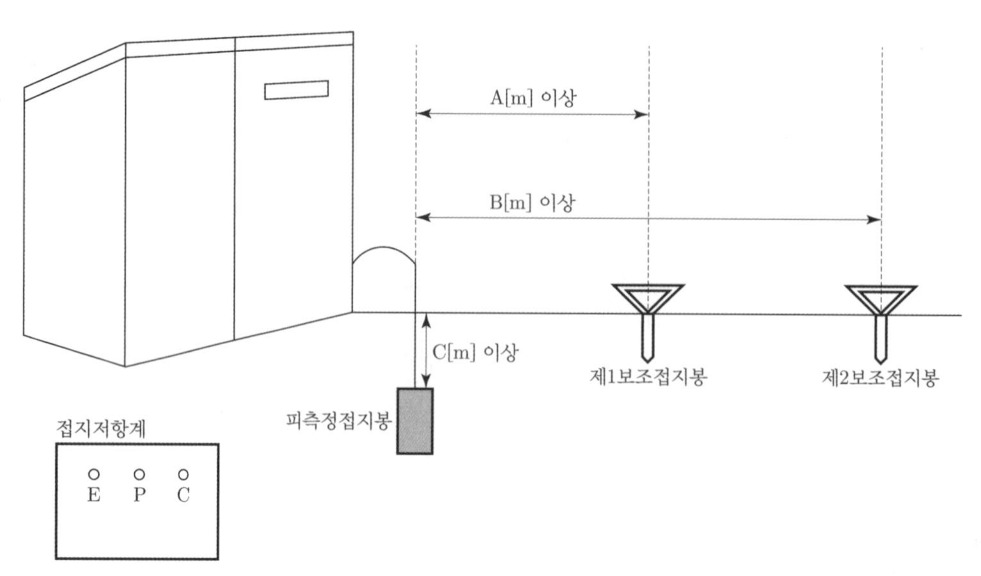

1) 보조접지봉을 설치하는 이유는 무엇인가?

2) A, B부분인 피측정접지봉과 제1보조접지봉과의 거리 그리고 피측정접지봉과 제2보조접지봉 거리는 얼마인가?

3) 피측정접지봉, 제1보조접지봉, 제2보조접지봉과 접지저항계를 접속할 때 연결단자명을 쓰시오.

4) C부분인 피측정 접지봉 설치깊이[m]는 얼마인가?

1) 전압, 전류 보조극으로 전압과 전류를 공급하여 접지저항을 측정하기 위해서 설치한다.
2) A : 10[m] 이상　　B : 20[m] 이상
3) 피측정 접지봉 : E극, 제1보조접지봉 : P극, 제2보조접지봉 : C극
4) 0.75[m]

08 

배점 5점

다음 논리회로를 보고 물음에 답하시오.

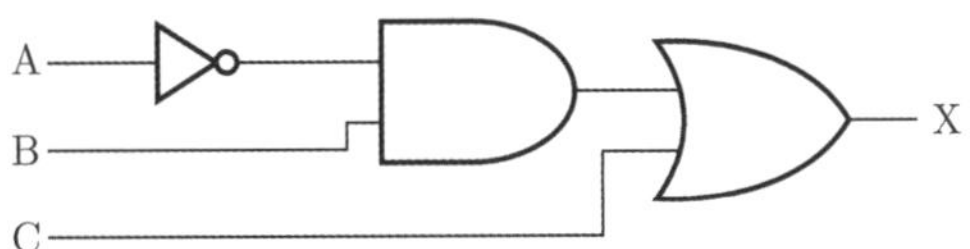

1) NOR만의 회로를 그리시오.

2) NAND만의 회로를 그리시오.

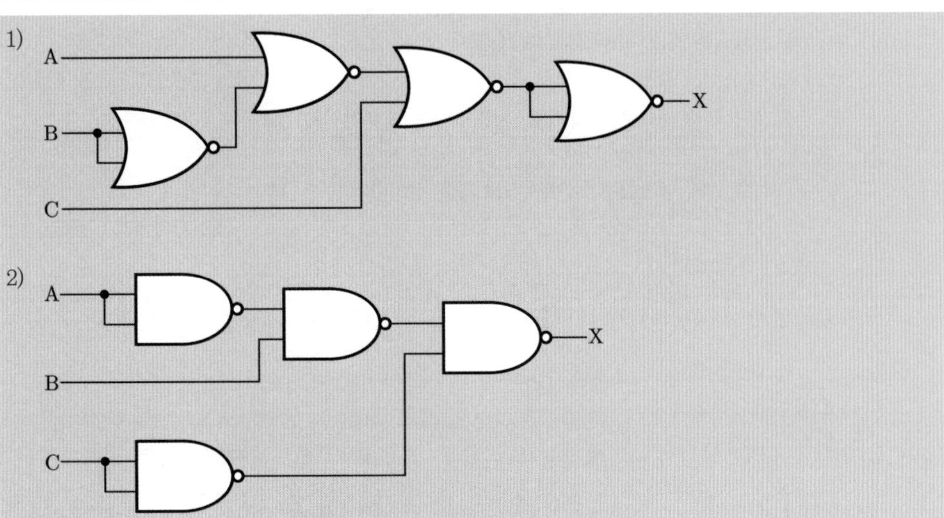

1) **NOR만의 회로로 구성하기 위한 4가지 순서**

1. 논리회로 안의 AND 논리소자를 등가변환하기 위해 체크한다.
2. 1에서 체크한 AND 논리소자를 등가변환시킨다.
   AND → OR, 긍정 → 부정
3. 등가변환 후 논리회로 안의 모든 논리소자를 NOR만의 논리소자로 변환시킨다.
   단, 이 때 NOT 논리소자는 변환시키지 않는다.
4. 논리회로 안에 남아있는 NOT 논리소자를 정리한다.
   (NOT 논리소자가 1개인 경우는 2입력 NOR 논리소자, NOT 논리소자가 2개(이중부정)인 경우는 긍정으로 변환한다)

ex) 2입력 NAND 논리소자 : , 이중부정 → 긍정 : →

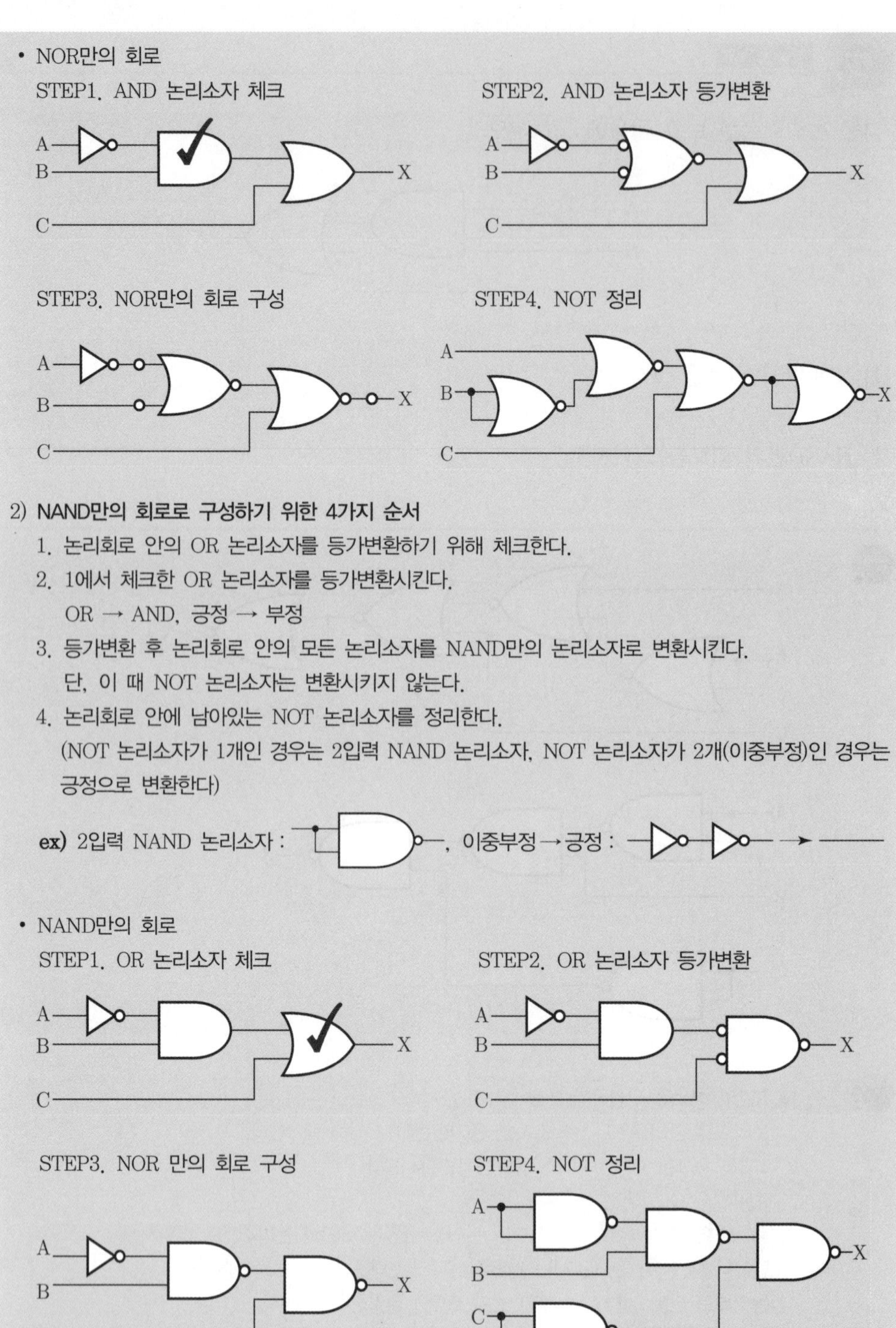

• NOR만의 회로

STEP1. AND 논리소자 체크

STEP2. AND 논리소자 등가변환

STEP3. NOR만의 회로 구성

STEP4. NOT 정리

2) **NAND만의 회로로 구성하기 위한 4가지 순서**

1. 논리회로 안의 OR 논리소자를 등가변환하기 위해 체크한다.
2. 1에서 체크한 OR 논리소자를 등가변환시킨다.
   OR → AND, 긍정 → 부정
3. 등가변환 후 논리회로 안의 모든 논리소자를 NAND만의 논리소자로 변환시킨다.
   단, 이 때 NOT 논리소자는 변환시키지 않는다.
4. 논리회로 안에 남아있는 NOT 논리소자를 정리한다.
   (NOT 논리소자가 1개인 경우는 2입력 NAND 논리소자, NOT 논리소자가 2개(이중부정)인 경우는 긍정으로 변환한다)

ex) 2입력 NAND 논리소자 : , 이중부정 → 긍정 :

• NAND만의 회로

STEP1. OR 논리소자 체크

STEP2. OR 논리소자 등가변환

STEP3. NOR 만의 회로 구성

STEP4. NOT 정리

09 출제년도 : 00, 02, 04, 11 / 유사 : 16

배점 4점

단상 유도전동기에 대한 다음 각 물음에 답하시오.

1) 분상 기동형 단상 유도전동기의 회전 방향을 바꾸려면 어떻게 하면 되는가?

2) 기동 방식에 따른 종류를 쓰시오. (분상기동 제외)

3) 단상 유도전동기의 절연을 E종 절연물로 하였을 경우 허용 최고온도는 몇 [℃]인가?

1) 보조권선(기동권선)의 단자 접속을 반대로 한다.
2) 반발 기동형, 콘덴서 기동형, 셰이딩 코일형
3) 120[℃]

보조권선 : 기동을 위해 필요한 권선

전동기 역전법

1) 직류전동기 역전법 : 계자 또는 전기자 권선 중 한 쪽의 극성을 반대로 한다.
2) 3상 유도전동기 : 3상 중 2상을 바꾼다.
3) 분상 기동형 : 보조권선(기동권선)의 단자접속을 반대로 한다.

10 출제년도 : 07, 11

배점 5점

3상 380[V], 20[kW], 역률 80[%]인 부하의 역률을 개선하기 위하여 15[kVA] 진상 콘덴서를 설치하는 경우 전류의 차(역률 개선 전과 개선 후)는 몇 [A]인지 계산하시오.

• 계산 : • 답 :

• 계산 : 역률 개선 전 전류$(I_1) = \dfrac{P}{\sqrt{3}\,V\cos\theta_1} = \dfrac{20\times10^3}{\sqrt{3}\times380\times0.8} = 37.983[A]$

콘덴서 설치 후 무효전력$(Q') = Q - Q_c = P\cdot\tan\theta_1 - Q_c = 20\times\dfrac{0.6}{0.8} - 15 = 0[kVar]$

콘덴서 설치 후 역률$(\cos\theta_2) = \dfrac{P}{P_a} = \dfrac{P}{\sqrt{P^2+Q'^2}} = \dfrac{20}{\sqrt{20^2+0^2}} = 1$

역률 개선 후 전류$(I_2) = \dfrac{P}{\sqrt{3}\,V\cos\theta_2} = \dfrac{20\times10^3}{\sqrt{3}\times380\times1} = 30.386[A]$

전류차$(I) = I_1 - I_2 = 37.983 - 30.386 = 7.597[A]$

• 답 : 7.6[A]

11 출제년도 : 11

배점 5점

그림과 같은 단상 전파 정류회로에 있어서 교류측 공급전압 $v = 628\sin 314t$[V], 직류측 부하 저항 20[Ω]일 때, 다음 물음에 답하시오.

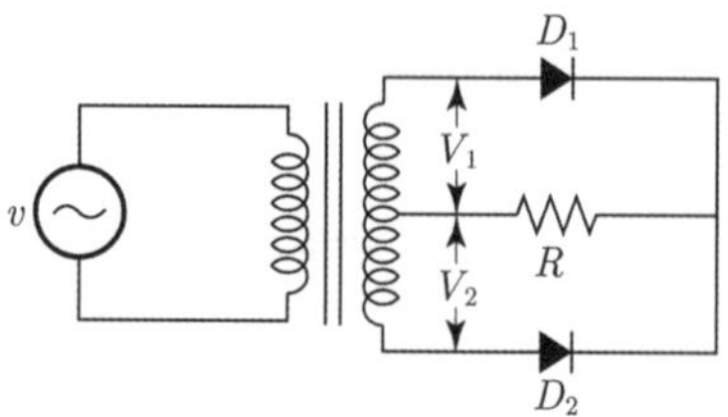

1) 직류부하전압 평균값은 얼마인가?

• 계산 :

• 답 :

2) 직류부하전류 평균값은 얼마인가?

• 계산 :

• 답 :

3) 교류전류의 실효값은 얼마인가?

• 계산 :

• 답 :

1) • 계산 : 직류부하전압 평균값(E_d)

$$E_d = \frac{2V_m}{\pi} = \frac{2 \times 628}{\pi} = 399.797[\text{V}]$$

• 답 : 399.8[V]

2) • 계산 : 직류부하전류 평균값(I_d)

$$I_d = \frac{E_d}{R} = \frac{399.8}{20} = 19.99[\text{A}]$$

• 답 : 19.99[A]

3) • 계산 : 교류전류실효값(I)

$$I = \frac{V}{R} = \frac{\frac{V_m}{\sqrt{2}}}{R} = \frac{\frac{628}{\sqrt{2}}}{20} = 22.203[\text{A}]$$

• 답 : 22.2[A]

[별해]

1) • 계산 : $E_d = 0.9E = 0.9 \times \frac{628}{\sqrt{2}} = 399.656[\text{V}]$ • 답 : 399.66[V]

2) • 계산 : $I_d = \frac{E_d}{R} = \frac{399.66}{20} = 19.983[\text{A}]$ • 답 : 19.98[A]

3) • 계산 : $I_a = 1.11\, I_d = 1.11 \times 19.98 = 22.177[\text{A}]$ • 답 : 22.18[A]

12 출제년도 : 11, 14, 18, 20

배점 6점

수전전압 6600[V] 가공전선로의 %임피던스가 58.5[%]일 때 수전점 3상 단락전류가 8000[A]인 경우 기준용량을 구하고, 수전용 차단기의 차단용량을 표에서 선정하시오.

차단기 용량[MVA]

20	30	50	75	100	150	250	300	400

1) 기준용량
- 계산 : • 답 :

2) 차단용량
- 계산 : • 답 :

1) 기준용량

- 계산 : 단락전류$(I_s) = \dfrac{100}{\%Z} \times I_n$

정격전류$(I_n) = \dfrac{\%Z}{100} \times I_s = \dfrac{58.5}{100} \times 8000 = 4680[A]$

기준용량$(P_n) = \sqrt{3}\, V_n \cdot I_n$ (단, V_n : 공칭전압[kV])

$= \sqrt{3} \times 6.6[kV] \times 4.68[kA] = 53.499[MVA]$

- 답 : 53.5[MVA]

2) 차단용량

- 계산 : 차단용량$(P_s) = \sqrt{3} \cdot V_s \cdot I_s$ (단, V_s=정격전압=공칭전압$\times \dfrac{1.2}{1.1}$

$= \sqrt{3} \times 7.2[kV] \times 8[kA]$ $= 6600 \times \dfrac{1.2}{1.1} = 7200[V] = 7.2[kV]$)

$= 99.766[MVA]$

- 답 : 100[MVA]

13 출제년도 : 11 / 유사 : 04, 05, 14, 16

배점 5점

TV나 형광등과 같은 전기제품에서의 깜빡거림 현상을 플리커 현상이라 하는데 이 플리커 현상을 경감시키기 위한 전원측과 수용가측에서의 대책을 각각 3가지씩 쓰시오.

1) 전원측
-
-
-

2) 수용가측
-
-
-

1) 전원측
- 전용계통으로 공급한다.
- 공급 전압을 승압한다.
- 단락 용량이 큰 계통에서 공급한다.

2) 수용가측
- 부스터 설치
- 직렬 리액터 설치
- 3권선 보상 변압기 방식

플리커 : 0.9~1.1[PU] 사이의 일련의 랜덤한 전압변동

플리커 대책

1) 전원측 대책
   ① 전용계통으로 공급한다.
   ② 공급전압을 승압한다.
   ③ 단락용량이 큰 계통에서 공급한다.
   ④ 전용변압기로 공급한다.

2) 수용가측 대책
   ① 전원계통에 리액턴스를 보상하는 방법
      ㉠ 직렬콘덴서 방식
      ㉡ 3권선 보상변압기 방식
   ② 전압강하를 보상하는 방법
      ㉠ 부스터 방식
      ㉡ 상호 보상리액터 방식
   ③ 부하의 무효전력 변동분을 흡수하는 방법
      ㉠ 동기 조상기와 리액터 방식
   ④ 플리커 부하 전류의 변동분을 억제하는 방식
      ㉠ 직렬리액터 방식

14 출제년도 : 11

배점 5점

주상 변압기의 고압측의 사용탭이 6600[V]일 때, 저압측의 전압이 95[V]이다. 저압측의 전압을 100[V]로 유지하려면 고압측의 사용탭은 몇 [V]로 하여야 하는지 계산하시오. (변압기 정격 전압은 6600/105[V]이며 고압측 탭은 5700, 6000, 6300, 6600, 6900[V]이다)

• 계산 : • 답 :

• 계산 : 변경할 탭전압 $= \dfrac{\text{현재의 탭전압}}{\text{2차 전압}} \times \text{측정된 2차 전압} = \dfrac{6600}{100} \times 95 = 6270[V]$

• 답 : 6300[V]

$\text{2차 전압} = \dfrac{\text{현재의 탭전압}}{\text{변경할 탭전압}} \times \text{측정된 2차전압}$

15 출제년도 : 11

배점 5점

양수량 25[m³/min], 전양정 18[m]의 양수펌프용 전동기의 소요출력[kW]을 구하시오. (단, 효율 82[%], 여유계수는 1.1이다)

• 계산 : • 답 :

• 계산 : 소요출력$(P) = \dfrac{KQH}{6.12 \times \eta} = \dfrac{1.1 \times 25 \times 18}{6.12 \times 0.82} = 98.637[kW]$

• 답 : 98.64[kW]

16 출제년도 : 10, 11 배점 5점

빌딩설비나 대규모 공장 설비, 지하철 및 전기철도설비의 수배전설비에는 각각의 전기적 특성을 감안한 몰드(Mold) 변압기가 사용되고 있다. 몰드 변압기의 특징을 5가지 쓰시오.

•
•
•
•
•

답안

- 난연성, 내습성이 우수하다.
- 소형·경량화 가능하다.
- 유지보수가 용이하다.
- 과부하 내량이 크다.
- Surge에 약하다.

해설

1. 몰드 변압기 특징

1) 장점
① 난연성, 내습성이 우수하다.
② 전력손실이 적다.
③ 과부하 내량이 크다.
④ 유지보수가 용이하다.
⑤ 반입설치 용이하다.
⑥ 소형·경량화 가능하다.

2) 단점
① Surge에 약하다.
② 가격이 비싸다.
③ 소음이 큰 편이다.
④ 옥외 설치 불가하다.

2. 유입 변압기와 비교

1) MOLD TR 유리한 점

항목	유입식	몰드식
연소성	가연성	난연성
폭발성	폭발성	비폭발성
전력손실	크다	적다
단시간내량	작다	크다
단락강도	보통	강함
내진성	보통	강함
치수, 중량	크다	작다

2) MOLD TR 불리한 점

항목	유입식	몰드식
사용장소	옥내, 옥외	옥내
소음	적다	크다
절연내력	강하다	약하다

17 출제년도 : 04, 05, 11 배점 8점

설비 불평형률에 관한 다음 각 물음에 답하시오.

1) 저압, 고압 및 특고압 수전의 3상 3선식 또는 3상 4선식에서 불평형 부하의 한도는 단상 접속 부하로 계산하여 설비 불평형률을 몇 [%] 이하로 하는 것을 원칙으로 하는가?

2) "1)"항 문제의 제한 원칙에 따르지 않아도 되는 경우를 4가지만 쓰시오.

①

②

③

④

3) 부하설비가 그림과 같을 때 설비불평형률은 몇 [%]인가? (단, Ⓗ는 전열기 부하이고, Ⓜ은 전동기 부하이다)

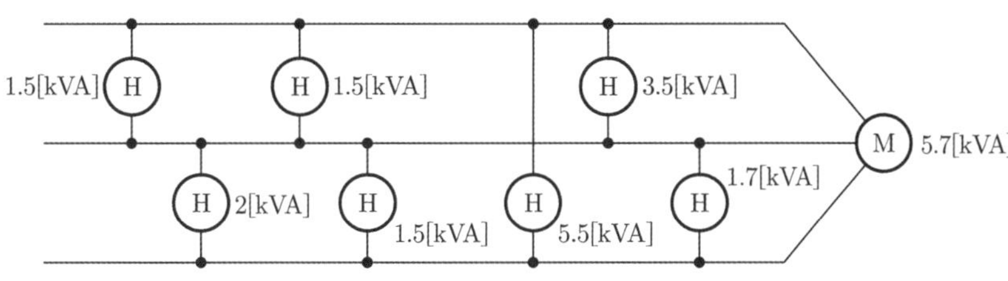

• 계산 : • 답 :

1) 30[%] 이하

2) ① 저압 수전에서 전용 변압기 등으로 수전하는 경우

② 고압 및 특고압 수전에서 100[kVA](kW) 이하의 단상 부하인 경우

③ 고압 및 특고압 수전에서 단상부하 용량의 최대와 최소의 차가 100[kVA](kW) 이하인 경우

④ 특고압 수전에서 100[kVA](kW) 이하의 단상 변압기 2대로 역 V결선하는 경우

3) • 계산 : 불평형률 $= \dfrac{(1.5+1.5+3.5)-(2+1.5+1.7)}{(1.5+1.5+3.5+2+1.5+1.7+5.5+5.7)\times\dfrac{1}{3}}\times 100 = 17.03[\%]$

• 답 : 17.03[%]

3) $P_{a-b} = 1.5+1.5+3.5 = 6.5[\text{kVA}]$

$P_{b-c} = 2+1.5+1.7 = 5.2[\text{kVA}]$

$P_{c-a} = 5.5[\text{kVA}]$

18 출제년도 : 11

배점 10점

어느 수용가의 변전설비로 Tr_1은 22900/3300[V], Tr_2, Tr_3, Tr_4는 3300/380/220[V]로 변환하는 단선결선도이다. 다음 물음에 답하시오.

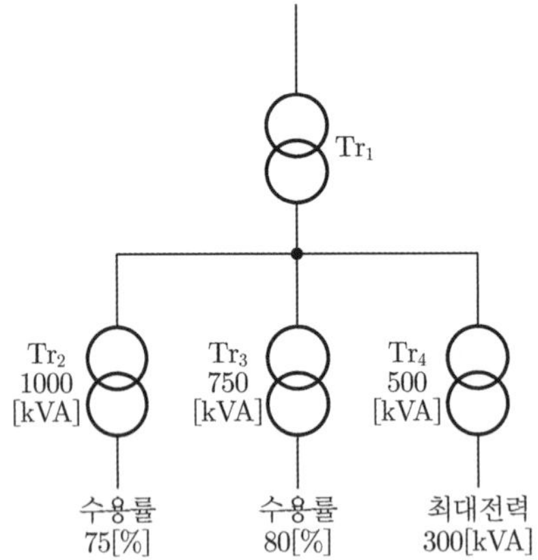

1) 부등률 적용하여 용량이 결정되는 변압기는 어느 것인가? 결선도에서 변압기 기호로 답하시오.

2) 부등률을 적용하는 이유는 무엇인가를 그림에 나타난 변압기를 이용하여 간단히 설명하시오.

3) 합성최대전력이 1375[kVA]일 때 부등률은 얼마인가?
- 계산 :
- 답 :

4) 수용률의 의미는 무엇인가?

5) Tr_1 변압기 1차에 차단기 설치시 사용할 수 있는 차단기 종류를 영문약호로 3가지 쓰시오.

답안

1) Tr_1

2) Tr_2, Tr_3 및 Tr_4 변압기에 걸리는 최대전력 발생 시간이 서로 다르므로 Tr_1 변압기에 부등률을 적용하여 경제적인 용량을 얻기 위해 적용한다.

3) • 계산 : $\text{부등률} = \dfrac{\text{개별 최대 전력 합}}{\text{합성 최대 전력}} = \dfrac{\Sigma(\text{설비용량} \times \text{수용률})}{\text{합성 최대 전력}}$

$$= \frac{1000 \times 0.75 + 750 \times 0.8 + 300}{1375} = 1.2$$

• 답 : 1.2

4) 전기설비가 동시에 사용되는 정도로 적절한 변압기 용량을 산출하기 위한 값이다.

5) OCB, VCB, GCB

전기기사 실기 기출문제 2011년 3회

01

출제년도 : 11 / 유사 : 00, 01, 02, 03, 04, 05, 06, 07, 09, 10, 11, 12, 13, 14, 15, 16, 17

배점 5점

100[m^2]의 방에 1000[lm]의 광속을 발산하는 전등 10개를 점등하였다. 조명률은 0.5 이고, 감광 보상률이 1.5라면 이 방의 평균조도는 약 몇 [lx]인가?

- 계산 :
- 답 :

- 계산 : $FUN = DES$

$$E = \frac{1000 \times 0.5 \times 10}{1.5 \times 100} = 33.333[\text{lx}]$$

- 답 : 33.33[lx]

02

출제년도 : 11

배점 4점

그림과 같은 회로의 출력을 입력변수로 나타내고 AND 회로 1개, OR 회로 2개, NOT 회로 1개를 이용한 등가회로를 그리시오.

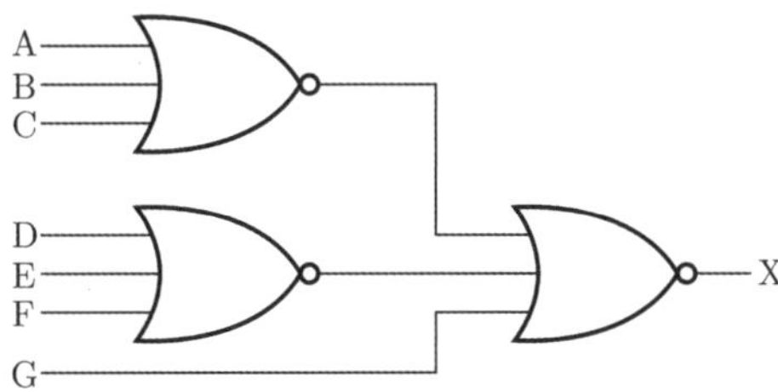

- 출력식 :
- 등가회로 :

- 출력식 : $X = \overline{\overline{(A+B+C)} + \overline{(D+E+F)} + G}$

$= \overline{\overline{(A+B+C)}} \cdot \overline{\overline{(D+E+F)}} \cdot \overline{G}$

$= (A+B+C) \cdot (D+E+F) \cdot \overline{G}$

- 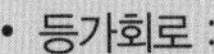등가회로 :

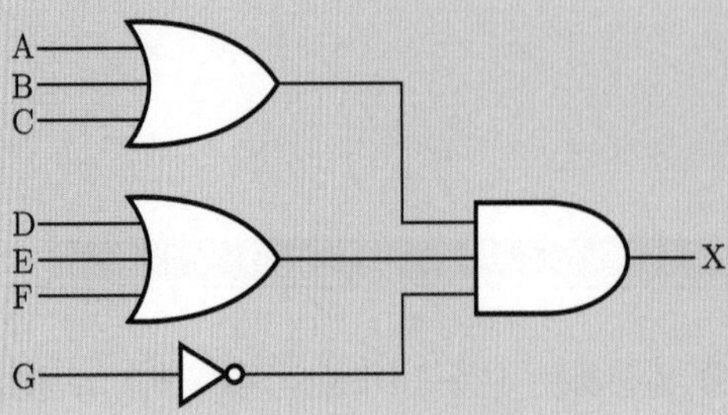

논리회로를 이용하여 초기식을 전개 후 드모르간의 법칙을 이용하여 간략화시킨다.

※ **드모르간의 법칙** ※

논리식을 간략화 하는데 간단히 사용할 수 있는 것으로서 논리곱으로 표현된 논리식을 논리합으로, 논리합으로 표현된 논리식을 논리곱으로 표현할 수 있는 변환 정리이다.

이 때 최소항을 최대항으로, 최대항을 최소항으로 변환하기 위해 드모르간의 법칙 4단계를 이용한다.

STEP1. 모든 OR를 AND로, 모든 AND를 OR로 바꾼다.

STEP2. 각 변수에 보수(오버바)를 취한다.

STEP3. 전체 함수에 보수(오버바)를 취한다.

STEP4. 보수(오버바)가 이중으로 생기면 그 보수(오버바)를 삭제한다.

ex) ① $\overline{A+B} = \overline{A} \cdot \overline{B}$

② $\overline{A \cdot B} = \overline{A} + \overline{B}$

전체 보수(오버바)를 분할하는 경우 부호가 바뀌게 된다.

OR(+) → AND(·), AND(·) → OR(+)

※ 출력식 $X = \overline{\overline{(A+B+C)} + \overline{(D+E+F)} + G}$

$= \overline{\overline{(A+B+C)}} \cdot \overline{\overline{(D+E+F)}} \cdot \overline{G}$ → 전체 보수(오버바)를 분할시켰기 때문에 논리식 내부 부호가 바뀐다. OR(+) → AND(·) 단, 괄호안의 부호는 바뀌지 않는다.

$= (A+B+C) \cdot (D+E+F) \cdot \overline{G}$ → 보수(오버바)가 이중으로 생겼던 것을 삭제시켜 해당 논리식을 전개시킨다.

03 출제년도 : 11 배점 5점

다음 그림과 같이 L_1전등 100[V], 200[W], L_2전등 100[V], 250[W]을 직렬로 연결하고 200[V]를 인가하였을 때 L_1, L_2 전등에 걸리는 전압을 동일하게 유지하기 위하여 어느 전등에 병렬로 몇 [Ω]의 저항을 설치하는가?

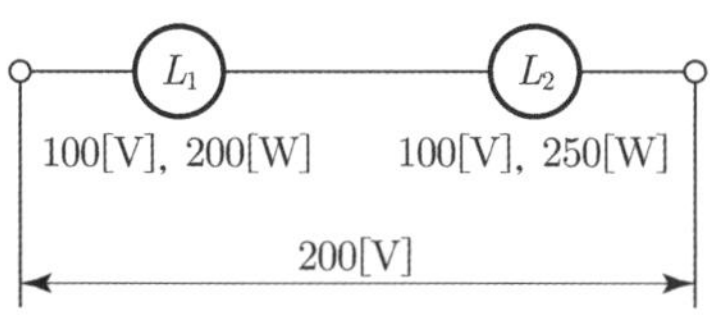

• 계산 : • 답 :

• 계산 : $P_1 = \frac{V^2}{R_1}$[W]에서, $R_1 = \frac{V^2}{P_1} = \frac{100^2}{200} = 50[\Omega]$

$P_2 = \frac{V^2}{R_2}$[W]에서, $R_2 = \frac{V^2}{P_2} = \frac{100^2}{250} = 40[\Omega]$

• L_1 전등에 병렬로 저항을 연결해야 합성저항값이 $40[\Omega]$이 되면 전등에 걸리는 전압이 같아진다.

$\therefore \frac{R_1 \times R}{R_1 + R} = 40 \Rightarrow \frac{50 \times R}{50 + R} = 40$

$50R = 2000 + 40R \Rightarrow R = 200[\Omega]$

• 답 : L_1 전등에 $200[\Omega]$의 저항을 병렬로 설치한다.

04 출제년도 : 11 / 유사 : 06, 10, 18

배점 6점

다음과 같은 옥내배선에서 물음에 답하시오.

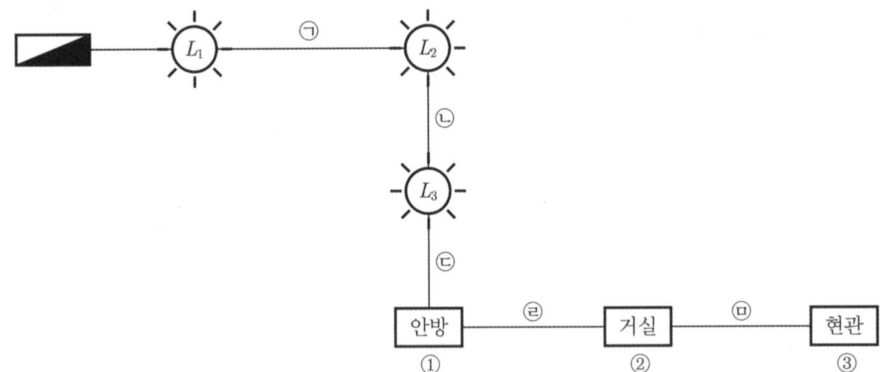

1) ㉠~㉤까지의 가닥수를 산정하시오.

2) ①, ②, ③의 점멸기 심벌을 그리시오.

답안

1) ㉠ 3가닥, ㉡ 3가닥, ㉢ 2가닥, ㉣ 3가닥, ㉤ 3가닥

2) ① ●3 ② ●4 ③ ●3

05 출제년도 : 11

배점 5점

어느 수용가의 전체 전등합이 600[kW] 동력 전체 합이 1000[kW]이다. 전등, 동력에 대한 수용률은 모두 50[%]이며, 전등간의 부등률은 1.2, 동력간의 부등률은 1.5, 전등과 동력상호간의 부등률 1.4라 하면 이 수용가에 필요한 주변압기 용량을 구하여라. (단, 부하측의 전력손실은 5[%], 역률은 1로 한다)

• 계산 : • 답 :

• 계산 : 주변압기 용량 $= \dfrac{\Sigma\left(\dfrac{\text{설비용량}\times\text{수용률}}{\text{각 수용가 간 부등률}}\right)}{\text{전등동력 간 부등률}\times\text{역률}}\times(1+\text{손실})$

$= \dfrac{\dfrac{600\times0.5}{1.2}+\dfrac{1000\times0.5}{1.5}}{1.4\times1}\times(1+0.05)=437.5[\text{kVA}]$

• 답 : 437.5[kVA]

06 출제년도 : 03, 11

배점 12점

아래 도면은 어느 수전 설비의 단선 결선도이다.(일부 생략)
도면을 보고 다음의 물음에 답하시오.

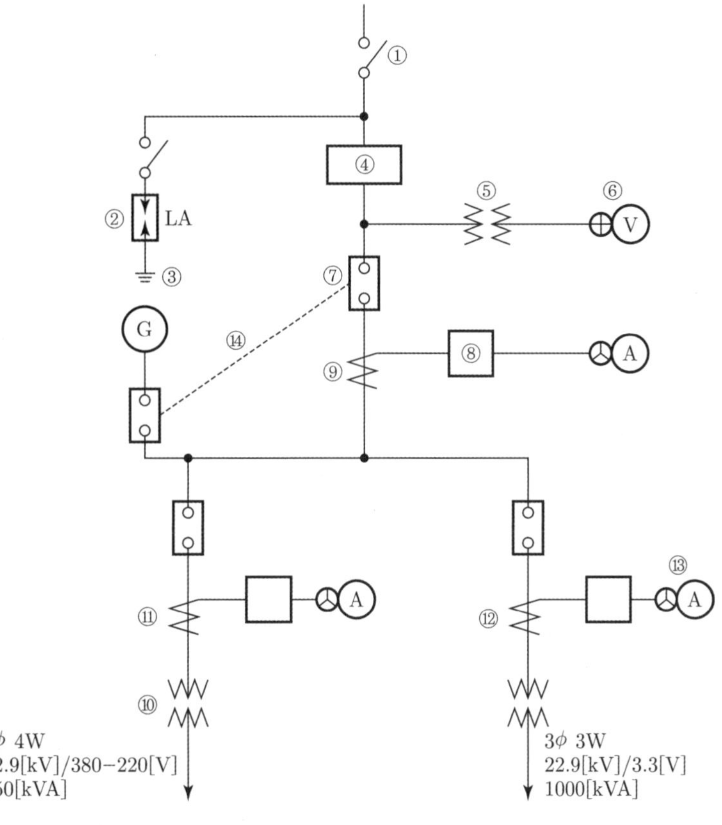

1. ①~⑨ 그리고 ⑬에 해당되는 부분의 명칭과 용도를 쓰시오.

구분	명 칭	용 도
①		
②		
③		
④		
⑤		
⑥		
⑦		
⑧		
⑨		
⑬		

2. 다음 물음에 답하시오.
   1) ⑤의 1, 2차 전압은?
      • 계산 : • 답 :

   2) ⑩의 2차측 결선 방법은?
   3) ⑪, ⑫의 1, 2차 전류는? (단, CT 정격 전류는 부하 정격 전류의 1.5배로 한다)
      ⑪ • 계산 : • 답 :

      ⑫ • 계산 : • 답 :

   4) ⑭의 명칭 및 용도는?

1.

구분	명 칭	용 도
①	단로기	무부하시 전로 개폐
②	피뢰기	뇌전류를 대지로 방전하고 속류차단
③	제1종 접지	뇌전류를 대지로 방전하고 기기보호
④	전력수급용 계기용 변성기	전력량계 전원공급
⑤	계기용 변압기	고전압을 저전압으로 변성하여 계기 및 계전기에 전원공급
⑥	전압계용 전환 개폐기	하나의 전압계로 3상 전압을 측정하기 위해서 절환하는 개폐기
⑦	교류 차단기	사고전류(단락, 과부하, 지락전류)를 차단하고 부하전류를 개폐
⑧	과전류 계전기	과전류(과부하전류, 단락전류)로 동작하여 차단기를 개로시킴
⑨	변류기	대전류를 소전류로 변성하여 계기 및 계전기에 전원공급
⑬	전류계용 전환 개폐기	하나의 전류계로 3상 전류를 측정하기 위해서 절환하는 개폐기

2. 1) 13200/110
   2) Y결선
   3) ⑪ • 계산 : $I_1 = \dfrac{250}{\sqrt{3} \times 22.9} \times 1.5 = 9.45$ • 답 : 1차 전류 : 10, 2차 전류 : 5

      $$I_1 = \frac{250}{\sqrt{3} \times 22.9} \times 1.25 = 7.87$$

      ∴ 7.87보다 크고 9.45보다 작은 값이 없으므로 CT비는 10/5

      ⑫ • 계산 : $I_1 = \dfrac{1000}{\sqrt{3} \times 22.9} \times 1.5 = 37.82$ • 답 : 1차 전류 : 40, 2차 전류 : 5

      $$I_1 = \frac{100}{\sqrt{3} \times 22.9} \times 1.25 = 31.514$$

      ∴ 31.514보다 크고 37.82보다 작은 값이 없으므로 CT비는 40/5

      "ps" CT비 – 5, 10, 15, 20, 30, 40, 50, 75, 100, 150, 200

   4) 인터록 장치 – 상시전원과 예비전원 동시투입방지

2) 변압기 2차측의 전압 380/220을 보고 Y결선을 확신할 수 있다.
   즉, Y결선만이 $\sqrt{3}$ 배 되는 두 종류의 전압을 얻을 수 있다.

4) ⑭번의 인터록 장치는 ⑦번의 주차단기(수전용차단기)와 Ⓖ(발전기 : 예비전원)용 차단기와 전기적인 신호로 연결되어 있는 상태라고 볼 수 있으며 상용전원이 투입될 때는 Ⓖ는 off상태(Ⓖ용 차단기도 off 상태)
   상용전원이 off될 때(주차단기가 off될 때) Ⓖ는 ON상태(Ⓖ용 차단기도 ON상태)이다.

07

출제년도 : 03, 05, 07, 11

배점 6점

그림과 같은 송전계통 S점에서 3상 단락사고가 발생하였다. 주어진 도면과 조건을 참고하여 발전기, 변압기(T_1), 송전선 및 조상기 %리액턴스를 기준출력 100[MVA]로 환산하시오.

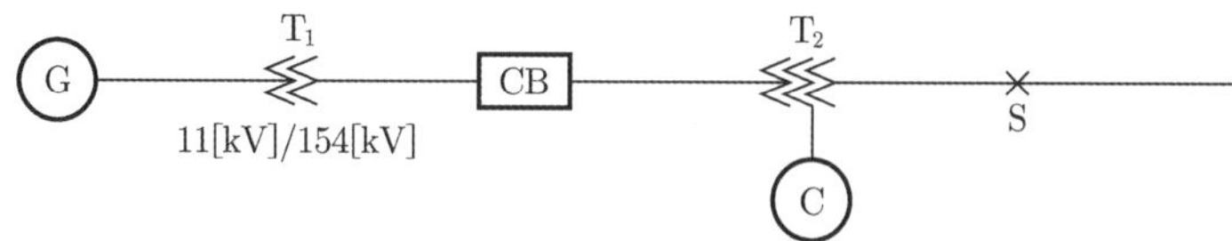

조건

번호	기기명	용량	전압	%X
1	G : 발전기	50000[kVA]	11[kV]	30
2	T_1 : 변압기	50000[kVA]	11/154[kV]	12
3	송전선		154[kV]	10(10000[kVA])
4	T_2 : 변압기	1차 25000[kVA]	154[kV](1차~2차)	12(25000[kVA])
		2차 30000[kVA]	77[kV](2차~3차)	15(25000[kVA])
		3차 10000[kVA]	11[kV](3차~1차)	10.8(10000[kVA])
5	C : 조상기	10000[kVA]	11[kV]	20

• 계산 :　　　　　　　　　　　　　　• 답 :

• 계산 : $\%X = \frac{\text{기준 용량}}{\text{자기 용량}} \times \text{자기용량 기준} \%X$

발전기 : $\%X_G = \frac{100}{50} \times 30 = 60[\%]$　　　T_1 변압기 : $\%X_T = \frac{100}{50} \times 12 = 24[\%]$

송전선 : $\%X_\ell = \frac{100}{10} \times 10 = 100[\%]$　　　조상기 : $\%X_c = \frac{100}{10} \times 20 = 200[\%]$

• 답 : 발전기 : 60[%], T_1 변압기 : 24[%], 송전선 : 100[%], 조상기 : 200[%]

꾸준하게 출제된 문제이나 본 회차 11년 3회 출제시 %환산만 물어보았고, 타 회차 출제시에는 단락전류도 물어본 문제임.

08 출제년도 : 02, 03, 05, 11 배점 8점

2중 모선에서 평상시에 NO.1 T/L은 A모선에서 NO.2 T/L은 B모선에서 공급하고 모선연락용 CB는 개방되어 있다.

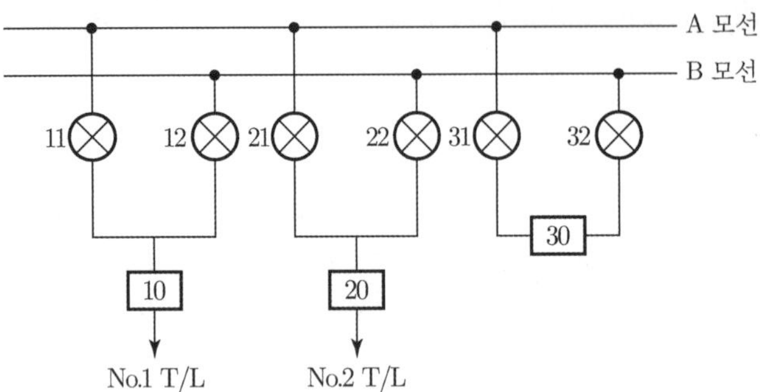

1) B모선을 점검하기 위하여 절체하는 순서는? (단, 10－OFF, 20－ON 등으로 표시)

2) B모선을 점검 후 원상 복구하는 조작 순서는? (단, 10－OFF, 20－ON 등으로 표시)

3) 10, 20, 30에 대한 기기의 명칭은?

4) 11, 21에 대한 기기의 명칭은?

5) 2중 모선의 장점은?

답안

1) 31-ON, 32-ON, 30-ON, 21-ON, 22-OFF, 30-OFF, 31-OFF, 32-OFF
2) 31-ON, 32-ON, 30-ON, 22-ON, 21-OFF, 30-OFF, 31-OFF, 32-OFF
3) 차단기
4) 단로기
5) 모선 점검시에도 부하의 운전을 무정전 상태로 할 수 있어 전원 공급의 신뢰도가 높다.

09 출제년도 : 04, 11

배점 8점

부하 전력이 4000[kW], 역률 80[%]인 부하에 전력용 콘덴서 1800[kVA]를 설치하였다. 이 때 다음 각 물음에 답하시오.

1) 역률은 몇 [%]로 개선되었는가?
   - 계산 :
   - 답 :

2) 부하설비의 역률이 90[%] 이하일 경우(즉, 낮은 경우) 수용가 측면에서 어떤 손해가 있는지 3가지만 쓰시오.
   ①
   ②
   ③

3) 전력용 콘덴서와 함께 설치되는 방전코일과 직렬 리액터의 용도를 간단히 설명하시오.
   - 방전 코일 :
   - 직렬 리액터 :

1) • 계산 : 무효전력$(P_r) = P \cdot \dfrac{\sin\theta}{\cos\theta} = 4000 \times \dfrac{0.6}{0.8} = 3000\,[\text{kVar}]$

콘덴서 설치 후 역률$(\cos\theta') = \dfrac{P}{P_a} = \dfrac{P}{\sqrt{P^2 + (P_r - Q_c)^2}} \times 100$

$= \dfrac{4000}{\sqrt{4000^2 + (3000 - 1800)^2}} \times 100 = 95.782[\%]$

• 답 : 95.78[%]

2) ① 전력손실이 커진다.
② 전압강하가 커진다.
③ 필요한 전원설비 용량이 증가한다.

3) • 방전 코일 : 콘덴서 개방시 콘덴서에 축적된 잔류 전하를 방전하여 인체의 감전사고 방지
• 직렬 리액터 : 제5고조파를 제거하여 전압파형 개선한다.

2) 그 외 역률 저하시 문제점
④ 전기 요금 증가한다.
필요한 전원설비 용량 증가는 변압기 용량이 증가한다는 의미

3) 직렬리액터 기능 2가지
- 제5고조파 제거
- 돌입전류 억제

10 출제년도 : 11 **배점 5점**

축전지 설비의 부하 특성 곡선이 그림과 같을 때 주어진 조건을 이용하여 필요한 축전지의 용량을 산정하시오.

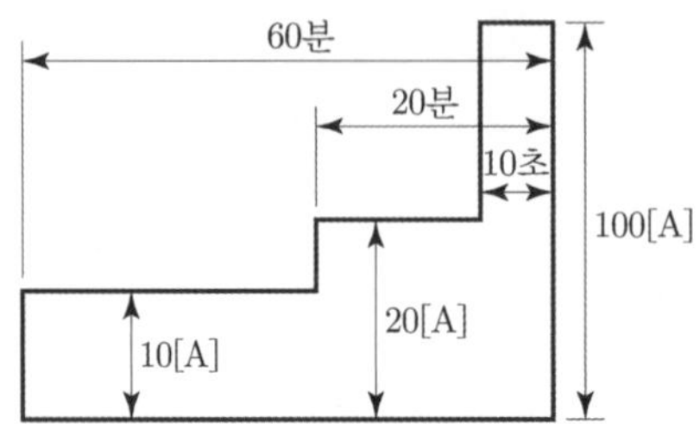

조건

- 사용축전지 : 보통형 소결식 알칼리 축전지
- 경년 용량 저하율 : 0.8
- 최저 축전지 온도 : 5[℃]
- 허용 최저 전압 : 1.06[V/셀]

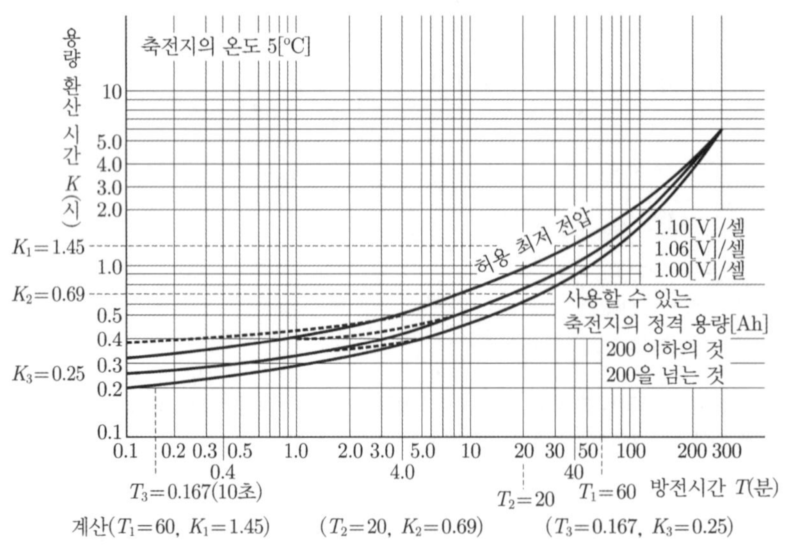

[소결식 알칼리 축전지의 표준특성(표준형 5HR 환산)]

- 계산 :
- 답 :

답안

- 계산

$C = \frac{1}{L}[K_1 I_1 + K_2(I_2 - I_1) + K_3(I_3 - I_2)]$ (여기서, L : 보수율, K : 용량환산시간, I : 방전전류)

$= \frac{1}{0.8}[1.45 \times 10 + 0.69(20-10) + 0.25(100-20)] = 51.75\,[Ah]$

- 답 : 51.75[Ah]

11 출제년도 : 11 　　배점 5점

전선의 길이가 20[km]이며 $R = 0.3[\Omega/km]$, $X = 0.4[\Omega/km]$인 $3\phi 3$ 선식 송전선에서 수전단 전압이 60[kV], 역률 80[%], 전력손실률을 10[%]라고 하면 송전전압[kV]은 얼마인가?

- 계산 :
- 답 :

- 계산 : 전력손실률$(K) = \frac{P_\ell}{P} = 0.1 \Rightarrow P_\ell = 0.1P$

전력손실$(P_\ell) = 3I^2R = 0.1P = 0.1\sqrt{3}\,VI\cos\theta$

$3I^2R = 0.1\sqrt{3}\,VI\cos\theta$

전류$(I) = \frac{0.1 \times \sqrt{3} \times V \times \cos\theta}{3R}$

$= \frac{0.1 \times \sqrt{3} \times 60000 \times 0.8}{3 \times 0.3 \times 20} = 461.88\,[A]$

송전단 전압$(V_s) = \left\{V_r + \sqrt{3}\,I(R\cos\theta + X\sin\theta)\right\} \times 10^{-3}\,[kV]$

$= \{60000 + \sqrt{3} \times 461.88(0.3 \times 20 \times 0.8 + 0.4 \times 20 \times 0.6)\} \times 10^{-3}$

$= 67.679\,[kV]$

- 답 : 67.68[V]

12 출제년도 : 11

배점 5점

배전선로 사고 종류에 따라 보호장치 및 보호조치를 작성하시오. (단, ①, ②은 보호장치, ③은 보호조치를 작성한다)

	사고 종류	보호장치 및 보호조치
고압 배전선로	접지사고	①
	과부하, 단락	②
	뇌해사고	피뢰기, 가공지선
주상 변압기	과부하, 단락	고압 퓨즈
저압 배전선로	고저압 혼촉	③
	과부하, 단락	저압 퓨즈

답안 ① 접지계전기 ② 과전류 계전기 ③ 변압기 중성점 접지

13 출제년도 : 11

배점 5점

다음 접지설비를 보고 ①~⑤번까지의 명칭을 쓰시오.

B : 수도관, 가스관 등 금속배관
M : 전기기구의 노출 도전성부분
C : 철골, 금속덕트의 계통외 도전성부분

대 지

①의 명칭 :
②의 명칭 :
③의 명칭 :
④의 명칭 :
⑤의 명칭 :

답안 ① 보호선(PE), ② 주 등전위 본딩용 선, ③ 접지선, ④ 보조 등전위 본딩용 선, ⑤ 접지극

14 출제년도 : 11

배점 5점

눈부심이 있는 경우 작업능률의 저하, 재해 발생, 시력의 감퇴 등이 발생하므로 조명설계의 경우 이 눈부심을 적극 피할 수 있도록 고려해야 한다. 눈부심을 일으키는 원인 5가지만 쓰시오.

•
•
•
•
•

답안

- 고휘도 광원이 있는 경우
- 시야 내에 강한 휘도대비가 있는 경우
- 반사면 및 투과면이 있는 경우
- 눈에 입사하는 광속이 과다한 경우
- 순응의 결핍

15 출제년도 : 11 / 유사 : 02, 03, 08, 14, 15, 16, 17, 18

배점 3점

최대사용전압이 154000[V]인 중성점 직접접지식 전로의 절연내력 시험전압은 몇 [V]인가?

• 계산 :

• 답 :

- 계산 : 시험전압 = 최대사용전압 × 0.72배
  $= 154000 \times 0.72 = 110880$[V]
- 답 : 110880[V]

16 출제년도 : 11 배점 5점

대용량 전력용 유입변압기의 이상상태나 고장등을 확인 또는 감지할 수 있는 변압기 보호장치를 5가지만 쓰시오.

•
•
•
•
•

답안

- 유면 계전기
- 충격압력 계전기
- 브흐홀츠 계전기
- 방출 안전장치
- 비율차동 계전기

해설

변압기 보호장치

1. 전기적 보호
   ① 과전류 계전기 ② 비율차동 계전기
2. 기계적 보호
   ① 브흐홀츠 계전기 ② 충격압력 계전기
   ③ 방출안전장치 ④ 유면 계전기 ⑤ 온도 계전기

17 출제년도 : 11 배점 3점

가공전선로의 이도를 적게 하거나 크게 할 때 전선로에 미치는 영향 3가지를 쓰시오.

•
•
•

- 이도가 크면 전선이 좌우로 크게 흔들려서 다른 상의 전선, 또는 수목과 접촉할 수 있다.
- 이도가 적으면 전선의 장력이 증가하여 전선이 단선될 수 있다.
- 이도가 크면 지지물의 높이가 커져야 한다.

18 배점 5점

판단기준이 변경되어 문제 삭제

전기기사 실기 기출문제

2012

2012년 실기 기출문제 분석

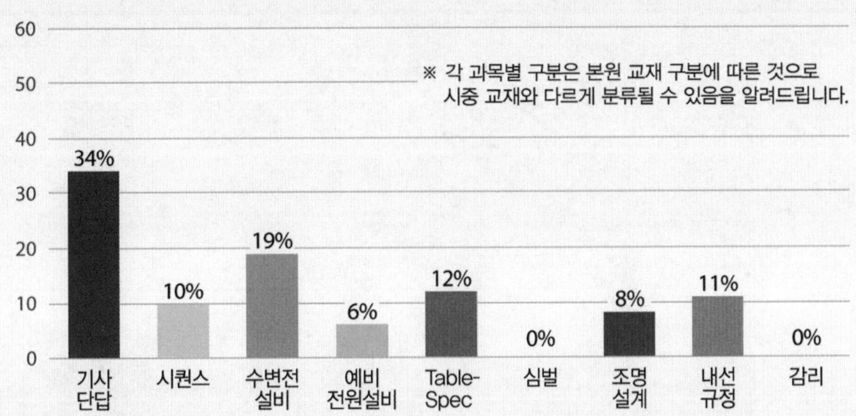

전기기사 실기 기출문제 2012년 1회

01 출제년도 : 12 　　　　배점 5점

최대수용전력이 7,000[kW]이고, 부하역률이 92[%], 스폿네트워크 수전회선수는 3회선이다. 과부하율 130[%]일 때 이 수용가의 네트워크 변압기 용량[kVA]은 얼마인가?

• 계산 : 　　　　• 답 :

• 계산 : 네트워크 변압기 용량 $= \dfrac{\dfrac{7000}{0.92}}{(3-1)} \times \dfrac{100}{130} = 2926.421[\text{kVA}]$

• 답 : 2926.42[kVA]

네트워크 변압기 용량 $= \dfrac{\text{최대수용전력}[\text{kVA}]}{(\text{회선수}-1)} \times \dfrac{100}{\text{과부하율}(130[\%])}$

02 출제년도 : 12

배점 11점

어떤 인텔리전트 빌딩에 대한 등급별 추정 전원 용량에 대한 다음 표를 이용하여 각 물음에 답하시오.

등급별 추정 전원 용량[VA/m^2]

내 용 \ 등급별	0등급	1등급	2등급	3등급
조 명	22	22	22	30
콘센트	5	13	5	5
사무자동화(OA) 기기	–	2	34	36
일반동력	38	45	45	45
냉방동력	40	43	43	43
사무자동화(OA) 동력	–	2	8	8
합 계	105	127	157	167

1) 연면적 10000[m^2]인 인텔리전트 2등급인 사무실 빌딩의 전력 설비 부하의 용량을 다음 표에 의하여 구하도록 하시오.

부하 내용	면적을 적용한 부하용량[kVA]
조 명	
콘 센 트	
OA 기기	
일반동력	
냉방동력	
OA 동력	
합 계	

2) 물음 "1)"에서 조명, 콘센트, 사무자동화기기의 적정 수용률은 0.7, 일반 동력 및 사무자동화 동력의 적정 수용률은 0.5, 냉방동력의 적정 수용률은 0.8이고, 주변압기 부등률은 1.2으로 적용한다. 이 때 전압방식을 2단 강압 방식으로 채택할 경우 변압기의 용량에 따른 변전설비의 용량을 산출하시오. (단, 조명, 콘센트, 사무자동화 기기를 3상 변압기 1대로, 일반 동력 및 사무자동화 동력을 3상 변압기 1대로, 냉방동력을 3상 변압기 1대로 구성하고, 상기 부하에 대한 주변압기 1대를 사용하도록 하며, 변압기 용량은 일반 규격 용량으로 정하도록 한다.

- 계산
  - 조명, 콘센트, 사무자동화 기기에 필요한 변압기 용량 산정
  - 일반동력, 사무자동화동력에 필요한 변압기 용량 산정
  - 냉방동력에 필요한 변압기 용량 산정
  - 주변압기 용량 산정

3) 주변압기에서부터 각 부하에 이르는 변전설비의 단선 계통도를 간단하게 그리시오.

1)

부하 내용	면적을 적용한 부하용량[kVA]
조 명	$22 \times 10000 \times 10^{-3} = 220$[kVA]
콘 센 트	$5 \times 10000 \times 10^{-3} = 50$[kVA]
OA 기기	$34 \times 10000 \times 10^{-3} = 340$[kVA]
일반동력	$45 \times 10000 \times 10^{-3} = 450$[kVA]
냉방동력	$43 \times 10000 \times 10^{-3} = 430$[kVA]
OA 동력	$8 \times 10000 \times 10^{-3} = 80$[kVA]
합 계	$157 \times 10000 \times 10^{-3} = 1570$[kVA]

2)

변압기	부하	수용률	계산	일반규격용량
Tr_1	조명·콘센트· 사무자동화기기	0.7	$(220+50+340) \times 0.7 = 427$	500[kVA]
Tr_2	일반동력, 사무자동화동력	0.5	$(450+80) \times 0.5 = 265$	300[kVA]
Tr_3	냉방동력	0.8	$430 \times 0.8 = 344$	500[kVA]
STr	주변압기	1.2 (부등률)	$\dfrac{427+265+344}{1.2} = 863.33$	1000[kVA]

3)

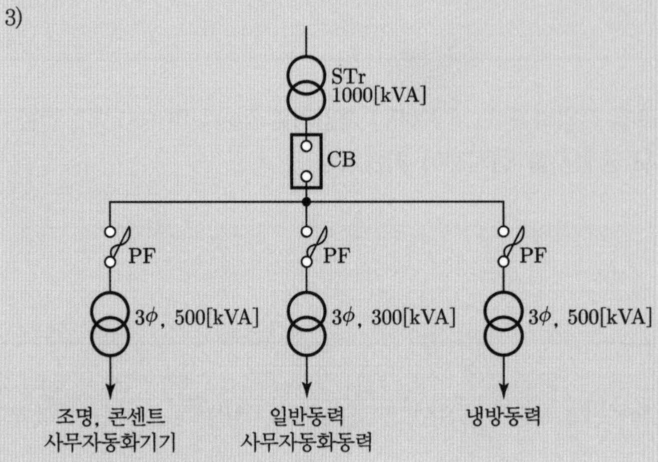

03 출제년도 : 12

배점 6점

역률을 높게 유지하기 위하여 개개의 부하에 고압 및 특별고압 진상콘덴서를 설치하는 경우에는 현장조작 개폐기보다도 부하측에 접속하여야 한다. 콘덴서의 용량, 접속방법 등은 어떻게 시설하는 것을 원칙으로 하는지와 고주파전류의 증대 등에 대한 다음 각 물음에 답하시오.

1) 콘덴서의 용량은 부하의 (　　　) 보다 크게 하지 말 것
2) 콘덴서는 본선에 직접 접속하고 특히 전용의 (　　　), (　　　), (　　　) 등을 설치하지 말 것
3) 고압 및 특별고압 진상용 콘덴서를 설치함으로 인하여 공급회로의 고조파 전류가 현저하게 증대할 경우는 콘덴서 회로에 유효한 (　　　)를 설치하여야 한다.
4) 가연성유(油)를 봉입한 고압진상 콘덴서를 설치하는 경우는 가연성의 벽, 천장과의 이격거리는 (　　　)[m] 이상이다.

1) 무효분　2) 개폐기, 퓨즈, 유입차단기　3) 직렬리액터　4) 1[m]

04 출제년도 : 08, 12

배점 5점

단자 전압이 3000[V]인 선로에 전압비가 3300/220[V] 승압기를 접속하여 60[kW], 역률 0.85의 부하에 공급할 때 몇 [kVA] 승압기를 설치해야 하는가?

• 계산 :　　　　　　　　　　　　　　　　　• 답 :

• 계산 : 승압 후 전압(V_2)$= V_1\left(\dfrac{e_1+e_2}{e_1}\right) = 3000\left(\dfrac{3300+220}{3300}\right) = 3200[V]$

부하전류(I_2)$= \dfrac{P}{V_2\cos\theta} = \dfrac{60\times10^3}{3200\times0.85} = 22.058[A]$

승압기 용량(ω)$= e_2 \cdot I_2 = 220\times22.058\times10^{-3} = 4.852[kVA]$

• 답 : 5[kVA]

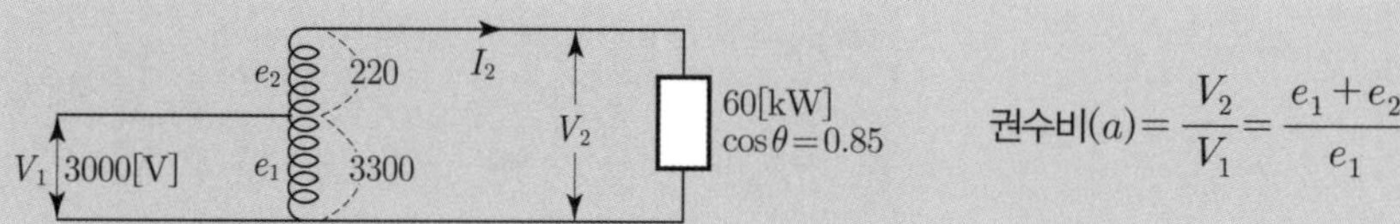

05 출제년도 : 08, 12

배점 6점

매분 $12[m^3]$의 물을 높이 $15[m]$인 탱크에 양수하는데 필요한 전력을 V결선한 변압기로 공급한다면, 여기에 필요한 단상 변압기 1대의 용량은 몇 [kVA]인가? (단, 펌프와 전동기의 합성 효율은 65[%]이고, 전동기의 전부하 역률은 80[%]이며 펌프의 축동력은 15[%]의 여유를 본다고 한다)

• 계산 :　　　　　　　　　　　　　　　　　　　• 답 :

답안

• 계산 : $\text{부하용량} = \text{펌프출력}(P) = \dfrac{K \times Q \times H}{6.12 \times \eta} = \dfrac{1.15 \times 12 \times 15}{6.12 \times 0.65} = 52.036[\text{kW}]$

[kVA]로 환산하면 $\Rightarrow \dfrac{52.036}{0.8} = 65.045[\text{kVA}]$

V결선 출력$(P_V) = \sqrt{3} \times P_1 = \text{부하용량} = 65.045[\text{kVA}]$

$\therefore\ P_1 = \dfrac{65.045}{\sqrt{3}} = 37.553[\text{kVA}]$

• 답 : $37.55[\text{kVA}]$

06 출제년도 : 04, 12, 15

배점 5점

역률을 개선하면 전기요금의 절감과 배전선의 손실경감, 전압강하감소, 설비여유용량의 증가를 꾀할 수 있으나 너무 과보상하면 역효과가 나타난다. 즉, 경부하시에 콘덴서가 과대 삽입되면 단점 3가지 쓰시오.

•

•

•

답안

• 계전기 오동작
• 모선 전압 상승
• 고조파 왜곡의 확대

07 출제년도 : 12, 18

배점 5점

그림은 PB－ON 스위치를 ON한 후 일정 시간이 지난 다음에 MC가 동작하여 전동기 M이 운전되는 회로이다. 여기에 사용한 타이머는 입력신호를 소멸했을 때 열려서 이탈되는 현상인데 전동기가 회전하면 릴레이가 복구되어 타이머에 입력신호가 소멸되고 전동기는 계속 회전할 수 있도록 할 때 이 회로는 어떻게 고쳐야 하는가? (단, MC의 a접점과 b접점을 1개씩 사용하시오.)

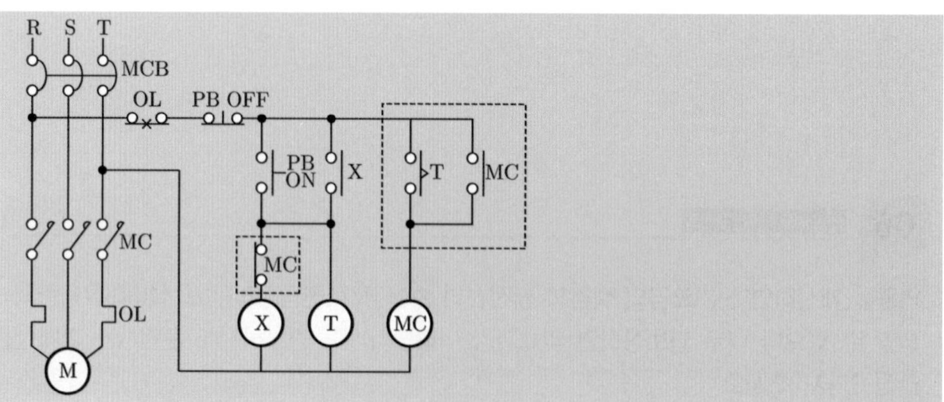

① 설정시간(t초) 후 MC가 여자된 후 전동기는 계속 회전하기 때문에 한시동작 순시복귀 a접점과 병렬로 자기유지 접점을 넣어준다.

② MC 여자 시 X, T를 소자시키기 위하여 MC_{-b}접점을 넣어 X의 자기유지를 해제시킨다.

상세 동작 설명

① MCCB 투입(전원 투입) 후 PB－ON 누를 시 X, T 여자, 이 때 X_{-a} 접점 폐로되며 자기유지

② 설정시간(t초) 후 한시동작 순시복귀 a접점(T_{-a}) 폐로되며 MC 여자

③ MC 주전원 개폐기가 폐로되며 전동기 운전

④ MC_{-b} 접점 개로되며 X, T 소자, X_{-a} 접점 개로되며 X 자기유지 해제, 한시동작 순시복귀 a접점 개로

⑤ MC_{-a} 접점 폐로되며 MC 자기유지, 전동기 계속 운전

⑥ PB－OFF 누를 시 회로 초기화

※ 전동기 운전 중 과부하가 발생하면 열동계전기(OL)가 트립되어 수동복귀 b접점(OL_{-b} 접점)이 개로되며 회로 초기화 이 때 접점의 복귀는 반드시 수동으로 복귀한다.

08 출제년도 : 12

배점 5점

저항 4[Ω]과 정전용량 C[F]인 직렬 회로에 주파수 60[Hz]의 전압을 인가한 경우 역률이 0.8이었다. 이 회로에 30[Hz], 220[V]의 교류 전압을 인가하면 소비전력은 몇 [W]가 되겠는가?

• 계산 : • 답 :

• 계산 : $\cos\theta = \dfrac{R}{Z} = 0.8$

$$Z = \frac{R}{0.8} = \frac{4}{0.8} = 5$$

$$X_c = \sqrt{5^2 - 4^2} = 3$$

$$X_c = \frac{1}{2\pi f C} \qquad X_c \propto \frac{1}{f}$$

$f' = 30$[Hz] $\quad X_c' = 6$[Ω] (f가 $\dfrac{1}{2}$이 되면 X_c는 2배가 되므로)

$$\therefore\ P = I^2 R = \left(\frac{V}{Z}\right)^2 \cdot R = \left(\frac{V}{\sqrt{R^2 + X_c'^2}}\right) \cdot R$$

$$= \frac{V^2 \cdot R}{R^2 + X_c'^2} = \frac{220^2 \times 4}{4^2 + 6^2} = 3723.08\text{[W]}$$

• 답 : 3723.08[W]

09 출제년도 : 12

배점 4점

그림과 같은 시퀀스 제어회로를 AND, OR, NOT의 기본 논리회로(Logic symbol)를 이용하여 무접점 회로를 나타내시오.

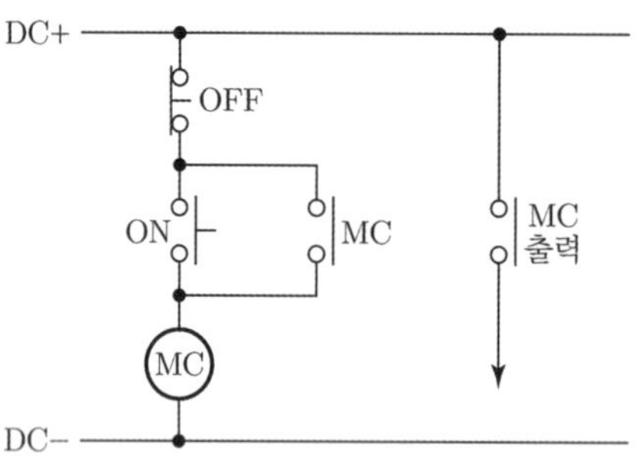

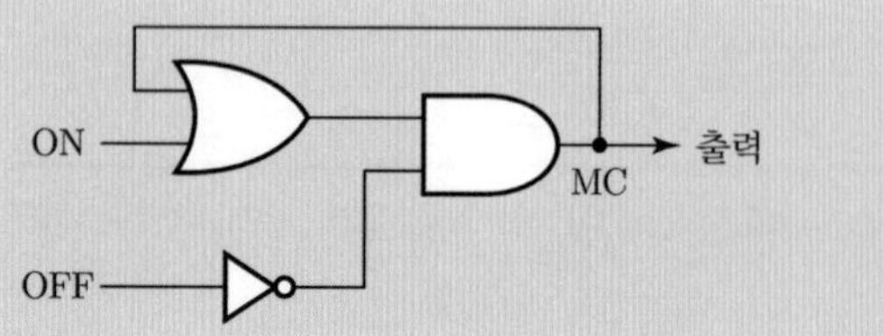

해설

유접점 시퀀스 회로(무접점 논리회로)에서 무접점 논리회로(유접점 시퀀스 회로)로 변환하기 위해 논리식으로 전개 후 작성하도록 한다.

논리식 $MC = \overline{OFF} \cdot (ON + MC)$

출력 $= MC$

10 출제년도 : 12 배점 5점

다음 그림은 3상 4선식 배전선로에 단상 변압기 2대가 있는 미완성 회로이다. 이것을 역 V결선하여 2차에 3상 전원 방식으로 결선하시오.

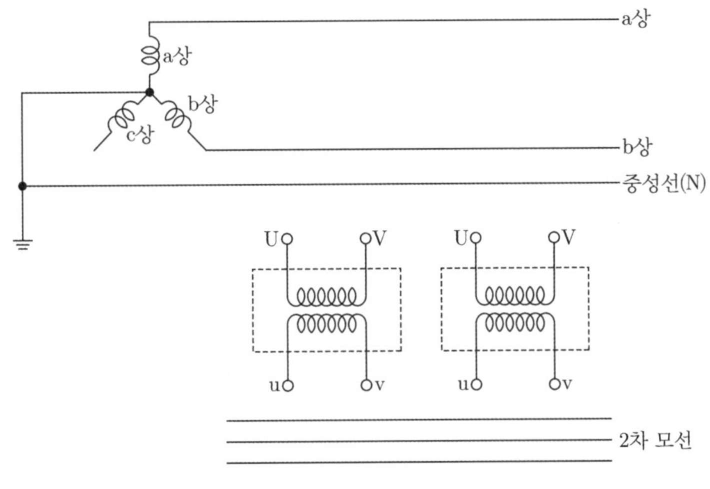

답안

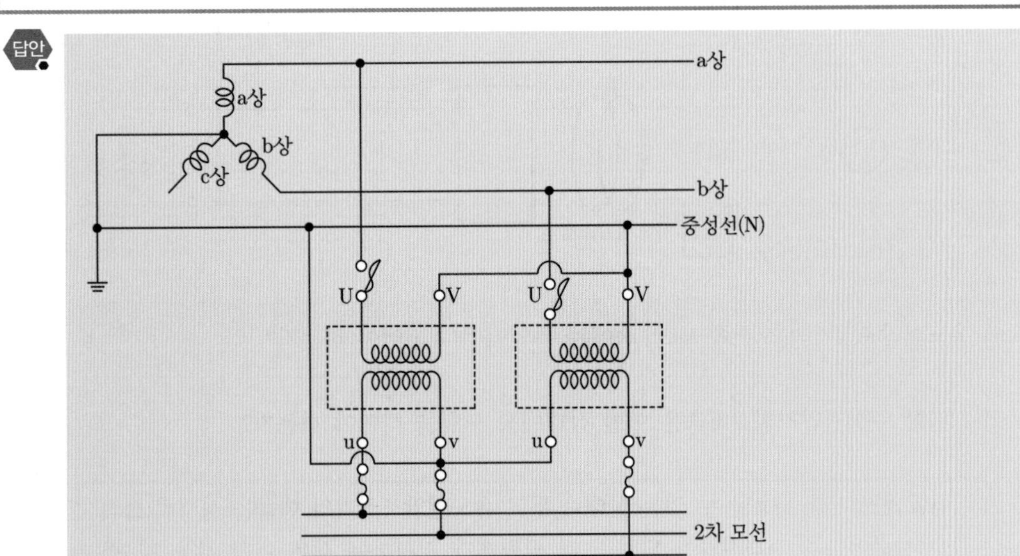

11 출제년도 : 12

배점 5점

금속관 공사시 사용되는 풀박스와 정크션박스의 용도에 대하여 설명하시오.

1) 풀박스 :

2) 정크션박스 :

1) 풀박스 : 전선의 통과를 쉽게 하기 위하여 배관의 도중에 설치하는 박스
2) 정크션박스 : 전선 상호를 접속할 목적으로 사용하는 박스

12 출제년도 : 12

배점 6점

그림은 구내에 설치할 3300[V], 220[V], 10[kVA]인 주상변압기의 무부하 시험방법이다. 이 도면을 보고 다음 각 물음에 답하시오.

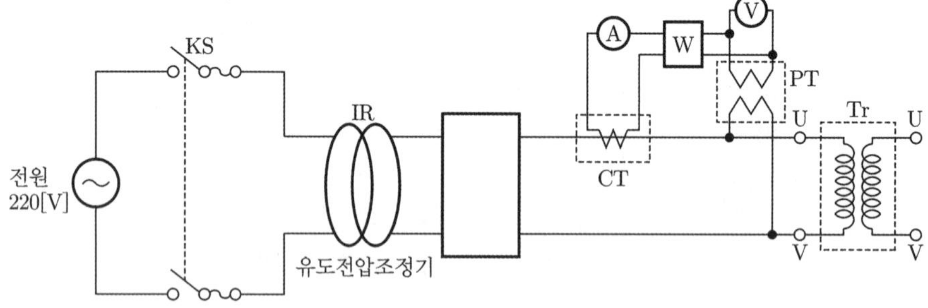

1) 유도전압조정기의 오른쪽 네모 속에는 무엇이 설치되어야 하는가?

2) 시험할 주상변압기의 2차측은 어떤 상태에서 시험을 하여야 하는가?

3) 시험할 변압기를 사용할 수 있는 상태로 두고 유도전압조정기의 핸들을 서서히 돌려 전압계의 지시값이 1차 정격전압이 되었을 때 전력계가 지시하는 값은 어떤 값을 지시하는가?

1) 승압용 변압기
2) 개방
3) 철손

13 출제년도 : 12

배점 6점

표의 빈칸에 ㉮~㉳에 알맞은 내용을 써서 그림 PLC 시퀀스의 프로그램을 완성하시오. (단, 사용 명령어는 회로시작(R), 출력(W), AND(A), OR(O), NOT(N), 시간지연(DS)이고, 0.1초 단위이다)

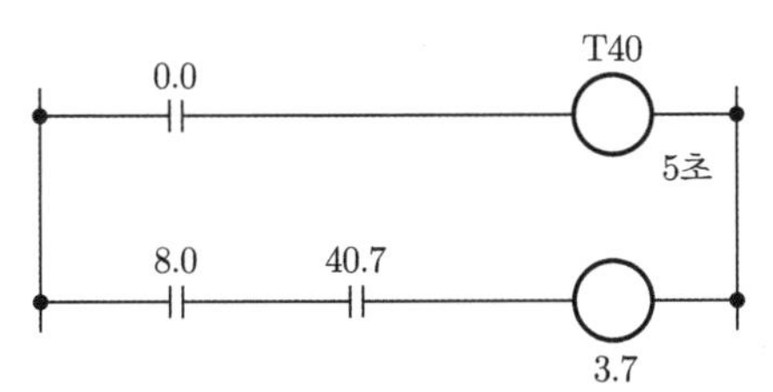

STEP	OP	ADD
0	R	①
1	DS	②
2	W	③
3	④	8.0
4	⑤	⑥
5	⑦	⑧

① 0.0 ② 50 ③ T40 ④ R
⑤ A ⑥ 40.7 ⑦ W ⑧ 3.7

타이머의 설정시간이 5초이면서 0.1초 단위를 사용하기 때문에 시간지연에 대한 값은 50으로 나타내도록 한다.

14 출제년도 : 12

배점 7점

다음 그림은 저압전로에 있어서의 지락고장을 표시한 그림이다. 그림의 전동기 M_1(단상 110[V])의 내부와 외함간에 누전으로 지락사고를 일으킨 경우 변압기 저압측 전로의 1선은 한국전기설비규정(KEC)에 의하여 고·저압 혼촉시의 대지전위 상승을 억제하기 위한 접지공사를 하도록 규정하고 있다. 다음 물음에 답하시오.

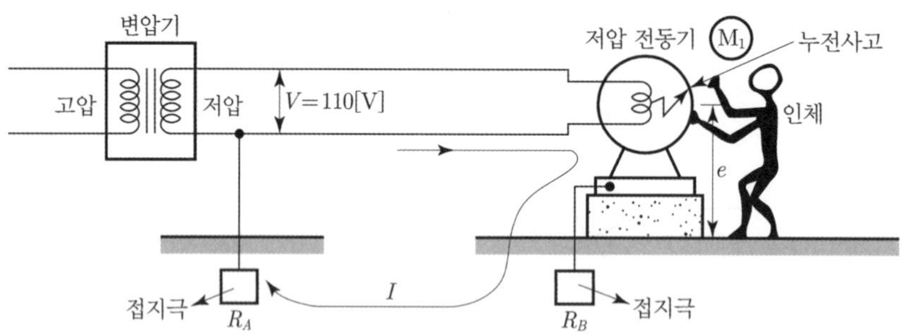

앞의 그림에 대한 등가회로를 그리면 아래와 같다. 물음에 답하시오.

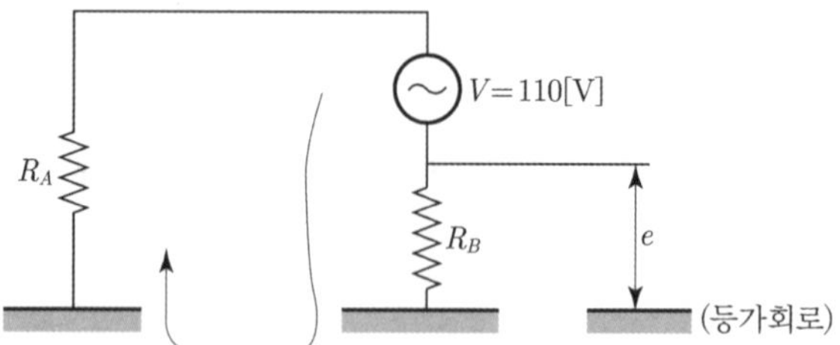

1) 등가회로상의 e는 무엇을 의미하는가?
2) 등가회로상의 e의 값을 표시하는 수식을 표시하시오.
3) 저압회로의 지락전류 $I = \dfrac{V}{R_A + R_B}$[A] 로 표시할 수 있다. 고압측 전로의 중성점이 비접지식인 경우에 고압측 전로의 1선 지락전류가 4[A]라고 하면 변압기의 2차측(저압측)에 대한 접지 저항값(R_A)은 얼마인가?
   - 계산 :　　　　• 답 :
4) 위에서 구한 접지 저항값(R_A)을 기준으로 하였을 때의 R_B의 값을 구하고 위 등가회로상의 I, 즉 저압측 전로의 1선 지락전류를 구하시오. (단, e의 값은 25[V]로 제한하도록 한다)
   - 계산 :　　　　• 답 :
5) 접지극의 매설 깊이는 얼마인가?
6) 변압기 2차측의 접지선 굵기는 몇 [mm^2] 이상의 연동선 또는 이와 동등 이상의 세기 및 굵기의 것을 사용하는가?

1) 접촉전압

2) $e=\frac{R_B}{R_A+R_B}\times V[V]$

3) • 계산 : $R_A=\frac{150}{I}=\frac{150}{4}=37.5[\Omega]$ • 답 : 37.5[Ω]

4) • 계산 : $25=\frac{R_B}{37.5+R_B}\times 110$ $R_B=11.029[\Omega]$ • 답 : 11.03[Ω]

$I=\frac{V}{R_A+R_B}=\frac{110}{37.5+11.03}=2.266[A]$ • 답 : 2.27[A]

5) 지하 75[cm] 이상

6) 6[mm^2]

15 출제년도 : 12

배점 5점

다음 그림은 콘덴서 설비의 단선도이다. 주어진 그림 ①～⑤의 각 기기의 우리말 이름을 쓰고, 역할을 쓰시오.

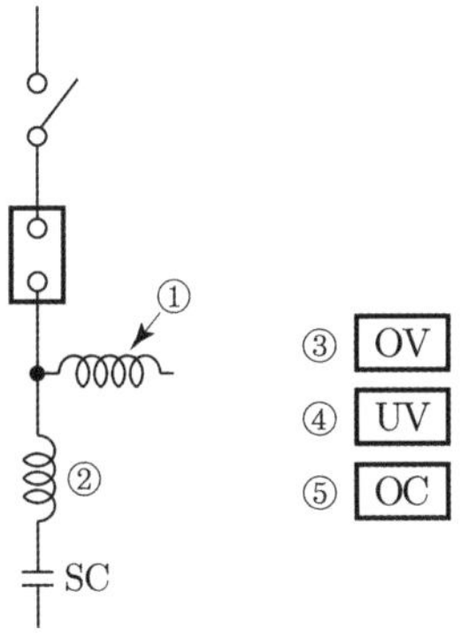

① 방전코일 : 콘덴서 개방시 콘덴서에 축적된 잔류전하를 방전시켜 인체의 감전사고 방지한다.

② 직렬리액터 : 제5고조파를 제거하여 전압파형을 개선한다.

③ • 명칭 : 과전압 계전기
  • 역할 : 정정값보다 높은 전압이 인가되면 동작하여 경보를 발하거나 차단기를 동작한다.

④ • 명칭 : 부족전압 계전기
  • 역할 : 인가된 전압이 정정값보다 낮아지게 되면 동작하여 경보를 발하거나 차단기를 동작한다.

⑤ • 명칭 : 과전류 계전기
  • 역할 : 정정값보다 큰 전류가 흐르면 동작하여 경보를 발하거나 차단기를 동작한다.

16

출제년도 : 12 / 유사 : 00, 01, 02, 03, 04, 05, 06, 07, 09, 10, 11, 12, 13, 14, 15, 16, 17

배점 5점

평균조도 600[lx], 전반조명을 시설한 50[m^2]의 방이 있다. 이 방에 사용된 조명기구는 1기구당 광속은 6000[lm], 조명률 80[%], 유지율 62.5[%]이다. 이 때 조명기구 1대의 소비전력이 80[W]인 경우 이 방에서 24시간 연속점등한 경우 하루의 소비전력량은 몇 [kWh]인가?

• 계산 : • 답 :

• 계산 : ① $FUN = DES$에서 $N = \dfrac{600 \times 50}{6000 \times 0.8 \times 0.625} = 10$[등]

② 소비전력량 $W = Pt = 80 \times 10 \times 24 \times 10^{-3} = 19.2$[kWh]

• 답 : 19.2[kWh]

17

출제년도 : 12 / 유사 : 03, 04, 07, 10, 12, 16, 18

배점 5점

3상 3선식 380[V] 회로에 그림과 같이 부하가 연결되어 있다. 간선의 허용전류를 계산하시오. (단, 전동기의 평균 역률은 80[%]이다)

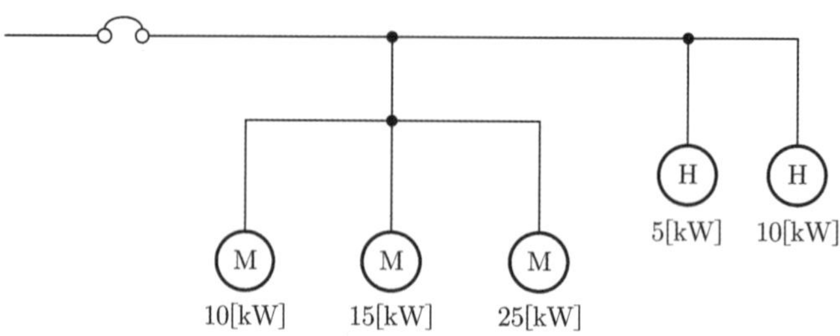

• 계산 : • 답 :

• 계산 : ① 전동기 정격전류의 합$(I_M) = \dfrac{(10+15+25) \times 10^3}{\sqrt{3} \times 380 \times 0.8} = 94.958$[A]

② 전동기 유효전류$(I_p) = 94.958 \times 1.1 \times 0.8 = 83.563$[A]

③ 전동기 무효전류$(I_q) = 94.958 \times 1.1 \times \sqrt{1-0.8^2} = 62.672$[A]

④ 전열기 정격전류의 합$(I_H) = \dfrac{(5+10) \times 10^3}{\sqrt{3} \times 380 \times 1} = 22.79$[A]

⑤ 간선의 허용전류$(I_a) = \sqrt{(I_p + I_H)^2 + I_q^2}$

$= \sqrt{(83.563 + 22.79)^2 + 62.672^2} = 123.445$[A]

• 답 : 123.45[A]

18 출제년도 : 12

배점 4점

전동기, 가열장치 또는 전력장치의 배선에는 이것에 공급하는 분기회로의 배선에서 기계기구 또는 장치를 분리할 수 있도록 단로용 기구로 각 개에 개폐기, 콘센트를 설치하여야 하나 그렇지 않아도 되는 경우가 있다. 이 경우를 2가지만 쓰시오.

-
-

- 현장조작개폐기가 전로의 각 극을 개폐할 수 있을 경우
- 전용분기회로에서 공급하는 경우

전기기사 실기 기출문제 2012년 2회

01 출제년도 : 12

배점 5점

알칼리 축전지의 정격용량은 100[Ah], 상시부하 6[kW], 표준전압 100[V]인 부동충전방식의 충전기 2차 전류는 몇 [A]인지 계산하시오. (단, 알칼리 축전지의 방전율은 5시간율로 한다)

• 계산 : • 답 :

• 계산 : 충전기 2차 전류 $I_2 = \frac{\text{정격용량[Ah]}}{\text{시간율}} + \frac{\text{상시부하[W]}}{\text{표준전압[V]}} = \frac{100}{5} + \frac{6000}{100} = 80[\text{A}]$

• 답 : 80[A]

02 출제년도 : 01, 02, 07, 12

배점 6점

주어진 Impedance map과 조건을 보고 다음 각 물음에 답하시오.

조건

$\%Z_S$: 한전 S/S의 154[kV] 인출측의 전원측 정상 임피던스 1.2[%](100[MVA] 기준)

Z_{TL} : 154[kV] 송전 선로의 임피던스 1.83[Ω]

$\%Z_{TR1} = 10[\%](15[\text{MVA}]$ 기준)

$\%Z_{TR2} = 10[\%](30[\text{MVA}]$ 기준)

$\%Z_C = 50[\%](100[\text{MVA}]$ 기준)

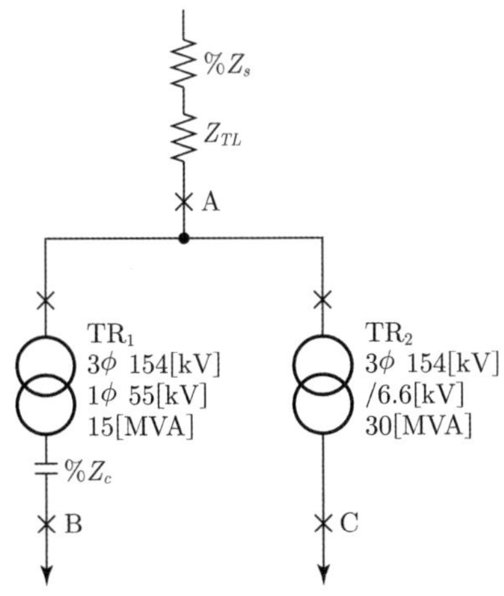

1) $\%Z_{TL}$, $\%Z_{TR1}$, $\%Z_{TR2}$에 대하여 100[MVA] 기준 % 임피던스를 구하시오.

① $\%Z_{TL}$

• 계산 : • 답 :

② $\%Z_{TR1}$

• 계산 : • 답 :

③ $\%Z_{TR2}$

• 계산 : • 답 :

2) A, B, C 각 점에서의 합성 % 임피던스인 $\%Z_A$, $\%Z_B$, $\%Z_C$를 구하시오.

① $\%Z_A$

• 계산 : • 답 :

② $\%Z_B$

• 계산 : • 답 :

③ $\%Z_C$

• 계산 : • 답 :

3) A, B, C 각 점에서의 차단기의 소요 차단전류 I_A, I_B, I_C는 몇 [kA]가 되겠는가? (단, 비대칭분을 고려한 상승 계수는 1.6으로 한다)

① I_A

• 계산 : • 답 :

② I_B

• 계산 : • 답 :

③ I_C

• 계산 : • 답 :

1) ① • 계산 : $\%Z_{TL} = \frac{Z \cdot P}{10V^2} = \frac{1.83 \times 100 \times 10^3}{10 \times 154^2} = 0.771[\%]$ • 답 : 0.77[%]

② • 계산 : $\%Z_{TR1} = 10[\%] \times \frac{100}{15} = 66.666[\%]$ • 답 : 66.67[%]

③ • 계산 : $\%Z_{TR2} = 10[\%] \times \frac{100}{30} = 33.333[\%]$ • 답 : 33.33[%]

2) ① • 계산 : $\%Z_A = \%Z_S + \%Z_{TL} = 1.2 + 0.77 = 1.97[\%]$ • 답 : 1.97[%]

② • 계산 : $\%Z_B = \%Z_S + \%Z_{TL} + \%Z_{TR1} - \%Z_C = 1.2 + 0.77 + 66.67 - 50 = 18.64[\%]$

• 답 : 18.64[%]

③ • 계산 : $\%Z_C = \%Z_S + \%Z_{TL} + \%Z_{TR2} = 1.2 + 0.77 + 33.33 = 35.3[\%]$ • 답 : 35.3[%]

3) ① • 계산 : $I_A = \frac{100}{\%Z_A} I_n = \frac{100}{1.97} \times \frac{100 \times 10^3}{\sqrt{3} \times 154} \times 1.6 \times 10^{-3} = 30.448[\text{kA}]$ • 답 : 30.45[%]

② • 계산 : $I_B = \frac{100}{\%Z_B} I_n = \frac{100}{18.64} \times \frac{100 \times 10^3}{55} \times 1.6 \times 10^{-3} = 15.606[\text{kA}]$ • 답 : 15.61[%]

③ • 계산 : $I_C = \frac{100}{\%Z_C} I_n = \frac{100}{35.3} \times \frac{100 \times 10^3}{\sqrt{3} \times 6.6} \times 1.6 \times 10^{-3} = 39.649[\text{kA}]$ • 답 : 39.65[%]

2) ② 콘덴서는 진상분이므로 "−" 50을 적용한다.

3) ② 변압기 2차측이 단상이므로 $\sqrt{3}$ 은 적용하지 않는다.

03 출제년도 : 12 　　　　　　　　　　　　　　　　　　　　　　　　　　　　**배점 6점**

그림과 같은 100/200[V] 단상 3선식 회로를 보고 다음 물음에 답하시오.

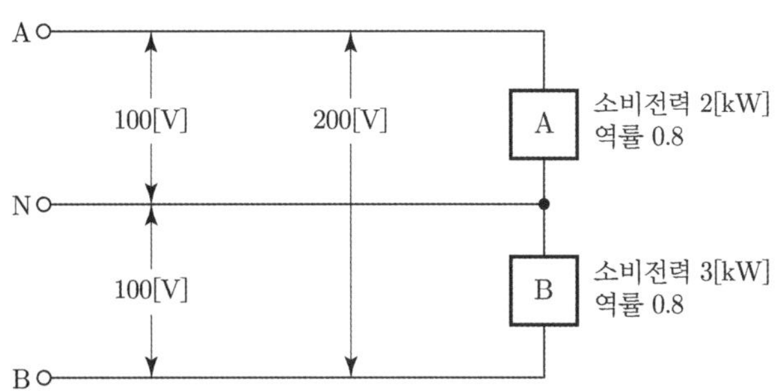

1) 중성선 N에 흐르는 전류는 몇 [A]인가?

- 계산 : 　　　　　　　　　　　　　　　　　　　　　　• 답 :

2) 중성선의 굵기를 결정할 때의 전류는 몇 [A]를 기준하여야 하는가?

답안

1) 중성선에 흐르는 전류(I_N)

- 계산 : $I_A = \dfrac{P_A}{V_{AN} \cdot \cos\theta_A} = \dfrac{2 \times 10^3}{100 \times 0.8} = 25[A]$

$$I_B = \frac{P_B}{V_{BN} \cdot \cos\theta_B} = \frac{3 \times 10^3}{100 \times 0.8} = 37.5[A]$$

$$I_N = I_B - I_A = 37.5 - 25 = 12.5[A]$$

- 답 : 12.5[A]

2) 중성선의 굵기를 결정하는 전류 : 37.5[A]

해설

1) 부하 A, B의 역률이 모두 같으므로 중성선에 흐르는 전류는 피상분값으로 계산할 수 있다. 만약 역률이 다르면 벡터값으로 계산해야 한다.
2) 중성선의 굵기를 결정하는 전류는 부하전류 I_A, I_B, 중성선 전류 I_N 중 가장 큰 전류를 굵기로 선정해야 한다.

04 출제년도 : 12 배점 8점

중성점 직접접지계통에 인접한 통신선의 전자유도 경감에 관한 대책을 경제성이 높은 것부터 설명하시오.

1) 근본대책

2) 전력선측 대책 5가지

3) 통신선측 대책 5가지

1) 전자유도전압 억제

2) ① 송전선로와 통신선로의 이격거리를 크게 한다.
② 접지저항을 적당히 선정해서 지락전류의 분포를 조절한다.
③ 고속도 지락보호 계전방식을 채용한다.
④ 차폐선을 설치한다.
⑤ 지중전선로 방식을 채용한다.

3) ① 절연변압기를 설치하여 구간을 분리한다.
② 연피케이블을 사용한다.
③ 통신선에 우수한 피뢰기를 사용한다.
④ 배류코일을 설치한다.
⑤ 전력선과 교차시 수직교차한다.

05 출제년도 : 12, 20 배점 8점

다음과 아파트 단지를 계획하고 있다. 주어진 규모 및 참고자료를 이용하여 다음 각 물음에 답하시오.

규모

① 아파트 동수 및 세대수 : 2동, 300세대

② 세대당 면적과 세대수 : 표

동 별	세대당 면적[m^2]	세대수
1 동	50	30
	70	40
	90	50
	110	30
2 동	50	50
	70	30
	90	40
	110	30

③ 가산부하[VA] : 80[m^2] 이하 750[VA]
150[m^2] 이하 1000[VA]

④ 계단, 복도, 지하실 등의 공용면적 1동 : 1700[m^2], 2동 : 1700[m^2]

⑤ [m^2] 당 상정 부하
아파트 : 30[VA/m^2], 공용 부분 : 5[VA/m^2]

⑥ 수용률
70세대 이하 65[%] 100세대 이하 60[%]
150세대 이하 55[%] 200세대 이하 50[%]

조건

① 모든 계산은 피상 전력을 기준한다.
② 역률은 100[%]로 보고 계산한다.
③ 주변전실로부터 1동까지는 150[m]이며 동내의 전압 강하는 무시한다.
④ 각 세대의 공급 방식은 110/220[V]의 단상 3선식으로 한다.
⑤ 변전실의 변압기는 단상 변압기 3대로 구성한다.
⑥ 동간 부등률은 1.4로 본다.
⑦ 공용 부분의 수용률은 100[%]로 한다.
⑧ 주변전실에서 각 동까지의 전압 강하는 3[%]로 한다.
⑨ 간선은 후강전선관 배관으로 IV 전선을 사용하며 간선의 굵기는 300[mm^2] 이하를 사용하여야 한다.
⑩ 이 아파트 단지의 수전은 13200/22900[V]의 Y 3상 4선식의 계통에서 수전한다.

계약 최대 진리표

설비용량	계약 전력 환산율[%]	비 고
처음 75[kW]에 대하여	100	1[kW] 미만일 경우 소숫점 이하 첫째자리에서 4사5입한다.
다음 75[kW]에 대하여	85	
다음 75[kW]에 대하여	75	
다음 75[kW]에 대하여	65	
300[kW] 초과분에 대하여	60	

1) 1동의 상정부하는 몇 [VA]인가?
- 계산 : • 답 :

2) 2동의 수용부하는 몇 [VA]인가?
- 계산 : • 답 :

3) 이 단지의 변압기는 단상 몇 [kVA]짜리 3대를 설치하여야 하는가? (단, 변압기 용량은 10[%]의 여유율을 보며 단상변압기의 표준용량은 75, 100, 150, 200, 300[kVA] 등이다)
- 계산 : • 답 :

4) 공급사(한국전력공사)와 변압기 설비에 의하여 계약한다면, 용량은 얼마인가?

5) 공급사(한국전력공사)와 사용설비에 의하여 계약한다면, 용량은 얼마인가?
- 계산 : • 답 :

1) • 계산 : 상정부하=(바닥면적×[m^2]당 상정부하)+가산부하

세대당 면적 [m^2]	상정부하 [VA/m^2]	가산부하 [VA]	세대수	상정부하[VA]
50	30	750	50	{(50×30)+750}×30 = 67,500
70	30	750	40	{(70×30)+750}×40 = 114,000
90	30	1000	30	{(90×30)+1000}×50 = 185,000
110	30	1000	30	{(110×30)+1000}×30 = 129,000
합 계	495,500[VA]			

∴ 공용 면적까지 고려한 상정부하=495,500 + 1700×5=504,000[VA]

- 답 : 504,000[VA]　　cf〉 1동 수용부하 = 281,025[VA]

2) • 계산

세대당 면적 $[m^2]$	상정부하 $[VA/m^2]$	가산부하 [VA]	세대수	상정부하[VA]
50	30	750	60	{(50×30)+750}×50 = 112,500
70	30	750	20	{(70×30)+750}×30 = 85,500
90	30	1000	40	{(90×30)+1000}×40 = 148,000
110	30	1000	30	{(110×30)+1000}×30 = 129,000
합 계	475,000[VA]			

∴ 공용면적까지 고려한 수용부하 = 475,000×0.55 + 1700×5 = 269,750[VA]

• 답 : 269,750[VA]　　　cf〉 2동 상정부하 = 483,500[VA]

3) • 계산 : 합성최대전력 $= \dfrac{\text{최대 수용 전력}}{\text{부등률}} = \dfrac{\text{설비 용량} \times \text{수용률}}{\text{부등률}}$

$$= \frac{(495500 \times 0.55 + 1700 \times 5) + (475000 \times 0.55 + 1700 \times 5)}{1.4}$$

$= 393410.714[VA]$

변압기 용량 $= \dfrac{393410.714}{3} \times 1.1 \times 10^{-3} = 144.25[kVA]$

따라서, 표준용량 150[kVA]를 선정한다.

• 답 : 150[kVA]

4) 변압기 용량 150[kVA] 3대이므로 450[kVA]로 계약한다.

5) • 계산 : 설비용량 = 504 + 483.5 = 987.5 [kVA]

계약전력 $= 75 + (75 \times 0.85) + (75 \times 0.75) + (75 \times 0.65) + (987.5 - 300) \times 0.6$

$= 656.25[kW]$

• 답 : 656[kW]

06 출제년도 : 12

배점 5점

비상용 자가 발전기를 구입하고자 한다. 부하는 단일 부하로서 유도전동기이며, 기동 용량이 1826[kVA]이고, 기동시 전압 강하는 21[%]까지 허용하며, 발전기의 과도 리액턴스는 26[%]로 본다면 자가 발전기의 용량은 이론(계산)상 몇 [kVA] 이상의 것을 선정하여야 하는가?

- 계산 :
- 답 :

- 계산 : 발전기 용량 $= \left(\dfrac{1}{\text{허용 전압 강하}} - 1\right) \times \text{기동 용량[kVA]} \times \text{과도 리액턴스[kVA]}$

$$P = \left(\frac{1}{0.21} - 1\right) \times 1826 \times 0.26 = 1786[\text{kVA}]$$

- 답 : 1826[kVA] (계산 값보다 기동 용량이 큰 경우는 기동 용량에 따른다)

07 출제년도 : 02, 12, 17 배점 6점

그림의 회로는 푸시 버튼 스위치 PB_1, PB_2, PB_3를 ON 조작하여 기계 A, B, C를 운전하는 시퀀스 회로도이다. 이 회로를 타임 차트의 요구대로 병렬 우선 순위 회로로 고쳐서 그리시오. (R_1, R_2, R_3는 계전기이며 이 계전기의 보조 a접점 또는 보조 b접점을 추가 또는 삭제하여 작성하되 불필요한 접점을 사용하지 않도록 할 것이며 보조 접점에는 접점의 명칭을 기입하도록 한다)

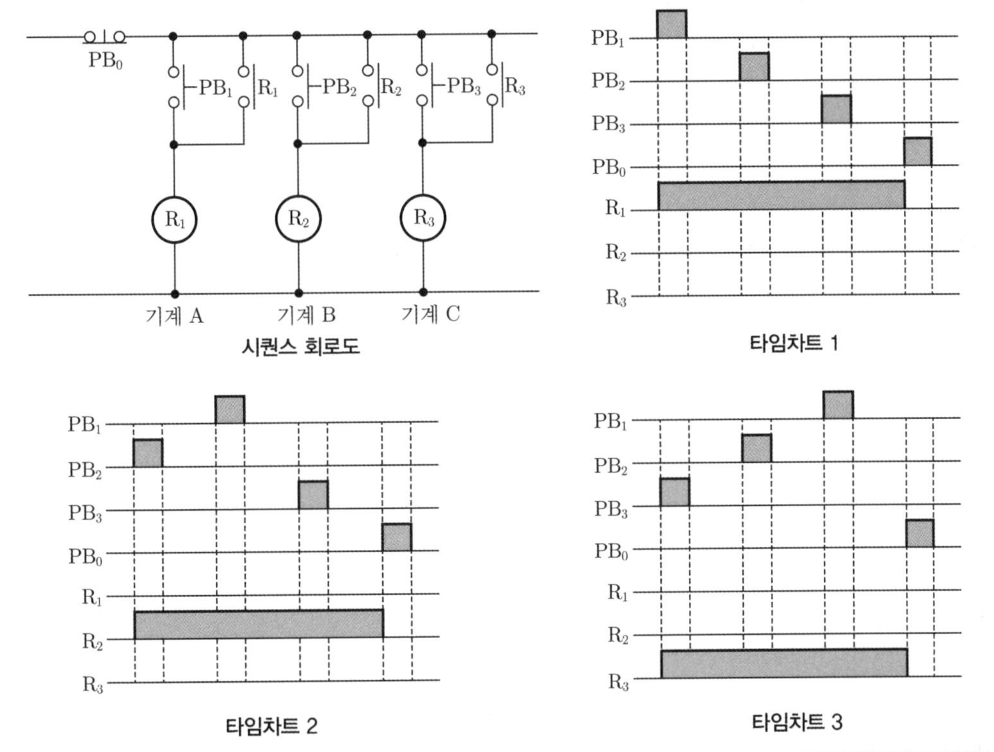

답안

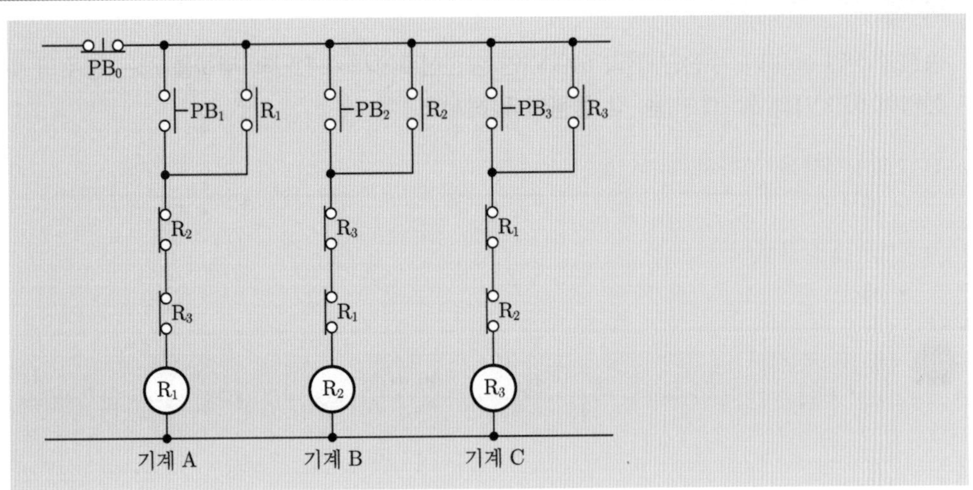

해설 병렬우선순위회로 = 인터록 회로 = 선입력 우선회로
최초 발생한 신호(입력)에 대해 출력이 발생하게 되면 회로가 초기화 되기 전까지 이후에 발생된 신호(입력)에 대해서는 출력이 발생될 수 없는 회로를 병렬우선 순위회로(인터록 회로 또는 선입력 우선회로)라 한다.

동작 설명

- 간단히 : R_1, R_2, R_3 동시투입 방지
- 상세히 : R_1 이 여자되어 있는 상태에서는 R_2, R_3가 여자될 수 없고
  R_2가 여자되는 있는 상태에서는 R_1, R_3가 여자될 수 없으며
  R_3가 여자되어 있는 상태에서는 R_1, R_2가 여자될 수 없다.

08 출제년도 : 12 배점 4점

다음 (　　) 안에 알맞은 말을 써 넣으시오.

> 상용전원과 예비전원 사이에 병렬운전을 하지 않는 것을 원칙으로 하므로 수전용 차단기와 발전기용 차단기 사이에 전기적, 기계적으로 (①)을 설치하여야 하며 (②)을 사용해야 한다.

① 인터록　② 전환개폐기

09 출제년도 : 12 배점 4점

송전단 전압 66[kV], 수전단 전압 61[kV]인 송전선로에서 수전단의 부하를 끊은 경우의 수전단 전압이 63[kV]라 할 때 다음 각 물음에 답하시오.

1) 전압강하율을 구하시오.
   - 계산 :　　　• 답 :
2) 전압변동률을 구하시오.
   - 계산 :　　　• 답 :

1) • 계산 : 전압강하율$(\epsilon)=\dfrac{V_s-V_r}{V_r}\times 100=\dfrac{66-61}{61}\times 100=8.196[\%]$　• 답 : 8.2[%]

2) • 계산 : 전압변동률$(\delta)=\dfrac{V_{r0}-V_r}{V_r}\times 100=\dfrac{63-61}{61}\times 100=3.278[\%]$　• 답 : 3.28[%]

10 출제년도 : 12 **배점 6점**

$\Delta-Y$ 결선방식의 주변압기 보호에 사용되는 비율차동계전기의 간략화한 회로도이다. 주 변압기 1차 및 2차측 변류기(CT)의 미결선된 2차 회로를 완성하시오.

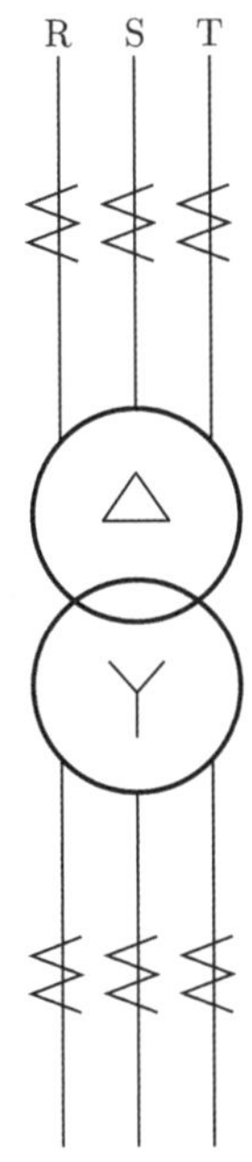

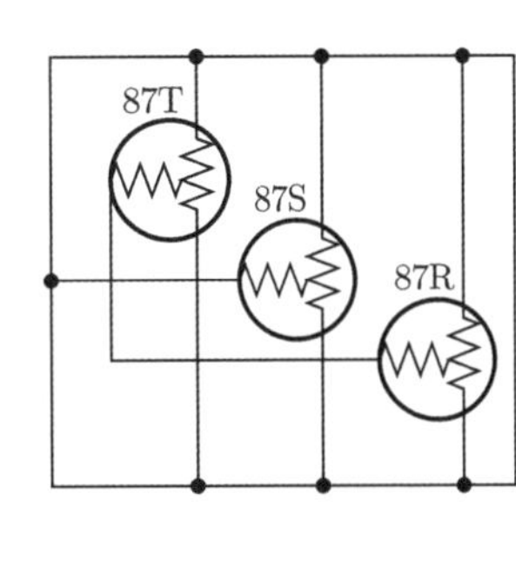

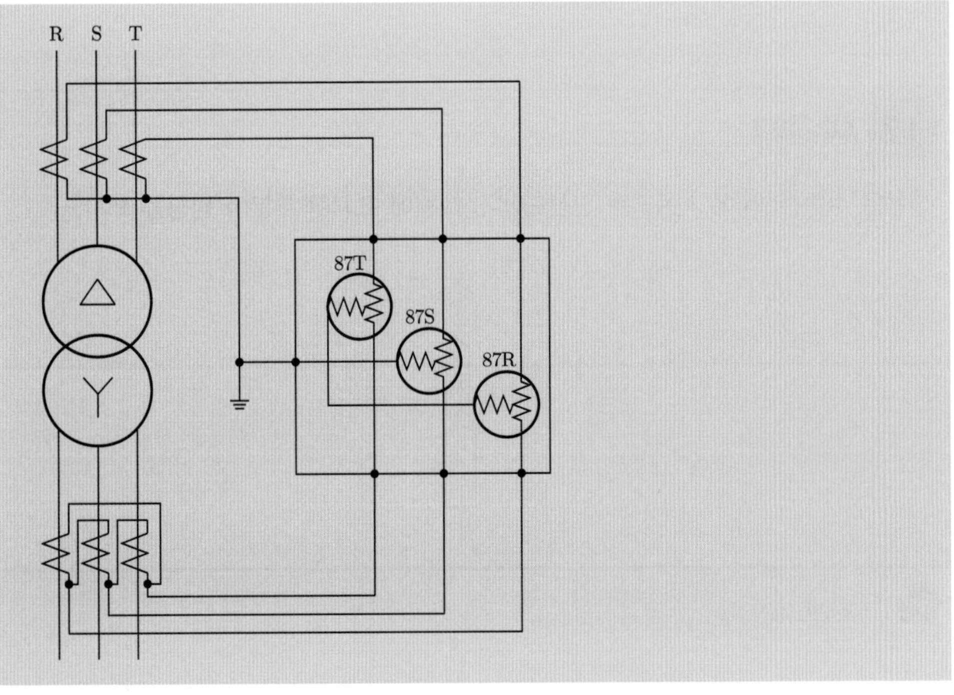

11

출제년도 : 12 / 유사 : 00, 01, 02, 03, 04, 05, 06, 07, 09, 10, 11, 13, 14, 15, 16, 17

배점 7점

가로 10[m], 세로 16[m], 천장 높이 3.85[m], 작업면 높이 0.85[m]인 사무실에 천장 직부 형광등 F40×2를 설치하고자 한다. 다음 물음에 답하시오.

1) 40[W] 2등용 형광등 기구의 심벌을 그리시오.

2) 이 사무실의 실지수를 구하시오.

3) 평균조도를 300[lx]라 할 때 필요한 기구수는? (단, 40[W] 형광등 1등의 광속 3150[lm], 조명률 61[%], 보수율 0.7이라 한다)

답안

1) F40×2

2) • 계산 : 실지수 $= \dfrac{X \cdot Y}{H(X+Y)} = \dfrac{10 \times 16}{(3.85-0.85) \times (10+16)} = 2.051$

• 답 : 2.05

3) • 계산 : $FUN = DES$ 에서 $N = \dfrac{300 \times 10 \times 16}{3150 \times 2 \times 0.61 \times 0.7} = 17.843$

• 답 : 18[개]

12

출제년도 : 12

배점 4점

다음은 수변전설비에 사용되는 단선도이다. 그림에 표시한 부분의 명칭을 쓰시오.

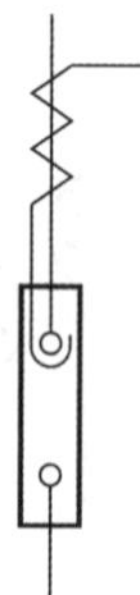

답안

부싱변류기[BCT]

13 출제년도 : 12 배점 6점

고압 진상용 콘덴서의 내부 고장 보호 방식으로 NCS 방식과 NVS 방식이 있다.

1) NCS와 NVS의 기능을 설명하시오.

2) ①, ②번에 알맞은 기호를 그려 넣으시오.

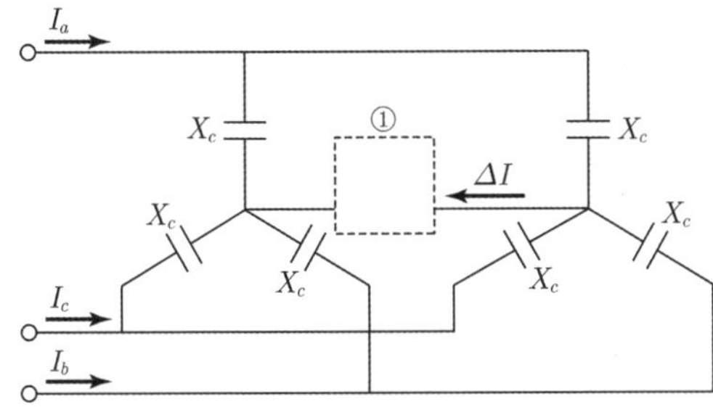

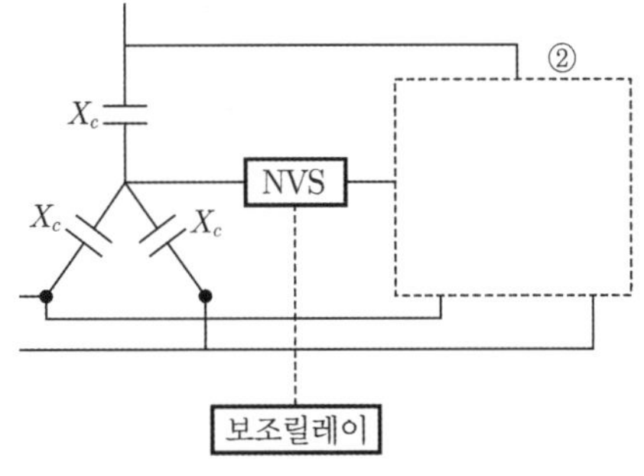

답안

1) 콘덴서에 고장이 발생할 경우 사고의 확대와 파급을 방지하기 위하여 콘덴서를 회로로부터 신속히 제거한다.
- NCS : 중성점간 전류검출방식으로 전류 차이에 동작한다.
- NVS : 중성점간 전압검출방식으로 전압 차이에 동작한다.

2) ①

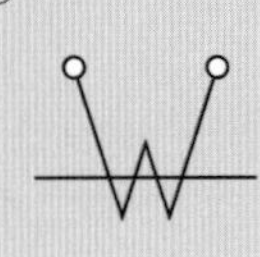

②

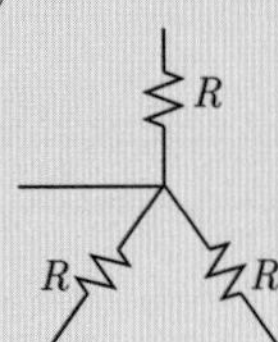

14 출제년도 : 12 배점 4점

지중전선에 화재가 발생한 경우 화재의 확대방지를 위하여 케이블이 밀집 시설되는 개소의 케이블은 난연성케이블을 사용하여 시설하는 것이 원칙이다. 부득이 전력구에 일반 케이블로 시설하고자 할 경우, 케이블에 방재대책을 하여야 하는데 케이블과 접속재에 사용하는 방재용 자재 2가지를 쓰시오.

난연테이프, 난연도료

15 출제년도 : 12

배점 5점

회전날개의 지름이 31[m]인 프로펠러형 풍차의 풍속이 16.5[m/s]일 때 풍력에너지[kW]를 계산하시오. (단, 공기의 밀도는 1.225[kg/m^3]이다)

• 계산 : • 답 :

• 계산 : 풍력에너지$(P) = \frac{1}{2}mV^2 = \frac{1}{2}(\rho AV)V^2 = \frac{1}{2}\rho AV^3$[W]

(단, P : 에너지[W], m : 질량[kg], V : 평균풍속[m/s],

ρ : 공기의 밀도(1.225[kg/m^3]), A : 로터의 단면적[m^2] $= \pi r^2$)

$$\therefore \ P = \frac{1}{2}\rho AV^3 = \frac{1}{2} \times 1.225 \times \pi \times \left(\frac{31}{2}\right)^2 \times 16.5^3 \times 10^{-3} = 2076.687[\text{kW}]$$

• 답 : 2076.69[kW]

16 출제년도 : 12

배점 6점

다음의 진리표를 보고 유접점, 무접점, 논리식 간소화하여 각각 나타내시오.

입 력			출 력
A	B	C	X
0	0	0	0
0	0	1	0
0	1	0	0
0	1	1	0
1	0	0	1
1	0	1	0
1	1	0	0
1	1	1	1

1) 논리식을 간략화하여 나타내시오.
2) 무접점 회로
3) 유접점 회로

1) $X = A\overline{B}\,\overline{C} + ABC = A(\overline{B}\,\overline{C} + BC)$

2)

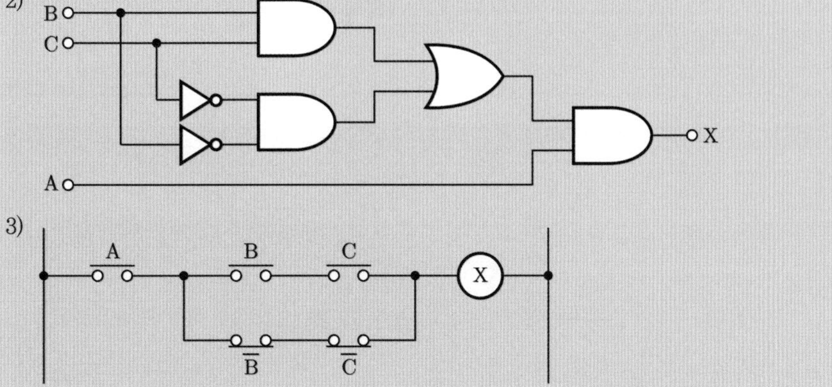

3)

1) 진리표 내에서 X에 출력(1)이 발생하는 것을 각각 더하여 논리식을 작성한다.

① $A = 1, B = 0, C = 0 \rightarrow A\overline{B}\,\overline{C}$

② $A = 1, B = 1, C = 1 \rightarrow ABC$

※ $X = A\overline{B}\,\overline{C} + ABC$

이 때 변하지 않는 변수 A로 묶어 논리식을 간략화시킨다.

2), 3) 간략화된 논리식을 이용하여 유접점 시퀀스회로와 무접점 논리회로를 작성한다.

17 출제년도 : 12 **배점 5점**

공급전압을 6600[V]로 수전하고자 한다. 수전점에서 계산한 3상 단락용량은 70[MVA]이다. 이 수용 장소에 시설하는 수전용 차단기의 정격차단전류 I_s[kA]를 계산하시오.

• 계산 : • 답 :

• 계산 : 단락용량= $\sqrt{3}$×공칭 전압×단락전류에서

단락전류 $I_s = \frac{P_s}{\sqrt{3}\,V_n} = \frac{70\times10^6}{\sqrt{3}\times6600}\times10^{-3} = 6.123[\mathrm{kA}]$

• 답 : 6.12[kA]

출제기준 변경 및 개정된 관계법규에 따라 삭제된 문제가 있어 배점의 합계가 100점이 안됩니다.

전기기사 실기 기출문제 2012년 3회

01 출제년도 : 12 배점 5점

디젤 발전기를 5시간 전부하로 운전할 때 연료 소비량이 287[kg]이었다. 이 발전기의 정격출력은 몇 [kVA]인가? (단, 중유의 열량은 10000[kcal/kg], 기관의 효율은 35.3[%], 발전기의 효율은 85.7[%], 전부하시 발전기의 역률은 80[%]이다)

• 계산 : • 답 :

• 계산 : $P = \dfrac{BH\eta_g\eta_t}{860\,t\cos\theta}$ (여기서, B : 연료소비량[kg], H : 열량[kcal/kg], η_g : 발전기 효율, η_t : 기관효율, t : 운전시간)

$$= \frac{287 \times 10000 \times 0.857 \times 0.353}{860 \times 5 \times 0.8}$$

$$= 252.39[\text{kVA}]$$

• 답 : 300[kVA]

02 출제년도 : 00, 03, 12 배점 6점

비접지 선로의 접지 전압을 검출하기 위하여 그림과 같은 Y－개방 Δ 결선을 한 GPT가 있다.

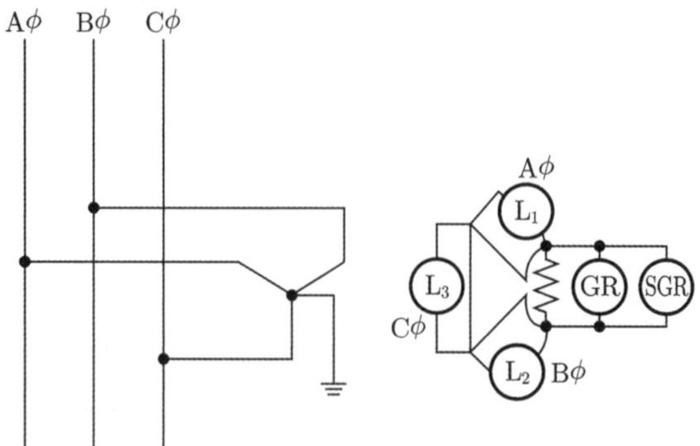

1) A ϕ 고장시(완전 지락시) 2차 접지 표시등 L_1, L_2, L_3 의 점멸 상태와 밝기를 비교하시오.

2) 1선 지락 사고시 건전상의 대지 전위의 변화를 간단히 설명하시오.

3) GR, SGR의 우리말 명칭을 간단히 쓰시오.

- GR :
- SGR :

1) L_1 : 소등, L_2와 L_3 : 점등(더욱 밝아짐)
2) 상규 대지전압의 $\sqrt{3}$ 배로 상승한다.
3) GR : 지락계전기, SGR : 지락 선택 계전기

A ϕ 고장시(지락시) 지락이 일어난 상, 즉 A ϕ는 0[V]로 전위가 떨어지며 건전상 즉 B, C상은 상규 대지전압$\left(\frac{110}{\sqrt{3}}\right)$의 $\sqrt{3}$ 배가 상승하여 110[V]가 된다.

03 출제년도 : 12 배점 4점

다음 카르노도표를 이용하여 논리식을 구하고, 무접점 회로를 그리시오.

	$\overline{B}\,\overline{C}$	$\overline{B}C$	BC	$B\overline{C}$
$\overline{A}$		1		1
A		1		1

[논리식] $X = A\overline{B}C + \overline{A}\,\overline{B}C + AB\overline{C} + \overline{A}B\overline{C}$

$= \overline{B}C(A+\overline{A}) + AB\overline{C} + \overline{A}B\overline{C}$

$= \overline{B}C + B\overline{C}(A+\overline{A})$

$= \overline{B}C + B\overline{C}$

[무접점 회로]

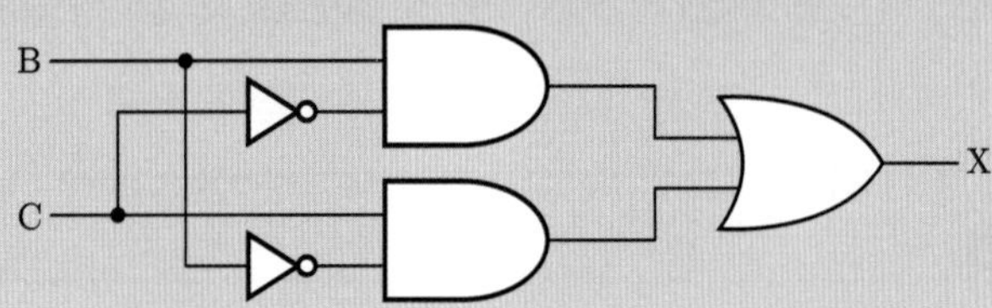

카르노맵(카르노도표) 내에 있는 출력에 대하여 각각 논리식으로 나타낸 후 논리식 간소화를 이용하여 간소화시킨다.

※ **논리식 간소화 3가지 법칙**

괄호 안을 간략화하여 논리식을 최소화시킨다.

① $(A+1)$: 1(괄호 내에 "1"이 있으면 그 결과는 항상 "1"이 된다)

② $(A+\overline{A})$: 1

③ $(A+\overline{A}B)$: 괄호 내에 있는 $\overline{A}$를 삭제할 수 있다.

ex) $A+\overline{A}B = A+B$, $\overline{A}+AB = \overline{A}+B$

논리식 정리

초기식 $X = A\overline{B}C + \overline{A}\,\overline{B}C + AB\overline{C} + \overline{A}B\overline{C}$

$= \overline{B}C(A+\overline{A}) + AB\overline{C} + \overline{A}B\overline{C}$ → 변하지 않는 변수 $\overline{B}C$로 묶어 괄호 안을 최소화 시킨다.

$= \overline{B}C + B\overline{C}(A+\overline{A})$ → 변하지 않는 변수 $B\overline{C}$로 묶어 괄호 안을 최소화 시킨다.

$= \overline{B}C + B\overline{C}$

초기식 $X = A\overline{B}C + \overline{A}\,\overline{B}C + AB\overline{C} + \overline{A}B\overline{C}$

$= \overline{B}C(A+\overline{A}) + B\overline{C}(A+\overline{A})$ → 변하지 않는 변수 $\overline{B}C$와 $B\overline{C}$로 묶어 괄호 안을 한번에 최소화 시킨다.

$= \overline{B}C + B\overline{C}$

04 출제년도 : 12

배점 4점

전력용 콘덴서에 직렬 리액터를 사용하는 이유와 직렬 리액터의 용량을 정하는 기준 등에 관하여 설명하시오.

- 직렬 리액터를 사용하는 이유 :
- 직렬 리액터의 용량을 정하는 기준 :

답안

① 사용하는 이유 : 제5고조파 제거하여 전압 파형을 개선한다.

② 용량을 정하는 기준 : 직렬 리액터 용량은 제5고조파 공진조건에 의하여

$$5\omega L = \frac{1}{5\omega C} \text{에서 } \omega L = \frac{1}{25} \times \frac{1}{\omega C} = 0.04 \times \frac{1}{\omega C}$$

∴ 직렬리액터(SR) $= 0.04 \times$ 전력용콘덴서(SC)

따라서, 직렬 리액터의 용량은

- 이론상 : 콘덴서 용량의 4[%]
- 실제상 : 주파수 변동 및 경제성을 고려하여 콘덴서 용량의 6[%]를 적용

05 출제년도 : 12, 20

배점 12점

3층 사무실용 건물에 3상 3선식의 6000[V]를 수전하여 200[V]로 체강하여 수전하는 설비를 하였다. 각종 부하 설비가 표와 같을 때 다음 물음에 답하시오. (참고사항도 이용하시오.)

1) 동계 난방 때 온수 순환 펌프는 상시 운전하고, 보일러용과 오일 기어 펌프의 수용률이 50[%]일 때 난방 동력 수용 부하는 몇 [kW]인가?
   - 계산 : • 답 :

2) 동력 부하의 역률이 전부 80[%]라고 한다면 피상 전력은 각각 몇 [kVA]인가? (단, 상용 동력, 하계 동력, 동계 동력별로 각각 계산하시오.)
   ① 상용 동력
   - 계산 : • 답 :

   ② 하계 동력
   - 계산 : • 답 :

   ③ 동계 동력
   - 계산 : • 답 :

3) 총 전기 설비 용량은 몇 [kVA]를 기준으로 하여야 하는가?
   - 계산 : • 답 :

4) 전등의 수용률은 60[%], 콘센트 설비의 수용률은 70[%]라고 한다면 몇 [kVA]의 단상 변압기에 연결하여야 하는가? 단, 전화 교환용 정류기는 100[%] 수용률로서 계산 결과에 포함시키며 변압기 예비율(여유율)은 무시한다.
• 계산 : • 답 :

5) 동력 설비 부하의 수용률이 모두 65[%]라면 동력 부하용 3상 변압기의 용량은 몇 [kVA]인가? (단, 동력 부하의 역률은 80[%]로 하며 변압기의 예비율은 무시한다)
• 계산 : • 답 :

6) 상기 "4)"항과 "5)"항에서 설정된 단상과 3상 변압기의 전류계용으로 사용되는 변류기의 1차측 정격 전류는 각각 몇 [A]인가?
① 단상
• 계산 : • 답 :
② 3상
• 계산 : • 답 :

7) 역률개선을 위하여 각 부하마다 전력용 콘덴서를 설치하려고 할 때 보일러 펌프의 역률을 95[%]로 개선하려면 몇 [kVA]의 전력용 콘덴서가 필요한가?
• 계산 : • 답 :

동력 부하 설비

사 용 목 적	용량 [kVA]	대수	상용동력 [kW]	하계동력 [kW]	동계동력 [kW]
난방관계					
• 보일러 펌프	6.0	1			6.0
• 오일 기어 펌프	0.4	1			0.4
• 온수 순환 펌프	3.0	1			3.0
공기조화관계					
• 1, 2, 3 중 패키지 콤프레셔	7.5	6		45.0	
• 콤프레셔 팬	5.5	3	16.5		
• 냉각수 펌프	5.5			5.5	
• 쿨링 타워	1.5	1		1.5	
급수·배관 관계					
• 양수 펌프	3.0	1	3.0		
기타					
• 소화 펌프	5.5	1	5.5		
• 셔터	0.4	2	0.8		
합 계			25.8	52.0	9.4

[조명 및 콘센트 부하 설비]

사 용 목 적	와트수 [W]	설 치 수 량	환산용량 [VA]	총 용량 [VA]	계동력 [kW]
전등관계					
• 수은등 A	200	4	260	1040	200[V] 고역률
• 수은등 B	100	8	140	1120	200[V] 고역률
• 형광등	40	820	55	45100	200[V] 고역률
• 백열전등	60	10	60	600	
콘센트 관계					
• 일반 콘센트		80	150	12000	2P 15A
• 환기팬용 콘센트		8	55	440	
• 히터용 콘센트	1500	2		3000	
• 복사기용 콘센트		4		3600	
• 텔레타이프용 콘센트		2		2400	
• 룸 쿨러용 콘센트		6		7200	
기 타					
• 전화교환용 정류기		1		800	
계				77300	

[주] 변압기 용량(제작 회사에서 시판)
단상, 3상 공시 5, 10, 15, 20, 30, 50, 75, 100, 150[kVA]

1) • 계산 : 수용 부하$=3+(6+0.4)\times 0.5=6.2$[kW] • 답 : 6.2[kW]

2) ① 상용 동력
• 계산 : 상용 동력 $=25.8\times\dfrac{1}{0.8}=32.25$[kVA] • 답 : 32.25[kVA]

② 하계 동력
• 계산 : 하계 동력$=52\times\dfrac{1}{0.8}=65$[kVA] • 답 : 65[kVA]

③ 동계 동력
• 계산 : 동계 동력$=9.4\times\dfrac{1}{0.8}=11.75$[kVA] • 답 : 11.75[kVA]

3) • 계산 : 설비 용량$=32.25+65+11.75+77.3=186.3$[kVA] • 답 : 186.3[kVA]

4) • 계산
수용 부하 $=(1.04+1.12+45.1+0.6)\times 0.6+(12+0.44+3+3.6+2.4+7.2)\times 0.7+0.8$
$=49.564$[kVA]
• 답 : 50[kVA]

5) • 계산 : 수용 부하$=(32.25+65)\times 0.65=63.21$[kVA] • 답 : 75[kVA]

6) ① 단상 변압기 1차측 변류기
• 계산 : $I=\dfrac{50\times 10^3}{6\times 10^3}\times(1.25\sim 1.5)=10.42\sim 12.5$ [A] • 답 : 15[A] 산정

② 3상 변압기 1차측 변류기
• 계산 : $I=\dfrac{75\times 10^3}{\sqrt{3}\times 6\times 10^3}\times(1.25\sim 1.5)=9.02\sim 10.82$ • 답 : 10[A] 선정

7) • 계산 : $Q_c=P(\tan\theta_1-\tan\theta_2)=6.0\left(\dfrac{\sqrt{1-0.8^2}}{0.8}-\dfrac{\sqrt{1-0.95^2}}{0.95}\right)=2.52$[kVA]
• 답 : 2.52[kVA]

06 출제년도 : 12

배점 5점

단권 변압기 3대를 사용한 3상 Δ결선 승압기에 의해 45[kVA]인 3상 평형 부하의 전압을 3000[V]에서 3300[V]로 승압하는데 필요한 변압기의 총 용량[kVA]은 얼마인가?

• 계산 : • 답 :

• 계산 : $\dfrac{\text{자기용량}}{\text{부하용량}} = \dfrac{V_2^{\,2} - V_1^{\,2}}{\sqrt{3}\, V_2 V_1}$ 에서

변압기 용량 = 자기 용량 = $\dfrac{V_2^{\,2} - V_1^{\,2}}{\sqrt{3}\, V_2 V_1} \times$ 부하용량

변압기 용량 = $\dfrac{3300^2 - 3000^2}{\sqrt{3} \times 3300 \times 3000} \times 45 = 4.959[\text{kVA}]$

• 답 : 5[kVA] 또는 4.96[kVA]

V_2 : 승압 후 전압, V_1 : 승압 전 전압

3상 Δ결선 승압기 용량 $= \dfrac{V_2^2 - V_1^2}{\sqrt{3}\, V_2 V_1} \times$ 부하용량

07 출제년도 : 12

배점 4점

그림과 같이 200/5 변류기 1차측에 150[A]의 3상 평형 전류가 흐를 때 A_3전류계에 흐르는 전류는 몇 [A]인가?

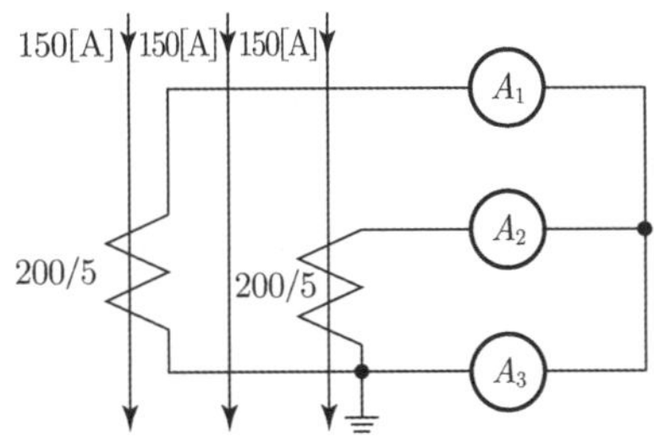

• 계산 : • 답 :

• 계산 : 1차측에 전류 150[A] 흐르면 2차측 전류계 A_1과 A_2는 $150 \times \dfrac{5}{200} = 3.75[\text{A}]$가 흐른다.

전류계 $A_3 = |A_1 + A_2| = \sqrt{A_1^{\,2} + A_2^{\,2} + 2A_1A_2 \cdot \cos\theta}$

$= \sqrt{3.75^2 + 3.75^2 + 2 \times 3.75 \times 3.75 \times \cos 120} = 3.75[\text{A}]$

• 답 : 3.75[A]

08 출제년도 : 12

배점 4점

A.S.S(Automatic Section Switch)와 인터럽트 스위치의 차이점을 쓰시오.

- A.S.S :
- 인터럽트 스위치 :

- A.S.S : (전)부하상태에서 자동 또는 수동투입 및 개방이 가능하고 과부하 또는 고장 보호기능이 있다.
- 인터럽트 스위치 : 부하전류는 개폐할 수 있으나 고장전류는 차단할 수 없다.

내선규정 발췌

기기 명칭	정격전압 [kV]	정격전류 [A]	개요 및 특성
고장구간 자동개폐기 (A.S.S) (Automatic Section Switch)	25.8	200[A]	• 22.9[kV-Y] 전기사업자 배전계통에서 부하용량 4,000[kVA](특수부하 2,000[kVA]) 이하의 분기점 또는 7,000[kVA] 이하의 수전실 인입구에 설치하여 과부하 또는 고장전류 발생시 전기사업자측 공급선로의 타보호기기(Recloser, CB등)와 협조하여 고장구간을 자동개방하여 파급사고 방지 • 전 부하상태에서 자동 또는 수동투입 및 개방 가능 • 과부하 보호기능 • 제작회사마다 명칭과 특성이 조금씩 다름.
	25.8	400[A]	• 22.9[kV-Y] 전기사업자 배전계통에서 부하용량 8,000[kVA](특수부하 4,000[kVA]) 이하의 분기점 또는 수전실 인입구에 설치하여 전기사업자측 공급선로의 타 보호기기(Recloser, CB 등)와 협조하여 고장구간을 신속 정확히 분리하여 파급사고 방지 • 전 부하상태에서 자동 또는 수동투입 및 개방 가능 • 과부하 보호기능 • 낙뢰가 빈번한 지역, 공단선로, 수용가선로 등에 사용이 가능
기중부하 개폐기(IS) (Interrupter Switch)	25.8	600[A]	• 수동조작 또는 전동조작으로 부하전류는 개폐 할 수 있으나 고장전류는 차단할 수 없음. • 염진해, 인화성, 폭발성, 부식성 가스와 진동이 심한 장소에 설치하여서는 안 된다.

09 출제년도 : 12 / 유사 : 00, 01, 02, 03, 04, 05, 06, 07, 09, 10, 11, 12, 13, 14, 15, 16, 17

배점 5점

조명설비에 대한 다음 각 물음에 답하시오.

1) 배선 도면에 $\bigcirc_{H250}$으로 표현되어 있다. 이것의 의미를 쓰시오.
2) 평면이 30×15[m]인 사무실에 40[W], 전광속 3000[lm]인 형광등을 사용하여 평균조도를 140[lx]로 유지하도록 설계하고자 한다. 이 사무실에 필요한 형광등 수를 산정하시오.
(단, 조명률은 0.6이고, 감광보상률은 1.3이다)
   - 계산 :
   - 답 :

1) 250[W] 수은등
2 • 계산 : $FUN = DES$

$$N = \frac{DES}{FU} = \frac{1.3 \times 140 \times 30 \times 15}{3000 \times 0.6} = 45.5[\text{등}]$$

• 답 : 46[등]

10 출제년도 : 12

배점 5점

지름이 30[cm]인 완전 확산성 반구형 전구를 사용시 휘도가 0.3[cd/cm^2], 기구의 효율이 0.75일 때 이 전구의 광속을 구하시오. (단, 광속발산도는 0.95[lm/cm^2]이다)

- 계산 :
- 답 :

• 계산 : ① 광속발산도 $R = \frac{F}{S}[\text{lm/m}^2]$에서 (반구형의 표면적 $S = \frac{\pi D^2}{2}[\text{m}^2]$)

$$F = R \cdot S = 0.95 \times \frac{\pi \times 30^2}{2} = 1343.03[\text{lm}]$$

② 전구의 광속 $= \frac{1343.03}{0.75} = 1790.706[\text{lm}]$ (기구효율 $= \frac{\text{기구의 광속}}{\text{전구의 광속}}$)

• 답 : 1790.71[lm]

11 출제년도 : 12

배점 5점

전력용 콘덴서 정기점검(육안검사)시 확인해야 할 사항 3가지를 쓰시오.

누유 및 오손 점검, 외함의 부풀음 점검, 단자의 이완 및 접속불량 점검

12 출제년도 : 00, 02, 12, 19

배점 7점

그림은 통상적인 단락, 지락 보호에 쓰이는 방식으로서 주보호와 후비보호의 기능을 지니고 있다. 도면을 보고 물음에 답하시오.

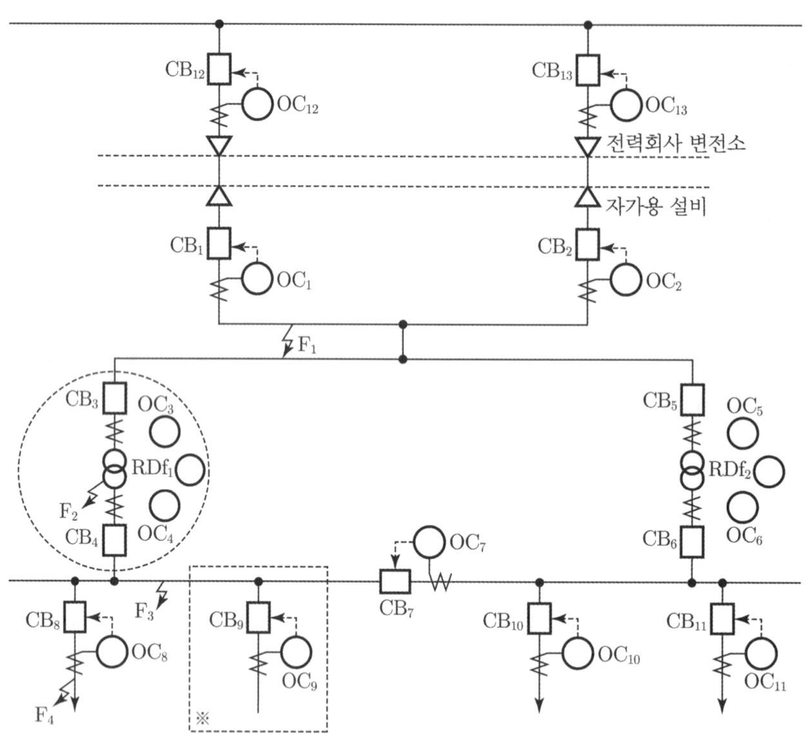

• 사고점이 F_1, F_2, F_3, F_4라고 할 때 주보호와 후비보호에 대한 다음 표의 (   ) 안을 채우시오.

사고점	주 보 호	후 비 보 호
F_1	예시) OC_1+CB_1, OC_2+CB_2	
F_2		
F_3		
F_4		

답안

사고점	주 보 호	후 비 보 호
F_1	OC_1+CB_1 and OC_2+CB_2	$OC_{12}+CB_{12}$ and $OC_{13}+CB_{13}$
F_2	RDf_1+CB_3, CB_4 and OC_3+CB_3	OC_1+CB_1 and OC_2+CB_2
F_3	OC_4+CB_4 and OC_7+CB_7	OC_3+CB_3 and OC_6+CB_6
F_4	OC_8+CB_8	OC_4+CB_4 and OC_7+CB_7

13 출제년도 : 00, 02, 12 **배점 10점**

그림은 누전 차단기를 적용하는 것으로 CVCF 출력단의 접지용 콘덴서 $C_0 = 6[\mu\mathrm{F}]$이고, 부하측 라인필터의 대지 정전용량 $C_1 = C_2 = 0.1[\mu\mathrm{F}]$, 누전 차단기 ELB_1에서 지락점까지의 케이블 대지 정전용량 $C_{L1} = 0$(ELB_1의 출력단에 지락 발생 예상), ELB_2에서 부하 2까지의 케이블 대지 정전용량 $C_{L2} = 0.2[\mu\mathrm{F}]$이다. 지락 저항은 무시하며, 사용 전압은 200[V], 주파수가 60[Hz]인 경우 다음 각 물음에 답하시오.

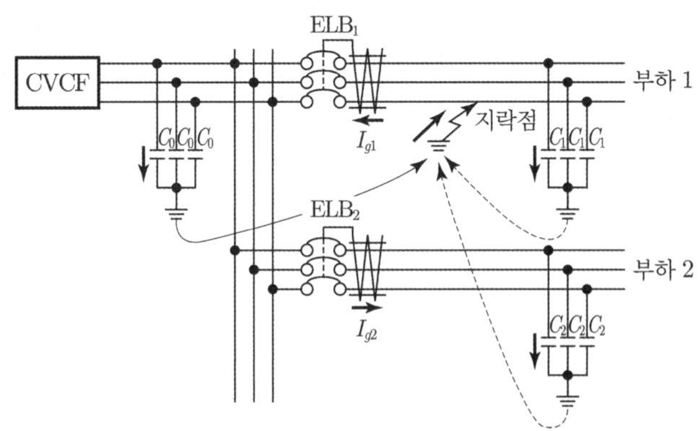

조건

① ELB_1에 흐르는 지락전류 I_{g1}은 약 796[mA]($I_{g1} = 3 \times 2\pi f CE$에 의하여 계산)이다.

② 누전차단기는 지락시의 지락 전류의 1/3에 동작 가능하여야 하며, 부동작 전류는 건전피더에 흐르는 지락전류의 2배 이상의 것으로 한다.

③ 누전차단기의 시설 구분에 대한 표시 기호는 다음과 같다.

○ : 누전차단기를 시설할 것

△ : 주택에 기계기구를 시설하는 경우에는 누전차단기를 시설할 것

□ : 주택구내 또는 도로에 접한 면에 룸 에어컨디셔너, 아이스박스, 진열장, 자동판매기 등 전동기를 부품으로 한 기계 기구를 시설하는 경우에는 누전차단기를 시설하는 것이 바람직하다.

※ 사람이 조작하고자 하는 기계기구를 시설한 장소보다 전기적인 조건이 나쁜 장소에 접촉할 우려가 있는 경우에는 전기적 조건이 나쁜 장소에 시설된 것으로 취급한다.

1) 도면에서 CVCF는 무엇인지 우리말로 그 명칭을 쓰시오.

2) 건전피더 ELB_2에 흐르는 지락전류 I_{g2}는 몇 [mA]인가?

- 계산 : • 답 :

3) 누전 차단기 ELB_1, ELB_2가 불필요한 동작을 하지 않기 위해서는 정격감도전류 몇 [mA] 범위의 것을 선정하여야 하는가?

- 계산 : • 답 :

4) 누전 차단기의 시설 예에 대한 표의 빈 칸에 ○, △, □를 표현하시오.

기계기구 시설장소 / 전로의 대지전압	옥 내		옥 외		옥 외	물기가 있는 장소
	건조한 장소	습기가 많은 장소	우선내	우선외		
150[V] 이하	-	-	-			
150[V] 초과 300[V] 이하			-			

1) 정전압 정주파수 공급장치

2) 건전피더 ELB_2에 흐르는 지락 전류

• 계산 : $I_{g2} = 3 \times 2\pi f(C_2 + C_{L2}) \times \frac{V}{\sqrt{3}}[A] = 3 \times 2\pi \times 60 \times (0.1 + 0.2) \times 10^{-6} \times \frac{200}{\sqrt{3}}$

$= 0.039178[A] = 39.178[mA]$

• 답 : 39.18[mA]

3) 정격 감도 전류의 범위

• 계산

① 동작 전류$\left(\text{지락전류} \times \frac{1}{3}\right)$

$I_{g1} = 796[mA]$

$ELB_1 = 796 \times \frac{1}{3} = 265.333[mA]$ $\quad\therefore ELB_1 = 265.33[mA]$

$I_{g2} = 3 \times 2\pi f(C_0 + C_1 + C_2 + C_{L2}) \times \frac{V}{\sqrt{3}}$

$= 3 \times 2\pi \times 60 \times (6 + 0.1 + 0.1 + 0.2) \times 10^{-6} \times \frac{200}{\sqrt{3}} = 0.835798[A] = 835.798[mA]$

$ELB_2 = 835.798 \times \frac{1}{3} = 278.599[mA]$ $\quad\therefore ELB_2 = 278.6[mA]$

② 부동작 전류(건전피더 지락전류 × 2)

• Cable ①에 지락시 Cable ②에 흐르는 지락 전류

$I_{g2} = 3 \times 2\pi f(C_2 + C_{L2}) \times \frac{V}{\sqrt{3}} = 3 \times 2\pi \times 60 \times (0.1 + 0.2) \times 10^{-6} \times \frac{200}{\sqrt{3}}$

$= 0.039178[A] = 39.178[mA]$

$ELB_2 = 39.178 \times 2 = 78.356[mA]$ $\quad\therefore ELB_2 = 78.36[mA]$

• Cable ②에 지락시 Cable ①에 흐르는 지락 전류

$I_{g1} = 3 \times 2\pi f(C_1 + C_{L1}) \times \frac{V}{\sqrt{3}} = 3 \times 2\pi \times 60 \times (0.1 + 0) \times 10^{-6} \times \frac{200}{\sqrt{3}}$

$= 0.013059[A] = 13.059[mA]$

$ELB_1 = 13.059 \times 2 = 26.118[mA]$ $\quad\therefore ELB_1 = 26.12[mA]$

• 답 : 누전 차단기 정격 감도 전류 $ELB_1 : 26.12 \sim 265.33[mA]$

$ELB_2 : 78.36 \sim 278.6[mA]$

4)

기계기구 시설장소 / 전로의 대지전압	옥 내		옥 외		옥 외	물기가 있는 장소
	건조한 장소	습기가 많은 장소	우선내	우선외		
150[V] 이하	-	-	-	□	□	○
150[V] 초과 300[V] 이하	△	○	-	○	○	○

14 출제년도 : 12 　　　　배점 3점

대용량 유입 변압기의 내부고장이 생겼을 경우 보호하는 장치를 설치하여야 한다. 유입변압기의 기계적 보호장치 3가지를 쓰시오.

•

•

•

브흐홀츠 계전기, 충격 가스압력계전기, 충격 압력계전기

변압기 기계적 보호방식

- 브흐홀츠 계전기 : 변압기의 내부고장시 발생하는 가스의 부력과 절연유의 유속을 이용하여 변압기 내부고장을 검출하는 계전기로서 변압기와 콘서베이터 사이에 설치
- 충격 가스압력계전기 : 질소가 봉입된 형태의 변압기에 사용할 수 있으며 절연유와 접하지 않는 변압기의 최상부나 관에 설치된다. 변압기 내부의 압력과 계전기실 내의 압력차가 기준값 넘을 때 동작한다.
- 충격 압력계전기 : 절연유와 접하는 변압기의 상부측면이나 중간부분 측면에 설치되어 변압기의 내부고장 시 발생되는 이상압력으로 인한 압력 상승값으로 동작한다.
- 유면 계전기 : 변압기의 유면이 설정치 이하로 내려가면 경보를 발한다.
- 온도 계전기 : 변압기의 온도가 설정치 이상으로 상승하면 경보를 발한다.

15

배점 5점

3상 4선식 380[V]에서 부하 50[kW]를 사용하고 있다. 부하까지의 거리는 270[m]일 때 다음 물음에 답하시오. (단, 전기사용장소 내 시설한 변압기에 의하여 공급되는 경우이며 전선의 규격은 IEC 규격에 따라 정하시오.)

전선길이 60[m]를 초과하는 경우의 전압강하

공급 변압기의 2차측 단자 또는 인입선 접속점에서 최원단 부하에 이르는 사이의 전선 길이	전압강하[%]	
	전기 사업자로부터 저압으로 전기를 공급받는 경우	사용 장소 안에 시설한 전용 변압기에서 공급하는 경우
120[m] 이하	4 이하	5 이하
200[m] 이하	5 이하	6 이하
200[m] 초과	6 이하	7 이하

1) 허용전압강하를 구하시오.
- 계산 :
- 답 :

2) 케이블의 굵기를 선정하시오.
- 계산 :
- 답 :

1) • 계산 : $e = 220 \times 0.07 = 15.4[\text{V}]$
- 답 : 15.4[V]

2) • 계산 : $A = \dfrac{17.8LI}{1000e} = \dfrac{17.8 \times 270 \times \dfrac{50000}{\sqrt{3} \times 380}}{1000 \times 15.4} = 23.71[\text{mm}^2]$
- 답 : $25[\text{mm}^2]$

16

배점 8점

그림과 주어진 조건 및 참고표를 이용하여 3상 단락용량, 3상 단락전류, 차단기의 차단용량 등을 계산하시오.

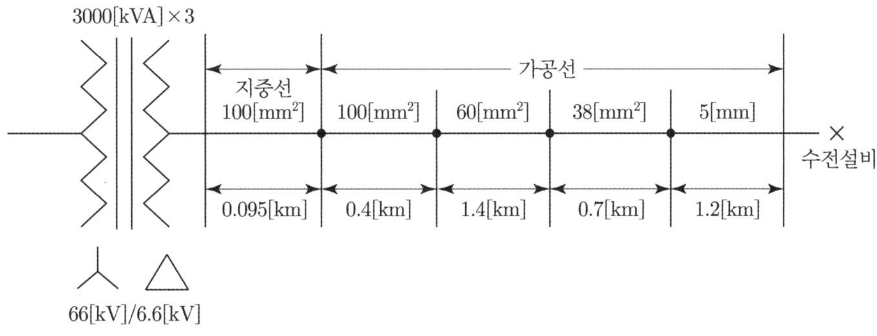

조건

변압기 1차측에서 본 1상당의 합성임피던스 $\%X_g = 1.5[\%]$이고, 변압기 명판에는 7.4[%]/3000[kVA] (기준용량은 10000[kVA])이다.

[표 1] 유입차단기 전력퓨즈의 정격차단용량

정격전압[V]	정격차단용량 표준치(3상[MVA])
3600	10 25 50 (75) 100 150 250
7200	25 50 (75) 100 150 (200) 250

[표 2] 가공전선로(경동선) %임피던스

배선 방식	선의 굵기 / %r, x	100	80	60	50	38	30	22	14	5[mm]	4[mm]
3상 3선 3[kV]	%r	16.5	21.1	27.9	34.8	44.8	57.2	75.7	119.15	83.1	127.8
	%x	29.3	30.6	31.4	32.0	32.9	33.6	34.4	35.7	35.1	36.4
3상 3선 6[kV]	%r	4.1	5.3	7.0	8.7	11.2	18.9	29.9	29.9	20.8	32.5
	%x	7.5	7.7	7.9	8.0	8.2	8.4	8.6	8.7	8.8	9.1
3상 4선 5.2[kV]	%r	5.5	7.0	9.3	11.6	14.9	19.1	25.2	39.8	27.7	43.3
	%x	10.2	10.5	10.7	10.9	11.2	11.5	11.8	12.2	12.0	12.4

[주] 3상4선식, 5.2[kV] 선로에서 전압선 2선, 중앙선 1선인 경우 단락용량의 계획은 3상 3선식 3[kV]시에 따른다.

[표 3] 지중케이블 전로의 % 임피던스

배선 방식	선의 굵기 / %r, x	250	200	150	125	100	80	60	50	38	30	22	14
		%r, %x의 값은 [%/km]											
3상 3선 3[kV]	%r	6.0	8.2	13.7	13.4	16.8	20.9	27.6	32.7	43.4	55.9	118.5	
	%x	5.5	5.6	5.8	5.9	6.0	6.2	6.5	6.6	6.8	7.1	8.3	
3상 3선 6[kV]	%r	1.6	2.0	2.7	3.4	4.2	5.2	6.9	8.2	8.6	14.0	29.6	
	%x	1.5	1.5	1.6	1.6	1.7	1.8	1.9	1.9	1.9	2.0	-	
3상 4선 5.2[kV]	%r	2.2	2.7	3.6	4.5	5.6	7.0	9.2	14.5	14.5	18.6	-	
	%x	2.0	2.0	2.1	2.2	2.3	2.3	2.4	2.6	2.6	2.7	-	

[주] 1. 3상 4선식, 5.2[kV] 전로의 %r, %x의 값은 6[kV] 케이블을 사용한 것으로서 계산한 것이다.
2. 3상 3선식, 5.2[kV]에서 전압선 2선, 중앙성 1선의 경우 단락용량의 계산은 3상 3선식 3[kV] 전로에 따른다.

1) 수전설비에서의 합성 %임피던스를 계산하시오.
- 계산 : • 답 :

2) 수전설비에서의 3상 단락용량을 계산하시오.
- 계산 : • 답 :

3) 수전설비에서의 3상 단락전류를 계산하시오.
- 계산 : • 답 :

4) 수전설비에서의 정격차단용량을 계산하고, 표에서 적당한 용량을 찾아 선정하시오.
- 계산 : • 답 :

1) • 계산 : ① 변압기 : 기준용량 10000[kVA]으로 환산하면

$$\%X_t = \frac{10000}{3000} \times 7.4 = 24.666[\%]$$

② 지중선 : [표 3]에 의해

$$\%Z_l = \%r + j\%x = (0.095 \times 4.2) + j(0.095 \times 1.7) = 0.399 + j0.161$$

③ 가공선 : [표 2]에 의해

		%r	%x
가공선	100[mm²]	$0.4 \times 4.1 = 1.64$	$0.4 \times 7.5 = 3$
	60[mm²]	$1.4 \times 7 = 9.8$	$1.4 \times 7.9 = 11.06$
	38[mm²]	$0.7 \times 11.2 = 7.84$	$0.7 \times 8.2 = 5.74$
	5[mm]	$1.2 \times 20.8 = 24.96$	$1.2 \times 8.8 = 10.56$
계		44.24	30.36

④ 합성 %임피던스 $\%Z = \%Z_g + \%Z_t + \%Z_l$

$$= j1.5 + j24.666 + 0.399 + j0.161 + 44.24 + j30.36$$
$$= 44.639 + j56.687 = 72.153[\%]$$

• 답 : 72.15[%]

2) • 계산 : 단락 용량 $P_s = \frac{100}{\%Z} P_n = \frac{100}{72.15} \times 10000 = 13860.013[\text{kVA}]$

• 답 : 13860.01[kVA] 또는 13.86[MVA]

3) • 계산 : 단락 전류 $I_s = \frac{100}{\%Z} I_n = \frac{100}{72.15} \times \frac{10000}{\sqrt{3} \times 6.6} = 1212.436[\text{A}]$

• 답 : 1212.44[A]

4) • 계산 : 차단 용량 $= \sqrt{3} \times$ 정격전압 $\times$ 정격차단전류

$$= \sqrt{3} \times 7200 \times 1212.44 \times 10^{-6} = 15.12[\text{MVA}]$$

• 답 : 25[MVA] 선정

17 출제년도 : 12, 20

배점 8점

아래의 표에서 금속관 부품의 특징에 해당하는 부품명을 쓰시오.

부품명	특 징
①	관과 박스를 접속할 경우 파이프 나사를 죄어 고정시키는데 사용되며 6각형과 기어형이 있다.
②	전선 관단에 끼우고 전선을 넣거나 빼는 데 있어서 전선의 피복을 보호하여 전선이 손상되지 않게 하는 것으로 금속제와 합성수지제의 2종류가 있다.
③	금속관 상호 접속 또는 관과 노멀 밴드와의 접속에 사용되며 내면에 나사가 나있으며 관의 양측을 돌리어 사용할 수 없는 경우 유니온 커플링을 사용한다.
④	노출 배관에서 금속관을 조영재에 고정시키는데 사용되며 합성수지 전선관, 가요 전선관, 케이블 공사에도 사용된다.
⑤	배관의 직각 굴곡에 사용하며 양단에 나사가 나있어 관과의 접속에는 커플링을 사용한다.
⑥	금속관을 아웃렛 박스의 노크아웃에 취부할 때 노크아웃의 구멍이 관의 구멍보다 클 때 사용된다.
⑦	매입형의 스위치나 콘센트를 고정하는데 사용되며 1개용, 2개용, 3개용 등이 있다.
⑧	전선관 공사에 있어 전등 기구나 점멸기 또는 콘센트의 고정, 접속함으로 사용되며 4각 및 8각이 있다.

① 로크너트 ② 부싱 ③ 커플링 ④ 새들
⑤ 노멀밴드 ⑥ 링리듀우서 ⑦ 스위치 박스 ⑧ 아웃렛 박스

전기기사 실기 기출문제

2013

2013년 실기 기출문제 분석

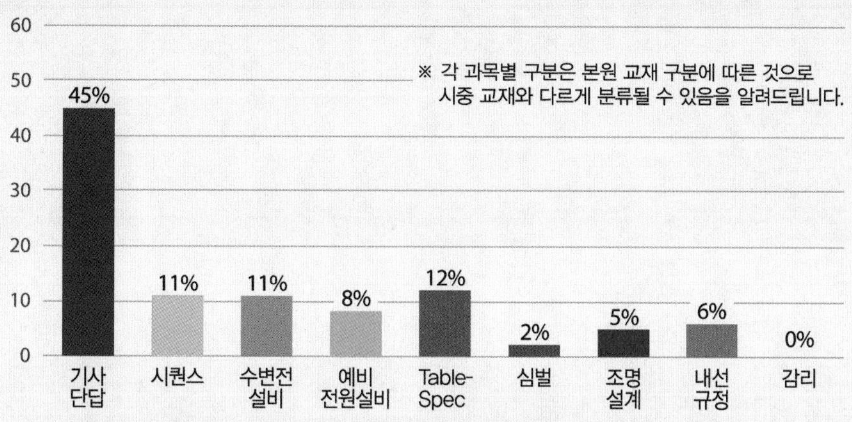

전기기사 실기 기출문제 2013년 1회

01 출제년도 : 03, 13 배점 10점

전동기 $M_1 \sim M_5$의 사양이 주어진 조건과 같고 이것을 그림과 같이 배치하여 금속관공사로 시설하고자 한다. 간선 및 분기회로의 설계에 필요한 자료를 주어진 표를 이용하여 각 물음에 답하시오. (단, 공사방법은 B_1, XLPE 절연전선을 사용한다)

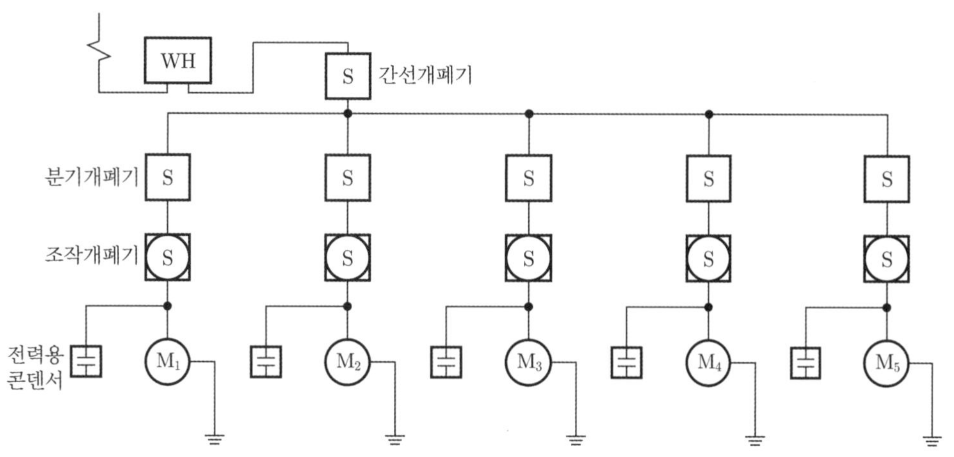

조건

- M_1 : 3상 200[V] 0.75[kW] 농형 유도전동기(직입기동)
- M_2 : 3상 200[V] 3.7[kW] 농형 유도전동기(직입기동)
- M_3 : 3상 200[V], 5.5[kW] 농형 유도전동기(직입기동)
- M_4 : 3상 200[V] 15[kW] 농형 유도전동기(Y-△기동)
- M_5 : 3상 200[V] 30[kW] 농형 유도전동기(기동보상기기동)

1) 각 전동기 분기회로의 설계에 필요한 자료를 답란에 기입하시오.

구 분		M_1	M_2	M_3	M_4	M_5
규약 전류[A]						
전선	최소 굵기[mm^2]					
개폐기 용량[A]	분기					
	현장 조작					
과전류 보호기[A]	분기					
	현장 조작					
초과눈금 전류계[A]						
접지선의 굵기[mm^2]						
금속관의 굵기[mm]						
콘덴서 용량[μF]						

2) 간선의 설계에 필요한 자료를 답란에 기입하시오.

전선 최소 굵기[mm^2]	개폐기 용량[A]	과전류 보호기 용량[A]	금속관의 굵기[mm]

[표 1] 후강 전선관 굵기 선정

도체 단면적 [mm^2]	전선 본수									
	1	2	3	4	5	6	7	8	9	10
	전선관의 최소 굵기[mm]									
2.5	16	16	16	16	22	22	22	28	28	28
4	16	16	16	22	22	22	28	28	28	28
6	16	16	22	22	22	28	28	28	36	36
10	16	22	22	28	28	36	36	36	36	36
16	16	22	28	28	36	36	36	42	42	42
25	22	28	28	36	36	42	54	54	54	54
35	22	28	36	42	54	54	54	70	70	70
50	22	36	54	54	70	70	70	82	82	82
70	28	42	54	54	70	70	70	82	82	82
95	28	54	54	70	70	82	82	92	92	104
120	36	54	54	70	70	82	82	92		
150	36	70	70	82	92	92	104	104		
185	36	70	70	82	92	104				
240	42	82	82	92	104					

[비고 1] 전선의 1본수는 접지선 및 직류회로의 전선에도 적용한다.
[비고 2] 이 표는 실험결과와 경험을 기초로 하여 결정한 것이다.
[비고 3] 이 표는 KS C IEC 60227-3의 450/750[V] 일반용 단심 비닐절연전선을 기준한 것이다.

[표 2] 콘덴서 설치용량 기준표(200[V], 380[V], 3상 유도전동기)

정격출력 [kW]	설치하는 콘덴서 용량(90[%]까지)					
	200[V]		380[V]		440[V]	
	[μF]	[kVA]	[μF]	[kVA]	[μF]	[kVA]
0.2	15	0.2262	–	–		
0.4	20	0.3016	–	–		
0.75	30	0.4524	–	–		
1.5	50	0.754	10	0.544	10	0.729
2.2	75	1.131	15	0.816	15	1.095
3.7	100	1.508	20	1.088	20	1.459
5.5	175	2.639	50	2.720	40	2.919
7.5	200	3.016	75	4.080	40	2.919
11	300	4.524	100	5.441	75	5.474
15	400	6.032	100	5.441	75	5.474
22	500	7.54	150	8.161	100	7.299
30	800	12.064	200	10.882	175	12.744
37	900	13.572	250	13.602	200	14.598

[비고]

1. 200[V]용과 380[V]용은 전기공급약관 시행세칙에 의함.
2. 440[V]용은 계산하여 제시한 값으로 참고용임.
3. 콘덴서가 일부 설치되어 있는 경우는 무효전력[kVar] 또는 용량[kVA 또는 μF] 합계에서 설치되어 있는 콘덴서의 용량[kVA 또는 μF]의 합계를 뺀 값을 설치하면 된다.

[표 3] 200[V] 3상 유도전동기의 간선의 전선 굵기 및 기구의 용량(B종 퓨즈)

전동기 (kW)수의 총계 ①(kW) 이하	최대 사용 전류 ①'(A) 이하	배선종류에 의한 간선의 최소굵기(mm^2)②						직입기동 전동기 중 최대용량의 것									
		공사방법 A1		공사방법 B1		공사방법 C		0.75 이하	1.5	2.2	3.7	5.5	7.5	11	15	18.5	22
		3개선		3개선		3개선		기동기사용 전동기 중 최대용량의 것									
								–	–	–	5.5	7.5	11 15	18.5 22	–	30 37	–
		PVC	XLPE, EPR	PVC	XLPE, EPR	PVC	XLPE, EPR	과전류차단기(A) ········ (칸 위 숫자) ③ 개폐기 용량 (A) ········ (칸 아래 숫자) ④									
3	15	2.5	2.5	2.5	2.5	2.5	2.5	15 30	20 30	30 30	–	–	–	–	–	–	–
4.5	20	4	2.5	2.5	2.5	2.5	2.5	20 30	20 30	30 30	50 60	–	–	–	–	–	–
6.3	30	6	4	6	4	4	2.5	30 30	30 30	50 60	50 60	75 100	–	–	–	–	–
8.2	40	10	6	10	6	6	4	50 60	50 60	50 60	75 100	75 100	100 100	–	–	–	–
12	50	16	10	10	10	10	6	50 60	50 60	50 60	75 100	75 100	100 100	150 200	–	–	–
15.7	75	35	25	25	16	16	16	75 100	75 100	75 100	75 100	100 100	100 100	150 200	150 200	–	–
19.5	90	50	25	35	25	25	16	100 100	100 100	100 100	100 100	100 100	150 200	150 200	200 200	200 200	–
23.2	100	50	35	35	25	35	25	100 100	100 100	100 100	100 100	100 100	150 200	150 200	200 200	200 200	200 200
30	125	70	50	50	35	50	35	150 200	150 200	150 200	150 200	150 200	150 200	150 200	200 200	200 200	200 200
37.5	150	95	70	70	50	70	50	150 200	150 200	150 200	150 200	150 200	150 200	150 200	200 200	300 300	300 300
45	175	120	70	95	50	70	50	200 200	200 200	200 200	200 200	200 200	200 200	200 200	200 200	300 300	300 300
52.5	200	150	95	95	70	95	70	200 200	200 200	200 200	200 200	200 200	200 200	200 200	200 200	300 300	300 300
63.7	250	240	150	–	95	120	95	300 300	300 300	300 300	300 300	300 300	300 300	300 300	300 300	300 300	400 400
75	300	300	185	–	120	185	120	300 300	300 300	300 300	300 300	300 300	300 300	300 300	300 300	300 300	400 400
86.2	350	–	240	–	–	240	150	400 400	400 400	400 400	400 400	400 400	400 400	400 400	400 400	400 400	400 400

[비고]

1. 최소 전선 굵기는 1회선에 대한 것이며, 2회선 이상일 경우는 복수회로 보정계수를 적용하여야 한다.
2. 공사방법 A1은 벽 내의 전선관에 공사한 절연전선 또는 단심케이블, B1은 벽면의 전선관에 공사한 절연전선 또는 단심케이블, 공사방법 C는 벽면에 공사한 단심 또는 다심케이블을 시설하는 경우의 전선 굵기를 표시하였다.
3. 「전동기중 최대의 것」에는 동시 기동하는 경우를 포함함
4. 과전류차단기의 용량은 해당 조항에 규정되어 있는 범위에서 실용상 거의 최대값을 표시함
5. 과전류차단기의 선정은 최대용량의 정격전류의 3배에 다른 전동기의 정격전류의 합계를 가산한 값 이하를 표시함
6. 고리퓨즈는 300[A] 이하에서 사용하여야 한다.

[표 4] 200[V] 3상 유도전동기 1대인 경우의 분기회로(B종 퓨즈의 경우)

정격 출력 [kW]	전부하 전류 [A]	배선 종류에 의한 간선의 동 전선 최소 굵기[mm^2]					
		공사방법 A1 (3개선)		공사방법 B1 (3개선)		공사방법 C (3개선)	
		PVC	XLPE, EPR	PVC	XLPE, EPR	PVC	XLPE, EPR
0.2	1.8	2.5	2.5	2.5	2.5	2.5	2.5
0.4	3.2	2.5	2.5	2.5	2.5	2.5	2.5
0.75	4.8	2.5	2.5	2.5	2.5	2.5	2.5
1.5	8	2.5	2.5	2.5	2.5	2.5	2.5
2.2	11.1	2.5	2.5	2.5	2.5	2.5	2.5
3.7	17.4	2.5	2.5	2.5	2.5	2.5	2.5
5.5	26	6	4	4	2.5	4	2.5
7.5	34	10	6	6	4	6	4
11	48	16	10	10	6	10	6
15	65	25	16	16	10	16	10
18.5	79	35	25	25	16	25	16
22	93	50	25	35	25	25	16
30	124	70	50	50	35	50	35
37	152	95	70	70	50	70	50

정격 출력 [kW]	전부하 전류 [A]	개폐기 용량[A]				과전류 차단기(B종 퓨즈)[A]				전동기용 초과눈금 전류계의 정격전류[A]	접지선의 최소 굵기 [mm^2]
		직입기동		기동기 사용		직입기동		기동기 사용			
		현장 조작	분기	현장 조작	분기	현장 조작	분기	현장 조작	분기		
0.2	1.8	15	15			15	15			3	2.5
0.4	3.2	15	15			15	15			5	2.5
0.75	4.8	15	15			15	15			5	2.5
1.5	8	15	30			15	20			10	4
2.2	11.1	30	30			20	30			15	4
3.7	17.4	30	60			30	50			20	6
5.5	26	60	60	30	60	50	60	30	50	30	6
7.5	34	100	100	60	100	75	100	50	75	30	10
11	48	100	200	100	100	100	150	75	100	60	16
15	65	100	200	100	100	100	150	100	100	60	16
18.5	79	200	200	100	200	150	200	100	150	100	16
22	93	200	200	100	200	150	200	100	150	100	16
30	124	200	400	200	200	200	300	150	200	150	25
37	152	200	400	200	200	200	300	150	200	200	25

[비고]

1. 최소 전선 굵기는 1회선에 대한 것이며, 2회선 이상일 경우는 부록 500-2의 복수회로 보정계수를 적용하여야 한다.
2. 공사방법 A1은 벽 내의 전선관에 공사한 절연전선 또는 단심케이블, B1은 벽면의 전선관에 공사한 절연전선 또는 단심케이블, 공사방법 C는 벽면에 공사한 단심 또는 다심케이블을 시설하는 경우의 전선 굵기를 표시하였다.
3. 전동기 2대 이상을 동일회로로 할 경우는 간선의 표를 적용할 것
4. 전동기용 퓨즈 또는 모터브레이커를 사용하는 경우는 전동기의 정격출력에 적합한 것을 사용할 것.
5. 과전류차단기의 용량은 해당 조항에 규정되어 있는 범위에서 실용상 거의 최대값을 표시한다.
6. 개폐기 용량이 [kW]로 표시된 것은 이것을 초과하는 정격출력의 전동기에는 사용하지 말 것.

1)

구 분		M_1	M_2	M_3	M_4	M_5
규약 전류[A]		4.8	17.4	26	65	124
전선	최소 굵기[mm^2]	2.5	2.5	2.5	10	35
개폐기 용량[A]	분기	15	60	60	100	200
	현장 조작	15	30	60	100	200
과전류 보호기[A]	분기	15	50	60	100	200
	현장 조작	15	30	50	100	150
초과눈금 전류계[A]		5	20	30	60	150
접지선의 굵기[mm^2]		2.5	6	6	16	25
금속관의 굵기[mm]		16	16	16	36	36
콘덴서 용량[μF]		30	100	175	400	800

• M_4의 경우 Y-Δ결선이므로 6개선으로 보고 금속관 호칭을 정한다.

2) 전동기수의 총화 $= 0.75 + 3.7 + 5.5 + 15 + 30 = 54.95$[kW]

[표 4]에 의해 전류 총화$= 4.8 + 17.4 + 26 + 65 + 124 = 237.2$[A]

따라서, [표 3]에서 전동기수의 총화 63.7[kW], 250[A] 란에서 선정한다.

전선 최소 굵기[mm^2]	개폐기 용량[A]	과전류 보호기 용량[A]	금속관의 굵기[mm]
95	300	300	54

02 출제년도 : 13 **배점 5점**

그림은 축전지 충전회로이다. 다음 물음에 답하시오.

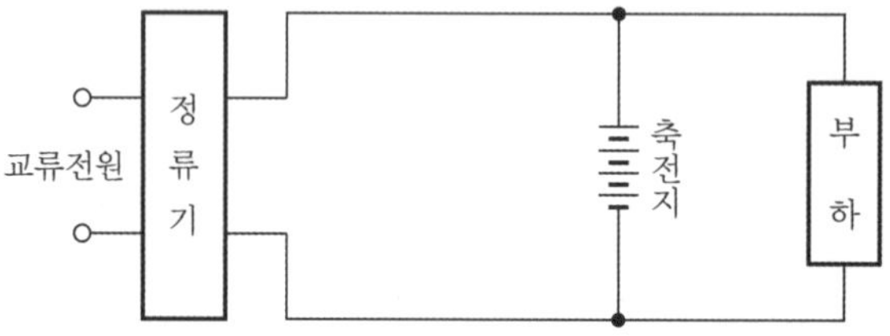

1) 충전방식은?

2) 이 방식의 역할(특징)을 쓰시오.

1) 부동충전방식

2) 축전지의 자기 방전을 보충함과 동시에 상용 부하에 대한 전력 공급은 충전기가 부담하되, 충전기가 부담하기 어려운 일시적인 대전류 부하는 축전지로 하여금 부담케 하는 방식이다.

03 출제년도 : 07, 13

배점 5점

옥외용 변전소 내의 변압기 고장이라고 생각할 수 있는 고장의 종류 5가지만 쓰시오.

-
-
-
-
-

- 고저압 권선의 혼촉 및 단선
- 철심의 절연 열화
- 절연유 누유
- 부싱 및 리드선의 절연파괴
- 권선의 상간 및 층간 단락

04 출제년도 : 13

배점 4점

3상 전원에 단상 전열기 2대를 연결하여 사용할 경우 3상 평형전류가 흐르는 변압기의 결선 방법이 있다. 3상을 2상으로 변환하는 이 결선방법의 명칭과 결선도를 그리시오. (단, 단상변압기 2대를 사용한다)

- 명칭 :
- 결선도 :

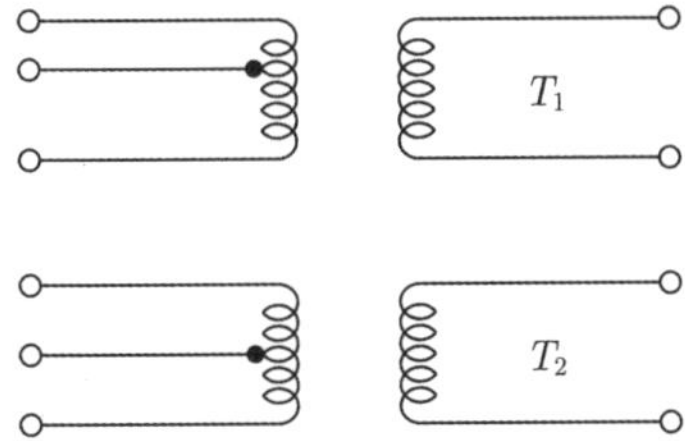

- 명칭 : 스코트 결선(T결선)
- 결선도 :

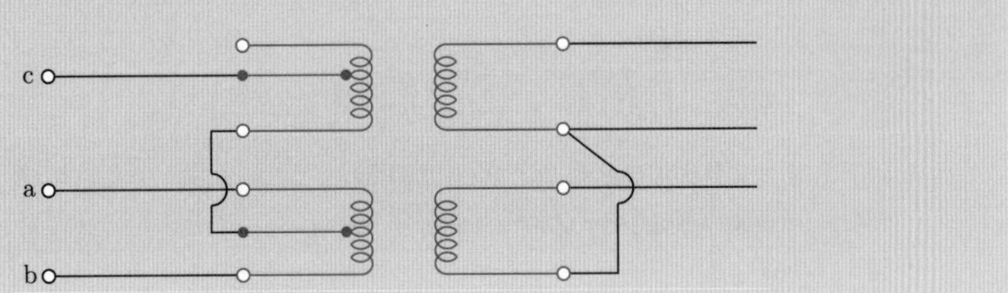

해설

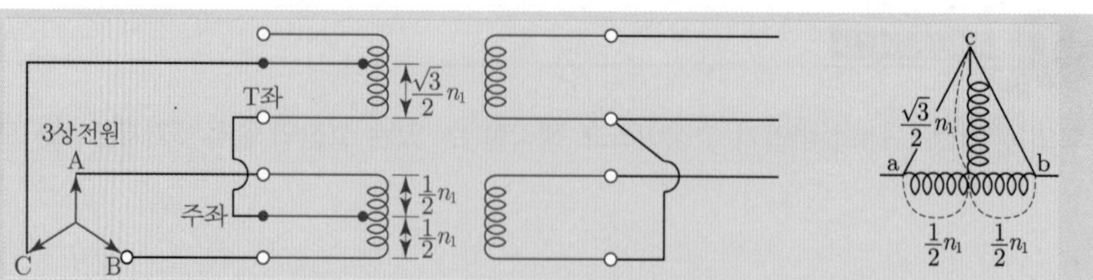

위와 같이 결선하면 $I_a = I_b = I_c$ 로서 3상 평형전류가 흐른다.

즉, 주좌변압기 1차 권선의 $\frac{1}{2}$ 되는 점 $\frac{1}{2}n_1$에서 탭을 인출하여 T좌 변압기의 한 단자에 접속하고 T좌 변압기의 $\frac{\sqrt{3}}{2}$ 되는 점 $\frac{\sqrt{3}}{2}n_1$에서 탭을 인출하여 전원 전압 3ϕ 중 하나(c상)를 연결한다.

05 출제년도 : 13 배점 4점

그림과 같이 3상 4선식 배전선로에 역률 100[%]인 부하 $a-n$, $b-n$, $c-n$이 각 상과 중성선 간에 연결되어 있다. a, b, c 상에 흐르는 전류가 220[A], 172[A], 190[A]일 때 중성선에 흐르는 전류를 계산하시오.

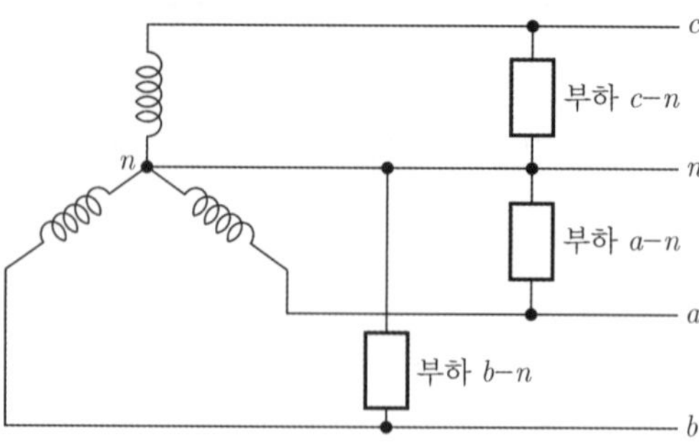

• 계산 : • 답 :

답안

• 계산 : $\dot{I}_n = \dot{I}_a + \dot{I}_b + \dot{I}_c$

$= I_a + a^2 I_b + a I_c$

$= 220 + 172\left(-\frac{1}{2} - j\frac{\sqrt{3}}{2}\right) + 190\left(-\frac{1}{2} + j\frac{\sqrt{3}}{2}\right)$

$= 220 - 86 - j148.96 - 95 + j164.54$

$= 39 + j15.58 = \sqrt{39^2 + 15.58^2} = 42[\text{A}]$

• 답 : 42[A]

06 출제년도 : 13, 20

배점 5점

전동기에 개별로 콘덴서를 설치할 경우 발생할 수 있는 자기여자현상의 발생 이유와 현상을 설명하시오.

- 이유 :

- 현상 :

- 이유 : 콘덴서 용량이 유도전동기 여자 용량보다 클 때 발생
- 현상 : 충전전류가 전동기에 흘러서 전동기 단자전압이 정격전압을 초과하여 전동기 권선의 절연 파괴가 발생된다.

07 출제년도 : 13

배점 5점

그림과 같은 배전선로가 있다. 이 선로의 전력손실은 몇 [kW]인지 계산하시오.

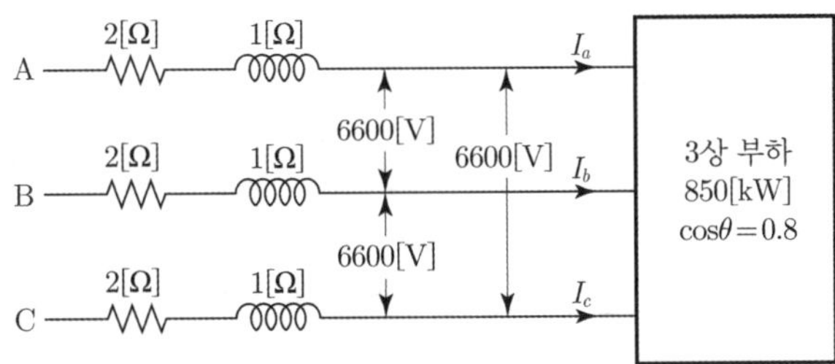

- 계산 :
- 답 :

- 계산

부하 전류(I) $= \dfrac{P}{\sqrt{3}\ V\cos\theta} = \dfrac{850\times10^3}{\sqrt{3}\times6600\times0.8} = 92.944[A]$

전력 손실$(P_\ell) = 3I^2R = 3\times92.944^2\times2\times10^{-3} = 51.831[kW]$

- 답 : 51.83[kW]

08 출제년도 : 04, 06, 13

배점 4점

부하가 유도전동기이며, 기동 용량이 1000[kVA]이고, 기동시 전압강하는 20[%]까지 허용되며, 발전기의 과도리액턴스가 25[%]이다. 이 전동기를 운전할 수 있는 자가발전기의 최소 용량은 몇 [kVA]인지 계산하시오.

• 계산 :

• 답 :

• 계산 : $P=\left(\frac{1}{e}-1\right)\times x_d\times$기동용량　(여기서, e : 기동시 전압강하, x_d : 과도 리액턴스)

$=\left(\frac{1}{2}-1\right)\times 0.25\times 1000=1000[\text{kVA}]$

• 답 : 1000[kVA]

09 출제년도 : 05, 13, 20

배점 6점

전력계통의 발전기, 변압기 등의 증설이나 송전선의 신·증설로 인하여 단락·지락전류가 증가하여 송변전 기기에 손상이 증대되고, 부근에 있는 통신선의 유도장해가 증가하는 등의 문제점이 예상된다. 따라서 이러한 문제점을 해결하기 위하여 전력계통의 단락용량의 경감 대책을 세워야 한다. 이 대책을 3가지만 쓰시오.

•

•

•

• 모선 계통을 분리 운용한다.
• 고 임피던스 기기 채용한다.
• 한류리액터 설치한다.

10 출제년도 : 02, 13

배점 5점

수용가들의 일부하곡선이 그림과 같을 때 다음 각 물음에 답하시오.

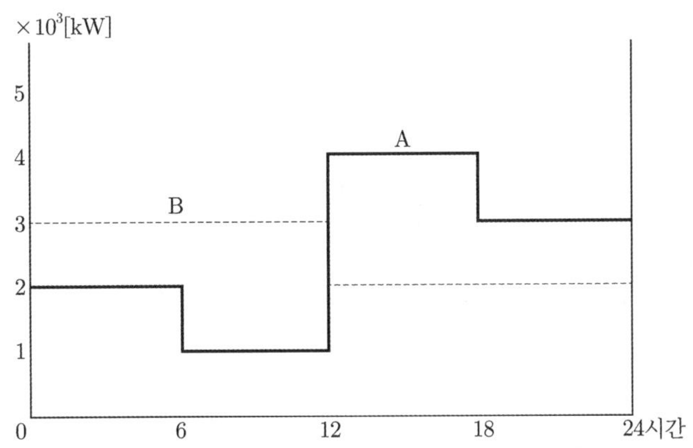

1) A, B 각 수용가의 수용률은 얼마인가? (단, 설비용량은 수용가 모두 10×10^3[kW]이다)

– A 수용가

• 계산 :   • 답 :

– B 수용가

• 계산 :   • 답 :

2) A, B 각 수용가의 일부하율은 얼마인가?

– A 수용가

• 계산 :   • 답 :

– B 수용가

• 계산 :   • 답 :

3) A, B 각 수용가 상호간의 부등률을 계산하고 부등률의 정의를 간단히 쓰시오.

• 계산 :   • 답 :

• 정의 :

1) ① A 수용가

- 계산 : $\text{수용률} = \dfrac{\text{최대전력}}{\text{설비용량}} \times 100 = \dfrac{4 \times 10^3}{10 \times 10^3} \times 100 = 40[\%]$ • 답 : 40[%]

② B 수용가

- 계산 : $\text{수용률} = \dfrac{3 \times 10^3}{10 \times 10^3} \times 100 = 30[\%]$ • 답 : 30[%]

2) ① A 수용가

- 계산 : $\text{일부하율} = \dfrac{\text{사용전력량}/\text{사용시간}}{\text{최대전력}} \times 100$

$$= \frac{(2+1+4+3) \times 10^3 \times 6}{4 \times 10^3 \times 24} \times 100 = 62.5[\%]$$ • 답 : 62.5[%]

② B 수용가

- 계산 : $\text{일부하율} = \dfrac{\text{사용전력량}/\text{사용시간}}{\text{최대전력}} \times 100$

$$= \frac{(3+2) \times 10^3 \times 12}{3 \times 10^3 \times 24} \times 100 = 83.333[\%]$$ • 답 : 83.33[%]

3) • 계산 : $\text{부등률} = \dfrac{\text{개별 부하 최대전력합}}{\text{합성 최대전력}}$

$$= \frac{(4000+3000)}{(4000+2000)} = 1.166$$ • 답 : 1.17

- 정의 : 최대전력의 발생시각 또는 발생시기의 분포를 나타내는 지표

3) ① • A 수용가의 최대전력 : 4000[kW]

- B 수용가의 최대전력 : 3000[kW]
- 합성 최대전력 : 동일 시간대에서 합성 최대전력이 가장 큰 12시~18시 사이에 발생 6000[kW]

② 부등률의 간단한 정의 : 최대전력이 동시에 사용되지 않는 정도

11 출제년도 : 13

배점 5점

그림과 같은 부하를 갖는 변압기의 최대전력은 몇 [kVA]인지 계산하시오.

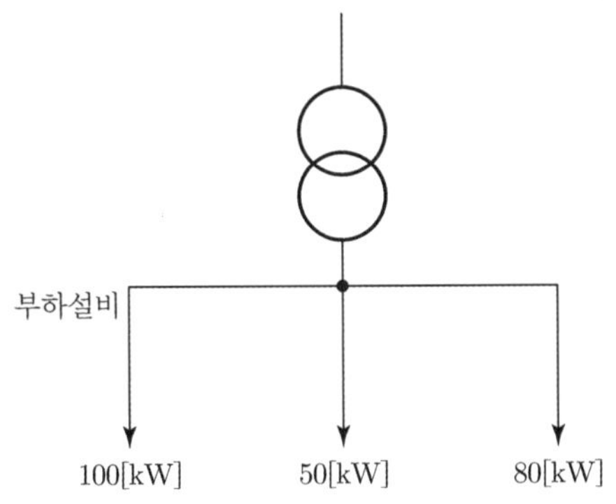

단, ① 부하간 부등률은 1.2이다.

② 부하의 역률은 모두 85[%]이다.

③ 부하에 대한 수용률은 다음 표와 같다.

부　　하	수용률
10[kW] 이상 ～ 50[kW] 미만	70[%]
50[kW] 이상 ～ 100[kW] 미만	60[%]
100[kW] 이상 ～ 150[kW] 미만	50[%]
150[kW] 이상	45[%]

• 계산 :　　　　　　　　　　　　　　　　　　• 답 :

• 계산 : $\text{변압기 최대전력[kVA]} = \dfrac{\sum(\text{설비용량[kW]} \times \text{수용률})}{\text{부등률} \times \text{역률}}$

$= \dfrac{100 \times 0.5 + 50 \times 0.6 + 80 \times 0.6}{1.2 \times 0.85} = 125.49\text{[kVA]}$

• 답 : 125.49[kVA]

12 출제년도 : 08, 14 **배점 5점**

정격용량 100[kVA]인 변압기에서 지상 역률 65[%]의 부하에 100[kVA]를 공급하고 있다. 역률 90[%]로 개선하여 변압기의 전 용량까지 부하에 공급하고자 한다. 다음 각 물음에 답하시오.

1) 소요되는 전력용 콘덴서의 용량은 몇 [kVA]인가?

- 계산 :
- 답 :

2) 역률개선에 따른 유효 전력의 증가분은 몇 [kW]인가? (단, 증가되는 부하의 역률은 1이다)

- 계산 :
- 답 :

답안

1) • 계산 : 역률개선 전 무효전력 $Q_1 = P_a \times \sin\theta_1 = 100 \times \sqrt{1-0.65^2} = 75.993[\text{kVar}]$

역률개선 후 무효전력 $Q_2 = P_a \times \sin\theta_2 = 100 \times \sqrt{1-0.9^2} = 43.588[\text{kVar}]$

필요한 콘덴서의 용량 $Q = Q_1 - Q_2 = 75.993 - 43.588 = 32.405[\text{kVA}]$

• 답 : 32.4[kVA]

2) • 계산 : 역률개선에 따른 유효전력 증가분

$\Delta P = P_a(\cos\theta_2 - \cos\theta_1)[\text{kW}] = 100(0.9-0.65) = 25[\text{kW}]$

• 답 : 25[kW]

13 출제년도 : 13

배점 5점

다음 개폐기의 종류를 나열한 것이다. 기기의 특징에 알맞은 명칭을 빈칸에 쓰시오.

구분	명칭	특 징
①		• 전로의 접속을 바꾸거나 끊는 목적으로 사용 • 부하전류의 차단능력은 없음 • 무부하 상태에서 전로 개폐 • 변압기, 차단기 등의 보수점검을 위한 회로 분리용 및 전력계통 변환을 위한 회로분리용으로 사용
②		• 평상시 부하전류의 개폐는 가능하나 이상시(과부하, 단락) 보호기능은 없음 • 개폐 빈도가 적은 부하의 개폐용 스위치로 사용 • 전력 Fuse와 사용시 결상방지 목적으로 사용
③		• 평상시 부하전류 혹은 과부하 전류까지 안전하게 개폐 • 부하의 개폐·제어가 주목적이고, 개폐 빈도가 많음 • 부하의 조작, 제어용 스위치로 이용 • 전력 Fuse와의 조합에 의해 Combination Switch로 널리 사용
④		• 평상시 전류 및 사고 시 대전류를 지장 없이 개폐 • 회로보호가 주목적이며 기구, 제어회로가 Tripping 우선으로 되어 있음 • 주회로 보호용 사용
⑤		• 일정치 이상의 과부하전류에서 단락전류까지 대전류 차단 • 전로의 개폐 능력은 없다. • 고압개폐기와 조합하여 사용

① 단로기
② 부하개폐기
③ 전자접촉기
④ 차단기
⑤ 전력퓨즈

14 출제년도 : 13

배점 5점

그림과 같이 부하를 운전 중인 상태에서 변류기 2차측의 전류계를 교체할 때에는 어떠한 순서로 작업을 하여야 하는지 쓰시오. (단, K와 L은 변류기 1차 단자, k와 ℓ은 변류기 2차 단자, 1과 2는 전류계 단자이다)

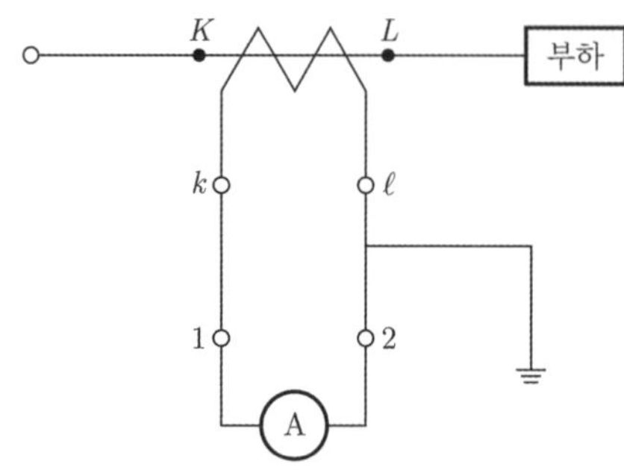

① 변류기 2차 단자 k와 ℓ을 단락한다.
② 전류계 단자 1과 2를 분리하여 전류계 교체한다.
③ 단락한 변류기 2차 단자 k와 ℓ을 개방한다.

15 출제년도 : 07, 13 배점 12점

다음 회로는 리액터 기동 정지 조작회로의 미완성 도면이다. 다음 물음에 답하시오.

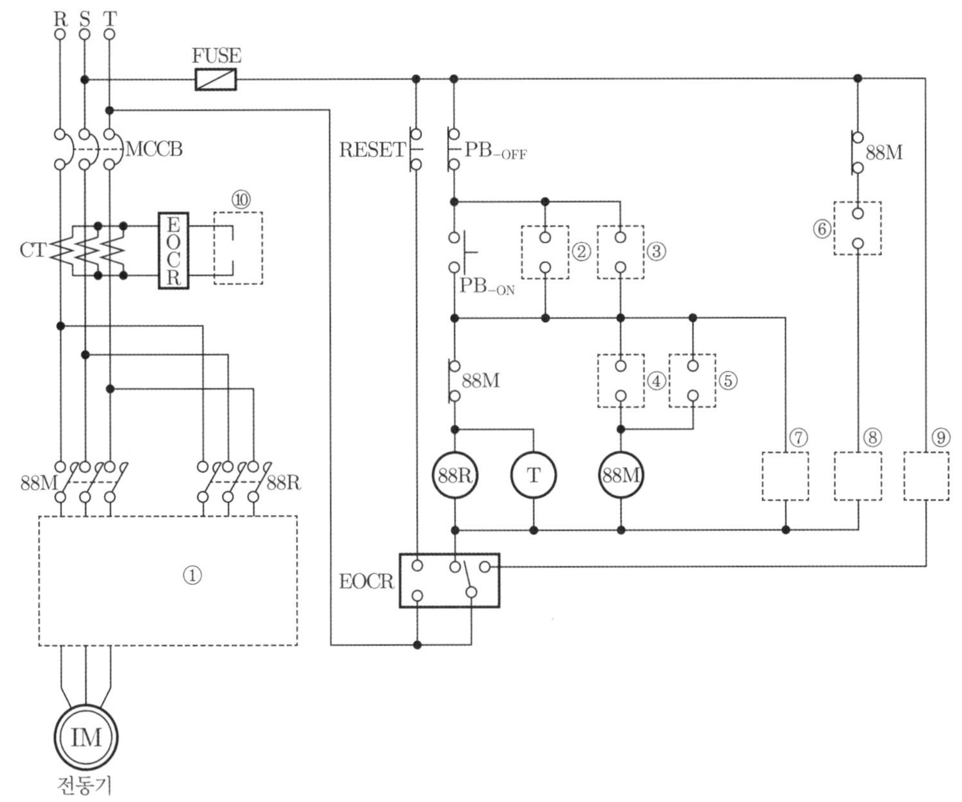

1) ① 부분의 미완성된 주회로를 회로도에 직접 그리시오.

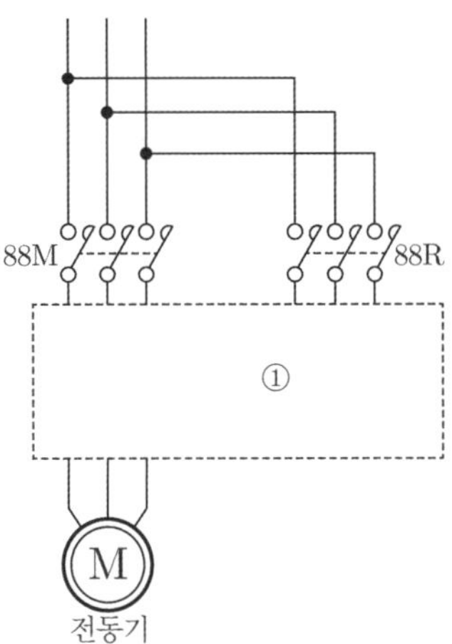

2) 보조회로에서 ②, ③, ④, ⑤, ⑥ 부분의 접점을 그리고 그 기호를 쓰시오.

구 분	②	③	④	⑤	⑥
접점 및 기호					

3) ⑦, ⑧, ⑨, ⑩ 부분에 들어갈 LAMP와 계기의 그림기호를 그리시오. (예 : Ⓖ 정지, Ⓡ 기동 및 운전, Ⓨ 과부하로 인한 정지)

구 분	⑦	⑧	⑨	⑩
그림기호				

4) 직입기동시 기동전류가 정격전류의 6배가 되는 전동기를 65[%] 탭에서 리액터를 기동한 경우 기동전류는 약 몇 배 정도가 되는지 계산하시오.

- 계산 :
- 답 :

5) 직입기동시 기동토크가 정격토크의 2배였다고 하면 65[%] 탭에서 리액터를 기동한 경우 기동토크는 어떻게 되는지 계산하시오.

- 계산 :
- 답 :

답안

1)

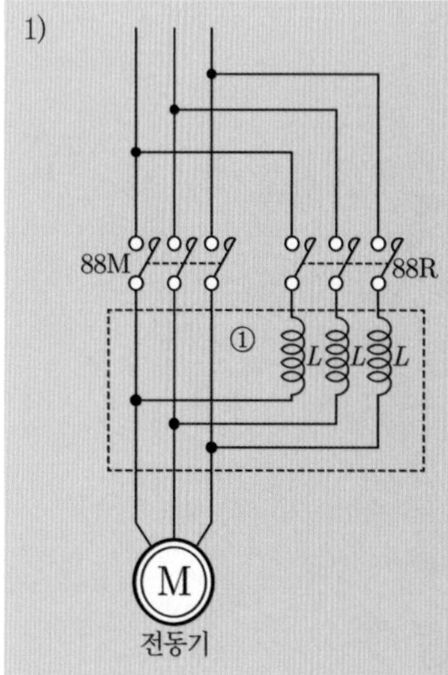

2)

구 분	②	③	④	⑤	⑥
접점 및 기호	88M	88R	T_{-a}	88M	88R

3)

구 분	⑦	⑧	⑨	⑩
그림기호	Ⓡ	Ⓖ	Ⓨ	Ⓐ

4) • 계산 : $I_s = 6I \times 0.65 = 3.9I$ • 답 : 3.9배

5) • 계산 : $T_s = 2T \times 0.65^2 = 0.845T$ • 답 : 0.85배

리액터 기동 : 전동기 전원측에 직렬로 리액터를 넣어 기동시 리액터를 전압 강하만큼 감전압하고 기동 후에는 리액터를 단락시키는 방법

1) PB_{-ON} 누를 시 88R이 최초 여자되고 설정시간(t초) 후 88M이 여자되므로 88R 부분에 리액터를 넣어 주회로를 완성시킨다.
   주회로 연결 시 상을 바꾸면 안되기 때문에 R상→R상, S상→S상, T상→T상으로 연결한다.
2) ②·③ : ②와 ③은 88R, 88M 이 각각 여자되었을 때 PB_{-ON}에서 손을 떼어도 자기유지 기능을 갖기 위한 접점으로 ②에 $88M_{-a}$ 접점 또는 $88R_{-a}$ 접점을 ③에 $88R_{-a}$ 접점 또는 $88M_{-a}$ 접점을 넣는다.
   ④ : 설정시간(t초) 후 88M이 여자되기 위하여 한시동작 순시복귀 a접점을 넣는다.
   ⑤ : 88M 여자 시 과부하시 또는 PB_{-OFF}를 누르기 전까지 자기유지 되어야 하기 때문에 $88M_{-a}$ 접점을 넣는다.
   ⑥ : 88R 또는 88M 여자 시 G램프가 소등되어야 하기 때문에 $88R_{-b}$ 접점을 넣는다.
3) ⑦ : PB_{-ON} 누를 시 점등되어야 하는 램프로 Ⓡ을 넣는다.
   ⑧ : 88R 또는 88M 여자 시 소등되어야 하는 램프로 Ⓖ를 넣는다.
   ⑨ : 전동기 운전 중 과부하 발생시 EOCR이 트립되며 점등되는 램프로 Ⓨ를 넣는다.
   ⑩ : 대전류를 소전류로 변성하여 계측기나 계전기에 전원을 공급하는 변류기(CT)가 설치되어 있으므로 2차측에는 전류계 Ⓐ를 넣는다.
4) 기동 전류는 전압 감압비에 비례하여 감소하고, 기동전류는 정격전류의 6배이다.
5) 기동토크는 전압 감압비의 2승에 비례하여 감소하고, 기동토크는 정격토크의 2배이다.

• 상세 동작 설명

① MCCB(전원) 투입시 GL 점등
② PB_{-ON} 누를 시 88R, T여자, 88R 주전원 개폐기가 폐로되어 기동전류를 제한하며 전동기 운전
③ $88R_{-b}$ 접점 개로되며 GL 소등, $88R_{-a}$ 접점 폐로되며 자기유지
④ 설정시간(t초) 후 한시동작 순시복귀 a접점 폐로되며 88M 여자
⑤ $88M_{-b}$ 접점 개로되며 88R, T소자. 이 때 $88R_{-a}$ 접점 개로되며 자기유지 해제, 88R 주전원 개폐기 개로, $88R_{-b}$ 접점 폐로, 한시동작 순시복귀 a 접점 개로, GL 소등 지속
⑥ 88M 주전원 개폐기 폐로, $88M_{-a}$ 접점 폐로되며 자기유지
⑦ PB_{-OFF} 누를 시 회로 초기화

※ 전동기 운전 중 과부하가 흐르면 전자식 과전류 계전기(EOCR)가 트립되어 전동기 정지, 회로 초기화, YL 점등

16 출제년도 : 13 / 유사 : 00, 01, 02, 03, 04, 05, 06, 07, 09, 10, 11, 12, 13, 14, 15, 16, 17

배점 5점

사무실의 크기가 12×24[m]이다. 평균조도 200[lx]를 얻기 위해 전광속 2500[lm]의 40[W] 형광등을 사용했을 때 필요한 등수를 계산하시오. (단, 조명률은 0.6, 감광보상률은 1.2로 한다)

• 계산 : • 답 :

• 계산 : $N = \dfrac{DES}{FU} = \dfrac{1.2 \times 200 \times 12 \times 24}{2500 \times 0.6} = 46.08$[등]

• 답 : 47[등]

비교문제 1 그림과 같이 높이 5[m]의 점에 있는 백열전등에서 광도 12500[cd]의 빛이 수평 거리 7.5[m]의 점 P에 주어지고 있다. 표 1, 2를 이용하여 다음 각 물음에 답하시오.

1) P점의 수평면 조도를 구하시오.
  • 계산 :
  • 답 :

2) P점의 수직면 조도를 구하시오.
  • 계산 :
  • 답 :

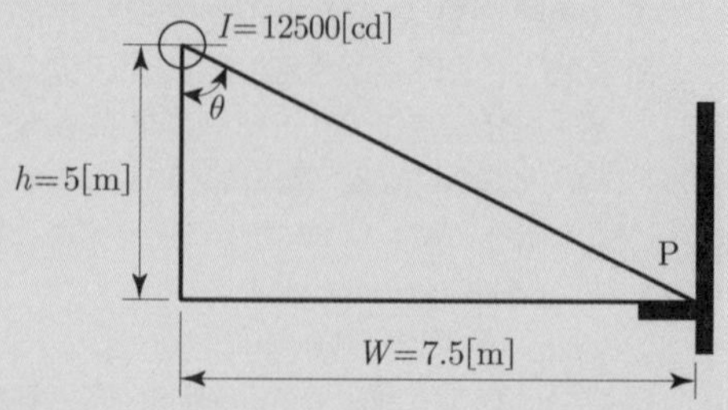

[표 1] W/h에서 구한 $\cos^2\theta\sin\theta$의 값

W	$0.1h$	$0.2h$	$0.3h$	$0.4h$	$0.5h$	$0.6h$	$0.7h$	$0.8h$	$0.9h$	$1.0h$	$1.5h$	$2.0h$	$3.0h$	$4.0h$	$5.0h$
$\cos^2\theta\sin\theta$	.099	.189	.264	.320	.358	.378	.385	.381	.370	.354	.256	.179	.095	.057	.038

[표 2] W/h에서 구한 $\cos^3\theta$의 값

W	$0.1h$	$0.2h$	$0.3h$	$0.4h$	$0.5h$	$0.6h$	$0.7h$	$0.8h$	$0.9h$	$1.0h$	$1.5h$	$2.0h$	$3.0h$	$4.0h$	$5.0h$
$\cos^3\theta$	.985	.943	.879	.800	.716	.631	.550	.476	.411	.354	.171	.089	.032	.014	.008

[답안] 1) 수평면 조도

그림에서 $\dfrac{W}{h} = \dfrac{7.5}{5} = 1.5$이므로 $W = 1.5h$이다.

[표 2]에서 $1.5h$는 0.171이므로

- 계산 : $E_h = \frac{I}{h^2}\cos^3\theta = \frac{12500}{5^2} \times 0.171 = 85.5[\text{lx}]$
- 답 : 85.5[lx]

2) 수직면 조도

그림에서 $\frac{W}{h} = \frac{7.5}{5} = 1.5$이므로 $W = 1.5h$이다.

[표 1]에서 $1.5h$는 0.256이므로

- 계산 : $E_v = \frac{I}{h^2}\cos^2\theta\sin\theta = \frac{12500}{5^2} \times 0.256 = 128[\text{lx}]$
- 답 : 128[lx]

비교문제 2 상품 진열장에 하이빔 전구(산광형 100[W])를 설치하였는데 이 전구의 광속은 840[lm]이다. 전구의 직하 2[m]의 부근에서의 수평면 조도는 몇 [lx]인지 주어진 배광 곡선을 이용하여 구하시오.

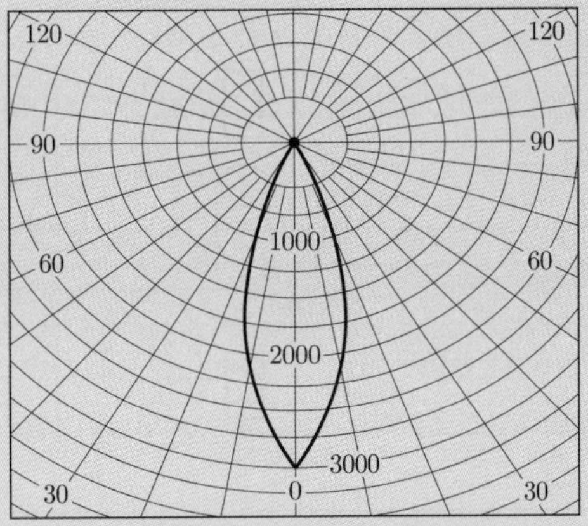

하이빔 전구 산광형(100W형)의 배광곡선(램프광속 1000[lm] 기준)

[답안] • 계산 : 0°에서 만나는 배광곡선이 3000[cd]/1000[lm]이므로

$$E_h = \frac{I}{r^2}\cos\theta = \frac{\frac{3000}{1000} \times 840}{2^2} \times \cos 0° = 630[\text{lx}]$$

- 답 : 630[lx]

17 출제년도 : 13, 16 배점 10점

그림과 같은 수전계통을 보고 다음 각 물음에 답하시오.

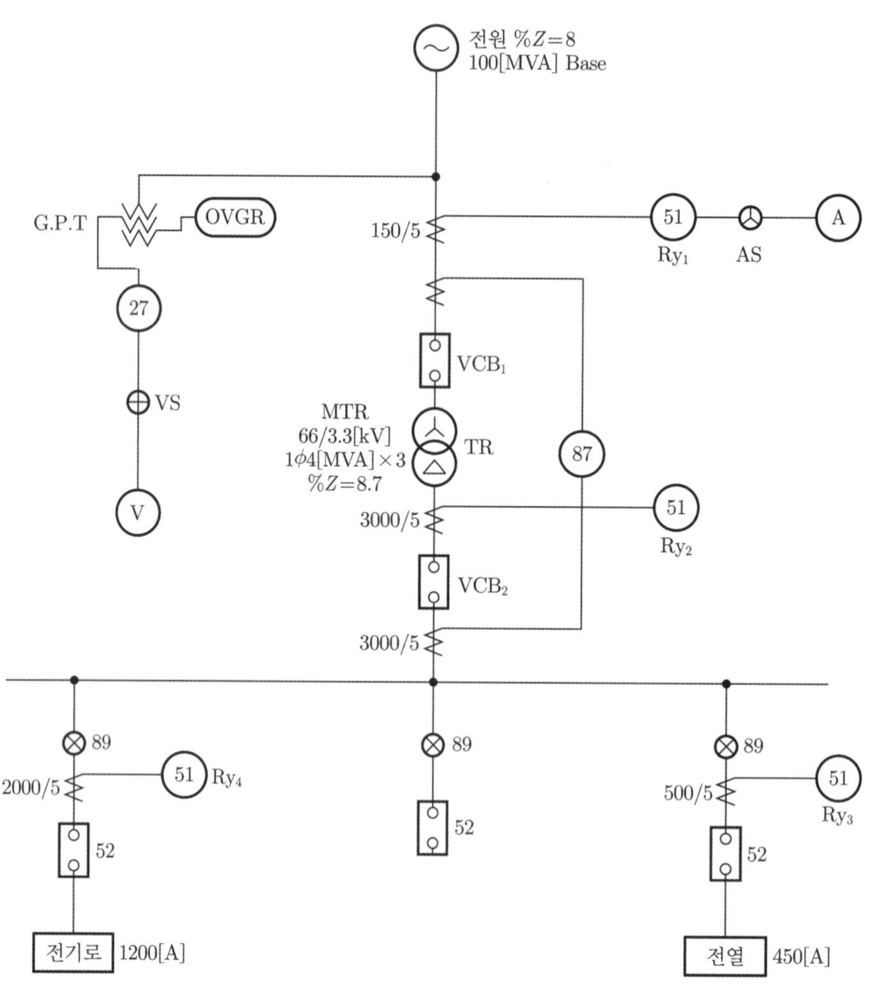

1) "27"과 "87" 계전기의 명칭과 용도를 설명하시오.

기기	명 칭	용 도
27		
87		

2) 다음의 조건에서 과전류 계전기 Ry_1, Ry_2, Ry_3, Ry_4의 탭(Tap) 설정값은 몇 [A]가 가장 적정한지를 계산에 의하여 정하시오.

조건

- Ry_1, Ry_2의 탭 설정값은 부하전류 160[%]에서 설정한다.
- Ry_3의 탭 설정값은 부하전류 150[%]에서 설정한다.
- Ry_4는 부하가 변동 부하이므로, 탭 설정값은 부하전류 200[%]에서 설정한다.
- 과전류 계전기의 전류탭은 2[A], 3[A], 4[A], 5[A], 6[A], 7[A], 8[A]가 있다.

계전기	계산과정	설정값
Ry_1		
Ry_2		
Ry_3		
Ry_4		

3) 차단기 VCB_1의 정격전압은 몇 [kV]인가?

4) 전원측 차단기 VCB_1의 정격용량을 계산하고, 다음의 표에서 가장 적당한 것을 선정하도록 하시오.

차단기의 정격차단용량[MVA]

1000	1500	2500	3500

- 계산 :
- 답 :

1)

기기	명 칭	용 도
27	부족전압 계전기	전압이 정정값 이하로 떨어진 경우(경보 또는) 회로차단
87	전류차동 계전기	발전기나 변압기의 내부고장 보호용으로 사용

2)

계전기	계산과정	설정값
Ry_1	$I=\frac{4\times10^6\times3}{\sqrt{3}\times66\times10^3}\times\frac{5}{150}\times1.6=5.6[A]$	**6[A]**
Ry_2	$I=\frac{4\times10^6\times3}{\sqrt{3}\times3.3\times10^3}\times\frac{5}{3000}\times1.6=5.6[A]$	**6[A]**
Ry_3	$I=450\times\frac{5}{500}\times1.5=6.75[A]$	**7[A]**
Ry_4	$I=1200\times\frac{5}{2000}\times2=6[A]$	**6[A]**

3) 72.5[kV]

4) • 계산 : $P_s=\frac{100}{\%Z}P_n=\frac{100}{8}\times100=1250[MVA]$

• 답 : 1500[MVA] 선정

51 : 과전류 계전기
89 : 단로기
52 : 교류차단기

19년 문제로는 52C와 52T를 물어본 경우도 있다.
87 : 비율차동계전기도 정답이다.

전기기사 실기 기출문제 2013년 2회

01 출제년도 : 13 배점 4점

연 축전지의 정격용량 100[Ah], 상시 부하 5[kW], 표준전압 100[V]인 부동 충전 방식 충전기의 2차 전류(충전 전류)값은 얼마인가? (단, 상시 부하의 역률은 1로 간주한다)

• 계산 : • 답 :

• 계산 : 부동 충전 방식의 충전기 2차 충전 전류(I_2) $= \dfrac{\text{정격용량}}{\text{방전율}} + \dfrac{\text{상시 부하용량}}{\text{표준전압}}$ [A]

$$\therefore\ I_2 = \frac{100}{10} + \frac{5 \times 10^3}{100} = 60\,[\text{A}]$$

• 답 : 60[A]

02 출제년도 : 13

배점 6점

아래 그림의 계통접지와 보호접지의 기능을 설명하고, 접지극과 결선하시오.

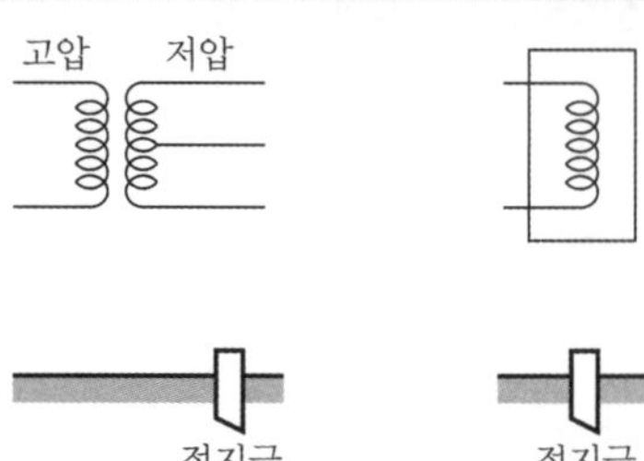

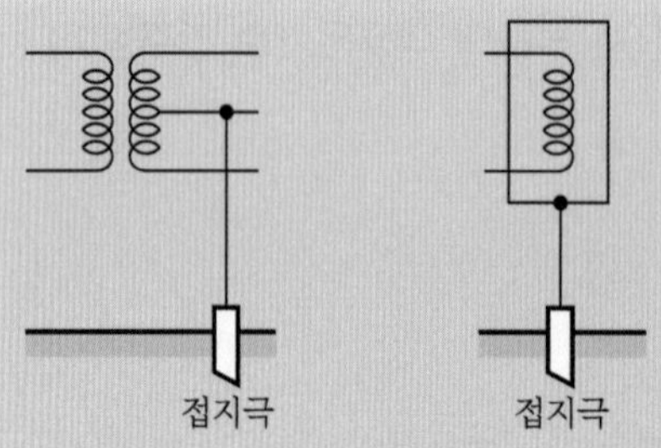

- 계통접지 : 변압기의 고압과 저압회로의 혼촉에 의한 2차측(저압측)의 전위상승 억제
- 보호접지 : 누전에 의한 감전사고 방지를 위해 전기기기 외함에 접지

03 출제년도 : 13

배점 4점

다음 논리식에 대한 물음에 답하시오.

$$X = (A \cdot \overline{B}) + (\overline{A} + B) \cdot \overline{C}$$

1) 유접점 시퀀스 회로를 그리시오.

2) 무접점 시퀀스 회로를 그리시오.

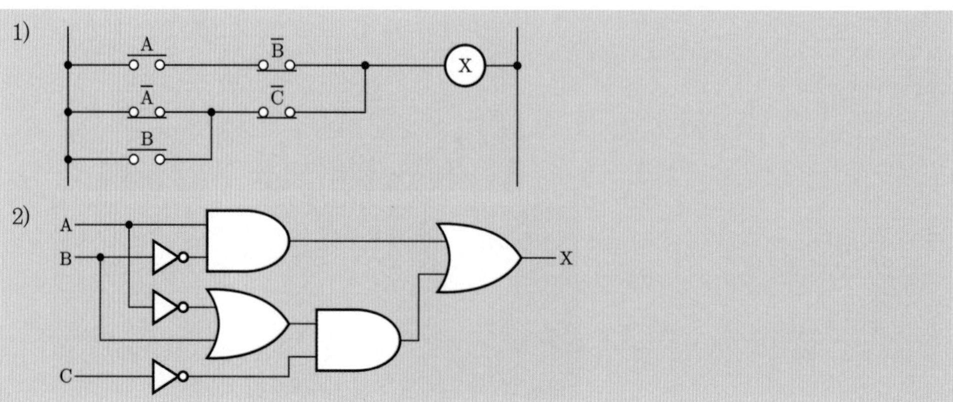

04 출제년도 : 13

배점 5점

다음 심벌의 명칭을 정확히 쓰시오.

심 벌	명 칭
MD	
□ LD	
— — — — (F7)	

심 벌	명 칭
MD	금속덕트
□ LD	라이팅 덕트
— — — — (F7)	플로어 덕트

05 출제년도 : 13

배점 5점

주어진 동작설명과 같이 동작될 수 있는 시퀀스 제어도를 그리시오.

동작설명

- 푸시버튼 스위치 PB를 누르고 있는 동안에는 램프 R_3와 부저 B가 병렬로 동작한다.
- 3로 스위치 S_{3-1}을 ON, S_{3-2}를 ON 했을 시 R_1, R_2가 병렬 여자되고, S_{3-1}을 OFF, S_{3-2}를 OFF 했을 시, R_1, R_2가 직렬로 여자된다. S_{3-1}을 ON하고 S_{3-2}를 OFF 하면 R_1만 여자되고 S_{3-2}를 ON하고 S_{3-1}을 OFF 하면 R_2만 여자된다.

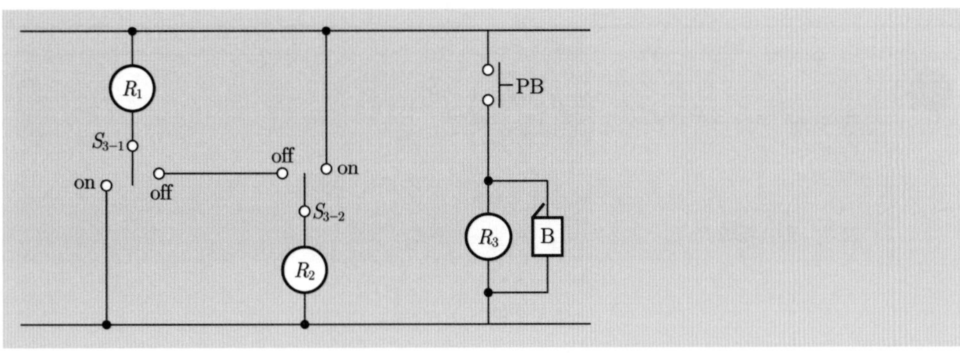

해설

① 병렬로 R_1, R_2 여자

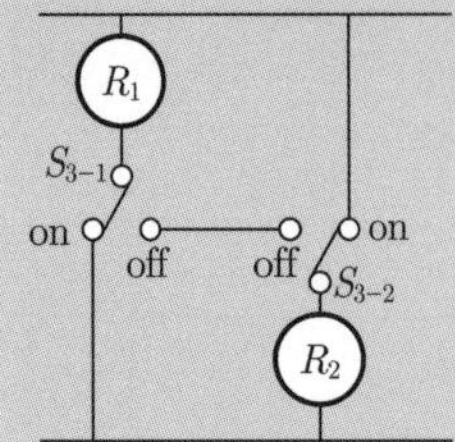

② 직렬로 R_1, R_2 여자

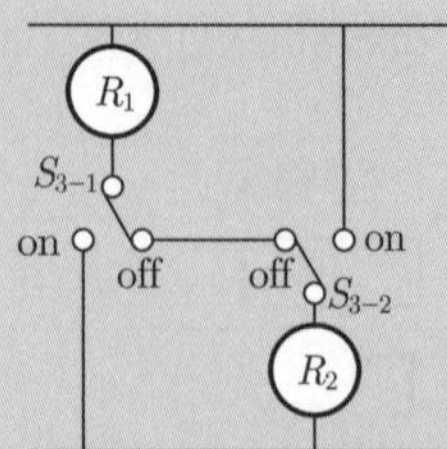

③ S_{3-1} ON, S_{3-2} OFF시 R_1만 여자

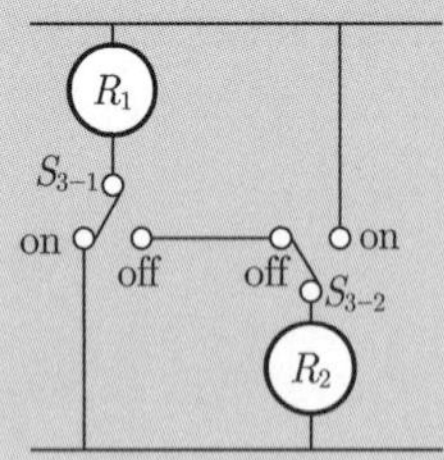

④ S_{3-2} ON, S_{3-1} OFF시 R_2만 여자

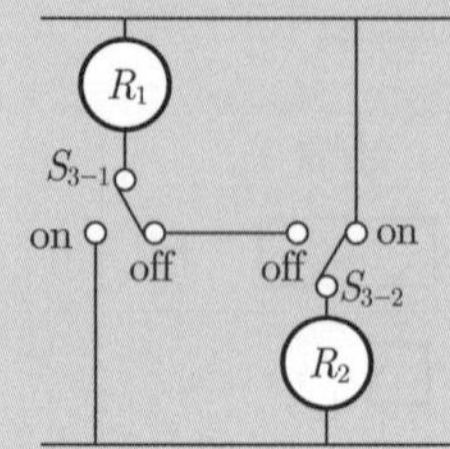

06 출제년도 : 01, 10, 13

배점 5점

지표면상 40[m] 높이의 수조가 있다. 이 수조에 분당 2[m^3]의 물을 양수하는데 필요한 펌프용 전동기의 소요동력은 몇 [kW]인가? (단, 펌프효율은 80[%]이고, 펌프측 동력에 20[%] 여유를 준다)

- 계산 :
- 답 :

답안

- 계산 : 전동기 소요동력$(P) = \dfrac{KQH}{6.12 \times \eta}$[kW]

$$= \frac{1.2 \times 2 \times 40}{6.12 \times 0.8} = 19.607\text{[kW]}$$

- 답 : 19.61[kW]

07 출제년도 : 13 배점 6점

다음 미완성 부분의 결선도를 완성하고, 필요한 곳에 접지를 하시오.

1) CT와 AS와 전류계 결선도

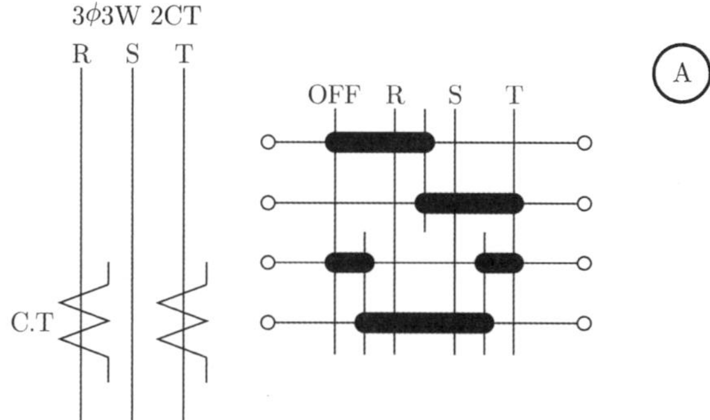

2) PT와 VS와 전압계 결선도

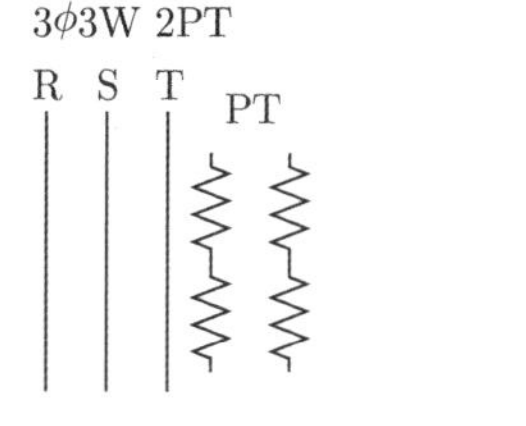

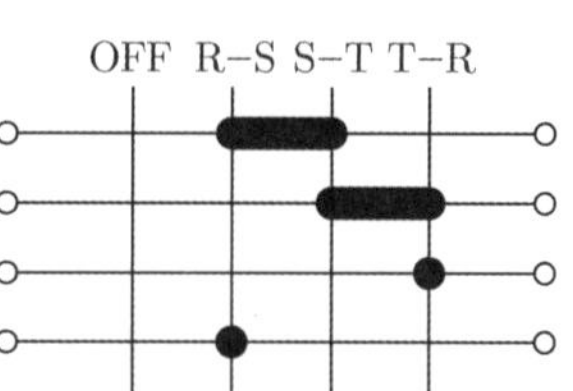
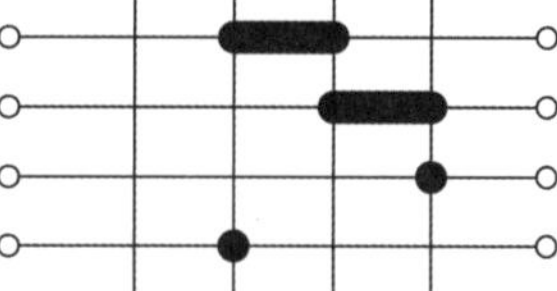

답안

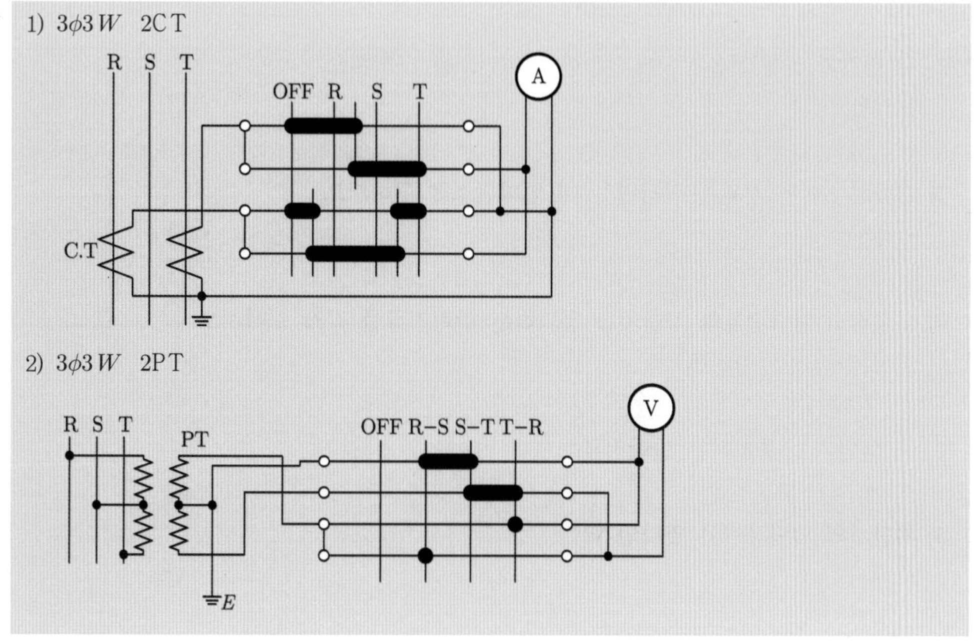

08 출제년도 : 13, 20 / 유사 : 03, 05, 07, 18

배점 8점

그림과 같은 송전계통 S점에서 3상 단락사고가 발생하였다. 주어진 도면과 조건을 참고하여 고장점 및 차단기를 통과하는 단락전류를 구하시오.

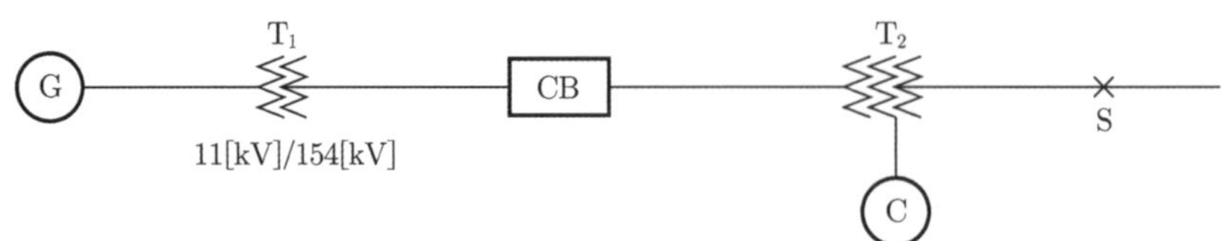

조건

번호	기기명	용 량	전 압	%X
1	발전기(G)	10000[kVA]	11[kV]	25
2	변압기(T_1)	10000[kVA]	11/154[kV]	10
3	송전선		154[kV]	8(10000[kVA])
4	변압기(T_2)	1차 25000[kVA]	154[kV]	12(25000[kVA]) 1~2차
		2차 30000[kVA]	77[kV]	9.5(25000[kVA]) 2~3차
		3차 10000[kVA]	11[kV]	6.4(10000[kVA]) 3~1차
5	조상기(C)	10000[kVA]	11[kV]	15

1) 기준용량 10[MVA]일 때 T_2 변압기 1~2차, 2~3차, 3~1차 간의 %Z를 구하시오.
   - 계산 :
   - 답 :

2) T_2 변압기 1차, 2차, 3차의 환산한 임피던스를 구하시오.
   - 계산 :
   - 답 :

3) 고장점 S에서 전원을 바라봤을 때 임피던스를 구하시오.
   - 계산 :
   - 답 :

4) 고장점의 단락전류와 차단기를 통과하는 단락전류를 각각 구하시오.

   ① 고장점의 단락전류
   - 계산 :
   - 답 :

   ② 차단기를 통과하는 단락전류
   - 계산 :
   - 답 :

5) 차단기의 단락용량은 얼마인가?
   - 계산 :
   - 답 :

답안

1) • 계산 : $\%Z_{12} = 12 \times \frac{10}{25} = 4.8[\%]$

$\%Z_{23} = 9.5 \times \frac{10}{25} = 3.8[\%]$

$\%Z_{31} = 6.4[\%]$

2) • 계산 : $\%Z_1 = \frac{1}{2}(4.8 + 6.4 - 3.8) = 3.7[\%]$

$\%Z_2 = \frac{1}{2}(4.8 + 3.8 - 6.4) = 1.1[\%]$

$\%Z_3 = \frac{1}{2}(3.8 + 6.4 - 4.8) = 2.7[\%]$

3) • 계산 : $\%Z_s = 1.1 + \frac{(25+10+8+3.7) \times (2.7+15)}{(25+10+8+3.7)+(2.7+15)}$

$= 1.1 + \frac{46.7 \times 17.7}{(46.7+17.7)} = 13.935$

• 답 : 13.94[%]

4) ① 고장점의 단락전류

• 계산 : $I_s = \frac{100}{\%Z} \times \frac{P_n}{\sqrt{3}\,V} = \frac{100}{13.94} \times \frac{10 \times 10^3}{\sqrt{3} \times 77} = 537.88[\text{A}]$

• 답 : 537.88[A]

② 차단기를 통과하는 단락전류

• 계산 : $I_{CB} = 537.88 \times \frac{17.7}{46.7+17.7} \times \frac{77}{154} = 73.916$

• 답 : 73.92[A]

5) • 계산 : $P_s = \sqrt{3}\,VI_s = \sqrt{3} \times 170 \times 73.92 \times 10^{-3} = 21.765$

• 답 : 21.77[MVA]

해설

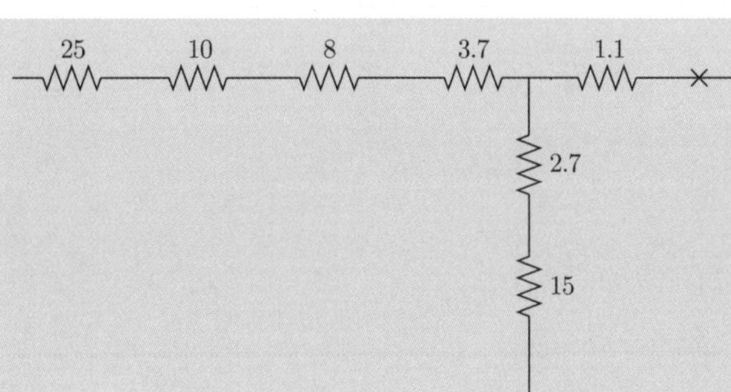

09 출제년도 : 13

배점 5점

그림과 같이 변압기 2대를 사용하여 정전용량 1[μF]인 케이블의 절연내력 시험을 행하였다. 60[Hz]인 시험전압으로 5000[V]를 가했을 때 전압계 Ⓥ, 전류계 Ⓐ의 지시값은? (단, 여기서 변압기 탭전압은 저압측 105[V], 고압측 3300[V]로 하고 내부 임피던스 및 여자전류는 무시한다)

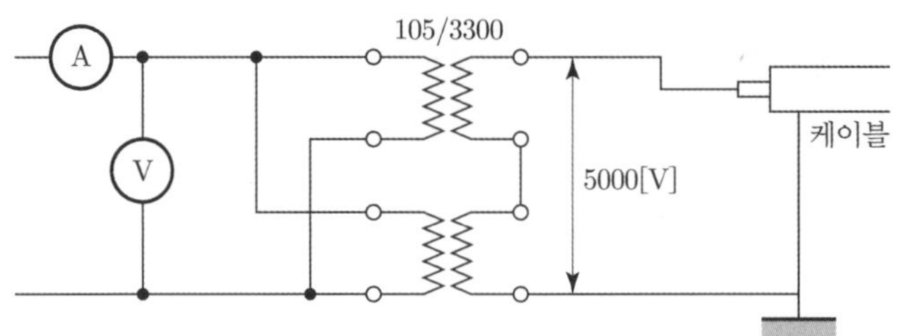

1) 전압계의 Ⓥ 지시값은 얼마인가?
- 계산 :
- 답 :

2) 전류계의 Ⓐ 지시치는 얼마인가?
- 계산 :
- 답 :

1) • 계산 : Ⓥ $= 5000 \times \frac{105}{3300} \times \frac{1}{2} = 79.545$[V]
- 답 : 79.55[V]

2) • 계산

케이블에 흐르는 충전전류(I_c) $= \omega CE = 2\pi fCE$

$I_c = 2\pi \times 60 \times 1 \times 10^{-6} \times 5000 = 1.884$[A]

전류계에 흐르는 전류 Ⓐ $= 1.884 \times \frac{3300}{105} \times 2 = 118.422$[A]

- 답 : 118.42[A]

10 출제년도 : 13

배점 5점

특별 고압 및 고압수전에서 대용량의 1ϕ 전기로 등의 사용으로 불평형 부하의 한도에 대한 제한에 따르기가 어려울 때는 전기사업자와 협의하여 다음 각호에 의하여 시설하는 것을 원칙으로 한다. (   ) 안을 채우시오.

① 1ϕ 부하 1개 경우에는 (   )접속에 의할 것. 다만, 300[kVA]를 초과하지 말 것
② 1ϕ 부하 2개 경우에는 (   )접속에 의할 것. 다만, 200[kVA]를 초과하지 말 것
③ 1ϕ 부하 3개 경우에는 가급적 선로 전류가 (   )이 되도록 각 선간에 부하를 접속할 것

① 2차 역 V
② 스코트
③ 평형

11 출제년도 : 13

배점 5점

아몰퍼스 변압기의 기능적인 면에서 본 장점 3가지와 단점 3가지를 쓰시오.

1) 장점
-
-
-

2) 단점
-
-
-

1) 장점
   ① 저손실(히스테리시스손 감소), 고효율이다.
   ② 고조파에 강한 특성이 있다.
   ③ 자성재료의 두께가 얇다.(와류손 감소)
2) 단점
   ① 포화자속밀도가 낮다.
   ② 철심의 점적률이 나쁘다.
   ③ 자왜현상이 커서 소음이 크다.

12 출제년도 : 13 배점 4점

계약 부하 설비에 의한 전력을 정하는 경우에 부하 설비용량이 900[kW]일 때 계약 최대전력은?

계약 최대 진리표

설비용량	계약 전력 환산율[%]	비 고
처음 75[kW]에 대하여	100	1[kW] 미만일 경우 소숫점 이하 첫째자리에서 4사5입한다.
다음 75[kW]에 대하여	85	
다음 75[kW]에 대하여	75	
다음 75[kW]에 대하여	65	
300[kW] 초과분에 대하여	60	

답안

- 계산 : 계약 최대전력(계약 최대 진리표에 따라)

$$75 + (75 \times 0.85) + (75 \times 0.75) + (75 \times 0.65) + (600 \times 0.6) = 603.75 \fallingdotseq 604\,[\mathrm{kW}]$$

- 답 : 604[kW]

13 출제년도 : 13 배점 9점

도면은 어느 건물의 구내간선 계통도이다. 주어진 조건과 참고 자료를 이용하여 다음 각 물음에 답하시오.

1) P_1의 전 부하시 전류를 구하고, 여기에 사용될 배선용 차단기(MCCB) 의 규격을 선정하시오.
   - 계산 : • 답 :

2) P_1에 사용될 케이블의 굵기는 몇 $[mm^2]$인가?
   - 계산 : • 답 :

3) 배전반에 설치된 ACB의 최소규격을 산정하시오.
   - 계산 : • 답 :

[도면]

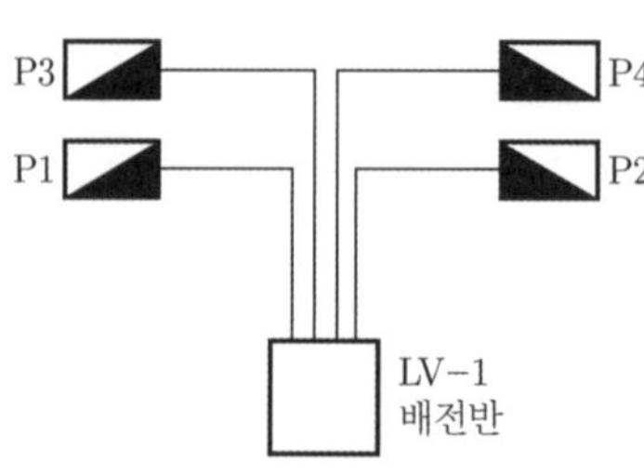

LV-1
ACB
MCCB
P1
P2
P3
P4

조건

- 전압은 380[V]/220[V]이며, $3\phi 4\omega$이다.
- CABLE은 TRAY 배선으로 한다.(공중, 암거 포설)
- 전선은 600[V] 가교 폴리에틸렌 절연 비닐 외장 케이블이다.
- 허용 전압 강하는 2[%]이다.
- 분전반간 부등률은 1.1이다.
- 주어진 조건이나 참고 자료의 범위 내에서 가장 적절한 부분을 적용시키도록 한다.
- CABLE 배선 거리 및 부하 용량은 표와 같다.

분 전 반	거 리[m]	연결 부하[kVA]	수용률[%]
P_1	50	240	65
P_2	80	320	65
P_3	210	180	70
P_4	150	60	70

[참고 자료]

- 배선용 차단기(MCCB)

Frame	100			225			400		
기본 형식	A11	A12	A13	A21	A22	A23	A31	A32	A33
극수	2	3	4	2	3	4	2	3	4
정격전류[A]	60, 75, 100			125, 150, 175, 200, 225			250, 300, 350, 400		

- 기중 차단기(ACB)

TYPE	G1	G2	G3	G4
정격 전류[A]	600	800	1000	1250
정격 절연 전압[V]	1000	1000	1000	1000
정격 사용 전압[V]	660	660	660	660
극 수	3, 4	3, 4	3, 4	3, 4
과전류 Trip 장치의 정격전류	200, 400, 630	400, 630, 800	630, 800, 1000	800, 1000, 1250

[표 1] 전선 최대 길이(3상 3선식 380[V]·전압강하 3.8[V])

전류 [A]	전선의 굵기[mm²]												
	2.5	4	6	10	16	25	35	50	95	150	185	240	300
	전선 최대 길이[m]												
1	534	854	1281	2135	3416	5337	7472	10674	20281	32022	39494	51236	64045
2	267	427	640	1067	1708	2669	3736	5337	10140	16011	19747	25618	32022
3	178	285	427	712	1139	1779	2491	3558	6760	10674	13165	17079	21348
4	133	213	320	534	854	1334	1868	2669	5070	8006	9874	12809	16011
5	107	171	256	427	683	1067	1494	2135	4056	6404	7899	10247	12809
6	89	142	213	356	569	890	1245	1779	3380	5337	6582	8539	10674
7	76	122	183	305	488	762	1067	1525	2897	4575	5642	7319	9149
8	67	107	160	267	427	667	934	1334	2535	4003	4937	6404	8006
9	59	95	142	237	380	593	830	1186	2253	3558	4388	5693	7116
12	44	71	107	178	285	445	623	890	1690	2669	3291	4270	5337
14	38	61	91	152	244	381	534	762	1449	2287	2821	3660	4575
15	36	57	85	142	228	356	498	712	1352	2135	2633	3416	4270
16	33	53	80	133	213	334	467	667	1268	2001	2468	3202	4003
18	30	47	71	119	190	297	415	593	1127	1779	2194	2846	3558
25	21	34	51	85	137	213	299	427	811	1281	1580	2049	2562
35	15	24	37	61	98	152	213	305	579	915	1128	1464	1830
45	12	19	28	47	76	119	166	237	451	712	878	1139	1423

[비고]
1. 전압강하가 2[%] 또는 3[%]의 경우, 전선길이는 각각 이 표의 2배 또는 3배가 된다. 다른 경우에도 이 예에 따른다.
2. 전류가 20[A] 또는 200[A] 경우의 전선길이는 각각 이 표 전류 2[A] 경우의 1/10 또는 1/100이 된다.
3. 이 표는 평형부하의 경우에 대한 것이다.
4. 이 표는 역률 1로 하여 계산한 것이다.

1) • 계산 : P_1 부하용량은 240[kVA], 수용률 65[%], 3ϕ 380 [V]이므로

부하전류(I) $= \dfrac{240\times10^3\times0.65}{\sqrt{3}\times380} = 237.02$ [A]이다.

∴ 237.02[A]를 만족하는 규격은 배선용차단기(MCCB) 표에서 4P, 400[AF] 250[AT]이다.

• 답 : 4P, 400[AF] 250[AT]

2) • 계산 : 3ϕ380 [V]를 사용하고

$L = 50$ [m], $I = 237.02$ [A], 전압강하 2[%]이므로,

$e = 380\times0.02 = 7.6$ [V]

$$\text{전선의 최대길이[m]} = \frac{50\times\dfrac{237.02}{1}}{\dfrac{380\times0.02}{3.8}} = 5925.5\,[\text{m}]$$

[표 1]에서 7472[m]에 해당하는 35[mm²]

• 답 : 35[mm²]

3) • 계산 : 간선의 합성최대전력 $= \dfrac{(240\times0.65+320\times0.65+180\times0.7+60\times0.7)}{1.1} = 483.636$[kVA]

최대부하전류 $I = \dfrac{483636}{\sqrt{3}\times380} = 734.8$[A]

∴ 4P, 800[AF] 800[AT]

• 답 : 4P, 800[AF] 800[AT]

14 출제년도 : 03, 04, 13

배점 4점

표와 같은 수용가 A, B, C, D에 공급하는 배전선로의 최대전력이 800[kW]라고 할 때 다음 각 물음에 답하시오.

수용가	설비용량[kW]	수용률[%]
A	250	60
B	300	70
C	350	80
D	400	80

1) 수용가의 부등률은 얼마인가?
- 계산 :
- 답 :

2) 부등률이 크다는 것은 어떤 것을 의미하는가?

1) • 계산 : 부등률 $= \dfrac{\text{개별최대전력 합}}{\text{합성최대전력}} = \dfrac{\Sigma(\text{설비용량} \times \text{수용률})}{\text{합성최대전력}}$

$= \dfrac{(250 \times 0.6 + 300 \times 0.7 + 350 \times 0.8 + 400 \times 0.8)}{800} = 1.2$

• 답 : 1.2

2) 각 수용가의 최대전력을 발생하는 전기설비의 사용 시간대가 서로 다르다.

15 출제년도 : 04, 05, 13

배점 6점

다음 그림은 변류기를 영상 접속시켜 그 잔류 회로에 지락 계전기 DG를 삽입시킨 것이다. 선로 전압은 66[kV], 중성점에 300[Ω]의 저항 접지로 하였고, 변류기의 변류비는 300/5이다. 송전 전력 20000[kW], 역률 0.8(지상)이고, a상에 완전 지락사고가 발생하였다고 할 때 다음 각 물음에 답하시오.

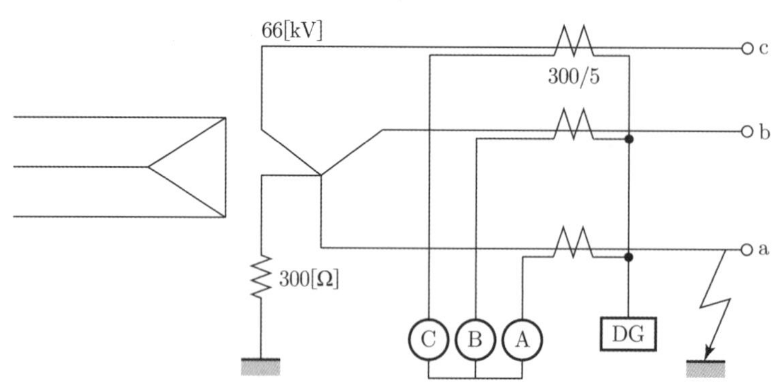

1) 지락 계전기 DG에 흐르는 전류는 몇 [A]인가?
 • 계산 : • 답 :

2) a상 전류계 Ⓐ에 흐르는 전류는 몇 [A]인가?
 • 계산 : • 답 :

3) b상 전류계 Ⓑ에 흐르는 전류는 몇 [A]인가?
 • 계산 : • 답 :

4) c상 전류계 Ⓒ에 흐르는 전류는 몇 [A]인가?
 • 계산 : • 답 :

1) • 계산 : $I_g = \dfrac{V/\sqrt{3}}{R} = \dfrac{66000}{\sqrt{3}\times 300} = 127.017$[A]

 ∴ 지락 계전기 DG에 흐르는 전류 $i_{DG} = 127.017 \times \dfrac{5}{300} = 2.116$[A]

 • 답 : 2.12[A]

2) • 계산 : 전류계 Ⓐ에는 부하 전류와 지락 전류의 합이 흐르므로

$$I_a = \frac{20000}{\sqrt{3}\times 66\times 0.8}\times(0.8 - j\,0.6) + \frac{66\times 10^3}{\sqrt{3}\times 300}$$

$= 301.971 - j131.215 = 329.248[\text{A}]$

$\therefore$ Ⓐ$= 329.248 \times \dfrac{5}{300} = 5.487\,[\text{A}]$

• 답 : 5.49[A]

3) • 계산 : 전류계 Ⓑ에는 부하 전류가 흐르므로

$I_b = \dfrac{20000}{\sqrt{3} \times 66 \times 0.8} = 218.693[\text{A}]$

$\therefore$ Ⓑ $= 218.693 \times \dfrac{5}{300} = 3.644[\text{A}]$

• 답 : 3.64[A]

4) • 계산 : 전류계 Ⓒ에는 부하 전류가 흐르므로

$I_c = \dfrac{20000}{\sqrt{3} \times 66 \times 0.8} = 218.693$

$\therefore$ Ⓒ$= 218.693 \times \dfrac{5}{300} = 3.644[\text{A}]$

• 답 : 3.64[A]

16 출제년도 : 13

배점 9점

다음 그림과 같은 사무실이 있다. 이 사무실의 평균조도를 200[lx]로 하고자 할 때 다음 각 물음에 답하시오.

20[m](X)

10[m](Y)

조건

- 형광등은 40[W]를 사용하고 이 형광등의 광속은 2500[lm]으로 한다.
- 조명률은 0.6, 감광보상률은 1.2로 한다.
- 사무실 내부에 기둥은 없는 것으로 한다.
- 간격은 등기구 센터를 기준으로 한다.
- 등기구는 ○으로 표현하도록 한다.

1) 이 사무실에 필요한 형광등의 수를 구하시오.
   • 계산 : • 답 :

2) 등기구를 답안지에 배치하시오.

3) 등간의 간격과 최외각에 설치된 등기구와 건물 벽간의 간격(A, B, C, D)은 각각 몇 [m]인가?

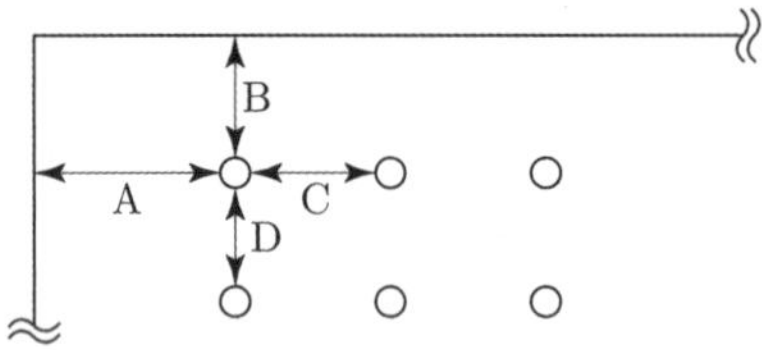

4) 만일 주파수 60[Hz]에 사용하는 형광방전등을 50[Hz]에서 사용한다면 광속과 점등 시간은 어떻게 변화되는지를 설명하시오.

5) 양호한 전반 조명이라면 등간격은 등높이의 몇 배 이하로 해야 하는가?

답안

1) • 계산 : $FUN = DES$ 에서 $N = \dfrac{1.2 \times 200 \times 20 \times 10}{2500 \times 0.6} = 32$[등]
   • 답 : 32[등]

2)

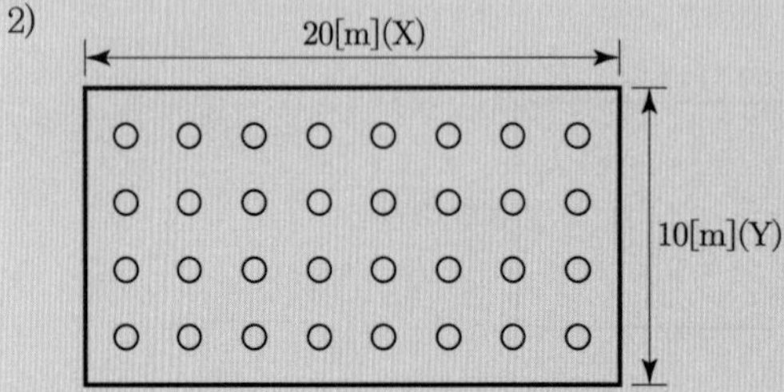

3) A : 1.25[m], B : 1.25[m], C : 2.5[m], D : 2.5[m]

4) • 광속 : 증가
   • 점등시간 : 늦음

5) 1.5배

17  배점 5점

다음은 컴퓨터 등의 중요한 부하에 대한 무정전 전원공급을 위한 그림이다. ㉮~㉱에 적당한 전기시설물의 명칭을 쓰시오.

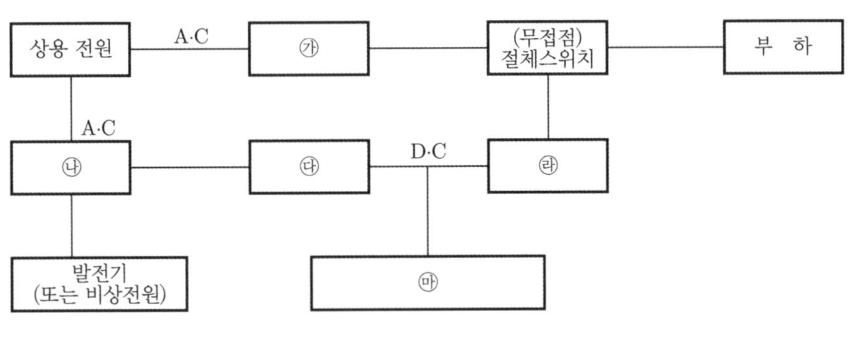

 ㉮ AVR ㉯ 무접점 절체 스위치 ㉰ 정류기 ㉱ 인버터 ㉲ 축전지

18 출제년도 : 13 배점 5점

역률을 개선하기 위하여 개개의 부하에 고압 및 특별 고압 진상용 콘덴서를 설치하는 경우에는 현장 조작 개폐기보다도 부하측에 접속하여야 한다. 콘덴서의 용량, 접속 방법 등은 어떻게 시설하는 것을 원칙으로 하는지와 고조파 전류의 증대 등에 대한 다음 각 물음에 답하시오.

1) 역률을 개선하기 위한 전력용 콘덴서 용량은 최대 무슨 전력 이하로 설정하여야 하는지 쓰시오.

2) 고조파를 제거하기 위해 콘덴서에 무엇을 설치해야 하는지 쓰시오.

3) 역률개선시 나타나는 효과 3가지를 쓰시오.

1) 부하의 지상 무효전력
2) 직렬 리액터
3) ① 전력 손실 경감
   ② 전압 강하의 감소
   ③ 설비용량의 여유 증가

전기기사 실기 기출문제

2013년 3회

01 출제년도 : 13 배점 4점

3상 4선식에서 역률 100[%]의 부하가 각 상과 중성선간에 연결되어 있다. a상, b상, c상에 흐르는 전류가 각각 220[A], 180[A], 180[A]이다. 중성선에 흐르는 전류의 크기는 몇 [A]인가?

• 계산 : • 답 :

• 계산 : $I_n = \dot{I}_a + \dot{I}_b + \dot{I}_c$

$= I_a + a^2 I_b + a I_c$

$= 220 + 180\left(-\frac{1}{2} - j\frac{\sqrt{3}}{2}\right) + 180\left(-\frac{1}{2} + j\frac{\sqrt{3}}{2}\right)$

$= 220 - 180$

$= 40[A]$

• 답 : 40[A]

02 출제년도 : 13

배점 7점

그림과 같은 PLC 시퀀스(래더 다이어그램)가 있다. PLC 프로그램을 완성하고 PLC 접점 회로도를 완성하시오. (단, 회로시작 LOAD, 출력 OUT, 직렬 AND, 병렬 OR, b접점 NOT, 그룹간 묶음 ORLOAD(병렬 묶음)이다)

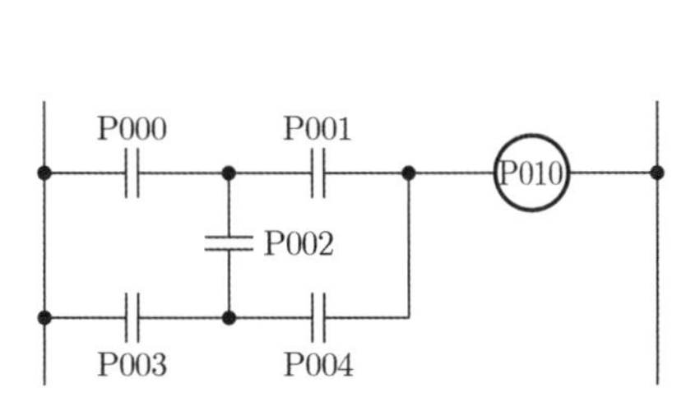

STEP	명령	번지
0	LOAD	P000
1	AND	P001
2	(　　)	(　　)
3	(　　)	(　　)
4	(　　)	(　　)
5	ORLOAD	–
6	(　　)	(　　)
7	(　　)	(　　)
8	(　　)	(　　)
9	ORLOAD	–
10	(　　)	(　　)
11	(　　)	(　　)
12	ORLOAD	–
13	END	

답안

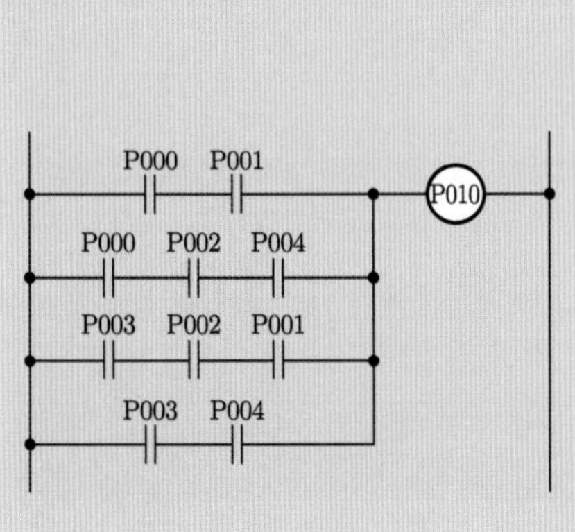

STEP	명령	번지
0	LOAD	P000
1	AND	P001
2	(**LOAD**)	(**P000**)
3	(**AND**)	(**P002**)
4	(**AND**)	(**P004**)
5	ORLOAD	–
6	(**LOAD**)	(**P003**)
7	(**AND**)	(**P002**)
8	(**AND**)	(**P001**)
9	ORLOAD	–
10	(**LOAD**)	(**P003**)
11	(**AND**)	(**P004**)
12	ORLOAD	–
13	END	

해설

PLC 래더 다이어그램 작성시 래더도 상·하 사이에는 접점이 그려질 수 없기 때문에 P010 에서 나올 수 있는 모든 출력조건을 확인 후 래더 다이어그램을 작성해 주도록 한다.

- 출력 조건
  - ① P000 → P001 → P010 출력
  - ② P000 → P002 → P004 → P010 출력
  - ③ P003 → P002 → P001 → P010 출력
  - ④ P003 → P004 → P010 출력

출력조건 4가지를 이용하여 래더 다이어그램을 그린 후 프로그램화 시킨다.

03 출제년도 : 00, 13 배점 6점

전력용 콘덴서와 함께 설치하는 방전코일과 직렬리액터의 용도를 간단히 설명하시오.

- 방전코일 :

- 직렬리액터 :

- 방전코일 : 콘덴서 개방시 콘덴서에 축적된 잔류전하를 방전시켜 인체의 감전사고를 방지
- 직렬리액터 : 제5고조파를 제거하여 전압파형을 개선한다.

04 출제년도 : 13

배점 6점

그림과 같은 평면도의 2층 건물에 대한 배선 설계를 하기 위하여 주어진 조건을 이용하여 1층 및 2층을 분리하여 분기회로수를 결정하고자 한다.

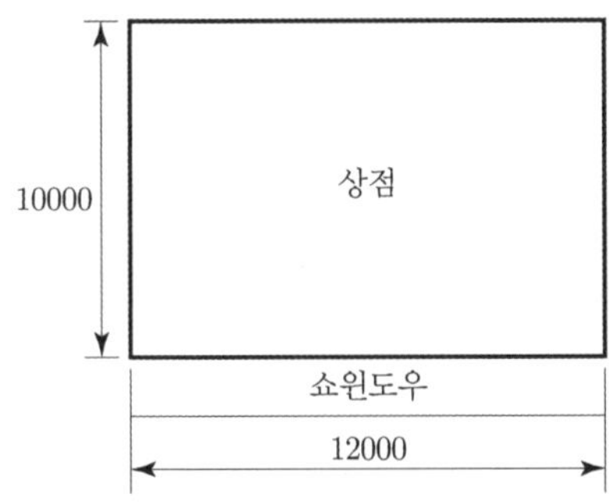

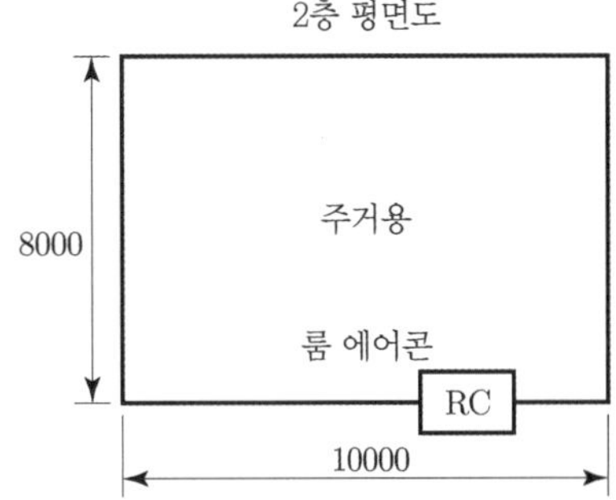

조건

① 분기회로수는 15[A] 분기회로로 하고 80[%]의 정격이 되도록 한다.
② 배전전압은 200[V]를 기준하여 적용 가능한 최대 부하를 상정한다.
③ 주택 및 상점의 표준부하는 30[VA/m^2]으로 한다.
④ 1층, 2층 모두 가산부하는 1000[VA]로 하되 1층·2층 분리하여 분기회로수를 결정하며 2세대로 한다.
⑤ 상점의 쇼윈도우에 대해서는 길이 1[m]당 300[VA]를 적용한다.
⑥ 옥외용 광고등 500[VA]짜리 2등이 상점에는 있는 것으로 한다.(단, 옥외용 광고등은 하나의 전용 분기회로를 적용한다)
⑦ 예상이 곤란한 콘센트, 틀어끼우기 접속기, 소켓 등이 있을 경우에라도 이를 상정하지 않는다.
⑧ RC는 전용분기회로로 한다.

1) 1층의 분기 회로수는?
- 계산 :
- 답 :

2) 2층의 분기 회로수는?
- 계산 :
- 답 :

답안

1) 최대 상정 부하 $= (12\times10\times30)+12\times300+1000=8200$[VA]

분기 회로수 $= \dfrac{8200}{200\times15\times0.8} = 3.417$회로 → 4회로

∴ 15[A] 분기 5회로(옥외용 광고등 전용분기회로 1회로 포함)

2) 최대 상정 부하 $= 10\times8\times30+1000=3400$[VA]

분기 회로수 $= \dfrac{3400}{200\times15\times0.8} = 1.42$회로 → 2회로

∴ 15[A] 분기 3회로(RC 전용 분기회로 1회로 포함)

05 출제년도 : 13 배점 5점

미완성된 단선도의 [ ] 안에 유입 차단기, 피뢰기, 전압계, 전류계, 지락 보호 계전기, 과전류 보호 계전기, 계기용 변압기, 계기용 변류기, 영상 변류기, 전압계용 전환 개폐기, 전류계용 전환 개폐기 등을 사용하여 $3\phi3\omega$식 6600[V] 수전 설비 계통의 단선도를 그리시오. (단, 단로기, 컷 아웃 스위치, 퓨즈 등도 필요 개소가 있으면 도면의 알맞은 개소에 삽입하여 그리도록 하며, 또한 각 심벌은 KS 규정에 의하여 심벌 옆에는 약호를 쓰도록 한다)

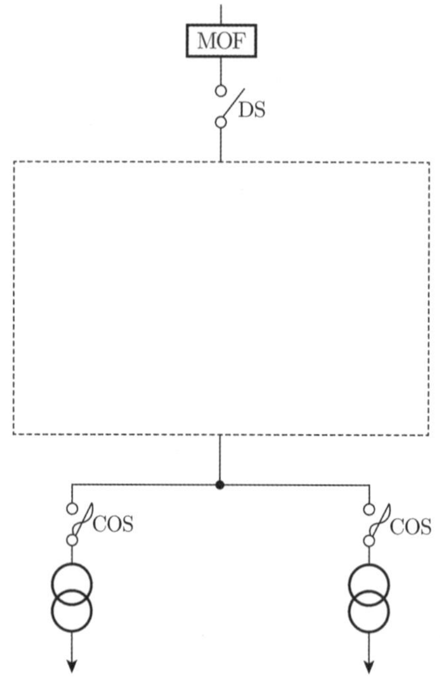

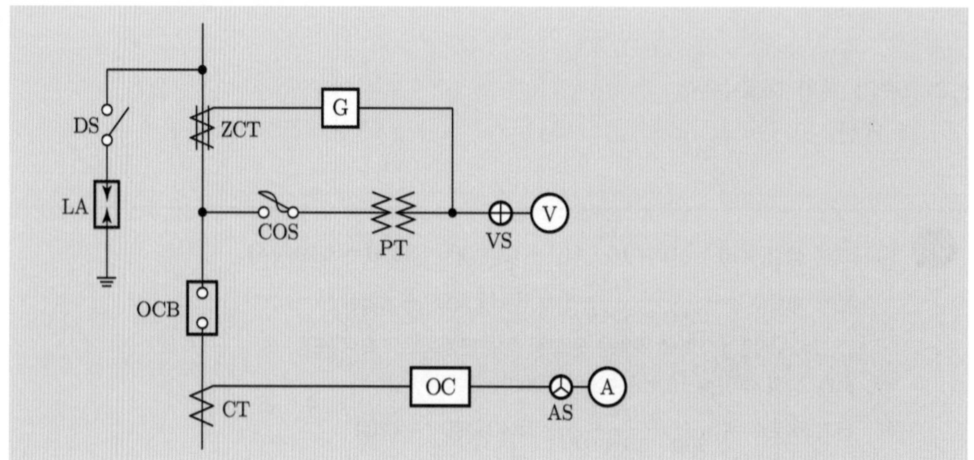

해설 고압수전설비

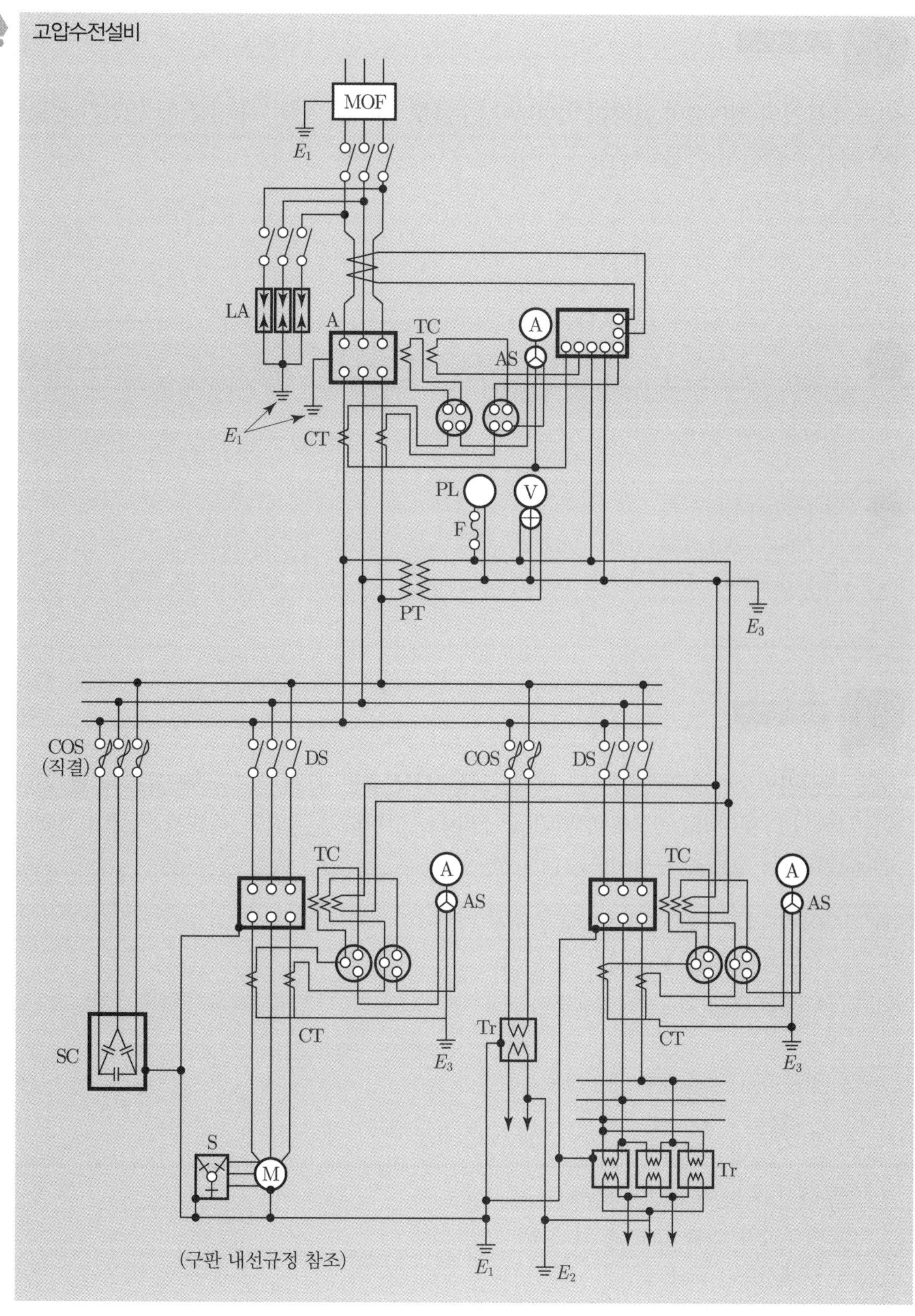
MOF
E_1
LA
A
TC
A
AS
E_1
CT
PL
V
F
PT
E_3
COS
(직결)
DS
COS
DS
TC
A
AS
TC
A
AS
SC
CT
E_3
Tr
CT
E_3
S
M
Tr
(구판 내선규정 참조)
E_1
E_2

06 출제년도 : 13

배점 4점

어느 수용가의 부하설비 용량이 950[kW], 수용률 65[%], 역률 76[%]일 때 변압기 용량은 몇 [kVA]가 적정한지 선정하시오.

• 계산 : • 답 :

답안

• 계산 : 변압기 용량 $= \frac{설비용량 \times 수용률}{역률} = \frac{950 \times 0.65}{0.76} = 812.5[kVA]$

• 답 : 1000[kVA]

해설

표준변압기 용량

… 500, (600), 750, 1000, 1250[kVA] …

중에 표준변압기 1000[kVA]를 선정한다. 단, ( ) 안의 용량은 일부제작자에 의해 제작

07 출제년도 : 13

배점 6점

어느 변압기의 2차 정격전압은 3300[V], 2차 정격전류는 43.5[A], 2차측으로부터 본 합성저항이 0.66[Ω], 무부하손이 1000[W]이다. 전부하, 반부하의 각각에 대해서 역률이 100[%] 및 80[%]일 때의 효율을 구하시오.

1) 전부하시 역률 100[%]와 80[%]인 경우

① 전부하시 역률 100[%]인 경우

• 계산 : • 답 :

② 전부하시 역률 80[%]인 경우

• 계산 : • 답 :

2) 반부하시 역률 100[%]와 80[%]인 경우

① 반부하시 역률 100[%] 인 경우

• 계산 : • 답 :

② 반부하시 역률 80[%] 인 경우

• 계산 : • 답 :

1) ① 전부하시($m=1$) 역률이 100[%]인 경우

- 계산 : 효율(η) $= \dfrac{mVI_{2n}\cos\theta}{mVI_{2n}\cos\theta + P_i + m^2 I_{2n}^2 R_2} \times 100$

$$= \frac{1 \times 3300 \times 43.5 \times 1}{1 \times 3300 \times 43.5 \times 1 + 1000 + 1^2 \times 43.5^2 \times 0.66} \times 100 = 98.457[\%]$$

- 답 : 98.46[%]

② 전부하시($m=1$) 역률이 80[%]인 경우

- 계산 : 효율(η)$= \dfrac{1 \times 3300 \times 43.5 \times 0.8}{1 \times 3300 \times 43.5 \times 0.8 + 1000 + 1^2 \times 43.5^2 \times 0.66} \times 100 = 98.079[\%]$
- 답 : 98.08[%]

2) ① 반부하시($m=0.5$) 역률이 100[%]인 경우

- 계산 : 효율(η) $= \dfrac{mVI_{2n}\cos\theta}{mVI_{2n}\cos\theta + P_i + m^2 I_{2n}^2 R_2} \times 100[\%]$

$$= \frac{0.5 \times 3300 \times 43.5 \times 1}{0.5 \times 3300 \times 43.5 \times 1 + 1000 + 0.5^2 \times 43.5^2 \times 0.66} \times 100 = 98.204[\%]$$

- 답 : 98.2[%]

② 반부하시($m=0.5$) 역률이 80[%]인 경우

- 계산 : 효율(η) $= \dfrac{0.5 \times 3300 \times 43.5 \times 0.8}{0.5 \times 3300 \times 43.5 \times 0.8 + 1000 + 0.5^2 \times 43.5^2 \times 0.66} \times 100 = 97.765[\%]$
- 답 : 97.77[%]

08 출제년도 : 13 배점 4점

그림과 같은 배광 곡선을 갖는 반사갓형 수은등 400[W](22000[lm])을 사용할 경우 기구 직하 7[m] 점으로부터 수평으로 5[m] 떨어진 점의 수평면 조도를 구하시오.
(단, $\cos^{-1}0.814 = 35.5°$, $\cos^{-1}0.707 = 45°$, $\cos^{-1}0.583 = 54.3°$을 이용하여 계산하시오.)

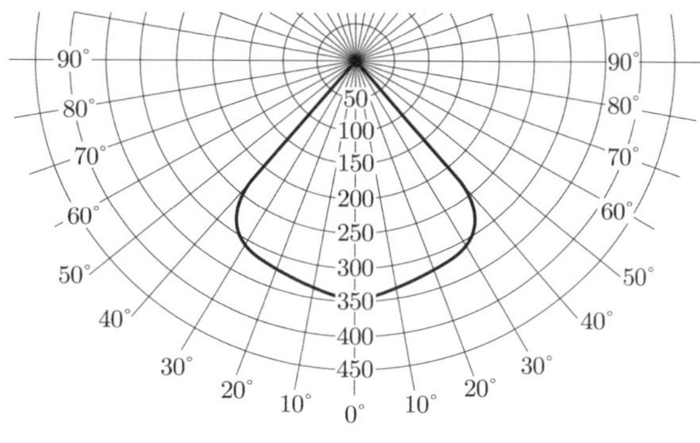

[cd/1000lm] 기준

- 계산 :
- 답 :

• 계산

① $\cos\theta = \frac{7}{\sqrt{7^2+5^2}} = 0.814$

$\theta = \cos^{-1}0.814 = 35.5°$

② 광도 $I = \frac{270}{1000} \times 22000 = 5940[cd]$

③ 수평면 조도 $E_h = \frac{I}{r^2}\cos\theta = \frac{5940}{(\sqrt{7^2+5^2})^2} \times 0.814 = 65.34[lx]$

• 답 : 65.34[lx]

09

출제년도 : 05, 13

배점 5점

부하설비가 각각 A : 10[kW], B : 20[kW], C : 20[kW], D : 30[kW]되는 수용가가 있다. 이 수용장소의 수용률은 A, B부하가 80[%], C, D부하가 60[%]이고, 이 수용장소의 부등률은 1.3일 때 이 수용장소의 종합최대전력은 몇 [kW]인가?

• 계산 :

• 답 :

• 계산 : 종합최대전력 $= \frac{\sum(\text{설비용량} \times \text{수용률})}{\text{부등률}}$

$= \frac{(10\times0.8+20\times0.8+20\times0.6+30\times0.6)}{1.3} = 41.538[kW]$

• 답 : 41.54[kW]

종합최대전력 = 합성최대전력 $= \frac{\text{개별최대전력 합}}{\text{부등률}}$

10 출제년도 : 13 배점 5점

다음 도면은 유도전동기의 정전, 역전용 운전 단선 결선도이다. 다음 조건을 이용하여 정·역 운전을 할 수 있도록 보조회로를 그리시오.
(OFF 버튼 1개, ON－OFF(1a1b) 버튼 2개, ab접점을 이용, Thr b접점 1개, RL램프(정회전) 1개, GL램프(역회전) 1개, MCF : 정회전, MCR : 역회전)

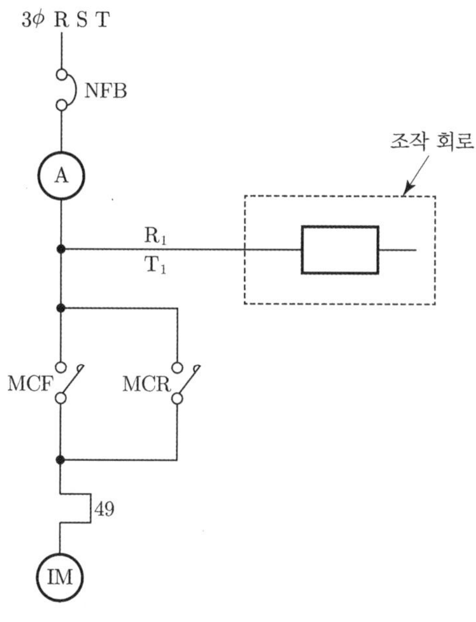

답안

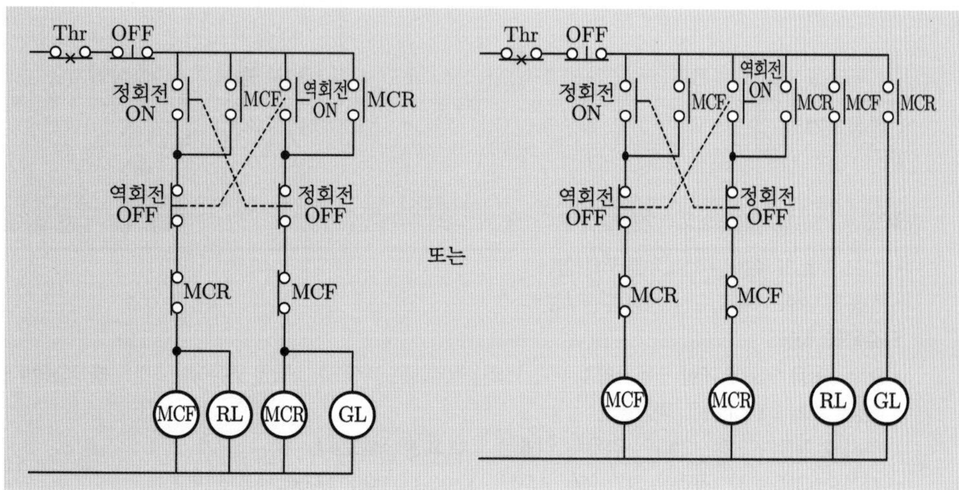

11 출제년도 : 13, 19

배점 5점

다음은 전압등급 3[kV]인 SA의 시설적용표이다. 빈 칸에 서지 흡수기의 적용 또는 불필요로 표시하시오.

2차 보호기기 / 차단기 종류	전동기	변 압 기			콘덴서
		유입식	몰드식	건식	
VCB					

답안

2차 보호기기 / 차단기 종류	전동기	변 압 기			콘덴서
		유입식	몰드식	건식	
VCB	적 용	불필요	적 용	적 용	불필요

12 출제년도 : 00, 13

배점 6점

어느 빌딩의 수용가가 자가용 디젤 발전기 설비를 계획하고 있다. 발전기의 용량 산출에 필요한 부하의 종류 및 특성이 다음과 같을 때 주어진 조건과 참고 자료를 이용하여 전부하를 운전하는 데 필요한 발전기 용량은 몇 [kVA]인지를 빈칸에 채우면서 선정하시오.

부하의 종류	출력[kW]	극수[극]	대수[대]	적용 부하	기동 방법
전동기	37	6	1	소화전 펌프	리액터 기동
	22	6	2	급수 펌프	리액터 기동
	11	6	2	배풍기	Y－△ 기동
	5.5	4	1	배수 펌프	직입기동
전등, 기타	50	－	－	비상조명	－

조건

- 참고 자료의 수치는 최소치를 적용한다.
- 전동기 기동시에 필요한 용량은 무시한다.
- 수용률 적용
- 동력 : 적용 부하에 대한 전동기의 대수가 1대인 경우에는 100[%], 2대인 경우에는 80[%]를 적용한다.
- 전등, 기타 : 100[%]를 적용한다.
- 부하의 종류가 전등, 기타인 경우의 역률은 100[%]를 적용한다.
- 자가용 디젤발전기 용량은 50, 100, 150, 200, 300, 400, 500에서 선정한다.

(단위: [kVA])

	효율[%]	역률[%]	입력[kVA]	수용률[%]	수용률 적용값[kVA]
37×1					
22×2					
11×2					
5.5×1					
50					
계					

[참고자료]

[표 1] 전동기 전부하 특성표

정격출력 [kW]	극수	동기 회전속도 [rpm]	전부하 특성 효율 η [%]	전부하 특성 역률 P_1 [%]	참고치 무부하 전류 I_0[A] (각 상의 평균치)	참고치 전부하 전류 I[A] (각 상의 평균치)	참고치 전부하 슬립 s[%]
0.75	2	3600	70.0 이상	77.0 이상	1.9	3.5	7.5
1.5			76.5 이상	80.5 이상	3.1	6.3	7.0
2.2			79.5 이상	81.5 이상	4.2	8.7	6.5
3.7			82.5 이상	82.5 이상	6.3	14.0	6.0
5.5			84.5 이상	80.0 이상	10.0	20.9	6.0
7.5			85.5 이상	81.0 이상	12.7	28.2	6.0
11			86.5 이상	82.5 이상	16.4	40.2	5.5
15			88.0 이상	83.0 이상	20.9	52.7	5.5
18.5			88.5 이상	83.5 이상	25.5	64.5	5.5
22			89.0 이상	83.5 이상	30.0	76.4	5.0
30			89.0 이상	84.0 이상	40.0	102.7	5.0
37			90.0 이상	84.5 이상	49.1	125.5	5.0
0.75	4	1800	71.5 이상	70.0 이상	2.5	3.8	8.0
1.5			78.0 이상	75.0 이상	3.9	6.6	7.5
2.2			81.0 이상	77.0 이상	5.0	9.1	7.0
3.7			83.0 이상	78.0 이상	8.2	14.6	6.5
5.5			85.0 이상	78.0 이상	10.9	21.8	6.0
7.5			86.0 이상	79.0 이상	13.6	28.2	6.0
11			87.0 이상	80.0 이상	20.0	40.9	6.0
15			88.0 이상	80.5 이상	25.5	54.5	5.5
18.5			88.5 이상	80.5 이상	30.9	67.3	5.5
22			89.0 이상	81.5 이상	34.5	78.2	5.5
30			89.5 이상	82.0 이상	44.5	104.5	5.5
37			90.0 이상	82.5 이상	53.6	128.2	3.5
0.75	6	1200	70.0 이상	63.0 이상	3.1	4.4	8.5
1.5			76.5 이상	69.0 이상	4.7	7.3	8.0
2.2			79.5 이상	71.0 이상	6.2	10.1	7.0
3.7			82.5 이상	73.0 이상	9.1	15.8	6.5
5.5			84.5 이상	73.0 이상	13.6	22.7	6.0
7.5			85.5 이상	74.0 이상	17.3	30.9	6.0
11			86.5 이상	75.5 이상	22.7	43.6	6.0
15			87.5 이상	76.5 이상	29.1	58.2	6.0
18.5			88.0 이상	76.5 이상	37.3	70.9	5.5
22			88.5 이상	77.5 이상	39.1	82.7	5.5
30			89.0 이상	78.5 이상	49.1	110.9	5.5
37			89.5 이상	79.0 이상	59.1	135.5	5.5

[표 2] 자가용 디젤 표준 출력[kVA]

50	100	150	200	300	400

	효율[%]	역률[%]	입력[kVA]	수용률[%]	수용률 적용값[kVA]
37×1	**89.5**	**79**	$\frac{37}{0.895\times0.79}=52.33$	**100**	**52.33**
22×2	**88.5**	**77.5**	$\frac{22\times2}{0.885\times0.775}=64.15$	**80**	**51.32**
11×2	**86.5**	**75.5**	$\frac{11\times2}{0.865\times0.755}=33.69$	**80**	**26.95**
5.5×1	**85**	**78**	$\frac{5.5}{0.85\times0.78}=8.30$	**100**	**8.30**
50	**100**	**100**	**50**	**100**	**50**
계	–	–	**208.47**	–	**188.9**

따라서 주어진 조건에 의거 200[kVA]를 선정한다.

13 출제년도 : 06, 13 배점 6점

UPS 장치에 대한 다음 각 물음에 답하시오.

1) 이 장치는 어떤 장치인지를 명칭과 용도를 설명하시오.
- 명칭 :
- 용도 :

2) 이 장치의 중심부분을 구성하는 것이 CVCF이다. 이것의 의미를 설명하시오.

3) 그림은 CVCF의 기본 회로이다. 축전지는 A~H 중 어디에 설치되어야 하는가?

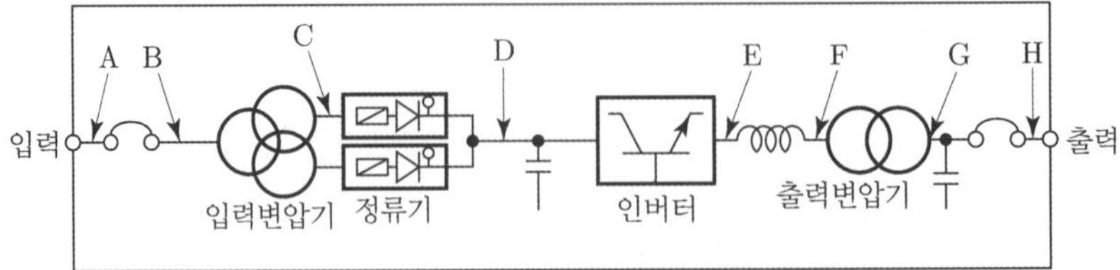

답안

1) • 명칭 : 무정전 전원 공급 장치
   • 용도 : 평상시에는 부하에 일정 전압 일정주파수를 공급하고
     상시전원 정전시에는 부하에 무정전 전원을 공급하는 장치

2) 정전압 정주파수 공급 장치

3) D

14 출제년도 : 13

배점 6점

접지저항 저감대책에서 물리적 저감방법 4가지와 화학적 저감법에서 저감재의 구비조건 4가지를 쓰시오.

1) 물리적 저감 방법
-
-
-
-

2) 저감재의 구비조건
-
-
-
-

1) 물리적 저감 방법
- 접지극의 병렬접속 및 치수확대
- 매설지선
- 평판 접지공법
- 접지극의 매설 깊이를 깊게 한다.

2) 저감재의 구비조건
- 저감효과가 클 것
- 전극을 부식시키지 않을 것
- 안전할 것
- 경년변화 및 계절에 따른 접지저항 변동이 없고 지속성이 있을 것

15 출제년도 : 13 배점 5점

Wenner의 4전극법에 대하여 간단히 설명하시오.

답안

• 회로도

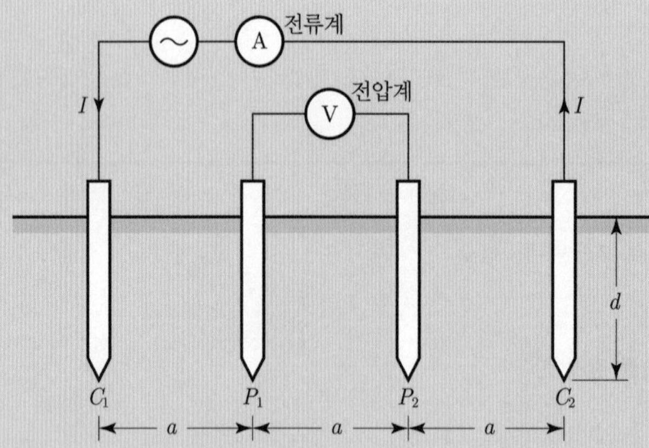

• 원리

① 4개의 전극을 일직선상에 등 간격(a)으로 배치하고, 외부의 전류극(C_1, C_2)에 교류 전원을 공급할 때 내부의 전위극(P_1, P_2) 간의 전위차를 측정한다.

② $R = \frac{\rho}{2\pi a} \Rightarrow \rho = 2\pi a \times R = 2\pi a \times \frac{V}{I} \quad \left(d \leq \frac{a}{20}\right)$

(단, R : 대지저항, ρ : 대지저항률, a : 전극간격)

③ 대지 저항률을 구하는 방법이다.

해설

간단한 답안

① 회로도를 답안지에 그린다.

② 간단한 설명을 써준다.

• 4개의 전극(C_1, P_1, P_2, C_2)을 일직선 등간격 배치하고 C_1, C_2를 통하여 전류를 공급할 때 P_1, P_2 사이의 전압을 측정하여 대지 저항률 구하는 측정방법

16 출제년도 : 08, 12, 13

배점 8점

단상 변압기의 병렬 운전 조건 4가지를 쓰고, 이들 각각에 대하여 조건이 맞지 않을 경우에 어떤 현상이 나타나는지 쓰시오.

1) • 조건 : • 현상 :

2) • 조건 : • 현상 :

3) • 조건 : • 현상 :

4) • 조건 : • 현상 :

1) • 조건 : 극성이 일치할 것
 • 현상 : 단락에 의한 과전류가 흘러 권선이 소손
2) • 조건 : 정격전압(권수비)이 같을 것
 • 현상 : 순환 전류가 흘러 권선이 과열
3) • 조건 : %임피던스 강하(임피던스 전압)가 같을 것
 • 현상 : $\%Z$가 작은 쪽 변압기에 과부하 발생
4) • 조건 : 내부 저항과 누설 리액턴스의 비(즉 $r_a/x_a = r_b/x_b$)가 같을 것
 • 현상 : 각 변압기의 전류간에 위상차가 생겨 동손이 증가

17 출제년도 : 13 / 유사 : 00, 03, 04, 05

배점 6점

지중 전선로의 시설에 관한 다음 각 물음에 답하시오.

1) 지중 전선로는 어떤 방식에 의하여 시설하여야 하는지 3가지만 쓰시오.

2) 특고압용 지중선로에 사용하는 케이블 종류를 2가지만 쓰시오.

1) 직접매설식, 관로인입식, 암거식
2) 알루미늄피케이블, 파이프형 압력 케이블

출제기준 변경 및 개정된 관계법규에 따라 삭제된 문제가 있어 배점의 합계가 100점이 안됩니다.

전기기사 실기 기출문제

2014

2014년 실기 기출문제 분석

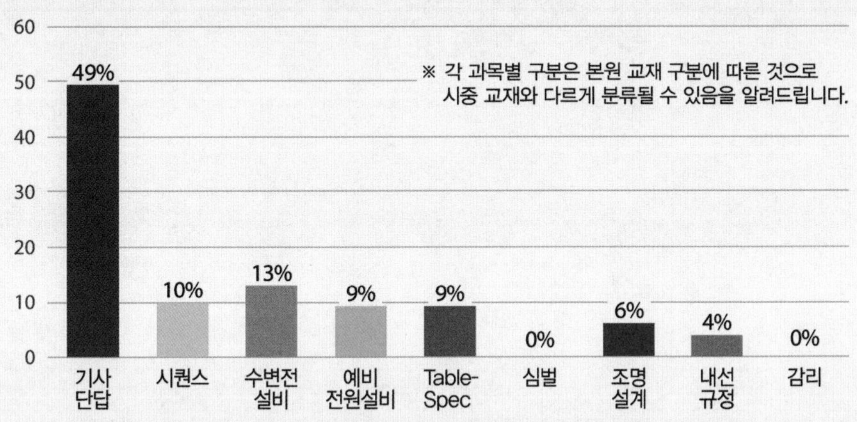

전기기사 실기
기출문제

2014년 1회

01 출제년도 : 03, 14 배점 6점

복도체(다도체) 방식의 장점 4가지와 단점 2가지를 쓰시오.

1) 장점
-
-
-
-

2) 단점
-
-

1) 장점
- 인덕턴스가 감소하여 송전용량 증대시킬 수 있다.
- 코로나 임계전압 상승한다.
- 안정도가 증대된다.
- 코로나 손실 감소된다.

2) 단점
- 페란티 현상에 의한 수전단 전압 상승
- 소도체간에 흡입력에 의한 전선 충돌현상 발생

02 출제년도 : 07, 14, 20

배점 4점

전기설비의 방폭 구조에 따른 종류 4가지를 쓰시오.

답안 내압 방폭구조, 압력 방폭구조, 유입 방폭구조, 안전증 방폭구조

해설 **전기방폭설비** : 전기설비가 점화원이 되어 화재·폭발이 발생하는 것을 방지하는 설비

① 내압 방폭구조 : 용기 내부에서 폭발하여도 외부로 전파되지 않는 구조

② 압력 방폭구조 : 점화 우려 부분을 용기에 수납하고 보호가스 등으로 충진하여 외부의 가연성 가스 침입을 방지하는 구조

③ 유입 방폭구조 : 점화 우려 부분을 유중에 침전시켜 외부의 가연성 가스와 격리시키는 구조

④ 안전증 방폭구조 : 점화 우려 부분의 안전도를 증가시킨 구조

⑤ 본질안전 방폭구조 : 전기에너지를 착화에너지 이하로 억제하는 구조

03 출제년도 : 11, 14, 18, 20

배점 5점

수전 전압 6600[V], 가공 전선로의 %임피던스가 60.5[%]일 때 수전점의 3상 단락 전류가 7000[A]인 경우 기준 용량을 구하고 수전용차단기의 차단용량을 선정하시오.

차단기의 정격용량[MVA]

10	20	30	50	75	100	150	250	300	400	500

1) 기준용량

• 계산 : • 답 :

2) 차단용량

• 계산 : • 답 :

답안 1) 기준 용량(P_n)

• 계산 : 단락전류(I_s)$=\dfrac{100}{\%Z}I_n$에서, 정격전류(I_n) $=\dfrac{\%Z\cdot I_s}{100}=\dfrac{60.5\times 7000}{100}=4235[\text{A}]$

$\therefore$ 기준용량(P_n)$=\sqrt{3}\times V_n\times I_n=\sqrt{3}\times 6600\times 4235\times 10^{-6}=48.412[\text{MVA}]$

• 답 : 48.41[MVA]

2) 차단 용량(P_s)

• 계산 : $P_s=\sqrt{3}\times V\times I_s$ (단, V=정격전압=공칭전압$\times\dfrac{1.2}{1.1}$)

$=\sqrt{3}\times 6600\times\dfrac{1.2}{1.1}\times 7000\times 10^{-6}=87.295[\text{MVA}]$

표에 의해서

• 답 : 100[MVA]

차단용량 구하는 방법

① $P_s = \sqrt{3} \times 정격전압\left(공칭전압 \times \frac{1.2}{1.1}\right) \times 정격차단전류(단락전류)$

② $P_s = \frac{100}{\%Z} \times P_n(기준용량)$ 둘 중에 정격전압을 구할 수 있으면 최상의 방법 ①식을 적용한다.

04 출제년도 : 14

배점 5점

정지형 무효전력 보상장치 SVC에 대하여 간단히 설명하시오.

사이리스터와 콘덴서, 리액터 조합을 이용하여 무효전력을 신속하게 조정하는 장치이다.

SVC(정지형 무효전력 보상기) : 전력 반도체 소자의 고속스위칭을 이용하여 콘덴서와 리액터의 투입제어를 통하여 진상·지상역률 모두 조정가능하며 동작속도가 빠르다. 종류로는 TSC, TCR, SVG 등이 있다.

05 출제년도 : 14 / 유사 : 00, 01, 02, 03, 04, 05, 06, 07, 09, 10, 11, 12, 13, 14, 15, 16, 17, 18

배점 5점

도로폭이 15[m]이며 양쪽배열인 도로조명이 있다. 가로등 간격은 20[m]이고, 광속이 3500[lm]이며 조명률이 0.45일 때 도로면의 평균조도를 구하시오.

• 계산 : • 답 :

• 계산 : $FUN = DES$

$$E = \frac{FUN}{DS} = \frac{3500 \times 0.45}{\frac{1}{2} \times 15 \times 20} = 10.5[lx]$$

• 답 : 10.5[lx]

06 출제년도 : 14 배점 6점

다음 주어진 물음에 답하시오.

1) 정격전압 1차 6600[V], 2차 210[V]의 단상 변압기 2대를 승압기로 V결선하여 1차측에 6300[V] 인가시 승압 후 전압을 구하시오.

• 계산 : • 답 :

2) 단상 변압기 2대를 3상 V결선 승압기의 결선도를 완성하시오.

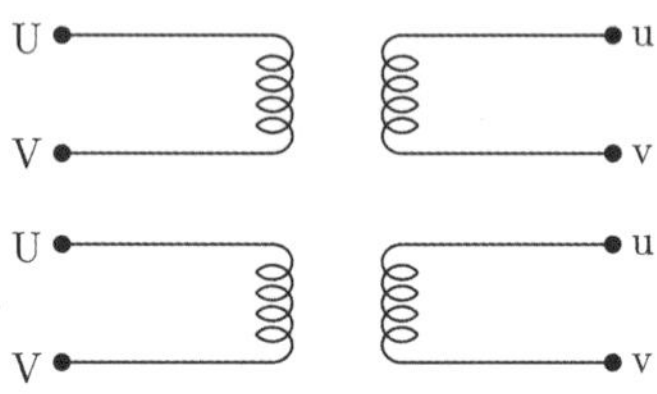

1) • 계산 : 승압 후 전압$(V_2) = V_1\left(1+\dfrac{e_2}{e_1}\right) = 6300\left(1+\dfrac{210}{6600}\right) = 6500.454$[V]

• 답 : 6500.45[V]

2)

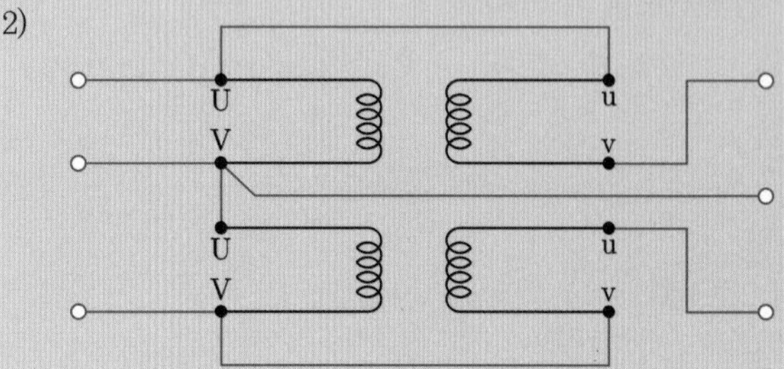

해설

권수비$(a) = \dfrac{V_2}{V_1} = \dfrac{e_1+e_2}{e_1} \Rightarrow V_2 = V_1\left(\dfrac{e_1+e_2}{e_1}\right) = V_1\left(1+\dfrac{e_2}{e_1}\right)$

(단, V_2 : 승압 후 전압, V_1 : 승압 전 전압,
e_1 : 승압기 1차 정격전압, e_2 : 승압기 2차 정격전압)

07 출제년도 : 13

배점 5점

양수펌프가 있다. 이 펌프의 유량이 50[m^3/min]이고, 높이는 15[m], 효율 70[%], 여유계수 1.1일 때 펌프의 출력[kW]은 얼마인가?

• 계산 :

• 답 :

• 계산 : 펌프의 출력(P)$=\dfrac{KQH}{6.12\eta}$[kW] $=\dfrac{1.1\times 50\times 15}{6.12\times 0.7}=192.577$[kW]

• 답 : 192.58[kW]

펌프 출력(P)$=\dfrac{KQH}{6.12\eta}$[kW] (단, K : 손실계수(여유계수), Q : 양수량[m^3/min], H : 양정(높이)[m])

08 출제년도 : 14

배점 5점

선로길이가 2[km]인 3상 배전선로가 있다. 선로저항은 0.3[Ω/km], 리액턴스는 0.4[Ω/km], 송전전압 $V_s=3450$[V]이며 송전단에서 거리 1[km] 지점에 $I_1=100$[A], 역률 0.8(지상)의 부하가 있고, 1.5[km] 지점에 $I_2=100$[A], 역률 0.6(지상)의 부하가 있으며, 종단점에 $I_3=100$[A] 역률 0(진상)인 3개 부하가 있을 때 종단에서의 선간전압은 몇 [V]가 되는가?

• 계산 :

• 답 :

• 계산

$$V_{종단}=V_s-\sqrt{3}\{(I_1\cos\theta_1+I_2\cos\theta_2+I_3\cos\theta_3)R_1+(I_1\sin\theta_1+I_2\sin\theta_2+I_3\sin\theta_3)X_1$$
$$+(I_2\cos\theta_2+I_3\cos\theta_3)R_2+(I_2\sin\theta_2+I_3\sin\theta_3)X_2+I_3\cos\theta_3R_3+I_3\sin\theta_3X_3\}$$

$$V_{종단}=3450-\sqrt{3}\{(100\times 0.8+100\times 0.6+100\times 0)\times 0.3$$
$$+[100\times 0.6+100\times 0.8-(100\times 1)]\times 0.4+(100\times 0.6+100\times 0)\times 0.15$$
$$+[100\times 0.8-(100\times 1)]\times 0.2+100\times 0\times 0.15-(100\times 1\times 0.2)\}$$

$$V_{종단}=3375.521[\text{V}]$$

• 답 : 3375.52[V]

해설

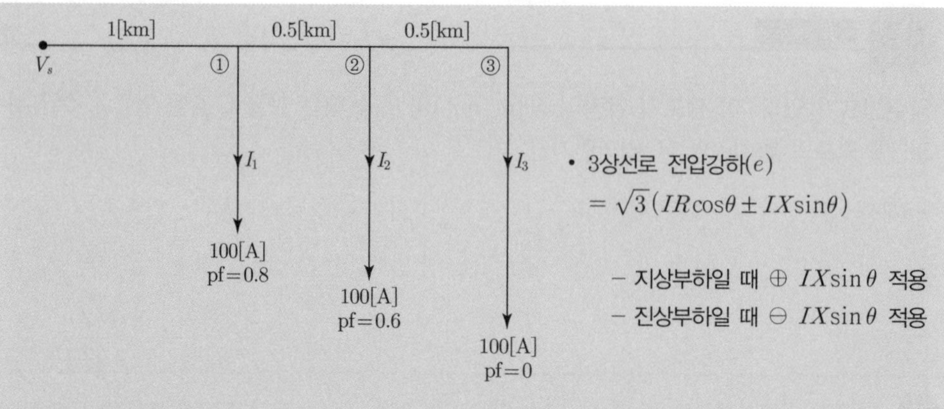

- 3상선로 전압강하(e)
  $= \sqrt{3}(IR\cos\theta \pm IX\sin\theta)$
  - 지상부하일 때 ⊕ $IX\sin\theta$ 적용
  - 진상부하일 때 ⊖ $IX\sin\theta$ 적용

V_s ~ ①구간 전류 : $I_1 + I_2 + I_3$

①구간 ~ ②구간 전류 : $I_2 + I_3$

②구간 ~ ③구간 전류 : I_3

09 출제년도 : 14

배점 8점

축전지 설비에 대한 다음 각 물음에 답하시오.

1) 연 축전지 설비의 초기에 단전지 전압의 비중이 저하되고, 전압계가 역전하였다. 어떤 원인으로 추정할 수 있는가?

2) 충전장치고장, 과충전, 액면 저하로 인한 극판 노출, 교류분 전류의 유입과대 등의 원인에 의하여 발생될 수 있는 현상은?

3) 축전지와 부하를 충전기에 병렬로 접속하여 사용하는 충전방식은?

4) 축전지 용량은 $C = \frac{1}{L}KI$로 계산하면 L, K, I는 무엇인가?

답안

1) 축전지의 역 접속
2) 축전지의 현저한 온도 상승과 축전지의 고장
3) 부동 충전방식
4) L : 보수율, K : 용량환산시간, I : 방전전류

10 출제년도 : 14

배점 5점

다음 논리식을 간소화 하시오.

1) $Z = A(A+B+C)$

2) $Z = \overline{A}C + BC + \overline{B}C + AB$

1) $Z = A(A+B+C)$
$= AA + AB + AC$
$= A + AB + AC$
$= A(1+B+C)$
$= A$

2) $Z = \overline{A}C + BC + \overline{B}C + AB$
$= \overline{A}C + (B+\overline{B}) \cdot C + AB$
$= \overline{A}C + C + AB$
$= (\overline{A}+1)C + AB$
$= C + AB$

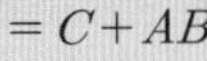

해설

논리식 간소화 3가지 법칙

괄호 안을 간략화하여 논리식을 최소화시킨다.

① $(A+1)$: 1(괄호 내에 "1"이 있으면 그 결과는 항상 "1"이 된다)

② $(A+\overline{A})$: 1

③ $(A+\overline{A}B)$: 괄호 내에 있는 $\overline{A}$를 삭제할 수 있다.
ex) $A+\overline{A}B = A+B$, $\overline{A}+AB = \overline{A}+B$

1) 괄호 내에 있는 논리식을 분배법칙을 이용하여 전개시킨 후 논리식 간소화 3가지 법칙을 이용하여 간소화 시킨다.

2) 변하지 않는 변수로 묶어 논리식 간소화 3가지 법칙을 이용하여 간소화시킨다.

11 출제년도 : 14

배점 4점

$1\phi 2W$, 220[V], 100[VA], 역률 0.8인 형광등 50개와 소비전력 60[W]인 백열등 50개인 부하의 분기회로수는? (단, 1회로의 전류는 15[A]로 하고 수용률은 80[%]이다)

• 계산 :　　　　　　　　　　　　• 답 :

• 계산 : 부하설비 $P = (100 \times 50) + (60 \times 50) = 8000$[VA]

$$N = \frac{8000 \times 0.8}{220 \times 15} = 1.939$$

• 답 : 2회로

① 부하설비용량은 [VA]를 기준으로 한다.

② 분기회로수 $N = \dfrac{\text{부하설비[VA]} \times \text{수용률}}{\text{전압} \times \text{분기회로전류}}$ (계산 결과의 소수점 이하는 절상한다)

12 출제년도 : 14 배점 6점

도면과 같은 시퀀스도는 기동 보상기에 의한 전동기의 기동제어 회로의 미완성 도면이다. 이 도면을 보고 다음 각 물음에 답하시오.

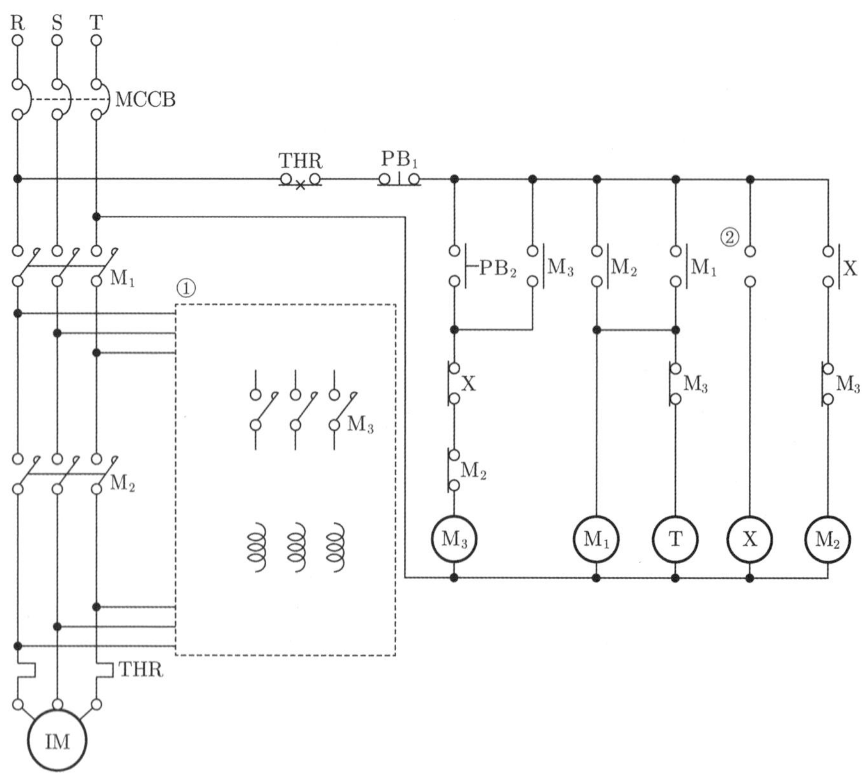

1) ①의 부분에 들어갈 기동보상기와 M_3의 주회로 배선을 회로도에 직접 그리시오.

2) ②의 부분에 들어갈 적당한 접점의 기호와 명칭을 회로도에 직접 그리시오.

3) 제어회로에서 잘못된 부분이 있으면 모두 ◌로 표시하고 올바르게 나타내시오.

예) (X 접점) → (M₁ 접점)

4) 전동기의 기동 보상기 기동제어는 어떤 기동 방법인지 그 방법을 상세히 설명하시오.

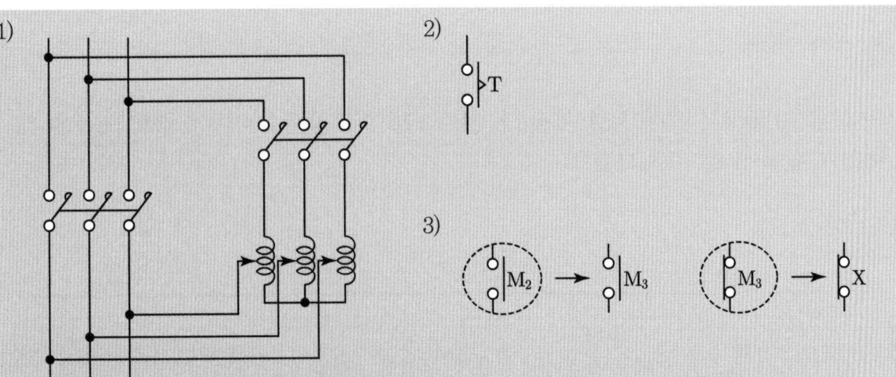

4) 기동시 전동기에 대한 인가전압을 단권 변압기로 감압하여 공급함으로써 기동전류를 억제하고 기동완료 후 전전압을 가하는 방식

기동보상기 기동법

단권변압기에서 3~4개의 탭(50[%], 65[%], 80[%]) 등을 가지며 변압기유에 유입시켜 놓은 구조

1. 기동보상기 기동법의 경우 상을 절대로 바꾸면 안되기 때문에 주회로 연결 시 R상 → R상, S상 → S상, T상 → T상으로 연결해 준다.
2. 설정시간(t초) 후 X와 M_2가 여자되어야 하기 때문에 한시동작 순시복귀 a접점을 넣어준다.
3. ① M_3에 의하여 M_1과 T가 여자되어야 하므로 M_{3-a} 접점을 넣어준다.
   ② X, M_2 여자 시 X_{-a}접점에 의하여 자기유지 되기 때문에 T를 소자시키기 위하여 X_{-b}접점을 넣어 준다.
   ③ 설정시간(t초) 후 한시동작 순시복귀 a접점에 의해 X와 M_2가 여자되어야 하기 때문에 X와 M_2를 병렬로 연결한다.
4. 400[V] 미만 : 제3종 접지공사에 의한다.

상세 동작 설명

① MCCB 투입 후 PB_2 누를 시 M_3 여자, M_{3-a}접점 폐로되며 자기유지, M_3 주전원 개폐기 폐로

② M_{3-a} 접점 폐로되며 M_1, T여자, M_{1-a}접점 폐로되며 자기유지

③ M_1 주전원 개폐기 폐로되며 기동전류 제한

④ 설정시간(t초) 후 한시동작 순시복귀 a접점 폐로되며 X, M_2 여자, X_{-a} 접점 폐로되며 자기유지

⑤ X_{-b}접점 개로되며 M_3, T 소자, M_3 주전원 개폐기 개로, 한시동작 순시복귀 a접점

⑥ M_2 주전원 개폐기 폐로되며 전전압 공급

⑦ PB_1 누를 시 회로 초기화

※ 전동기 운전 중 과부하가 흐르면 열동계전기(THR)가 트립되어 수동복귀 b접점(THR_{-b} 접점)이 개로되어 전동기 정지, 회로 초기화, 이 때 접점의 복귀는 수동으로 한다.

13 출제년도 : 14

배점 4점

단상변압기 10[kVA] 2대를 V결선하였다. 철손 120[W], 동손 200[W], 역률 $\frac{\sqrt{3}}{2}$일 때, 전부하시 변압기 효율[%]을 구하시오.

• 계산 : • 답 :

답안

• 계산 : 효율 $\eta = \frac{출력}{출력+전손실} = \frac{출력}{출력+철손+동손}$, 단상변압기가 2대이므로 철손, 동손은 2배가 된다.

$$= \frac{m\sqrt{3}\,VI_{2n}\cos\theta}{m\sqrt{3}\,VI_{2n}\cos\theta + 2P_i + 2P_c} \times 100$$

$$= \frac{1\times\sqrt{3}\times 10\times\frac{\sqrt{3}}{2}}{1\times\sqrt{3}\times 10\times\frac{\sqrt{3}}{2} + 2\times 0.12 + 2\times 0.2} \times 100[\%] = 95.907[\%]$$

• 답 : 95.91[%]

14 출제년도 : 14

배점 4점

다음은 전위 강하법에 의한 접지저항 측정방법이다. E, P, C가 일직선상에 있을 때, 다음 물음에 답하시오. [단, E는 반지름 r인 반구모양 전극(측정대상 전극)이다.]

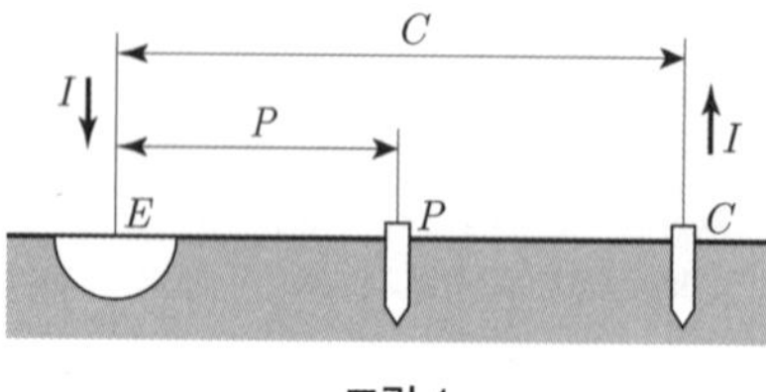

그림 1

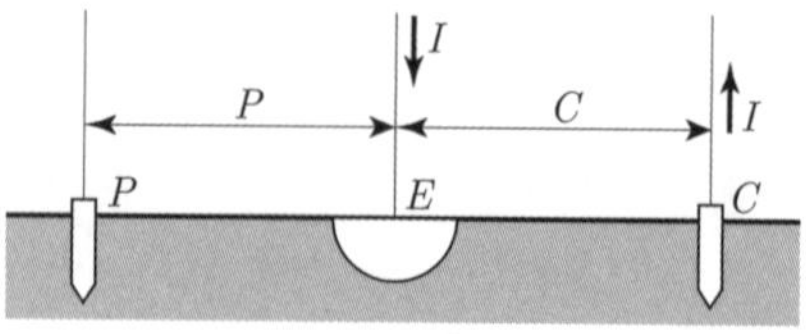

그림 2

1) [그림 1]과 [그림 2]의 측정방법 중 접지저항값이 참값에 가까운 측정방법은?

2) 반구모양 접지 전극의 접지저항을 측정할 때 $E-C$ 간 거리의 몇 [%]인 곳에 전위전극을 설치하면 정확한 접지저항값을 얻을 수 있는지 설명하시오.

답안

1) 그림 1
2) 61.8[%]

해설

1) 측정접지극(E)에 대한 전위보조극(P)와 전류보조극(C)의 위치는 $E-P-C$일 때 참값을 구할 수 있다.
2) 61.8[%] 법칙 : E극과 P극 사이의 거리는 E극과 C극 사이의 거리의 61.8[%]일 때 측정값이 가장 정확하다.

15 출제년도 : 14 　　　　배점 12점

도면은 특별 고압 수전 설비에 대한 단선 결선도를 나타내고 있다. 이 도면을 보고 다음 각 물음에 답하시오.

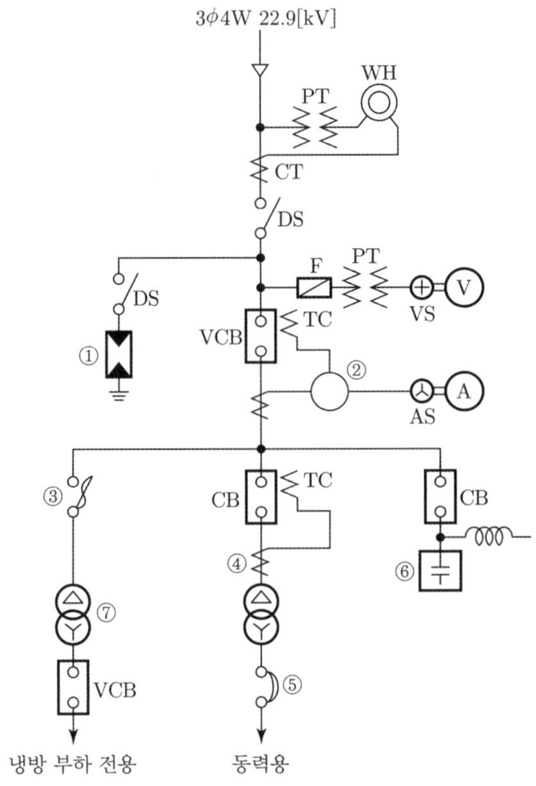

변압기 표준용량[kVA]

100	150	200	250	300	400	500

1) 동력용 변압기에 연결된 동력부하 설비용량이 400[kW], 부하 역률은 80[%], 효율 85[%], 수용률은 65[%]라고 할 때, 동력용 3상 변압기의 용량[kVA]을 선정하시오.

• 계산 : 　　　　• 답 :

2) ①~⑤로 표시된 곳의 명칭을 쓰시오.

①

②

③

④

⑤

3) 냉방용 냉동기 1대를 설치하고자 할 때, 냉방 부하 전용 차단기로 VCB를 설치한다면 VCB 2차측 정격전류는 몇 [A]인가? (단, 냉방용 냉동기의 전동기는 100[kW], 정격전압 3300[V]인 3상 유도전동기로서 역률 85[%], 효율은 90[%]이고, 차단기 2차측 정격전류는 전동기 정격전류의 3배로 한다고 한다)
- 계산 :
- 답 :

4) 도면에 표시된 ⑥번 기기에 코일을 연결한 이유를 설명하시오.

5) 도면에 표시된 ⑦번 부분의 복선결선도를 그리시오.

1) • 계산 : 변압기 용량 $= \dfrac{400 \times 0.65}{0.8 \times 0.85} = 382.352$[kVA]
   • 답 : 400[kVA]

2) ① 피뢰기 ② 과전류 계전기 ③ 컷아웃스위치 ④ 변류기 ⑤ 기중차단기

3) • 계산 : 부하 전류 $I = \dfrac{100 \times 10^3}{\sqrt{3} \times 3300 \times 0.85 \times 0.9} = 22.869$[A]
   2차측 정격전류는 전동기 전류의 3배이므로 $22.869 \times 3 = 68.607$
   • 답 : 400[A] (고압 차단기 정격전류 중 최소값)

4) 콘덴서의 축적된 잔류 전하의 방전

5)

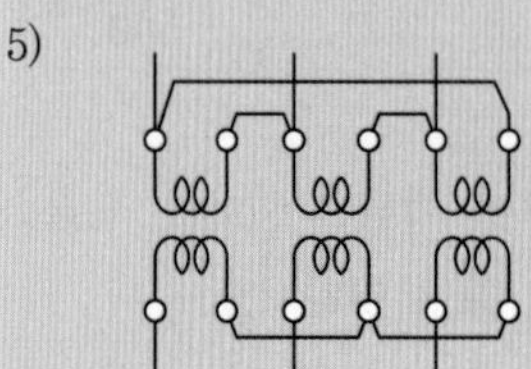

고압차단기 정격전압, 정격전류

공칭전압	3.3	6.6
정격전압	3.6	7.2
정격전류	400, 600, 630, 1200, 1250, 2000, 3000, 3150	

16 출제년도 : 14 배점 3점

154[kV]의 송전선이 그림과 같이 연가되어 있을 경우 중성점과 대지간에 나타나는 잔류전압을 구하시오. (단, 전선 1[km]당의 대지 정전용량은 맨 윗선 0.004[μF], 가운데선 0.0045[μF], 맨 아래선 0.005[μF]라 하고 다른 선로정수는 무시한다)

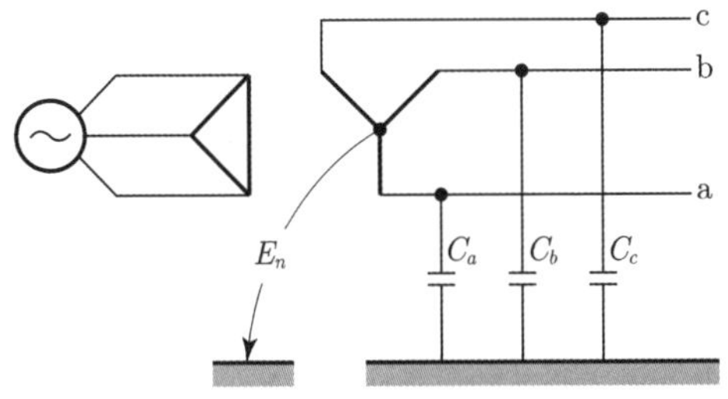

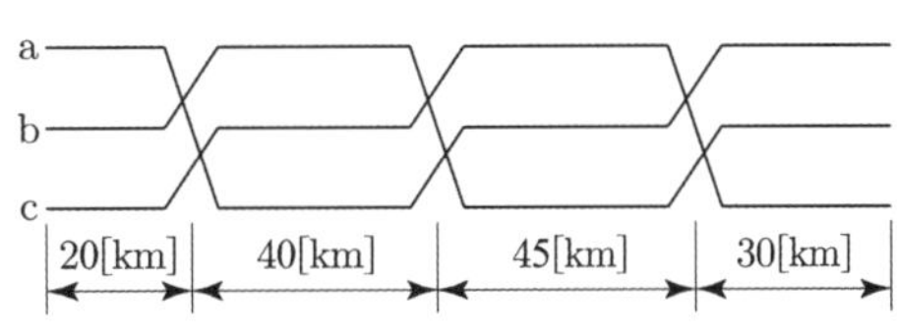

• 계산 :

• 답 :

답안

• 계산

$C_a = 0.004 \times 20 + 0.005 \times 40 + 0.0045 \times 45 + 0.004 \times 30 = 0.6025[\mu\text{F}]$

$C_b = 0.0045 \times 20 + 0.004 \times 40 + 0.005 \times 45 + 0.0045 \times 30 = 0.61[\mu\text{F}]$

$C_c = 0.005 \times 20 + 0.0045 \times 40 + 0.004 \times 45 + 0.005 \times 30 = 0.61[\mu\text{F}]$

중성점 잔류전압(E_n)

$$= \frac{\sqrt{C_a(C_a - C_b) + C_b(C_b - C_c) + C_c(C_c - C_a)}}{C_a + C_b + C_c} \times \frac{V}{\sqrt{3}}$$

$$= \frac{\sqrt{0.6025(0.6025 - 0.61) + 0.61(0.61 - 0.61) + 0.61(0.61 - 0.6025)}}{0.6025 + 0.61 + 0.61} \times \frac{154000}{\sqrt{3}}$$

$= 365.892[\text{V}]$

• 답 : 365.89[V]

17 출제년도 : 01, 14, 20 배점 5점

3.7[kW]와 7.5[kW]의 직입기동 농형 전동기 및 22[kW]의 3상 권선형 유도전동기 3대를 그림과 같이 접속하였다. 이 때 다음 각 물음에 답하시오. (단, 공사방법 B1이고, XLPE 절연전선을 사용하였으며, 정격전압은 200[V]이고, 간선 및 분기회로에 사용되는 전선 도체의 재질 및 종류는 같다)

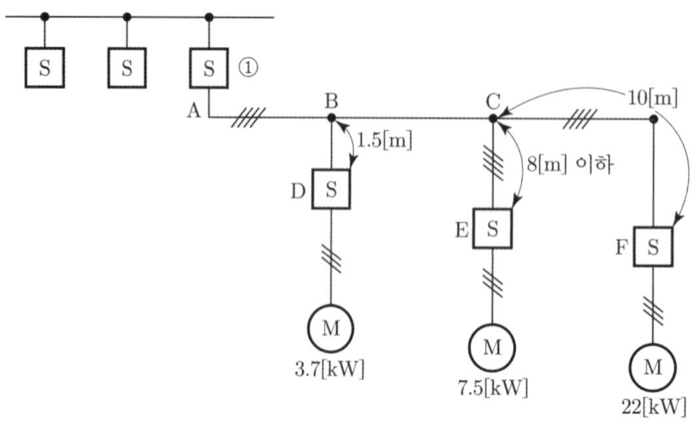

1) 간선에 사용되는 과전류 차단기와 개폐기 ①의 최소 용량은 몇 [A]인가?
  • 계산 :

  • 답 : 과전류 차단기 용량 :
    개폐기 용량 :

2) 간선의 최소 굵기는 몇 [mm^2]인가?

3) C와 E 사이의 분기회로에 사용되는 전선의 최소 굵기는 몇 [mm^2]인가?
  • 계산 : • 전선의 굵기 :

4) C와 F 사이의 분기회로에 사용되는 전선의 최소 굵기는 몇 [mm^2]인가?
  • 계산 : • 전선의 굵기 :

전동기 공사에서 간선의 전선굵기·개폐기 용량 및 적정퓨즈(200[V], B종 퓨즈)

전동기 (kW)수의 총계 ①(kW) 이하	최대 사용 전류 ①'(A) 이하	배선종류에 의한 간선의 최소굵기(mm^2)②						직입기동 전동기 중 최대용량의 것											
		공사방법 A1		공사방법 B1		공사방법 C		0.75 이하	1.5	2.2	3.7	5.5	7.5	11	15	18.5	22	30	37~55
		3개선		3개선		3개선		기동기사용 전동기 중 최대용량의 것											
								–	–	–	5.5	7.5	11 15	18.5 22	–	30 37	–	45	55
		PVC	XLPE, EPR	PVC	XLPE, EPR	PVC	XLPE, EPR	과전류차단기(A) ········ (칸 위 숫자) ③ 개폐기 용량 (A) ········ (칸 아래 숫자) ④											
3	15	2.5	2.5	2.5	2.5	2.5	2.5	15 30	20 30	30 30	–	–	–	–	–	–	–	–	–
4.5	20	4	2.5	2.5	2.5	2.5	2.5	20 30	20 30	30 30	50 60	–	–	–	–	–	–	–	–
6.3	30	6	4	6	4	4	2.5	30 30	30 30	50 60	50 60	75 100	–	–	–	–	–	–	–
8.2	40	10	6	10	6	6	4	50 60	50 60	50 60	75 100	75 100	100 100	–	–	–	–	–	–
12	50	16	10	10	10	10	6	50 60	50 60	50 60	75 100	75 100	100 100	150 200	–	–	–	–	–
15.7	75	35	25	25	16	16	16	75 100	75 100	75 100	75 100	100 100	100 100	150 200	150 200	–	–	–	–
19.5	90	50	25	35	25	25	16	100 100	100 100	100 100	100 100	100 100	150 200	150 200	200 200	200 200	–	–	–
23.2	100	50	35	35	25	35	25	100 100	100 100	100 100	100 100	100 100	150 200	150 200	200 200	200 200	200 200	–	–
30	125	70	50	50	35	50	35	150 200	150 200	150 200	150 200	150 200	150 200	150 200	200 200	200 200	200 200	–	–
37.5	150	95	70	70	50	70	50	150 200	150 200	150 200	150 200	150 200	150 200	150 200	200 200	300 300	300 300	300 300	–
45	175	120	70	95	50	70	50	200 200	200 200	200 200	200 200	200 200	200 200	200 200	200 200	300 300	300 300	300 300	300 300
52.5	200	150	95	95	70	95	70	200 200	200 200	200 200	200 200	200 200	200 200	200 200	200 200	300 300	300 300	400 400	400 400
63.7	250	240	150	–	95	120	95	300 300	300 300	300 300	300 300	300 300	300 300	300 300	300 300	300 300	400 400	400 400	500 600
75	300	300	185	–	120	185	120	300 300	300 300	300 300	300 300	300 300	300 300	300 300	300 300	300 300	400 400	400 400	500 600
86.2	350	–	240	–	–	240	150	400 400	400 400	400 400	400 400	400 400	400 400	400 400	400 400	400 400	400 400	400 400	600 600

[비고]

1. 최소 전선 굵기는 1회선에 대한 것이며, 2회선 이상일 경우는 복수회로 보정계수를 적용하여야 한다.
2. 공사방법 A1은 벽 내의 전선관에 공사한 절연전선 또는 단심케이블, B1은 벽면의 전선관에 공사한 절연전선 또는 단심케이블, 공사방법 C는 벽면에 공사한 단심 또는 다심케이블을 시설하는 경우의 전선 굵기를 표시하였다.
3. 「전동기중 최대의 것」에는 동시 기동하는 경우를 포함함
4. 과전류차단기의 용량은 해당 조항에 규정되어 있는 범위에서 실용상 거의 최대값을 표시함
5. 과전류차단기의 선정은 최대용량의 정격전류의 3배에 다른 전동기의 정격전류의 합계를 가산한 값 이하를 표시함
6. 고리퓨즈는 300[A] 이하에서 사용하여야 한다.

1) • 계산 : 전동기수의 총화 $=3.7+7.5+22=33.2$[kW]이므로
[표]에서 전동기수의 총화 37.5[kW]란과 기동기 사용 22[kW]란에서
과전류 차단기 150[A]와 개폐기 200[A] 선정
• 답 : 과전류 차단기 용량 : 150[A], 개폐기 용량 : 200[A]

2) 전동기 수의 총화 $=3.7+7.5+22=33.2$[kW]이므로 [표]에서 전동기수의 총화 37.5[kW]란과 공사방법 B1란에서 전선 50[mm^2] 선정
• 답 : 50[mm^2]

3) • 계산 : 8[m] 이내이므로 $50\times\frac{1}{5}=10[mm^2]$
• 전선의 굵기 : 10[mm^2] 선정

4) • 계산 : 8[m]를 초과하였으므로 $50\times\frac{1}{2}=25[mm^2]$
• 전선의 굵기 : 25[mm^2] 선정

내선규정에 따라 간선으로부터 분기시 분기선 굵기 선정
① 3[m] 이하 : 부하에 따른다.
② 3[m] 초과, 8[m] 이하 : 간선굵기$\times\frac{1}{5}$
③ 8[m] 초과 : 간선굵기 $\times\frac{1}{2}$

18 출제년도 : 14 배점 8점

사용전압 220[V], 1시간 사용전력량 40[kWh], 역률 80[%]의 3상 전력을 공급받는 부하가 있다. 30[kVA]의 진상콘덴서를 설치하였을 때 다음 물음에 답하시오.

1) 역률 개선 후 무효전력[kVar]을 계산하시오.

- 계산 : • 답 :

2) 콘덴서 설치 후 전류의 감소는 얼마인가?

- 계산 : • 답 :

1) • 계산 : 역률 개선 후 무효전력 = 개선 전 무효전력 − 진상콘덴서 용량

$$= 40 \times \frac{0.6}{0.8} - 30 = 0[\text{kVar}]$$

• 답 : 0[kVar]

2) • 계산 : 감소된 전류 = 개선 전 전류 − 개선 후 전류

$$= \frac{40 \times 10^3}{\sqrt{3} \times 220 \times 0.8} - \frac{40 \times 10^3}{\sqrt{3} \times 220 \times 1} = 26.243[\text{A}]$$

• 답 : 26.24[A]

1) 무효전력 $= P \cdot \tan\theta = P \cdot \frac{\sin\theta}{\cos\theta}$

2) 콘덴서 설치 후 무효전력은 0이므로 역률은 1이다.

$I = \frac{P[\text{W}]}{\sqrt{3}\, V[\text{V}] cos\theta}$ [A]를 이용한다.

3) 1시간 사용전력량 = 40[kWh]이면, 사용전력 = 40[kW]이다.

전기기사 실기 기출문제 2014년 2회

01

출제년도 : 03, 14

배점 6점

2대의 변압기를 병렬운전하고 있다. 다른 정격은 모두 같고 1차 환산 누설 임피던스만이 $2+3j$ $[\Omega]$과 $3+2j[\Omega]$이다. 이 경우 변압기에 흐르는 순환전류[A]는? (단, 부하전류는 50[A]라고 한다)

• 계산 :

• 답 :

• 계산 : $I_c = \dfrac{25(2+j3)-25(3+j2)}{2+j3+3+j2} = \dfrac{-25+j25}{5+j5} = j5[\mathrm{A}]$

• 답 : 5[A]

02

출제년도 : 04, 14

배점 6점

플리커 현상을 경감시키기 위한 전원측과 수용가측에서의 대책을 각각 3가지씩 쓰시오.

1) 전원측 대책
•
•
•

2) 수용가측 대책
•
•
•

1) 전원측 대책
- 전용계통으로 공급한다.
- 공급 전압을 승압한다.
- 단락 용량이 큰 계통에서 공급한다.

2) 수용가측 대책
- 3권선 보상변압기 설치
- 부스터 설치
- 직렬 리액터 설치

플리커 : 0.9~1.1[PU] 사이의 일련의 랜덤한 전압변동

플리커 대책

1) 전원측 대책
   ① 전용계통으로 공급한다.
   ② 공급전압을 승압한다.
   ③ 단락용량이 큰 계통에서 공급한다.
   ④ 전용변압기로 공급한다.

2) 수용가측 대책
   ① 전원계통에 리액턴스를 보상하는 방법
      ㉠ 직렬콘덴서 방식
      ㉡ 3권선 보상변압기 방식
   ② 전압강하를 보상하는 방법
      ㉠ 부스터 방식
      ㉡ 상호 보상리액터 방식
   ③ 부하의 무효전력 변동분을 흡수하는 방법
      ㉠ 동기 조상기와 리액터 방식
   ④ 플리커 부하 전류의 변동분을 억제하는 방식
      ㉠ 직렬리액터 방식

03 출제년도 : 02, 07, 14, 17 　　　　배점 5점

선로나 간선에 고조파 전류를 발생시키는 발생기기가 있을 경우, 부하들에게 이상전압 발생, 과열 및 소손, 소음 및 진동, 오동작 등의 원인이 되고 있어 그 대책을 적절히 세워야 한다. 고조파 발생시 방지대책을 5가지 쓰시오.

•
•
•
•
•

- 전력 변환장치의 다(多) 펄스화
- 고조파 필터 설치
- 리액터(ACL, DCL) 설치
- 기기의 고조파 내량 강화
- 3고조파 순환되어 상쇄되는 변압기 Δ결선 채용

그 외 PWM제어방식 채용, Phase Shift TR 설치
고조파 부하용 변압기와 일반부하 분리하여 전용으로 공급

04 출제년도 : 14

배점 4점

단상 2선식 전선 연장 20[m], 전류 5[A], 전압강하 0.5[V]일 때 이 선로에 DV 전선을 사용시 전선의 단면적[mm^2]은 얼마인가?

전선단면적 표

8[mm^2]	14[mm^2]	22[mm^2]	38[mm^2]	60[mm^2]	100[mm^2]

• 계산 :　　　　　　　　　　• 답 :

• 계산 : 단상 2선식 전선의 단면적 $A = \frac{35.6LI}{1000e} = \frac{35.6 \times 20 \times 5}{1000 \times 0.5} = 7.12$

• 답 : 8[mm^2]

05 출제년도 : 14

배점 5점

4극 60[Hz] 3상 유도전동기에 40[N·m] 부하를 걸었더니 슬립이 3[%]이다. 같은 부하 토크로 1.2[Ω] 저항 3개를 Y결선으로 2차에 삽입했더니 1530[rpm]이 되었다. 2차 권선 저항[Ω]은 얼마인가?

• 계산 :　　　　　　　　　　• 답 :

• 계산 : ① $N_s = \frac{120f}{P} = \frac{120 \times 60}{4} = 1800[\text{rpm}]$

② $s' = \frac{N_s - N}{N_s} = \frac{1800 - 1530}{1800} = 0.15$

③ $\frac{r_2}{s} = \frac{r_2 + R}{s'}$ 에서(비례추이)

$\frac{r_2}{0.03} = \frac{r_2 + 1.2}{0.15}$

$0.15r_2 = 0.03r_2 + 0.036$

$r_2 = 0.3[\Omega]$

• 답 : 0.3[Ω]

06

출제년도 : 14 / 유사 : 02, 03, 08, 11, 15, 16, 17, 18

배점 4점

전동기 절연내력시험에 대한 아래 물음에 답하시오.

1) 최대사용전압이 3.3[kV]인 전로의 절연내력시험 전압은 얼마인가?

- 계산 :
- 답 :

2) 380[V] 전동기의 절연내력시험전압은?

- 계산 :
- 답 :

3) 위 380[V] 전동기의 절연내력시험 방법은?

답안

1) • 계산 : $3.3 \times 1.5 = 4.95$[kV] • 답 : 4.95[kV]

2) • 계산 : $380 \times 1.5 = 570$[V] • 답 : 570[V]

3) 570[V]의 시험전압을 권선과 대지 사이에 연속 10분간 가하여 시험한다.

07

출제년도 : 14

배점 4점

전력용 콘덴서 설치목적 4가지를 쓰시오.

답안

설비용량 여유 증가, 전압강하 감소, 전력손실 경감, 전기요금 경감

08 출제년도 : 14 배점 10점

도면을 보고 다음 각 물음에 답하시오.

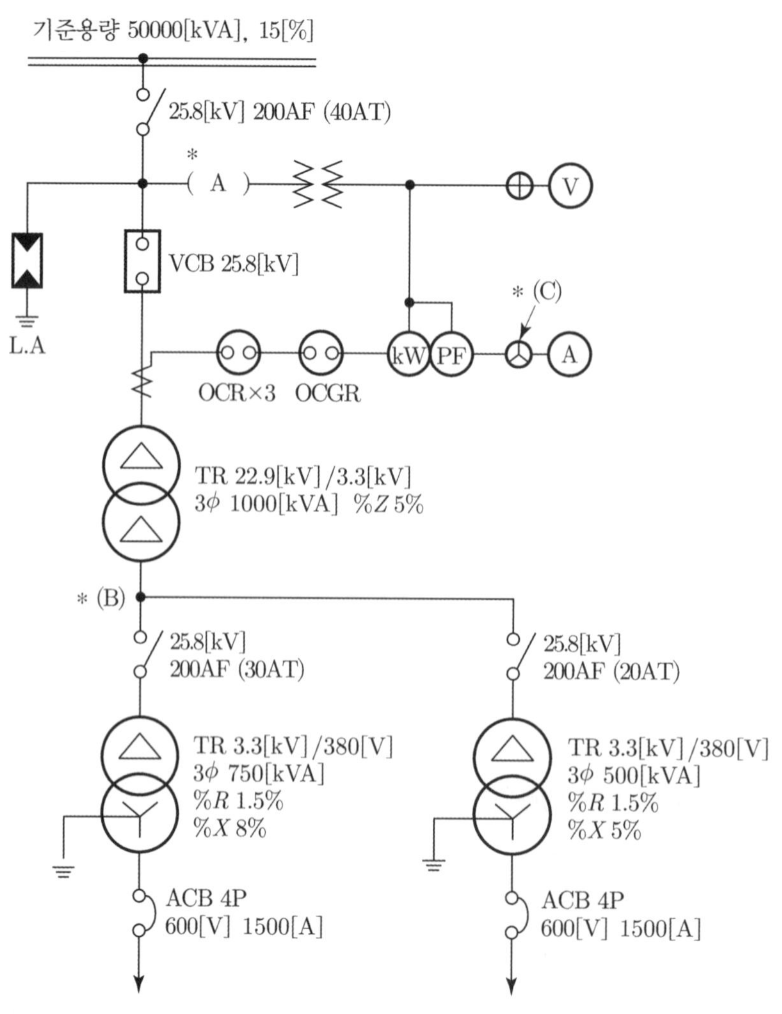

1) (A)에 사용될 기기를 약호로 답하시오.

2) (C)의 명칭을 약호로 답하시오.

3) B점에서 단락되었을 경우 단락 전류는 몇 [A]인가? (단, 선로 임피던스는 무시한다)

• 계산 :

• 답 :

4) VCB의 최소 차단 용량은 몇 [MVA]인가?

• 계산 : • 답 :

5) ACB의 우리말 명칭은 무엇인가?

6) 단상 변압기 3대를 이용한 $\Delta-\Delta$ 결선도 및 $\Delta-Y$ 결선도를 그리시오.

• $\Delta-\Delta$ 결선도

• $\Delta-Y$ 결선도

1) PF 또는 COS

2) AS

3) • 계산 : $\%Z_s = 15 \times \frac{1000}{50000} = 0.3[\%]$

$$I_{SB} = \frac{100}{\%Z_B} \times \frac{P_n}{\sqrt{3}\,V} = \frac{100}{(0.3+5)} \times \frac{1000}{\sqrt{3} \times 3.3} = 3301.03[A]$$

• 답 : 3301.03[A]

4) • 계산 : $P_s = \frac{100}{\%Z} P_n = \frac{100}{15} \times 50000 \times 10^{-3} = 333.333$ [MVA]

• 답 : 333.33[MVA]

5) 기중 차단기

6) ① $\Delta-\Delta$ ② $\Delta-Y$

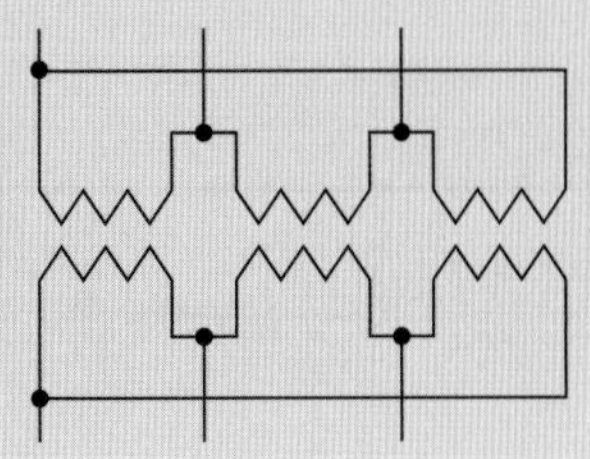

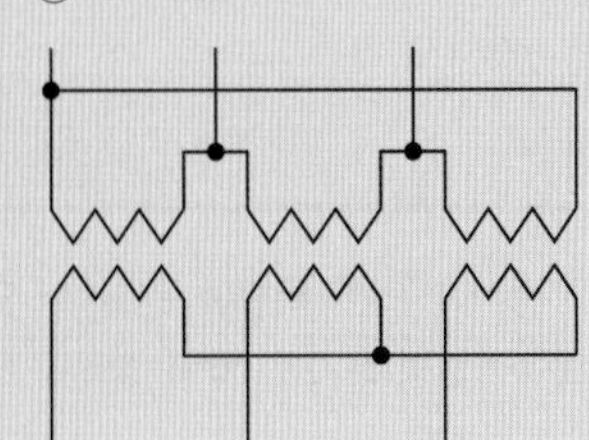

09 출제년도 : 14 / 유사 : 00, 01, 02, 03, 04, 05, 06, 07, 09, 10, 11, 12, 13, 14, 15, 16, 17

배점 4점

조명에 관한 다음 물음에 답하시오.

1) $\bigcirc_{N400}$의 의미는 무엇인가?

2) 조명기구의 광속이 3100[lm], 감광보상율 1.3, 조명률 0.6, 평균조도 300[lx], 면적이 10×15[m]인 방의 조명설계를 하고자 한다. 이방의 소요 등수는?

- 계산 :
- 답 :

1) 400[W] 나트륨등

2) • 계산 : $FUN = DES$

$$N = \frac{DES}{FU} = \frac{1.3 \times 300 \times 10 \times 15}{3100 \times 0.6} = 31.451[\text{등}]$$

• 답 : 32[등]

10 출제년도 : 14

배점 4점

방폭형 전동기에 대한 아래 물음에 답하시오.

1) 방폭형 전동기란 무엇인가?

2) 방폭구조 3가지를 쓰시오.

1) 발화성 가스나 증기에 의한 폭발에 견딜 수 있는 구조의 전동기

2) 내압 방폭구조, 유입 방폭구조, 압력 방폭구조

방폭구조의 종류

① 내압 방폭구조 ② 유입 방폭구조

③ 압력 방폭구조 ④ 안전증 방폭구조

⑤ 본질안전 방폭구조 ⑥ 특수 방폭구조

11 출제년도 : 14

배점 4점

다음 무접점 회로의 유접점 회로를 그리고 논리식을 쓰시오.

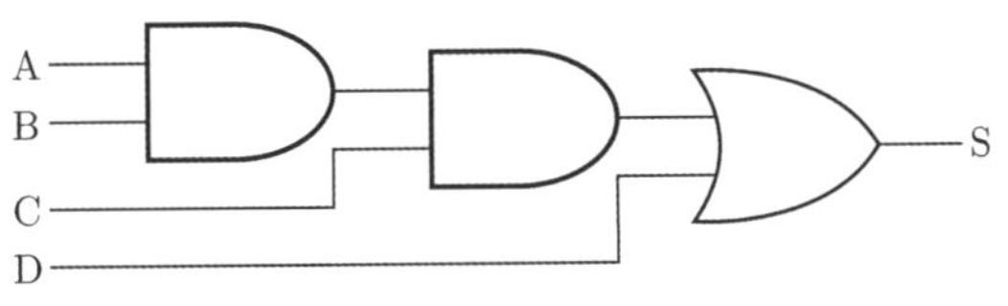

답안

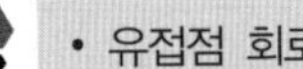

- 유접점 회로

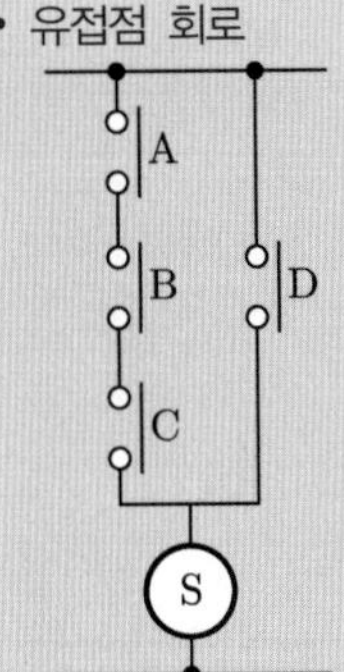

- 논리식 $S = A \cdot B \cdot C + D$

12 출제년도 : 14

배점 4점

500[kVA] 변압기에 역률 80[%]인 부하 500[kVA]가 접속되어 있다. 지금 변압기에 콘덴서 150[kVA]를 병렬로 설치하여 변압기 전용량까지 사용하고자 할 경우 증가시킬 수 있는 여유 유효전력은 몇 [kW]인가? (단, 증가되는 부하의 역률은 1이다)

- 계산 :
- 답 :

- 계산 : $P_1 = W \times \cos\theta = 500 \times 0.8 = 400$[kW]

  $Q_1 = W \times \sin\theta = 500 \times 0.6 = 300$[kVar]

  피상전력(W)$= \sqrt{(P_1 + \Delta P)^2 + (Q_1 - Q_c)^2}$ [kVA]

  $500 = \sqrt{(400 + \Delta P)^2 + (300 - 150)^2}$

  $\Delta P = \sqrt{500^2 - 150^2} - 400 = 76.969$[kW]

- 답 : 76.97[kW]

유효전력(P_1)=피상전력(W)×역률($\cos\theta$)

무효전력(Q_1)=피상전력(W)×무효율($\sin\theta$)

피상전력(W)$= \sqrt{\{P_1 + \text{여유용량}(\Delta P)\}^2 + \{Q_1 - \text{콘덴서 용량}(Q_c)\}^2}$

13 출제년도 : 14

배점 3점

다음 표에 나타낸 각 수용가 지표를 보고 이들의 합성 최대전력[kW]을 구하시오. (단, 수용가 사이의 부등률은 1.1이다)

수용가	설비용량[kW]	수용률[%]
A	100	85
B	200	75
C	300	65

• 계산 :

• 답 :

• 계산 : 합성최대전력 $= \dfrac{\text{개별최대전력 합}}{\text{부등률}} = \dfrac{\Sigma(\text{설비용량} \times \text{수용률})}{\text{부등률}}$

$$= \frac{(100 \times 0.85 + 200 \times 0.75 + 300 \times 0.65)}{1.1} = 390.909[\text{kW}]$$

• 답 : 390.91[kW]

14 출제년도 : 14

배점 5점

T−5 등과 형광등을 비교하여 T−5 등의 장점 5가지를 쓰시오.

•

•

•

•

•

• 연색성이 좋다.
• 광속의 변화가 적다.
• 효율이 좋다.
• 크기가 작고 슬림하다.
• 환경오염이 적다.

15 출제년도 : 14 배점 4점

다음과 같은 조건에서 영상 변류기(ZCT)의 영상전류 검출에 대해 설명하시오.

1) 정상시

2) 지락시

1) 정상시 : 1차측 전류가 평형상태($I_a + I_b + I_c = 0$)이기 때문에 2차측 출력이 없어 영상전류 검출되지 않는다.

2) 지락시 : 지락전류 I_g에 의해 1차측 전류가 불평형상태($I_a + I_b + I_c \neq 0 = I_g$)가 되어 2차측에 출력이 발생하여 영상전류 검출하여 Relay에 신호를 보낸다.

영상변류기는 지락전류가 미세한 [mA] 단위의 영상전류를 검출하여 지락보호에 사용된다.

ZCT 정격전류 – 1차 전류 : 200[mA]

2차 전류 : 1.5[mA]

16 출제년도 : 14

배점 12점

다음 발전기에 대한 문제에 답하시오.

부하집계표	설비용량	수용률
A	100[kW]	80[%]
B	200[kW]	70[%]
C	300[kW]	65[%]

1) 부하가 위에 주어진 표와 같고 역률 0.8, 효율 0.85일 때 비상 발전기 출력은?
- 계산 :
- 답 :

2) 발전기실 위치 선정시 고려사항을 쓰시오.

3) 발전기 병렬운전조건 4가지를 쓰시오.
-
-
-
-

1) • 계산 : 발전기 출력 $P_G = \dfrac{\Sigma P \times 수용률}{\cos\theta \times \eta}$

$$= \frac{100 \times 0.8 + 200 \times 0.7 + 300 \times 0.65}{0.8 \times 0.85} = 610.294[\text{kVA}]$$

- 답 : 610.29[kVA]

2) • 변전실에 가까운 위치를 선정
- 지하실 방수 및 배수시설 고려
- 기기 반·출입이 용이
- 옥상 설치시 방진 고려

3) • 기전력의 크기가 같을 것
- 기전력의 위상이 같을 것
- 기전력의 주파수가 같을 것
- 기전력의 파형이 같을 것

17 출제년도 : 14

배점 6점

22.9[kV－Y] 중성선 다중 접지 전선로에 정격전압 13.2[kV], 정격용량 250[kVA]의 단상 변압기 3대를 이용하여 아래 그림과 같이 Y－Δ 결선하고자 한다. 다음 각 물음에 답하시오.

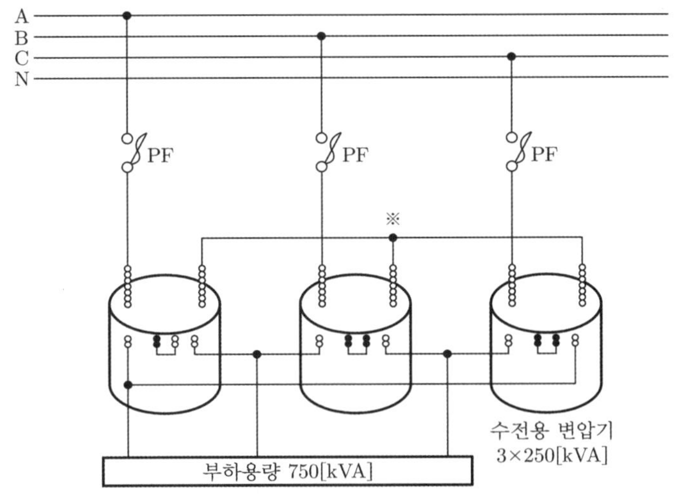

1) 변압기 1차측 Y결선의 중성점(※ 부분)을 전선로 N선에 연결해야 하는가? 연결해서는 안되는가?

2) 연결해야 한다면 연결해야 할 이유를, 연결해서는 안된다면 연결해서는 안되는 이유를 설명하시오.

3) 전력 퓨즈의 용량은 몇 [A]인지 선정하시오.
- 계산 :
- 답 :

퓨즈의 정격용량[A]

1	3	5	10	15	20	30	40	50	60	75	100	125	150	200	250	300	400

답안

1) 연결해서는 안된다.
2) 임의의 한 상이 결상시 나머지 2대의 변압기가 역 V결선되므로 과부하로 인하여 변압기가 소손될 수 있다.
3) • 계산 : $I_F = \dfrac{750}{\sqrt{3} \times 22.9} \times 2 = 37.817[\text{A}]$
   • 답 : 30[A]

해설

내선규정에는 3ϕ 750[kVA]인 경우
$25K$(25[A]), $30K$(30[A])로 적용되어 있음.

18 출제년도 : 14 / 유사 : oo 　　　　배점 10점

다음 그림은 농형 유도전동기를 공사방법 B1, XLPE 절연전선을 사용하여 시설한 것이다. 도면을 충분히 이해한 다음 참고자료를 이용하여 다음 각 물음에 답하시오. (단, 전동기 4대의 용량은 다음과 같다)

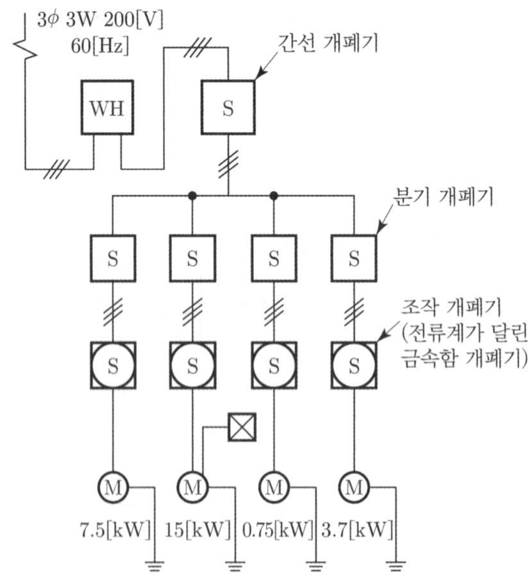

① 3상 200[V] 7.5[kW] – 직접 기동 　② 3상 200[V] 15[kW] – 기동기 사용
③ 3상 200[V] 0.75[kW] – 직접 기동 　④ 3상 200[V] 3.7[kW] – 직접 기동

1) 간선의 최소 굵기[mm^2] 및 간선 금속관의 최소 굵기는?

2) 간선의 과전류 차단기 용량[A] 및 간선의 개폐기 용량[A]은?

3) 7.5[kW] 전동기의 분기 회로에 대한 다음을 구하시오.

① 개폐기 용량 ─ 분기[A] / 조작[A]

② 과전류 차단기 용량 ─ 분기[A] / 조작[A]

③ 분기선의 최소 굵기[mm^2] 및 분기선 금속관의 최소 굵기는?

④ 접지선 굵기[mm^2]

⑤ 초과 눈금 전류계[A]

[참고자료]

[표 1] 200[V] 3상 유도전동기 1대인 경우의 분기회로(B종 퓨즈의 경우)

정격 출력 [kW]	전부하 전류 [A]	배선 종류에 의한 간선의 동 전선 최소 굵기[mm^2]					
		공사방법 A1		공사방법 B1		공사방법 C	
		3개선		3개선		3개선	
		PVC	XLPE, EPR	PVC	XLPE, EPR	PVC	XLPE, EPR
0.2	1.8	2.5	2.5	2.5	2.5	2.5	2.5
0.4	3.2	2.5	2.5	2.5	2.5	2.5	2.5
0.75	4.8	2.5	2.5	2.5	2.5	2.5	2.5
1.5	8	2.5	2.5	2.5	2.5	2.5	2.5
2.2	11.1	2.5	2.5	2.5	2.5	2.5	2.5
3.7	17.4	2.5	2.5	2.5	2.5	2.5	2.5
5.5	26	6	4	4	2.5	4	2.5
7.5	34	10	6	6	4	6	4
11	48	16	10	10	6	10	6
15	65	25	16	16	10	16	10
18.5	79	35	25	25	16	25	16
22	93	50	25	35	25	25	16
30	124	70	50	50	35	50	35
37	152	95	70	70	50	70	50

정격 출력 [kW]	전부하 전류 [A]	개폐기 용량[A]				과전류 차단기(B종 퓨즈)[A]				전동기용 초과눈금 전류계의 정격전류[A]	접지선의 최소 굵기 [mm^2]
		직입기동		기동기 사용		직입기동		기동기 사용			
		현장 조작	분기	현장 조작	분기	현장 조작	분기	현장 조작	분기		
0.2	1.8	15	15			15	15			3	2.5
0.4	3.2	15	15			15	15			5	2.5
0.75	4.8	15	15			15	15			5	2.5
1.5	8	15	30			15	20			10	4
2.2	11.1	30	30			20	30			15	4
3.7	17.4	30	60			30	50			20	6
5.5	26	60	60	30	60	50	60	30	50	30	6
7.5	34	100	100	60	100	75	100	50	75	30	10
11	48	100	200	100	100	100	150	75	100	60	16
15	65	100	200	100	100	100	150	100	100	60	16
18.5	79	200	200	100	200	150	200	100	150	100	16
22	93	200	200	100	200	150	200	100	150	100	16
30	124	200	400	200	200	200	300	150	200	150	25
37	152	200	400	200	200	200	300	150	200	200	25

[비고]

1. 최소 전선 굵기는 1회선에 대한 것이며, 2회선 이상일 경우는 부록 500-2의 복수회로 보정계수를 적용하여야 한다.
2. 공사방법 A1은 벽 내의 전선관에 공사한 절연전선 또는 단심케이블, B1은 벽면의 전선관에 공사한 절연전선 또는 단심케이블, 공사방법 C는 벽면에 공사한 단심 또는 다심케이블을 시설하는 경우의 전선 굵기를 표시하였다.
3. 전동기 2대 이상을 동일회로로 할 경우는 간선의 표를 적용할 것

[표 2] 200[V] 3상 유도전동기의 간선의 전선 굵기 및 기구의 용량(B종 퓨즈)

전동기 (kW)수의 총계 ①(kW) 이하	최대 사용 전류 ①'(A) 이하	배선종류에 의한 간선의 최소굵기(mm^2)②						직입기동 전동기 중 최대용량의 것									
		공사방법 A1		공사방법 B1		공사방법 C		0.75 이하	1.5	2.2	3.7	5.5	7.5	11	15	18.5	22
		3개선		3개선		3개선		기동기사용 전동기 중 최대용량의 것									
								–	–	–	5.5	7.5	11 15	18.5 22	–	30 37	–
		PVC	XLPE, EPR	PVC	XLPE, EPR	PVC	XLPE, EPR	과전류차단기(A) ……… (칸 위 숫자) ③ 개폐기 용량 (A) ……… (칸 아래 숫자) ④									
3	15	2.5	2.5	2.5	2.5	2.5	2.5	15 30	20 30	30 30	–	–	–	–	–	–	–
4.5	20	4	2.5	2.5	2.5	2.5	2.5	20 30	20 30	30 30	50 60	–	–	–	–	–	–
6.3	30	6	4	6	4	4	2.5	30 30	30 30	50 60	50 60	75 100	–	–	–	–	–
8.2	40	10	6	10	6	6	4	50 60	50 60	50 60	75 100	75 100	100 100	–	–	–	–
12	50	16	10	10	10	10	6	50 60	50 60	50 60	75 100	75 100	100 100	150 200	–	–	–
15.7	75	35	25	25	16	16	16	75 100	75 100	75 100	75 100	100 100	100 100	150 200	150 200	–	–
19.5	90	50	25	35	25	25	16	100 100	100 100	100 100	100 100	100 100	150 200	150 200	200 200	200 200	–
23.2	100	50	35	35	25	35	25	100 100	100 100	100 100	100 100	100 100	150 200	150 200	200 200	200 200	200 200
30	125	70	50	50	35	50	35	150 200	150 200	150 200	150 200	150 200	150 200	150 200	200 200	200 200	200 200
37.5	150	95	70	70	50	70	50	150 200	150 200	150 200	150 200	150 200	150 200	150 200	200 200	300 300	300 300
45	175	120	70	95	50	70	50	200 200	200 200	200 200	200 200	200 200	200 200	200 200	200 200	300 300	300 300
52.5	200	150	95	95	70	95	70	200 200	200 200	200 200	200 200	200 200	200 200	200 200	200 200	300 300	300 300
63.7	250	240	150	–	95	120	95	300 300	300 300	300 300	300 300	300 300	300 300	300 300	300 300	300 300	400 400
75	300	300	185	–	120	185	120	300 300	300 300	300 300	300 300	300 300	300 300	300 300	300 300	300 300	400 400
86.2	350	–	240	–	–	240	150	400 400	400 400	400 400	400 400	400 400	400 400	400 400	400 400	400 400	400 400

[비고]

1. 최소 전선 굵기는 1회선에 대한 것이며, 2회선 이상일 경우는 복수회로 보정계수를 적용하여야 한다.
2. 공사방법 A1은 벽 내의 전선관에 공사한 절연전선 또는 단심케이블, B1은 벽면의 전선관에 공사한 절연전선 또는 단심케이블, 공사방법 C는 벽면에 공사한 단심 또는 다심케이블을 시설하는 경우의 전선 굵기를 표시하였다.
3. 「전동기중 최대의 것」에는 동시 기동하는 경우를 포함함
4. 과전류차단기의 용량은 해당 조항에 규정되어 있는 범위에서 실용상 거의 최대값을 표시함
5. 과전류차단기의 선정은 최대용량의 정격전류의 3배에 다른 전동기의 정격전류의 합계를 가산한 값 이하를 표시함
6. 고리퓨즈는 300[A] 이하에서 사용하여야 한다.

[표 3] 후강 전선관 굵기의 선정

도 체 단면적 $[mm^2]$	전선 본수									
	1	2	3	4	5	6	7	8	9	10
	전선관의 최소 굵기[mm]									
2.5	16	16	16	16	22	22	22	28	28	28
4	16	16	16	22	22	22	28	28	28	28
6	16	16	22	22	22	28	28	28	36	36
10	16	22	22	28	28	36	36	36	36	36
16	16	22	28	28	36	36	36	42	42	42
25	22	28	28	36	36	42	54	54	54	54
35	22	28	36	42	54	54	54	70	70	70
50	22	36	54	54	70	70	70	82	82	82
70	28	42	54	54	70	70	70	82	82	82
95	28	54	54	70	70	82	82	92	92	104
120	36	54	54	70	70	82	82	92		
150	36	70	70	82	92	92	104	104		
185	36	70	70	82	92	104				
240	42	82	82	92	104					

1) 간선의 최소 굵기 : $35[mm^2]$, 간선 금속관의 최소 굵기 : 36[mm]
2) 간선의 과전류 차단기 용량 : 150[A], 간선의 개폐기 용량 : 200[A]
3)
① 개폐기 용량 ─ 분기 100[A] / 조작 100[A]

② 과전류 차단기 용량 ─ 분기 100[A] / 조작 75[A]

③ 분기선의 굵기 : ([표 1-1]에 따라) $4[mm^2]$
분기선 금속관 굵기 : ([표 3]에 따라) 16[mm] 후강전선관
④ 접지선 굵기 : $10[mm^2]$
⑤ 초과 눈금 전류계 : 30[A]

전기기사 실기 기출문제 2014년 3회

01

출제년도 : 03, 14

배점 4점

역률을 개선하면 전기 요금의 저감과 배전선의 손실 경감, 전압 강하 감소, 설비 여력의 증가 등의 효과가 있으나, 너무 과보상하면 역효과가 나타난다. 즉, 경부하시에 콘덴서가 과대 삽입되는 경우의 문제점을 3가지 쓰시오.

•

•

•

- 계전기 오동작
- 모선전압 상승
- 고조파 왜곡 확대

그 외
- 전력손실 증가
- 직렬리액터 가열
- 유도전동기 자기여자현상

02 출제년도 : 00, 05, 14, 18 **배점 10점**

도면은 어느 154[kV] 수용가의 수전 설비 단선 결선도의 일부분이다. 주어진 표와 도면을 이용하여 다음 각 물음에 답하시오.

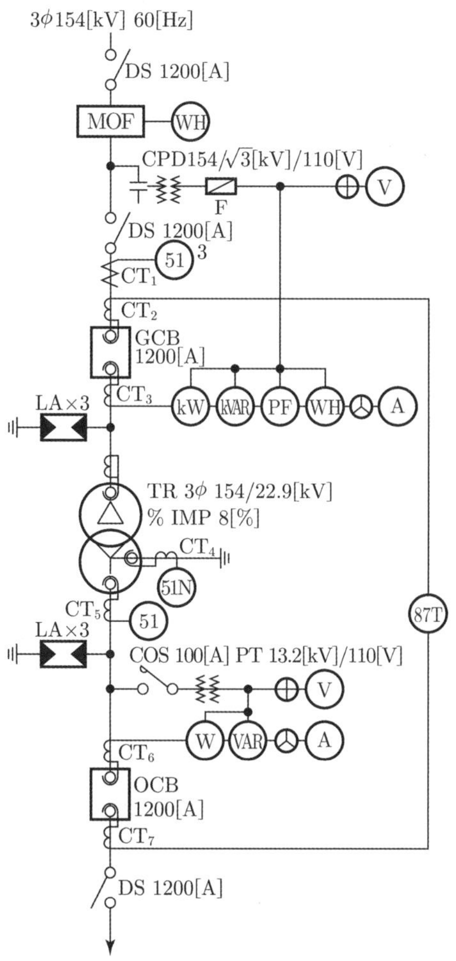

CT의 정격

1차 정격전류[A]	200	400	600	800	1200	1500
2차 정격전류[A]	5					

1) 변압기 2차 부하 설비 용량이 51[MW], 수용률이 70[%], 부하 역률이 90[%]일 때 도면의 변압기 용량은 몇 [MVA]가 되는가?

• 계산 :　　　　　　　　　　　　　　　　　　• 답 :

2) 변압기 1차측 DS의 정격전압은 몇 [kV]인가?

3) CT_1의 비는 얼마인지를 계산하고 표에서 선정하시오.
- 계산 : • 답 :

4) GCB 내에 사용되는 가스는 주로 어떤 가스가 사용되는가?

5) OCB의 정격차단전류가 23[kA]일 때, 이 차단기의 차단 용량은 몇 [MVA]인가?
- 계산 : • 답 :

6) 과전류 계전기의 정격 부담이 9[VA]일 때 이 계전기의 임피던스는 몇 [Ω]인가?
- 계산 : • 답 :

7) CT_7 1차 전류가 600[A]일 때 CT_7의 2차에서 비율 차동 계전기의 단자에 흐르는 전류는 몇 [A]인가? (단, CT_7의 비는 1200/5이다)
- 계산 : • 답 :

1) • 계산 : 변압기 용량 $= \dfrac{\text{설비용량[kW]} \times \text{수용률}}{\text{역률}} = \dfrac{51 \times 0.7}{0.9} = 39.666$
- 답 : 39.67[MVA], 40[MVA]

(규격용량을 알고 있을 때는 40[MVA]를 답으로 하는 것을 권함)

2) • 계산 : $154 \times \dfrac{1.2}{1.1} = 168$ •답 : 170[kV]

3) • 계산 : CT의 1차 전류 $= \dfrac{39.67 \times 10^6}{\sqrt{3} \times 154 \times 10^3} = 148.723$

(1)번의 결과 답을 40[MVA]로 한 경우에는 40[MVA]로 대입

배수 적용하면 $148.723 \times (1.25 \sim 1.5) = 185.903 \sim 223.084$

∴ 표에서 200/5 선정
- 답 : 200/5

4) SF_6(육불화유황)

5) • 계산 : $P_s = \sqrt{3}\, V_n I_s$[MVA] $= \sqrt{3} \times 25.8 \times 23 = 1027.798$ • 답 : 1027.8[MVA]

6) • 계산 : $P = I^2 Z$ $\quad \therefore\ Z = \dfrac{P}{I^2} = \dfrac{9}{5^2} = 0.36\,[\Omega]$ • 답 : 0.36[Ω]

7) • 계산 : $I_2 = 600 \times \dfrac{5}{1200} \times \sqrt{3} = 4.33\,[\text{A}]$

변압기 Y결선쪽
비율차동계전기 CT결선은 △결선이며 △결선에서 계전기 쪽으로 흐르는 전류는 $\sqrt{3}$ 배
- 답 : 4.33[A]

꾸준하게 출제된 문제 형태로서 처음에 나왔던 문제 형태는 아래와 같다.

문제 도면은 어느 154[kV] 수용가의 수전설비 단선 결선도의 일부분이다. 주어진 표와 도면을 이용하여 다음 각 물음에 답하시오.

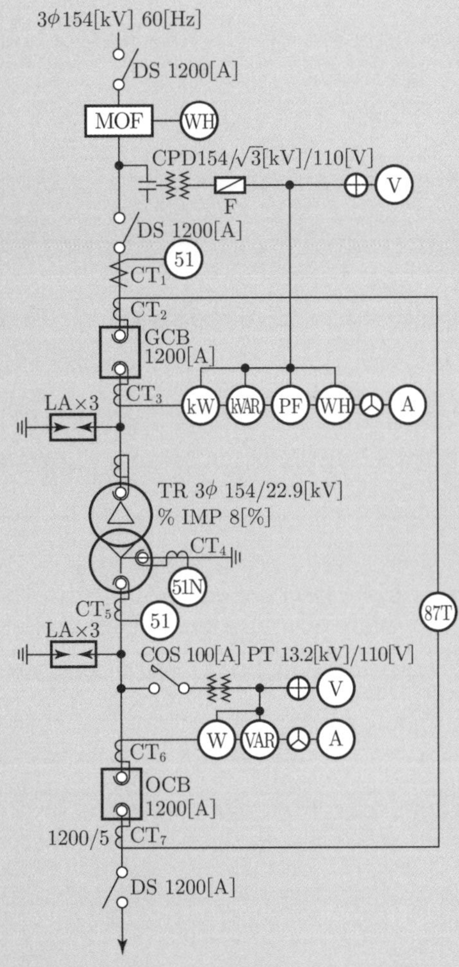

CT의 정격

1차 정격전류[A]	200	400	600	800	1200	1500
2차 정격전류[A]	5					

1) 변압기 2차 부하 설비용량이 51[MW], 수용률이 70[%], 부하 역률이 90[%]일 때 도면의 변압기 용량은 몇 [MVA]가 되는가?

- 계산 :
- 답 :

2) 변압기 1차측 DS의 정격전압은 몇 [kV]인가?

- 계산 :
- 답 :

3) CT_1의 비는 얼마인지를 계산하고 표에서 선정하시오.

- 계산 :
- 답 :

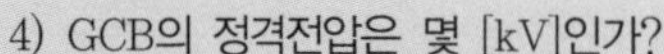

4) GCB의 정격전압은 몇 [kV]인가?

5) 변압기 명판에 표시되어 있는 OA/FA의 뜻을 설명하시오.
 • OA : • FA :

6) GCB 내에 사용되는 가스는 주로 어떤 가스가 사용되는지 그 가스의 명칭을 쓰시오.

7) 154[kV]측 LA의 정격전압은 몇 [kV]인가?

8) ULTC의 구조상의 종류 2가지를 쓰시오.
 ①
 ②

9) CT_5의 비는 얼마인지를 계산하고 표에서 선정하시오.
 • 계산 :
 • 답 :

10) OCB의 정격 차단전류가 23[kA]일 때, 이 차단기의 차단용량은 몇 [MVA]인가?
 • 계산 :
 • 답 :

11) 변압기 2차측 DS의 정격전압은 몇 [kV]인가?

12) 과전류 계전기의 정격부담이 9[VA]일 때 이 계전기의 임피던스는 몇 [Ω]인가?
 • 계산 :
 • 답 :

13) CT_7 1차 전류가 600[A]일 때 CT_7의 2차에서 비율 차동 계전기의 단자에 흐르는 전류는 몇 [A]인가?
 • 계산 :
 • 답 :

[답안]

1) • 계산 : 변압기 용량 $=$ 설비용량[kW] $\times \dfrac{\text{수용률}}{\text{역률}} = \dfrac{51 \times 0.7}{0.9} = 39.666$

 • 답 : 39.67[MVA], 40[MVA]

 (규격용량을 알고 있을 때는 40[MVA]를 답으로 하는 것을 권함)

2) • 계산 : $154 \times \dfrac{1.2}{1.1} = 168$ • 답 : 170[kV]

3) • 계산 : CT의 1차 전류 $= \dfrac{39.67 \times 10^6}{\sqrt{3} \times 154 \times 10^3} = 148.723$

 (1)번의 결과 답을 40[MVA]로 한 경우에는 40[MVA]로 대입

 배수 적용하면 $148.723 \times (1.25 \sim 1.5) = 185.903 \sim 223.084$

 ∴ 표에서 200/5 선정 • 답 : 200/5

4) 170[kV]

5) • OA : 유입자냉식

• FA : 유입풍냉식

6) 육불화황(SF_6)

7) 144[kV]

8) ① 병렬 구분식　　② 단일 회로식

9) • 계산 : CT의 1차 전류 $= \dfrac{39.67\times10^6}{\sqrt{3}\times22.9\times10^3} = 1000.152$

(1)번의 결과 답을 40[MVA]로 한 경우에는 40[MVA]로 대입

배수 적용하면 $1000.152\times(1.25\sim1.5) = 1250.19\sim1500.228$

∴ 표에서 1500/5 선정　　• 답 : 1500/5

10) • 계산 : $P_s = \sqrt{3}\ V_n I_s[\text{MVA}] = \sqrt{3}\times25.8\times23 = 1027.798$　　• 답 : 1027.8[MVA]

11) 25.8[kV]

12) • 계산 : $P = I^2 Z$　　$\therefore\ Z = \dfrac{P}{I^2} = \dfrac{9}{5^2} = 0.36\,[\Omega]$

• 답 : 0.36[Ω]

13) • 계산 : $I_2 = 600\times\dfrac{5}{1200}\times\sqrt{3} = 4.33\,[\text{A}]$　　• 답 : 4.33[A]

(CT_7은 △결선이므로 계전기 쪽에 연결된 선전류의 크기는 상전류 $600\times\dfrac{5}{1200}$의 $\sqrt{3}$ 배를 적용한다)

03 출제년도 : 14

배점 8점

주어진 표는 어떤 부하 데이터의 예이다. 이 부하 데이터를 수용할 수 있는 발전기 용량을 산정하시오. (단, 발전기 표준 역률은 0.8, 허용 전압 강하 25[%], 발전기 리액턴스 20[%], 원동기 기관 과부하 내량 1.2이다)

예	부하의 종류	출력 [kW]	전부하 특성				기동 특성		기동 순서	비 고
			역률 [%]	효율 [%]	입력 [kVA]	입력 [kW]	역률 [%]	입력 [kVA]		
200[V] 60[Hz]	조명	10	100	–	10	10	–	–	1	
	스프링클러	55	86	90	71.1	61.1	40	142.2	2	Y−△ 기동
	소화전 펌프	15	83	87	21.0	17.2	40	42	3	Y−△ 기동
	양수 펌프	7.5	83	86	10.5	8.7	40	63	3	직입 기동

1) 전부하 정상 운전시의 입력에 의한 발전기 용량을 계산하시오.

2) 전동기 기동에 필요한 발전기 용량을 계산하시오. [참고] $P[\text{kVA}] = \dfrac{(1-\Delta E)}{\Delta E} \cdot x_d \cdot Q_L [\text{kVA}]$

3) 순시 최대 부하에 의한 발전기 용량을 계산하시오.

[참고] $P[\text{kVA}] = \dfrac{\sum W_0[\text{kW}] + \{Q_{L\max}[\text{kVA}] \times \cos\theta_{QL}\}}{K \times \cos\theta_G}$

4) 위 세 가지 용량을 고려하여 발전기 용량이 산정하시오.

1) $P = \dfrac{\sum \text{kW}}{\cos\theta} = \dfrac{(10+61.1+17.2+8.7)}{0.8} = 121.25[\text{kVA}]$

• 답 : 121.25[kVA]

2) $P[\text{kVA}] = \dfrac{(1-\Delta E)}{\Delta E} \times x_d \times Q_L[\text{kVA}]$ ΔE : 허용전압강하, x_d : 발전기 리액턴스

Q_L : 기동시 용량(최대 입력 전동기의 기동시 입력값

$\therefore P = \dfrac{(1-0.25)}{0.25} \times 0.2 \times 142.2 = 85.32[\text{kVA}]$

3) 부하가 최대로 되는 순간은 기동 순서 2에서 3으로 이행하는 때이므로 순시 최대 부하 용량은

$$P[\text{kVA}] = \frac{\sum W_0[\text{kW}] + \{Q_{L\max}[\text{kVA}] \times \cos\theta_{QL}\}}{K \times \cos\theta_G}$$

$$= \frac{(\text{기운전중인 부하의 입력 합계}) + (\text{기동 돌입 부하} \times \text{기동시 역률})}{(\text{원동기 기관 과부하 내량}) \times (\text{발전기 표준 역률})}$$

$$= \frac{(10+61.1)+(42+63)\times 0.4}{1.2 \times 0.8} = 117.81[\text{kVA}]$$

• 답 : 117.81[kVA]

4) • 답 : 121.25[kVA]

2014

04

출제년도 : 14 / 유사 : 00, 01, 02, 03, 04, 05, 06, 07, 09, 10, 11, 12, 13, 15, 16, 17

배점 5점

도로조명 설계에서 도로폭 24[m]의 도로 양쪽에 지그재그식으로 20[m] 간격으로 가로등을 설치하여 평균 조도를 5[lx]로 한다면 광속은 얼마인가? (단, 광속이용률은 25[%]이다)

• 계산 :

• 답 :

• 계산 : $FUN = DES$

$$F = \frac{DES}{UN} = \frac{5 \times \frac{24 \times 20}{2}}{0.25} = 4800\,[\text{lm}]$$

• 답 : 4800[lm]

05

출제년도 : 07, 14

배점 5점

다음 물음에 답하시오.

1) 그림과 같은 송전 철탑에서 등가 선간 거리[cm]는?

• 계산 :

• 답 :

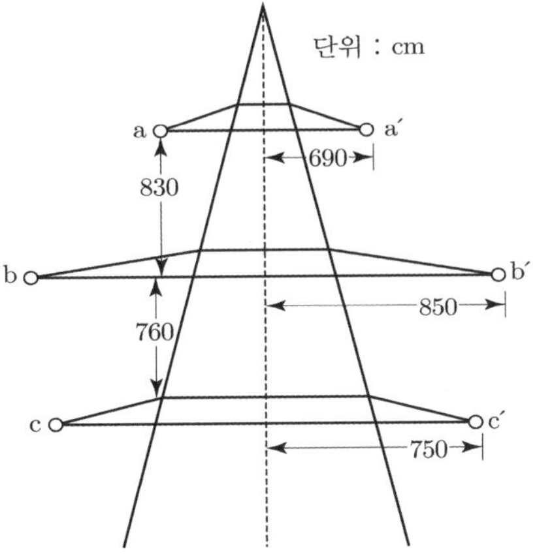

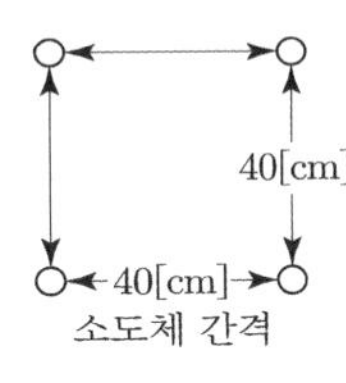

2) 소도체 간격 40[cm]인 정4각형 배치의 소도체 상호간의 기하학적 평균 거리[m]는?

• 계산 :

• 답 :

1) • 계산 : $D_{AB} = \sqrt{830^2 + (850-690)^2} = 845.281[\text{cm}]$

$D_{BC} = \sqrt{760^2 + (850-750)^2} = 766.55[\text{cm}]$

$D_{CA} = \sqrt{(830+760)^2 + (750-690)^2} = 1591.131[\text{cm}]$

등가선간 거리(D_e) $= \sqrt[3]{D_{AB} \cdot D_{BC} \cdot D_{CA}}$

$= \sqrt[3]{845.281 \times 766.55 \times 1591.131} = 1010.219[\text{cm}]$

• 답 : $1010.22[\text{cm}]$

2) • 계산 : 소도체 기하학적 평균거리(D_0) $= \sqrt[6]{2} \times S = \sqrt[6]{2} \times 0.4 = 0.448[\text{m}]$

• 답 : $0.45[\text{m}]$

D_{AB} 구하는 방법

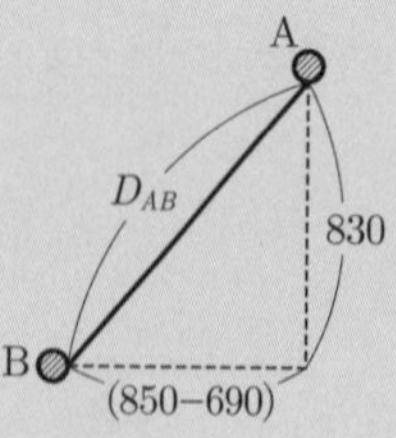

C

$\therefore\ D_{AB} = \sqrt{830^2 + (850-690)^2}$

06 출제년도 : 14 배점 5점

200[V], 10[kVA]인 3상 유도전동기를 부하설비로 사용하는 곳이 있다. 이곳의 어느 날 부하실적이 1일 사용 전력량 60[kWh], 1일 최대전력 8[kW], 최대전력일 때의 전류값이 30[A]이었을 경우, 다음 각 물음에 답하시오.

1) 1일 부하율[%]은 얼마인가?
- 계산 : • 답 :

2) 최대 공급 전력일 때의 역률[%]은 얼마인가?
- 계산 : • 답 :

1) • 계산 : 부하율 $= \dfrac{\text{평균 전력}}{\text{최대 전력}} \times 100\,[\%] = \dfrac{\text{사용전력량/사용시간}}{\text{최대전력}} \times 100\,[\%] = \dfrac{\frac{60}{24}}{8} \times 100$

$= 31.25\,[\%]$

- 답 : 31.25[%]

2) • 계산 : $\cos\theta = \dfrac{P_{\max}}{\sqrt{3}\;VI} = \dfrac{8 \times 10^3}{\sqrt{3} \times 200 \times 30} \times 100 = 76.98\,[\%]$

- 답 : 76.98[%]

07 출제년도 : 14 배점 5점

66[kV], $\%Z_g = 30[\%]$인 발전기의 용량이 500[MVA], 변압비 66[kV]/345[kV]이고, 변압기 용량이 600[MVA], $\%Z_t = 20[\%]$일 때, 변압기 2차 345[kV] 측에서 3상 단락사고가 발생시 단락전류[A]를 구하시오.

- 계산 : • 답 :

- 계산 : 기준용량 600[MVA]로 하면

기준용량 600[MVA]로 환산한 발전기 %임피던스$(\%Z_g{}') = \dfrac{600}{500} \times 30 = 36[\%]$

$\%Z$ 합성 $= \%Z_g{}' + \%Z_t = 36 + 20 = 56[\%]$

2차 정격전류$(I_n) = \dfrac{P_n}{\sqrt{3} \cdot V} = \dfrac{600 \times 10^3}{\sqrt{3} \times 345} = 1004.087[A]$

단락전류$(I_s) = \dfrac{100}{\%Z} I_n = \dfrac{100}{36+20} \times 1004.087 = 1793.012[A]$

- 답 : 1793.01[A]

$$\text{기준용량에 대한 } \%Z_b = \frac{\text{기준용량}}{\text{자기용량}} \times \text{자기용량에 대한 } \%Z_s$$

08 출제년도 : 14 배점 6점

다음 각 물음에 답하시오.

1) 피뢰기의 구비조건 4가지만 쓰시오.

-
-
-
-

2) 피뢰기의 설치장소 4개소를 쓰시오.

-
-
-
-

1) 구비조건
   - 충격방전 개시전압이 낮을 것
   - 제한전압이 낮을 것
   - 상용주파방전 개시전압이 높을 것
   - 속류차단능력이 클 것

2) 설치장소
   - 발전소, 변전소 또는 이에 준하는 장소의 가공 전선 인입구 및 인출구
   - 가공 전선로에 접속하는 배전용 변압기의 고압측 및 특별고압측
   - 고압 및 특별고압 가공 전선로로부터 공급을 받는 수용장소의 인입구
   - 가공 전선로와 지중 전선로가 접속되는 곳

09 출제년도 : 14 배점 5점

3150/210[V]인 변압기의 용량이 각각 250[kVA], 200[kVA]이고, %임피던스 강하가 각각 2.5[%]와 3[%]일 때 그 병렬 합성용량[kVA]은?

• 계산 : • 답 :

답안

• 계산 : 합성용량$(P_m) = P_A + P_B \times \frac{\%Z_a}{\%Z_b}$

$= 250 + 200 \times \frac{2.5}{3}$

$= 416.666$[kVA]

• 답 : 416.67[kVA]

해설

합성용량(P_m)은 각 변압기의 정격용량에 관계없이 자기용량 기준의 $\%Z$가 작은 쪽이 정격이 될 때까지 부하를 걸 수가 있고 나머지는 자신의 $\%Z$와 크기가 작은 $\%Z$에 대한 비율만큼 분담부하가 감소한다.

$\%Z_a = 2.5[\%] < \%Z_b = 3[\%]$이므로 $P_m = P_A + P_B \times \frac{\%Z_a}{\%Z_b}$

10 출제년도 : 14

배점 5점

300[kW], 역률 65[%]의 부하를 역률 96[%]로 개선하기 위한 진상 콘덴서의 용량[kVA]은 얼마인가?

[참고자료]

[표] 부하에 대한 콘덴서 용량 산출표[%]

개선 전 역률 \ 개선 후 역률	1.0	0.99	0.98	0.97	0.96	0.95	0.94	0.93	0.92	0.91	0.9	0.875	0.85	0.825	0.8	0.775	0.75	0.725	0.7
0.4	230	216	210	205	201	197	194	190	187	184	181	175	168	161	155	149	142	136	128
0.425	213	198	192	188	184	180	176	173	180	167	164	157	151	144	138	131	124	118	111
0.45	198	183	177	173	168	165	161	158	155	152	149	142	136	129	123	116	110	103	96
0.475	185	171	165	161	156	153	149	146	143	140	137	130	123	116	110	104	98	91	84
0.5	173	159	153	148	144	140	137	134	130	128	125	118	112	104	98	92	85	87	71
0.525	162	148	142	137	133	129	126	122	119	117	114	107	100	93	87	81	74	67	60
0.55	152	138	132	127	123	119	116	112	109	106	104	97	90	87	77	71	64	57	50
0.575	142	128	122	117	114	110	106	103	99	96	94	87	80	74	67	60	54	47	40
0.6	133	119	113	108	104	101	97	94	91	88	85	78	71	65	58	52	46	39	32
0.625	125	111	105	100	96	92	89	85	82	79	77	70	63	56	50	44	37	30	23
0.65	117	103	97	92	88	84	81	77	74	71	69	62	55	48	42	36	29	22	15
0.675	109	95	89	84	80	76	73	70	66	64	61	54	47	40	34	28	21	14	7
0.7	102	88	81	77	73	69	66	62	59	56	54	46	40	33	27	20	14	7	
0.725	95	81	75	70	66	62	59	55	52	49	46	39	33	26	20	13	7		
0.75	88	74	67	63	58	55	52	49	45	43	40	33	26	19	13	6.5			
0.775	81	67	61	57	52	49	45	42	39	36	33	26	19	12	6.5				
0.8	75	61	54	50	46	42	39	35	32	29	27	19	13	6					
0.825	69	54	48	44	40	36	33	29	26	23	21	14	7						
0.85	62	48	42	37	33	29	26	22	19	16	14	7							
0.875	55	41	35	30	26	23	19	16	13	10	7								
0.9	48	34	28	23	19	16	12	9	6	2.8									
0.91	45	31	25	21	16	13	9	6	2.8										
0.92	43	28	22	18	13	10	6	3.1											
0.93	40	25	19	15	10	7	3.3												
0.94	36	22	16	11	7	3.6													
0.95	33	18	12	8	3.5														
0.96	29	15	9	4															
0.97	25	11	5																
0.98	20	6																	
0.99	14																		

답안

- 계산 : $Q = 300 \times 0.88 = 264$[kVA]
- 답 : 264[kVA]

11 출제년도 : 14, 19 배점 5점

다음 그림과 같은 3상 3선식 급전선에서 분기하여 세 개의 부하를 운용하고 있다. 각 물음에 답하시오. (단, 전선 1가닥의 저항은 0.5[Ω/km]이다)

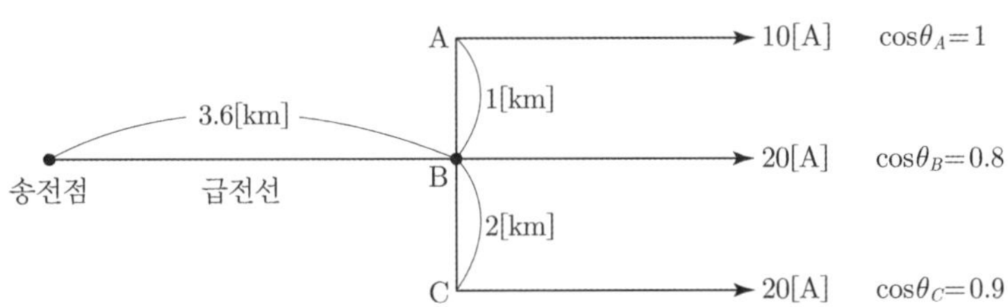

1) 급전선에 흐르는 전류는 몇 [A]인가?

- 계산 :
- 답 :

2) 전체 선로손실은 몇 [kW]인가?

- 계산 :
- 답 :

답안

1) • 계산 : 급전선의 전류(I) $= 10+20\times(0.8-j0.6)+20\times(0.9-j\sqrt{1-0.9^2})$

$$= 44-j20.72 = \sqrt{44^2+20.72^2} = 48.634[A]$$

- 답 : 48.63[A]

2) • 계산 : 전체전력손실(P_l)

$$= 3I^2R_{송-B}(\text{급전선 손실}) + 3I^2R_{B-A}(A\text{점 손실}) + 3I^2R_{B-C}(C\text{점 손실})$$

$$= 3\times\{48.63^2\times0.5\times3.6+10^2\times0.5\times1+20^2\times0.5\times2\}\times10^{-3} = 14.12[kW]$$

- 답 : 14.12[kW]

2014

12 출제년도 : 14

배점 5점

타여자 발전기의 무부하 단자전압은 55[V]이며 5[kW]의 부하를 걸면 단자전압은 50[V]가 된다. 이 발전기의 전기자회로의 등가저항은 얼마인가?

• 계산 : • 답 :

답안

• 계산

① $I_a = I = \dfrac{P}{V} = \dfrac{5000}{50} = 100[\mathrm{A}]$

② $E = V + I_a R_a$에서 $R_a = \dfrac{E-V}{I_a} = \dfrac{55-50}{100} = 0.05[\Omega]$

• 답 : 0.05[Ω]

13 출제년도 : 14

배점 4점

접지공사시 대지저항률은 400[Ω·m]이었고 접지봉의 직경 19[mm], 길이가 2400[mm]이다. 이 접지공사의 접지저항은 얼마인가?

• 계산 : • 답 :

답안

• 계산 : $R = \dfrac{\rho}{2\pi\ell}\ln\dfrac{2\ell}{a}$

$= \dfrac{400}{2\pi \times 2.4} \times \ln\dfrac{2\times 2.4}{\dfrac{0.019}{2}} = 165.125[\Omega]$

• 답 : 165.13[Ω]

해설

R : 접지저항[Ω]

ρ : 대지저항률[Ω·m]

ℓ : 접지전극의 매입깊이[m]

a : 접지전극의 반경[m]

14 출제년도 : 03, 05, 14

배점 5점

그림과 같은 3상 3선식 배전선로에서 불평형률[%]을 구하고, 적합한지의 여부를 판단하시오.

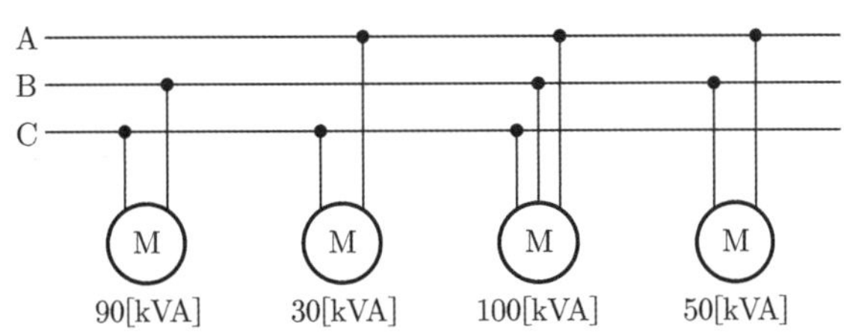

• 불평형률 계산 :

• 답 :

• 적합한지의 여부 :

답안

• 설비불평형률 계산 $= \dfrac{90-30}{(90+30+100+50)\times\dfrac{1}{3}}\times 100 = 66.666[\%]$ • 답 : 66.67[%]

• 적합한지의 여부 : 30[%]를 초과하였으므로 부적합하다.

해설

3상 3선식 설비불평형률

$$= \frac{\text{각 선간에 접속되는 단상부하 총설비용량의 최대와 최소의 차}}{\text{총부하 설비용량}\times\dfrac{1}{3}}\times 100[\%]$$

불평형률은 30[%] 이하이어야 한다.

15 출제년도 : 14

배점 5점

3상 3선식 배전선로의 1선당 저항이 3[Ω], 리액턴스가 2[Ω]이고 수전단 전압이 6000[V], 수전단에 출력 480[kW], 역률 0.8(지상)의 3상 평형 부하가 접속되어 있을 경우에 송전단 전압 V_s를 구하시오.

- 계산 :
- 답 :

- 계산 : 송전단 전압(V_s) $= V_r + \sqrt{3}\,I(R\cos\theta + X\sin\theta) = V_r + \dfrac{P}{V_r}(R + X\tan\theta)$[V]

$$= 6000 + \frac{480\times10^3}{6000}\left(3 + 2\times\frac{0.6}{0.8}\right) = 6360[\text{V}]$$

- 답 : 6360[V]

16 출제년도 : 14

배점 5점

저항값이 작은 도선의 저항을 측정하기 위해 도선의 양 끝에 전원을 공급하고, 전류계로 흐르는 전류를 측정한다. 또 전원을 공급하는 곳의 전압을 측정한다. 이를 전압강하법이라 한다. 다음 물음에 답하시오.

1) 전압계법·전류계법으로 저항을 측정하기 위한 회로를 아래 회로를 이용하여 완성하시오.

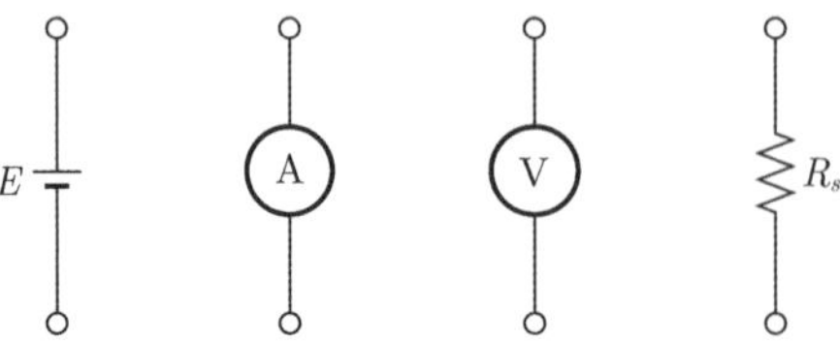

2) 저항 R_s에 대한 식을 쓰시오.

1)

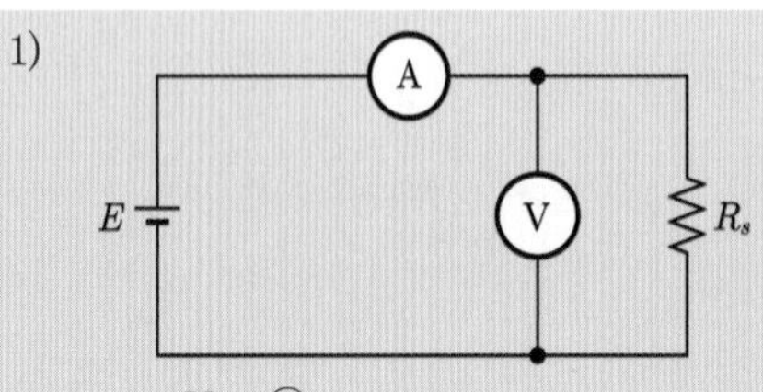

2) $R_s = \dfrac{V}{I} = \dfrac{Ⓥ}{Ⓐ}$

17 출제년도 : 14 배점 8점

도면과 같은 시퀀스도는 기동 보상기에 의한 전동기의 기동제어 회로의 미완성 도면이다. 이 도면을 보고 다음 각 물음에 답하시오.

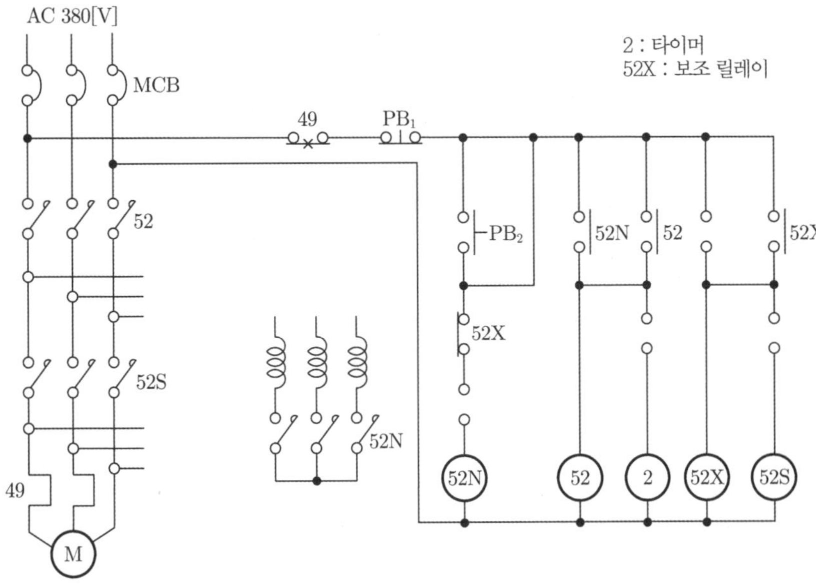

1) 전동기의 기동 보상기 기동제어는 어떤 기동 방법인지 그 방법을 상세히 설명하시오.

2) 주회로에 대한 미완성 부분을 완성하시오.

3) 보조회로의 미완성 접점을 그리고 그 접점 명칭을 표기하시오.

4) 이 전동기의 접지공사는 몇 종 접지공사를 실시하여야 하는가?

1) 기동시에는 전동기에 대한 인가전압을 3상 단권변압기로 감압하여 공급함으로써 기동전류를 억제하고, 기동 완료 후에는 전전압을 전동기에 인가하고 동시에 기동보상기를 회로에서 차단하는 방식

2) 3)

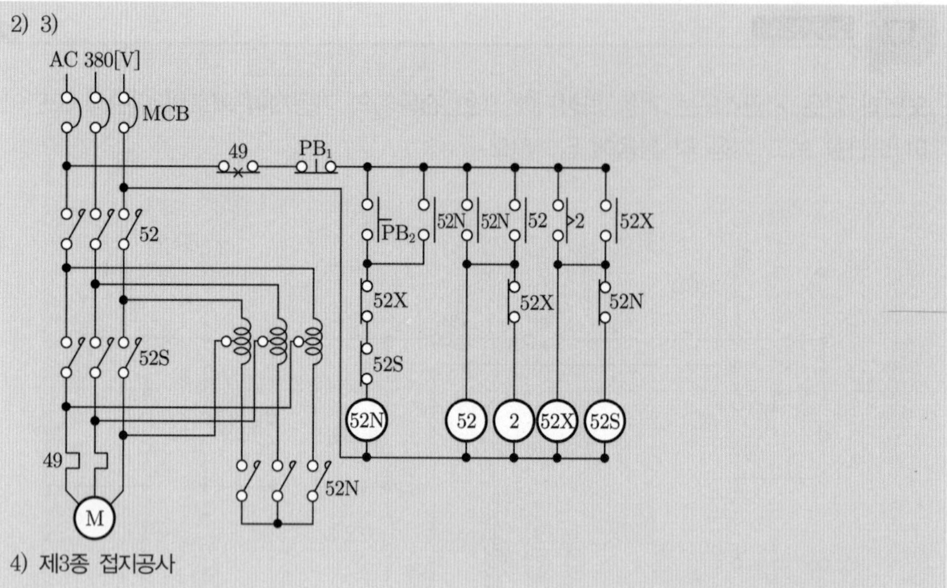

4) 제3종 접지공사

2) 기동보상기 기동법의 경우 상을 절대로 바꾸면 안되기 때문에 주회로 연결 시 R상 → R상, S상 → S상, T상 → T상으로 연결해 준다.

3) ① MCCB 투입(전원 투입) 후 PB_2 누를 시 52N이 여자되어야 하기 때문에 $52S_{-b}$ 접점으로 상호간 동시투입되지 않도록 인터록 접점을 넣는다.

② PB_2에서 손을 떼어도 52N이 여자되어 기동전류를 제한해야 하기 때문에 PB_2와 병렬로 $52N_{-a}$ 접점을 넣어 자기유지시킨다.

③ 설정시간(t초) 후 52X와 52S가 여자되어야 하기 때문에 52X와 병렬로 한시동작 순시복귀 a접점 (2_{-a})을 넣어준다.

④ 52S와 52N은 동시투입될 수 없기 때문에 58 상단에 $52N_{-b}$ 접점을 넣어 상호간 인터록을 걸어준다.

⑤ 52X와 52N이 여자되었을 때 $52X_{-a}$ 접점에 의해 자기유지되므로 한시동작 순시복귀 a접점을 복귀시키기 위하여 $52X_{-b}$ 접점을 타이머(2) 상단에 넣어 타이머(2)를 소자시킨다.

4) 400[V] 미만 : 제3종 접지공사에 의한다.

상세 동작 설명

1. MCCB 투입(전원 투입) 후 PB_2 누르면 52N 여자, 52N 주전원 개폐기 폐로, $52N_{-a}$ 접점 폐로되며 PB_2에서 손을 떼어도 자기유지
2. $52N_{-a}$ 접점에 의해 52, 2 여자, 52 주전원 개폐기 폐로되며 52N에 의해 기동전류 제한, 52_{-a}접점 폐로되며 자기유지
3. 설정시간(t초) 후 한시동작 순시복귀 a접점(2_{-a} 접점) 폐로되며 52X 여자, $52X_{-b}$ 접점 개로되며, 52N, 2 소자, $52X_{-a}$ 접점 폐로되며 자기유지. 이 때 $52N_{-a}$ 접점 개로되며 자기유지 해제
4. $52N_{-b}$ 접점 폐로되며 52S 여자, 52S 주전원 개폐기 폐로되며 전전압 기동
5. PB_1 누를 시 회로 초기화

※ 전동기 운전 중 과부하가 검출되면 열동계전기(49)가 트립되어 수동복귀 b접점(49_{-b} 접점)이 개로되어 전동기 정지, 회로 초기화, 이 때 접점의 복귀는 반드시 수동으로 한다.

18

배점 5점

다음 명령어를 참고하여 PLC 래더 다이어그램을 완성하시오.

STEP	명 령	번 지
0	STR	P02
1	OR	P03
2	STR NOT	P00
3	OR	P01
4	AND STR	–
5	AND NOT	P04
6	OUT	P10

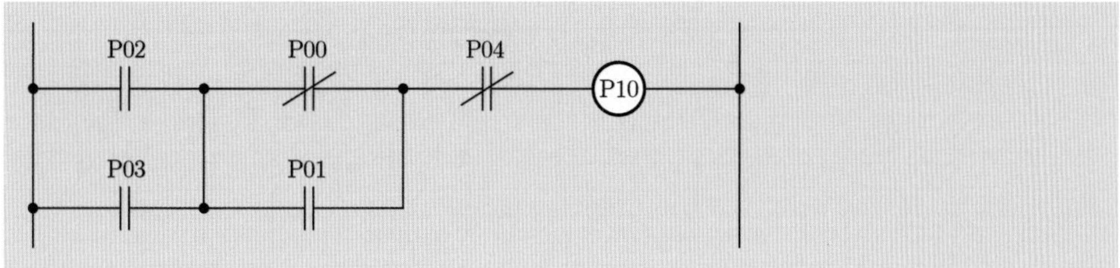

해설 주어진 프로그램을 이용하여 래더 다이어그램을 작성하며 직렬묶음(AND STR) 명령어를 이용하여 직렬 연결한다.

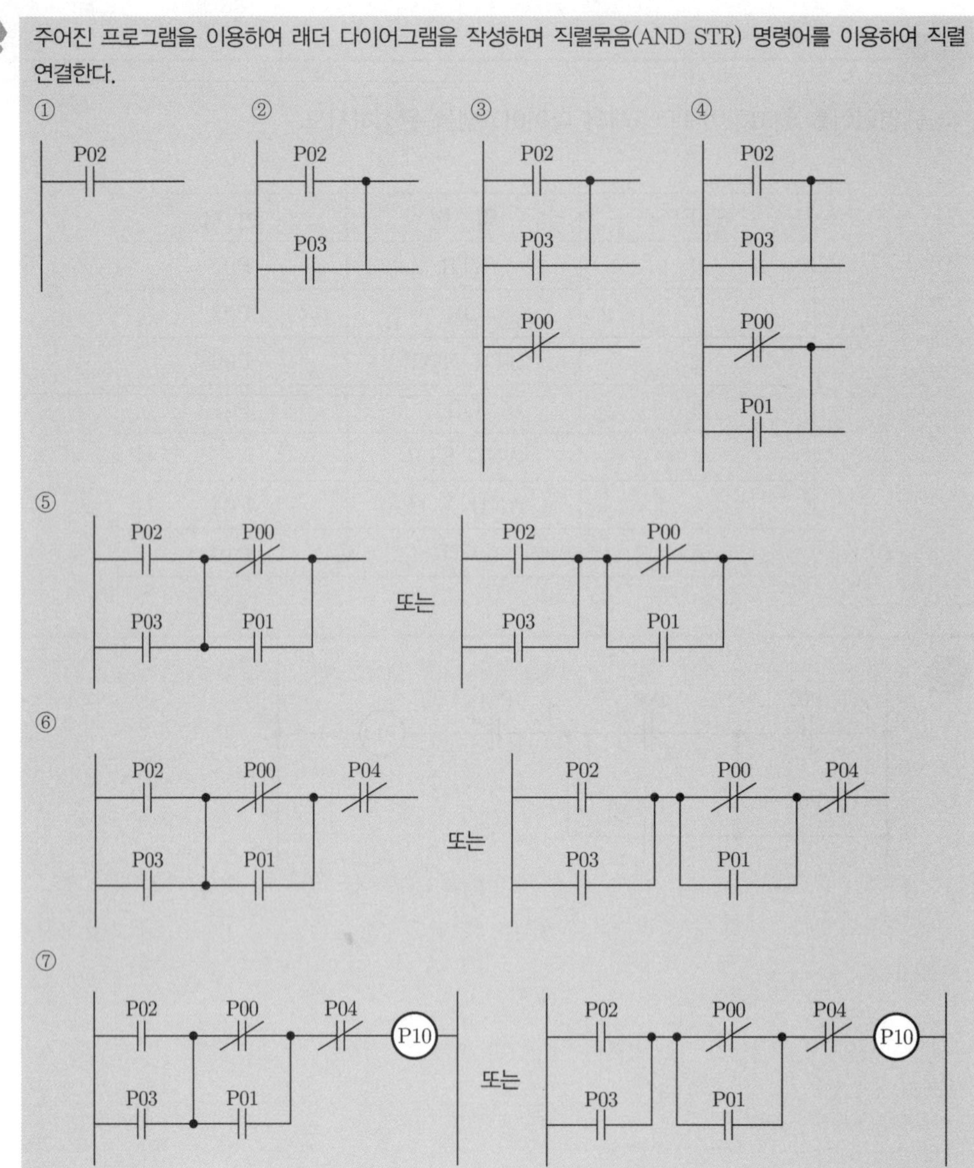

전기기사 실기 기출문제

2015

2015년 실기 기출문제 분석

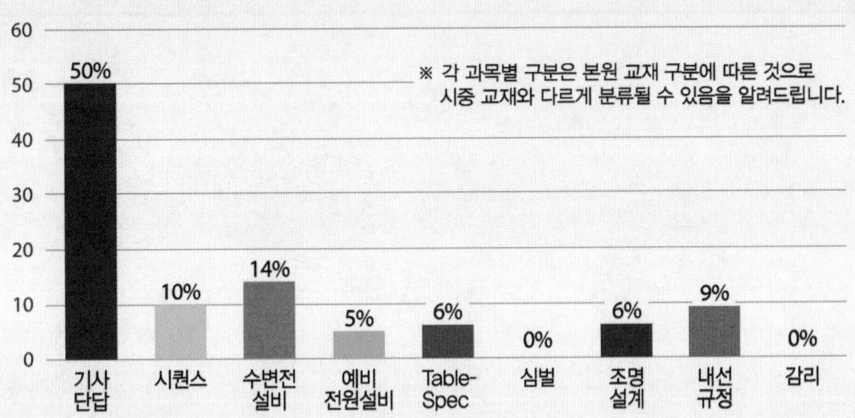

전기기사 실기 기출문제 2015년 1회

01 출제년도 : 15 　　　　배점 3점

3상 유도전동기의 역상제동에 대해 설명하시오.

회전중인 전동기의 1차 권선에 있는 3개의 단자 중 임의로 2개의 단자 접속을 바꾸어 제동하는 급제동 방식이다.

02 출제년도 : 00, 15, 20 　　　　배점 5점

교류 발전기에 대한 다음 각 물음에 답하시오.

1) 정격전압 6000[V], 용량 5000[kVA]인 3상 교류 발전기에서 여자전류가 300[A], 무부하 단자전압은 6000[V], 단락전류 700[A]라고 한다. 이 발전기의 단락비는 얼마인가?

2) 다음 [보기]에 대하여 (　　) 안을 채우시오.

[보기]　높다(고),　낮다(고),　크다(고),　작다(고)

단락비가 큰 교류 발전기는 일반적으로 기계의 치수가 (①), 가격이 (②), 풍손, 마찰손, 철손이 (③), 효율은 (④), 전압변동률은 (⑤), 안정도는 (⑥)

1) $I_n = \dfrac{P_n}{\sqrt{3}\,V_n} = \dfrac{5000\times 10^3}{\sqrt{3}\times 6000} = 481.125[\text{A}]$　　∴ 481.13[A]

∴ 단락비(K_s) $= \dfrac{I_s}{I_n} = \dfrac{700}{481.13} = 1.454$　　∴ 1.45

2) ① 크고　② 높고　③ 크고　④ 낮고　⑤ 작고　⑥ 높다.

해설 **단락비가 큰 기계(철기계)의 특징**

① 안정도가 증진된다.
② 충전용량이 커진다.
③ 과부하 내량이 크다.
④ 효율이 나쁘다(철손이 많다)
⑤ 대형·고가
⑥ 단락전류가 크다.
⑦ 전압변동률이 작다.
⑧ 동기 임피던스(Z_s)가 작다.
⑨ 전기자 반작용이 작다.

03

출제년도 : 15 배점 4점

ACB가 설치되어 있는 배전반 전면에 전압계, 전류계, 전력계 CTT, PTT가 설치되어 있고 수변전 단선도가 없어 CT비를 알 수 없는 상태이다. 전류계의 지시는 R, S, T 상 모두 240[A]이고, CTT측 단자의 전류를 측정한 결과 2[A]였을 때 CT비(I_1 / I_2)를 계산하시오. (단, CT 2차측 전류는 5[A]로 한다)

• 계산 : • 답 :

답안

• 계산 : CT비 $= \dfrac{I_1}{I_2} = \dfrac{I_1'}{I_2'}$ (단, I_2 : CT 2차측 전류, I_1' : 전류계 측정전류, I_2' : CTT 측정전류)

$$\frac{I_1}{5} = \frac{240}{2}$$

$$I_1 = \frac{240}{2} \times 5 = 600[\text{A}]$$

따라서 CT비 $= \dfrac{I_1}{I_2} = \dfrac{600}{5}$

• 답 : 600/5

04 출제년도 : 00, 15, 18 **배점 8점**

가공선로와 비교하여 지중선로의 장점과 단점을 4가지씩 쓰시오.

1) 장점
-
-
-
-

2) 단점
-
-
-
-

1) **지중선로 장점**
   ① 동일루트에 다회선 설치가 가능하다.
   ② 충전부의 절연으로 안전성 확보가 용이하다.
   ③ 외부기상 여건등의 영향이 없다.
   ④ 차폐케이블 사용으로 유도 장해 경감된다.
2) **지중선로 단점**
   ① 동일굵기의 가공선로에 비해 송전용량이 작다.
   ② 건설비용 고가이다.
   ③ 고장점 발견이 어렵고 복구가 어렵다.
   ④ 설비구성상 신규수용대응 탄력성이 떨어진다.

1) 그 외
   - 쾌적한 도심 환경조성이 가능하다.
   - 경과지 확보가 가능하다.
2) 그 외
   - 건설기간 장기간 소요된다.

05 출제년도 : 15

배점 5점

1[mA] 전류계로 5[mA] 전류를 측정하기 위한 분류기 저항값은 얼마인가? (단, 전류계 내부 저항 20[kΩ])

• 계산 :

• 답 :

• 계산

분류기 $I_2 = I_1\left(1+\frac{r}{R_m}\right)$ 여기서, I_2 : 측정범위가 큰 값, I_1 : 측정 범위가 작은 값, R_m : 분류기 저항, r : 내부저항

$\frac{r}{R_m} = \frac{I_2}{I_1} - 1$

$\therefore\ R_m = \frac{r}{\frac{I_2}{I_1}-1} = \frac{20}{\frac{5}{1}-1} = 5[\text{k}\Omega]$

• 답 : 5[kΩ]

06 출제년도 : 15

배점 4점

다음 물음에 답하시오.

1) 어떤 광원의 광색이 어느 온도의 흑체의 광색과 같을 때 이것을 무엇이라 하는가?

2) 조명된 물체의 색의 보임이 다르게 보이는 성질을 무엇이라 하는가?

1) 색온도
2) 연색성

07 출제년도 : 06, 15 배점 4점

220[V], 40[W] 2등용 형광등 100개의 15[A] 분기회로수는 몇 회로인가? (단, 형광등 역률 80[%], 분기회로는 80[%]의 부하전류에 대하여 적용한다)

• 계산 : • 답 :

• 계산 : $n = \dfrac{\dfrac{40 \times 2}{0.8} \times 100}{220 \times 15 \times 0.8} = 3.787$

• 답 : 15[A] 분기 4회로

08 출제년도 : 15 / 유사 : 00, 01, 02, 03, 04, 05, 06, 07, 09, 10, 11, 12, 13, 14, 16, 17 배점 5점

가로 20[m], 세로 30[m], 천장 높이 4.85[m], 작업면 높이 0.85[m]인 사무실의 조명설계를 하고자 한다. 소요조도 300[lx]로 하고 40[W] 형광등의 광속은 2890[lm], 보수율 70[%], 조명률 50[%]로 한다.

1) 이 사무실의 실지수는 얼마인가?

2) 40[W] 2등용 형광등 기구수는 몇 개인가?

• 계산 : • 답 :

1) 실지수 $= \dfrac{X \cdot Y}{H(X+Y)} = \dfrac{20 \times 30}{(4.85-0.85) \times (20+30)} = 3$

2) • 계산 : $FUN = DES$

$N = \dfrac{DES}{F \cdot U} = \dfrac{\dfrac{1}{0.7} \times 300 \times 20 \times 30}{2890 \times 2 \times 0.5} = 88.976$개

• 답 : 89개

2015

09 출제년도 : 14, 15

배점 5점

3상 3선식 송전선로의 수전단전압이 60[kV]일 때 다음을 구하시오. (단, 지상역률 80[%], 부하전류 200[A], 선로저항 7.81[Ω], 리액턴스는 11.78[Ω]이다)

1) 송전단 전압을 구하시오.
- 계산 :
- 답 :

2) 전압강하율을 구하시오.
- 계산 :
- 답 :

1) • 계산 : 송전단전압 $(V_s) = V_r + e = V_r + \sqrt{3}\,I(R\cos\theta + X\sin\theta)$

$$= 60000 + \sqrt{3} \times 200 \times (7.81 \times 0.8 + 11.78 \times 0.6) = 64612.797[V]$$

• 답 : 64612.8[V]

2) • 계산 : 전압강하율$(\epsilon) = \dfrac{V_s - V_r}{V_r} \times 100 = \dfrac{64612.8 - 60000}{60000} \times 100 = 7.688[\%]$

• 답 : 7.69[%]

10 출제년도 : 10, 15 / 유사 : 16

배점 5점

어떤 변전소로부터 3.3[kV], 3상 3선식, 선로길이가 20[km]인 비접지식의 배전선 8회선이 접속되어 있다. 이 선로에 접속된 주상 변압기의 저압측에 시설될 중성점 접지공사의 저항값을 구하시오. (단, 자동차단장치는 없는 것으로 하며, 고압측의 1선지락전류는 4[A]라고 한다)

- 계산 :
- 답 :

- 계산 : 중성점 접지저항 $R_2 = \dfrac{150}{I_g} = \dfrac{150}{4} = 37.5[\Omega]$
- 답 : 37.5[Ω]

11 출제년도 : 00, 02, 15

배점 5점

변압기 운전 중 무부하로 7시간, $\frac{1}{2}$부하로 11시간, 전부하로 나머지 시간을 운전하였을 때 하루동안의 손실을 구하시오. (단, 철손이 1.2[kW], 동손이 2.4[kW]인 변압기이다)

• 계산 : • 답 :

• 계산 :
• 철손량 $= P_i \times t = 1.2 \times 24 = 28.8[\text{kWh}]$
• 동손량 $= m^2 \times P_c \times t = \left(\frac{1}{2}\right)^2 \times 2.4 \times 11 + 1^2 \times 2.4 \times 6 = 21[\text{kWh}]$
• 총손실량 $=$ 철손량 $+$ 동손량 $= 28.8 + 21 = 49.8[\text{kWh}]$

• 답 : 49.8[kWh]

12 출제년도 : 15

배점 7점

Spot Network 수전방식에 대해 설명하고 장점 4가지를 쓰시오.

1) 설명 :

2) 장점
•
•
•
•

1) 설명
전력회사로부터 배전선 2회선 이상을 수전하여 수용가측 변압기를 병렬 운전하는 방식으로 네트워크 프로텍터에 의해 자동 Trip 및 재투입이 되는 무정전 수전방식이다.

2) 장점
① 무정전 전원공급이 가능하다.
② 공급신뢰도가 높다.
③ 전압변동률이 낮다.
④ 부하증가에 대한 적응성이 좋다.

13 출제년도 : 15 배점 **7점**

다음의 유접점 회로를 보고 물음에 답하시오.

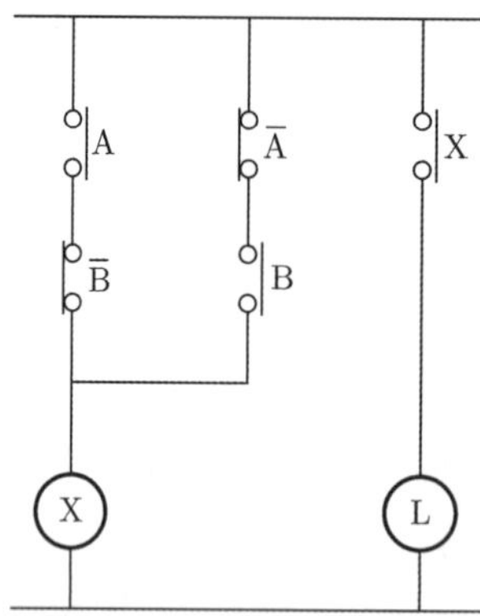

1) 이와 같은 회로를 무슨 회로라고 하는가?

2) 위 회로에 대한 논리식을 쓰시오.

3) 위에 대한 무접점 회로를 그리시오.

답안

1) EOR(배타적 논리합) 회로
2) $X = A\overline{B} + \overline{A}B$, $L = X$
3)

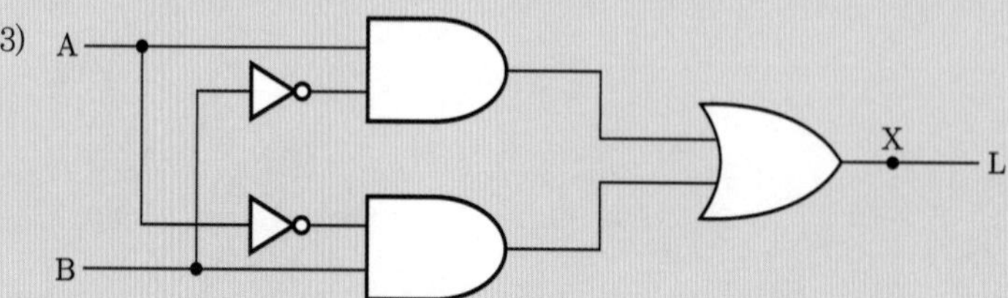

해설

- EOR(배타적 논리합) 회로의 출력 조건
  모두가 "1"이거나 모두가 "0"일 때는 출력이 나오지 않는다.
  즉, 어느 하나만 "1"인 경우에만 출력이 나오는 회로를 EOR(배타적 논리합) 회로라 한다.
- 논리소자

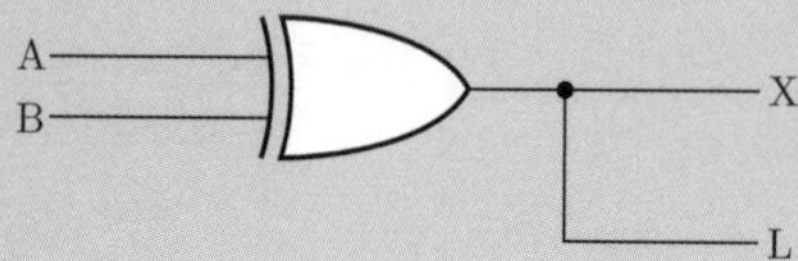

14 출제년도 : 06, 10, 15

배점 5점

머레이 루프법(Murray loop)으로 선로의 고장 지점을 찾고자 한다. 선로의 길이가 4[km](0.2[Ω/km])인 선로에 그림과 같이 접지 고장이 생겼을 때 고장점까지의 거리 X는 몇 [km]인가? (단, $P = 170[\Omega]$, $Q = 90[\Omega]$에서 브리지가 평형되었다고 한다)

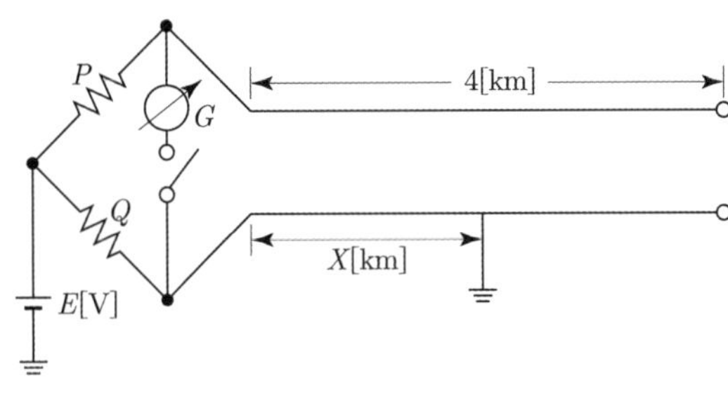

• 계산 :

• 답 :

• 계산 : $PX = Q(8-X)$

$PX = 8Q - XQ$

$X = \dfrac{Q}{P+Q} \times 8 = \dfrac{90}{170+90} \times 8 = 2.769[\text{km}]$

• 답 : 2.77[km]

$R = \rho \dfrac{\ell}{A}$에서 $R \propto \ell$ 하므로 선로의 길이는 저항값 대신 계산하여도 된다.

15 출제년도 : 03, 15, 20 　　　　　　　　　　　　　　　　　　　　　　　배점 5점

그림과 같은 방전특성을 갖는 부하에 필요한 축전지 용량은 몇 [Ah]인가?
(단, 방전전류 $I_1 = 200[\text{A}]$, $I_2 = 300[\text{A}]$, $I_3 = 150[\text{A}]$, $I_4 = 100[\text{A}]$,
방전시간 $T_1 = 130$[분], $T_2 = 120$[분], $T_3 = 40$[분], $T_4 = 5$[분],
용량환산시간 $K_1 = 2.45$, $K_2 = 2.45$, $K_3 = 1.46$, $K_4 = 0.45$,
보수율은 0.7로 적용한다)

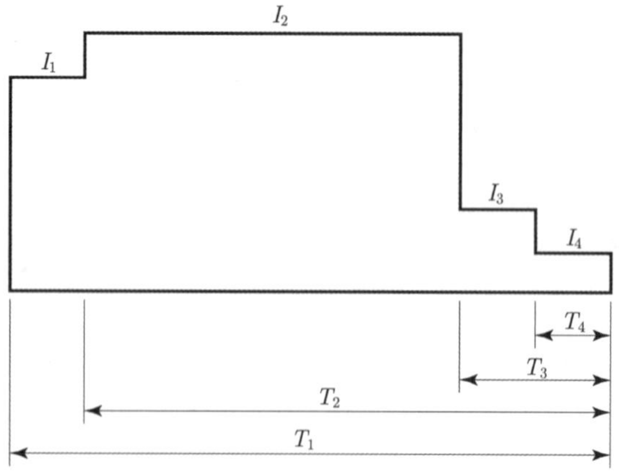

• 계산 : 　　　　　　　　　　　　　　　　　　　　　　　　• 답 :

• 계산 : $C = \frac{1}{L} \times \{K_1 I_1 + K_2(I_2 - I_1) + K_3(I_3 - I_2) + K_4(I_4 - I_3)\}$ (여기서, L : 보수율, K : 용량환산시간, I : 방전전류)

$= \frac{1}{0.7}\{2.45 \times 200 + 2.45 \times (300 - 200) + 1.46 \times (150 - 300) + 0.45 \times (100 - 150)\}$

$= 705$

• 답 : 705[Ah]

16 출제년도 : 15

배점 6점

다음 래더 다이어그램을 보고 PLC 프로그램을 완성하시오. (단, 시작 : LD, 시작부정 : LDI, 직렬 : AND, 직렬부정 : ANI, 병렬 : OR, 병렬부정 : ORI, 직렬접속 : ANB, 병렬접속 : OB, 출력 : OUT)

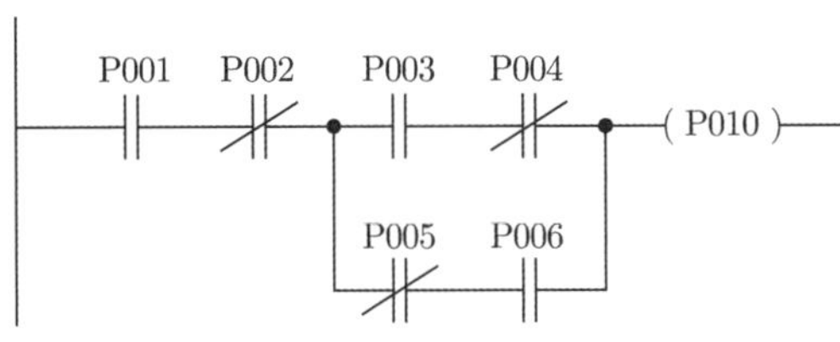

명령어	번지
LD	
ANI	
LD	
ANI	
LDI	
AND	
OB	
ANB	
OUT	

명령어	번지
LD	**P001**
ANI	**P002**
LD	**P003**
ANI	**P004**
LDI	**P005**
AND	**P006**
OB	–
ANB	–
OUT	**P010**

STEP	명령어	번지	래더 다이어그램
1	LD	P001	P001
2	ANI	P002	P001 P002
3	LD	P003	P001 P002 P003
4	ANI	P004	P001 P002 P003 P004
5	LDI	P005	P001 P002 P003 P004 P005
6	AND	P006	P001 P002 P003 P004 P005 P006
7	OB	–	P001 P002 P003 P004 P005 P006
8	ANB	–	P001 P002 P003 P004 P005 P006
9	OUT	P010	P001 P002 P003 P004 (P010) P005 P006

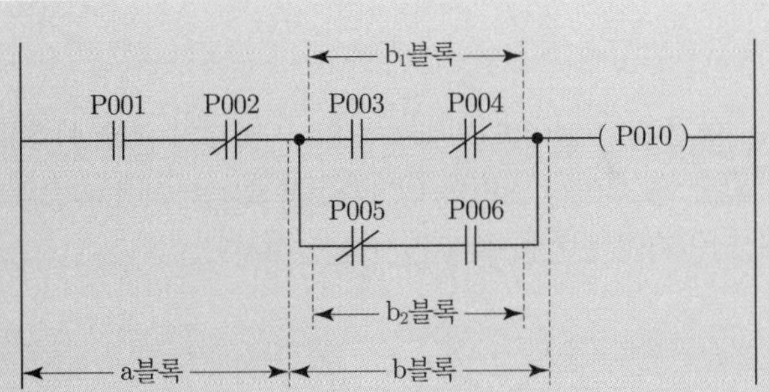

- 직렬, 병렬 회로로서 프로그램은 다음 순서에 의거하여 작성한다.

STEP	명령어	번지	설 명
0	LD	P001	a블럭을 프로그램 한다.
1	ANI	P002	
2	LD	P003	b_1블럭을 프로그램 한다.
3	ANI	P004	
4	LDI	P005	b_2블럭을 프로그램 한다.
5	AND	P006	
6	OB	–	b_1블럭과 b_2블럭을 병렬묶음 해준다.
7	ANB	–	a블럭과 b블럭을 직렬묶음 해준다.
8	OUT	P010	

17 출제년도 : 00, 15

배점 5점

어느 빌딩 수용가가 자가용 디젤 발전기 설비를 계획하고 있다. 발전기 용량 산출에 필요한 부하의 종류 및 특성이 다음과 같을 때 주어진 조건과 참고자료를 이용하여 전부하를 운전하는데 필요한 발전기 용량[kVA]을 답안지의 빈칸을 채우면서 선정하시오.

조건

① 전동기 기동시에 필요한 용량은 무시한다.
② 수용률 적용(동력) : 전동기 1대에 대하여 100[%], 2대는 80[%], 전등, 기타는 100[%]를 적용한다.
③ 전등, 기타의 역률은 100[%]를 적용한다.

부하의 종류	출력[kW]	극수(극)	대수(대)	적용 부하	기동 방법
전동기	37	8	1	소화전 펌프	리액터 기동
	22	6	2	급수 펌프	리액터 기동
	11	6	2	배풍기	Y－△ 기동
	5.5	4	1	배수 펌프	직입 기동
전등, 기타	50	－	－	비상 조명	－

[표 1] 저압 특수 농형 2종 전동기(KSC 4202) [개방형·반밀폐형]

정격 출력 [kW]	극수	동기 속도 [rpm]	전부하 특성		비고		
			효율 η [%]	역률 pf [%]	무부하 전류 I_0 각상의 전류값[A]	전부하 전류 I 각상의 평균값[A]	전부하 슬립 s [%]
5.5	4	1800	82.5 이상	79.5 이상	12	23	5.5
7.5			83.5 이상	80.5 이상	15	31	5.5
11			84.5 이상	81.5 이상	22	44	5.5
15			85.5 이상	82.0 이상	28	59	5.0
(19)			86.0 이상	82.5 이상	33	74	5.0
22			86.5 이상	83.0 이상	38	84	5.0
30			87.0 이상	83.5 이상	49	113	5.0
37			87.5 이상	84.0 이상	59	138	5.0
5.5	6	1200	82.0 이상	74.5 이상	15	25	5.5
7.5			83.0 이상	75.5 이상	19	33	5.5
11			84.0 이상	77.0 이상	25	47	5.5
15			85.0 이상	78.0 이상	32	62	5.5
(19)			85.5 이상	78.5 이상	37	78	5.0
22			86.0 이상	79.0 이상	43	89	5.0
30			86.5 이상	80.0 이상	54	119	5.0
37			87.0 이상	80.0 이상	65	145	5.0
5.5	8	900	81.0 이상	72.0 이상	16	26	6.0
7.5			82.0 이상	74.0 이상	20	34	5.5
11			83.5 이상	75.5 이상	26	48	5.5
15			84.0 이상	76.5 이상	33	64	5.5
(19)			85.5 이상	77.0 이상	39	80	5.5
22			85.0 이상	77.5 이상	47	91	5.0
30			86.5 이상	78.5 이상	56	121	5.0
37			87.0 이상	79.0 이상	68	148	5.0

[표 2] 자가용 디젤 표준 출력[kVA]

50	100	150	200	300	400

	효율[%]	역률[%]	입력[kVA]	수용률[%]	수용률 적용값[kVA]
37×1					
22×2					
11×2					
5.5×1					
50					
계					

	효율[%]	역률[%]	입력[kVA]	수용률[%]	수용률 적용값[kVA]
37×1	87	79	$\frac{37}{0.87\times0.79}=53.83$	100	53.83
22×2	86	79	$\frac{22\times2}{0.86\times0.79}=64.76$	80	51.81
11×2	84	77	$\frac{11\times2}{0.84\times0.77}=34.01$	80	27.21
5.5×1	82.5	79.5	$\frac{5.5}{0.825\times0.795}=8.39$	100	8.39
50	100	100	50	100	50
계	–	–	211[kVA]	–	191.24[kVA]

∴ 주어진 조건에 [표 2]에 의하여 200[kVA]를 선정한다.

18 출제년도 : 15, 18 / 유사 : 16 배점 12점

다음은 $3\phi 4\omega$ 22.9[kV] 수전설비 결선도이다. 다음 물음에 답하시오.

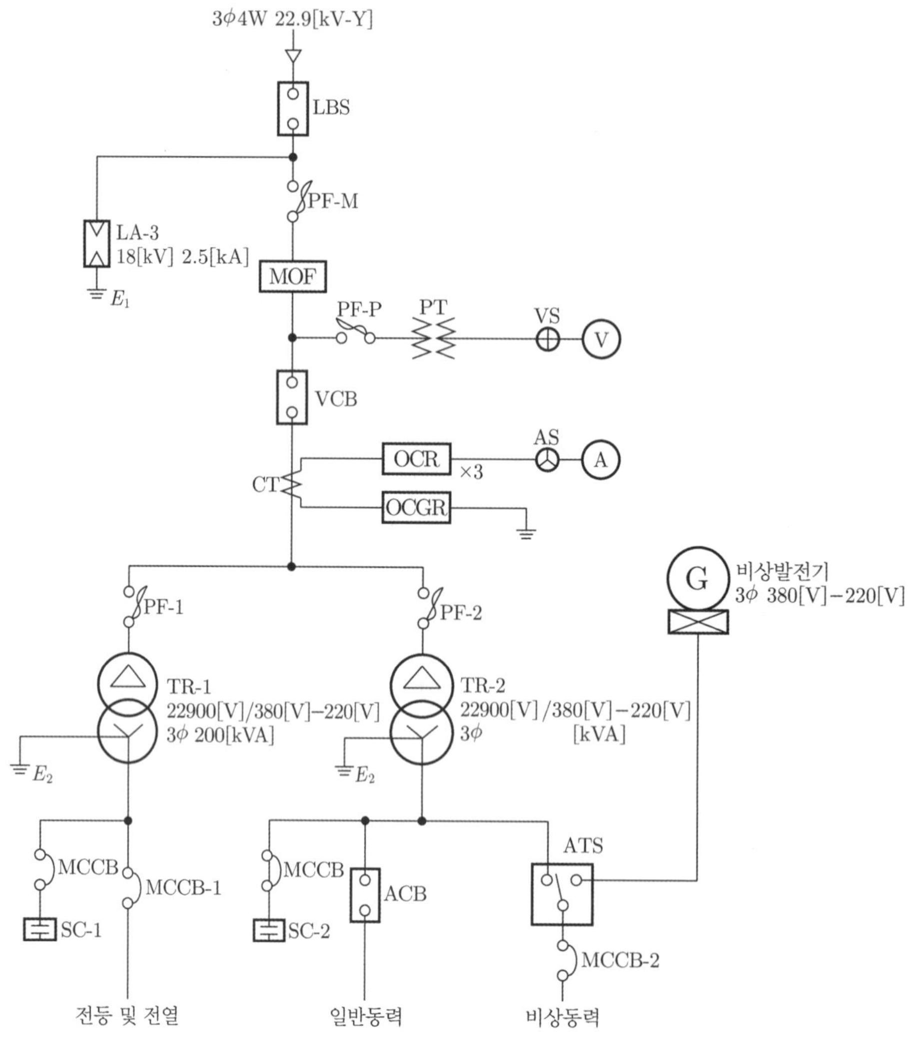

1) 단선결선도에서 LA에 대한 다음 물음에 답하시오.

① 우리말 명칭을 쓰시오.

② 기능과 역할에 대해 설명하시오.

③ 성능조건 4가지를 쓰시오.

2) 수전설비 단선결선도의 부하집계 및 입력환산표를 완성하시오.
(단, 입력환산[kVA]은 계산값은 소수 둘째자리에서 반올림한다)

구 분	전등 및 전열	일반동력	비상동력
설비용량 및 효율	합계 350[kW] 100[%]	합계 635[kW] 85[%]	유도전동기1 7.5[kW] 2대 85[%] 유도전동기2 11[kW] 1대 85[%] 유도전동기3 15[kW] 1대 85[%] 비상조명 8000[W] 100[%]
평균(종합)역률	80[%]	90[%]	90[%]
수용률	60[%]	45[%]	100[%]

부하집계 및 입력환산표

구 분		설비용량[kW]	효율[%]	역률[%]	입력환산[kVA]
전등 및 전열		350			
일반동력		635			
비상 동력	유도전동기 1	7.5×2			
	유도전동기 2	11			
	유도전동기 3	15			
	비상조명	8			
	소계	–	–	–	

3) TR－2의 적정용량은 몇 [kVA]인지 단선결선도와 "(2)"항의 부하집계표를 참고하여 구하시오.

참고사항

- 일반 동력군과 비상 동력군 간의 부등률은 1.3이다.
- 변압기 용량은 15[%] 정도의 여유를 갖는다.
- 변압기의 표준규격[kVA]은 200, 300, 400, 500, 600이다.

• 계산 : • 답 :

4) 단선결선도에서 TR－2의 2차측 중성점의 제2종 접지공사의 접지선 굵기[mm^2]를 구하시오.

참고사항

- 접지선은 GV전선을 사용하고 표준굵기[mm^2]는 6, 10, 16, 25, 35, 50, 70 으로 한다.
- GV전선의 허용최고온도는 150[℃]이고 고장전류가 흐르기 전의 접지선의 온도는 30[℃]로 한다.
- 고장전류는 정격전류의 20배로 본다.
- 변압기 2차의 과전류 보호차단기는 고장전류에서 0.1초 이내에 차단되는 것이다.
- 변압기 2차의 과전류 차단기의 정격전류는 변압기 정격전류의 1.5배로 한다.

• 계산 : • 답 :

1) ① 피뢰기

② • 이상 전압이 내습해서 피뢰기의 단자전압이 어느 일정 값 이상으로 올라가면 즉시 방전해서 전압 상승을 억제한다.

• 이상 전압이 없어져서 단자 전압이 일정 값 이하가 되면 즉시 방전을 정지해서 원래의 송전 상태로 되돌아가게 한다.

③ • 상용 주파 방전 개시 전압이 높을 것
• 충격 방전 개시 전압이 낮을 것
• 방전내량이 크면서 제한 전압이 낮을 것
• 속류 차단 능력이 클 것

2)

구 분		설비용량[kW]	효율[%]	역률[%]	입력환산[kVA]
전등 및 전열		350	100	80	437.5
일반동력		635	85	90	830.1
비상동력	유도전동기 1	7.5×2	85	90	19.6
	유도전동기 2	11	85	90	14.4
	유도전동기 3	15	85	90	19.6
	비상조명	8	100	90	8.9
	소계	−	−	−	62.5

3) • 계산 : 변압기 용량 $\mathrm{TR}-2 = \dfrac{(830.1 \times 0.45) + ([19.6 + 14.4 + 19.6 + 8.9] \times 1}{1.3} \times 1.15$

$= 385.732[\mathrm{kVA}]$ • 답 : 400[kVA]

4) • 계산 : 온도상승식 $\theta = 0.008\left(\dfrac{I}{A}\right)^2 \cdot t$ 에서 온도 상승 $\theta = 150 - 30 = 120[℃]$,

고장전류 $I = 20I_n$ [A], 통전시간 $t = 0.1$[sec]이므로

$$120 = 0.008 \times \left(\frac{20I_n}{A}\right)^2 \times 0.1$$

$\therefore\ A = 0.0516I_n = 0.0516 \times \dfrac{400 \times 10^3}{\sqrt{3} \times 380} \times 1.5 = 47.038[\mathrm{mm}^2]$ • 답 : 50[mm²]

접지선 굵기의 산정기초

1. 접지선의 온도상승

동선에 단시간전류가 흘렀을 경우의 온도상승은 보통 다음 식으로 주어진다.

$$\theta = 0.008\left(\frac{I}{A}\right)^2 t$$

여기서, θ : 동선의 온도상승(℃), I : 전류[A], A : 동선의 단면적[mm²], t : 통전시간[초]

2. 계산조건

접지선의 굵기를 결정하기 위한 계산조건은 다음과 같다.

① 접지선에 흐르는 고장전류의 값은 전원측 과전류차단기 정격전류의 20배로 한다.
② 과전류차단기는 정격전류 20배의 전류에서는 0.1초 이하에서 끊어지는 것으로 한다.
③ 고장전류가 흐르기 전의 접지선 온도는 30[℃]로 한다.
④ 고장전류가 흘렀을 때의 접지선의 허용온도는 160[℃]로 한다.
(따라서, 허용온도상승은 130[℃]가 된다)

3. 계산식

먼저 계산식에 상기의 조건을 넣으면 다음과 같다.

$$130 = 0.008 \times \left(\frac{20I_n}{A}\right)^2 \times 0.1$$

즉 $A = 0.0496\,I_n$ (여기서, I_n : 과전류차단기의 정격전류)

전기기사 실기 기출문제 2015년 2회

01 출제년도 : 15 배점 5점

배전선의 기본파 전압 실효값이 V_1[V], 고조파 전압 실효값이 V_3[V], V_5[V], V_n[V]이다. THD(Total Harmonic Distortion)의 정의와 계산식을 쓰시오.

- 정의 :
- 계산식 :

- 왜형률의 정의 : 기본파의 실효값에 대한 나머지 전 고조파 실효값의 비율
- 계산식 : $\text{THD} = \dfrac{\sqrt{V_3^2 + V_5^2 + V_n^2}}{V_1} \times 100[\%]$

$$\text{THD(종합고조파 왜형률)} = \frac{\text{전 고조파의 실효값}}{\text{기본파의 실효값}} \times 100[\%]$$

$$= \frac{\sqrt{V_3^2 + V_5^2 + V_n^2}}{V_1} \times 100[\%]$$

02 출제년도 : 03, 05, 15 배점 5점

설비불평형률에 대한 다음 각 물음에 답하시오. (단, 전동기의 출력[kW]를 입력[kVA] 로 환산하면 5.2[kVA]이다)

1) 저압, 고압 및 특고압 수전의 3상 3선식 또는 3상 4선식에서 불평형 부하의 한도는 단상 부하로 계산하여 설비불평형률은 몇 [%] 이하로 하는 것을 원칙으로 하는가?

2) 아래 그림과 같은 3상 3선식 440[V] 수전인 경우 설비 불평형률을 구하시오.

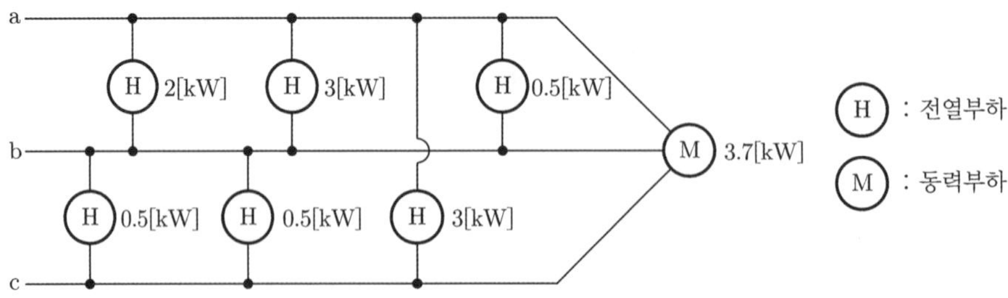

• 계산 : • 답 :

1) 30[%] 이하

2) • 계산 : 설비불평형률 $= \dfrac{(2+3+0.5)-(0.5+0.5)}{(2+3+0.5+0.5+0.5+3+5.2)\times\dfrac{1}{3}} \times 100 = 91.836[\%]$

• 답 : 91.84[%]

• $3\phi 3\omega$ 또는 $3\phi 4\omega$ 일 때

설비 불평형률 $= \dfrac{\text{각 선간에 접속되는 단상부하 총 설비용량의 최대와 최소의 차[kVA]}}{\text{총 부하설비 용량[kVA]}\times\dfrac{1}{3}} \times 100[\%]$

• $P_{a-b} = (2+3+0.5)[\text{kVA}]$, $P_{b-c} = (0.5+0.5)[\text{kVA}]$, $P_{c-a} = 3[\text{kVA}]$에서

최대는 P_{a-b} 최소는 P_{b-c} 이다.

03 출제년도 : 03, 05, 15 **배점 5점**

출력 100[kW]의 디젤발전기를 8시간 운전하여 발열량 10,000[kcal/kg]의 연료를 215[kg] 소비할 때 발전기 종합 효율은 몇 [%]인지 구하여라.

• 계산 : • 답 :

답안

• 계산 : $P=\dfrac{BH\eta}{860t\cos\theta}$ (여기서, B : 연료소비량[kg], H : 발열량[kcal/kg])

$$\therefore \ \eta=\frac{860\cdot P\cdot t}{BH}\times 100=\frac{860\times 100\times 8}{215\times 10000}\times 100 = 32[\%]$$

• 답 : 32[%]

04 출제년도 : 15

배점 4점

전선이 정삼각형의 배열로 배치된 3상 가공선로에서 전선의 굵기, 선간거리, 표고, 기온에 의해 코로나 임계전압이 받는 영향을 쓰시오.

구 분	임계전압이 받는 영향
전선 굵기	
선간 거리	
표고[m]	
기온[℃]	

구 분	임계전압이 받는 영향
전선 굵기	전선굵기가 커지면 임계전압은 상승한다.
선간 거리	선간거리가 클수록 임계전압은 대수적으로 변한다.
표고[m]	표고가 높으면 기압이 낮아져 임계전압이 낮아진다.
기온[℃]	기온이 상승하면 임계전압이 낮아진다.

코로나 임계전압 $E_0 = 24.3 m_0 m_1 \delta \cdot d \cdot \log_{10} \dfrac{D}{r}$ [kV]

m_0 : 전선표면상태계수, m_1 : 기후계수(날씨계수), δ : 상대공기밀도 $= \dfrac{0.386\,b(\text{기압})}{273 + t(\text{기온})}$

d : 전선굵기, D : 선간거리

① 전선굵기(d)가 커지면 임계전압(E_0)는 상승한다.

② 선간거리가 클수록 임계전압(E_0)는 대수적으로 변한다.

③ 기온(t)가 상승하면 임계전압(E_0)는 낮아진다. 표고가 높으면 기압이 낮아져 임계전압(E_0)는 낮아진다.

05 출제년도 : 15

배점 5점

200[V], 6[kW], 역률 0.6(늦음)의 부하에 전력을 공급하고 있는 전선 1가닥의 저항이 0.15[Ω], 리액턴스가 0.1[Ω]인 단상 2선식의 배전선이 있다. 지금 부하의 역률을 개선해서 1로 하면 역률 개선 전, 후의 전력손실 차이는 몇 [W]인지 계산하시오.

• 계산 : • 답 :

• 계산

① 개선 전$(I) = \dfrac{P}{V\cos\theta} = \dfrac{6000}{200 \times 0.6} = 50\,[\text{A}]$

역률 개선 전 전력손실$(P_\ell) = 2I^2R = 2 \times 50^2 \times 0.15 = 750[\text{W}]$

② 역률 개선 후 전력손실$(P_\ell{}') = \dfrac{\dfrac{1}{1^2}}{\dfrac{1}{0.6^2}} \cdot P_\ell = (0.6)^2 \times 750 = 270[\text{W}]$

③ 전력손실 차이 $= 750 - 270 = 480[\text{W}]$

• 답 : 480[W]

• n선식 전력손실$(P_\ell) = nI^2R\,[\text{W}]$

• 단상 2선식 전력손실$(P_\ell) = 2I^2R[\text{W}]$

• $\dfrac{\text{역률 개선후 전력손실}(P_\ell{}')}{\text{역률 개선전 전력손실}(P_\ell)} = \dfrac{\dfrac{1}{\cos^2\theta'}}{\dfrac{1}{\cos^2\theta}} = \left(\dfrac{\cos\theta}{\cos\theta'}\right)^2$

• 개선 후 전력손실$(P_\ell{}') = \left(\dfrac{\cos\theta}{\cos\theta'}\right)^2 \cdot P_\ell$

06 출제년도 : 01, 15 배점 6점

그림과 같은 단선계통도를 보고 다음 각 물음에 답하시오. (단, 한국 전력측의 전원 용량은 500,000[kVA]이고, 선로손실 등 제시되지 않은 조건은 무시하기로 한다)

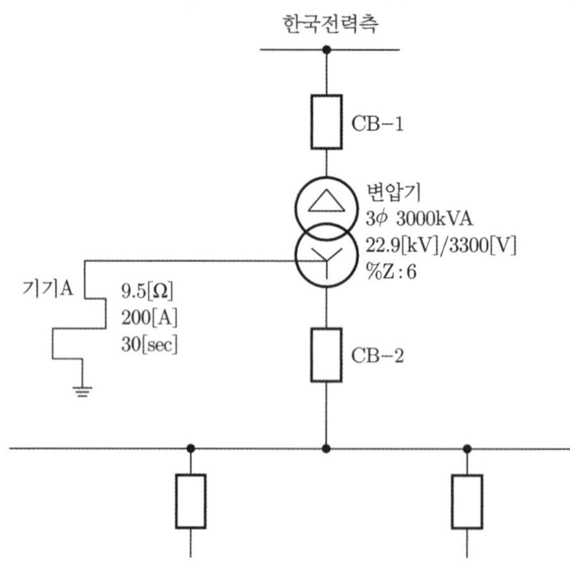

1) CB-2의 정격을 계산하시오. (단, 차단 용량은 [MVA]로 표기하시오.)
   - 계산 :   • 답 :

2) 기기-A의 명칭과 기능을 설명하시오.
   - 명칭 :
   - 기능 :

답안

1) • 계산 : 기준용량(P_n)을 3000[kVA]로 하면

① 전원측($\%Z_s$) $= \dfrac{P_n}{P_s} \times 100 = \dfrac{3000}{500000} \times 100 = 0.6[\%]$

② CB-2 2차측까지의 합성 임피던스($\%Z$) $= \%Z_S + \%Z_T = 0.6 + 6 = 6.6[\%]$

③ 차단용량(P_s) $= \dfrac{100}{\%Z} P_n = \dfrac{100}{6.6} \times 3000 \times 10^{-3} = 45.454[\text{MVA}]$

- 답 : 45.45[MVA]

2) • 명칭 : 중성점 접지저항기
- 기능 : 지락사고시 보호계전기 확실한 동작 및 건전상 전위상승 억제하여 기기 및 선로의 절연레벨 경감시킨다.

07 출제년도 : 15 **배점 6점**

1회선의 3상 지중 송전선로의 3상 무부하 충전전류[A]와 충전용량[kVA]을 구하시오.
(조건 : 전압 22,900[V], 주파수 60[Hz], 송전선 길이는 7[km], 케이블 1선당 작용 정전용량 0.4[μF/km]이다)

1) 충전전류
- 계산 :
- 답 :

2) 충전용량
- 계산 :
- 답 :

2015

1) 충전전류
- 계산 : 충전전류(I_c) $= 2\pi f \times C \times E = 2\pi \times 60 \times 0.4 \times 10^{-6} \times 7 \times \dfrac{22900}{\sqrt{3}} = 13.956$[A]
- 답 : 13.96[A]

2) 충전용량
- 계산 : 충전용량(Q_c) $= 3 \times 2\pi f \times C \times E^2 \times 10^{-3}$

$$= 3 \times 2\pi \times 60 \times 0.4 \times 10^{-6} \times 7 \times \left(\frac{22900}{\sqrt{3}}\right)^2 \times 10^{-3} = 553.554[\text{kVA}]$$

- 답 : 553.55[kVA]

1) 충전전류(I_c)$= \omega CE = 2\pi f \times C \times 10^{-6} \times \ell[\text{km}] \times \dfrac{V}{\sqrt{3}}$[A]
2) 충전용량(Q_c)$= 3\omega CE^2 \times 10^{-3}[\text{kVA}] = 3 \times 2\pi f \times C \times 10^{-6} \times \ell[\text{km}] \times \left(\dfrac{V}{\sqrt{3}}\right)^2 \times 10^{-3}$[kVA]

08 출제년도 : 05, 15, 20

배점 7점

CT에 관한 다음 각 물음에 답하시오.

1) Y－△로 결선한 주변압기의 보호로 비율차동계전기를 사용한다면 CT의 결선은 어떻게 하여야 하는지를 설명하시오.

2) 통전 중에 있는 변류기의 2차측 기기를 교체하고자 할 때 가장 먼저 취하여야 할 조치를 설명하시오.

3) 수전전압이 22.9[kV], 수전 설비의 부하 전류가 65[A]이다. 100/5[A]의 변류기를 통하여 전류 계전기를 시설하였다. 120[%] 의 과부하에서 차단시킨다면 과전류 계전기탭 전류값은 몇 [A]로 설정해야 하는가?

- 계산 :
- 답 :

1) 변압기 1차 CT는 △, 2차 CT는 Y로 결선한다.
2) 2차측을 먼저 단락시킨다.
3) • 계산 : 과전류 계전기탭(I_t) = 부하전류 $\times \frac{1}{\text{CT비}} \times$ 설정값

$$I_t = 65 \times \frac{5}{100} \times 1.2 = 3.9[\text{A}]$$

• 답 : 4[A]

1) 변압기의 결선이 Y－△ 결선시 2차와 1차간에 30° 위상차가 생겨 CT를 통과하면 위상차에 의한 전류가 흘러 오동작함.
따라서, 위상차를 없애기 위해 변류기 결선은 변압기 결선과 반대로 한다.
2) 변류기 2차를 개방하면 1차측 부하전류가 전부 여자전류가 되어 2차측에 고전압이 유기되어 절연이 파괴된다. 따라서 기기를 교체할 때는 먼저 변류기 2차측을 단락시켜야 한다.
3) 과전류 계전기(4~12[A]형) : 4, 5, 6, 7, 8, 10, 12[A] 등이 있다.

09 출제년도 : 15

배점 4점

다음 축전지에 관한 물음에 답하시오.

1) 축전지의 자기 방전을 보충함과 동시에 사용부하에 대한 전력공급은 충전기가 부담하도록 하되 충전기가 부담하기 어려운 일시적인 대전류 부하는 축전지가 부담하도록 하는 방식은?

2) 각 전해조에 일어나는 전위차를 보정하기 위해 1~3개월마다 1회씩 정전압으로 10~12시간 충전하는 방식은?

3) 축전지의 충전방식 종류에 대한 명칭을 쓰시오.

답안

1) 부동충전방식
2) 균등충전방식
3) 보통충전방식, 급속충전방식, 세류충전방식, 부동충전방식, 회복충전방식

10 출제년도 : 15

배점 5점

감광보상률이 무엇을 의미하는지 설명하시오.

사용기간 경과에 따른 광속의 감소에 대비하여 여유를 주는 정도를 말한다.

11 출제년도 : 15

배점 5점

3상 농형 유도전동기 부하가 다음 표와 같을 때 간선의 굵기를 구하려고 한다. 주어진 참고표의 해당 부분을 적용시켜 간선의 최소전선굵기를 구하시오. (단, PVC를 사용하며, 배선은 공사방법 B1에 의한다고 한다)

[부하내역]

상 수	전 압	용 량	대 수	기동방법
3상	200[V]	22[kW]	1대	기동기 사용
		7.5[kW]	1대	직입 기동
		5.5[kW]	1대	직입 기동
		1.5[kW]	1대	직입 기동
		0.75[kW]	1대	직입 기동

• 계산 : • 답 :

• 계산 : 전동기 총화 $= 22 + 7.5 + 5.5 + 1.5 + 0.75 = 37.25$[kW]

표의 37.5[kW]란에서 70[mm^2]

• 답 : 70[mm^2]

[참고자료] 전동기 공사에서 간선의 전선굵기·개폐기 용량 및 적정퓨즈(200[V], B종 퓨즈)

전동기 (kW)수의 총계 ①(kW) 이하	최대 사용 전류 ①'(A) 이하	배선종류에 의한 간선의 최소굵기(mm^2)②						직입기동 전동기 중 최대용량의 것											
		공사방법 A1 (3개선)		공사방법 B1 (3개선)		공사방법 C (3개선)		0.75 이하	1.5	2.2	3.7	5.5	7.5	11	15	18.5	22	30	37~55
								기동기사용 전동기 중 최대용량의 것											
								–	–	–	5.5	7.5	11 15	18.5 22	–	30 37	–	45	55
		PVC	XLPE, EPR	PVC	XLPE, EPR	PVC	XLPE, EPR	과전류차단기(A) ········ (칸 위 숫자) ③ 개폐기 용량 (A) ········ (칸 아래 숫자) ④											
3	15	2.5	2.5	2.5	2.5	2.5	2.5	15 30	20 30	30 30	–	–	–	–	–	–	–	–	–
4.5	20	4	2.5	2.5	2.5	2.5	2.5	20 30	20 30	30 30	50 60	–	–	–	–	–	–	–	–
6.3	30	6	4	6	4	4	2.5	30 30	30 30	50 60	50 60	75 100	–	–	–	–	–	–	–
8.2	40	10	6	10	6	6	4	50 60	50 60	50 60	75 100	75 100	100 100	–	–	–	–	–	–
12	50	16	10	10	10	10	6	50 60	50 60	50 60	75 100	75 100	100 100	150 200	–	–	–	–	–
15.7	75	35	25	25	16	16	16	75 100	75 100	75 100	75 100	100 100	100 100	150 200	150 200	–	–	–	–
19.5	90	50	25	35	25	25	16	100 100	100 100	100 100	100 100	100 100	150 200	150 200	200 200	200 200	–	–	–
23.2	100	50	35	35	25	35	25	100 100	100 100	100 100	100 100	100 100	150 200	150 200	200 200	200 200	200 200	–	–
30	125	70	50	50	35	50	35	150 200	150 200	150 200	150 200	150 200	150 200	150 200	200 200	200 200	200 200	–	–
37.5	150	95	70	70	50	70	50	150 200	150 200	150 200	150 200	150 200	150 200	150 200	200 200	300 300	300 300	300 300	–
45	175	120	70	95	50	70	50	200 200	200 200	200 200	200 200	200 200	200 200	200 200	200 200	300 300	300 300	300 300	300 300
52.5	200	150	95	95	70	95	70	200 200	200 200	200 200	200 200	200 200	200 200	200 200	200 200	300 300	300 300	400 400	400 400
63.7	250	240	150	–	95	120	95	300 300	300 300	300 300	300 300	300 300	300 300	300 300	300 300	300 300	400 400	400 400	500 600
75	300	300	185	–	120	185	120	300 300	300 300	300 300	300 300	300 300	300 300	300 300	300 300	300 300	400 400	400 400	500 600
86.2	350	–	240	–	–	240	150	400 400	400 400	400 400	400 400	400 400	400 400	400 400	400 400	400 400	400 400	400 400	600 600

[주]
1. 최소 전선 굵기는 1회선에 대한 것이며, 2회선 이상일 경우는 복수회로 보정계수를 적용하여야 한다.
2. 공사방법 A1은 벽 내의 전선관에 공사한 절연전선 또는 단심케이블, B1은 벽면의 전선관에 공사한 절연전선 또는 단심케이블, 공사방법 C는 벽면에 공사한 단심 또는 다심케이블을 시설하는 경우의 전선 굵기를 표시하였다.
3. 「전동기중 최대의 것」에는 동시 기동하는 경우를 포함함
4. 과전류차단기의 용량은 해당 조항에 규정되어 있는 범위에서 실용상 거의 최대값을 표시함
5. 과전류차단기의 선정은 최대용량의 정격전류의 3배에 다른 전동기의 정격전류의 합계를 가산한 값 이하를 표시함
6. 고리퓨즈는 300[A] 이하에서 사용하여야 한다.

12 출제년도 : 15, 17 / 유사 : 02, 03, 08, 11, 14, 16, 18

배점 5점

다음 변압기 절연내력시험 전압에 관한 빈칸에 알맞은 값을 쓰시오.

전로의 종류	시험전압
최대사용전압 7,000[V] 이하	최대사용전압의 ( )
최대사용전압 7,000[V] 초과 60,000[V] 이하	최대사용전압의 ( ) [최저전압 : 10,500[V]]
최대사용전압 60,000[V] 초과 중성점 비접지식	최대사용전압의 ( )
최대사용전압 7,000[V] 초과 25,000[V] 이하인 중성점 접지식 : 중성선 다중접지	최대사용전압의 ( )
최대사용전압 60,000[V] 초과 중성점 접지식	최대사용전압의 ( ) [최저전압 : 75,000[V]]
최대사용전압 60,000[V] 초과 중성점 직접 접지식	최대사용전압의 ( )
최대사용전압 170,000[V] 초과 중성점 직접 접지식 전로 : 발·변전소 또는 이에 준하는 장소	최대사용전압의 ( )

전로의 종류	시험전압
최대사용전압 7,000[V] 이하	최대사용전압의 (**1.5배**)
최대사용전압 7,000[V] 초과 60,000[V] 이하	최대사용전압의 (**1.25배**) [최저전압 : 10,500[V]]
최대사용전압 60,000[V] 초과 중성점 비접지식	최대사용전압의 (**1.25배**)
최대사용전압 7,000[V] 초과 25,000[V] 이하인 중성점 접지식 : 중성선 다중접지	최대사용전압의 (**0.92배**)
최대사용전압 60,000[V] 초과 중성점 접지식	최대사용전압의 (**1.1배**) [최저전압 : 75,000[V]]
최대사용전압 60,000[V] 초과 중성점 직접 접지식	최대사용전압의 (**0.72배**)
최대사용전압 170,000[V] 초과 중성점 직접 접지식 전로 : 발·변전소 또는 이에 준하는 장소	최대사용전압의 (**0.64배**)

13 출제년도 : 15 배점 6점

정격전압 440[V], 전기자전류 540[A], 정격속도 900[rpm]인 직류분권전동기가 있다. 브러시 접촉저항을 포함한 전기자회로의 저항은 0.041[Ω], 자속은 항상 일정할 때, 물음에 답하시오.

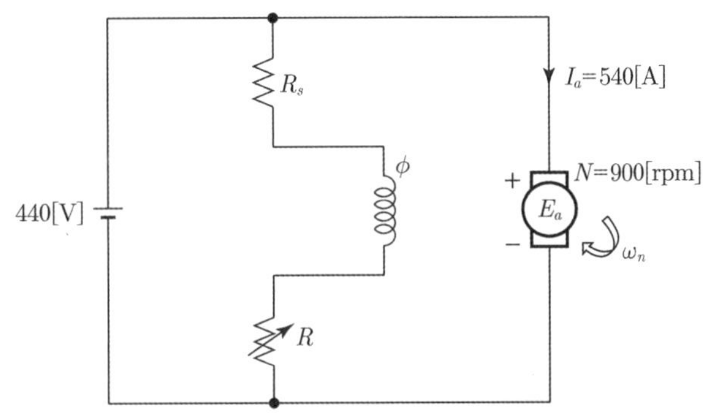

1) 전기자 유기기전력 E는 몇 [V]인가?
- 계산 :
- 답 :

2) 정격부하시 회전자에서 발생하는 토크 T[N·m]를 구하시오.
- 계산 :
- 답 :

3) 이 전동기는 75[%] 부하일 때 최대효율이다. 이 때 고정손(철손+기계손)을 계산하시오.

답안

1) • 계산 : $E = V - I_a R_a = 440 - (540 \times 0.041) = 417.86$[V]
- 답 : 417.86[V]

2) • 계산 : $T = \frac{60E \cdot I_a}{2\pi N} = \frac{60 \times 417.86 \times 540}{2\pi \times 900} = 2394.161$[N·m]
- 답 : 2394.16[N·m]

3) • 계산 : [최대효율조건] 고정손 = 가변손($P_i = m^2 P_c$)

$$= 0.75^2 \times I_a^2 \times r_a$$
$$= 0.75^2 \times 540^2 \times 0.041$$
$$= 6725.025[\text{W}]$$

- 답 : 6725.03[W]

14 출제년도 : 15

배점 5점

어느 공장에서 기중기의 권상하중 50[t], 12[m] 높이를 4분에 권상하려고 한다. 이것에 필요한 권상전동기의 출력을 구하시오. (단, 권상기구의 효율은 75[%]이다)

• 계산 : • 답 :

• 계산 : $P = \frac{WV}{6.12\eta} = \frac{50 \times \frac{12}{4}}{6.12 \times 0.75} = 32.679[\text{kW}]$

• 답 : 32.68[kW]

권상용 기중기 출력[kW] $= \frac{WV}{6.12\eta}$

(여기서, W : 권상 중량[ton], V : 권상속도[m/min], η : 효율)

15 출제년도 : 15

배점 5점

그림과 같은 전력시스템의 A점에서 고장이 발생하였을 경우 이 지점에서 3상 단락전류를 옴법에 의해 계산하라. (단, 발전기 G_1, G_2 및 변압기의 %리액턴스는 자기용량 기준으로 각각 30[%], 30[%] 및 8[%]이며, 선로저항은 0.5[Ω/km]이다)

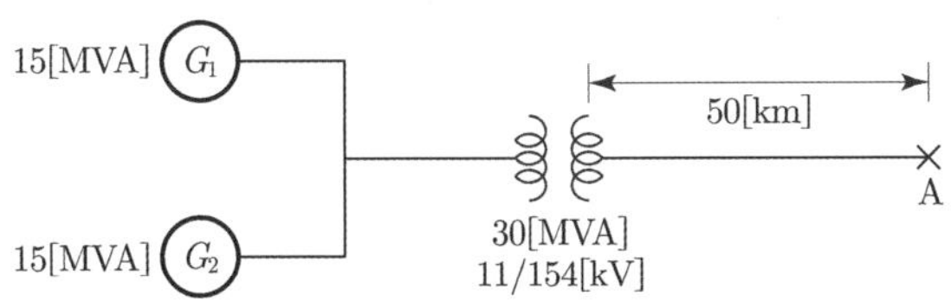

• 계산 :

• 답 :

• 계산

① 선로측 전압(154[kV])에 맞추어서 발전기 및 변압기 리액턴스를 환산

$$X_{g1}=X_{g2}=\frac{\%x_g\times 10V^2}{P}=\frac{30\times10\times154^2}{15000}=474.32[\Omega]$$

$$X_t=\frac{\%x_t\times 10V^2}{P}=\frac{8\times10\times154^2}{30000}=63.242[\Omega]$$

선로의 저항$(R)=0.5\times50=25[\Omega]$

고장점까지 합성 임피던스(Z)

$$Z=R+j\left(\frac{X_{g1}\times X_{g2}}{X_{g1}+X_{g2}}+X_t\right)=25+j\left(\frac{474.32}{2}+63.242\right)$$

$$=25+j300.402=\sqrt{25^2+300.402^2}$$

$$=301.44[\Omega]$$

② 3상 단락전류$(I_s)=\dfrac{E}{Z}=\dfrac{154000/\sqrt{3}}{301.44}=294.957[A]$

• 답 : 294.96[A]

① $\%Z=\dfrac{PZ}{10V^2}$에서 $Z=\dfrac{\%Z\times10V^2}{P}$에서 V : 고장점 전압[kV], P : 자기용량[kVA]

② 옴법에 의한 단락전류$(I_s)=\dfrac{E}{Z}=\dfrac{V/\sqrt{3}}{Z}$[A]

2015

16 출제년도 : 15

배점 6점

지중케이블 고장탐지법 3가지와 사용용도를 쓰시오.

고장탐지법	사용장소

고장탐지법	사용장소
머레이 루프법	1선 지락 사고 및 선간단락 사고시 고장점 측정
펄스 레이더법	단선, 단락, 지락 사고시 고장점 측정
정전브리지법	단선 사고시 고장점 측정

17 출제년도 : 09, 15

배점 6점

발전소 및 변전소에 사용되는 다음 각 모선보호방식에 대하여 설명하시오.

1) 전류차동계전방식 :
2) 전압차동계전방식 :
3) 위상비교계전방식 :
4) 방향비교계전방식 :

1) 전류차동계전방식 : 각 모선에 CT 2차 회로를 차동 접속하고 과전류 계전기를 설치하여 모선 내부고장시 모선에 유입하는 전류와 유출하는 전류차를 이용하여 고장을 검출한다.
2) 전압차동계전방식 : 각 모선에 CT 2차 회로를 차동 접속하고 임피던스가 큰 전압계전기를 설치하여 모선 내부고장시 계전기에 큰 전압이 걸려 동작하는 방식이다.
3) 위상비교계전방식 : 모선에 접속된 각 회선 전류의 위상을 비교하여 동상이면 내부사고, 역이면 외부사고로 판단하는 방식이다.
4) 방향비교계전방식 : 모선에 접속된 각 회선에 전력방향계전기를 설치 그의 접점을 조합하여 사고를 검출하는 방식이다.

1) 전류차동계전방식 : 각 모선에 설치된 CT의 2차 회로를 차동 접속하고 거기에 과전류 계전기를 설치한 것으로서, 모선내 고장에서는 모선에 유입하는 전류의 합과 유출하는 전류의 합이 서로 다르다는 것을 이용해서 고장 검출을 하는 방식이다.
2) 전압차동계전방식 : 각 모선에 설치된 CT의 2차 회로를 차동 접속하고 거기에 임피던스가 큰 전압계전기를 설치한 것으로서, 모선내 고장에서는 계전기에 큰 전압이 인가되어서 동작하는 방식이다.
3) 위상비교계전방식 : 모선에 접속된 각 회선에 전류 위상을 비교함으로써 모선 내 고장인지 외부 고장인지를 판별하는 방식
4) 방향비교계전방식 : 모선에 접속된 각 회선에 전력방향계전기 또는 거리방향계전기를 설치하여 모선으로부터 유출하는 고장 전류가 없는데 어느 회선으로부터 모선 방향으로 고장 전류의 유입이 있는지 파악하여 모선 내 고장인지 외부 고장인지를 판별하는 방식

18 출제년도 : 15, 18 배점 6점

3상 유도전동기 Y－△ 기동방식에 관한 다음 물음에 답하시오.

1) 주어진 도면의 주회로 부분의 미완성부분의 결선을 완성하시오.

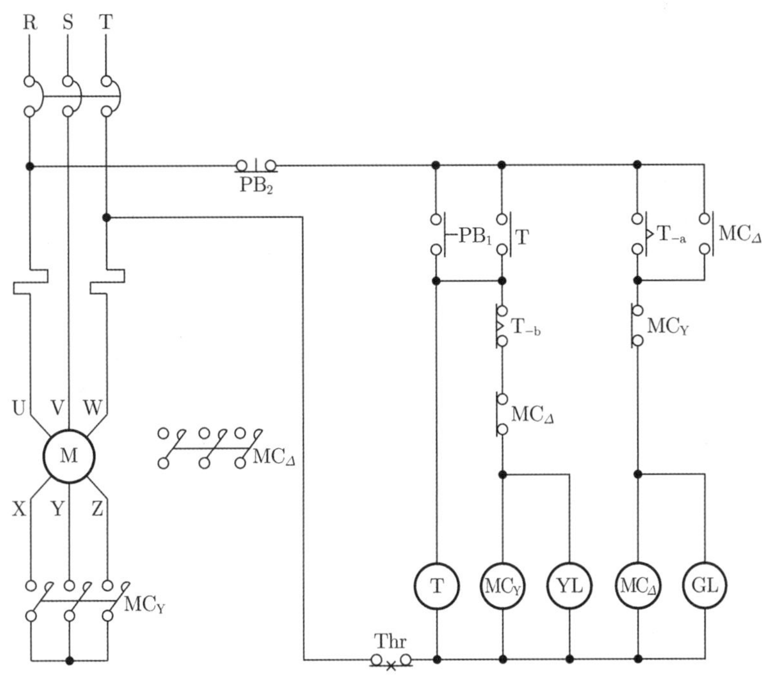

2) Y－△ 기동과 전전압 기동에 대해 기동전류비를 제시하여 설명하시오.

3) 3상 유도전동기를 Y－△로 기동하여 운전할 때 기동과 운전을 하기 위한 제어회로 동작상황을 설명하시오.

1)

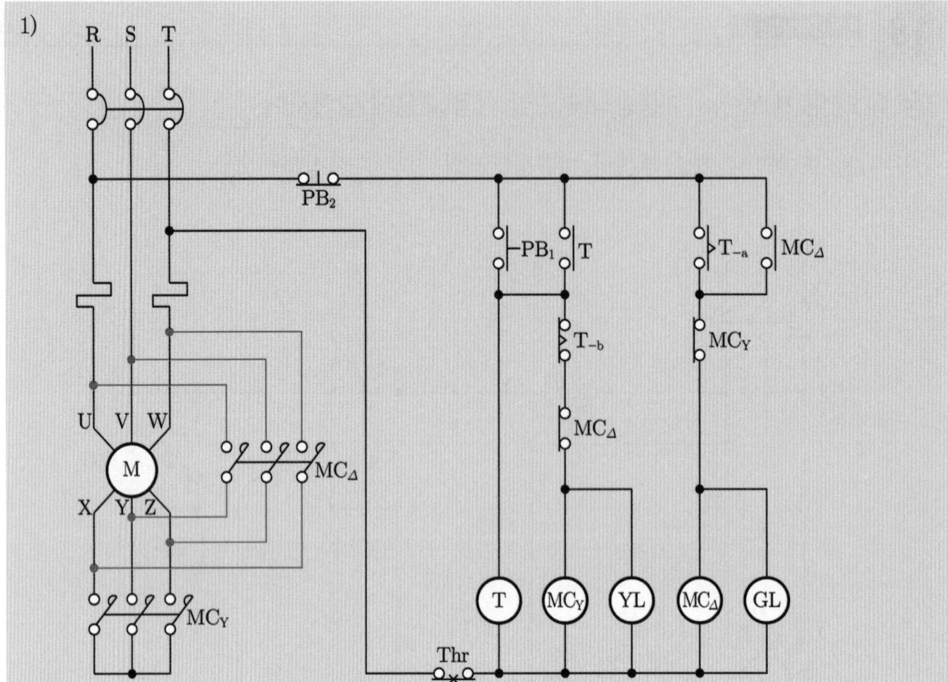

2) Y-△ 운전시 기동전류는 전전압 기동시보다 $\frac{1}{3}$로 줄어든다.

3) MCCB를 투입 후 PB_1을 누르면 T가 여자되고 MCY가 여자되어 전동기는 Y결선 기동된다. 설정시간이 지나면 MCY가 소자되고 MC△가 여자되며 전동기는 Y결선에서 △결선으로 운전된다.

19 출제년도 : 15

배점 4점

다음 유접점 회로의 논리식을 쓰고 무접점 회로도를 그리고 NAND만의 회로로 구성하시오.

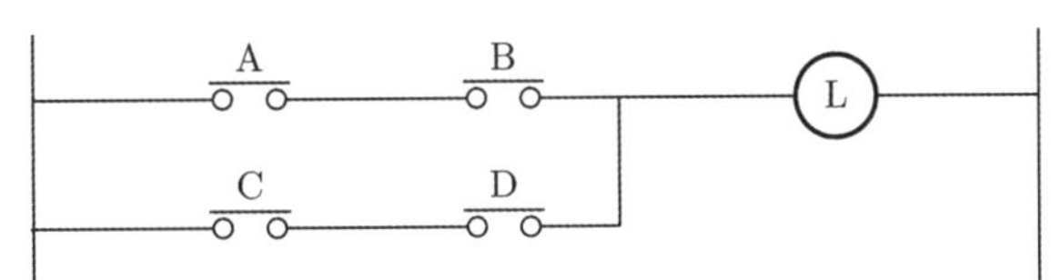

		NAND
논리식		
논리 회로		

답안

		NAND
논리식	$L = AB + CD$	$L = \overline{\overline{AB + CD}}$ $= \overline{\overline{AB} \cdot \overline{CD}}$
논리 회로	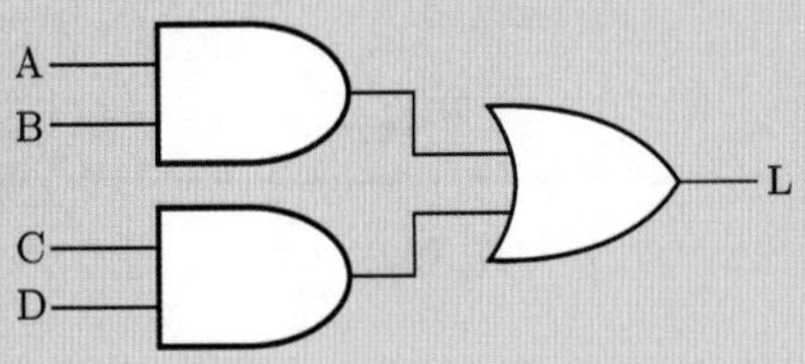	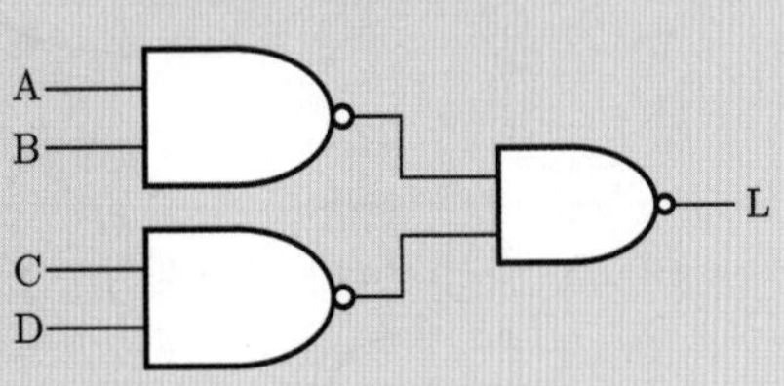

NAND 소자

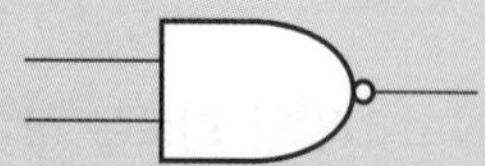

- NAND만의 회로로 구성하기 위한 4가지 순서

1. 논리회로 안의 OR 논리소자를 등가변환하기 위해 체크한다.
2. 1에서 체크한 OR 논리소자를 등가변환시킨다.
   OR → AND, 긍정 → 부정
3. 등가변환 후 논리회로 안의 모든 논리소자를 NAND 만의 논리소자로 변환시킨다.
   단, 이 때 NOT 논리소자는 변환시키지 않는다.
4. 논리회로 안에 남아 있는 NOT 논리소자를 정리한다.
   (NOT 논리소자가 1개인 경우는 2입력 NAND 논리소자, NOT 논리소자가 2개(이중부정)인 경우는 긍정으로 변환한다)

ex) 2입력 NAND 논리소자 :

이중부정 → 긍정 :

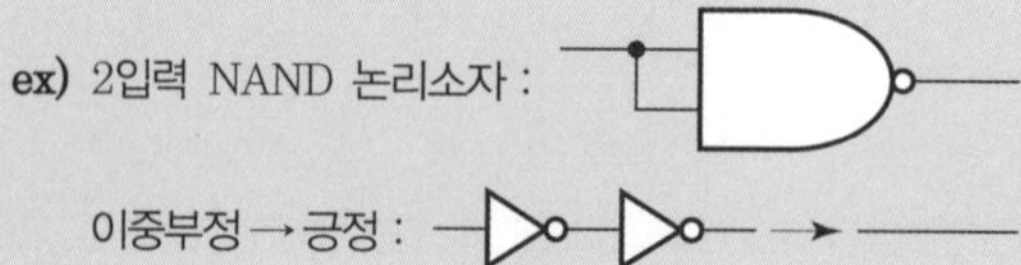

논리회로

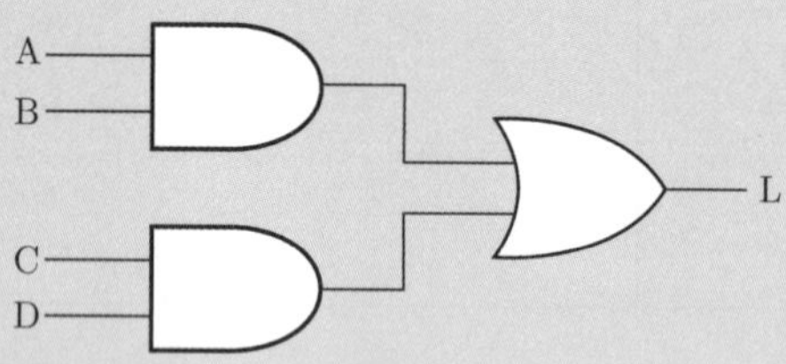

NAND만의 회로

STEP1. OR 논리소자 체크

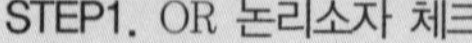

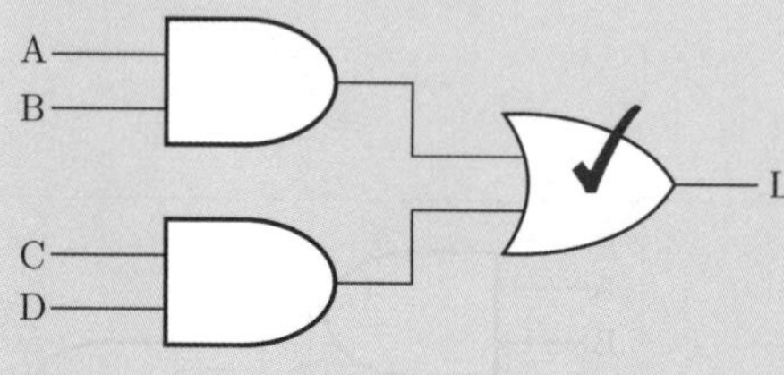

STEP2. OR 논리소자 등가변환

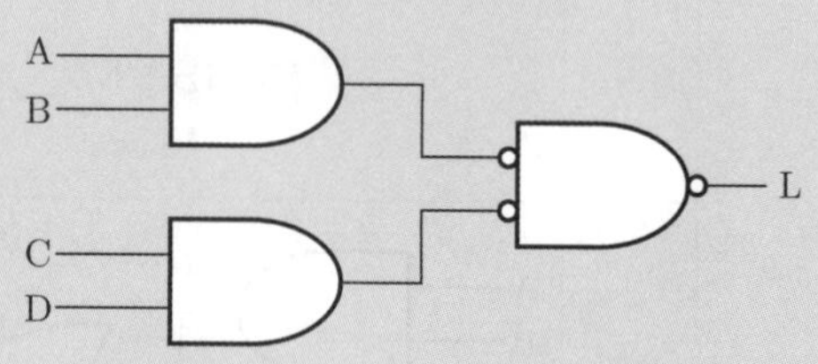

STEP3. NAND만의 회로 구성

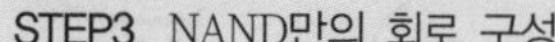

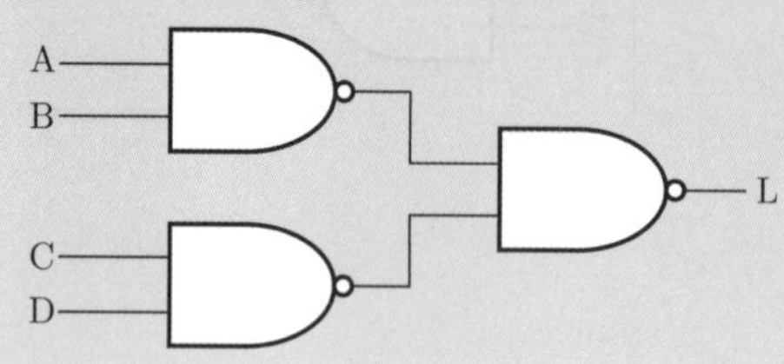

STEP4. NOT 정리

논리회로 내에 별도의 NOT 논리소자가 없기 때문에 STEP3에서 마무리한다.

전기기사 실기 기출문제 2015년 3회

01 출제년도 : 03, 15 배점 4점

역률 과보상시 나타나는 현상 3가지를 쓰시오.

•
•
•

답안 ① 계전기 오동작 ② 모선 전압 상승 ③ 고조파 왜곡의 확대

해설 **역률 과보상시 문제점**

① 계전기 오동작
② 모선전압 상승
③ 고조파 왜곡의 확대
④ 역률저하 및 전력손실 증가
⑤ 유도전동기 자기여자 현상

02 출제년도 : 15 배점 5점

수차발전소 발전기 1대를 설치하려고 한다. 유효낙차가 100[m], 사용수량 10[m^3/sec], 발전기 및 수차의 종합효율과 역률은 각각 85[%]일 때 발전기 용량[kVA]은 얼마인지 계산하시오.

• 계산 : • 답 :

• 계산 : 발전기 용량(P_g) $= \dfrac{9.8 \times Q \times H \times \eta}{\cos\theta}$[kVA] $= \dfrac{9.8 \times 10 \times 100 \times 0.85}{0.85} = 9800$[kVA]

• 답 : 9800[kVA]

발전기 출력(P_g) $= 9.8QH\eta_t\eta_g$[kW] → 발전기 용량 단위를 [kVA] 만들려면 $\cos\theta$로 나눈다.

Q : 사용수량[m^3/s], H : 유효낙차[m], η_t : 수차효율, η_g : 발전기 효율

$\eta = \eta_t \eta_g$ = 종합효율

03 출제년도 : 01, 15

배점 4점

역률 80[%], 10,000[kVA]의 부하를 가진 변전소에 용량 2000[kVA]의 진상용 콘덴서를 설치하여 역률을 개선했을 때 변압기에 걸리는 부하[kVA]를 계산하시오.

• 계산 :

• 답 :

• 계산

역률개선전 유효전력(P)$= 10000 \times 0.8 = 8000$[kW]

역률개선전 무효전력(Q)$= 10000 \times 0.6 = 6000$[kVar]

역률개선후 무효전력(Q')$= Q - Q_c = 6000 - 2000 = 4000$[kVar]

역률개선후 변압기 걸리는 부하(W) $= \sqrt{P^2 + Q'^2} = \sqrt{8000^2 + 4000^2} = 8944.271$[kVA]

• 답 : 8944.27[kVA]

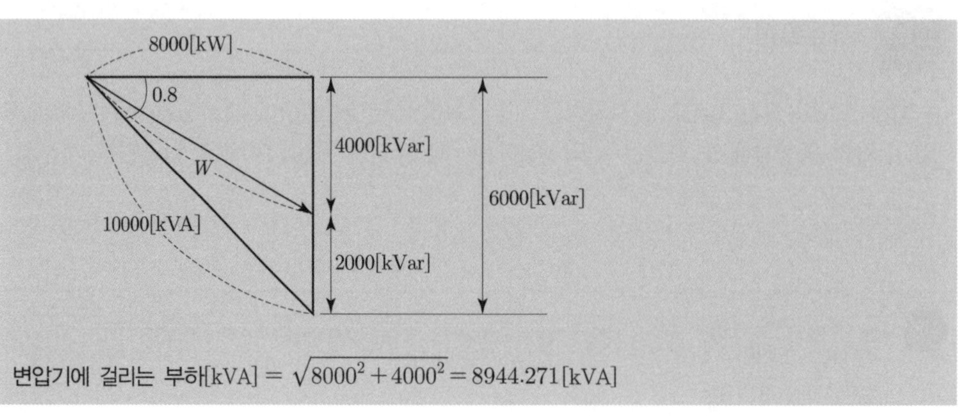

변압기에 걸리는 부하[kVA] $= \sqrt{8000^2 + 4000^2} = 8944.271$[kVA]

04 출제년도 : 15

배점 5점

전기방폭설비에 관하여 설명하시오.

전기방폭설비란 인화성 가스, 증기, 먼지, 분진 등의 위험물질이 존재하는 지역에서 전기설비가 점화원이 되어 화재·폭발이 발생하는 것을 방지하는 설비이다.

해설

전기방폭설비 종류

① 내압방폭구조 : 용기 내부에서 폭발하여도 외부로 전파되지 않는 구조
② 압력방폭구조 : 점화우려 부분을 용기에 수납하고 보호가스 등으로 충진하여 외부의 가연성 가스와 분리
③ 유입방폭구조 : 점화우려 부분을 유중에 침전시켜 외부의 가연성 가스와 격리
④ 안전증방폭구조 : 점화우려 부분의 안전도를 증가시킨 구조

05 출제년도 : 15 / 유사 : 16, 18

배점 5점

접지공사의 목적 3가지를 쓰시오.

•
•
•

① 감전방지
② 기기 손상방지
③ 보호계전기의 확실한 동작

06 출제년도 : 15 / 유사 : 02, 10

배점 5점

어떤 전기 설비에서 6000[V]의 고압 3상 회로에 변압비 30의 계기용 변압기 2대를 그림과 같이 설치하였다. 전압계 V_1, V_2, V_3의 지시값을 각각 구하시오.

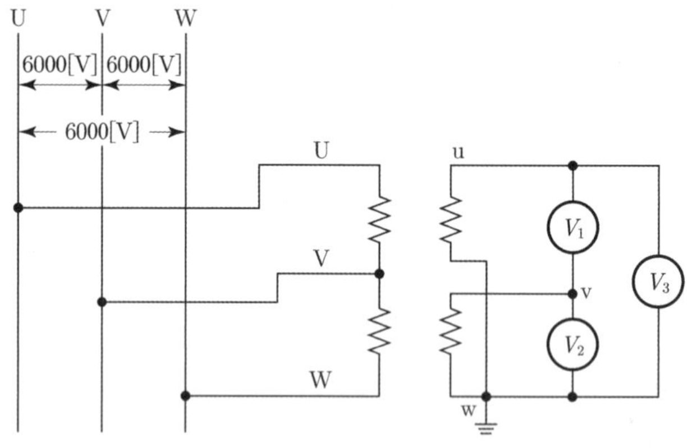

1) V_1의 지시값을 구하시오.
   - 계산 :
   - 답 :

2) V_2의 지시값을 구하시오.
   - 계산 :
   - 답 :

3) V_3 의 지시값을 구하시오.
   - 계산 :
   - 답 :

1) • 계산 : $V_1 = \dfrac{6000}{30} \times \sqrt{3} = 346.41[V]$ • 답 : 346.41[V]

2) • 계산 : $V_2 = \dfrac{6000}{30} = 200[V]$ • 답 : 200[V]

3) • 계산 : $V_3 = \dfrac{6000}{30} = 200[V]$ • 답 : 200[V]

07 출제년도 : 15 배점 5점

주상변압기 1차측에 여러 개의 탭을 설치하는 이유를 쓰시오.

변압기 2차전압을 정격전압에 가깝게 유지하기 위하여 1차측에 Tap을 설치한다.

1차측에 Tap을 만드는 이유는 1차측의 전류가 작아 만들기가 용이하다.

08 출제년도 : 15 배점 5점

부하의 설비가 전등, 전열설비부하가 600[kW], $\cos\theta = 1$이고, 동력부하설비가 350[kW], $\cos\theta = 0.7$이며, 변압기 용량은 500[kVA] 1뱅크일 때 이 부하의 수용률을 구하시오.

- 계산 :
- 답 :

- 계산 : 합성유효전력$(P) = 600 + 350 = 950[\text{kW}]$

  합성무효전력$(Q) = 0 + 350 \times \dfrac{\sqrt{1-0.7^2}}{0.7} = 357.071[\text{kVar}]$

  부하설비용량$= \sqrt{P^2 + Q^2} = \sqrt{950^2 + 357.071^2} = 1014.889[\text{kVA}]$

  수용률 $= \dfrac{\text{최대전력}}{\text{설비용량}} = \dfrac{500}{1014.889} \times 100 = 49.266[\%]$

- 답 : 49.27[%]

최대전력은 문제조건에 없으면 변압기 용량(500[kVA])을 초과할 수 없으므로 변압기 용량을 최대전력으로 생각한다.

09 출제년도 : 15 / 유사 : 00, 01, 02, 03, 04, 05, 06, 07, 09, 10, 11, 12, 13, 14, 16, 17, 18

배점 5점

도로 조명시 램프의 광속이 5500[lm], 조명률은 0.5, 감광보상률은 1.3, 조도는 5[lx]이며, 지그재그식 배치이다. 도로폭이 30[m]일 때 가로등의 간격을 구하시오.

• 계산 : • 답 :

• 계산 : $FUN = DES$

$$5500 \times 0.5 \times 1 = 1.3 \times 5 \times \frac{30 \times L}{2}$$

$$L = \frac{5500 \times 0.5 \times 2}{1.3 \times 5 \times 30} = 28.205[\text{m}]$$

• 답 : 28.21[m]

10 출제년도 : 15

배점 5점

선로의 도전율은 97[%], 고유저항이 $\frac{1}{58}[\Omega \cdot \text{mm}^2/\text{m}]$, 단면적 35[$\text{mm}^2$]이며, 한 등의 정격전류가 4[A] 가로등 20개가 500[m] 거리에 균등하게 설치되어 있을 때 한쪽 끝에서 단상 220[V]로 급전시 최종 전등의 종단전압을 구하시오.

• 계산 : • 답 :

• 계산

1) 먼저 말단 집중부하시의 전압강하$(e) = 2IR$

$$= 2 \times I \times \rho\frac{\ell}{A} = 2 \times (4 \times 20) \times \frac{1}{58} \times \frac{100}{97} \times \frac{500}{35}$$

$$= 40.627[\text{V}]$$

2) 균등부하의 전압강하는 말단집중부하의 1/2이므로

$\therefore$ 종단전압 = 급전점전압 − 말단집중전압강하 $\times \frac{1}{2}$

$$= 220 - \frac{40.627}{2} = 199.686[\text{V}]$$

• 답 : 199.69[V]

• 고유저항$(\rho) = \frac{1}{58} \times \frac{100}{C}$ (단, C : 퍼센트 도전율)
• 균등부하 전압강하는 말단집중 부하전압 강하의 $\frac{1}{2}$로 줄어든다.
• 한 등의 정격전류가 4[A]이고 가로등 20개이므로 $I = (4 \times 20)$[A]

11 출제년도 : 15 **배점 5점**

3상 3선식으로 전원을 공급하는 선로의 전압강하 5[V], 전압강하계수 1.1, 전부하전류는 75[A], 선로길이는 50[m], 정격전압 380[V], 소비전력이 37[kW]일 때 전선의 단면적을 구하시오.

- 계산 :
- 답 :

답안

- 계산 : $A = \frac{30.8LI}{1000e} \times K$ (여기서, L : 배전선의 길이, I : 전부하전류, e : 배전선의 전압강하, K : 전압강하계수)

$= \frac{30.8 \times 50 \times 75}{1000 \times 5} \times 1.1$

$= 25.41[\text{mm}^2]$

- 답 : $35[\text{mm}^2]$

비교문제 1 분전반에서 20[m]의 거리에 있는 단상 2선식, 부하 전류 5[A]인 부하에 배선 설계의 전압강하를 0.5[V] 이하로 하고자 할 경우 필요한 전선의 굵기를 구하시오. (단, 전선의 도체는 구리이다)

[답안] • 계산 : 전선의 굵기 $A = \frac{35.6LI}{1000e} = \frac{35.6 \times 20 \times 5}{1000 \times 0.5} = 7.12[\text{mm}^2]$

• 답 : 10[mm^2]

비교문제 2 3상 4선식 교류 380[V], 15[kVA] 3상 부하가 변전실 배전반 전용 변압기에서 190[m] 떨어져 설치되어 있다. 이 경우 간선 케이블의 최소 굵기를 계산하고 케이블을 선정하시오. (단, 케이블 규격은 IEC에 의한다)

전선길이 60[m]를 초과하는 경우의 전압강하

공급 변압기의 2차측 단자 또는 인입선 접속점에서 최원단 부하에 이르는 사이의 전선 길이	전압강하[%]	
	전기사업자로부터 저압으로 전기를 공급받는 경우	사용장소 안에 시설한 전용 변압기에서 공급하는 경우
120[m] 이하	4 이하	5 이하
200[m] 이하	5 이하	6 이하
200[m] 초과	6 이하	7 이하

[답안] • 계산 : 부하전류 $I = \frac{P_a}{\sqrt{3}\,V} = \frac{15 \times 10^3}{\sqrt{3} \times 380} = 22.79[\text{A}]$

전선의 굵기 $A = \frac{17.8LI}{1000e} = \frac{17.8 \times 190 \times 22.79}{1000 \times 220 \times 0.06} = 5.839[\text{mm}^2]$

• 답 : 6[mm^2] 선정

비교문제 3 분전반에서 30[m]인 거리에 5[kW]의 단상 교류 200[V]의 전열기용 아웃트렛을 설치하여 그 전압강하를 4[V] 이하가 되도록 하려 한다. 배선방법을 금속관 공사로 전선의 굵기를 계산하고, 실제 굵기를 선정하여라.

[답안] • 계산 : $A = \frac{35.6\,LI}{1000\,e} = \frac{35.6 \times 30 \times \frac{5000}{200}}{1000 \times 4} = 6.675$

• 답 : 10[mm^2]

12 출제년도 : 15

배점 6점

동기발전기를 병렬로 접속하여 운전하는 경우에 생기는 횡류 3가지를 쓰고, 각각의 작용에 대하여 설명하시오.

•
•
•

답안

- 무효횡류 : 두 발전기의 역률을 변화시킨다.
- 유효횡류 : 두 발전기의 부하의 분담을 변화시킨다.
- 고조파 무효횡류 : 전기자 권선의 저항손이 증가하여 과열의 원인이 된다.

13 출제년도 : 15

배점 5점

3상 교류전동기 보호를 위한 종류를 5가지 쓰시오. (단, 과부하보호는 제외한다)

•
•
•
•
•

① 단락보호
② 지락보호
③ 회전자 구속보호
④ 결상보호
⑤ 저전압 보호

14 출제년도 : 01. 15 배점 13점

도면과 같이 345[kV] 변전소의 단선도와 변전소에 사용되는 주요 재원을 이용하여 다음 각 물음에 답하시오.

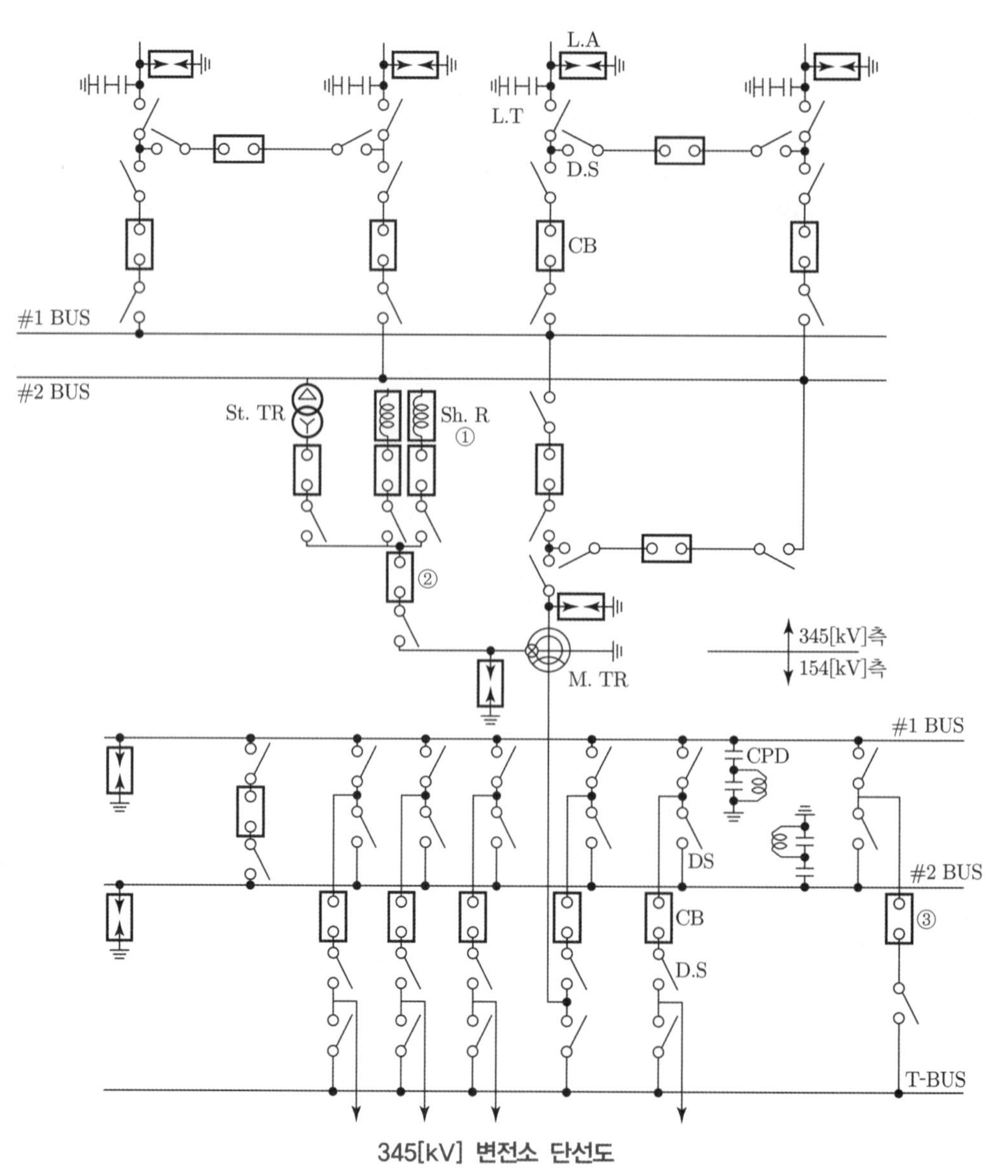

345[kV] 변전소 단선도

1) 도면의 345[kV]측 모선 방식은 어떤 모선 방식인가?

2) 도면에서 ①번 기기의 설치목적은 무엇인가?

3) 도면에 주어진 제원을 참조하여 주변압기에 대한 등가 %임피던스(Z_H, Z_M, Z_L)를 구하고 ②번 23[kV] VCB의 차단용량을 계산하시오. (단, 그림과 같은 임피던스 회로는 100[MVA] 기준이다)

• 계산 : • 답 :

4) 도면의 345[kV] GCB에 내장된 계전기용 BCT의 오차계급은 C800이다. 부담은 몇 [VA]인가?

• 계산 : • 답 :

5) 도면의 ③번 차단기의 설치 목적을 설명하시오.

6) 도면의 주변압기 1Bank(단상×3대)를 증설하여 병렬 운전시키고자 한다. 이 때 병렬운전 조건 4가지를 쓰시오.

•

•

•

•

[주변압기]

단권변압기 345[kV]/154[kV]/23[kV](Y−Y−△)

166.7[MVA]×3대≒500[MVA],

OLTC부 %임피던스(500[MVA] 기준) : 1차~2차 : 10[%]

1차~3차 : 78[%]

2차~3차 : 67[%]

[차단기]

362[kV] GCB 25[GVA] 4000[A]~2000[A]

170[kV] GCB 15[GVA] 4000[A]~2000[A]

25.8[kV] VCB (　　)[MVA] 2500[A]~1200[A]

[단로기]

362[kV] D.S 4000[A]~2000[A]

170[kV] D.S 4000[A]~2000[A]

25.8[kV] D.S 2500[A]~1200[A]

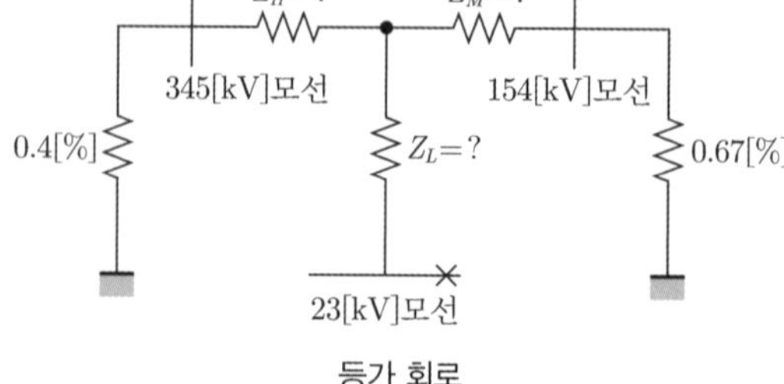

등가 회로

[피뢰기]

288[kV] LA 10[kA]

144[kV] LA 10[kA]

21[kV] LA 10[kA]

[분로 리액터]

23[kV] sh.R 30[MVAR]

[주모선]

Al−Tube 200ϕ

1) 2중 모선방식

2) 페란티 현상 방지

3) ① 등가 %임피던스

500[MVA] 기준 $\%Z$ 는 1차~2차 $Z_{HM}=10[\%]$

2차~3차 $Z_{ML}=67[\%]$

1차~3차 $Z_{HL}=78[\%]$ 이므로

100[MVA] 기준으로 환산하면

$$Z_{HM}=10\times\frac{100}{500}=2[\%]$$

$$Z_{ML}=67\times\frac{100}{500}=13.4[\%]$$

$$Z_{HL}=78\times\frac{100}{500}=15.6[\%]$$

등가 임피던스

$$Z_H = \frac{1}{2}(Z_{HM} + Z_{HL} - Z_{ML}) = \frac{1}{2}(2 + 15.6 - 13.4) = 2.1[\%]$$

$$Z_M = \frac{1}{2}(Z_{HM} + Z_{ML} - Z_{HL}) = \frac{1}{2}(2 + 13.4 - 15.6) = -0.1[\%]$$

$$Z_L = \frac{1}{2}(Z_{HL} + Z_{ML} - Z_{HM}) = \frac{1}{2}(15.6 + 13.4 - 2) = 13.5[\%]$$

② 23[kV] VCB 차단용량 등가회로로 그리면

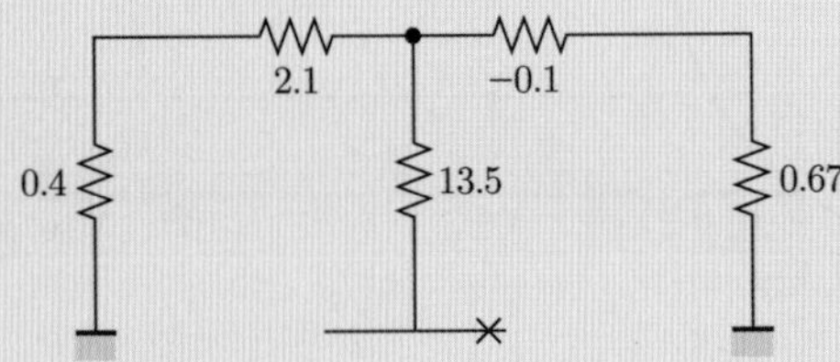

따라서, 등가회로를 알기 쉽게 다시 그리면 아래와 같이 된다.

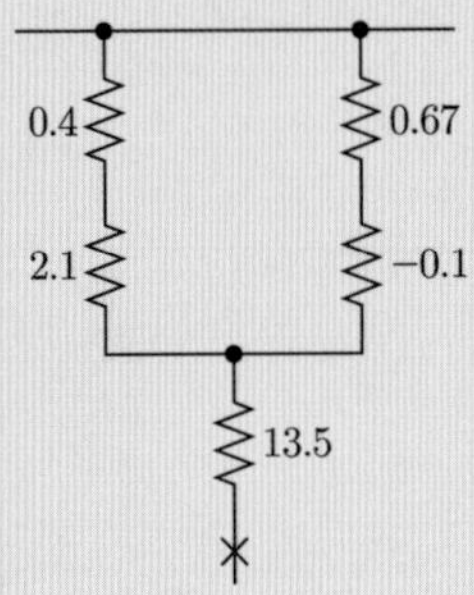

23[kV] VCB 설치점까지 전체 임피던스 %Z

$$\%Z = 13.5 + \frac{(2.1+0.4)(-0.1+0.67)}{(2.1+0.4)+(-0.1+0.67)} = 13.96[\%]$$

∴ 23[kV] VCB 단락 용량 $P_s = \frac{100}{\%Z} P_n = \frac{100}{13.96} \times 100 = 716.33[\text{MVA}]$

4) 오차 계급 C800에서 임피던스는 8[Ω]이므로
부담 $I^2R = 5^2 \times 8 = 200[\text{VA}]$

5) 모선절체 : 무정전으로 점검하기 위해

6) ① 정격전압(전압비)이 같을 것
② 극성이 같을 것
③ %임피던스가 같을 것
④ 내부 저항과 누설 리액턴스 비가 같을 것

1) 345측 #1BUS, #BUS → 2중 모선방식이며

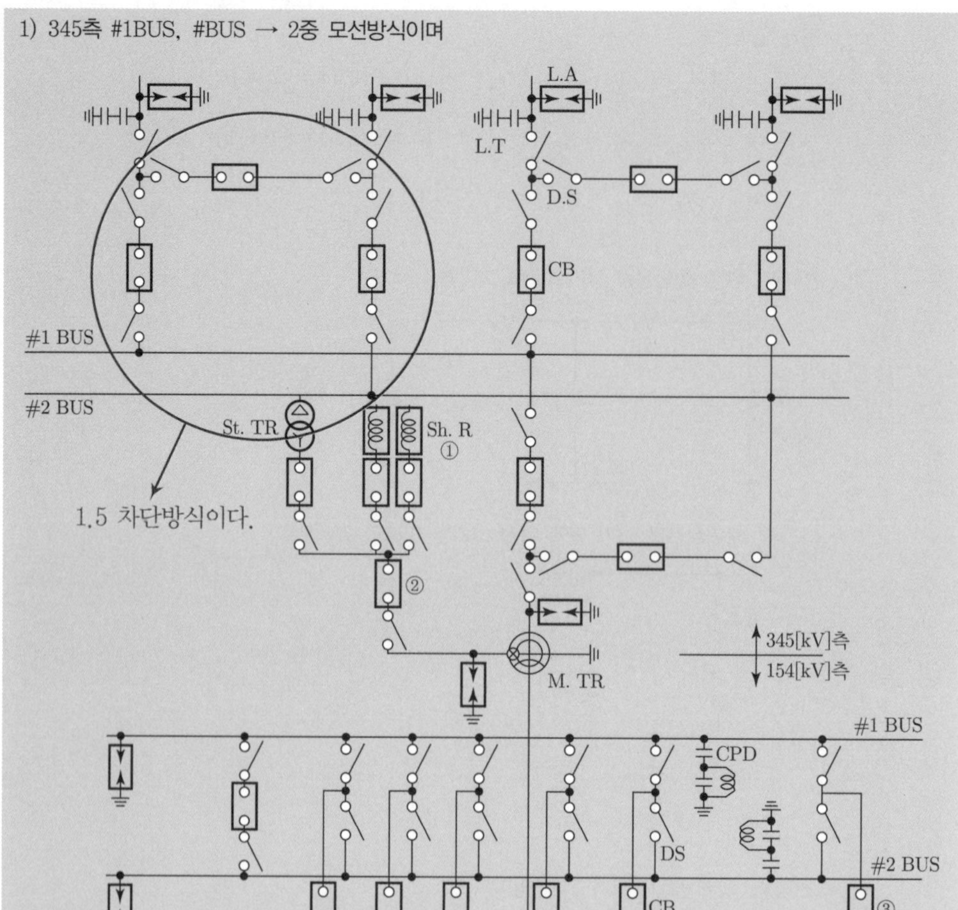

2) Sh.R : 분로 리액터를 의미한다.

5) #1BUS와 #2BUS 그리고 T-BUS(Transfer BUS) 있는 경우로서 평상시 주모선으로 운전하며 회선 또는 차단기의 점검시 T-BUS(절환모선) CB(③번 차단기)를 사용한다.

15 출제년도 : 15, 20 　　　　　　　　　　　　　　　　　　　　　　　　　　　　　　**배점 6점**

그림과 같이 차동계전기에 의하여 보호되고 있는 3상 △－Y 결선 30[MVA], 33/11[kV] 변압기가 있다. 고장전류가 정격전류의 200[%] 이상에서 동작하는 계전기의 전류(i_r)값은 얼마인지 구하시오. (단, 변압기 1차측 및 2차측 CT의 변류비는 각각 500/5[A], 2000/5[A]이다)

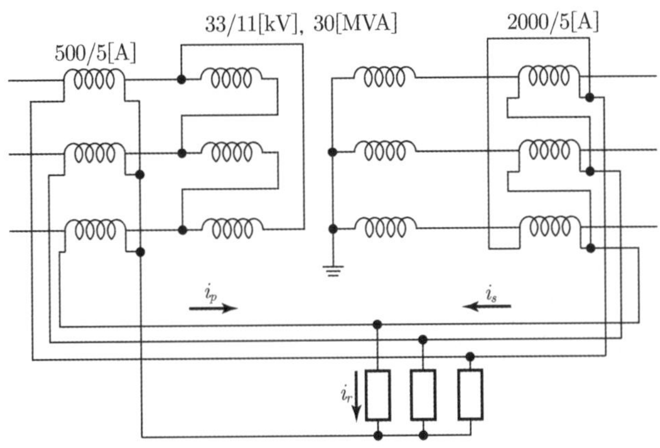

• 계산 : 　　　　　　　　　　　　　　　　　　　　　　• 답 :

• 계산 : $i_p = \frac{30000}{\sqrt{3} \times 33} \times \frac{5}{500} = 5.248[A]$

$i_s = \frac{30000}{\sqrt{3} \times 11} \times \frac{5}{2000} \times \sqrt{3} = 6.818[A]$

$i_r = (i_s - i_p) \times 2 = (6.818 - 5.248) \times 2 = 3.14[A]$

• 답 : 3.14[A]

문제의 조건은 "차동계전기"로 출제되었으나 200[%]의 백분율(비율)이 주어졌으므로 그 값(비율)을 적용하여 "2"배수를 적용함.

16 출제년도 : 15 배점 5점

수전설비의 차단기와 과전류계전기를 연동시험할 때 주의사항 3가지를 쓰시오.

-
-
-

① 시험전 CTT에서 CT측과 계전기측의 회로를 분리한다.
② OCGR의 전원 단자를 단락시킨다.
③ 절연저항을 측정한다.(CT 2차측 0[MΩ], 계전기측은 수[MΩ] 이상)

#1 과전류계전기 평상시 회로도

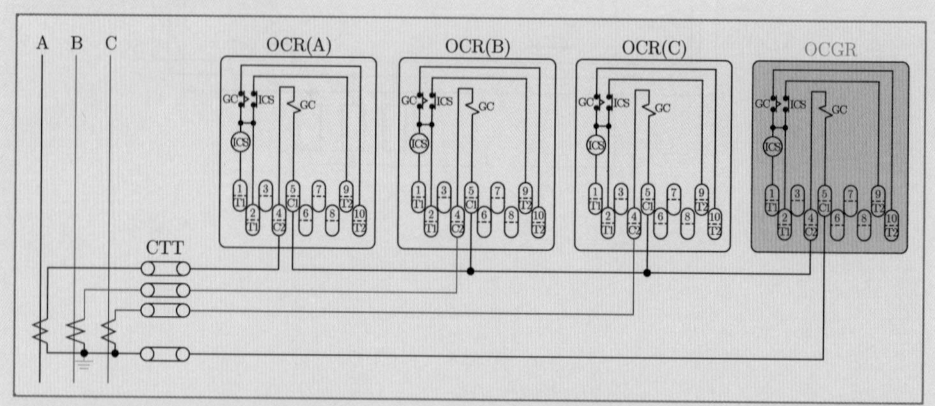

[유도형 계전기 CT 2차 회로 결선도]

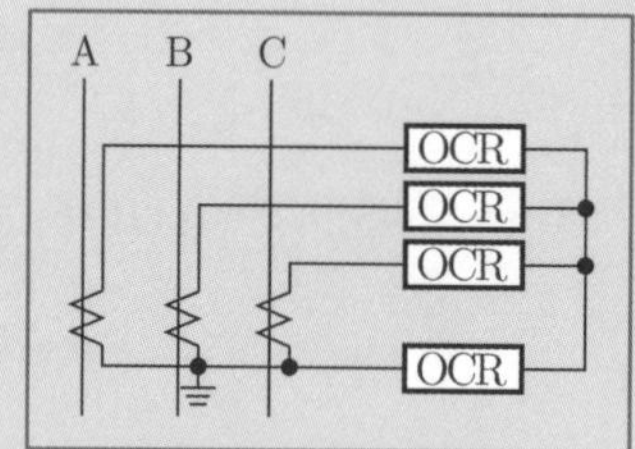

[과전류계전기 회로도]

#2 시험시 주의사항

- 시험 전 CTT에서 CT측과 계전기측의 회로를 분리
  - → CTT 플러그의 연결바를 제거
  - → CTT 아래쪽 단자와 위쪽 단자 간 회로 분리

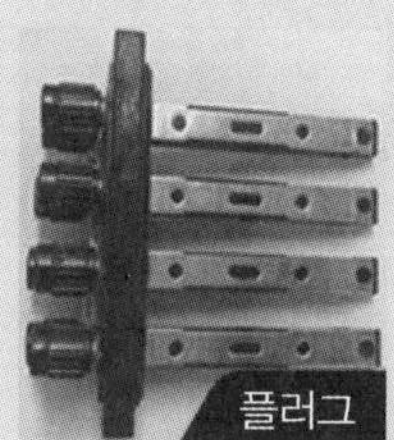

#3 계전기 시험 시 주의사항

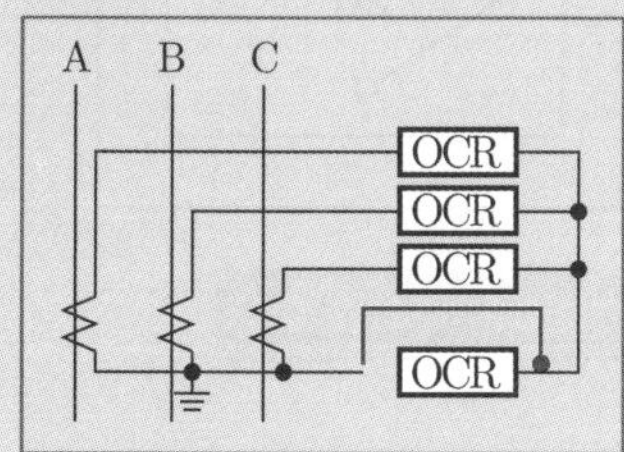

[과전류계전기 회로도]

- CTT에서 각 상에 전류를 인가할 경우, OCGR에도 동일한 전류가 흐름
  - → 내부 코일의 소손, OCR보다 먼저 동작하여 차단기 연동시험시 영향을 줄 수 있음

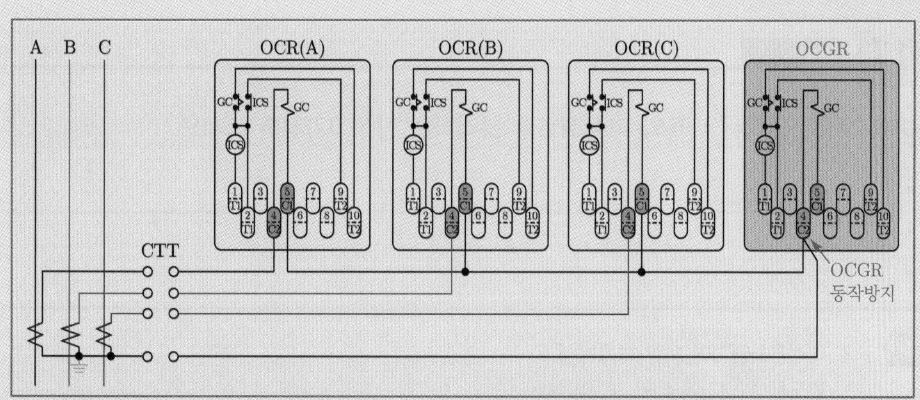

[유도형 계전기 CT 2차회로 결선도(정전시험시)]

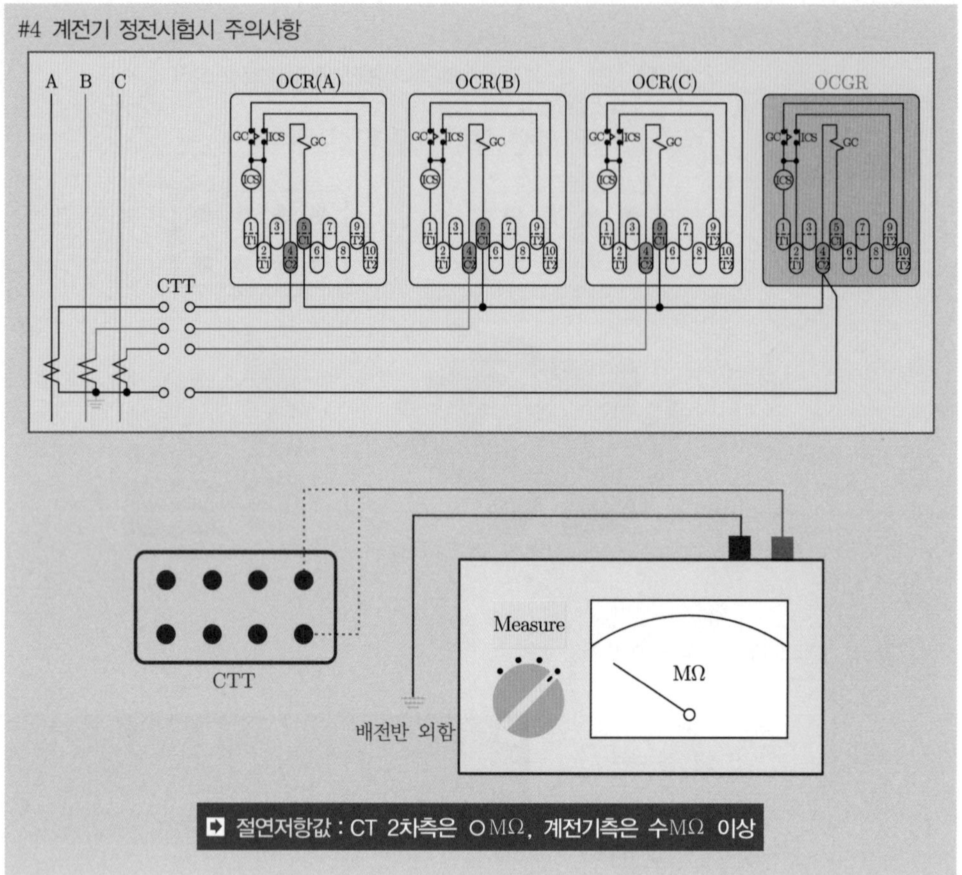

17 출제년도 : 15

배점 5점

UPS 2차측 단락시 UPS와 고장회로를 분리하는 방식 3가지를 쓰시오.

-
-
-

① 배선용차단기에 의한 보호방식
② 반도체 차단기에 의한 보호방식
③ 속단퓨즈에 의한 보호방식

18 출제년도 : 15 　　　　 배점 7점

시퀀스도를 보고 다음 각 물음에 답하시오.

동작 설명

① PB를 누르면 X_1이 여자되어 MC가 여자되며 전동기 운전, 램프가 점등된다.
② 다시 PB를 누르면 X_2가 여자되어 MC가 소자되며 전동기 정지, 램프가 소등된다.
③ PB를 반복적으로 누를 때마다 전동기가 운전과 정지를 반복한다.

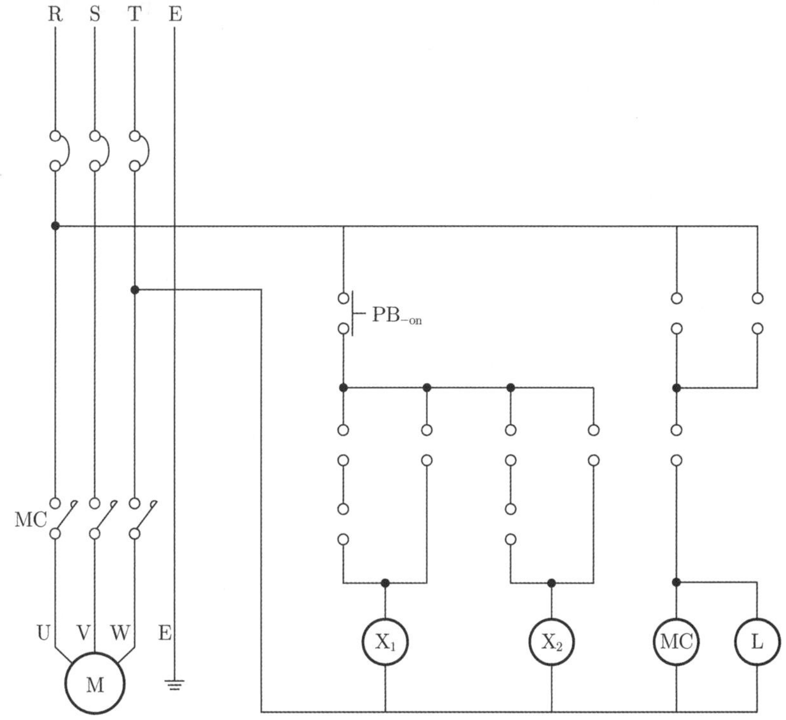

1) 시퀀스 회로도를 완성하시오.

2) EOCR의 명칭과 역할을 간단히 설명하시오.
- 명칭 :
- 역할 :

3) MCCB의 명칭을 쓰시오.
- 명칭 :

1)

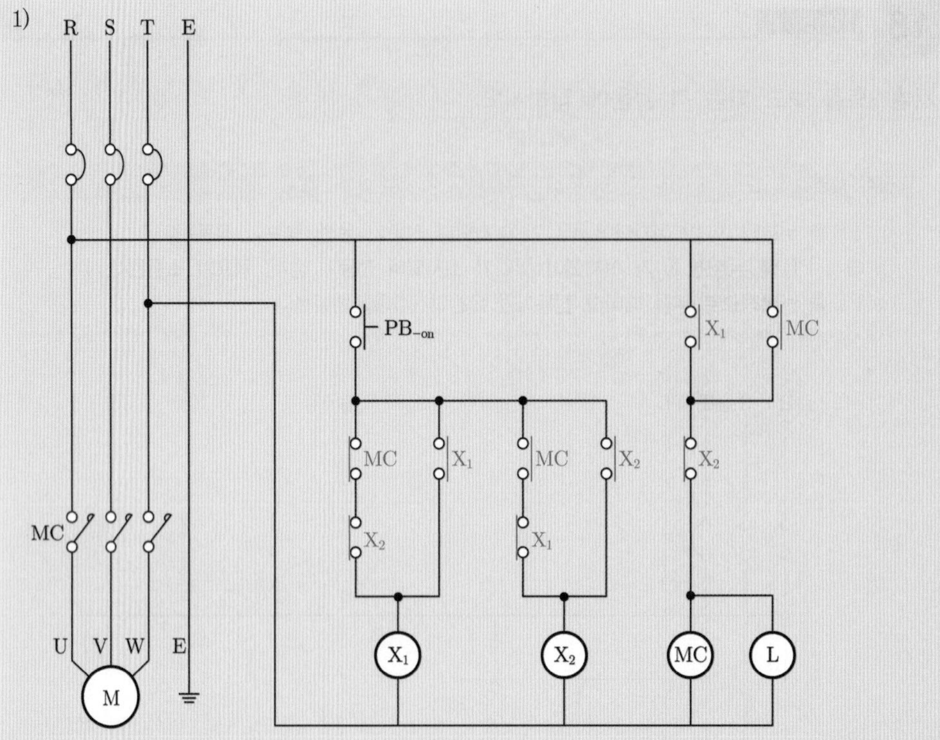

2) 명칭 : 전자식 과전류 계전기

역할 : 전동기 회로에 과전류가 흘렀을 때 회로를 보호하는 역할을 한다.

3) 명칭 : 배선용 차단기

푸시버튼 스위치(PB) 1개를 이용하여 전동기의 운전과 정지를 반복할 수 있는 회로

[상세 동작설명]

1. MCCB(전원 투입) 후 PB를 누르면 X_1여자, X_{1-b}접점 개로, X_{1-a}접점이 폐로되며 PB를 누르고 있는 동안 X_1 자기유지
2. MC여자, L점등, MC 주전원 개폐기가 폐로되며 전동기 운전, MC_{-b}접점 개로, MC_{-a}접점이 폐로되며 MC 자기유지
3. PB에서 손을 떼면 X_1소자, X_{1-a}접점 개로, X_{1-b}접점 폐로
4. 다시 PB를 누르면 X_2여자, X_{2-b}접점 개로, X_{2-a}접점이 폐로되며 PB를 누르고 있는 동안 X_2 자기유지
5. X_{2-b}접점이 개로되며 MC소자, L소등, 이 때 MC 주전원 개폐기가 개로되며 전동기 정지, MC_{-a}접점 개로, MC_{-b}접점 폐로되며 자기유지 해제
6. PB에서 손을 떼면 X_2소자, X_{2-a}접점 개로, X_{2-b}접점 폐로
7. PB를 누를 때마다 전동기의 동작은 운전과 정지를 반복한다.

전기기사 실기 기출문제

2016

2016년 실기 기출문제 분석

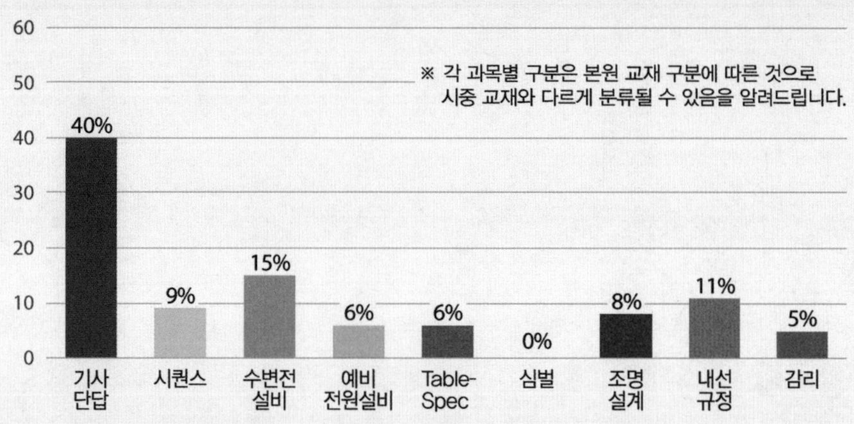

전기기사 실기 기출문제

2016년 1회

01 출제년도 : 16, 20 배점 5점

345[kV]의 송전선로의 길이가 200[km]일 때 스틸식을 이용하여 송전전력 P를 구하여라.

- 계산 :
- 답 :

- 계산 : $V=5.5\sqrt{0.6l+\frac{P}{100}}$

$$345=5.5\sqrt{0.6\times200+\frac{P}{100}}$$

$$0.6\times200+\frac{P}{100}=\left(\frac{345}{5.5}\right)^2$$

$$\frac{P}{100}=\left(\frac{345}{5.5}\right)^2-0.6\times200$$

$$\text{송전전력}(P)=\left\{\left(\frac{345}{5.5}\right)^2-0.6\times200\right\}\times100=381471.074$$

- 답 : 381471.07[kW]

스틸식

$$V=5.5\sqrt{0.6\ell+\frac{P}{100}}\ [\text{kV}]$$

여기서, ℓ : 송전선로의 길이[km], P : 송전전력[kW]

02 출제년도 : 16

배점 7점

단권변압기의 장점 3가지, 단점 2가지, 그리고 용도 2가지를 쓰시오.

1) 장점 :

2) 단점 :

3) 용도 :

1) **장점**
   ① 동량이 절감되어 동손이 감소한다.
   ② $\%Z$ 강하와 전압변동률이 작다.
   ③ 부하용량이 자기용량보다 크고 경제적이다.
2) **단점**
   ① 누설 임피던스가 작아 단락전류가 크다.
   ② 1차측의 전기적 이상이 바로 2차측에 영향을 미친다.
3) **용도**
   ① 배전선로의 승압기
   ② 전동기의 기동보상기용

03 출제년도 : 16 / 유사 : 15, 18

배점 5점

배전용 변전소에 접지공사를 하고자 한다. 접지목적 3가지와 접지개소 4곳을 쓰시오.

1) 접지목적 :

2) 접지개소 :

1) **접지목적**
   ① 감전방지
   ② 기기의 손상방지
   ③ 보호계전기의 확실한 동작
2) **접지개소**
   ① 피뢰기
   ② 고압, 특고압 기계기구 철대·외함
   ③ PT, CT 2차측 전로
   ④ 변압기 2차측 1단자 또는 중성선

04 출제년도 : 13, 16 **배점 9점**

그림과 같은 수전계통을 보고 다음 각 물음에 답하시오.

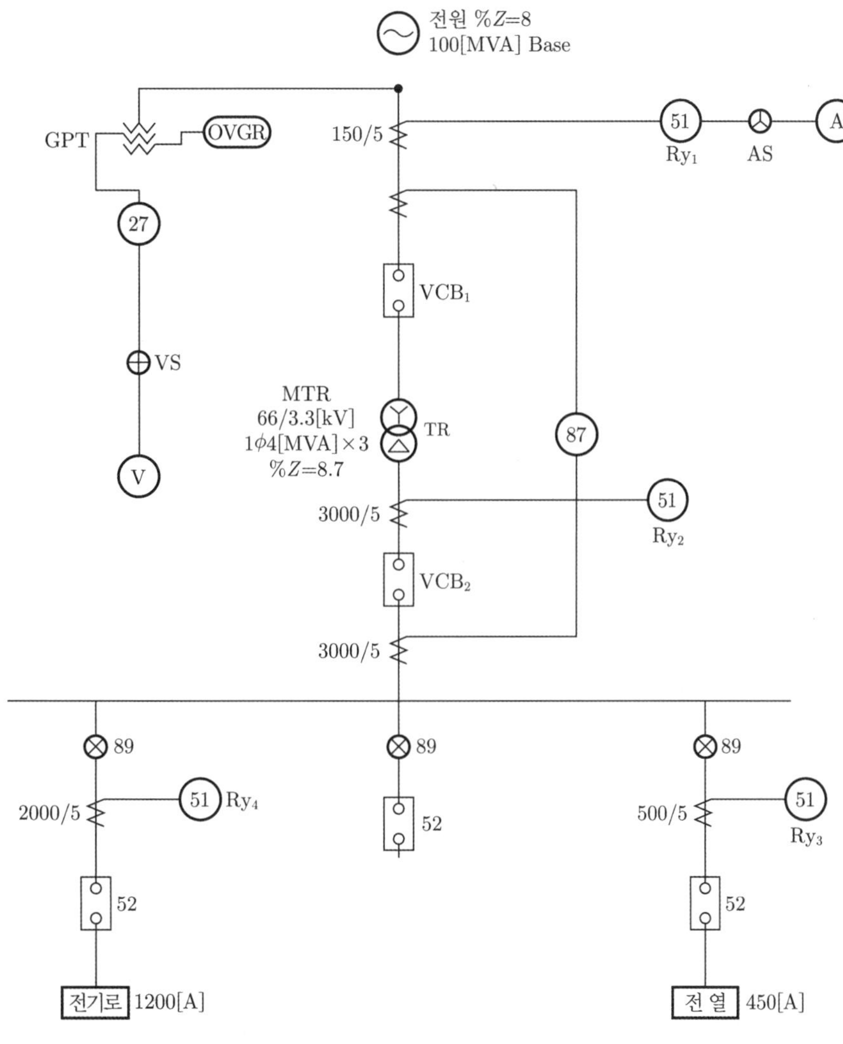

1) '27'과 '87' 계전기의 명칭과 용도를 설명하시오.

기기	명 칭	용 도
27		
87		

2) 다음의 조건에서 과전류계전기 Ry_1, Ry_2, Ry_3, Ry_4의 탭(Tap) 설정값은 몇 [A]가 가장 적정한지를 계산에 의하여 정하시오.

조건

- Ry_1, Ry_2의 탭 설정값은 부하전류 160[%]에서 설정한다.
- Ry_3의 탭 설정값은 부하전류 150[%]에서 설정한다.
- Ry_4는 부하가 변동 부하이므로, 탭 설정값은 부하전류 200[%]에서 설정한다.
- 과전류 계전기의 전류탭은 2[A], 3[A], 4[A], 5[A], 6[A], 7[A], 8[A]가 있다.

계전기	계산과정	설정값
Ry_1		
Ry_2		
Ry_3		
Ry_4		

3) 차단기 VCB_1의 정격전압은 몇 [kV]인가?

4) 전원측 차단기 VCB_1의 정격용량을 계산하고, 다음의 표에서 가장 적당한 것을 선정하시오.

차단기의 정격차단용량[MVA]

1000	1500	2500	3500

• 계산 : • 답 :

1)

기기	명 칭	용 도
27	부족전압 계전기	전압이 정정값 이하로 떨어진 경우 (경보 또는) 회로차단
87	전류차동계전기	발전기나 변압기의 내부고장 보호용으로 사용

2)

계전기	계산과정	설정값
Ry_1	$I=\dfrac{4\times10^6\times3}{\sqrt{3}\times66\times10^3}\times\dfrac{5}{150}\times1.6=6[A]$	6[A]
Ry_2	$I=\dfrac{4\times10^6\times3}{\sqrt{3}\times3.3\times10^3}\times\dfrac{5}{3000}\times1.6=6[A]$	6[A]
Ry_3	$I=450\times\dfrac{5}{500}\times1.5=6.75[A]$	7[A]
Ry_4	$I=1200\times\dfrac{5}{2000}\times2=6[A]$	6[A]

3) 72.5[kV]

4) • 계산 : $P_s=\dfrac{100}{\%Z}P_n=\dfrac{100}{8}\times100=1250[MVA]$

• 답 : 1500[MVA] 선정

51 : 과전류 계전기
89 : 단로기
52 : 교류차단기

19년 문제로는 52C와 52T를 물어본 경우도 있다.
87 : 비율차동계전기도 정답이다.

05 출제년도 : 16 / 유사 : 00, 01, 02, 03, 04, 05, 06, 07, 09, 10, 11, 12, 13, 14, 15, 17, 20

배점 6점

가로 12[m], 세로 18[m], 천정높이 3[m], 작업면 높이 0.8[m]인 사무실이 있다. 여기에 천정 직부 형광등 기구(22[W], 2등용)를 설치하고자 한다. 다음의 물음에 답하시오.

조건

1. 작업면 요구조도 500[lx], 천정반사율 50[%], 벽반사율 50[%], 바닥반사율 10[%]이고, 보수율 0.7, 22[W] 1개의 광속은 2500[lm]으로 본다.
2. 조명률 표(기준)

반사율	천장	70[%]				50[%]				30[%]			
	벽	70	50	30	10	70	50	30	10	70	50	30	10
	바닥	10[%]				10[%]				10[%]			
실지수		조명률(×0.01)											
1.5		64	55	49	43	58	51	45	41	52	46	42	38
2.0		69	61	55	50	62	56	51	47	57	52	48	44
2.5		72	66	60	55	65	60	56	52	60	55	52	48
3.0		74	69	64	59	68	63	59	55	62	58	55	52
4.0		77	73	69	65	71	67	64	61	65	62	59	56
5.0		79	75	72	69	73	70	67	64	67	64	62	62

1) 실지수를 구하시오.
- 계산 :
- 답 :

2) 조명률을 구하시오.
- 답 :

3) 설치등기구 수량은 몇 개인가?
- 계산 :
- 답 :

4) 1일 10시간 연속 점등할 경우 30일간의 최소 소비전력량을 구하시오.
- 계산 :
- 답 :

답안

1) • 계산 : 실지수 $= \dfrac{X \cdot Y}{H(X+Y)} = \dfrac{12 \times 18}{(3-0.8) \times (12+18)} = 3.272$ • 답 : 3

2) • 답 : 63[%]

3) • 계산 : $N = \dfrac{DES}{FU} = \dfrac{500 \times 12 \times 18}{2500 \times 2 \times 0.63 \times 0.7} = 48.979$ • 답 : 49[개]

4) • 계산 : $W = pt = 22 \times 49 \times 2 \times 10 \times 30 \times 10^{-3} = 646.8$ • 646.8[kWh]

06 출제년도 : 13, 16 **배점 5점**

그림과 같이 3상 4선식 배전선로에 역률 100[%]인 부하 $a-n$, $b-n$, $c-n$이 각 상과 중성선 간에 연결되어 있다. a, b, c 상에 흐르는 전류가 110[A], 86[A], 95[A]일 때 중성선에 흐르는 전류를 계산하시오.

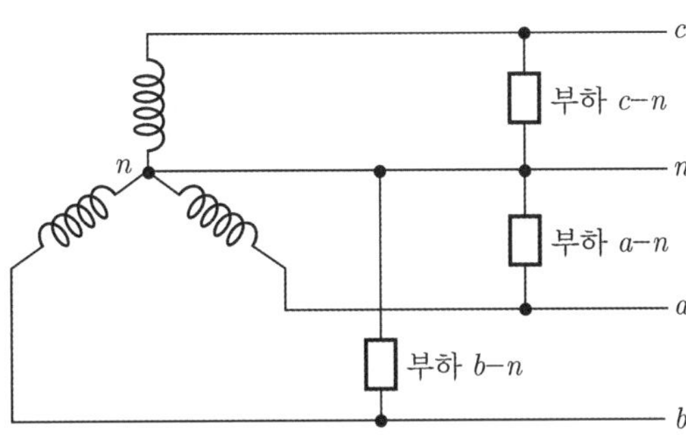

• 계산 :　　　　• 답 :

2016

답안

• 계산 : 중성선에 흐르는 전류(I_n)

$$I_n = I_a + I_b + I_c = 110 + 86 \times \left(-\frac{1}{2} - j\frac{\sqrt{3}}{2}\right) + 95 \times \left(-\frac{1}{2} + j\frac{\sqrt{3}}{2}\right)$$

$$= 19.5 + j7.794$$

$$\therefore |I_n| = \sqrt{19.5^2 + 7.794^2} = 20.999[\text{A}]$$

• 답 : 21[A]

해설

$$\text{중성선 전류}(I_n) = \dot{I_a} + \dot{I_b} + \dot{I_c}$$

$$= I_a + I_b \cdot a^2 + I_c \cdot a$$

$$= I_a + I_b \cdot \left(-\frac{1}{2} - j\frac{\sqrt{3}}{2}\right) + I_c \cdot \left(-\frac{1}{2} + j\frac{\sqrt{3}}{2}\right)$$

07 출제년도 : 16 **배점 5점**

다음 그림과 같이 저항 R만의 부하가 △결선되어 있었다. 이 때 1선 단선시 전력의 변화를 수식으로 표현하시오.

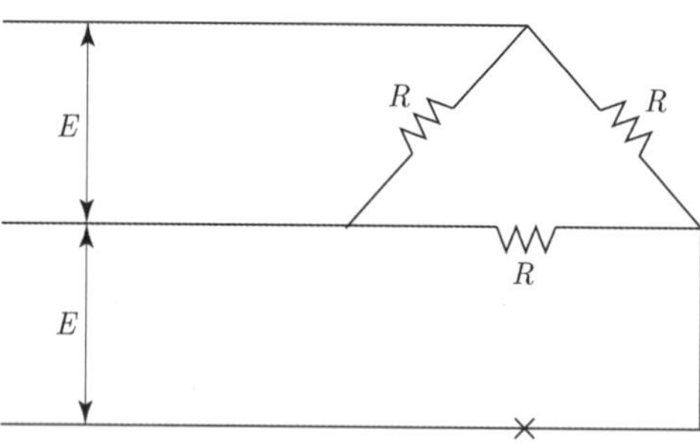

답안

① 단선전 소비전력$(P) = 3\dfrac{E^2}{R}$

② 단선후 소비전력$(P') = \dfrac{E^2}{R_L} = \dfrac{E^2}{\dfrac{R\cdot 2R}{R+2R}} = \dfrac{E^2}{\dfrac{2}{3}\cdot R} = \dfrac{3}{2}\dfrac{E^2}{R}$

③ 소비전력비 $= \dfrac{P'}{P} = \dfrac{\dfrac{3}{2}\dfrac{E^2}{R}}{3\cdot\dfrac{E^2}{R}} = \dfrac{1}{2}$

$P' = \dfrac{1}{2}P$가 되어 단선후 소비전력은 단선전 소비전력의 $\dfrac{1}{2}$이 된다.

∴ 단선시 소비전력은 단선전 소비전력의 $\dfrac{1}{2}$로 감소한다.

참고 단선후의 등가회로

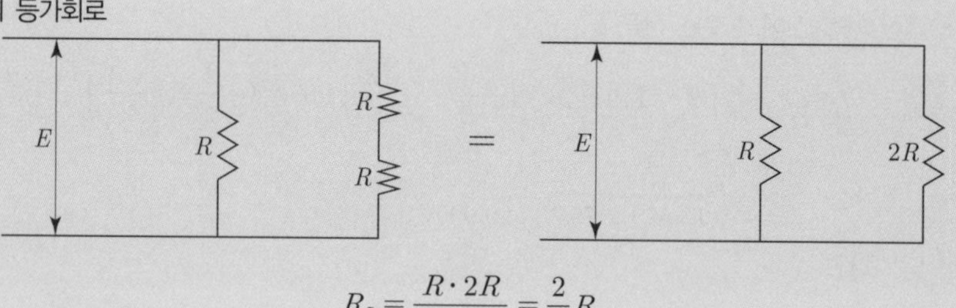

$$R_L = \frac{R\cdot 2R}{R+2R} = \frac{2}{3}R$$

08 출제년도 : 16 배점 6점

그림은 22.9[kV] 수전설비에서 접지형 계기용 변압기(GPT)의 미완성 결선도이다. 다음 물음에 답하시오. (단, GPT의 1차 및 2차 보호퓨즈는 생략한다)

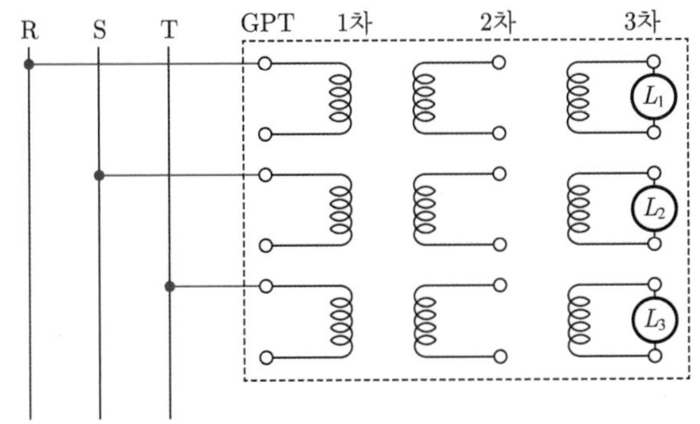

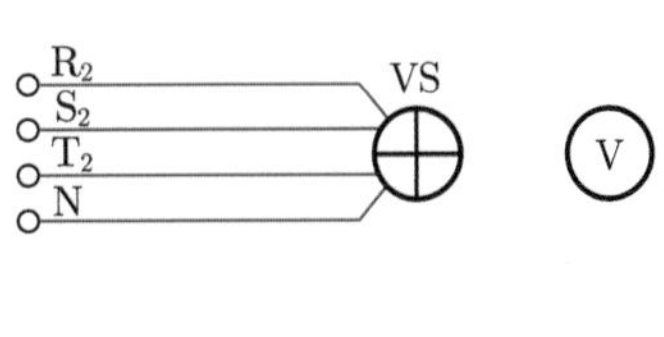

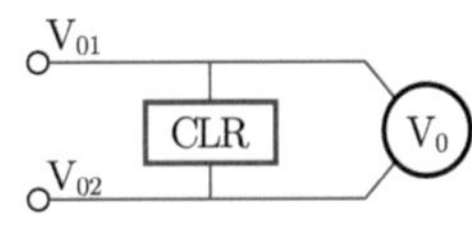

1) GPT의 미완성 부분을 직접 그리시오.(단, 접지개소는 반드시 표시하여야 한다)

2) GPT의 사용 용도를 쓰시오.

3) GPT 결선의 1, 2, 3차 정격을 쓰시오.

4) GPT 결선에서 a상 지락시 램프 (L_1), (L_2), (L_3)의 점등 상태는 어떻게 변화하는지를 설명하시오.

답안

1)

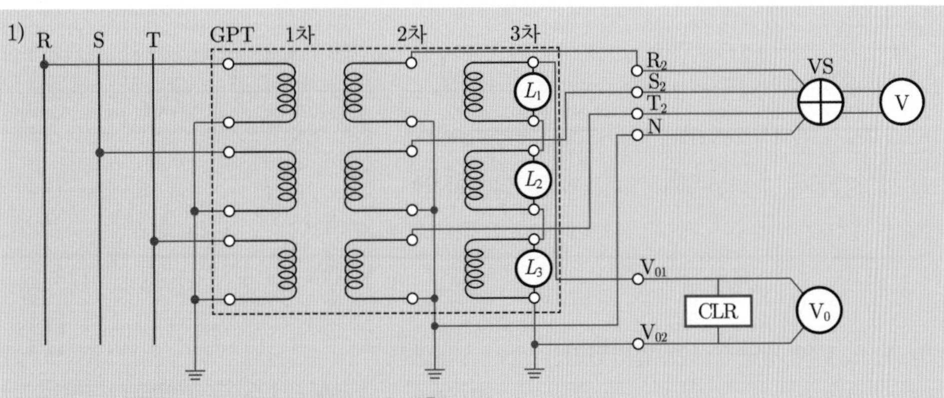

2) (비접지 계통에서) 지락사고시 영상전압 검출

3) 1차 : $\frac{22900}{\sqrt{3}}$[V], 2차 : $\frac{190}{\sqrt{3}}$[V], 3차 : $\frac{190}{3}$[V]

4) 지락된 상의 램프(L_1)은 소등, 지락되지 않는 두 상의 램프(L_2, L_3)는 더욱 밝아짐

09 출제년도 : 16 배점 8점

다음과 같은 수용가에 대한 다음 각 물음에 답하시오.
어느 전등수용가의 총 부하는 120[kW]이고 각 수용가의 수용률은 어느 곳이나 0.5라고 한다. 이 수용가군을 설비용량 50[kW], 40[kW], 30[kW]의 3Bank로 나누어 그림처럼 T_1, T_2, T_3로 공급할 때 다음 각 물음에 답하시오.

조건

- 각 변압기마다의 수용가 상호간의 부등률 $T_1 : 1.2$, $T_2 : 1.1$, $T_3 : 1.2$
- 각 변압기마다의 종합 부하율 $T_1 : 0.6$, $T_2 : 0.5$, $T_3 : 0.4$
- 각 변압기 부하 상호간의 부등률은 1.3이라고 하고 전력손실은 무시한다.

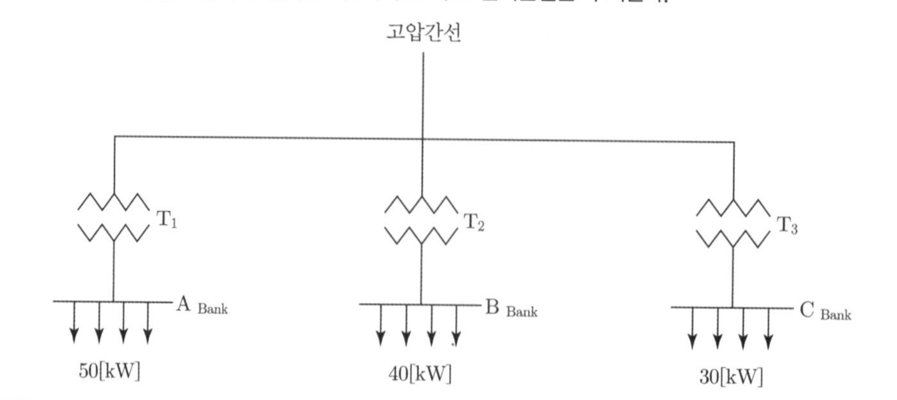

1) 각 Bank(A, B, C)의 종합 최대수용전력[kW]은 각각 얼마인가?

구분	계산과정	답
A		
B		
C		

2) 고압간선에 걸리는 최대부하[kW]는 얼마인가?

- 계산 :
- 답 :

3) A, B, C의 평균전력은 얼마인가?

구분	계산과정	답
A		
B		
C		

4) 고압간선의 종합 부하율[%]은 얼마인가?

• 계산 : • 답 :

1)

구분	계산과정	답
A	$\frac{50 \times 0.5}{1.2} = 20.833[\text{kW}]$	20.83[kW]
B	$\frac{40 \times 0.5}{1.1} = 18.181[\text{kW}]$	18.18[kW]
C	$\frac{30 \times 0.5}{1.2} = 12.5[\text{kW}]$	12.5[kW]

2) • 계산 : 최대부하(P_m)$= \frac{20.83 + 18.18 + 12.5}{1.3} = 39.623[\text{kW}]$ • 답 : 39.62[kW]

3)

구분	계산과정	답
A	$20.83 \times 0.6 = 12.498[\text{kW}]$	12.5[kW]
B	$18.18 \times 0.5 = 9.09[\text{kW}]$	9.09[kW]
C	$12.5 \times 0.4 = 5[\text{kW}]$	5[kW]

4) • 계산 : 부하율 $= \frac{12.5 + 9.09 + 5}{39.62} \times 100[\%] = 67.112[\%]$

• 답 : 67.11[%]

1) 종합 최대전력 $= \frac{\Sigma(\text{설비용량} \times \text{수용률})}{\text{각 변압기 수용가 상호간 부등률}}$

2) 고압간선에 걸리는 최대부하 $= \frac{\Sigma(\text{설비용량} \times \text{수용률})}{\text{각 변압기 부하 상호간의 부등률}}$

3) 평균전력 $=$ 종합 최대전력 $\times$ 부하율 $= \frac{\Sigma(\text{설비용량} \times \text{수용률})}{\text{각 변압기 수용가 상호간 부등률}} \times \text{부하율}$

4) 종합 부하율 $= \frac{\Sigma(\text{각 부하의 평균전력})}{\text{고압 간선에 걸리는 최대부하}}$

10 출제년도 : 16

배점 5점

발전기 정격이 500[kW]이며 중유의 열량은 10000[kcal/kg], 효율은 34.4[%]이다. 정격의 1/2 부하상태이면 몇 시간 운전해야 하는가? (단, 연료 소비량은 250[kg]이다)

• 계산 : • 답 :

답안

• 계산 : $P = \dfrac{BH \cdot \eta}{860t}$ (여기서, B : 연료소비량[kg], H : 열량[kcal/kg], η : 효율)

$$500 \times \frac{1}{2} = \frac{250 \times 10000 \times 0.344}{860 \times t}$$

$$t = \frac{250 \times 10000 \times 0.344}{860 \times 500 \times \frac{1}{2}} = 4\text{시간}$$

• 답 : 4시간

11 출제년도 : 18

배점 4점

3상 유도전동기 회로의 간선의 굵기와 기구의 용량을 주어진 표에 의하여 간이로 설계하고자 한다. 조건이 다음과 같을 때 간선의 최소 굵기와 과전류 차단기의 용량을 구하시오.

조건

설계는 전선관에 3본 이하의 전선을 넣을 경우로 하며 공사방법 B1, PVC 절연전선을 사용하는 것으로 한다.

전동기 부하는 다음과 같다.

0.75[kW]··· 직입기동(사용 전류 2.53[A])
1.5[kW] ··· 직입기동(사용 전류 4.16[A])
3.7[kW] ··· 직입기동(사용 전류 9.22[A])
3.7[kW] ··· 직입기동(사용 전류 9.22[A])
7.5[kW] ··· 기동기 사용(사용 전류 17.69[A])

전동기 공사에서 간선의 전선굵기·개폐기 용량 및 적정퓨즈(200[V], B종 퓨즈)

전동기 (kW)수의 총계 ①(kW) 이하	최대 사용 전류 ①'(A) 이하	배선종류에 의한 간선의 최소굵기(mm^2)②						직입기동 전동기 중 최대용량의 것											
		공사방법 A1		공사방법 B1		공사방법 C		0.75 이하	1.5	2.2	3.7	5.5	7.5	11	15	18.5	22	30	37~55
		3개선		3개선		3개선		기동기사용 전동기 중 최대용량의 것											
								–	–	–	5.5	7.5	11 15	18.5 22	–	30 37	–	45	55
		PVC	XLPE, EPR	PVC	XLPE, EPR	PVC	XLPE, EPR	과전류차단기(A) ········ (칸 위 숫자) ③ 개폐기 용량 (A) ········ (칸 아래 숫자) ④											
3	15	2.5	2.5	2.5	2.5	2.5	2.5	15 30	20 30	30 30	–	–	–	–	–	–	–	–	–
4.5	20	4	2.5	2.5	2.5	2.5	2.5	20 30	20 30	30 30	50 60	–	–	–	–	–	–	–	–
6.3	30	6	4	6	4	4	2.5	30 30	30 30	50 60	50 60	75 100	–	–	–	–	–	–	–
8.2	40	10	6	10	6	6	4	50 60	50 60	50 60	75 100	75 100	100 100	–	–	–	–	–	–
12	50	16	10	10	10	10	6	50 60	50 60	50 60	75 100	75 100	100 100	150 200	–	–	–	–	–
15.7	75	35	25	25	16	16	16	75 100	75 100	75 100	75 100	100 100	100 100	150 200	150 200	–	–	–	–
19.5	90	50	25	35	25	25	16	100 100	100 100	100 100	100 100	100 100	150 200	150 200	200 200	200 200	–	–	–
23.2	100	50	35	35	25	35	25	100 100	100 100	100 100	100 100	100 100	150 200	150 200	200 200	200 200	200 200	–	–
30	125	70	50	50	35	50	35	150 200	150 200	150 200	150 200	150 200	150 200	150 200	200 200	200 200	200 200	–	–
37.5	150	95	70	70	50	70	50	150 200	150 200	150 200	150 200	150 200	150 200	150 200	200 200	300 300	300 300	300 300	–
45	175	120	70	95	50	70	50	200 200	200 200	200 200	200 200	200 200	200 200	200 200	200 200	300 300	300 300	300 300	300 300
52.5	200	150	95	95	70	95	70	200 200	200 200	200 200	200 200	200 200	200 200	200 200	200 200	300 300	300 300	400 400	400 400
63.7	250	240	150	–	95	120	95	300 300	300 300	300 300	300 300	300 300	300 300	300 300	300 300	300 300	400 400	400 400	500 600
75	300	300	185	–	120	185	120	300 300	300 300	300 300	300 300	300 300	300 300	300 300	300 300	300 300	400 400	400 400	500 600
86.2	350	–	240	–	–	240	150	400 400	400 400	400 400	400 400	400 400	400 400	400 400	400 400	400 400	400 400	400 400	600 600

[주]

1. 최소 전선 굵기는 1회선에 대한 것이며, 2회선 이상일 경우는 복수회로 보정계수를 적용하여야 한다.
2. 공사방법 A1은 벽 내의 전선관에 공사한 절연전선 또는 단심케이블, B1은 벽면의 전선관에 공사한 절연전선 또는 단심케이블, 공사방법 C는 벽면에 공사한 단심 또는 다심케이블을 시설하는 경우의 전선 굵기를 표시하였다.
3. 「전동기중 최대의 것」에는 동시 기동하는 경우를 포함함
4. 과전류차단기의 용량은 해당 조항에 규정되어 있는 범위에서 실용상 거의 최대값을 표시함
5. 과전류차단기의 선정은 최대용량의 정격전류의 3배에 다른 전동기의 정격전류의 합계를 가산한 값 이하를 표시함
6. 고리퓨즈는 300[A] 이하에서 사용하여야 한다.

① 최대 사용전류 $= 2.53 + 4.16 + 9.22 \times 2 + 17.69 = 42.82$[A]
② 전동기 용량의 총화 $= 0.75 + 1.5 + 3.7 \times 2 + 7.5 = 17.15$[kW]
③ 표에서 전동기 총화 19.5[kW]란의 최대 전류가 90[A]로 42.82[A]보다 크므로 표 19.5[kW], 기동기 사용 7.5[kW]란에서
- 간선의 굵기 : 35[mm^2] 선정
- 과전류 차단기 : 100[A] 선정

12

출제년도 : 10, 16

배점 5점

변압기 특성과 관련된 다음 물음에 답하시오.

1) 변압기의 호흡작용이란 무엇인가?

2) 호흡작용으로 인하여 발생되는 문제점을 쓰시오.

3) 호흡작용으로 발생되는 문제점을 방지하기 위한 대책은?

1) 유온이 상승되면 절연유가 팽창하여 콘서베이터 내부공기가 외부로 배출되고 유온이 하강되면 절연유가 수축하여 외부공기가 내부로 유입되는 것을 말한다.
2) 절연유 절연내력저하, 절연유 열화촉진
3) 흡습호흡기 설치

흡습호흡기는 공기의 습기를 가능한 적게 하기 위해 설치하며 평상시 청백색, 흡습시 분홍색이 된다.

13 출제년도 : 16

배점 5점

비상용 조명부하의 사용전압이 110[V]이고, 60[W]용 55등, 100[W]용 77등이 있다. 방전시간 30분 축전지 HS형 54[cell], 허용 최저전압 100[V], 최저 축전지 온도 5[℃]일 때 축전지 용량은 몇 [Ah]인지 계산하시오. (단, 경년용량 저하율이 0.8, 용량 환산시간 $K=1.2$이다)

• 계산 : • 답 :

• 계산 : 조명부하전류 $I=\frac{P}{V}$, $I=\frac{60\times55+100\times77}{110}=100[A]$

축전지 용량 $C=\frac{1}{L}KI=\frac{1}{0.8}\times1.2\times100=150[Ah]$

(여기서, L : 보수율, 경년용량 저하율, K : 용량환산시간, I : 방전전류)

• 답 : 150[Ah]

14 출제년도 : 04, 16

배점 5점

피뢰기는 이상전압이 기기에 침입했을 때 그 파고값을 저감시키기 위하여 뇌전류를 대지로 방전시켜 절연파괴를 방지하며, 방전에 의하여 생기는 속류를 차단하여 원래의 상태로 회복시키는 장치이다. 다음 각 물음에 답하시오.

1) 피뢰기의 구성요소를 쓰시오.

2) 피뢰기의 정격전압이란 무엇인가?

3) 피뢰기의 제한전압이란 무엇인가?

1) 직렬 갭, 특성요소
2) 속류를 차단할 수 있는 최고의 교류전압
3) 피뢰기 방전 중 피뢰기 단자 간에 남게 되는 충격 전압

해설

1) 피뢰기 구성요소(Gap Type 피뢰기)
   - 직렬갭 : 정상시 계통절연, 이상시 신속방전, 속류차단
   - 특성요소 : 뇌전류 방전시 피뢰기 전위상승억제(제한전압억제)
2) 정격전압 : 피뢰기에서 속류를 차단할 수 있는 최고의 상용주파수 교류전압으로 실효값으로 표시
3) 제한전압 : 피뢰기 방전 중 피뢰기 양 단자간에 잔류하는 전압이며 파고값으로 표시한다.
   (방전 중 피뢰기 단자전압)

15 출제년도 : 16 **배점 5점**

3상 3선식 3000[V], 200[kVA]의 배전선로의 전압을 3100[V]로 승압하기 위해서 단상 변압기 3대를 다음 그림과 같이 접속하였다. 이 변압기의 1차, 2차 전압 및 용량을 구하여라. (단, 변압기의 손실은 무시하는 것으로 한다)

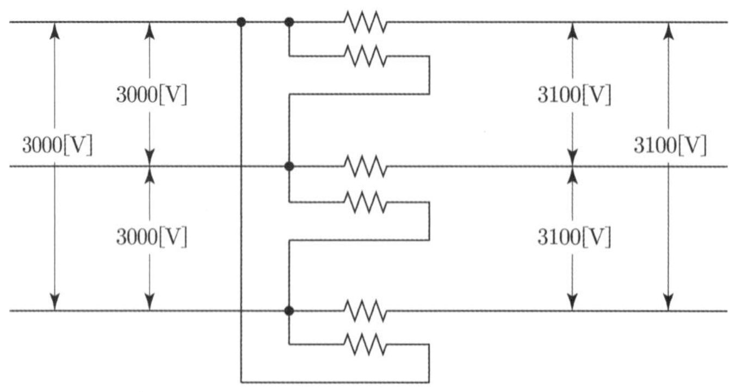

답안

1) 변압기 1차 정격전압은 3000[V]가 가장 적합하므로 $e_1 = 3000[V]$로 한다.

$$e_2 = \frac{2}{3}e_1\left(\frac{E_2}{E_1} - 1\right)$$
$$= \frac{2}{3} \times 3000 \times \left(\frac{3100}{3000} - 1\right)$$
$$= 66.666[V]$$

• 답 : 변압기 1차 전압 3000[V], 변압기 2차 전압 : 66.67[V]

2) 변압기 용량(승압기 용량) : W

① $\dfrac{\text{자기 용량(승압기 용량)}}{\text{부하용량}} = \dfrac{e_2 I_2}{\sqrt{3}\,E_2 I_2}$

② 승압기 용량(W) $= \dfrac{e_2}{\sqrt{3}\,E_2} \times \text{부하용량}$

$$= \frac{66.67}{\sqrt{3} \times 3100} \times 200$$
$$= 2.483[kVA]$$

③ 승압기 총용량(3대이므로) $= 3 \times 2.483 = 7.449[kVA]$

• 답 : 7.45[kVA]

 문제의 그림은 변연장 △결선이라고 하고

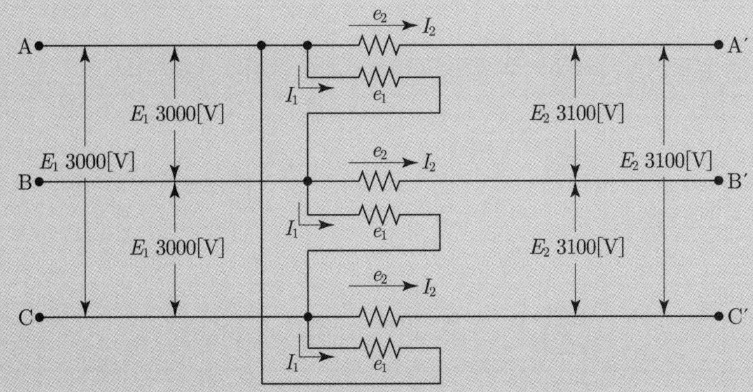

단, E_1 : 승압 전 전압, E_2 : 승압 후 전압
e_1 : 승압기 1차 정격전압, e_2 : 승압기 2차 정격전압

- 변압기 2차 전압$(e_2) = \dfrac{2}{3}e_1\left(\dfrac{E_2}{E_1}-1\right)$[V]
- $\dfrac{\text{자기(승압기)용량}}{\text{부하용량}} = \dfrac{e_2 I_2}{\sqrt{3}\,E_2 I_2}$ (∵ 1대의 용량), 3대의 용량을 바로 구할 때는 3을 곱한다.

16 출제년도 : 16 배점 6점

그림은 3상 유도전동기의 정·역 회로도이다. 다음 물음에 답하시오.

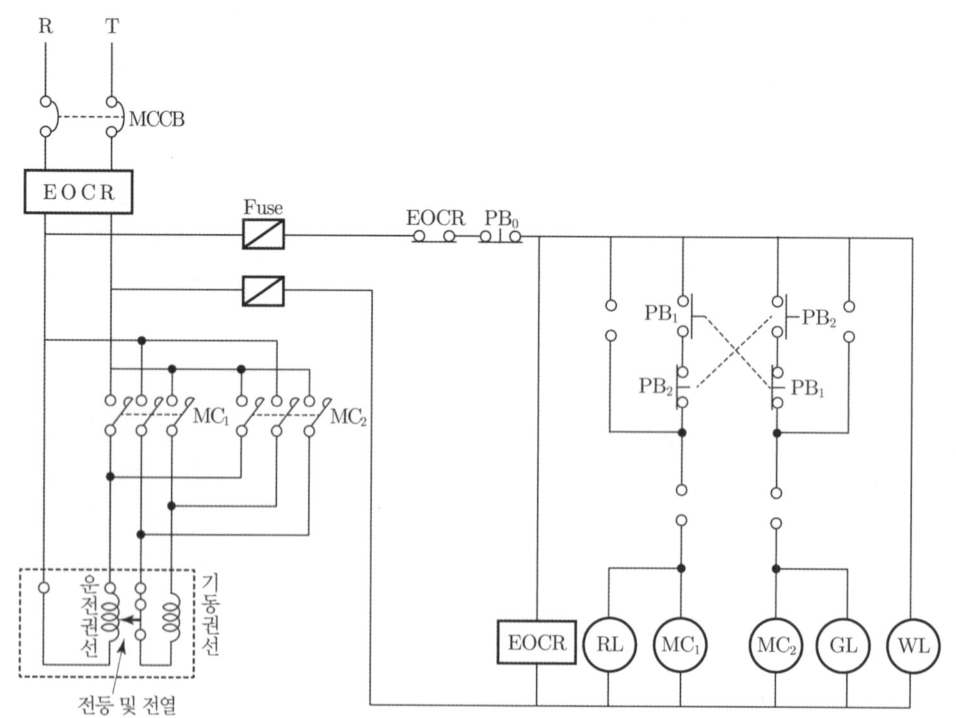

1) 보조회로의 미완성 접점을 그리고 그 접점 명칭을 쓰시오.

2) 콘덴서 기동방식에 대하여 설명하시오.

3) RL, GL, WL은 각각 어떤 표시등인지 쓰시오.

- RL
- GL
- WL

1)

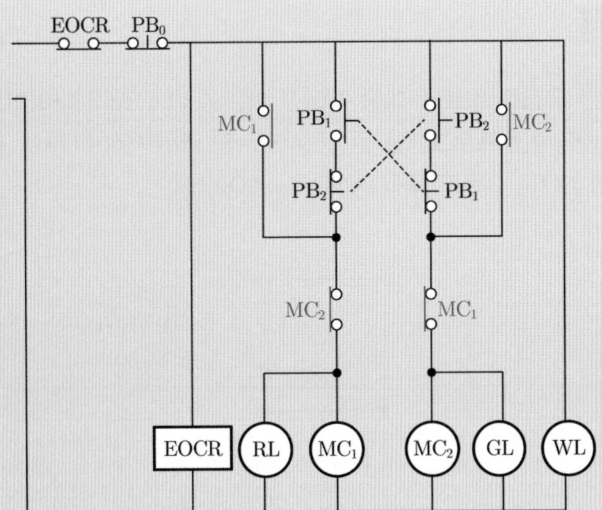

2) 기동 권선에 의해서 발생하는 자속을 콘덴서에 의해서 주권선의 것보다 90° 앞선 상으로 한 것이며 기동이 완료되었을 때는 원심 개폐기에 의해서 콘덴서를 끊는다.

3) • RL : 정회전용 표시등
- GL : 역회전용 표시등
- WL : 전원표시등

해설

1)

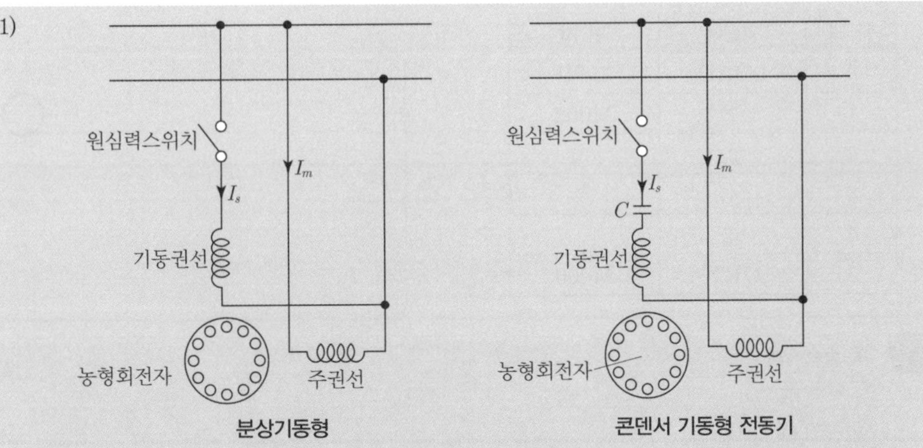

콘덴서 전동기는 분상 기동형 단상 유도전동기의 한 종류로서 기동권선과 콘덴서를 직렬로 접속하여 주권선에 흐르는 전류 I_m과 보조권선에 흐르는 전류 I_s 사이의 위상차를 증가시켜 토크를 크게 하여 기동하는 전동기이다. 이 때 기동이 완료된 후 어떤 속도에 도달하게 되면 원심력 스위치에 의하여 보조권선의 회로는 차단된다.

2) RL : MC_1(정회전 전자접촉기)가 여자되었을 때 점등되기 때문에 정회전용 표시등으로 표시한다.
GL : MC_2(역회전 전자접촉기)가 여자되었을 때 점등되기 때문에 역회전용 표시등으로 표시한다.
WL : 전원 인가시 점등되고 전원 차단시 소등되기 때문에 전원 표시등으로 표시한다.

17 출제년도 : 16 배점 4점

다음 그림과 같은 유접점 회로에 대한 주어진 미완성 PLC 래더 다이어그램을 완성하고, 표의 빈칸 ①~⑥에 해당하는 프로그램을 완성하시오. (단, 회로시작 LOAD, 출력 OUT, 직렬 AND, 병렬 OR, b접점 NOT, 그룹간 묶음 AND LOAD이다)

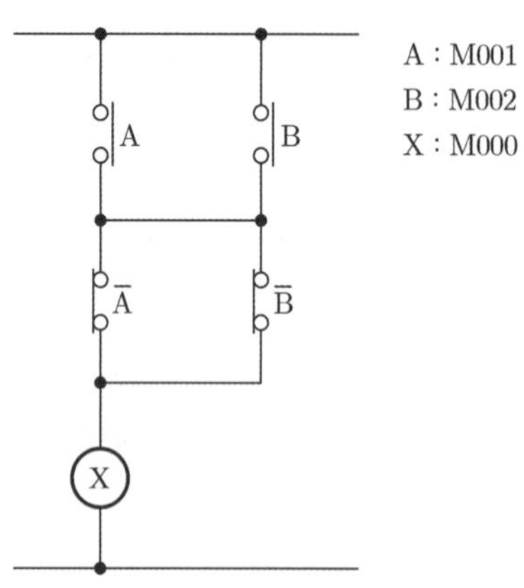

• 프로그램

차 례	명령어	번 지
0	LOAD	M001
1	①	M002
2	②	③
3	④	⑤
4	⑥	–
5	OUT	M000

• 래더 다이어그램

• 프로그램
① OR
② LOAD NOT
③ M001
④ OR NOT
⑤ M002
⑥ AND LOAD

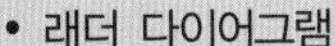
• 래더 다이어그램

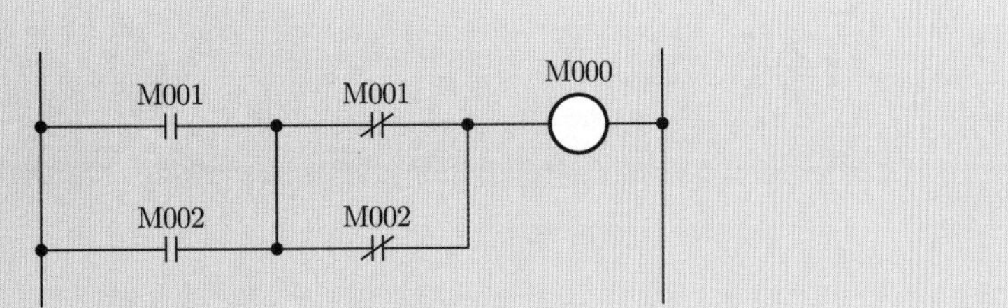

해설 전원만 투입시 또는 A, B 모두 ON 시 X가 여자될 수 없고, A 또는 B 어느 하나만 ON시 X가 여자되는 EOR(배타적 논리합)회로이다.

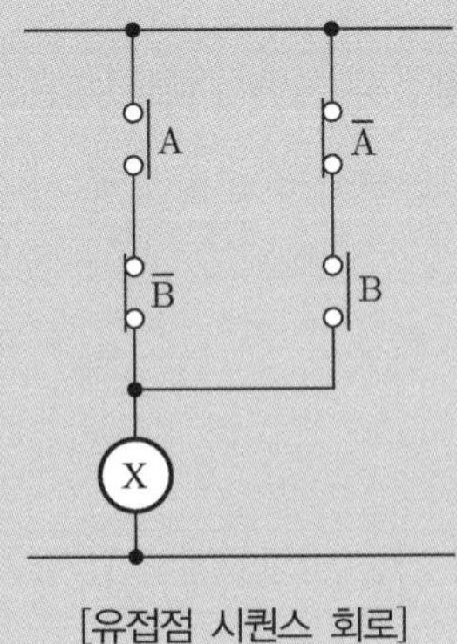

[유접점 시퀀스 회로]

2016

18 출제년도 : 16 배점 5점

시운전 완료 후 발주자에게 인계하여야 하는 문서 5가지를 적으시오.

•
•
•
•
•

답안

① 운전개시, 가동절차 및 방법
② 점검항목 점검표
③ 운전지침
④ 기기류 단독 시운전 방법 검토 및 계획서
⑤ 실가동 Diagram
⑥ 시험구분, 방법, 사용매체 검토 및 계획서
⑦ 시험성적서
⑧ 성능시험 성적서(성능시험 보고서)
이 중 5가지를 선택

전기기사 실기 기출문제 2016년 2회

01 출제년도 : 02, 03, 06, 16 배점 9점

전력 퓨즈에서 퓨즈에 대한 역할과 기능에 대해서 다음 각 물음에 답하시오.

1) 퓨즈의 역할을 크게 2가지로 대별하여 간단하게 설명하시오.

•

•

2) 답안지 표와 같은 각종 기구의 기능 비교표에서 관계(동작)되는 해당란에 ○표로 표시하시오.

능력 / 기능	회로 분리		사고 차단	
	무부하	부하	과부하	단락
퓨 즈				
차단기				
개폐기				
단로기				
전자 접촉기				

3) 퓨즈의 성능(특성) 3가지를 쓰시오.

•

•

•

1) • 부하전류는 안전하게 통전한다.
• 어떤 일정값 이상의 과전류는 차단하여 전로나 기기를 보호한다.

2)

기능 \ 능력	회로 분리		사고 차단	
	무부하	부하	과부하	단락
퓨 즈	○			○
차단기	○	○	○	○
개폐기	○	○	○	
단로기	○			
전자 접촉기	○	○	○	

3) • 용단 특성
• 단시간 허용 특성
• 전차단 특성

해설 전력퓨즈는 차단기, 변성기, 릴레이의 역할을 수행할 수 있는 단락보호용 기기이다.

02 출제년도 : 16 배점 3점

변압기와 모선 또는 이를 지지하는 애자는 어떠한 전류에 의하여 생기는 기계적 충격에 견디는 것이어야 하는가?

답안 단락전류

03 출제년도 : 16 배점 5점

3상 부하의 임피던스가 다음과 같을 때 소비전력[W]을 구하시오.

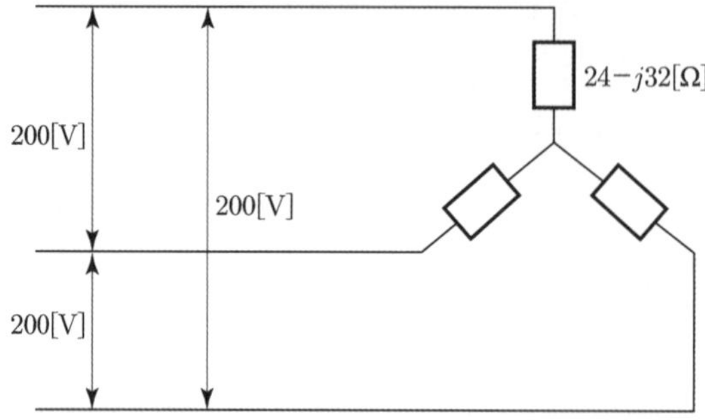

• 계산 : • 답 :

• 계산

$3\phi(Y)$

$Z = 24 - j32[\Omega]$

$V_l = 200[V]$

$$P = 3I_p^2 \cdot R \quad \left(I_p = \frac{V_p}{Z} = \frac{\frac{200}{\sqrt{3}}}{\sqrt{24^2+32^2}} = \frac{5}{\sqrt{3}} \right)$$

$$= 3 \times \left(\frac{5}{\sqrt{3}} \right)^2 \times 24$$

$$= 600[W]$$

• 답 : 600[W]

04 출제년도 : 00, 02, 04, 06, 13, 16

배점 5점

부하가 유도전동기이며 기동용량이 500[kVA]이고 기동시 허용 전압강하는 20[%]이며 발전기의 과도 리액턴스는 25[%]이다. 이 전동기를 운전할 수 있는 자가발전기의 최소용량은 몇 [kVA]인지를 계산하시오.

• 계산 : • 답 :

• 계산 : $Q=\left(\dfrac{1}{\text{허용 전압강하}}-1\right)$ × 과도 리액턴스 × 기동용량

$=\left(\dfrac{1}{0.2}-1\right)\times 0.25\times 500=500[\text{kVA}]$

• 답 : 500[kVA]

05 출제년도 : 16

배점 6점

간이수전설비 22.9[kV−Y]의 변압기 용량은 500[kVA]이고, 배선용 차단기(MCCB)는 변압기 2차측 모선에 연결되어 있다. 변압기의 $\%Z=5[\%]$이고 변압기 2차 전압은 380[V]이다.

1) 변압기 2차 정격전류[A]를 구하시오.
   • 계산 : • 답 :

2) 변압기 2차 단락전류[A]를 계산하여 답하고, MCCB의 최소차단전류[kA]를 쓰시오.
   • 계산 : • 답 :

3) MCCB의 정격차단용량[MVA]를 구하시오.
   • 계산 : • 답 :

1) • 계산 : $I_{2n}=\dfrac{P}{\sqrt{3}\,V}=\dfrac{500\times 10^3}{\sqrt{3}\times 380}=759.671[\text{A}]$ • 답 : 759.67[A]

2) • 계산 : $I_{2s}=\dfrac{100}{\%Z}I_{2n}=\dfrac{100}{5}\times 759.67=15193.4[\text{A}]$ • 답 : 15193.4[A]
   • 답 : 15.19[kA]

3) • 계산 : $P_s=\dfrac{100}{\%Z}\times P_n=\dfrac{100}{5}\times 500\times 10^{-3}=10[\text{MVA}]$ • 답 : 10[MVA]

2번 문제 MCCB의 최소차단전류[kA]
답안으로 15.19[kA] 말고 실무적인 답안 37[kA]도 가능함.

06 출제년도 : 16

배점 5점

물을 높이 15[m]인 탱크에 매초 0.2[m^3]의 물을 양수하는데 필요한 전력을 2대의 변압기로 공급한다면 필요한 단상변압기 1대의 용량은 몇 [kVA]이고 어떤 결선을 해야 하는가? (단, 펌프와 전동기의 합성효율은 55[%], 전동기의 전부하 역률은 90[%], 펌프의 축동력은 10[%]의 여유를 본다)

1) 펌프용 전동기에 전원공급하는 변압기 1대 용량은?
  • 계산 : • 답 :

2) 이 결선의 명칭은?

답안

1) • 계산 : $P_v = \sqrt{3}\,P_1 = \dfrac{9.8kQH}{\eta \cdot \cos\theta}$[kVA]

$$P_1 = \frac{9.8 \times 1.1 \times 15 \times 0.2}{\sqrt{3} \times 0.55 \times 0.9} = 37.72[\text{kVA}]$$

• 답 : 37.72[kVA]

2) V결선

해설

펌프출력(P)$= \dfrac{9.8kQH}{\eta}$[kW] (단, H : 양정[m], Q : 양수량[m^3/s], k : 여유계수, η : 효율)

펌프출력(P)$= \dfrac{kQ'H}{6.12\eta}$[kW] (단, Q' : 양수량[m^3/min])

• 다른 풀이

$P_V = \sqrt{3}\,P_1 = \dfrac{kQ'H}{6.12\eta\cos\theta}$ (단, $Q' = 0.2\left[\dfrac{\text{m}^3}{\text{s}}\right] \times \dfrac{60[\text{s}]}{1[\text{min}]} = 0.2 \times 60\left[\dfrac{\text{m}^3}{\text{min}}\right]$)

$P_1 = \dfrac{1.1 \times (0.2 \times 60) \times 15}{\sqrt{3} \times 6.12 \times 0.55 \times 0.9} = 37.735[\text{kVA}]$ $\therefore$ 37.74[kVA]

07 출제년도 : 16

배점 6점

다음은 변압기의 효율에 대한 설명이다. 다음 용어에 대한 정의를 쓰시오.

1) 무부하손 :
부하손 :

2) 변압기 효율식을 쓰시오.

3) 변압기 최대효율 조건을 쓰시오.

1) • 무부하손 : 부하 증감과 상관없이 일정한 손실로 히스테리시스손, 와류손 등이 있다.
• 부하손 : 부하 증감에 따라 변동되는 손실로 저항손, 와류손, 표류 부하손 등이 있다.

2) 변압기 효율식 $\eta = \dfrac{m\,VI\cos\theta}{m\,VI\cos\theta + P_i + m^2 P_{cn}} \times 100[\%]$

여기서, m : 부하율, P_i : 철손, P_{cn} : 전부하동손

3) 최대효율조건 : 철손(P_i)과 동손(P_c)가 같을 때이다.

2) 변압기 효율(η) $= \dfrac{출력}{출력+손실} \times 100 = \dfrac{m\,VI\cos\theta}{m\,VI\cos\theta + P_i + m^2 P_{cn}} \times 100$

3) 최고효율조건

철손(P_i) = 동손(P_c) $= m^2 P_{cn}$

$\therefore\ m = \sqrt{\dfrac{P_i}{P_{cn}}}$

08 출제년도 : 16 / 유사 : 04, 05, 11, 14

배점 4점

플리커 현상의 수용가측 대책 중 전원계통의 리액터분을 보상하는 방법 2가지를 쓰시오.

•

•

① 직렬 콘덴서 설치
② 3권선 보상 변압기 방식

09 출제년도 : 16 / 유사 : 00, 01, 02, 03, 04, 05, 06, 07, 08, 10, 11, 12, 13, 14, 15, 16, 17

배점 6점

가로 20[m], 세로 50[m]인 사무실에서 평균조도 300[lx]를 얻고자 형광등 40[W] 2등용을 사용하고 있다. (단, 40[W] 2등용 형광등기구의 전체광속은 4600[lm], 조명률은 0.5, 감광보상률은 1.3, 전기방식은 단상 2선식 200[V]이며 40[W] 2등용의 전체입력전류는 0.87[A]이고 1회로의 최대전류는 15[A]이다)

1) 형광등 기구수를 구하시오.
   • 계산 : • 답 :

2) 분기회로수를 구하시오.
   • 계산 : • 답 :

1) • 계산 : $FUN = DES$

$$N = \frac{DES}{FU} = \frac{1.3 \times 300 \times 20 \times 50}{4600 \times 0.5} = 169.565$$

• 답 : 170[기구]

2) • 계산 : $n = \frac{170 \times 0.87}{15} = 9.86$

• 답 : 15[A] 분기회로 10[회로]

10 출제년도 : 12, 16

배점 3점

전력용 콘덴서의 육안으로 할 수 있는 정기점검 3가지를 쓰시오.

•

•

•

① 단자(부)의 이완 및 접속불량 점검
② 누유 및 오손 점검
③ 외함의 부풀음 점검

11 출제년도 : 02, 13, 16, 20 **배점 10점**

변전소에서 그림과 같은 일부하 곡선을 가진 3개의 부하 A, B, C에 전력을 공급하고 있다. A, B, C 세 수용가의 하루 동안의 전력소비가 다음과 같을 때 다음에 답하시오.

A의 평균전력 : 4500[kW], 역률 100[%]
B의 평균전력 : 2400[kW], 역률 80[%]
C의 평균전력 : 900[kW], 역률 60[%]

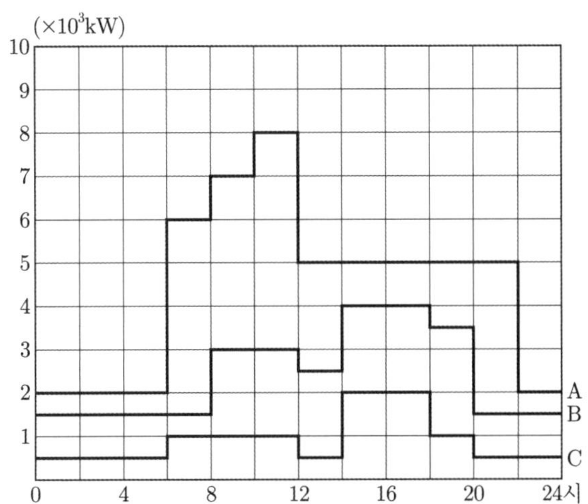

1) 합성최대전력[kW]을 구하시오.
- 계산 : • 답 :

2) 종합 부하율[%]을 구하시오.
- 계산 : • 답 :

3) 부등률을 구하시오.
- 계산 : • 답 :

4) 최대부하시 종합 역률[%]을 구하시오.
- 계산 : • 답 :

5) A 수용가에 관한 다음 물음에 답하시오.

① 첨두부하는 몇 [kW]인가?

② 첨두부하가 지속되는 시간은 몇 시부터 몇 시까지인가?

③ 하루 공급된 전력량은 몇 [MWh]인가?
- 계산 : • 답 :

2016

1) • 계산 : 합성최대전력(P) $=8000+3000+1000=12000$[kW] • 답 : 12000[kW]

2) • 계산 : 종합부하율 $=\dfrac{4500+2400+900}{12000}\times 100=65$[%] • 답 : 65[%]

3) • 계산 : 부등률 $=\dfrac{8000+4000+2000}{12000}=1.166$ • 답 : 1.17

4) • 계산 : 최대부하시 종합역률

$$\cos\theta=\frac{P}{\sqrt{P^2+P_r^{\,2}}}=\frac{12000}{\sqrt{12000^2+\left(0+3000\times\dfrac{0.6}{0.8}+1000\times\dfrac{0.8}{0.6}\right)^2}}\times 100$$

$$=95.819[\%]$$

• 답 : 95.82[%]

5) ① A부하의 첨두부하[kW] : 8000[kW]

② A부하의 첨두부하시간 : 10시~12시

③ A부하의 하루 총 공급전력량[MWh] $=(2\times 6+6\times 2+7\times 2+8\times 2+5\times 10+2\times 2)\times 10^3$

$=108000$[kWh]$=108$[MWh]

• 답 : 108[MWh]

1) 합성최대전력은 동일한 시간대에서 가장 큰 전력을 말하며 10~12시에 나타난다.

2) 종합부하율 $=\dfrac{\text{평균 전력}}{\text{최대 전력}}=\dfrac{\text{A, B, C 평균 전력 합}}{\text{합성 최대 전력}}$

$=\dfrac{4500+2400+900}{12000}$

3) 부등률 $=\dfrac{\text{개별 최대전력 합}}{\text{합성 최대전력}}=\dfrac{8000+4000+2000}{12000}$

4) 최대부하시 종합역률에서 무효전력값은 최대 부하인 A가 8000[kW], B가 3000[kW], C가 1000[kW]일 때의 무효전력($P\tan\theta$)을 적용한다.

$$\cos\theta=\frac{P}{\sqrt{P^2+P_r^{\,2}}}=\frac{8000+3000+1000}{\sqrt{(8000+3000+1000)^2+\left(0+3000\times\dfrac{0.6}{0.8}+1000\times\dfrac{0.8}{0.6}\right)^2}}\times 100$$

12 출제년도 : 16

배점 5점

3상 380[V]의 전동기 부하가 분전반으로부터 300[m] 되는 지점에(전선 한 가닥의 길이로 본다) 설치되어 있다. 전동기는 1대로 입력이 78.98[kVA]라고 하며, 허용 전압 강하를 6[V]로 하여 분기 회로의 전선을 정하고자 할 때에 전선의 최소 규격과 전선관 규격을 구하시오. (단, 전선은 450/750[V] 일반용 단심 비닐절연전선으로 하고 전선관은 후강 전선관으로 하며 부하는 평형되었다)

[표 1] 전선 최대 길이(3상 3선식 380[V]·전압강하 3.8[V])

전류 [A]	전선의 굵기[mm^2]												
	2.5	4	6	10	16	25	35	50	95	150	185	240	300
	전선 최대 길이[m]												
1	534	854	1281	2135	3416	5337	7472	10674	20281	32022	39494	51236	64045
2	267	427	640	1067	1708	2669	3736	5337	10140	16011	19747	25618	32022
3	178	285	427	712	1139	1779	2491	3558	6760	10674	13165	17079	21348
4	133	213	320	534	854	1334	1868	2669	5070	8006	9874	12809	16011
5	107	171	256	427	683	1067	1494	2135	4056	6404	7899	10247	12809
6	89	142	213	356	569	890	1245	1779	3380	5337	6582	8539	10674
7	76	122	183	305	488	762	1067	1525	2897	4575	5642	7319	9149
8	67	107	160	267	427	667	934	1334	2535	4003	4937	6404	8006
9	59	95	142	237	380	593	830	1186	2253	3558	4388	5693	7116
12	44	71	107	178	285	445	623	890	1690	2669	3291	4270	5337
14	38	61	91	152	244	381	534	762	1449	2287	2821	3660	4575
15	36	57	85	142	228	356	498	712	1352	2135	2633	3416	4270
16	33	53	80	133	213	334	467	667	1268	2001	2468	3202	4003
18	30	47	71	119	190	297	415	593	1127	1779	2194	2846	3558
25	21	34	51	85	137	213	299	427	811	1281	1580	2049	2562
35	15	24	37	61	98	152	213	305	579	915	1128	1464	1830
45	12	19	28	47	76	119	166	237	451	712	878	1139	1423

[비고]

1. 전압강하가 2[%] 또는 3[%]의 경우, 전선길이는 각각 이 표의 2배 또는 3배가 된다. 다른 경우에도 이 예에 따른다.
2. 전류가 20[A] 또는 200[A] 경우의 전선길이는 각각 이 표 전류 2[A] 경우의 1/10 또는 1/100이 된다.
3. 이 표는 평형부하의 경우에 대한 것이다.
4. 이 표는 역률 1로 하여 계산한 것이다.

2016

[표 2] 후강 전선관 굵기의 선정

도 체 단면적 $[mm^2]$	전선 본수									
	1	2	3	4	5	6	7	8	9	10
	전선관의 최소 굵기[호]									
2.5	16	16	16	16	22	22	22	28	28	28
4	16	16	16	22	22	22	28	28	28	28
6	16	16	22	22	22	28	28	28	36	36
10	16	22	22	28	28	36	36	36	36	36
16	16	22	28	28	36	36	36	42	42	42
25	22	28	28	36	36	42	54	54	54	54
35	22	28	36	42	54	54	54	70	70	70
50	22	36	54	54	70	70	70	82	82	82
70	28	42	54	54	70	70	70	82	82	82
95	28	54	54	70	70	82	82	92	92	104
120	36	54	54	70	70	82	82	92		
150	36	70	70	82	92	92	104	104		
185	36	70	70	82	92	104				
240	42	82	82	92	104					

[비고]

1. 전선 1본에 대한 숫자는 접지선 및 직류회로의 전선에도 적용한다.
2. 이 표는 실험결과와 경험을 기초로 하여 결정한 것이다.
3. 이 표는 KS C IEC 60227-3의 450/750[V] 일반용 단심 비닐절연전선으로 기준한 것이다.

① 전선의 규격

부하 전류 $I = \dfrac{P}{\sqrt{3}\,V} = \dfrac{78980}{\sqrt{3} \times 380} = 120[A]$

전선 최대 길이 $L = \dfrac{300 \times 120}{\dfrac{6}{3.8}} = 22800[m]$

[표 1] 전류 1[A] 란에서 전선 최대 길이가 22800[m]를 초과하는 32022[m] 란의 전선 $150[mm^2]$ 선정

② 전선관 굵기

[표 2]에서 $150[mm^2]$ 3본을 넣을 수 있는 후강전선관 70호입니다.

13 출제년도 : 05, 07, 16

배점 5점

콘덴서의 회로에 제3고조파의 유입으로 인한 사고를 방지하기 위하여 콘덴서 용량의 13[%]인 직렬 리액터를 설치하고자 한다. 이 경우 투입시의 전류는 콘덴서의 정격전류(정상시 전류)의 몇 배의 전류가 흐르게 되는가?

• 계산 : • 답 :

• 계산 : 콘덴서 투입시 돌입전류(I)

$$I = I_n\left(1+\sqrt{\frac{X_c}{X_L}}\right) = I_n\left(1+\sqrt{\frac{X_c}{0.13X_c}}\right) = 3.773I_n \quad (\text{단, } I_n : \text{콘덴서 정격전류})$$

• 답 : 3.77배

직렬리액터 용량(X_L)=콘덴서 용량(X_c)의 13[%]

$\therefore\ X_L = 0.13X_c$

14 출제년도 : 07, 16

배점 4점

3상 3선식 배전선로의 각 선간의 전압강하의 근사값을 구하고자 하는 경우에 이용할 수 있는 약산식을 다음의 조건을 이용하여 구하시오.

조건

1. 배전선로의 길이 : L[m], 배전선의 굵기 : A[mm^2], 배전선의 전류 : I[A]
2. 표준연동선의 고유저항(20[℃]) : $\frac{1}{58}$ [Ω·mm^2/m], 동선의 도전율(C) : 97[%]
3. 선로의 리액턴스를 무시하고 역률은 1로 간주해도 무방한 경우임.

• 계산 : • 답 :

• 계산 : 저항 $R = \frac{1}{58}\times\frac{100}{C}\times\frac{L}{A} = \frac{1}{58}\times\frac{100}{97}\times\frac{L}{A} = \frac{1}{56.26}\times\frac{L}{A}$

전압강하 $e = \sqrt{3}\,IR = \frac{\sqrt{3}}{56.26}\times\frac{LI}{A} = \frac{1}{32.48}\times\frac{LI}{A}$

• 답 : 전압강하 $e = \frac{1}{32.48}\times\frac{LI}{A}$[V] (또는 $=0.0308\frac{LI}{A}$)

15 출제년도 : 16 / 유사 : 10 배점 5점

전구를 수요자가 부담하는 종량 수용가에서 A, B 어느 전구를 사용하는 편이 유리한가를 다음 표를 이용하여 산정하시오.

전구의 종류	전구의 수명	1[cd]당 소비전력[W] (수명 중의 평균)	평균 구면광도 [cd]	1[kWh]당 전력요금[원]	전구의 값 [원]
A	1500시간	1.0	38	70	1900
B	1800시간	1.1	40	70	2000

• 계산 : • 답 :

• 계산 : A전구 : $1.0 \times 38 \times 10^{-3} \times 70 + \frac{1900}{1500} = 3.926$[원/시간] ∴ 3.93[원/시간]

B전구 : $1.1 \times 40 \times 10^{-3} \times 70 + \frac{2000}{1800} = 4.191$[원/시간] ∴ 4.19[원/시간]

• 답 : A전구가 경제적으로 유리하다.

16 출제년도 : 16 배점 5점

감리원은 매 분기마다 공사업자로부터 안전관리 결과보고서를 제출받아 이를 검토하고 미비한 사항이 있을 때에는 시정하도록 조치하여야 하는데, 안전관리 결과보고서에 포함할 서류 5가지를 작성하시오.

•
•
•
•
•

① 안전관리 조직표 ② 안전보건 관리체계 ③ 재해발생 현황
④ 산재요양신청서 사본 ⑤ 안전교육 실적표

17 출제년도 : 16 배점 6점

다음은 3상 모터의 현장과 제어감시반 원격동작방식 회로이다. 이 회로의 동작설명을 참고하여 현장과 감시반의 결선을 완성하시오.

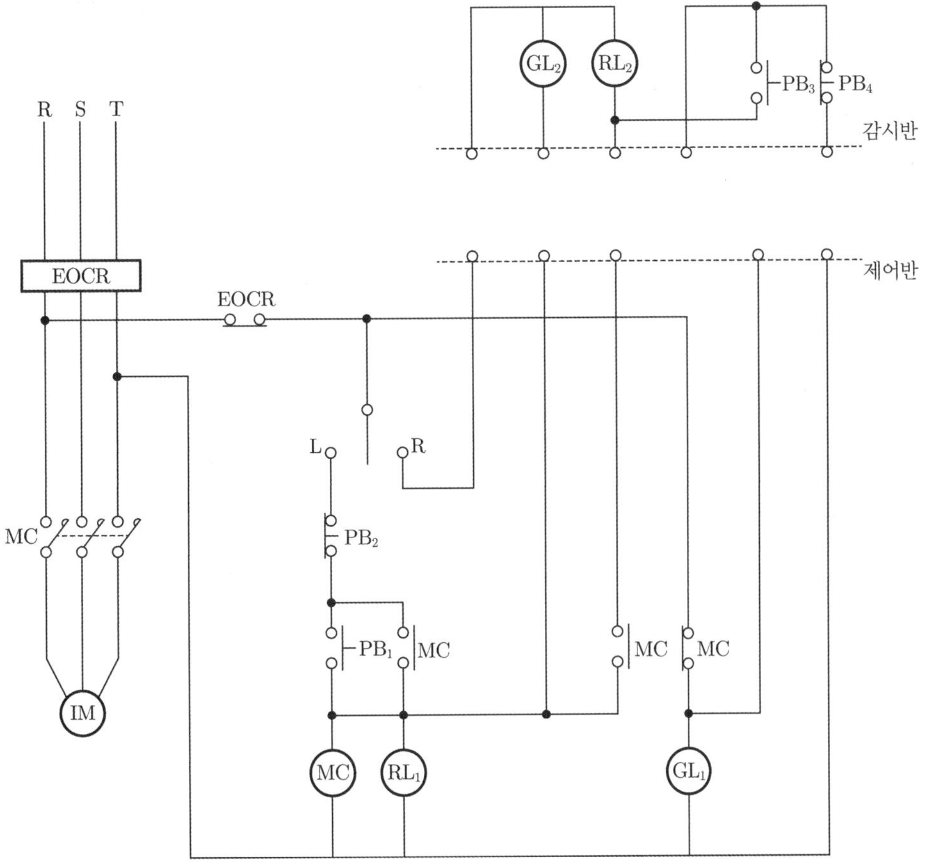

동작 설명

① 전원을 투입하면 GL_1과 GL_2가 점등된다.

② 스위치가 L에 연결되어 있고, PB_1을 ON하면 MC가 여자되어 RL_1, RL_2가 점등되고 GL_1, GL_2는 소등된다.

③ PB_2를 누르면 MC가 소자되고 RL_1, RL_2가 소등되고 GL_1, GL_2는 점등된다.

④ 스위치를 R에 두고, PB_3를 ON 하면 MC가 여자되어 RL_1, RL_2가 점등되고 GL_1, GL_2는 소등된다.

⑤ PB_4를 누르면 MC가 소자되고 RL_1, RL_2가 소등되고 GL_1, GL_2는 점등된다.

답안

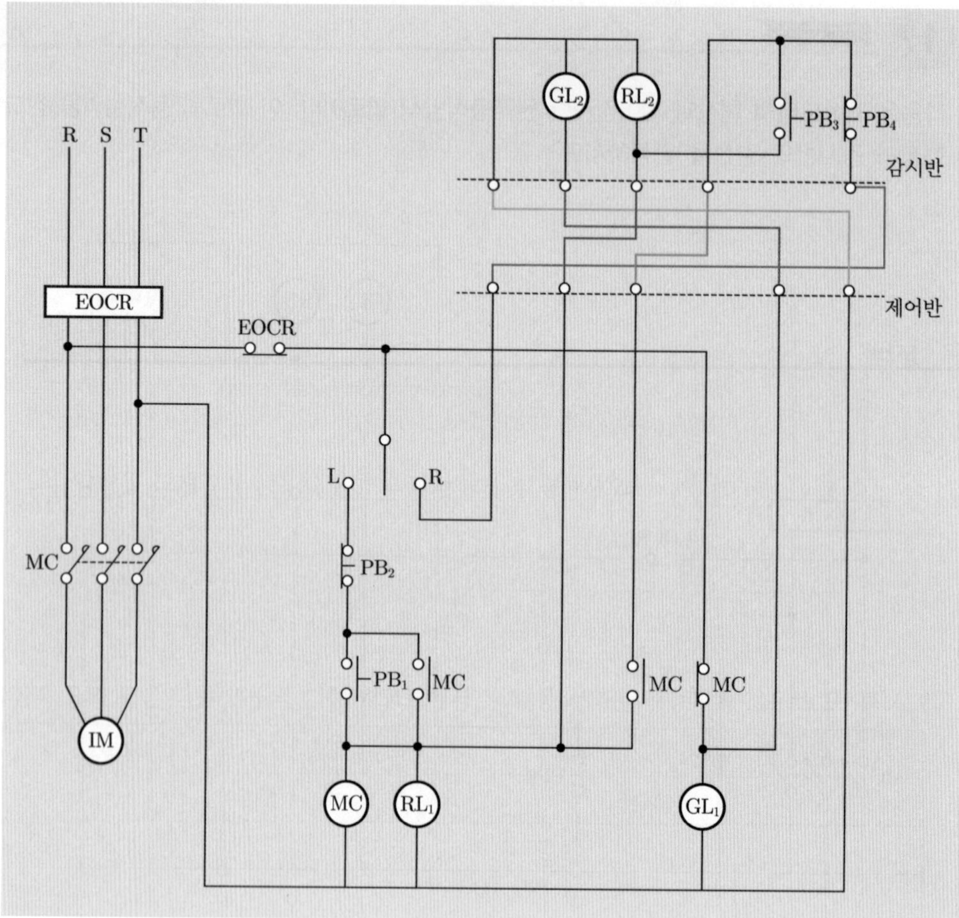
GL2
RL2
PB3
PB4
감시반
R S T
EOCR
제어반
EOCR
L
R
MC
PB2
PB1
MC
MC
MC
IM
MC
RL1
GL1

18 출제년도 : 16 / 유사 : 15, 18 배점 8점

다음은 $3\phi 4\omega$ 22.9[kV] 수전설비 단선결선도이다. 도면의 내용을 보고 다음 각 물음에 답하시오.

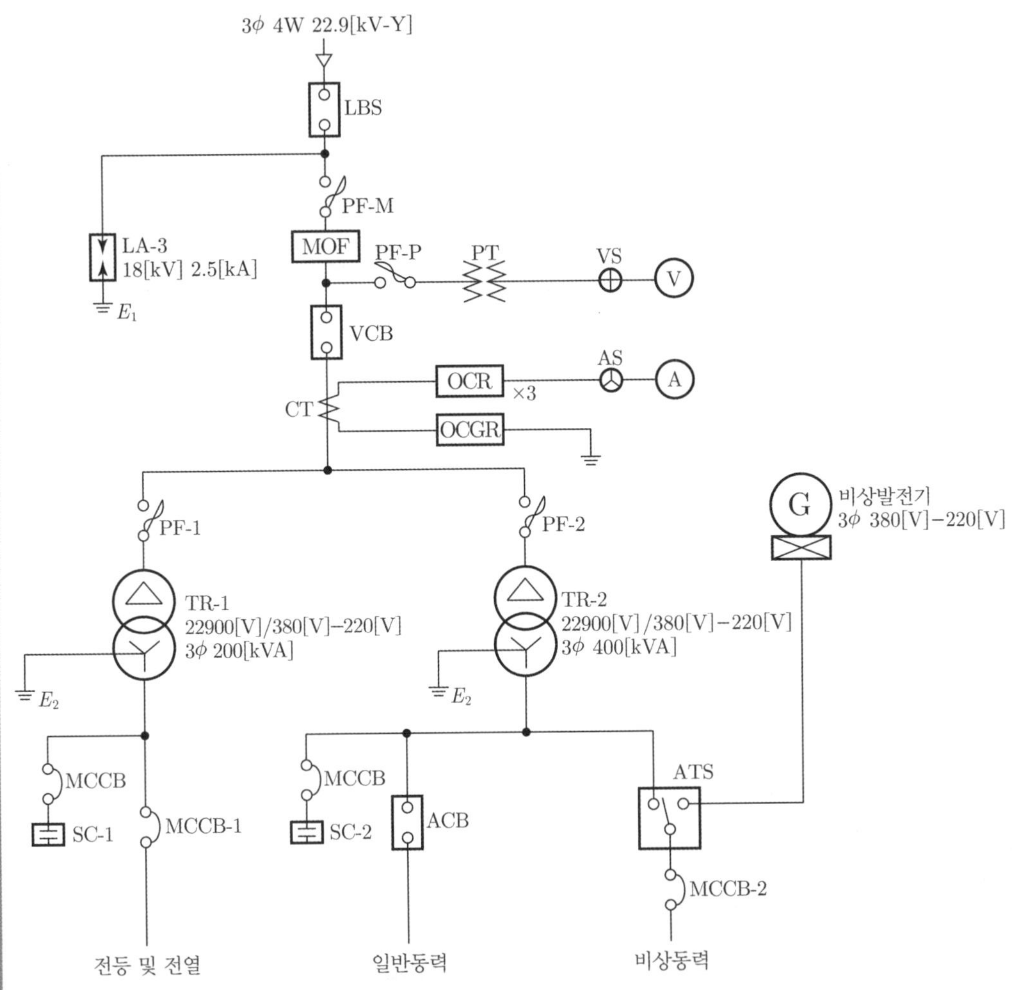

구 분	전등 및 전열	일반동력	비상동력
설비용량	합계 350[kW]	합계 635[kW]	유도전동기1 7.5[kW] 2대 85[%] 유도전동기2 11[kW] 1대 85[%] 유도전동기3 15[kW] 1대 85[%] 비상조명 8,000[W] 100[%]
효율	100[%]	85[%]	
평균(종합)역률	80[%]	90[%]	90[%]
수용률	60[%]	45[%]	100[%]

1) LBS에 대하여 다음 물음에 답하시오.

① LBS의 명칭을 쓰시오.

② LBS의 역할은 무엇인가?

③ LBS와 같은 역할을 하는 유사한 기기 2가지를 쓰시오.

•

•

2) 위의 수전설비 단선결선도의 부하집계 및 입력환산표를 다음에 완성하시오.
(단, 입력환산[kVA]시 계산값의 소수 둘째자리 이하는 버린다)

구 분		설비용량[kW]	효율[%]	역률[%]	입력환산[kVA]
전등 및 전열		350			
일반동력		635			
비상동력	유도전동기1	7.5×2			
	유도전동기2	11			
	유도전동기3	15			
	비상조명	8			
	소계	–			

3) 위 결선도에서 VCB 개폐 시 발생하는 이상전압으로부터 TR1, TR2를 보호하기 위한 보호기기와 접지종별을 도면에 그리시오.

4) 위의 결선도에서 비상동력부하 중 '기동입력[kW]'의 값이 최대로 되는 전동기를 최후에 기동하는데 필요한 발전기 용량[kVA]을 구하시오.

조건

- 유도전동기의 출력 1[kW]당 기동 [kVA]는 7.2로 한다.
- 유도전동기의 기동방식은 직입 기동방식, 기동방식에 따른 계수는 1로 한다.
- 부하의 종합효율은 0.85를 적용한다.
- 발전기의 역률은 0.9로 한다.
- 전동기의 기동 시 역률은 0.4로 한다.

• 계산 : • 답 :

1) ① 부하개폐기
② 정상상태의 부하전류를 개폐 및 PF의 결상사고 방지
③ 인터럽터 스위치, 자동고장구분개폐기(ASS)

2) 입력환산[kVA] $= \dfrac{\text{설비용량[kW]}}{\text{효율} \times \text{역률}}$

구 분		설비용량[kW]	효율[%]	역률[%]	입력환산[kVA]
전등 및 전열		350	100	80	437.5
일반동력		635	85	90	830
비상동력	유도전동기1	7.5×2	85	90	19.6
	유도전동기2	11	85	90	14.3
	유도전동기3	15	85	90	19.6
	비상조명	8	100	90	8.8
	소계	−	−	−	62.3

3)

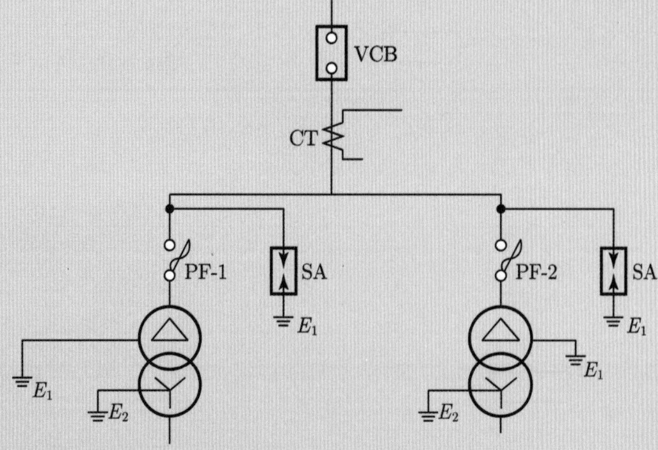

4) 부하사용 중 최대기동용량 전동기를 마지막으로 기동할 때 발전기 용량

$$P_G = \left[\frac{\Sigma P_L - P_m}{\eta_L} + (P_m \cdot \beta \cdot C \cdot Pf_M) \right] \times \frac{1}{\cos\theta_G} \text{[kVA]}$$

• 계산과정 : $P_G = \left(\dfrac{7.5 \times 2 + 11 + 8}{0.85} + 15 \times 7.2 \times 1 \times 0.4 \right) \times \dfrac{1}{0.9}$

$= 92.444\text{[kVA]}$

• 답 : 92.44[kVA]

전기기사 실기 기출문제 2016년 3회

01 출제년도 : 16 / 유사 : 01, 02, 04, 07, 12 배점 7점

다음 주어진 조건을 이용하여 물음에 답하시오.

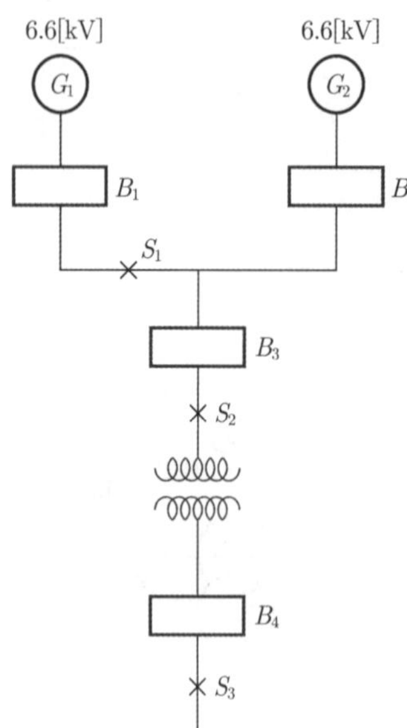

발전기 G_1 : 10000[kVA], $x_{G1} = 10[\%]$
발전기 G_2 : 20000[kVA], $x_{G2} = 14[\%]$
변압기 T : 30000[kVA], $x_{Tr} = 12[\%]$

1) S_1 점에서 단락시 B_1과 B_2의 차단용량을 구하시오.
   - 계산 :
   - 답 :

2) S_2 점에서 단락시 B_3의 차단용량을 구하시오.
   - 계산 :
   - 답 :

3) S_3 점에서 단락시 B_4의 차단용량을 구하시오.
   - 계산 :
   - 답 :

1) • 계산

B_1차단기 용량 $P_{S1} = \dfrac{100}{\%x_{G1}} \times P_n = \dfrac{100}{10} \times 10 = 100[\text{MVA}]$ • 답 : 100[MVA]

B_2차단기 용량 $P_{S2} = \dfrac{100}{\%z_{G2}} \times P_n = \dfrac{100}{14} \times 20 = 142.857[\text{MVA}]$ • 답 : 142.86[MVA]

2) 기준용량 30[MVA]로 환산

$\%x_{G1} = 10 \times \dfrac{30}{10} = 30[\%]$

$\%x_{G2} = 14 \times \dfrac{30}{20} = 21[\%]$

합성리액턴스($\%x_g$)$= \dfrac{30 \times 21}{30 + 21} = 12.352[\%]$

B_3차단기 용량 $P_{S3} = \dfrac{100}{12.352} \times 30 = 242.875[\text{MVA}]$ • 답 : 242.88[MVA]

3) 기준용량 30[MVA]로 환산

변압기측 $\%x_T = \dfrac{30}{30} \times 12 = 12[\%]$,

합성리액턴스 $\%x = \%x_g + \%x_T$

$= 12.352 + 12$

$= 24.352[\%]$

B_4차단기 용량 $P_{S4} = \dfrac{100}{24.352} \times 30 = 123.193$ • 답 : 123.19[MVA]

02 출제년도 : 13, 16

배점 4점

100[kW]의 뒤진 역률 85[%]의 부하가 있을 때 이 부하의 역률을 100[%]로 개선하기 위한 전력용 콘덴서 용량[kVA]을 구하시오.

• 계산 : • 답 :

• 계산 : $Q_c = P(\tan\theta_1 - \tan\theta_2) = P\left(\frac{\sin\theta_1}{\cos\theta_1} - \frac{\sin\theta_2}{\cos\theta_2}\right)$

$= 100 \times \left(\frac{\sqrt{1-0.85^2}}{0.85} - \frac{0}{1}\right) = 61.974[\text{kVA}]$

• 답 : 61.97[kVA]

03 출제년도 : 16

배점 5점

단상유도전동기에서 기동장치를 사용하는 이유와 기동법 4가지를 쓰시오.

• 기동장치를 사용 이유 :

• 기동법 :

• 기동장치를 사용 이유 : 단상교류의 교번자계는 기동토크를 발생할 수 없으므로 기동장치가 필요하다.
• 기동법 : 반발 기동형, 콘덴서 기동형, 분상 기동형, 셰이딩 코일형

04 출제년도 : 16 **배점 4점**

부하설비의 최대전력이 각각 200[W], 400[W], 800[W], 1200[W], 2400[W]이고 각 부하간의 부등률이 1.14, 종합부하역률이 90[%]일 때 변압기 용량[kVA]을 선정하시오.

변압기 용량[kVA]				
3	5	7.5	10	15

• 계산 : • 답 :

답안

• 계산 : 변압기 용량 $= \dfrac{(200+400+800+1200+2400)\times 10^{-3}}{1.14\times 0.9} = 4.873[\text{kVA}]$

• 답 : 5[kVA]

변압기 용량 $= \dfrac{\Sigma(\text{설비 용량}\times\text{수용률})}{\text{부등률}\times\text{역률}} = \dfrac{\Sigma(\text{최대전력})}{\text{부등률}\times\text{역률}}[\text{kVA}]$

05 출제년도 : 16, 20

배점 16점

다음 그림은 어느 수용가의 수전설비 계통도이다. 다음 각 물음에 답하시오.

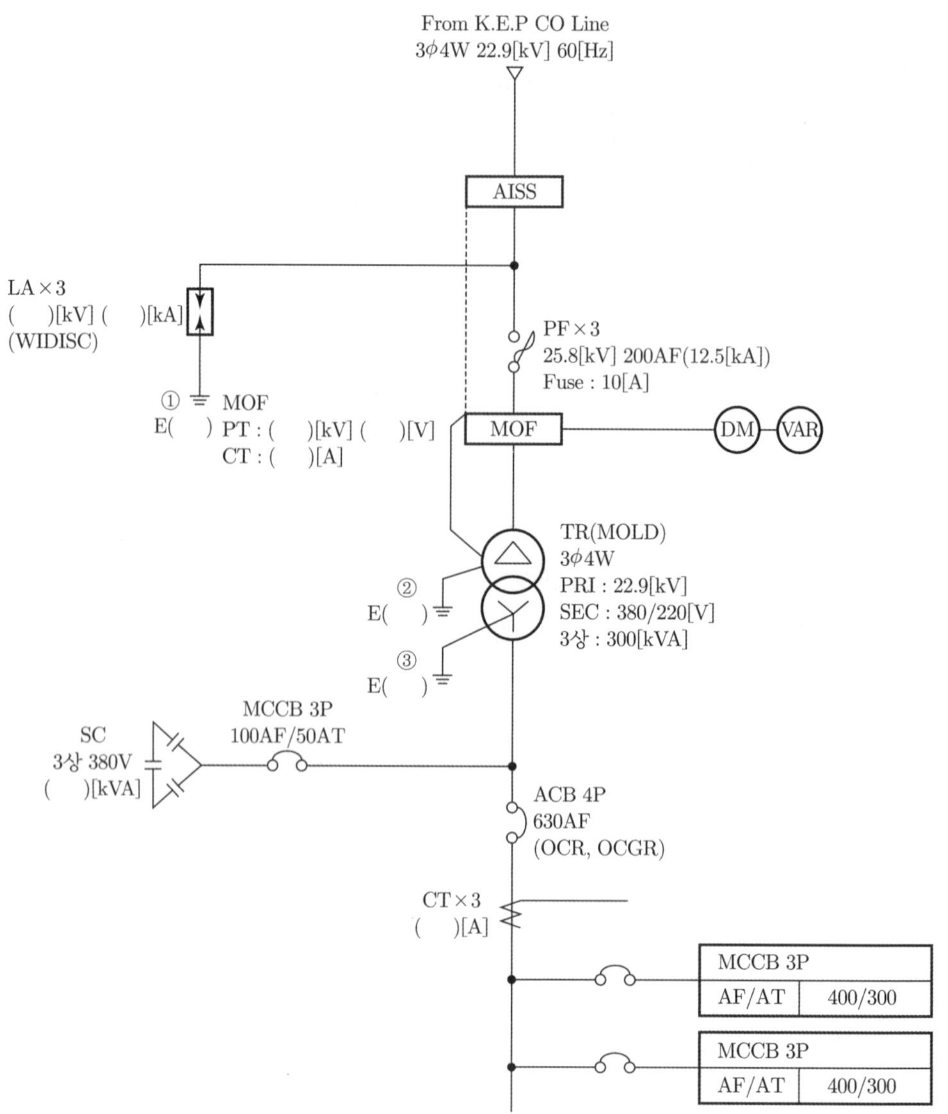

1) AISS의 명칭과 기능을 쓰시오.

- 명칭 :
- 기능 :

2) • 피뢰기 정격전압과 정격전류[kA]를 쓰시오.
   • Disconnector란 무엇인가?

3) MOF의 정격을 구하시오.
   • 계산 : • 답 :

4) 몰드형 변압기의 장점 2가지와 단점 2가지를 쓰시오.
   • 장점 :
   • 단점 :

5) ACB의 명칭을 쓰시오.

6) 변압기 2차측의 CT비를 구하시오.
   • 계산 : • 답 :

1) • 명칭 : 고장구간 자동개폐기(기중 절연)
   • 기능 : 배전계통의 분기점 또는 수전실 인입구에 설치하여 과부하 또는 고장전류 발생시 공급선로 타보호기기와 협조하여 고장구간을 자동개방한다.

2) • 18[kV], 2.5[kA]
   • 피뢰기의 자체 고장이 계통사고로 파급되는 것을 방지하기 위하여 접지선을 대지와 분리하는 장치

3) • PT : 13200/110
   CT : $I_1 = \dfrac{300}{\sqrt{3} \times 22.9} = 7.563$
   • 답 : 10/5 또는 10[A]

4) • 장점 : ① 난연성이 좋다. ② 내습, 내진성이 양호하다.
   • 단점 : ① 가격이 비싸다. ② 충격파 내전압이 낮다.

5) 기중차단기

6) • 계산 : $I_1{}' = \dfrac{300 \times 10^3}{\sqrt{3} \times 380} \times (1.25 \sim 1.5) = 569.753 \sim 683.704$
   • 답 : 600/5

06 출제년도 : 16

배점 5점

전동기 정격전류 15[A]×2대, 전열기 정격전류 10[A]일 때, 이 부하들을 연결하는 간선의 과전류 차단기 정격전류 최대값[A]은 얼마인가? (단, 수용률은 100[%]이고, 간선허용전류는 61[A]이다)

• 계산 : • 답 :

• 계산 : 과전류차단기 정격전류$(I_B) = (15 \times 2) \times 3 + 10 = 100[A]$

• 답 : 100[A]

과전류차단기 정격전류(I_B)

① I_B =전동기 정격전류합$(\Sigma I_M) \times 3 +$(전등, 전열)정격전류합(ΣI_H)

② I_B =간선의 허용전류×2.5배$= 61 \times 2.5 = 152.5[A]$

식 ①, ② 중 작은 값을 선정한다. 따라서 본 문제에는 ①식을 적용한다.

07 출제년도 : 16 / 유사 : 05

배점 6점

피뢰기의 접지저항을 측정하기 위하여 코올라슈 브리지법을 이용하여 측정한 저항값이 아래와 같을 때 다음 물음에 답하시오.

본접지 ~ A간 : 86[Ω]
A ~ B간 : 156[Ω]
B ~ 본접지간 : 80[Ω]

1) 본접지저항값은 얼마인가?
- 계산 :
- 답 :

2) 위에 계산한 접지저항값이 유효한지의 여부와 그 이유를 쓰시오.
- 여부 :
- 이유 :

답안

1) • 계산 : $R = \frac{1}{2}(86 + 80 - 156) = 5[\Omega]$ • 답 : $5[\Omega]$

2) • 여부 : 유효하다.
• 이유 : 피뢰기 접지는 접지저항값이 $10[\Omega]$ 이하인 접지공사를 하여야 한다.
따라서 접지저항값이 $5[\Omega]$이므로 규정값 $10[\Omega]$ 이하가 되어 적합하다.

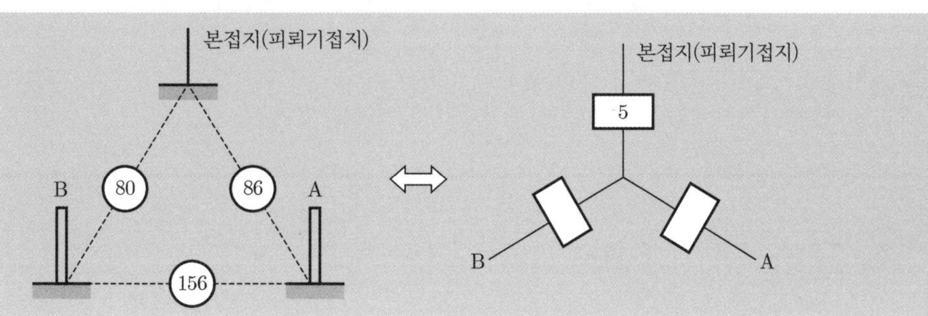

08 출제년도 : 00, 13, 16 **배점 5점**

사용전압 200[V]인 3상 직입기동전동기(1.5[kW] 1대, 3.7[kW] 2대)와 3상 15[kW] 기동 보상기 사용 전동기 및 전열기 3[kW]를 간선에 연결하였다. 이 때 간선의 굵기는 공사방법 B1, PVC 절연전선을 사용하는 경우 얼마이면 되는지와 간선 과전류 차단기의 용량을 주어진 표를 이용하여 구하시오.

[참고자료]

[표 1] 3상 유도전동기의 규약 전류값

출 력		전류[A]		출 력		전류[A]	
[kW]	환산[HP]	200[V]용	400[V]용	[kW]	환산[HP]	200[V]용	400[V]용
0.2	1/4	1.8	0.9	18.5	25	79	39
0.4	1/2	3.2	1.6	22	30	93	46
0.75	1	4.8	4.0	30	40	124	62
1.5	2	8.0	4.0	37	50	151	75
2.2	3	11.1	5.5	45	60	180	90
3.7	5	17.4	8.7	55	75	225	112
5.5	7.5	26	13	75	100	300	150
7.5	10	34	17	110	150	435	220
11	15	48	24	150	200	570	285
15	20	65	32				

[주] 사용하는 회로의 표준 전압이 220[V]나 440[V]이면 200[V] 또는 400[V]일 때의 각각 0.9배로 한다.

[표 2] 200[V] 3상 유도전동기의 간선의 굵기 및 기구의 용량(배선용 차단기의 경우)(동선)

전동기 kW 수의 총계 ① [kW] 이하	최대 사용 전류 ①′ [A] 이하	배선종류에 의한 간선의 최소 굵기 (mm^2) ②						직입기동 전동기 중 최대용량의 것													
		공사방법 A1		공사방법 B1		공사방법 C		0.75 이하	1.5	2.2	3.7	5.5	7.5	11	15	18.5	22	30	37	45	55
		3개선		3개선		3개선		Y－Δ 기동기사용 전동기 중 최대용량의 것													
								-	-	-	-	5.5	7.5	11	15	18.5	22	30	37	45	55
		PVC	XLPE, EPR	PVC	XLPE, EPR	PVC	XLPE, EPR	과전류차단기(배전용차단기) 용량[A]							직입기동 … (칸 위 숫자) Y－Δ기동 … (칸 아래 숫자)						
3	15	2.5	2.5	2.5	2.5	2.5	2.5	20 -	30 -	30 -	-	-	-	-	-	-	-	-	-	-	-
4.5	20	4	2.5	2.5	2.5	2.5	2.5	30 -	30 -	40 -	50 -	-	-	-	-	-	-	-	-	-	-
6.3	30	6	4	6	4	4	2.5	40 -	40 -	40 -	50 -	75 40	-	-	-	-	-	-	-	-	-
8.2	40	10	6	10	6	6	4	50 -	50 -	50 -	60 -	75 50	100 50	-	-	-	-	-	-	-	-
12	50	16	10	10	10	10	6	75 -	75 -	75 -	75 -	75 75	100 75	125 75	-	-	-	-	-	-	-
15.7	75	35	25	25	16	16	16	100 -	100 -	100 -	100 -	100 100	100 100	125 100	125 100	-	-	-	-	-	-
19.5	90	50	25	35	25	25	16	125 -	125 -	125 -	125 -	125 125	125 125	125 125	125 125	125 125	-	-	-	-	-
23.2	100	50	35	35	25	35	25	125 -	125 -	125 -	125 -	125 125	125 125	125 125	125 125	125 125	150 125	-	-	-	-
30	125	70	50	50	35	50	35	175 -	175 -	175 -	175 -	175 175	175 175	175 175	175 175	175 175	175 175	-	-	-	-
37.5	150	95	70	70	50	70	50	200 -	200 -	200 -	200 -	200 200	200 200	200 200	200 200	200 200	200 200	200 200	-	-	-
45	175	120	70	95	50	70	50	225 -	225 -	225 -	225 -	225 225	225 225	225 225	225 225	225 225	225 225	225 225	250 225	-	-
52.5	200	150	95	95	70	95	70	250 -	250 -	250 -	250 -	250 250	250 250	250 250	250 250	250 250	250 250	250 250	250 250	300 300	-
63.7	250	240	150	-	95	120	95	350 -	350 -	350 -	350 -	350 350	350 350	350 350	350 350	350 350	350 350	350 350	350 350	350 350	400 350
75	300	300	185	-	120	185	120	400 -	400 -	400 -	400 -	400 400	400 400	400 400	400 400	400 400	400 400	400 400	400 400	400 400	400 400
86.2	350	-	240	-	-	240	150	500 -	500 -	500 -	500 -	500 500	500 500	500 500	500 500	500 500	500 500	500 500	500 500	500 500	500 500

[비고]

1. 최소 전선 굵기는 1회선에 대한 것이며, 2회선 이상일 경우는 부록 500-2의 복수회로 보정계수를 적용하여야 한다.
2. 공사방법 A1은 벽 내의 전선관에 공사한 절연전선 또는 단심케이블, B1은 벽면의 전선관에 공사한 절연전선 또는 단심케이블, 공사방법 C는 벽면에 공사한 단심 또는 다심케이블을 시설하는 경우의 전선 굵기를 표시하였다.
3. 「전동기중 최대의 것」에는 동시 기동하는 경우를 포함한다.
4. 배선용차단기의 용량은 해당조항에 규정되어 있는 범위에서 실용상 거의 최대값을 표시함
5. 배선용차단기의 선정은 최대용량의 정격전류의 3배에 다른 전동기의 정격전류의 합계를 가산한 값 이하를 표시함
6. 배선용차단기를 배 · 분전반, 제어반 등의 내부에 시설하는 경우는 그 반 내의 온도상승에 주의할 것
7. 이 표의 전선 굵기 및 허용전류는 부록 500-2에서 공사방법 A1, B1, C는 표 A.52-4와 표 A.52-5에 의한 값으로 하였다.

• 계산

전동기 총화 $=23.9[\text{kW}]$

전동기의 전부하 전류 $I_1 = 8+17.4\times2+65=107.8[\text{A}]$

전열기의 전부하 전류 $I_2 = \dfrac{3000}{\sqrt{3}\times200}=8.66[\text{A}]$

$\therefore$ 간선의 전부하 전류 $I = I_1 + I_2 = 116.46[\text{A}]$

[표 2]에 의하여 전동기 총화 23.9(=30[kW])와 최대사용전류 116.46(=125[A])란에 따라 전선의 굵기는 50[mm^2], 과전류차단기 용량은 175[A]가 된다.

• 답 : 간선의 굵기 50[mm^2]

과전류차단기 용량 175[A]

09 출제년도 : 16 배점 6점

물 4L를 15[℃]에서 90[℃]로 올리는데 1[kW]의 전열기로 30분이 사용되었다. 효율은 몇 [%]인가? (단, 증발이 없는 경우 잠열(q) = 0이다)

• 계산 : • 답 :

• 계산 : $860\eta Pt = cm\theta$

$$\eta = \frac{cm\theta}{860Pt} = \frac{1\times4\times(90-15)}{860\times1\times\dfrac{30}{60}}\times100 = 69.769[\%]$$

• 답 : 69.77[%]

발생열량(H) $=860\eta Pt = cm\theta$[kcal]

(단, P[kW], t[h], 비열(c)[kcal/kg℃], m[kg 또는 ℓ], 온도차(θ)[℃] $= T_2 - T_1$)

10 출제년도 : 10, 16

배점 5점

3전류계법을 측정한 값이 다음과 같다. 이 부하의 소비전력과 역률을 구하시오.

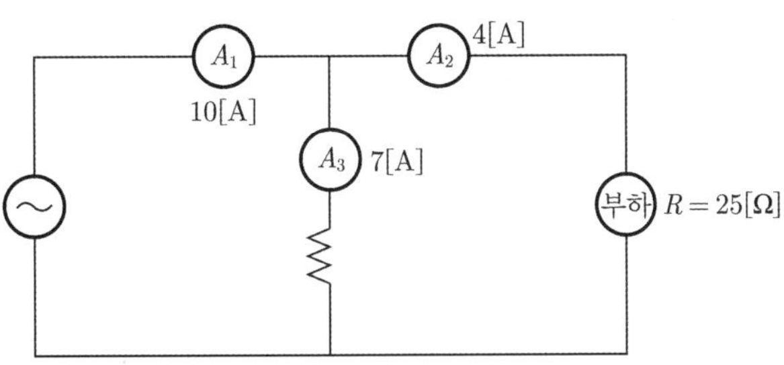

• 계산 :

• 답 :

• 계산

1) 부하의 소비전력 $P = \dfrac{R}{2}\left(I_1^2 - I_2^2 - I_3^2\right)$

$$= \frac{25}{2}(10^2 - 4^2 - 7^2) = 437.5[\text{W}]$$

2) $I_1 = \sqrt{I_2^2 + I_3^2 + 2I_2 I_3 \cos\theta}$

부하의 역률 $\cos\theta = \dfrac{I_1^2 - I_2^2 - I_3^2}{2 I_2 I_3}$

$$= \frac{10^2 - 4^2 - 7^2}{2\times 4\times 7}\times 100 = 62.5[\%]$$

• 답 : 소비전력 437.5[W], 역률 62.5[%]

11 출제년도 : 04, 06, 16

배점 4점

비상용 자가발전기를 구입하고자 한다. 부하는 단일부하로서 유도전동기이며, 기동 용량이 1800[kVA]이고, 기동시 전압강하는 20[%]까지 허용하며, 발전기의 과도 리액턴스는 26[%]로 본다면 자가발전기의 용량은 이론(계산)상 몇 [kVA] 이상의 것을 선정하여야 하는가?

• 계산 : • 답 :

• 계산 : 발전기 용량 $= \left(\dfrac{1}{\text{허용 전압 강하}} - 1 \right)$ × 과도 리액턴스 × 기동 용량

$$P = \left(\frac{1}{0.2} - 1 \right) \times 0.26 \times 1800 = 1872\,[\text{kVA}]$$

• 답 : 1872 [kVA]

12 출제년도 : 16 / 유사 : 02, 03, 08, 11, 14, 15, 17, 18

배점 5점

최대 사용전압이 154,000[V]인 중성점 직접 접지식 전로의 절연내력 시험전압[V]과 시험방법을 쓰시오.

1) 시험전압
   • 계산 : • 답 :

2) 시험방법

답안

1) • 계산 : 시험전압 $= 154000 \times 0.72 = 110880$ [V]
   • 답 : 110880[V]

2) 시험방법 : 110880[V]를 전로와 대지 사이에 연속 10분간 인가하여 시험한다.

13 출제년도 : 16 / 유사 : 10, 15

배점 5점

3상 3선식 중성점 비접지식 6,600[V] 가공전선로가 있다. 이 전로에 접속된 주상변압기 220[V] 측 한 단자에 중성점 접지공사를 할 때 접지저항값은 얼마 이하로 유지하여야 하는가? (단, 이 전선로는 고저압 혼촉사고시 2초 이내에 자동적으로 전로를 차단하는 장치를 시설한 경우이며, 고압측 1선 지락전류는 5[A]라고 한다)

• 계산 : • 답 :

• 계산 : 2초 이내에 자동차단하는 장치가 있으므로

$$R_2 = \frac{300}{I_1} = \frac{300}{5} = 60[\Omega]$$

• 답 : 60[Ω] 이하

변압기 중성점 접지공사의 접지저항

① 자동차단장치가 없는 경우

$$R_2 = \frac{150}{1\text{선 지락전류}}[\Omega]$$

② 2초 이내에 동작하는 자동차단장치가 있는 경우

$$R_2 = \frac{300}{1\text{선 지락전류}}[\Omega]$$

③ 1초 이내에 동작하는 자동차단장치가 있는 경우

$$R_2 = \frac{600}{1\text{선 지락전류}}[\Omega]$$

14 출제년도 : 16

배점 3점

습기가 많은 욕실등에 콘센트를 시설할 때 사용되는 누전차단기의 명칭을 자세히 쓰시오.

인체감전보호용 누전차단기(정격감도전류 15[mA] 이하, 동작시간 0.03초 이하의 전류동작형)

15 출제년도 : 16

배점 7점

피뢰기를 시설하여야 하는 개소 4가지를 쓰고, 아래 그림에 해당개소를 표시하시오.
(▨으로 표시하시오)

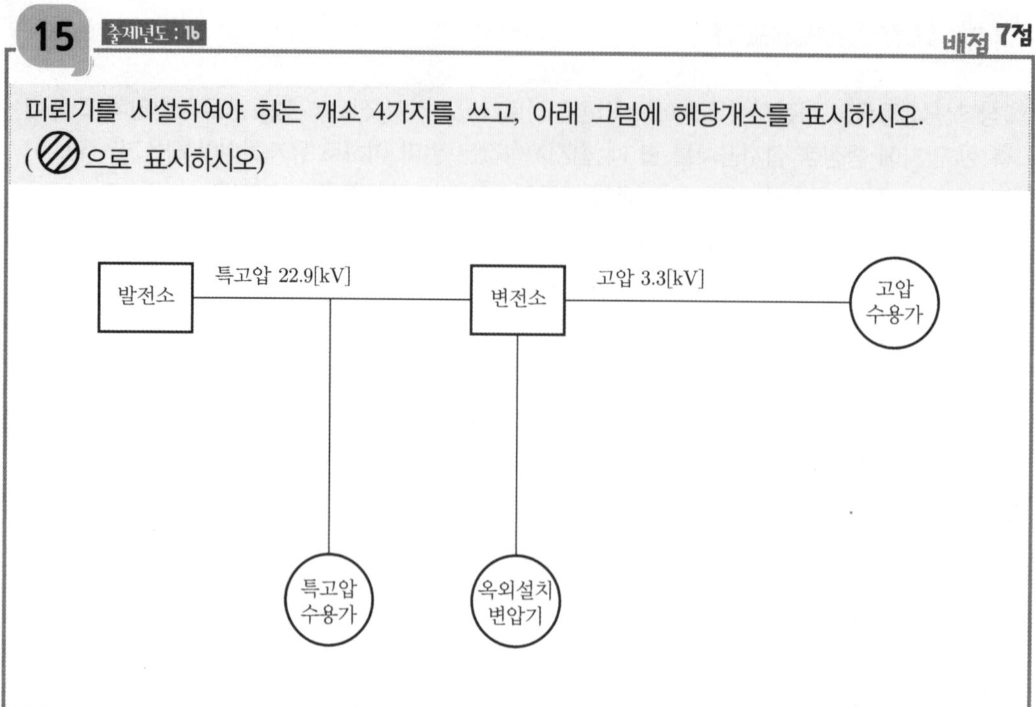

답안

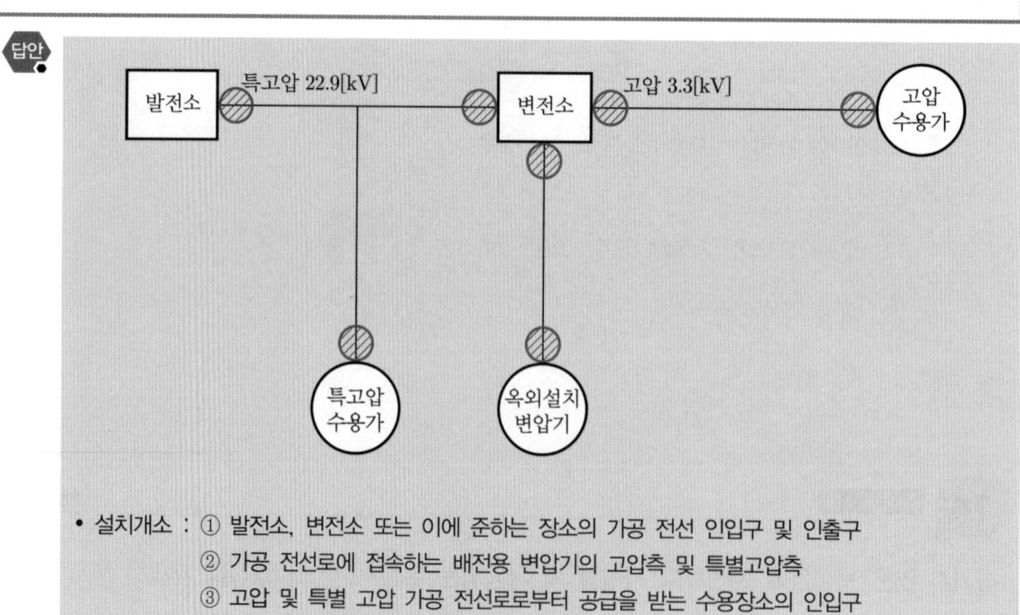

- 설치개소 : ① 발전소, 변전소 또는 이에 준하는 장소의 가공 전선 인입구 및 인출구
  ② 가공 전선로에 접속하는 배전용 변압기의 고압측 및 특별고압측
  ③ 고압 및 특별 고압 가공 전선로로부터 공급을 받는 수용장소의 인입구
  ④ 가공 전선로와 지중 전선로가 접속되는 곳

16 출제년도 : 16 **배점 5점**

그림은 유도전동기의 정전, 역전용 기동회로이다. 이 회로를 보고 다음 각 물음에 답하시오.

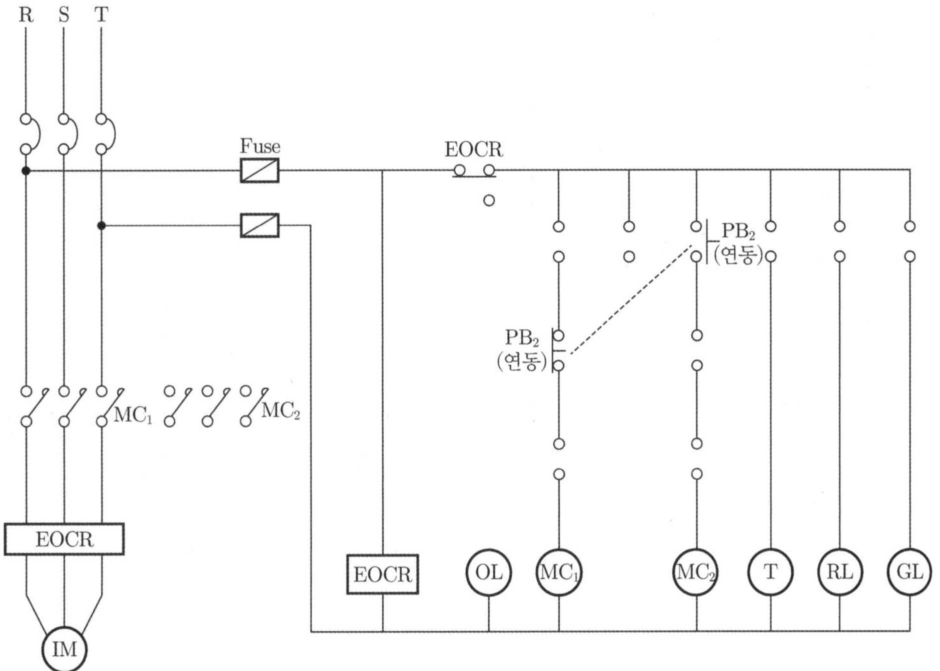

동작 설명

1. PB_1 ON시 MC_1이 여자되어 전동기가 정회전으로 운전한다. 이 때 RL이 점등된다.
2. PB_2 ON시 MC_1이 소자되고 MC_2, T가 여자되어 전동기가 역회전으로 운전한다. 이 때 RL은 소등, GL은 점등된다.
3. 설정시간 후에 MC_2가 소자되어 전동기를 정지시킨다. 이 때 GL은 소등된다.
4. MC_1과 MC_2는 인터록 관계이다.
5. 전동기 운전 중 과전류가 흐르면 EOCR이 트립되어 전동기를 정지시킨다. 이 때 OL이 점등된다.

1) 주회로에 대한 미완성 부분을 완성하시오.

2) 동작설명을 참고하여 보조회로의 미완성 접점을 그리고 그 접점의 명칭을 표기하시오.

1), 2)

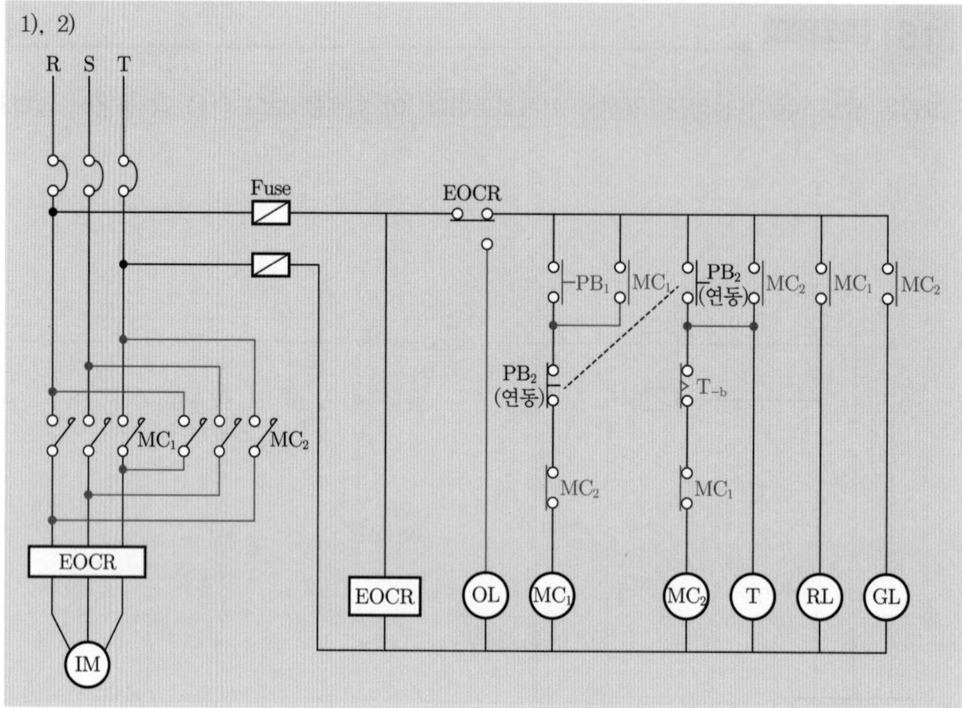

해설

동작설명에 따른 접점 작성방법

1-1. PB_1 누를 시 MC가 여자되기 때문에 MC_1 출력 상단에 기동스위치 PB_{1-a} 접점을 넣는다.

1-2. MC_1 여자 시 PB_1에서 손을 떼어도 자기유지 될 수 있도록 기동스위치 PB_1과 병렬로 MC_{1-a} 접점을 넣는다.

1-3. MC_1 여자 시 RL이 점등되기 때문에 RL 상단에 MC_{1-a} 접점을 넣는다.

2-1. PB_2 누를 시 a접점과 b접점의 연동으로 인해 MC_1이 소자되고 MC_2, T가 여자되어 역회전 운전하기 때문에 PB_2와 MC_2 출력 사이에는 b접점을 넣는다.

2-2. MC_2 여자 시 GL이 점등되기 때문에 GL 상단에 MC_{2-a} 접점을 넣는다.

3-1. 설정시간(t초) 후 MC_2가 소자되어야 하기 때문에 PB_2와 MC_2 출력 사이에 한시동작 순시복귀 b접점 (T_{-b})을 넣는다.

4-1. MC_1, MC_2 상호간 인터록을 걸어주어야 하기 때문에 MC_1 출력 상단에는 MC_{2-b} 접점을, MC_2 출력 상단에는 MC_{1-b} 접점을 넣는다.

5-1. 과전류에 의해 EOCR이 트립되어 OL이 점등되기 때문에 EOCR 접점과 OL은 직결연결하도록 한다. 이 때, EOCR은 C접점으로서 평상시와 과부하시에 의해 a ↔ b 접점이 변환된다.

17 출제년도 : 16 배점 4점

그림과 같은 유접점 회로를 무접점(로직) 회로로 작성하시오.

• 유접점 회로

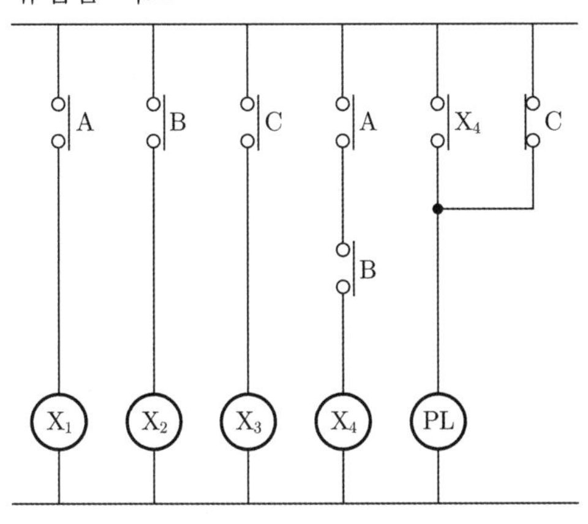

• 무접점 회로

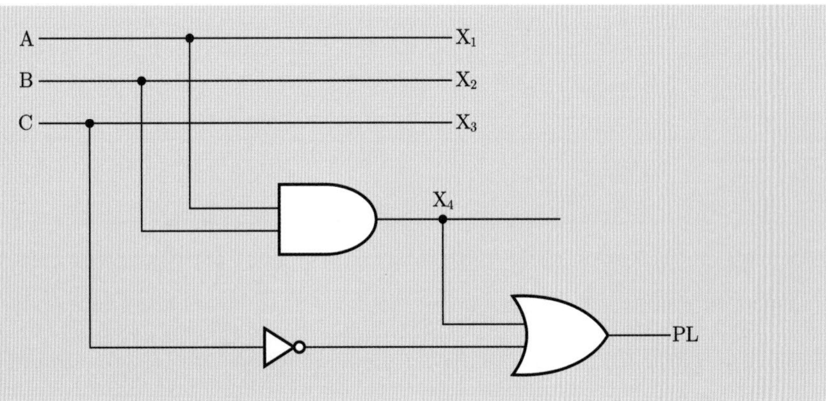

유접점 시퀀스 회로에서 무접점 논리회로를 작성하기 위해 유접점 시퀀스 회로에 대한 논리식(출력식)을 먼저 작성 후 변환시켜 주도록 한다.

• 논리식

$X_1 = A$

$X_2 = B$

$X_3 = C$

$X_4 = A \cdot B$

$PL = X_4 \cdot C$

18 출제년도 : 16 **배점 4점**

다음 감리원의 업무수행에서 감리원의 공사 중지 명령 중 부분중지에 대한 내용이다. (   ) 안에 알맞은 내용을 적으시오.

- (   )되지 않는 상태에서는 다음 단계의 공정이 진행됨으로써 (   )이 될 수 있다고 판단될 때
- 안전시공상 중대한 위험이 예상되어 (   )가 예견될 때
- 동일 공정에 있어 3회 이상 (   )가 이행되지 않을 때
- 동일 공정에 있어 2회 이상 (   )가 있었음에도 이행되지 않을 때

- 재시공 지시가 이행, 하자 발생
- 물적, 인적 중대한 피해
- 시정 지시
- 경고

전기기사 실기
기출문제

2017

2017년 실기 기출문제 분석

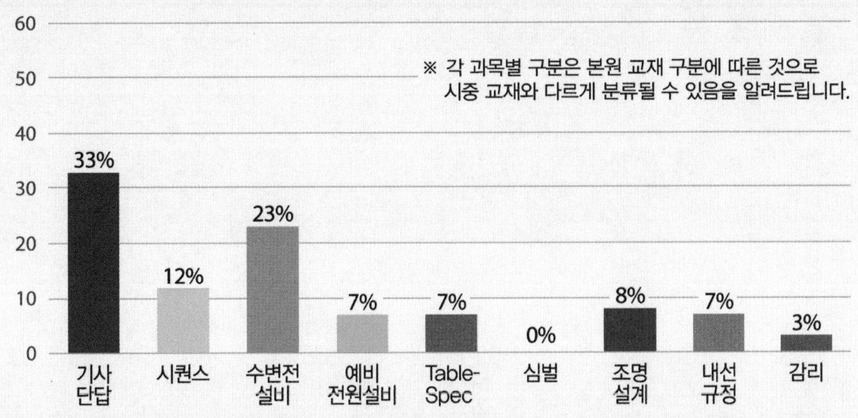

전기기사 실기 기출문제 2017년 1회

01 출제년도 : 02, 05, 13, 17 　　　　배점 5점

입력 설비용량 20[kW] 2대, 30[kW] 2대의 3상 380[V] 유도전동기 군이 있다. 그 부하곡선이 아래 그림과 같을 경우 최대수용전력[kW], 수용률[%], 일부하율[%]을 구하여라.

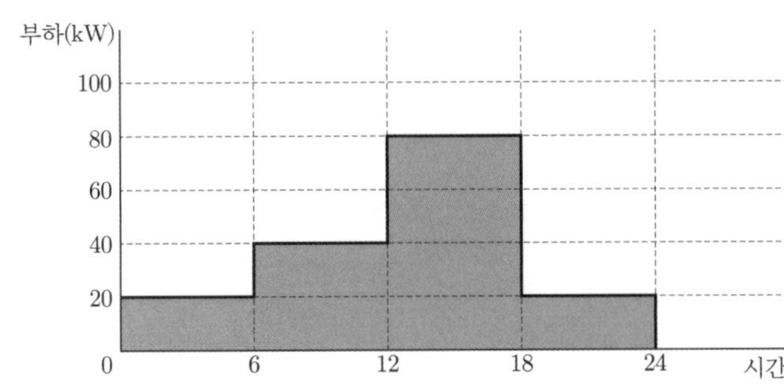

1) 최대수용전력
- 계산 : 　　　　• 답 :

2) 수용률
- 계산 : 　　　　• 답 :

3) 일부하율
- 계산 : 　　　　• 답 :

답안

1) • 답 : 80[kW]

2) • 계산 : $\text{수용률} = \dfrac{\text{최대전력}}{\text{설비용량}} \times 100 = \dfrac{80}{20 \times 2 + 30 \times 2} \times 100 = 80[\%]$ 　　• 답 : 80[%]

3) • 계산 : $\text{일부하율} = \dfrac{\text{평균전력}}{\text{최대전력}} \times 100 = \dfrac{\text{사용전력량}/\text{사용시간}}{\text{최대전력}} \times 100$

$= \dfrac{(20 \times 6 + 40 \times 6 + 80 \times 6 + 20 \times 6)/24}{80} \times 100 = 50[\%]$ 　　• 답 : 50[%]

02 출제년도 : 02, 17

배점 10점

어느 공장 구내 건물에 220/440[V] 단상 3선식을 채용하고, 공장 구내 변압기가 설치된 변전실에서 60[m] 되는 곳의 부하를 "부하 집계표"와 같이 배분하는 분전반을 시설하고자 한다. 이 건물의 전기설비에 대하여 참고자료를 이용하여 다음 각 물음에 답하시오. (단, 전압강하는 2[%]로 하고 후강 전선관으로 시설하며, 간선의 수용률은 100[%]로 한다)

[표 1] 부하 집계표 ※ 전선 굵기 중 상과 중성선(N)의 굵기는 같게 한다.

회로번호 (NO.)	부하명칭	총부하 [VA]	부하분담[VA]		MCCB 규격			비 고
			A선	B선	극수	AF	AT	
1	전 등1	4920	4920		1	30	20	
2	전 등2	3920		3920	1	30	20	
3	전열기1	4000	4000(AB간)		2	50	20	
4	전열기2	2000	2000(AB간)		2	50	15	
합 계		14840						

[표 2] 후강 전선관 굵기 선정

도체 단면적 [mm²]	전선 본수									
	1	2	3	4	5	6	7	8	9	10
	전선관의 최소 굵기[mm]									
2.5	16	16	16	16	22	22	22	28	28	28
4	16	16	16	22	22	22	28	28	28	28
6	16	16	22	22	22	28	28	28	36	36
10	16	22	22	28	28	36	36	36	36	36
16	16	22	28	28	36	36	36	42	42	42
25	22	28	28	36	36	42	54	54	54	54
35	22	28	36	42	54	54	54	70	70	70
50	22	36	54	54	70	70	70	82	82	82
70	28	42	54	54	70	70	70	82	82	82
95	28	54	54	70	70	82	82	92	92	104
120	36	54	54	70	70	82	82	92		
150	36	70	70	82	92	92	104	104		
185	36	70	70	82	92	104				
240	42	82	82	92	104					

[비고 1] 전선의 1본수는 접지선 및 직류회로의 전선에도 적용한다.
[비고 2] 이 표는 실험결과와 경험을 기초로 하여 결정한 것이다.
[비고 3] 이 표는 KS C IEC 60227-3의 450/750[V] 일반용 단심 비닐절연전선을 기준한 것이다.

1) 간선의 굵기를 선정하시오.

• 계산 : • 답 :

2) 간선 설비에 필요한 후강 전선관의 굵기를 선정하시오.

• 선정 : • 답 :

3) 분전반의 복선결선도를 작성하시오.

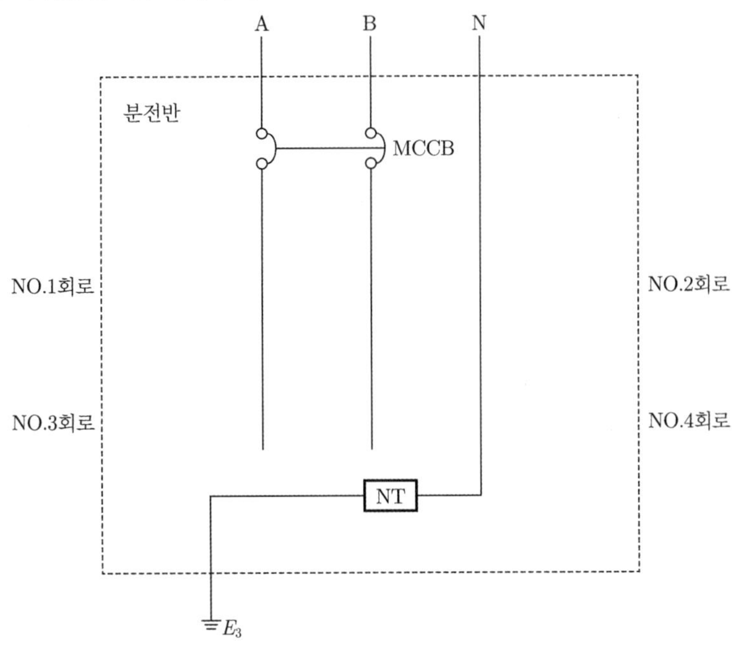

4) 부하 집계표에 의한 설비불평형률을 구하시오.

• 계산 : • 답 :

1) • 계산 : $I_A = \frac{P}{V} = \frac{7920}{220} = 36[\text{A}]$, $e = 220 \times 0.02 = 4.4[\text{V}]$

$$\therefore \ A = \frac{17.8LI}{1000e} = \frac{17.8 \times 60 \times 36}{1000 \times 4.4} = 8.738[\text{mm}^2] \qquad \therefore \ 10[\text{mm}^2]$$

• 답 : $10[\text{mm}^2]$

2) • 선정 : [표 2]에 의하여 $10[\text{mm}^2]$와 3본란에 따라 22[mm] 후강전선관

• 답 : 22[mm] 후강전선관

3)

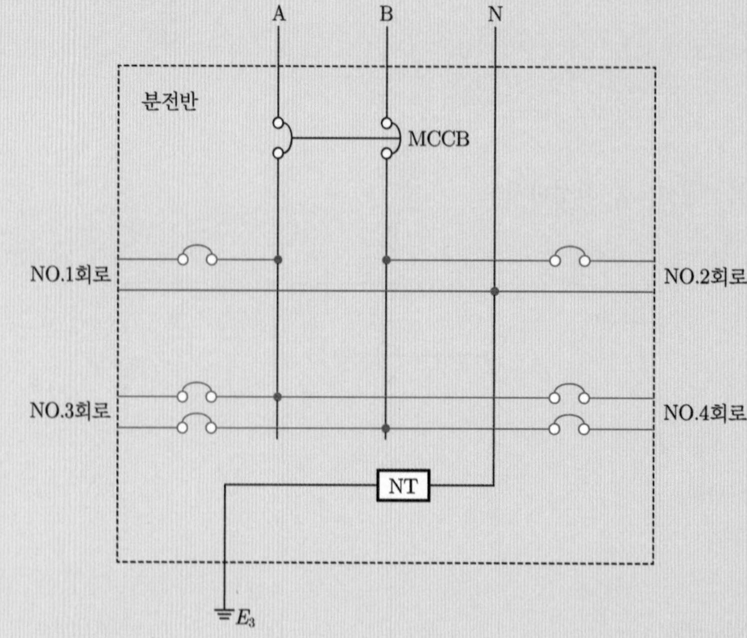

4) • 계산 : 불평형률 $= \frac{7920 - 6920}{14840 \times \frac{1}{2}} \times 100 = 13.477$

• 답 : 13.48[%]

03 출제년도 : 17 배점 5점

접지설비에서 보호도체에 대한 다음 각 물음에 답하시오.

1) 보호도체란 안전을 목적(가령, 감전보호)으로 설치된 전선으로서 다음 표의 단면적 이상으로 설정하여야 한다. ①~③에 알맞은 보호도체 최소 단면적의 기준을 각각 쓰시오.

[표] 보호도체의 단면적

상도체 S 의 단면적$[\text{mm}^2]$	보호도체의 최소 단면적$[\text{mm}^2]$ (보호도체의 재질이 상도체와 같은 경우)
$S \leq 16$	①
$16 < S \leq 35$	②
$S > 35$	③

2) 보호도체의 종류를 2가지만 쓰시오.

-
-

답안

1) ① S ② 16 ③ $\frac{S}{2}$

2) **보호도체의 종류**

① 다심 케이블의 전선

② 충전 전선과 공통 외함에 시설하는 절연도체 또는 나도체

04 출제년도 : 02, 17 **배점 6점**

그림과 같은 방전특성을 갖는 부하에 필요한 축전지 용량(Ah)을 구하시오.

(단, 방전전류 : $I_1 = 500[\text{A}]$, $I_2 = 300[\text{A}]$, $I_3 = 100[\text{A}]$, $I_4 = 200[\text{A}]$,
방전시간 : $T_1 = 120[\text{분}]$, $T_2 = 119.9[\text{분}]$, $T_3 = 60[\text{분}]$, $T_4 = 1[\text{분}]$,
용량환산시간 : $K_1 = 2.49$, $K_2 = 2.49$, $K_3 = 1.46$, $K_4 = 0.57$,
보수율 : 0.8을 적용한다)

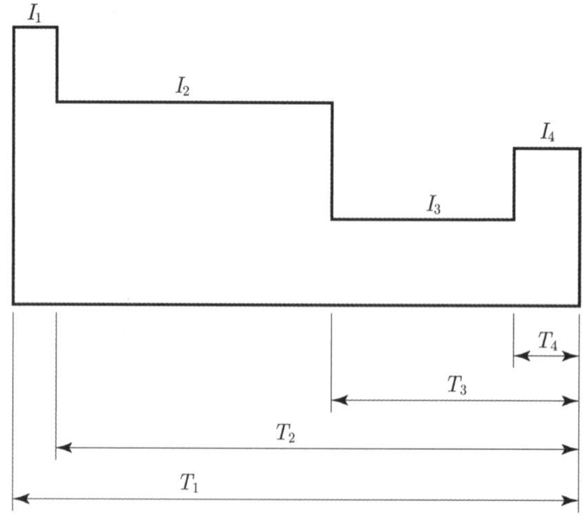

• 계산 : • 답 :

답안

• 계산 : $C = \frac{1}{L}\{K_1 I_1 + K_2(I_2 - I_1) + K_3(I_3 - I_2) + K_4(I_4 - I_3)\}$

(여기서, L : 보수율, K : 용량환산시간, I : 방전전류)

$= \frac{1}{0.8}\{2.49 \times 500 + 2.49(300 - 500) + 1.46(100 - 300) + 0.57(200 - 100)\}$

$= 640[\text{Ah}]$

• 답 : 640[Ah]

05 출제년도 : 18

배점 4점

그림과 같은 무접점 논리회로를 유접점 시퀀스회로로 변환하여 나타내시오.

• 무접점 논리회로

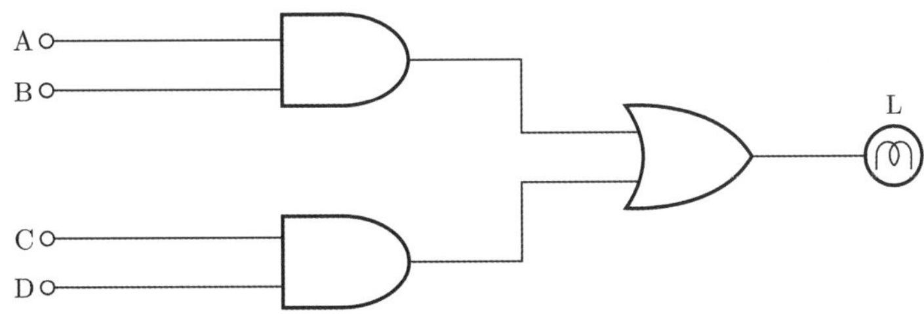

• 유접점 시퀀스회로

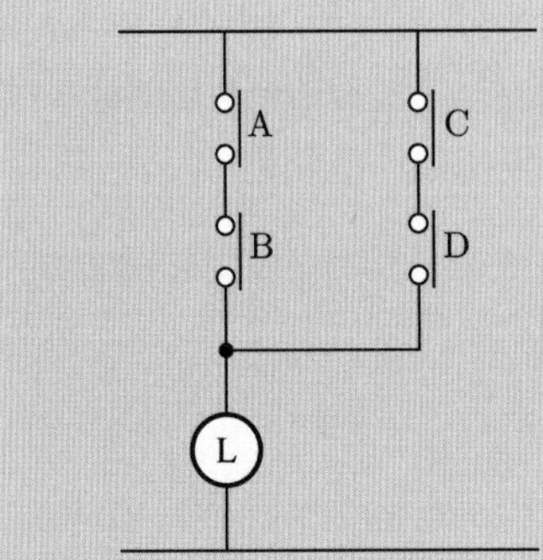

무접점 논리회로에서 유접점 시퀀스회로를 작성하기 위해 무접점 논리회로에 대한 논리식(출력식)을 먼저 작성 후 변환시켜 주도록 한다.

• 논리식 : $L = AB + CD$

06 출제년도 : 17

배점 8점

전동기의 진동과 소음이 발생되는 원인에 대하여 다음 각 물음에 답하시오.

1) 진동이 발생하는 원인을 5가지만 쓰시오.
-
-
-
-
-

2) 전동기 소음을 크게 3가지로 분류하고 각각에 대하여 설명하시오.
-
-
-

1) • 회전자 편심
• 베어링의 불평형
• 회전자와 고정자 공극의 불평형
• 고조파 자계에 의한 자기력의 불평형
• 상대기기와의 연결불량 및 설치불량

2) • 기계적 소음 : 진동, 브러시의 습동(미끄럼 마찰), 베어링 등에 의한 소음
• 전자적 소음 : 철심의 주기적인 자력, 전자력 때문에 진동하여 발생하는 소음
• 통풍 소음 : 팬, 회전자의 Air Duct 등의 회전 작용으로 일어나는 소음

07 출제년도 : 17 배점 6점

특고압 수전설비에 대한 다음 각 물음에 답하시오.

1) 동력용 변압기에 연결된 동력부하 설비용량이 350[kW], 부하역률은 85[%], 효율 85[%], 수용률은 60[%]라고 할 때 동력용 3상 변압기의 용량은 몇 [kVA] 인지를 산정하시오.
(단, 변압기의 표준정격용량은 다음 표에서 선정한다)

동력용 3상 변압기 표준용량[kVA]					
200	250	300	400	500	600

• 계산 : • 답 :

2) 3상 농형 유도전동기에 전용 차단기를 설치할 때 전용 차단기의 정격전류[A]를 구하시오.
(단, 전동기는 160[kW]이고, 정격전압은 3300[V], 역률은 85[%], 효율은 85[%]이며, 차단기의 정격전류는 전동기 정격전류의 3배로 계산한다)

• 계산 : • 답 :

2017

1) • 계산 : 변압기 용량 $= \dfrac{\text{설비용량} \times \text{수용률}}{\text{역률} \times \text{효율}} = \dfrac{350 \times 0.6}{0.85 \times 0.85} = 290.657$

• 답 : 300[kVA]

2) • 계산 : 전동기 전류(I) $= \dfrac{P}{\sqrt{3}\, V\cos\theta\,\eta} = \dfrac{160}{\sqrt{3} \times 3.3 \times 0.85 \times 0.85} = 38.744[\text{A}]$

차단기 정격전류는 전동기 정격전류 3배 적용하면

$I_B = 38.744 \times 3 = 116.232[\text{A}]$

• 답 : 116.23[A]

해설 2)번의 차단기(과전류 차단기) 정격전류에 대한 문제는 상당히 오랫동안 출제되어 왔으며 옥내 간선의 과전류 차단기 정격전류는 $I_F = 3I_M + I_H$ 의 형태도 있다.

1)번의 변압기 용량에 대한 문제는 상당히 오랫동안 2)번보다 더욱 빈번한 횟수로 출제되어 왔으며 부등률이 주어지는 문제는 분모에 부등률을 적용한다.

08 출제년도 : 17

배점 4점

조명의 발광효율(Luminous Efficiency)과 전등효율(Lamp Efficiency)에 대하여 설명하시오.

- 발광효율 :
- 전등효율 :

- 발광효율 : 전 방사속에 대한 전 광속의 비율
- 전등효율 : 광원의 전 소비전력에 대한 전 발산광속의 비율

09 출제년도 : 17

배점 5점

그림과 같은 단상 2선식 회로에서 공급점 A의 전압이 220[V]이고, A－B 사이의 1선마다의 저항이 0.02[Ω], B－C 사이의 1선마다의 저항이 0.04[Ω]이라 하면 40[A]를 소비하는 B점의 전압 V_B와 20[A]를 소비하는 C점의 V_C를 구하시오. (단, 부하의 역률은 1이다)

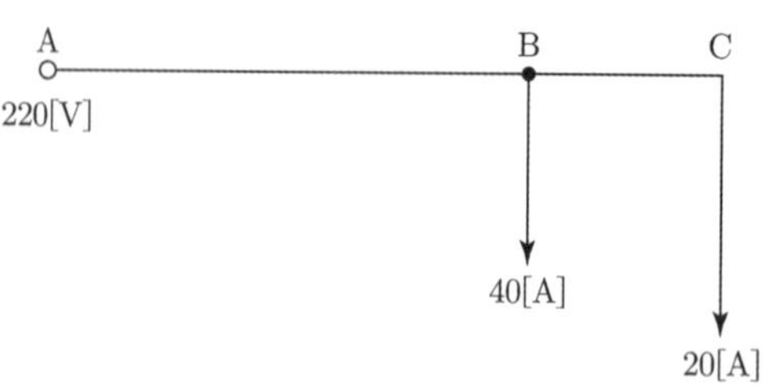

1) B점의 전압 V_B
   - 계산 :
   - 답 :

2) C점의 전압 V_C
   - 계산 :
   - 답 :

1) • 계산 : $V_B = V_A - 2(I_B + I_C) \times R_{A-B} = 220 - 2 \times (40 + 20) \times 0.02 = 217.6$[V]
   • 답 : 217.6[V]

2) • 계산 : $V_C = V_B - 2I_C R_{B-C} = 217.6 - 2 \times 20 \times 0.04 = 216$[V]
   • 답 : 216[V]

10 출제년도 : 00, 04, 05, 17 배점 8점

교류 동기 발전기에 대한 다음 각 물음에 답하시오.

1) 정격전압 6000[V], 용량 5000[kVA]인 3상 교류 동기 발전기에서 여자전류 300[A], 무부하 단자전압은 6000[V], 단락전류는 700[A]라고 한다. 이 발전기의 단락비를 구하시오.

- 계산 :
- 답 :

2) 다음 ( ) 안에 알맞은 내용을 쓰시오.
(단, ①~⑥의 내용은 크다(고), 적다(고), 높다(고), 낮다(고), 등으로 표현한다)

> 단락비가 큰 교류발전기는 일반적으로 기계의 치수가 (①), 가격이 (②), 풍손, 마찰손, 철손이 (③), 효율은 (④), 전압변동률은 (⑤), 안정도는 (⑥).

3) 비상용 동기발전기의 병렬운전 조건 4가지를 쓰시오.

-
-
-
-

답안

1) • 계산 : 정격전류$(I_n) = \dfrac{P_n}{\sqrt{3} \times V_n} = \dfrac{5000}{\sqrt{3} \times 6} = 481.125$

단락비$(K_s) = \dfrac{I_s}{I_n} = \dfrac{700}{481.125} = 1.454$

• 답 : 1.45

2) ① 크고 ② 높고 ③ 크고 ④ 낮고 ⑤ 적고 ⑥ 높다.

3) • 기전력의 크기가 같을 것
• 기전력의 위상이 같을 것
• 기전력의 주파수가 같을 것
• 기전력의 파형이 같을 것

발전기 단락비$(K_s) = \dfrac{\text{무부하로 정격전압을 발생하는데 필요한 여자전류}}{\text{3상 단락시에 정격전류와 같은 지속단락전류를 흘리는데 필요한 여자전류}}$

$= \dfrac{I_s}{I_n}$

11

출제년도 : 10, 17 배점 5점

에너지 절약을 위한 동력설비의 대응방안을 5가지만 쓰시오.

-
-
-
-
-

- 고효율 전동기 채택
- 전동기의 효율적 운전관리
- 최적 운전에 의한 운전 효율 향상
- 냉동기의 에너지 절감방식 선정
- 전동기 절전제어장치 사용

12

출제년도 : 17 배점 5점

그림과 같이 접속된 3상 3선식 고압 수전설비의 변류기 2차 전류가 언제나 4.2[A]이었다. 이때 수전전력[kW]을 구하시오. (단, 수전전압은 6600[V], 변류비는 50/5[A], 역률은 100[%]이다)

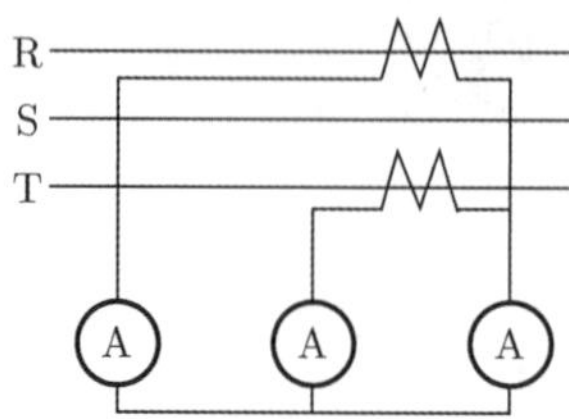

- 계산 :
- 답 :

답안

- 계산 : 수전전력$(P) = \sqrt{3}\ VI\cos\theta = \sqrt{3} \times 6.6 \times 4.2 \times \dfrac{50}{5} \times 1 = 480.124$[kW]
- 답 : 480.12[kW]

13 출제년도 : 17

배점 5점

다음은 전력시설물 공사감리업무 수행지침과 관련된 사항이다. ( ) 안에 알맞은 내용을 답란에 쓰시오.

감리원은 설계도서 등에 대하여 공사계약문서 상호 간의 모순되는 사항, 현장 실정과의 부합 여부 등 현장 시공을 주안으로 하여 해당 공사 시작 전에 검토하여야 하며 검토내용에는 다음 각 호의 사항 등이 포함되어야 한다.

1. 현장조건에 부합 여부
2. 시공의 (①) 여부
3. 다른 사업 또는 다른 공정과의 상호부합 여부
4. (②), 설계설명서, 기술계산서, (③) 등의 내용에 대한 상호일치 여부
5. (④), 오류 등 불명확한 부분의 존재여부
6. 발주자가 제공한 (⑤)와 공사업자가 제출한 산출내역서의 수량일치 여부
7. 시공 상의 예상 문제점 및 대책 등

① 실제 가능
② 시방서
③ 산출내역서
④ 설계도서의 누락
⑤ 산출내역서

2017

14 출제년도 : 17 **배점 5점**

그림과 같이 Y결선된 평형 부하에 전압을 측정할 때 전압계의 지시값이 $V_p = 150[V]$, $V_\ell = 220[V]$로 나타났다. 다음 각 물음에 답하시오. (단, 부하측에 인가된 전압은 각상 평형 전압이고 기본파와 제3고조파분 전압만이 포함되어 있다)

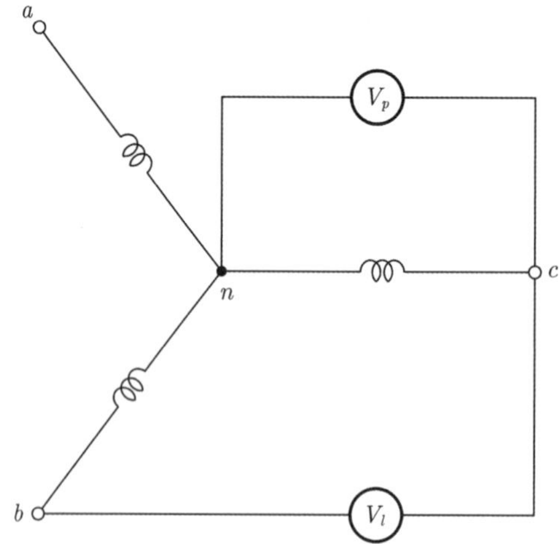

1) 제3고조파 전압[V]을 구하시오.
- 계산 :
- 답 :

2) 전압의 왜형률[%]을 구하시오.
- 계산 :
- 답 :

답안

1) • 계산 : $V_p = \sqrt{V_1^2 + V_3^2} = 150$

$V_\ell = \sqrt{3}\,V_p = \sqrt{3} \cdot V_1 = 220$(∵ Y결선시 선간전압에는 제3고조파가 원천제거된다)

$V_1 = \dfrac{220}{\sqrt{3}} = 127.017$, $\sqrt{127.017^2 + V_3^2} = 150$

$V_3 = \sqrt{150^2 - 127.017^2} = 79.791$

- 답 : 79.79[V]

2) • 계산 : $\dfrac{79.79}{127.017} \times 100 = 62.818$

- 답 : 62.82[%]

15 출제년도 : 17 배점 5점

3상 농형 유도전동기의 기동방식 중 리액터 기동방식에 대하여 설명하시오.

전동기 전원측에 직렬로 직렬리액터를 넣어 리액터로 전압강하를 시켜서 감압기동하고 기동후에는 단락시키는 방법으로 운전한다.

16 출제년도 : 17 배점 5점

공급점에서 30[m]의 지점에 80[A], 45[m]의 지점에 50[A], 60[m]의 지점에 30[A]의 부하가 걸려 있을 때, 부하 중심까지의 거리를 구하시오.

- 계산 :
- 답 :

- 계산

부하중심점까지의 거리 $L = \dfrac{\Sigma LI}{\Sigma I} = \dfrac{L_1I_1 + L_2I_2 + L_3I_3}{I_1 + I_2 + I_3}$

$$= \frac{30 \times 80 + 45 \times 50 + 60 \times 30}{80 + 50 + 30} = 40.312[\text{m}]$$

- 답 : 40.31[m]

17 출제년도 : 17 / 유사 : oo

배점 4점

22.9[kV] / 380-220[V] 변압기 결선은 보통 △-Y 결선 방식을 사용하고 있다. 이 결선 방식에 대한 장점과 단점을 각각 2가지씩 쓰시오.

1) 장점(2가지)
   •
   •
2) 단점(2가지)
   •
   •

1) 장점(2가지)
   • Y측의 중성점을 접지하여 이상전압을 경감할 수 있다.
   • 3고조파 여자전류가 Δ결선 내를 순환하여 변압기 2차측의 유도기전력이 정현파가 된다.
2) 단점(2가지)
   • 1상이 고장이 생기면 급전을 계속할 수 없다.
   • 1차, 2차간에 30°의 위상차를 발생한다.

해설

그 외

장점 : 2차의 선간전압이 상전압의 $\sqrt{3}$ 배이므로 고전압에 적합하다.

단점 : Y측 중성점 접지시 통신선 유도장해 발생

변압기 결선을 그리는 문제가 포함될 수 있으니 다시 한번 확인할 것

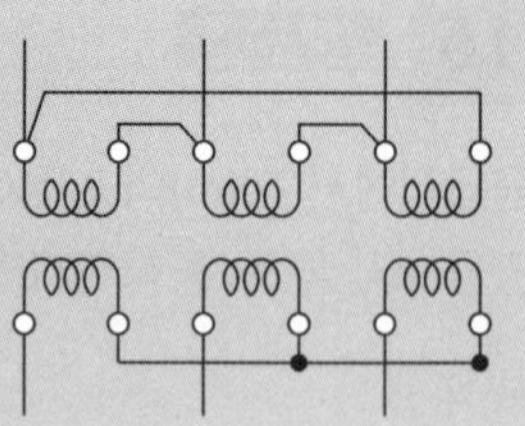

18 출제년도 : 11, 17 / 유사 : 07, 10, 13

배점 5점

각 방향에 900[cd]의 광도를 갖는 광원을 높이 3[m]에 취부한 경우 직하로부터 30° 방향의 수평면 조도[lx]를 구하시오.

• 계산 : • 답 :

• 계산 : $E_h = \frac{1}{h^2} \cdot \cos^3\theta = \frac{900}{3^2} \times (\cos 30)^3 = 64.951[\text{lx}]$

• 답 : 64.95[lx]

전기기사 실기 기출문제 2017년 2회

01

출제년도 : 09, 17 / 유사 : 01, 07 — 배점 10점

그림의 단선 결선도를 보고 ①~⑤에 들어갈 기기에 대하여 표준심벌을 그리고 약호, 명칭, 용도 또는 역할에 대하여 쓰시오.

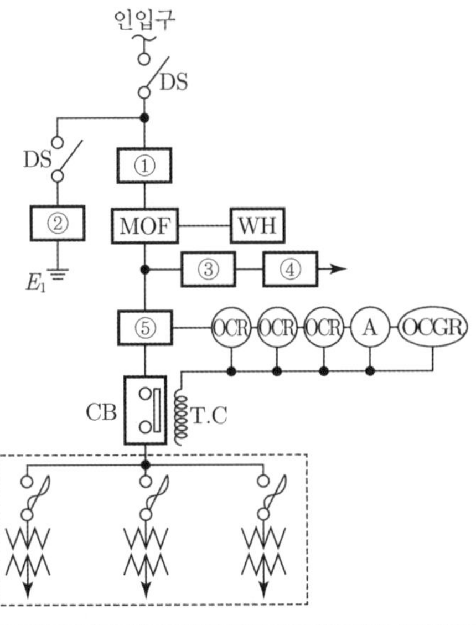

	심 벌	약 호	명 칭	용도 및 역할
①		PF	전력퓨즈	단락전류에 의해 용단
②		LA	피뢰기	뇌전류를 대지로 방전하고 속류차단
③		PF (또는 C.O.S)	전력퓨즈 (컷아웃스위치)	단락전류에 의해 용단
④		PT	계기용변압기	고전압을 저압으로 변성하여 계기나 계전기에 전원 공급
⑤		CT	변류기	대전류를 소전류로 변성하여 계기나 계전기에 전원 공급

02 출제년도 : 11, 14, 17

배점 3점

지표면상 20[m] 높이의 수조가 있다. 이 수조에 분당 15[m^3]의 물을 양수하는데 필요한 펌프용 전동기의 소요동력은 몇 [kW]인가? (단, 펌프효율은 80[%]이고 펌프축 동력에 10[%] 여유를 준다)

• 계산 :   • 답 :

• 계산 : 펌프용전동기 소요동력(P) $= \dfrac{KQH}{6.12\eta}$[kW]

$$P = \frac{1.1 \times 15 \times 20}{6.12 \times 0.8} = 67.401[\text{kW}]$$

• 답 : 67.4[kW]

K : 손실계수(여유계수), Q : 양수량[m^3/min], H : 총양정[m], η : 효율

03 출제년도 : 09, 17

배점 5점

154[kV] 중성점 직접접지계통의 피뢰기 정격전압은 어떤 것을 선택해야 하는가? (단, 접지계수는 0.75이고, 여유도는 1.1이다)

피뢰기의 정격전압(표준값[kV])					
126	144	154	168	182	196

• 계산 :   • 답 :

• 계산 : 피뢰기 정격전압(V)$= \alpha \cdot \beta \cdot V_m = 0.75 \times 1.1 \times 170 = 140.25$[kV]

• 답 : 144[kV]

• 피뢰기 정격전압 = 접지계수(α)×여유(β)×계통최고전압(V_m)

• 154[kV]의 계통최고전압은 170[kV]

04 출제년도 : 17 / 유사 : 05, 15 **배점 4점**

수전전압이 22.9[kV], 수전설비의 부하전류가 30[A]이다. 60/5[A]의 변류기를 통하여 과전류 계전기를 시설하였다. 120[%]의 과부하에서 차단시킨다면 과전류 계전기 트립전류값은 몇 [A]로 설정해야 하는가?

• 계산 : • 답 :

• 계산 : 과전류 계전기 전류탭$(I_T) = 부하전류 \times \frac{1}{변류비} \times 설정값$

$$I_T = 30 \times \frac{5}{60} \times 1.2 = 3[A]$$

• 답 : 3[A]

숫자등이 변하면서 또는 큰 문제의 부분 문제로서 비교적 많이 출제된 문제임.
계산의 결과가 정수이면 그대로 그 결과값을 답으로 하고,
만약 소수점이 나오면 정수로 답을 쓴다(유도형인 경우).
ex) 3.9 → 답 4[A]

05 출제년도 : 04, 06, 15, 17

배점 6점

다음 3상 유도전동기 Y－△ 기동방식의 주회로 그림을 보고 다음 각 물음에 답하시오. (MC_2는 Y용, MC_3는 △용으로 표현)

1) 주회로 부분의 미완성회로에 대한 결선을 완성하시오.
2) Y－△ 기동시와 전전압 기동시의 기동전류를 수치로 제시하면서 비교설명하시오.
3) 3상 유도전동기를 Y－△로 기동하여 운전하기 위한 제어회로의 동작사항을 상세히 설명하시오. (동시투입에 의한 설명도 표시)

1)

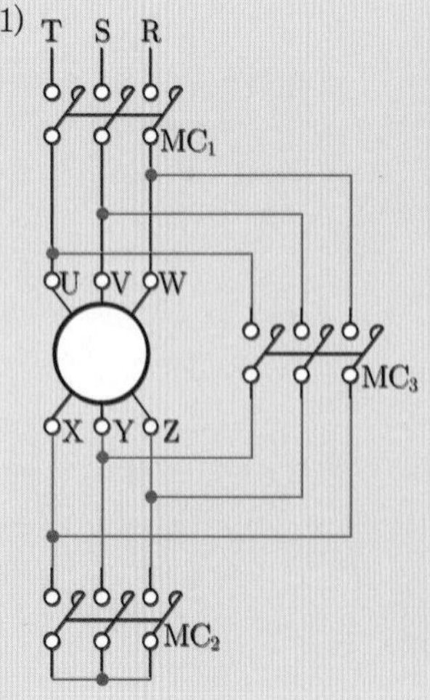

2) Y－△ 운전시 기동전류는 전전압 기동시보다 1/3로 줄어든다.

3) 전원 인가시 Y결선으로 기동되어 회전 중 정격속도에 가까워지면 설정시간 이후에 △결선으로 운전하게 된다.
이 때 Y－△ 결선은 인터록에 의해 동시투입할 수 없다.

Y-△ 주회로도 결선 방법

①

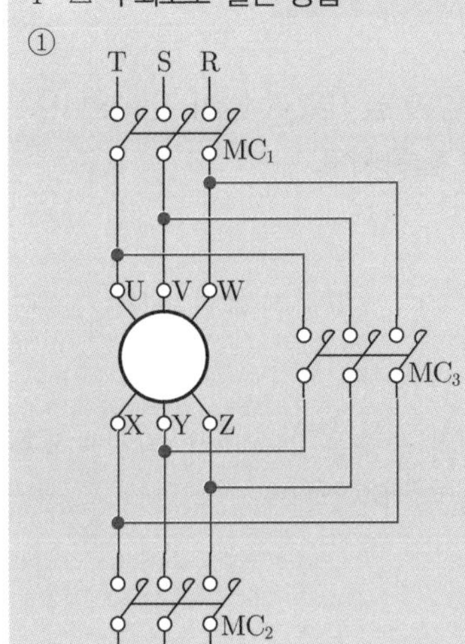

②

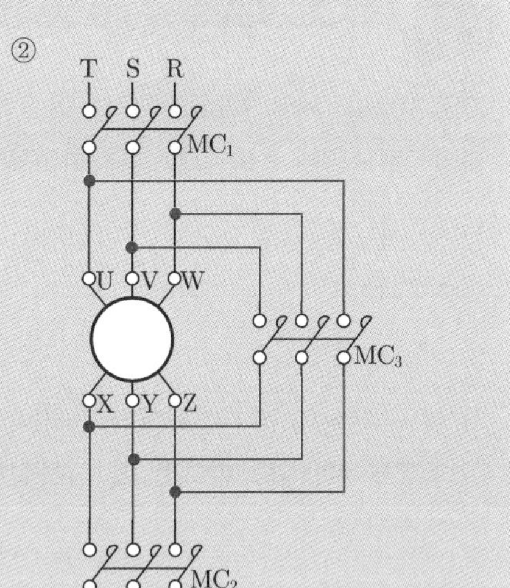

06 출제년도 : 17

배점 5점

직렬 리액터는 제5고조파로부터 전력용콘덴서 보호 및 파형개선의 목적으로 사용된다. 직렬 리액터의 다음 물음에 답하시오.

1) 이론상 몇 [%]의 용량인가?

2) 주파수 변동 등을 고려하여 실제 몇 [%]의 용량인가?

3) 제3고조파 제거하기 위한 직렬 리액터의 용량은 몇 [%]인가?

1) 4[%] 2) 6[%] 3) 11[%]

제5고조파용

$$5\omega L = \frac{1}{5\omega C}$$

$\omega L = \frac{1}{25}\frac{1}{\omega C} = 0.04\frac{1}{\omega C}$ (직렬리액터 용량은 콘덴서 용량의 4[%]이다)

* 주파수 변동 및 경제성을 고려하여 실제상으로는 콘덴서 용량의 6[%]이다.

제3고조파용

$$3\omega L = \frac{1}{3\omega C}$$

$\omega L = \frac{1}{9}\frac{1}{\omega C} = 0.11\frac{1}{\omega C}$ (직렬리액터 용량은 콘덴서 용량의 11[%]이다)

* 주파수 변동 및 경제성을 고려하여 실제상으로는 콘덴서 용량의 13[%]이다.

07

출제년도 : 10, 15, 16, 17 / 유사 : 00, 01, 02, 03, 04, 05, 06, 07, 09, 11, 12, 13, 14

배점 5점

가로 10[m], 세로 30[m], 천장높이 3.85[m], 천장에서 작업면 높이까지 높이 3[m]인 사무실에 천장직부형광등 F40×2를 설치하려고 한다. 다음 물음에 답하시오.

1) 이 사무실의 실지수는 얼마인가?
- 계산 :
- 답 :

2) 이 사무실의 작업면조도를 400[lx], 40[W] 형광등 1등의 광속은 2500[lm], 감광보상률 1.3, 조명률 60[%]로 한다면 이 사무실에 필요한 소요되는 등기구수는?
- 계산 :
- 답 :

1) 실지수
- 계산 : $\dfrac{10\times 30}{3\times(10+30)}=2.5$
- 답 : 2.5

2) 등기구수
- 계산 : $\dfrac{1.3\times 400\times 10\times 30}{2500\times 2\times 0.6}=52$
- 답 : 52[개]

실지수$(R\cdot I)=\dfrac{X\cdot Y}{H(X+Y)}$

여기서, H : 등고[m], X : 가로[m], Y : 세로[m]

등기구수 : $N=\dfrac{DES}{FU}$

여기서, D : 감광보상률, E : 조도[lx], S : 면적[m^2], F : 광속[lm], U : 조명률

08

출제년도 : 05, 17

배점 3점

배전선 전압을 조정하는 방법을 3가지만 쓰시오.

-
-
-

① 자동 전압 조정기, ② 자동 승압기, ③ 주상 변압기 탭변환

그 외 : 부하시 탭 절환장치(ULTC), 유도전압조정기, 선로전압 강하 보상기

09 출제년도 : 17

배점 5점

발주자는 외부적 사업환경의 변동, 사업추진 기본계획의 조정, 민원에 따른 노선변경, 공법변경, 그 밖의 시설물 추가 등으로 설계변경이 필요한 경우에는 다음 각 호의 서류를 첨부하여 반드시 서면으로 책임감리원에게 설계변경을 하도록 지시하여야 하는데, 이 때 필요한 서류 5가지를 적으시오.

•
•
•
•
•

① 설계변경 개요서
② 설계변경 도면
③ 설계설명서
④ 계산서
⑤ 수량산출조서

10 출제년도 : 17

배점 3점

전력설비 점검시 보호계전기(계통)의 오동작 원인 3가지를 쓰시오.

•
•
•

① 고조파의 유입
② 불평형 전압, 전류
③ 여자돌입전류

그 외 : • 역률 과보상
• 외부 충격(진동)
• 콘덴서 돌입전류
• 외부 노이즈

11 출제년도 : 02, 12, 17

배점 6점

그림은 누름버튼스위치 PB_1, PB_2, PB_3를 ON 조작하여 기계 A, B, C를 운전하는 시퀀스 회로도이다. 이 회로를 타임차트 1~3의 요구사항과 같이 병렬 우선 순위회로로 고쳐서 그리시오. (단, R_1, R_2, R_3는 계전기이며, 이 계전기의 보조 a접점 또는 b접점을 추가 또는 삭제하여 작성하되 불필요한 접점을 사용하지 않도록 하며, 보조 접점에는 접점명을 기입하도록 한다)

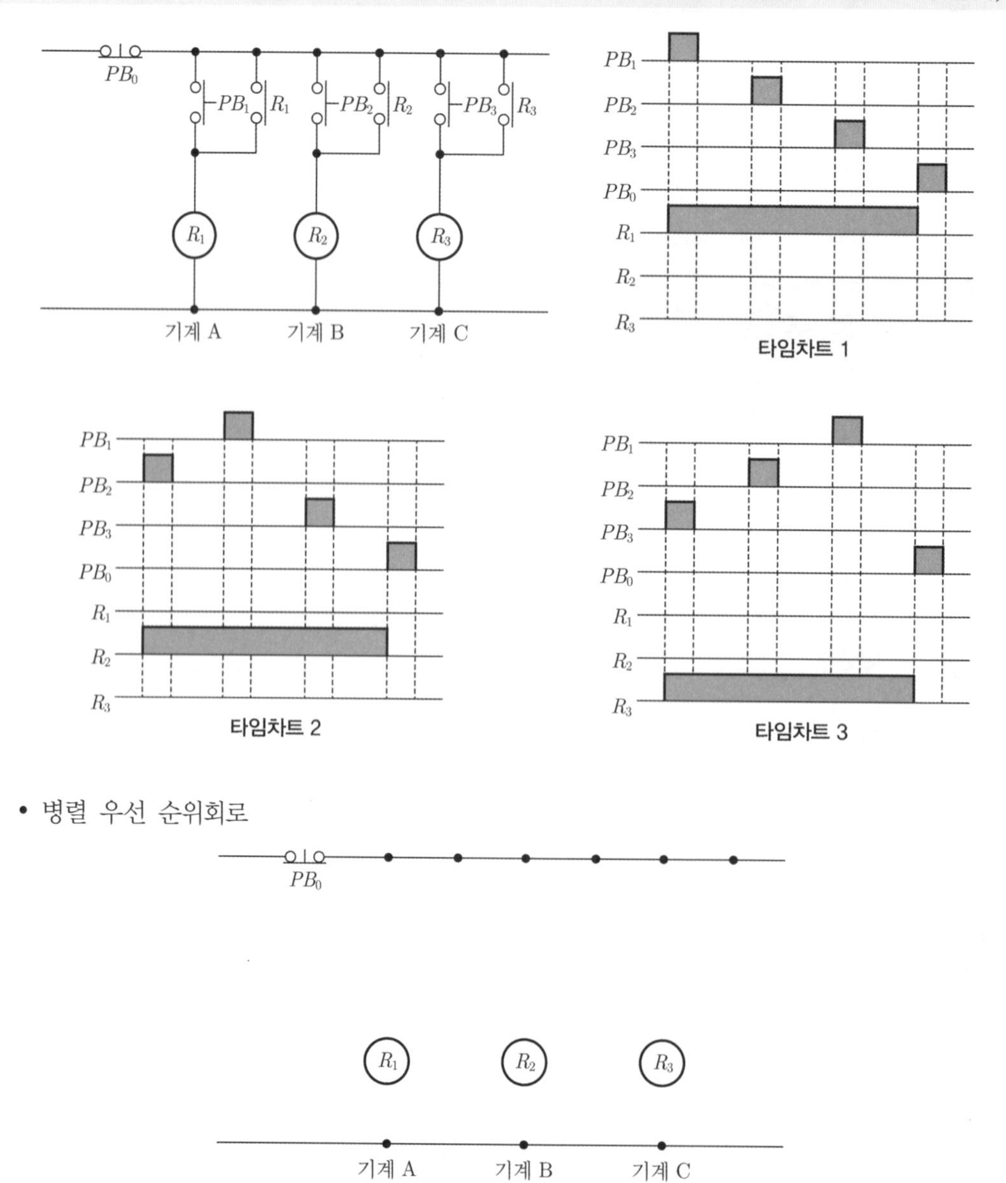

• 병렬 우선 순위회로

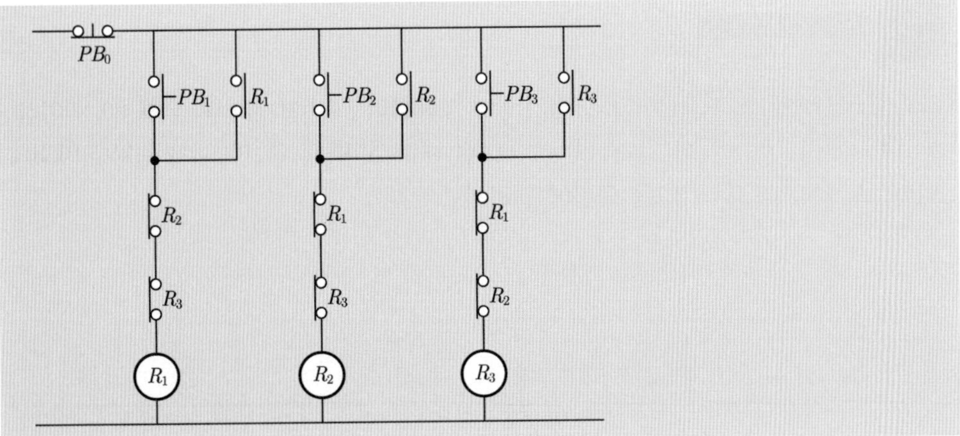

해설

R_1 이 여자되었을 경우 R_2, R_3가 여자될 수 없고
R_2가 여자되었을 경우 R_1, R_3가 여자될 수 없고
R_3가 여자되었을 경우 R_1, R_2가 여자될 수 없다.
즉, R_1, R_2, R_3가 동시 투입될 수 없는 인터록 회로(선입력우선회로)로서 각각의 출력에 남의 것의 b접점을 직렬로 작성하여 회로를 구성시킨다.

12 출제년도 : 03, 10, 17 배점 12점

그림은 어떤 변전소의 도면이다. 변압기 상호 부등률이 1.3이고, 부하의 역률 90[%]이다. STr의 내부 임피던스 4.5[%], Tr_1, Tr_2, Tr_3의 내부 임피던스가 10[%] 154[kV] BUS의 내부 임피던스가 0.5[%]이다. 다음 물음에 답하시오.

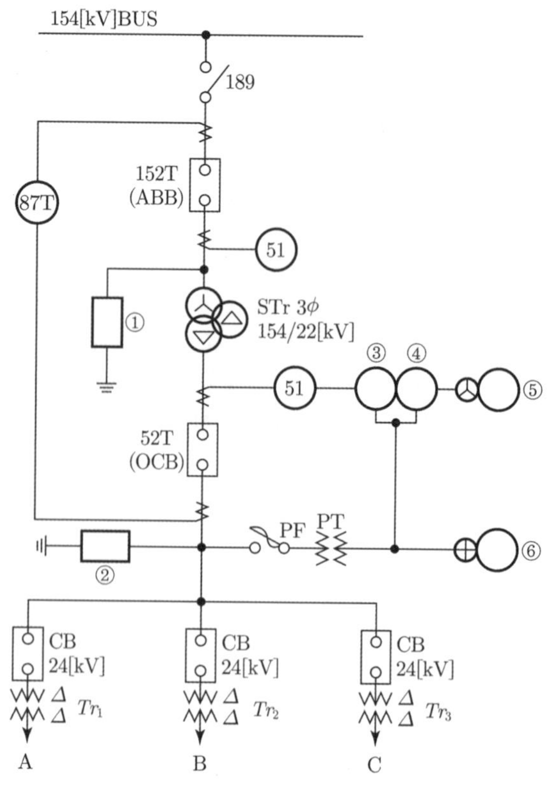

부 하	용 량	수용률	부등률
A	5000[kW]	80[%]	1.2
B	3000[kW]	84[%]	1.2
C	7000[kW]	92[%]	1.2

154[kV] ABB 용량표[MVA]

2000	3000	4000	5000	6000	7000

22[kV] OCB 용량표[MVA]

200	300	400	500	600	700

154[kV] 변압기 용량표[kVA]

10000	15000	20000	30000	40000	50000

22[kV] 변압기 용량표[kVA]

2000	3000	4000	5000	6000	7000

1) Tr_1, Tr_2, Tr_3 변압기 용량[kVA]은?
- 계산 : • 답 :

2) STr의 변압기 용량[kVA]은?
- 계산 : • 답 :

3) 차단기 152T의 용량[MVA]은?
- 계산 : • 답 :

4) 차단기 52T의 용량[MVA은?
- 계산 : • 답 :

5) 87T의 명칭과 용도 및 역할을 쓰시오.
- 명칭 :
- 용도 및 역할 :

6) 51의 명칭과 용도 및 역할을 쓰시오.
- 명칭 :
- 용도 및 역할 :

1) $Tr_1 = \dfrac{\text{설비용량} \times \text{수용률}}{\text{부등률} \times \text{역률}} = \dfrac{5000 \times 0.8}{1.2 \times 0.9} = 3703.703[\text{kVA}]$

∴ 표에서 4000[kVA] 선정

$Tr_2 = \dfrac{3000 \times 0.84}{1.2 \times 0.9} = 2333.333\,[\text{kVA}]$

∴ 표에서 3000[kVA] 선정

$Tr_3 = \dfrac{7000 \times 0.92}{1.2 \times 0.9} = 5962.962[\text{kVA}]$

∴ 표에서 6000[kVA] 선정

2) $STr = \dfrac{3703.703 + 2333.333 + 5962.962}{1.3} = 9230.767[\text{kVA}]$

∴ 표에서 10000[kVA] 선정

3) $152T = \dfrac{100}{0.5} \times 10 = 2000$

∴ 표에서 2000[MVA] 선정

4) $52T = \dfrac{100}{(0.5 + 4.5)} \times 10 = 200[\text{MVA}]$

∴ 표에서 200[MVA] 선정

5) • 명칭 : 주변압기 차동 계전기
- 용도 및 역할 : 변압기 내부고장을 검출하여 차단기(152T, 52T)를 트립시킨다.

6) • 명칭 : 과전류 계전기
- 용도 및 역할 : 정정값 이상의 과전류(고장전류)에 의해 동작하여 차단기를 트립시킨다.

13 출제년도 : 17

배점 6점

그림과 같은 논리회로를 이용하여 다음 각 물음에 답하시오.

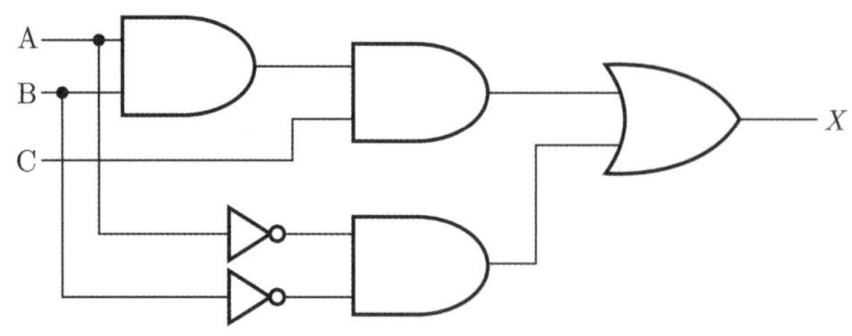

1) 주어진 논리회로를 논리식으로 표현하시오.

2) 논리회로의 동작상태를 다음의 타임차트에 나타내시오.

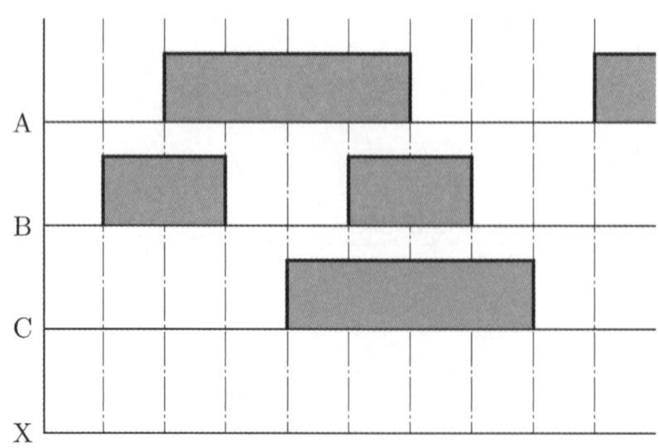

3) 다음과 같은 진리표를 완성하시오. (단, L은 Low이고, H는 High이다)

A	L	L	L	L	H	H	H	H
B	L	L	H	H	L	L	H	H
C	L	H	L	H	L	H	L	H
X								

1) $X = ABC + \overline{A}\,\overline{B}$

2)

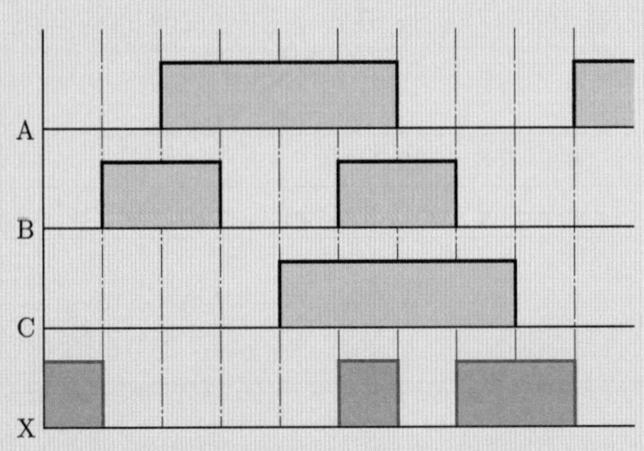

3)

A	L	L	L	L	H	H	H	H
B	L	L	H	H	L	L	H	H
C	L	H	L	H	L	H	L	H
X	H	H	L	L	L	L	L	H

2), 3)

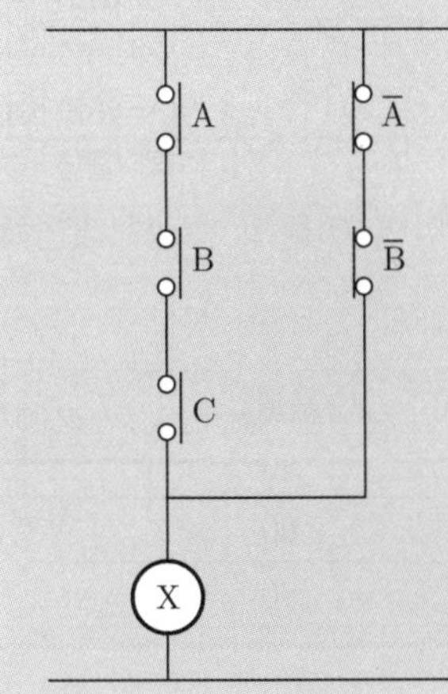

0 : Low, 1 : High

① 모두가 "0"일 때 출력 발생

② A, B가 "0"이고 C만 "1"일 때 출력 발생

③ 모두가 "1"일 때 출력 발생

위 3가지 경우를 제외한 모든 경우 출력이 발생될 수 없다.

2017

14 출제년도 : 17

배점 4점

3상 유도전동기 정격전류 320[A](역률 0.85)가 다음 표와 같은 선로에 흐를 때 선로의 전압강하를 구하시오.

편도 길이 150[m]
저항 $R=0.18[\Omega/km]$, 리액턴스 $\omega L=0.102[\Omega/km]$, ωC는 무시한다.

• 계산 :　　　　　　　　　　　　• 답 :

• 계산 : 전압강하$(e)=\sqrt{3}\,I(R\cos\theta+X\sin\theta)[V]$

$$=\sqrt{3}\times 320(0.18\times 0.15\times 0.85+0.102\times 0.15\times\sqrt{1-0.85^2})[V]$$

$$=17.187[V]$$

• 답 : 17.19[V]

3상 유도전동기는 전기방식 $3\phi 3\omega$이다.

$e=\sqrt{3}\,I(R\cos\theta+X\sin\theta)[V]$ 공식 이용한다. $R=R'\times\ell=\frac{\Omega}{km}\times km=[\Omega]$

$$\omega L=\omega L'\times\ell=\frac{\Omega}{km}\times km=[\Omega]$$

15 출제년도 : 05, 14, 17

배점 3점

다음 표에 나타낸 어느 수용가들 사이의 부등률을 1.1로 한다면 이들의 합성최대전력은 몇 [kW]인가?

수용가	설비용량[kW]	수용률[%]
A	300	80
B	200	60
C	100	80

• 계산 :　　　　　　　　　　　　• 답 :

• 계산 : 합성 최대전력 $=\frac{\text{개별최대전력 합}}{\text{부등률}}=\frac{\text{설비용량}\times\text{수용률}}{\text{부등률}}$

$$=\frac{300\times 0.8+200\times 0.6+100\times 0.8}{1.1}=400$$

• 답 : 400[kW]

16 출제년도 : 14, 17

배점 5점

그림은 전위 강하법에 의한 접지저항 측정방법이다. E, P, C가 일직선상에 있을 때 다음 물음에 답하시오. (단, E는 반지름 r인 반구모양 전극(측정대상 전극)이다)

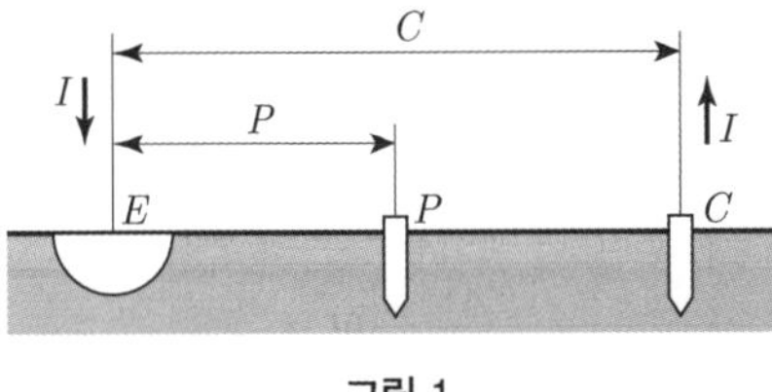

그림 1

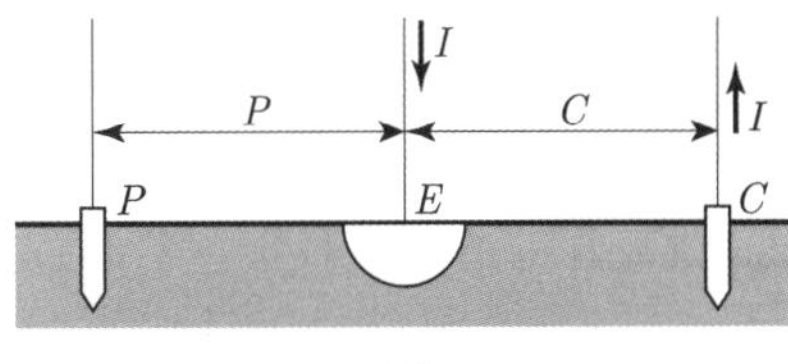

그림 2

1) [그림 1]과 [그림 2]의 측정방법 중 접지저항값이 참값에 가까운 측정방법은?

2) 반구모양 접지 전극의 접지저항을 측정할 때 $E-C$간 거리의 몇 [%]인 곳에 전위 전극을 설치하면 정확한 접지저항값을 얻을 수 있는지 설명하시오.

1) [그림 1] 2) 61.8[%]

61.8[%] 법칙 : $E-C$간 거리의 61.8[%]인 곳에 전위 전극[P]을 설치한다.

17 출제년도 : 01, 02, 07, 14, 17

배점 5점

전원에 고조파 성분이 포함되어 있는 경우 부하설비의 과열 및 이상현상이 발생하는 경우가 있다. 이러한 고조파 전류가 회로에 흐를 때 대책을 3가지 쓰시오.

•
•
•

① 전력변환장치의 다(多) 펄스화
② 고조파 필터를 사용하여 제거한다.
③ 3고조파 순환되어 상쇄되는 변압기 △결선 채용

그 외

- 리액터(ACL, DCL) 설치
- 전원단락용량 증대
- 위상변압기 설치
- 고조파부하와 일반부하를 분리하여 전용으로 공급
- 기기의 고조파내량 강화
- PWM 방식 채용

18 출제년도 : 17

배점 5점

접지계통에서 고장전류의 흐르는 경로를 순서대로 쓰시오.

단일접지계통	
중성점접지계통	
다중접지계통	

단일접지계통	상도체(전원) → 지락점 → 대지 → 접지점 → 중성점 → 상도체
중성점접지계통	상도체(전원) → 지락점 → 대지 → 접지점 → 중성선 → 상도체
다중접지계통	상도체(전원) → 지락점 → 대지 → 다중접지극의 접지점 → 중성선 → 상도체

19 출제년도 : 00, 04, 12, 17

배점 5점

연축전지의 정격용량 100[Ah], 상시 부하 5[kW], 표준전압 100[V]인 부동 충전방식이 있다. 이 부동 충전방식에서 다음 각 물음에 답하시오.

1) 부동 충전방식의 충전기 2차 전류는 몇 [A]인가?
   - 계산 :
   - 답 :
2) 부동 충전방식의 회로도를 전원, 연축전지, 부하, 충전기 등을 이용하여 간단히 그리시오. (단, 심벌은 일반적인 심벌로 표현하되 심벌 부근에 심벌에 따른 명칭을 쓰도록 하시오)

답안

1) 부동 충전방식의 충전기 2차 전류[A] $= \dfrac{\text{축전지 정격용량[Ah]}}{\text{정격 방전율[h]}} + \dfrac{\text{상시 부하용량[VA]}}{\text{표준 전압[V]}}$

$\therefore\ I_2 = \dfrac{100}{10} + \dfrac{5 \times 10^3}{100} = 60\,[\text{A}]$

2)

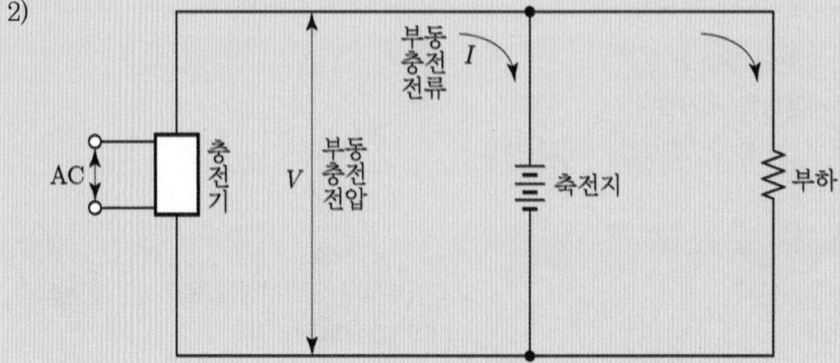

전기기사 실기 기출문제 2017년 3회

01 출제년도 : 07, 17 / 유사 : 12 **배점 5점**

평형 3상 회로에 변류비 100/5인 변류기 2개를 그림과 같이 접속하였을 때 전류계에 4[A]의 전류가 흘렀다. 1차 전류의 크기는 몇 [A]인가?

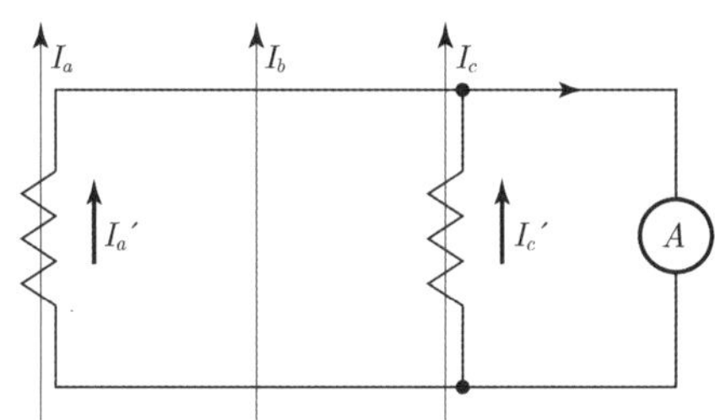

• 계산 : • 답 :

• 계산 : $I_1 = 4 \times \frac{100}{5} = 80$[A] • 답 : 80[A]

a상 CT와 c상 CT가 모두 같은 극성(CT의 윗 단자끼리, 아래 단자끼리)에 연결되어 두 상 벡터합의 결과 CT 한 대를 사용했을 때와 같은 크기가 나옴(측정되는 상은 b상 전류)

[12년 유사문제]

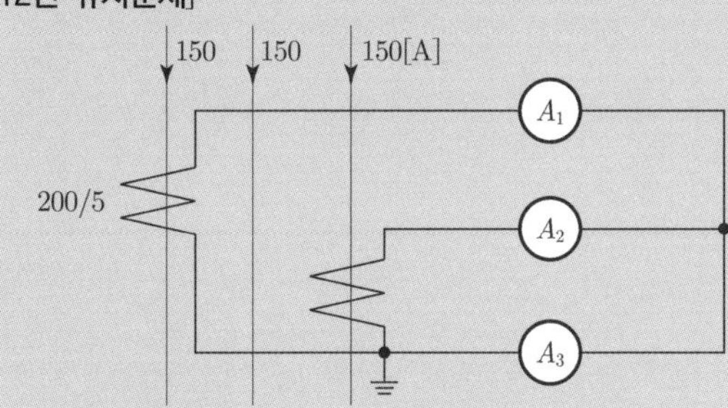

A_1, A_2번을 제거하고 접속점의 위치를 조정하면

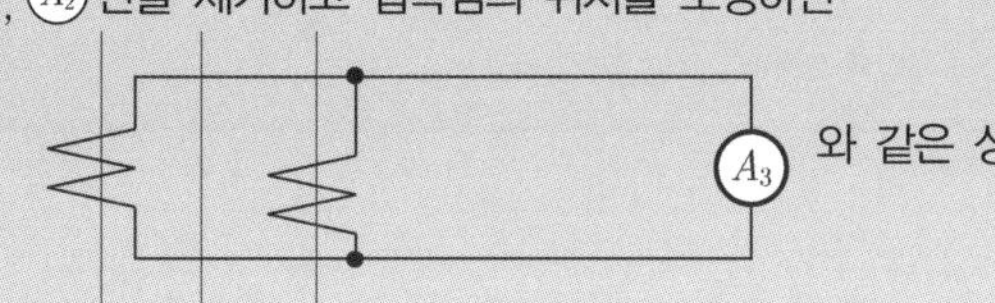

02 출제년도 : 17

배점 4점

다음 기기의 명칭을 쓰시오.

1) 가공 배전선로 사고의 대부분은 조류 및 수목에 의한 접촉, 강풍, 낙뢰 등에 의한 플래시오버 사고로서 이런 사고 발생시 신속하게 고장구간을 차단하고 사고점의 아크를 소멸시킨 후 즉시 재투입이 가능한 개폐장치이다.

2) 보안상 책임 분계점에서 보수 점검 시 전로를 개폐하기 위하여 시설하는 것으로 반드시 무부하 상태에서 개방하여야 한다. 근래에는 ASS를 사용하며, 66[kV] 이상의 경우에 사용한다.

답안

1) 리클로저(R/C)
2) 선로개폐기(LS)

03 출제년도 : 17 배점 7점

그림은 3상 유도전동기의 역상 제동 시퀀스회로이다. 물음에 답하시오. (단, 플러깅 릴레이 Sp는 전동기가 회전하면 접점이 닫히고, 속도가 0에 가까우면 열리도록 되어 있다)

1) 회로에서 ①~④에 접점과 기호를 넣으시오.

2) MC_1, MC_2의 동작 과정을 간단히 설명하시오.

3) 보조 릴레이 T와 저항 r에 대하여 그 용도 및 역할에 대하여 간단히 설명하시오.

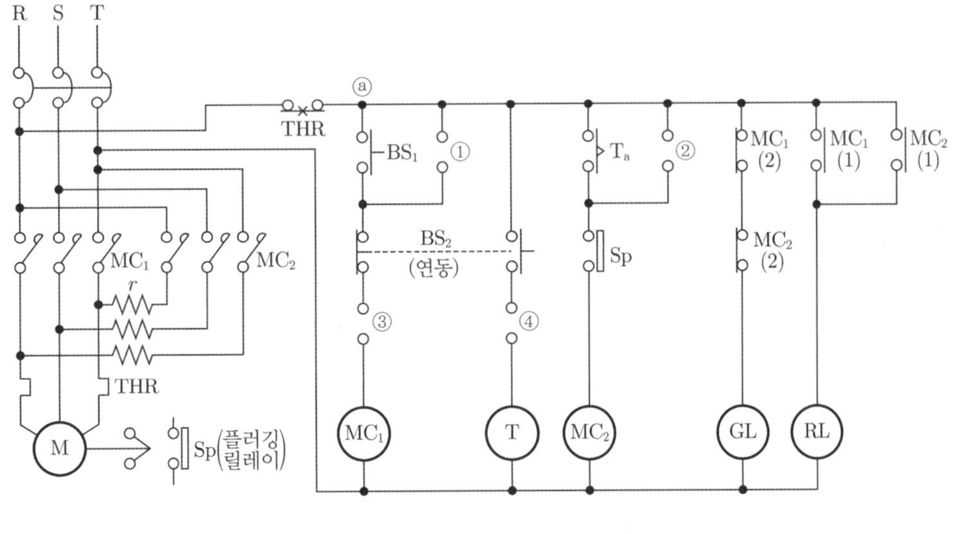

1) ① MC_1 ② MC_2 ③ MC_2 ④ MC_1

2) ① BS_1 ON시 MC_1이 여자되어 전동기가 운전한다. 이 때, MC_{1-a}에 의해 자기유지 된다.

② BS_2 ON시 MC_1이 소자되어 전동기는 전원에서 분리되지만 회전자 관성에 의하여 회전은 계속한다.

③ BS_2에 의해 T가 여자되며, BS_2를 누르고 있는 상태에서 설정시간 후 T_{-a}에 의해 MC_2가 여자되어 전동기는 역회전 한다. 이 때 MC_{2-a}에 의해 자기유지 된다.

④ 전동기의 속도가 감소하여 0에 가까워지면 플러깅릴레이(Sp)에 의하여 전동기는 전원에서 완전히 분리되어 급정지한다.

3) T : 시간 지연 릴레이를 사용하여 제동시 과전류를 방지하는 시간적인 여유를 주기 위함

r : 역상 제동시 저항의 전압 강하로 전압이 감소되어 제동력을 제한함

04 출제년도 : 12, 17 배점 6점

수전전압이 6000[V]인 2[km] 3상3선식 선로에서 1000[kW](늦은 역률 0.8) 부하가 연결되어 있다고 한다. 다음 물음에 답하시오. (단, 1선당 저항은 0.3[Ω/km], 1선당 리액턴스는 0.4[Ω/km]이다)

1) 선로의 전압강하를 구하시오.
   • 계산 : • 답 :

2) 선로의 전압강하율을 구하시오.
   • 계산 : • 답 :

3) 선로의 전력손실[kW]을 구하시오.
   • 계산 : • 답 :

1) • 계산 : 전압강하$(e) = \dfrac{P(R+X\tan\theta)}{V_r}$

$$e = \frac{1000\times 10^3\left(0.3\times 2 + 0.4\times 2\times \dfrac{0.6}{0.8}\right)}{6000} = 200[\text{V}]$$

• 답 : 200[V]

2) • 계산 : 전압강하율$(\epsilon) = \dfrac{V_s - V_r}{V_r}\times 100 = \dfrac{e}{V_r}\times 100 = \dfrac{200}{6000}\times 100 = 3.333[\%]$

• 답 : 3.33[%]

3) • 계산 : 전력손실$(P_\ell) = 3I^2R = \dfrac{P^2R}{V^2\cos^2\theta}[\text{W}]$

$$\therefore\ P_\ell = \frac{(1000\times 10^3)^2\times 0.3\times 2}{6000^2\times 0.8^2}\times 10^{-3} = 26.041[\text{kW}]$$

• 답 : 26.04[kW]

1) 전압강하$(e) = \sqrt{3}\,I(R\cos\theta + X\sin\theta) = \sqrt{3}\times\dfrac{P}{\sqrt{3}\,V\cos\theta}(R\cos\theta + X\sin\theta)$

$$= \frac{P}{V\cos\theta}(R\cos\theta + X\sin\theta)$$

$$= \frac{P}{V}(R + X\tan\theta)$$

(2) 전압강하율$(\epsilon) = \dfrac{\text{송전단전압}\cdot\text{수전단전압}}{\text{수전단전압}}\times 100 = \dfrac{\text{전압강하}}{\text{수전단전압}}\times 100$

(3) 전력손실$(P_\ell) = 3I^2R = 3\times\left(\dfrac{P}{\sqrt{3}\,V\cos\theta}\right)^2\times R = \dfrac{P^2}{V^2\cos^2\theta}R[\text{W}]$

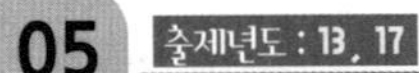

배점 4점

다음은 컴퓨터 등의 중요한 부하에 대한 무정전 전원공급을 위한 그림이다. "(가)~(마)"에 적당한 전기 시설물의 명칭을 쓰시오.

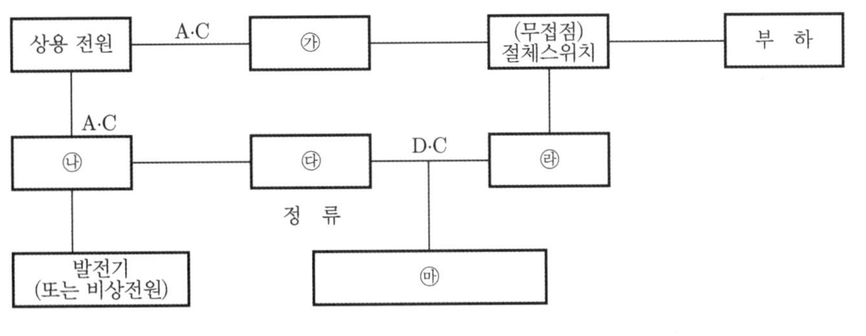

㉮ 자동전압조정기(AVR)
㉯ 무접점 절체 스위치
㉰ 정류기(컨버터)
㉱ 인버터
㉲ 축전지

06 출제년도 : 95, 99, 00, 06, 17 배점 4점

답안지의 그림은 3상 4선식 전력량계의 결선도를 나타낸 것이다. PT와 CT를 사용하여 미완성 부분의 결선도를 완성하시오. (단, 접지는 생략한다)

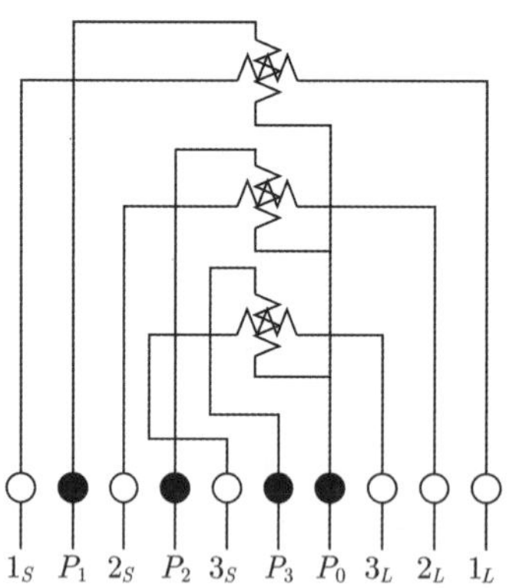

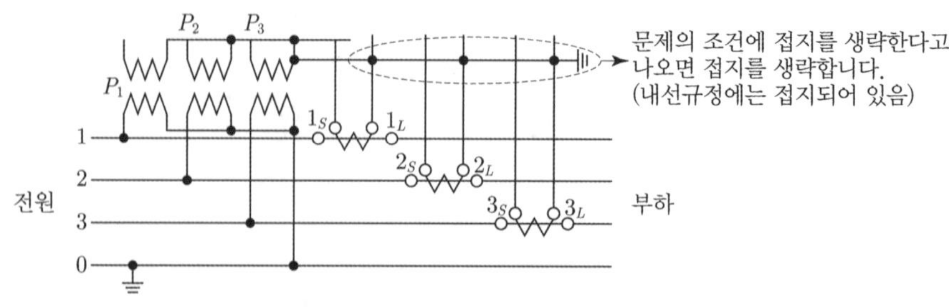

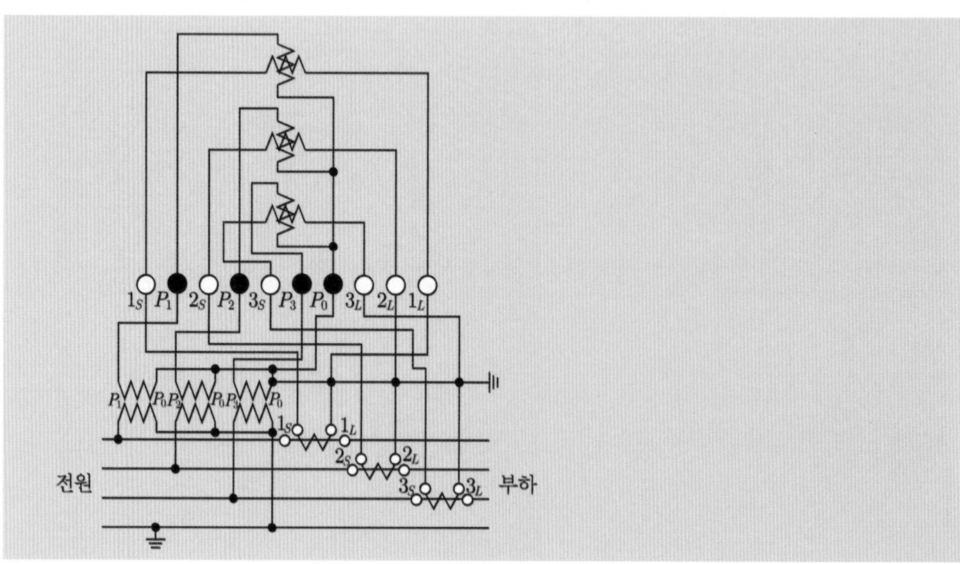

07 출제년도 : 17

배점 5점

전압 30[V], 저항 4[Ω], 유도 리액턴스 3[Ω]일 때 콘덴서를 병렬로 연결하여 종합역률 1로 만들기 위해 병렬 연결하는 용량성 리액턴스는 몇 [Ω]인가?

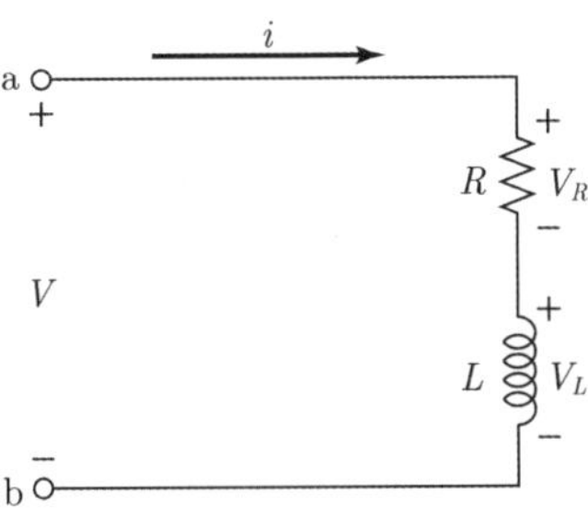

- 계산 :
- 답 :

- 계산

주어진 회로는 일반공진을 뜻하고 있다.
여기서, 어드미턴스를 구하면

$$Y=\frac{1}{R+j\omega L}+j\omega C$$

$$=\frac{R-j\omega L}{R^2+(\omega L)^2}+j\omega C$$

$$=\frac{R}{R^2+(\omega L)^2}+j\left(\omega C-\frac{\omega L}{R^2+(\omega L)^2}\right)$$ → 역률 1 되려면 허수부 $=0$

$$\omega C=\frac{\omega L}{R^2+(\omega L)^2} \rightarrow \frac{1}{\omega C}=X_c=\frac{R^2+(\omega L)^2}{\omega L}=\frac{4^2+3^2}{3}=8.333$$

- 답 : 8.33[Ω]

08 출제년도 : 17 배점 5점

전압과 역률이 일정할 때 전력손실이 2배가 되려면 전력은 몇 [%] 증가해야 하는가?

- 계산 :
- 답 :

- 계산 : P_ℓ = 전력손실, P = 전력

$$P_\ell = 3I^2R = \frac{P^2R}{V^2\cos^2\theta},\ P_\ell = kP^2$$

$$\therefore\ P = \frac{1}{k}\sqrt{P_\ell} \qquad (\text{단, } k = \sqrt{\frac{R}{V^2\cos^2\theta}})$$

- 전력손실 2배한 경우의 전력(P')

$$\frac{P'}{P} = \frac{\frac{1}{k}\sqrt{2P_\ell}}{\frac{1}{k}\sqrt{P_\ell}} = \sqrt{2},\ P' = \sqrt{2}P$$

- 증가시킬 수 있는 전력 증가율 $= \frac{P'-P}{P} = \frac{\sqrt{2}P-P}{P} \times 100 = 41.421[\%]$

- 답 : 41.42[%]

- 전력손실$(P_\ell) = 3I^2R = 3\left(\frac{P}{\sqrt{3}\,V\cos\theta}\right)^2 R = \frac{P^2R}{V^2\cos^2\theta}$에서

저항, 전압, 역률이 일정하면 $P_\ell \propto P^2$이 된다.

- 증가율 $= \frac{\text{변화 후 전력} - \text{변화 전 전력}}{\text{변화 전 전력}} \times 100$

09 출제년도 : 17 / 유사 : 00, 01, 02, 03, 04, 05, 06, 09, 10, 11, 12, 13, 14, 15, 16 배점 5점

그림과 같은 점광원으로부터 원뿔 밑면까지의 거리가 4[m]이고, 밑면의 반지름이 3[m]인 원형면의 평균조도가 100[lx]라면 이 점광원의 평균 광도[cd]는?

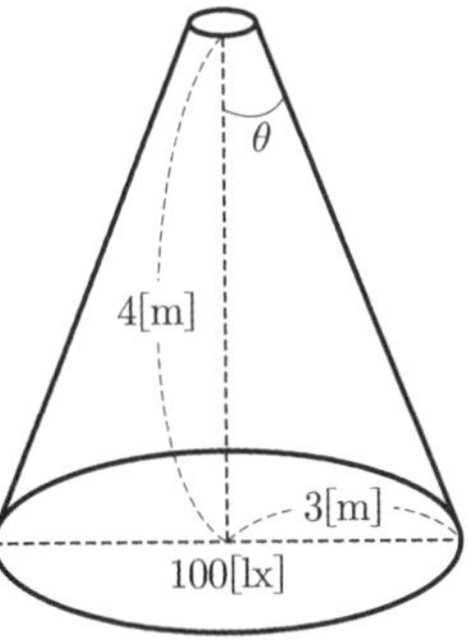

• 계산 : • 답 :

• 계산 : 광속 $F = E \cdot S = \omega I$

$$I = \frac{E \cdot S}{\omega} = \frac{E \cdot \pi r^2}{2\pi(1-\cos\theta)}$$

$$= \frac{100 \times \pi \times 3^2}{2\pi\left(1 - \frac{4}{\sqrt{4^2+3^2}}\right)}$$

$$= 2250[\text{cd}]$$

• 답 : 2250[cd]

10

출제년도 : 15, 17 / 유사 : 02, 03, 08, 11, 14, 16

배점 7점

변압기의 절연내력 시험전압에 대한 ①~⑦의 알맞은 내용을 빈 칸에 쓰시오.

구분	종류(최대사용전압을 기준으로)	시험전압
①	최대사용전압 7[kV] 이하인 권선(단, 시험전압이 500[V] 미만으로 되는 경우에는 500[V])	최대사용전압×(　　)배
②	7[kV]를 넘고 25[kV] 이하의 권선으로서 중성선 다중접지식에 접속되는 것	최대사용전압×(　　)배
③	7[kV]를 넘고 60[kV] 이하의 권선(중성선 다중접지 제외)(단, 시험전압이 10500[V] 미만으로 되는 경우에는 10500[V])	최대사용전압×(　　)배
④	60[kV]를 넘는 권선으로서 중성점 비접지식 전로에 접속되는 것	최대사용전압×(　　)배
⑤	60[kV]를 넘는 권선으로서 중성점 접지식 전로에 접속하고 또한 성형결선의 권선의 경우에는 그 중성점에 T좌 권선과 주좌 권선의 접속점에 피뢰기를 시설하는 것(단, 시험전압이 75[kV] 미만으로 되는 경우에는 75[kV])	최대사용전압×(　　)배
⑥	60[kV]를 넘는 권선으로서 중성점 직접 접지식 전로에 접속하는 것. 다만 170[kV]를 초과하는 권선에는 그 중성점에 피뢰기를 시설하는 것	최대사용전압×(　　)배
⑦	170[kV]를 넘는 권선으로서 중성점 직접접지식 전로에 접속하고 또는 그 중성점을 직접 접지하는 것	최대사용전압×(　　)배
(예시)	기타의 권선	최대사용전압×(　　)배

답안

구분	종류(최대사용전압을 기준으로)	시험전압
①	최대사용전압 7[kV] 이하인 권선(단, 시험전압이 500[V] 미만으로 되는 경우에는 500[V])	최대사용전압×(**1.5**)배
②	7[kV]를 넘고 25[kV] 이하의 권선으로서 중성선 다중접지식에 접속되는 것	최대사용전압×(**0.92**)배
③	7[kV]를 넘고 60[kV] 이하의 권선(중성선 다중접지 제외)(단, 시험전압이 10500[V] 미만으로 되는 경우에는 10500[V])	최대사용전압×(**1.25**)배
④	60[kV]를 넘는 권선으로서 중성점 비접지식 전로에 접속되는 것	최대사용전압×(**1.25**)배
⑤	60[kV]를 넘는 권선으로서 중성점 접지식 전로에 접속하고 또한 성형결선의 권선의 경우에는 그 중성점에 T좌 권선과 주좌 권선의 접속점에 피뢰기를 시설하는 것(단, 시험전압이 75[kV] 미만으로 되는 경우에는 75[kV])	최대사용전압×(**1.1**)배
⑥	60[kV]를 넘는 권선으로서 중성점 직접 접지식 전로에 접속하는 것. 다만 170[kV]를 초과하는 권선에는 그 중성점에 피뢰기를 시설하는 것	최대사용전압×(**0.72**)배
⑦	170[kV]를 넘는 권선으로서 중성점 직접접지식 전로에 접속하고 또는 그 중성점을 직접 접지하는 것	최대사용전압×(**0.64**)배
(예시)	기타의 권선	최대사용전압×(**1.1**)배

11 출제년도 : 12, 17 **배점 6점**

중성점 직접 접지 계통에 인접한 통신선의 전자 유도장해 경감에 관한 대책을 경제성이 높은 것부터 설명하시오.

1) 근본대책
-

2) 전력선측 대책(3가지)
-
-
-

3) 통신선측 대책(3가지)
-
-
-

답안

1) 근본대책
- 전자유도전압(E_m) 억제

2) 전력선측 대책
- 송전선로와 통신선로의 이격거리를 크게 한다.
- 접지저항을 적당히 선정해서 지락전류의 분포를 조절한다.
- 고속도 지락보호계전방식을 설치한다.

3) 통신선측 대책
- 절연변압기를 설치하여 구간을 분리한다.
- 연피케이블을 사용한다.
- 통신선에 우수한 피뢰기를 사용한다.

해설

전자유도전압(E_m) $= j\omega M\ell 3I_0$

(단, M : 상호인덕턴스, ℓ : 전력선과 통신선의 병행길이, I_0 : 영상전류, $3I_0$: 지락전류)

- **전력선측 대책(5가지)**
  ① 송전선로와 통신선로의 이격거리를 크게 한다.
  ② 접지저항을 적당히 선정해서 지락전류의 분포를 조절한다.
  ③ 고속도 지락 보호 계전방식을 설치한다.
  ④ 차폐선을 설치한다.
  ⑤ 지중전선로 방식을 채용한다.
- **통신선측 대책(5가지)**
  ① 절연변압기를 설치하여 구간을 분리한다.
  ② 연피케이블을 사용한다.
  ③ 통신선에 우수한 피뢰기를 사용한다.
  ④ 배류코일을 설치한다.
  ⑤ 전력선과 교차시 수직교차한다.

12 출제년도 : 16, 17

배점 5점

사용전압 380[V]인 3상 직입기동전동기 1.5[kW] 1대, 3.7[kW] 2대와 3상 15[kW] 기동기 사용 전동기 1대 및 3상 전열기 3[kW]를 간선에 연결하였다. 이 때의 간선 굵기, 간선의 과전류 차단기 용량을 다음 표를 이용하여 구하시오. (단, 공사방법은 A1, PVC 절연전선을 사용)

1) 간선의 굵기
- 계산 : • 답 :

2) 차단기 용량
- 계산 : • 답 :

[참고자료]

[표 1] 3상 유도전동기의 규약 전류값

출력[kW]	규약전류[A]	
	200[V]용	380[V]용
0.2	1.8	0.95
0.4	3.2	1.68
0.75	4.8	2.53
1.5	8.0	4.21
2.2	11.1	5.84
3.7	17.4	9.16
5.5	26	13.68
7.5	34	17.89
11	48	25.26
15	65	34.21
18.5	79	41.58
22	93	48.95
30	124	65.26
37	152	80
45	190	100
55	230	121
75	310	163
90	360	189.5
110	440	231.6
132	500	263

[비고 1] 사용하는 회로의 전압이 220[V]인 경우는 200[V]인 것의 0.9배로 한다.
[비고 2] 고효율 전동기는 제작자에 따라 차이가 있으므로 제작자의 기술자료를 참조할 것

[표 2] 380[V] 3상 유도전동기의 간선의 굵기 및 기구의 용량(배선용 차단기의 경우)

전동기 [kW] 수의 총계 [kW] 이하	최대 사용 전류 [A] 이하	배선종류에 의한 간선의 최소굵기[mm^2]						직입기동 전동기 중 최대용량의 것											
		공사방법 A1		공사방법 B1		공사방법 C		0.75 이하	1.5	2.2	3.7	5.5	7.5	11	15	18.5	22	30	37
		3개선		3개선		3개선		기동기 사용 전동기 중 최대용량의 것											
								–	–	–	–	5.5	7.5	11	15	18.5	22	30	37
		PVC	XLPE, EPR	PVC	XLPE, EPR	PVC	XLPE, EPR	과전류차단기(배선용 차단기) 용량[A] 직입기동–(칸 위 숫자) Y-△ 기동–(칸 아래 숫자)											
3	7.9	2.5	2.5	2.5	2.5	2.5	2.5	15 –	15 –	15 –	–	–	–	–	–	–	–	–	–
4.5	10.5	2.5	2.5	2.5	2.5	2.5	2.5	15 –	15 –	20 –	30 –	–	–	–	–	–	–	–	–
6.3	15.8	2.5	2.5	2.5	2.5	2.5	2.5	20 –	20 –	30 –	30 –	40 30	–	–	–	–	–	–	–
8.2	21	4	2.5	2.5	2.5	2.5	2.5	30 –	30 –	30 –	30 –	40 30	50 30	–	–	–	–	–	–
12	26.3	6	4	4	2.5	4	2.5	40 –	40 –	40 –	40 –	40 40	50 40	75 40	–	–	–	–	–
15.7	39.5	10	6	10	6	6	4	50 –	50 –	50 –	50 –	50 50	60 50	75 50	100 60	–	–	–	–
19.5	47.4	16	10	10	6	10	6	60 –	60 –	60 –	60 –	60 60	75 60	75 60	100 60	125 75	–	–	–
23.2	52.6	16	10	16	10	10	10	75 –	75 –	75 –	75 –	75 75	75 75	100 75	100 75	125 75	125 100	–	–
30	65.8	25	16	16	10	16	10	100 –	100 –	100 –	100 –	100 100	100 100	100 100	125 100	125 100	125 100	–	–
37.5	78.9	35	25	25	16	25	16	100 –	100 –	100 –	100 –	100 100	100 100	100 100	125 100	125 100	125 100	125 125	–
45	92.1	50	25	35	25	25	16	125 –	125 –	125 –	125 –	125 125	125 125	125 125	125 125	125 125	125 125	125 125	150 125
52.5	105.3	50	35	35	25	35	25	250 –	250 –	250 –	250 –	250 250	250 250	250 250	250 250	250 250	250 250	250 250	250 250

[비고1] 최소 전선 굵기는 1회선에 대한 것이며, 2회선 이상일 경우는 부록 500−2의 복수회로 보정계수를 적용하여야 한다.
[비고2] 공사방법 A1은 벽 내의 전선관에 공사한 절연전선 또는 단심케이블, B1은 벽면의 전선관에 공사한 절연전선 또는 단심케이블, 공사방법 C는 벽면에 공사한 단심 또는 다심케이블을 시설하는 경우의 전선 굵기를 표시하였다.
[비고3] 「전동기중 최대의 것」에는 동시 기동하는 경우를 포함함
[비고4] 과전류 차단기의 용량은 해당 조항에 규정되어 있는 범위에서 실용상 거의 최대값을 표시함
[비고5] 과전류 차단기의 선정은 최대 용량의 정격전류의 3배에 다른 전동기의 정격전류의 합계를 가산한 값 이하를 표시함
[비고6] 배선용차단기를 배·분전반, 제어반등의 내부에 시설하는 경우는 그 반 내의 온도상승에 주의할 것

- 계산 : 전동기 총화 $= 23.9[kW]$

  전동기 전부하전류 $I_1 = 4.21 + 9.16 \times 2 + 34.21 = 56.74[A]$

  전열기 전부하 전류 $I_2 = \dfrac{3000}{\sqrt{3} \times 380} = 4.56[A]$

  $\therefore$ 간선의 전부하 $I = I_1 + I_2 = 61.3[A]$

  [표 2]에 의하여 $30[kW]$, $65.8[A]$란에 따라서 전선의 굵기 : $25[mm^2]$, 차단기 용량 : $100[A]$가 된다.
- 답 : 1) 간선의 굵기 : $25[mm^2]$

  2) 차단기 용량 : $100[A]$

13 출제년도 : 90, 00, 03, 10, 12, 17

배점 5점

비접지 선로의 접지전압을 검출하기 위하여 그림과 같은 [Y－Y－개방△] 결선을 한 GPT가 있다. 다음 물음에 답하시오.

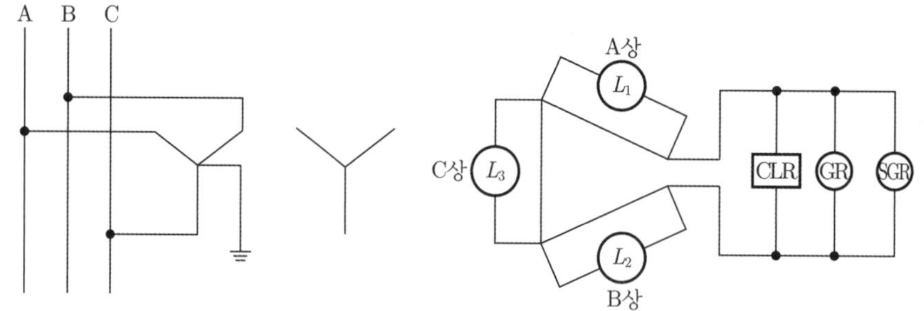

1) A상 고장시(완전 지락시), 2차 접지 표시등 L_1, L_2, L_3의 점멸과 밝기를 비교하시오.

	점멸	밝기
L_1		
L_2, L_3		

2) 1선 지락사고시 건전상(사고가 안난 상)의 대지 전위의 변화를 간단히 설명하시오.

3) CLR, SGR의 정확한 명칭을 우리말로 쓰시오.

- CLR :
- SGR :

 답안

1)

	점멸	밝기
L_1	소등	어두워진다
L_2, L_3	점등	더 밝아진다

2) 1선 지락시 건전상의 전위가 상규대지전압의 $\sqrt{3}$ 배가 된다.

3) • CLR : 한류저항기(전류제한기)
   • SGR : 지락선택계전기(선택지락계전기)

 해설

지락상은 "0" 전위가 되어 소등. 건전상은 전위상승으로 더 밝아진다.

14 출제년도 : 00, 02, 17 — 배점 5점

5[kVA] 변압기의 1일 부하 곡선이 그림과 같은 분포일 때 다음 물음에 답하시오.
(단, 역률 100[%], 변압기의 전부하 동손은 130[W], 철손은 100[W]이다)

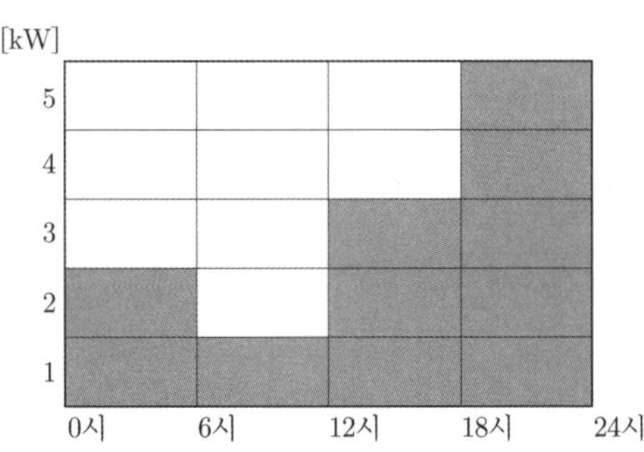

1) 1일 중의 사용전력량은 몇 [kWh]인가?
- 계산 :
- 답 :

2) 1일 중의 전손실전력량은 몇 [kWh]인가?
- 계산 :
- 답 :

3) 1일 중 전일효율은 몇 [%]인가?
- 계산 :
- 답 :

1) • 계산 : 1일 사용전력량[W]$=(2+1+3+5)\times 6=66$[kWh]
  • 답 : 66[kWh]

2) • 계산 : 철손(P_i) $=P_i\times 24=0.1\times 24=2.4$[kWh]

$$동손(P_c)=m^2P_ct=\left[\left(\frac{2}{5}\right)^2+\left(\frac{1}{5}\right)^2+\left(\frac{3}{5}\right)^2+\left(\frac{5}{5}\right)^2\right]\times 0.13\times 6=1.216[\text{kWh}]$$

$$전손실전력량(P_L)=P_i+P_c=2.4+1.216=3.616[\text{kWh}]$$

  • 답 : 3.62[kWh]

3) • 계산 :

$$효율(\eta)=\frac{1일\ 중\ 사용전력량}{1일\ 중\ 사용전력량+1일\ 중\ 전손실전력량}=\frac{66}{66+3.62}\times 100=94.8[\%]$$

  • 답 : 94.8[%]

$$부하율(m)=\frac{부하용량}{변압기용량}$$

㉮ 0시~6시 ⇒ 조건, 부하용량 2[kW], 역률 100[%]이므로

$$부하율(m)=\frac{부하용량}{변압기용량}=\frac{2[\text{kVA}]}{5[\text{kVA}]}=\frac{2}{5}$$

15 출제년도 : 17 배점 10점

그림은 고압 전동기 100[HP] 미만을 사용하는 고압 수전 설비 결선도이다. 이 그림을 보고 다음 각 물음에 답하시오.

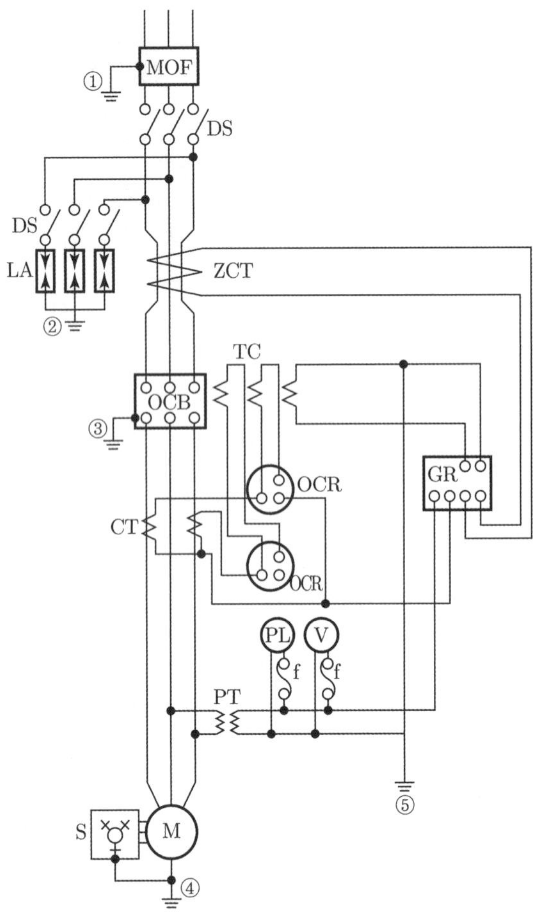

1) 다음 명칭과 용도 또는 역할을 쓰시오.

	약호	명 칭	용도 또는 역할
①	MOF		
②	LA		
③	ZCT		
④	OCB		
⑤	OC		
⑥	G		

2) 본 도면에서 생략할 수 있는 부분은?

3) 전력용 콘덴서에 고조파 전류가 흐를 때 사용하는 기기는 무엇인가?

1)

	약호	명 칭	용도 또는 역할
①	MOF	전력수급용 계기용 변성기	고압을 저전압으로 대전류를 소전류로 변성하여 전력량계에 공급한다.
②	LA	피뢰기	뇌전류가 침입시 이를 대지로 방전하고, 속류를 차단한다.
③	ZCT	영상변류기	지락전류를 검출하여 지락계전기에 공급한다.
④	OCB	유입차단기	부하전로 개폐 및 사고전류 차단
⑤	OC	과전류계전기	정정치 이상의 전류가 흐를 때 차단기를 트립시킨다.
⑥	G	지락계전기	지락고장을 판별하여 차단기를 트립시킨다.

2) LA용 DS

3) 직렬리액터

2017

16 출제년도 : 14, 17 　　배점 6점

1개의 전류계 및 전압계를 이용하여 변압기 2차측 권선의 저항을 측정하기 위한 회로도를 그리시오. (전류계의 내부저항 R_A, 전압계의 내부저항은 R_V, 권선의 저항은 R_s라 한다)

1) 전압 전류계법으로 저항값을 측정하기 위한 회로를 주어진 정보로 완성하시오.

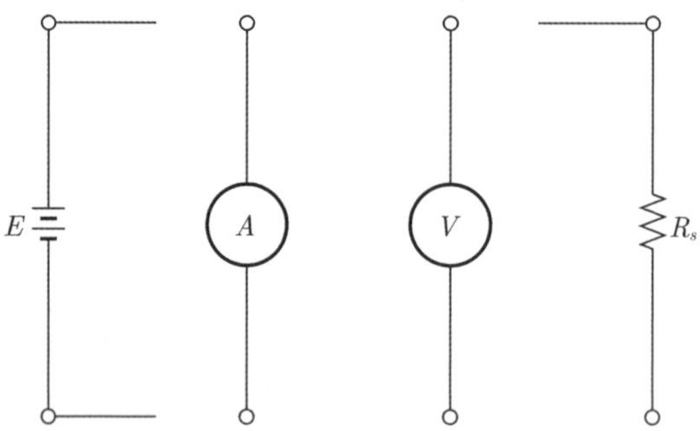

2) 변압기 2차 권선의 저항을 구하는 공식을 쓰시오.

답안

1)

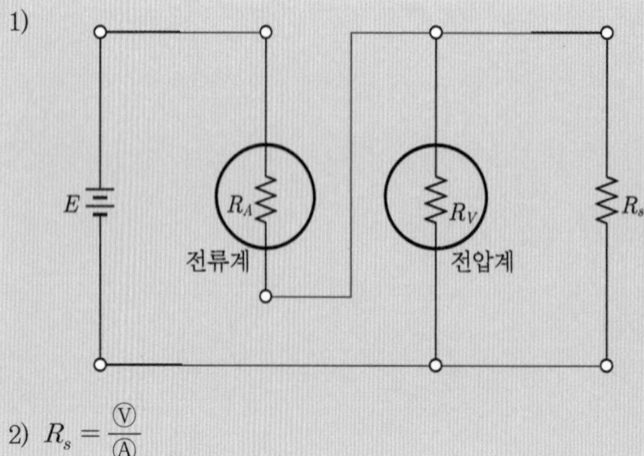

2) $R_s = \frac{Ⓥ}{Ⓐ}$

17 출제년도 : 17 **배점 6점**

다음 그림은 릴레이 인터록 회로이다. 그림을 보고 다음 각 물음에 답하시오.

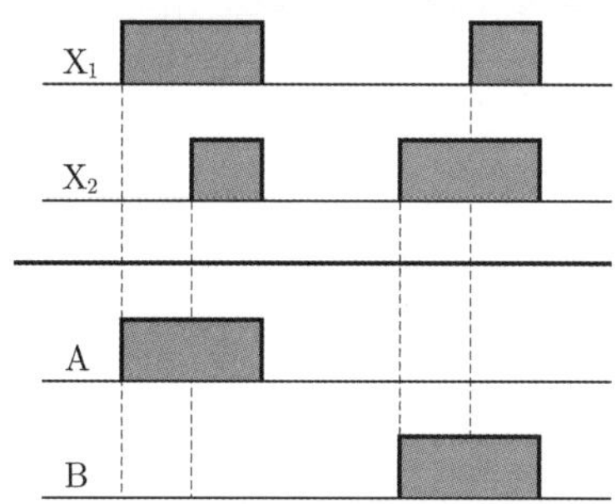

1) 이 회로를 논리회로로 고쳐 완성하시오.

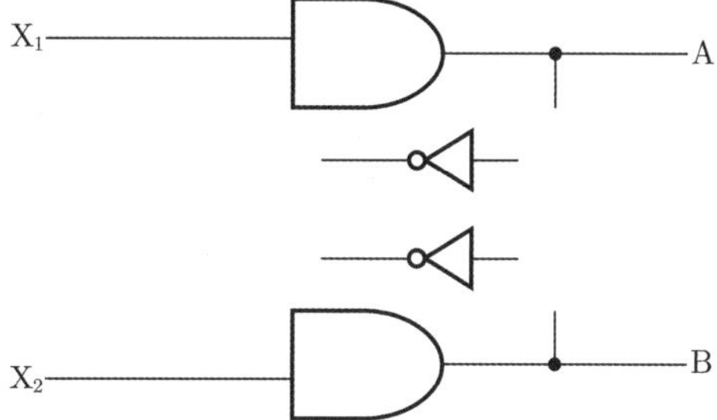

2) 논리식을 쓰고 진리표를 완성하시오.

- 논리식 :

- 진리표

X_1	X_2	A	B
0	0		
0	1		
1	0		

1)

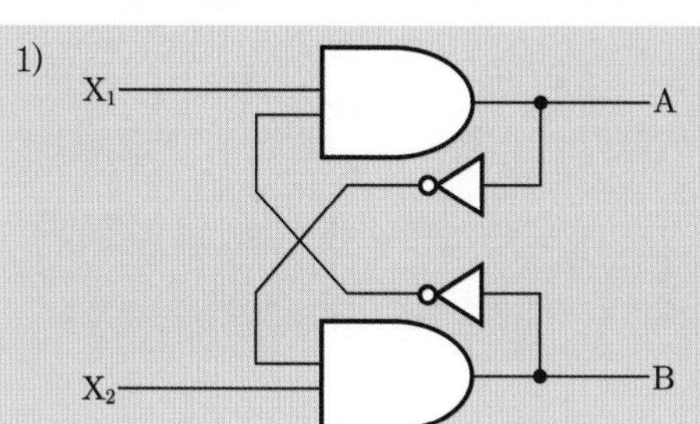

2) • 논리식 : $A = X_1 \cdot \overline{B}$

$B = X_2 \cdot \overline{A}$

- 진리표

X_1	X_2	A	B
0	0	0	0
0	1	0	1
1	0	1	0

18 출제년도 : 17 배점 5점

주택 및 아파트에 설치하는 콘센트의 수는 주택의 크기, 생활수준, 생활방식 등이 다르기 때문에 일률적으로 규정하기는 곤란하다. 내선규정에서는 이 점에 대하여 아래의 표와 같이 규모별로 표준적인 콘센트 수와 바람직한 콘센트수를 규정하고 있다. 아래 표를 완성하시오.

방의 크기[m^2]	표준적인 설치 수
5 미만 5～10 미만 10～15 미만 15～20 미만 부엌	

비고1. 콘센트 구수는 관계없이 1로 본다.
비고2. 콘센트 2구이상 콘센트를 설치하는 것이 바람직하다.
비고3. 대형전기기계기구의 전용콘센트 및 환풍기, 전기시계 등을 벽에 붙이는 전용콘센트는 위 표에서 포함되어 있지 않다.
비고4. 다용도실이나 세면장에서 방수형 콘센트를 시설하는 것이 바람직하다.

답안

방의 크기[m^2]	표준적인 설치 수
5 미만	**1**
5～10 미만	**2**
10～15 미만	**3**
15～20 미만	**3**
부엌	**2**

전기기사 실기 기출문제

2018

2018년 실기 기출문제 분석

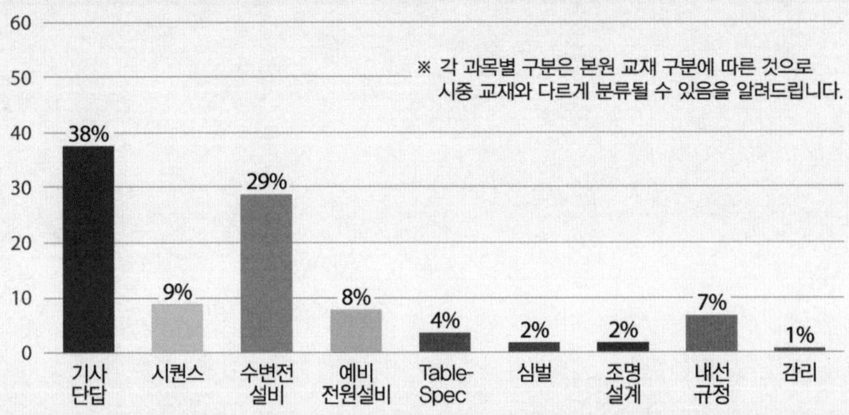

전기기사 실기 기출문제 2018년 1회

01 출제년도 : 03, 18

배점 6점

그림과 같은 단상 3선식 배전선의 a, b, c 각 선간에 부하가 접속되어 있다. 전선의 저항은 3선이 같고, 각각 0.06[Ω]이라고 한다. ab, bc, ca간의 전압을 구하시오. (단, 부하의 역률은 변압기의 2차 전압에 대한 것으로 하고, 또 선로의 리액턴스는 무시한다)

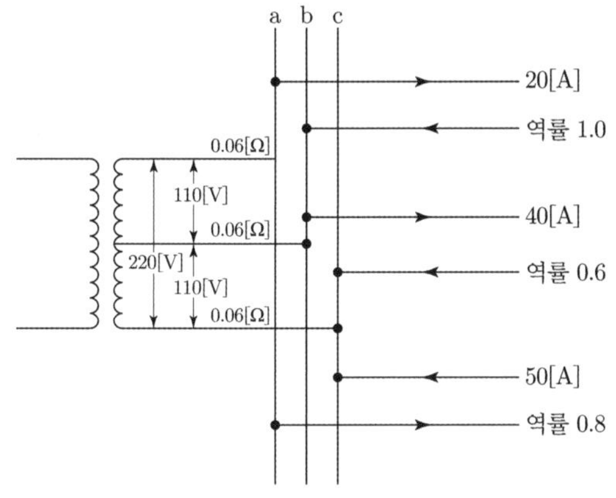

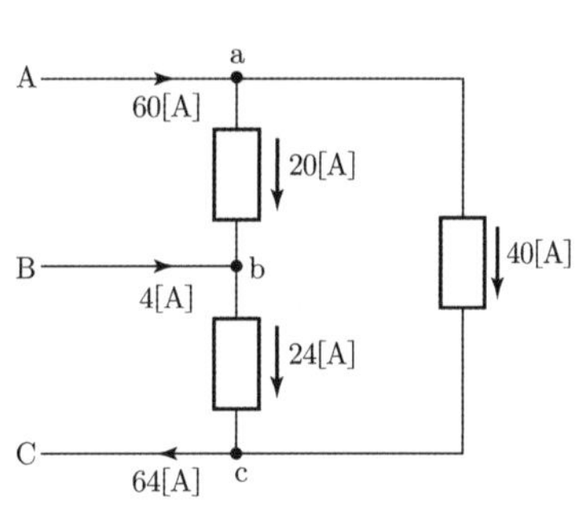

- 계산 :
- 답 :

- 계산 : $V_{ab}=110-(60\times 0.06-4\times 0.06)=106.64[V]$

  $V_{bc}=110-(4\times 0.06+64\times 0.06)=105.92[V]$

  $V_{ca}=220-(60\times 0.06+64\times 0.06)=212.56[V]$

- 답 : $V_{ab}=106.64[V]$, $V_{bc}=105.92[V]$, $V_{ca}=212.56[V]$

전압강하$(e)=I(R\cos\theta+X\sin\theta)$에서 리액턴스 무시하면 $e=RI\cos\theta$가 된다.

V_{ab}의 전압강하는 60[A]와 4[A] 전류방향이 반대 방향이므로 부호가 ⊖가 된다.

V_{bc}의 전압강하는 4[A]와 64[A] 전류방향이 같은 방향이므로 부호가 ⊕가 된다.

V_{ca}의 전압강하는 60[A]와 64[A] 전류방향이 같은 방향이므로 부호가 ⊕가 된다.

02 출제년도 : 02, 03, 06, 16, 18

배점 4점

전력 퓨즈의 역할은 무엇인가?

•

•

답안

① 부하 전류를 안전하게 통전한다.
② 일정치 이상의 과전류는 차단하여 전로나 기기를 보호한다.

03 출제년도 : 18 / 유사 : 06, 10, 11

배점 5점

다음 그림은 옥내 배선도의 일부를 표시한 것이다. ㉠, ㉡ 전등은 A 스위치로, ㉢, ㉣ 전등은 B 스위치로 점멸되도록 설계하고자 한다. 각 배선에 필요한 최소 전선 가닥수를 표시하시오.

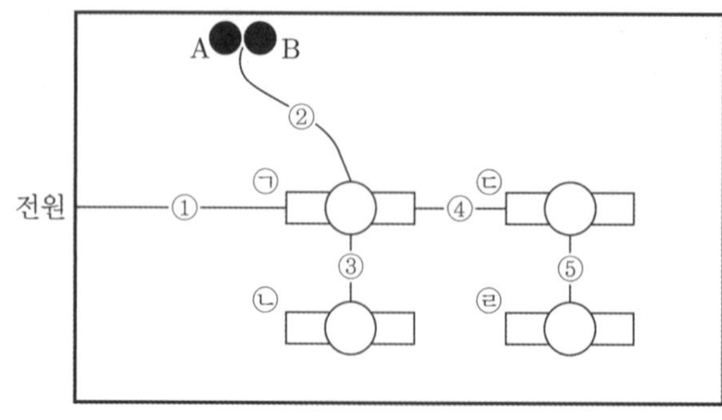

답안

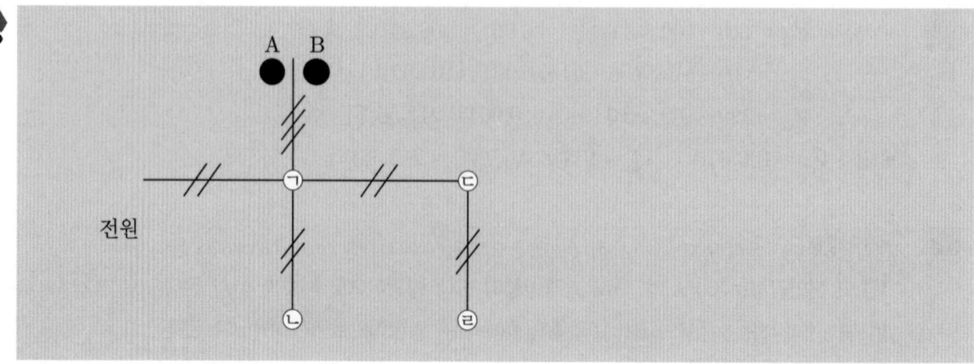

단극 스위치에 의한 1개소 점멸회로

1) 회로도

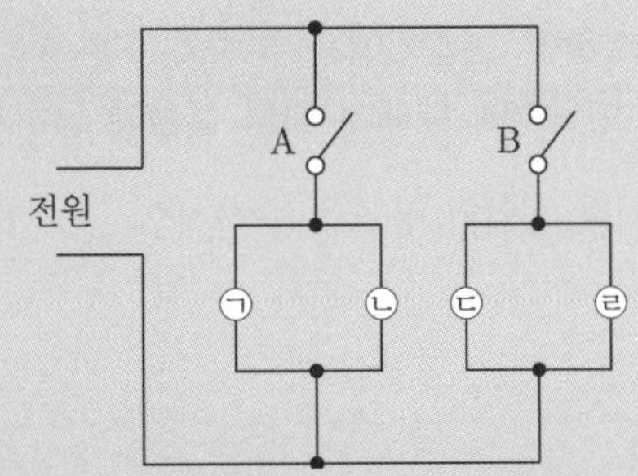

2) 심벌

●	단극스위치
	형광등
——	천장은폐배선

04 출제년도 : 18

배점 6점

가공선로를 통하여 송전하는 경우 이상전압 발생을 방지하기 위한 방법 3가지를 쓰시오.

•

•

•

답안

① 가공지선 설치
② 피뢰기 설치
③ 매설지선 설치

- 가공지선 설치(직격뢰 및 유도뢰 차폐)
- 피뢰기 설치(이상 전압이 내습해서 피뢰기의 단자 전압이 어느 일정값 이상으로 올라가면 즉시 방전해서 전압 상승을 억제한다. 이상 전압이 없어져서 단자전압이 일정값 이하가 되면 즉시 방전을 정지해서 원래의 송전 상태로 돌아간다)
- 매설지선 설치(철탑 역섬락을 방지하기 위해서는 철탑 접지 저항 R을 작게 해야 한다)

05 출제년도 : 18 배점 6점

고압 자가용 수용가가 있다. 이 수용가는 △결선 변압기에서 부하가 50[kW](역률 1.0)와 100[kW](역률 0.8)이다. 이 부하에 공급하는 변압기에 대해서 다음 물음에 답하시오.

1) △ 결선 운전시 변압기의 1대에 걸리는 최소 변압기 용량을 구하시오.

- 계산 :
- 답 :

2) 운전 중 1대가 고장인 경우 V결선하여 운전한다. 이 때 과부하율을 구하시오.

- 계산 :
- 답 :

3) △결선의 동손을 $W_{\triangle}$, V결선의 동손을 W_V 라 했을 때 $\dfrac{W_{\triangle}}{W_V}$ 를 구하시오.
(단, 부하는 변압기 V결선시 과부하시키지 않는 것으로 한다)

- 계산 :
- 답 :

답안

1) • 계산

유효전력$(P) = 50 + 100 = 150[\text{kW}]$

무효전력$(Q) = 0 + 100 \times \frac{0.6}{0.8} = 75[\text{kVar}]$

피상전력$(P_a) = \sqrt{150^2 + 75^2} = 167.705[\text{kVA}]$

$3P_1 = 167.705[\text{kVA}]$에서 $P_1 = \frac{167.705}{3} = 55.901[\text{kVA}]$ (단, $P_1 =$ 변압기 1대 용량)

∴ 표준규격 75[kVA] 선정

• 답 : 75[kVA]

2) • 계산

V결선 출력$(P_V) = \sqrt{3}\,P_1 = 167.705[\text{kVA}]$

$P_1 = \frac{167.705}{\sqrt{3}} = 96.825[\text{kVA}]$

과부하율 $= \frac{96.825}{75} \times 100 = 129.1[\%]$ (단, 과부하율$= \frac{\text{부하 용량}}{\text{변압기 용량}}$)

• 답 : 129.1[%]

3) • 계산

△결선시 부하율$(m) = \frac{167.705}{75 \times 3} = 0.7453$

$W_\triangle = m^2 \times P_c \times 3 = (0.7453)^2 \times P_c \times 3 = 1.666P_c$

V결선시 부하율$(m) = \frac{96.825}{75} = 1.291$ (또는 $\frac{167.705}{\sqrt{3} \times 75} = 1.2909$)

$W_V = m^2 \times P_c \times 2 = (1.291)^2 \times P_c \times 2 = 3.333P_c$

동손비율$\left(\frac{W_\triangle}{W_V}\right) = \frac{1.666P_c}{3.333P_c} = 0.499[\text{배}]$

• 답 : 0.5[배]

2018

06 출제년도 : 12, 18

배점 5점

그림은 PB－ON 스위치를 ON한 후 일정 시간이 지난 다음에 MC가 동작하여 전동기 M이 운전되는 회로이다. 여기에 사용한 타이머 Ⓣ는 입력 신호를 소멸했을 때 열려서 이탈되는 형식인데 전동기가 회전하면 릴레이 Ⓧ가 복구되어 타이머에 입력 신호가 소멸되고 전동기는 계속 회전할 수 있도록 할 때 이 회로는 어떻게 고쳐야 하는가?

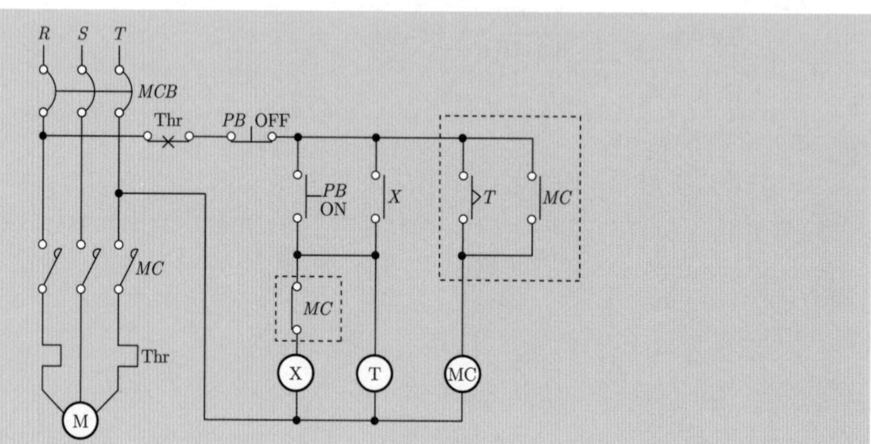

1. 전동기 회전시 릴레이 X, 타이머 T가 소자되어야 하므로 MC여자 시 MC_{-b}접점에 의하여 릴레이 X의 자기유지를 끊어주게 되어 릴레이 X, 타이머 T를 소자시킨다.
2. 전동기는 계속 회전되어야 하기 때문에 MC_{-a} 접점을 이용하여 MC를 자기 유지시켜 주도록 한다.

07 출제년도 : 01, 05, 18 　　　　배점 **13점**

그림과 같은 간이 수전설비에 대한 결선도를 보고 다음 각 물음에 답하시오.

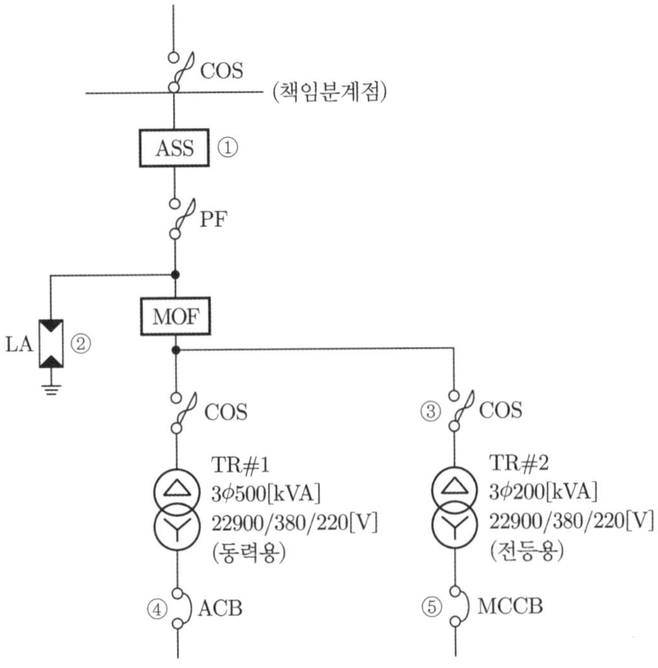

1) 수전실의 형태 Cubicle Type으로 할 경우 고압반(HV : High Voltage) 4면과 저압반(LV : Low Voltage)은 2개의 면으로 구성되어 있다. 수용되는 기기의 명칭을 쓰시오.
   - 답 :

2) 최대설계전압과 정격전류를 구하시오.
   ① ASS
   - 최대설계전압 :
   - 정격전류 :

   ② LA
   - 최대설계전압 :
   - 정격전류 :

   ③ COS
   - 최대설계전압 :
   - 정격전류 :

3) ④, ⑤ 차단기의 용량(AF, AT)은 어느 것을 선정하면 되겠는가? (단, 역률은 100[%]로 계산한다)

④ 차단기의 용량(AF, AT)

• 계산 : • 답 :

⑤ 차단기의 용량(AF, AT)

• 계산 : • 답 :

1) • 고압반 : 1면 – 자동고장구분개폐기, 전력퓨즈, 피뢰기
2면 – 전력수급용 계기용변성기
3면 – 컷아웃스위치, 동력용변압기
4면 – 컷아웃스위치, 전등용변압기

• 저압반 : 기중차단기, 배선용차단기

2) ① ASS

• 최대설계전압 : 25.8[kV]
• 정격전류 : 200[A] (A.S.S 최소정격 200[A])

② LA

• 최대설계전압 : 18[kV]
• 정격전류 : 2500[A]

③ COS

• 설계최대전압 : 25[kV] 또는 25.8[kV]
• 정격전류 : 100[AF], 8[A] 또는 8[K]

($I=\dfrac{200}{\sqrt{3}\times 22.9}=5.042$: 이 계산값의 2배보다 작은 정격 8[A] 선정)

(내선규정의 표에는 200[kVA] → 8[K]라고 적용되어 있음)

3) ④ • 계산 : $I_2=\dfrac{500\times 10^3}{\sqrt{3}\times 380}=759.671$[A]

• 답 : 프레임 크기(AF) : 800[A], 정격전류 : 800[A]

⑤ • 계산 : $I_1=\dfrac{200\times 10^3}{\sqrt{3}\times 380}=303.868$[A]

• 답 : 프레임 크기(AF) : 400[A], 정격전류 : 400[A]

A.S.S는 부하용량 4000[kVA](특수부하 2000[kVA]) 이하의 분기점 또는 7000[kVA] 이하의 수전실 인입구에 설치. 이 때 A.S.S 정격전류 200[A]

08 출제년도 : 00, 04, 18, 20 **배점 11점**

단상 3선식 110/220[V]를 채용하고 있는 어떤 건물이 있다. 변압기가 설치된 수전실로부터 50[m] 되는 곳에 부하 집계표와 같은 분전반을 시설하고자 한다. 다음 표를 참고하여 전압 변동률 2[%] 이하, 전압강하율 2[%] 이하가 되도록 다음 사항을 구하시오.

단, • 후강 전선관 공사로 한다.
• 3선 모두 같은 선으로 한다.
• 부하의 수용률은 100[%]로 적용한다.
• 후강 전선관 내 전선의 점유율은 48[%] 이내를 유지할 것
• 공사방법 B1이며 PVC 절연전선을 사용한다.

[표 1] 부하 집계표

회로번호	부하명칭	부하[VA]	부하 분담[VA]		NFB 크기			비고
			A	B	극수	AF	AT	
1	전 등	2,400	1,200	1,200	2	50	15	
2	전 등	1,400	700	700	2	50	15	
3	콘센트	1,000	1,000	–	1	50	20	
4	콘센트	1,400	1,400	–	1	50	20	
5	콘센트	600	–	600	1	50	20	
6	콘센트	1,000	–	1,000	1	50	20	
7	팬코일	700	700	–	1	30	15	
8	팬코일	700	–	700	1	30	15	
합 계		9,200	5,000	4,200				

[표 2] 전선(피복 절연물을 포함)의 단면적 ※표의 형태나 숫자는 추정값입니다.

도체 단면적 [mm²]	허용전류	$1\phi 3\omega$일 경우 허용전류	피복절연물을 포함한 전선의 단면적[mm²]
1.5	14.5	6.59	9
2.5	19.5	8.87	13
4	26	11.83	17
6	34	15.47	21
10	46	20.93	35
16	61	27.76	48
25	80	36.4	88
35	99	45.05	93
50	119	54.15	128
70	151	68.71	167
95	182	82.81	230
120	210	95.55	277
150	240	109.2	343
185	273	124.22	426
240	321	146.06	555
300	367	166.99	688

[표 3] 간선의 굵기, 개폐기 및 과전류 차단기의 용량

최대 상정 부하 전류 [A]	배선 종류에 의한 간선의 동 전선 최소 굵기[mm^2]												개폐기의 정격 [A]	과전류차단기의 정격[A]	
	공사방법 A1				공사방법 B1				공사방법 C						
	2개선		3개선		2개선		3개선		2개선		3개선			B종 퓨즈	A종 퓨즈 또는 배선용 차단기
	PVC	XLPE, EPR	PVC	XLPE, EPR	PVC	XLPE, EPR	PVC	XLPE, EPR	PVC	XLPE, EPR	PVC	XLPE, EPR			
20	4	2.5	4	2.5	2.5	2.5	2.5	2.5	2.5	2.5	2.5	2.5	30	20	20
30	6	4	6	4	4	2.5	6	4	4	2.5	4	2.5	30	30	30
40	10	6	10	6	6	4	10	6	6	4	6	4	60	40	40
50	16	10	16	10	10	6	10	10	10	6	10	6	60	50	50
60	16	10	25	16	16	10	16	10	10	10	16	10	60	60	60
75	25	16	35	25	16	10	25	16	16	10	16	16	100	75	75
100	50	25	50	35	25	16	35	25	25	16	35	25	100	100	100
125	70	35	70	50	35	25	50	35	35	25	50	35	200	125	125
150	70	50	95	70	50	35	70	50	50	35	70	50	200	150	150
175	95	70	120	70	70	50	95	50	70	50	70	50	200	200	175
200	120	70	150	95	95	70	95	70	70	50	95	70	200	200	200
250	185	120	240	150	120	70	–	95	95	70	120	95	300	250	250
300	240	150	300	185	–	95	–	120	150	95	185	120	300	300	300
350	300	185	–	240	–	120	–	–	185	120	240	150	400	400	350
400	–	240	–	300	–	–	–	–	240	120	240	185	400	400	400

[비고]

1. 단상 3선식 또는 3상 4선식 간선에서 전압강하를 감소하기 위하여 전선을 굵게 할 경우라도 중성선은 표의 값보다 굵은 것으로 할 필요는 없다.
2. 최소 전선 굵기는 1회선에 대한 것이며, 2회선 이상일 경우는 복수회로 보정계수를 적용하여야 한다.
3. 공사방법 A1은 벽 내의 전선관에 공사한 절연전선 또는 단심케이블, B1은 벽면의 전선관에 공사한 절연전선 또는 단심 케이블, 공사방법 C는 벽면에 공사한 단심 또는 다심케이블을 시설하는 경우의 전선 굵기를 표시하였다.
4. B종 퓨즈의 정격전류는 전선의 허용전류의 0.96배를 초과하지 않는 것으로 한다.

1) 간선의 굵기는?
   • 계산 : • 답 :

2) 후강 전선관의 굵기는?
   • 계산 : • 답 :

3) 간선 보호용 퓨즈(A종)의 정격전류[A]는?

4) 분전반의 복선 결선도를 완성하시오.

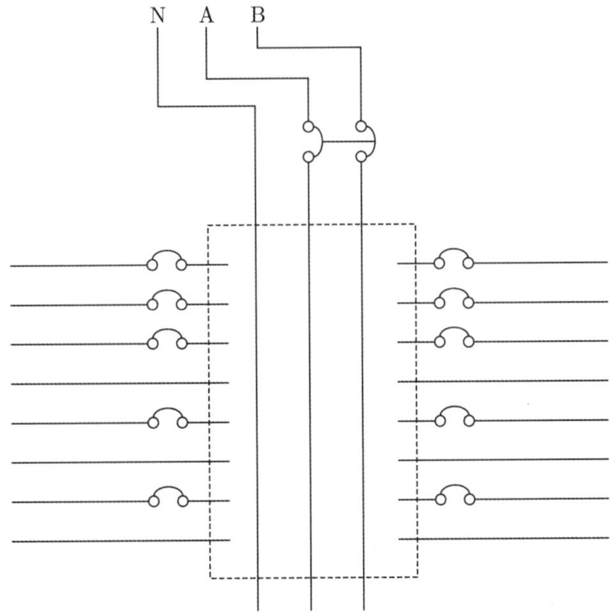

5) 설비 불평형률은?
   • 계산 : • 답 :

1) • 계산 : A선의 전류 $I_A = \dfrac{5000}{110} = 45.454$[A]

B선의 전류 $I_B = \dfrac{4200}{110} = 38.181$[A]

I_A, I_B 중 큰 값인 45.454[A]를 기준으로 전선의 굵기를 선정

$A = \dfrac{17.8\,LI}{1000e} = \dfrac{17.8 \times 50 \times 45.454}{1000 \times 110 \times 0.02} = 18.388[\text{mm}^2]$

$\therefore$ 25[mm²]

• 답 : 25[mm²]

2) • 계산 : [표 2]에서 25[mm²] 전선의 피복 포함 단면적이 88[mm²]

$\therefore$ 전선의 총 단면적 $A = 88 \times 3 = 264[\text{mm}^2]$

$A = \dfrac{1}{4}\pi d^2 \times 0.48 \geq 264$에서 $d = \sqrt{\dfrac{264 \times 4}{0.48 \times \pi}} = 26.462$[mm]

$\therefore$ 28[호] 후강전선관 선정

• 답 : 28[호] 후강전선관

〈참고〉 금속제 전선관의 치수에서 후강전선관의 호칭
16, 22, 28, 36, 42, 54, 70, 82, 92, 104

3) [표 3]에서 공사방법 B1, PVC 25[mm²] 표에 따라 과전류 차단기 정격(A종 퓨즈) 75[A]

• 답 : 75[A]

4)

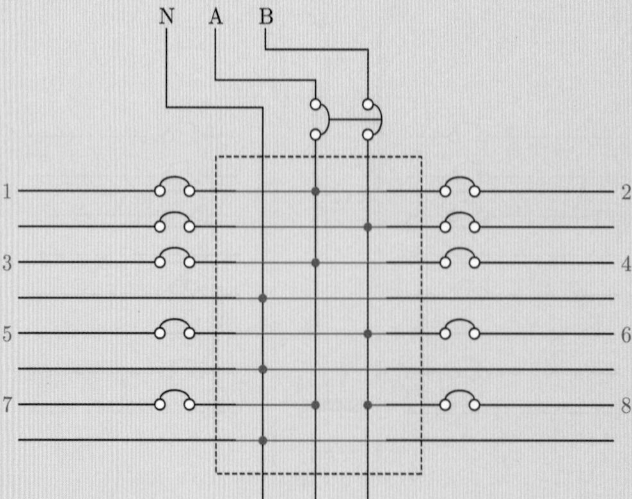

5) • 계산 : 설비 불평형률 $= \dfrac{3100 - 2300}{\dfrac{1}{2}(5000 + 4200)} \times 100 = 17.391$

또는 $\dfrac{5000 - 4200}{\dfrac{1}{2}(5000 + 4200)} \times 100 = 17.391$

• 답 : 17.39[%]

09 출제년도 : 18 배점 5점

건축전기설비에서 전력설비의 간선을 설계하고자 한다. 간선 설계시 고려할 사항 5가지를 쓰시오.

-
-
-
-
-

① 부하 산정
② 간선의 분류
③ 배전방식 결정
④ 분전반 위치 선정
⑤ 간선의 배선방식 결정

전력 간선이란 변압기 2차 배전반에서 분전반까지의 전력공급선로 또는 발전기나 축전지에서 부하까지의 전력공급선로를 말한다.
① 부하 산정 : 부하종류, 설치장소 등 부하설비 파악
② 간선의 분류 : 전등간선, 동력간선, 비상간선
③ 배전방식 결정 : $1\phi2\omega$, $1\phi3\omega$, $3\phi3\omega$, $3\phi4\omega$
④ 분전반 위치 선정 : 부하 중심에 위치
⑤ 간선의 배선방식 결정 : 나뭇가지 방식, 개별 방식 등

10 출제년도 : 00, 18

배점 7점

CT 및 PT에 대한 다음 각 물음에 답하시오.

1) CT는 운전 중에 개방하여서는 아니된다. 그 이유는?

2) PT의 2차측 정격전압과 CT의 2차측 정격전류는 일반적으로 얼마로 하는가?

3) 3상 고압 간선의 전압 및 전류를 측정하기 위하여 PT와 CT를 설치할 때, 다음 그림의 결선도를 답안지에 완성하시오. 퓨즈와 접지가 필요한 곳에는 표시를 하시오.

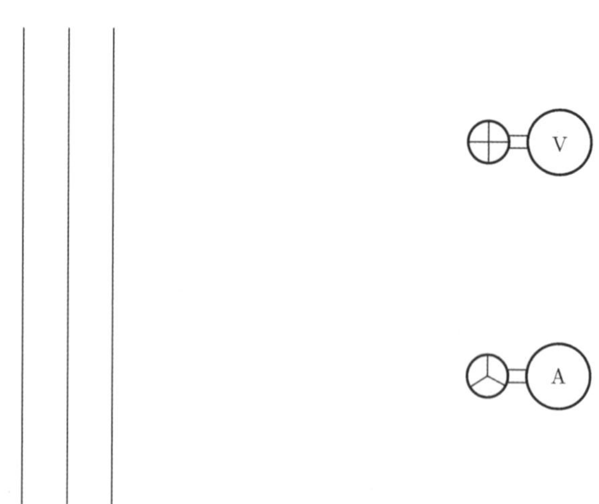

답안

1) 1차측 전류가 모두 여자전류가 되어 변류기 2차측에 고전압을 유기하여 변류기의 절연이 파괴된다. (2차측에 과전압 유기로 인해 절연파괴되므로) (CT 2차측 절연보호)

2) • PT의 2차 정격전압 : 110[V]
   • CT의 2차 정격전류 : 5[A]

3)

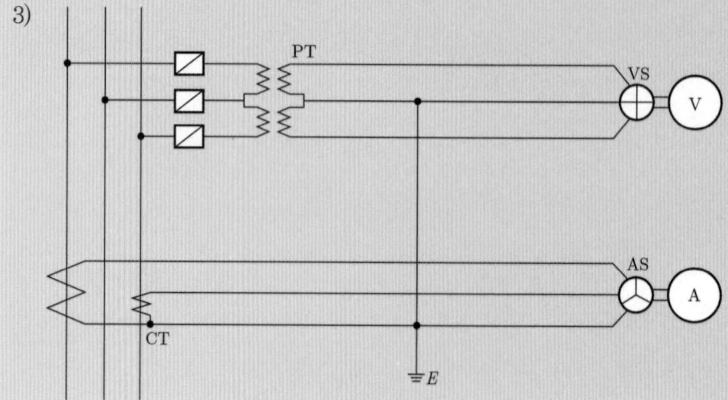

11 출제년도 : 11, 14, 18, 20 배점 6점

수전전압 6600[V], 가공전선로의 %임피던스가 58.5[%]일 때 수전점의 3상 단락전류가 8000[A]인 경우 기준용량과 수전용 차단기의 차단용량은 얼마인가?

차단기의 정격용량[MVA]

10	20	30	50	75	100	150	250	300	400	500

1) 기준용량
- 계산 : • 답 :

2) 차단용량
- 계산 : • 답 :

1) • 계산

단락전류 $I_s = \frac{100}{\%Z} I_n$ 에서 $I_n = \frac{\%Z}{100} I_s = \frac{58.5}{100} \times 8000 = 4680[A]$

$\therefore$ 기준용량 $P_n = \sqrt{3}\, V_n I_n = \sqrt{3} \times 6600 \times 4680 \times 10^{-6} = 53.499[MVA]$

- 답 : 53.5[MVA]

2) • 계산

차단용량 $P_s = \sqrt{3}\, V I_s = \sqrt{3} \times 7.2 \times 8 = 99.77[MVA]$

단, V=정격전압$= 6.6 \times \frac{1.2}{1.1} = 7.2[kV]$

표에서 100[MVA] 선정

- 답 : 100[MVA]

12 출제년도 : 18

배점 5점

고장전류(지락전류) 10000[A], 전류 통전시간 0.5[sec], 접지선(동선)의 허용온도 상승을 1000[℃]로 하였을 경우 접지선의 단면적을 계산하시오.

KS C IEC **전선규격** : [mm²]						
2.5	4	6	10	16	25	35

• 계산 : • 답 :

• 계산

접지선의 온도상승 $\theta = 0.008\left(\frac{I}{A}\right)^2 t\,[℃]$

$$1000 = 0.008 \times \left(\frac{10000}{A}\right)^2 \times 0.5$$

$$A = \sqrt{\frac{0.008 \times 0.5}{1000}} \times 10000 = 20[\text{mm}^2]$$

• 답 : 25[mm²](답에는 계산상의 단면적이 아닌 반드시 공칭단면적을 적어야 한다)

해설 **접지선의 온도상승**

동선에 단시간전류가 흘렀을 경우의 온도상승은 보통 다음 식으로 주어진다.

$$\theta = 0.008\left(\frac{I}{A}\right)^2 t$$

여기서, θ : 동선의 온도상승[℃] I : 전류[A]

A : 동선의 단면적[mm²] t : 통전시간[초]

13 출제년도 : 18 **배점 6점**

권수비가 30인 단상변압기의 1차에 6.6[kV]를 가할 때 다음 물음에 답하시오.

1) 2차 전압[V]을 구하여라.
- 계산 : • 답 :

2) 부하 50[kW], 역률 0.8, 2차에 연결할 때 2차 전류 및 1차 전류를 구하여라.

① 2차 전류
- 계산 : • 답 :

② 1차 전류
- 계산 : • 답 :

3) 1차 입력[kVA]를 구하여라.
- 계산 : • 답 :

1) • 계산 : 2차 전압$(V_2) = \frac{V_1}{a} = \frac{6600}{30} = 220[\text{V}]$

- 답 : 220[V]

2) ① 2차 전류

- 계산 : 2차 전류$(I_2) = \frac{P}{V_2 \cos\theta} = \frac{50 \times 10^3}{220 \times 0.8} = 284.09[\text{A}]$
- 답 : 284.09[A]

② 1차 전류

- 계산 : $I_2 \times \frac{1}{a} = 284.09 \times \frac{1}{30} = 9.469[\text{A}]$
- 답 : 9.47[A]

3) • 계산 : 1차 입력$(P_a) = V_1 I_1 = 6600 \times 9.47 \times 10^{-3} = 62.502[\text{kVA}]$

- 답 : 62.5[kVA]

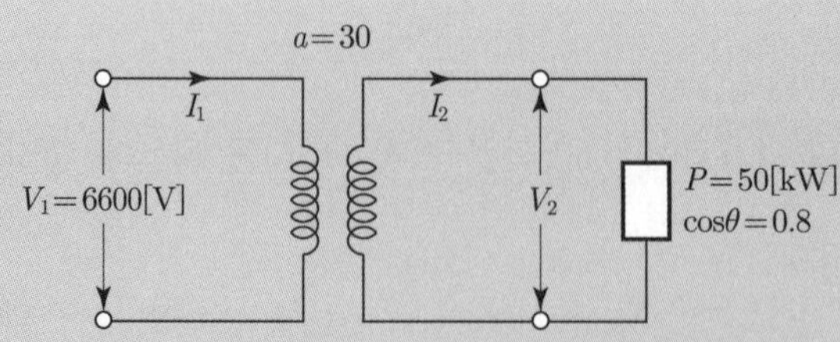

• $a(\text{권수비}) = \dfrac{V_1}{V_2} = \dfrac{I_2}{I_1}$

① $V_2 = \dfrac{V_1}{a}$

② $I_2 = \dfrac{P}{V_2 \cdot \cos\theta}$[A]

③ $I_1 = \dfrac{I_2}{a}$

④ 변압기 1차 입력[kVA] $= V_1 \cdot I_1 \times 10^{-3}$[kVA]

14 출제년도 : 18 배점 5점

감리원은 해당 공사현장에서 감리업무 수행상 필요한 서식을 비치하고 기록·보관하여야 한다. 해당서류 5가지만 쓰시오.

•
•
•
•
•

1) 감리업무일지	2) 근무상황판
3) 지원업무수행 기록부	4) 착수 신고서
5) 회의 및 협의내용 관리대장	6) 문서접수대장
7) 문서발송대장	8) 교육실적 기록부
9) 민원처리부	10) 지시부
11) 발주자 지시사항 처리부	12) 품질관리 검사·확인대장
13) 설계변경 현황	14) 검사 요청서
15) 검사 체크리스트	16) 시공기술자 실명부
17) 검사결과 통보서	18) 기술검토 의견서
19) 주요기자재 검수 및 수불부	20) 기성부분 감리조서
21) 발생품(잉여자재) 정리부	22) 기성부분 검사조서
23) 기성부분 검사원	24) 준공 검사원
25) 기성공정 내역서	26) 기성부분 내역서
27) 준공검사조서	28) 준공감리조서
29) 안전관리 점검표	30) 사고 보고서
31) 재해발생 관리부	32) 사후환경영향조사 결과보고서

15 출제년도 : 18 | 배점 5점

다음 그림은 TN－C－S 계통접지이다. 접지계통을 완성하시오.

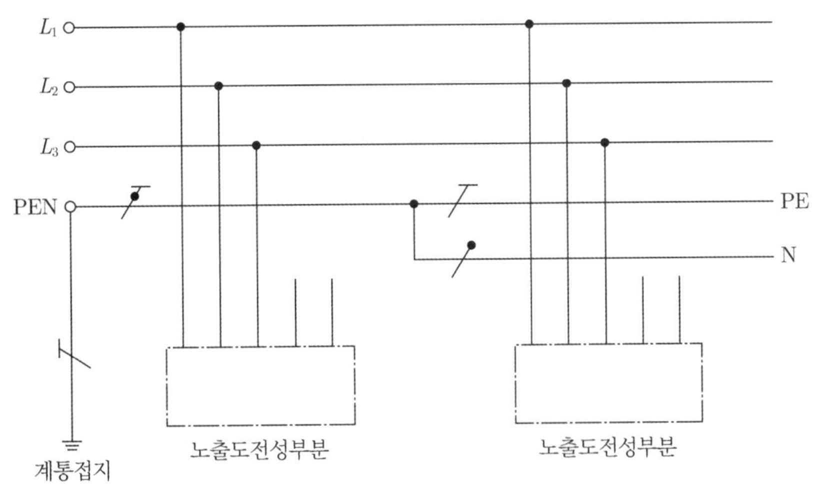

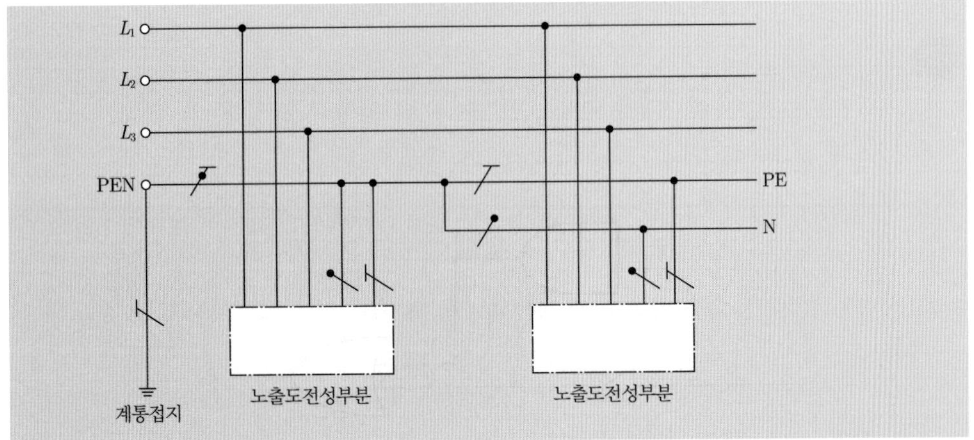

TN계통이란 전원의 한 점을 직접접지하고 설비의 노출도전성부분을 보호선(PE)을 이용하여 전원의 한 점에 접속하는 접지계통을 말한다.

TN계통은 중성선 및 보호선의 배치에 따라 TN－S계통, TN－C－S계통 및 TN－C 계통의 세 종류가 있다.

기호 설명	
(기호)	중성선(N)
(기호)	보호선(PE)
(기호)	보호선과 중성선 결합(PEN)

16 출제년도 : 16, 18

배점 5점

다음 그림과 같은 유접점 시퀀스 회로를 무접점 시퀀스 회로로 바꾸어 그리시오.

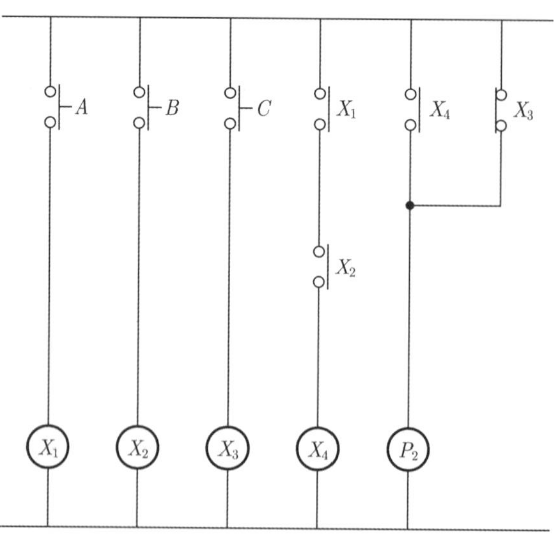

답안

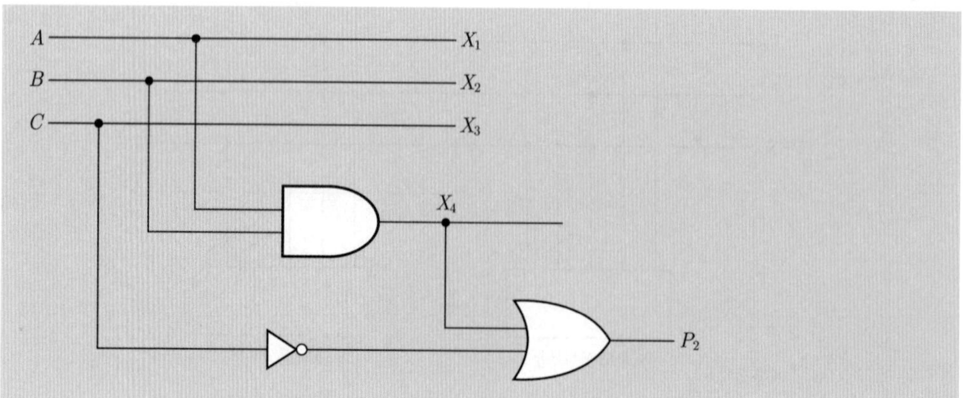

해설

유접점 시퀀스 회로에서 무접점 시퀀스 회로를 작성하기 위해 유접점 시퀀스 회로에 대한 논리식(출력식)을 먼저 작성한 후 변환시켜 주도록 한다.

1. $X_1 = A$, $X_2 = B$, $X_3 = C$
2. $X_4 = X_1 \cdot X_2$
3. $P_2 = X_4 + \overline{X_3}$

전기기사 실기 기출문제 2018년 2회

01 출제년도 : 18 배점 6점

다음 각 상의 불평형 전압이 $V_a = 7.3\angle 12.5°$[V], $V_b = 0.4\angle -100°$[V], $V_c = 4.4\angle 154°$[V]인 경우 대칭분 전압 V_0, V_1, V_2를 구하시오.

1) V_0

- 계산 :
- 답 :

2) V_1

- 계산 :
- 답 :

3) V_2

- 계산 :
- 답 :

1) V_0

- 계산

$$V_0 = \frac{1}{3}(V_a + V_b + V_c)$$

$$V_0 = \frac{1}{3}(7.3\angle 12.5° + 0.4\angle -100° + 4.4\angle 154°)$$

$$= \frac{1}{3}(7.126 + j1.58 - 0.069 - j0.393 - 3.954 + j1.928)$$

$$= 1.034 + j1.038[V]$$

- 답 : $1.03 + j1.04$[V] 또는 1.46[V]

2) V_1

- 계산

$$V_1 = \frac{1}{3}(V_a + aV_b + a^2 V_c)$$

$$V_1 = \frac{1}{3}(7.3\angle 12.5° + (1\angle 120°)\,0.4\angle -100° + (1\angle 240°)\,4.4\angle 154°)$$

$$= \frac{1}{3}(7.126 + j1.58 + 0.375 + j0.136 + 3.647 + j2.46)$$

$$= 3.716 + j1.392[V]$$

- 답 : $3.72 + j1.39$[V] 또는 3.97[V]

3) V_2

- 계산 : $V_2 = \frac{1}{3}(V_a + a^2 V_b + aV_c)$

$$V_2 = \frac{1}{3}(7.3\angle 12.5° + (1\angle 240°)\,0.4\angle -100° + (1\angle 120°)\,4.4\angle 154°)$$

$$= \frac{1}{3}(7.126 + j1.58 - 0.306 + j0.257 + 0.306 - j4.389)$$

$$= 2.375 - j0.85$$

- 답 : $2.38 - j0.85$[V] 또는 2.53[V]

02 출제년도 : 01, 04, 05, 09, 18 배점 6점

인텔리전트 빌딩(Intelligent building)은 빌딩 자동화시스템, 사무자동화시스템, 정보통신시스템, 건축환경을 총망라한 건설과 유지관리의 경제성을 추구하는 빌딩이라 할 수 있다. 이러한 빌딩의 전산시스템을 유지하기 위하여 비상전원으로 사용되고 있는 UPS에 대해서 다음 각 물음에 답하시오.

1) UPS를 우리말로 하면 어떤 것을 뜻하는가?

2) UPS에서 AC → DC부와 DC → AC부로 변환하는 부분의 명칭을 각각 무엇이라 부르는가?

3) UPS가 동작되면 전력 공급을 위한 축전지가 필요한데 그 때 축전지 용량을 구하는 공식을 쓰시오. (단, 기호를 사용할 경우 사용 기호에 대한 의미도 설명하도록 한다)

답안

1) 무정전 전원공급장치

2) AC → DC : 컨버터
DC → AC : 인버터

3) $C = \frac{1}{L}KI$[Ah]

여기서, C : 축전지 용량[Ah]
K : 용량 환산시간 계수
L : 보수율(경년용량 저하율)
I : 방전 전류[A]

03 출제년도 : 14, 18

배점 4점

다음 논리식을 간단히 하시오.

1) $Z = (A + B + C)A$

2) $Z = \overline{A}C + BC + AB + \overline{B}C$

답안

1) $Z = AA + AB + AC = A(1 + B + C) = A$

2) $Z = \overline{A}C + AB + C(B + \overline{B}) = \overline{A}C + AB + C = AB + C(\overline{A} + 1) = AB + C$

해설

1) 분배법칙을 이용하여 논리식을 작성 후 논리식 간소화를 이용하여 최소화 시킨다.
2) 논리식 간소화를 이용하여 변하지 않는 변수로 묶어 최소화 시킨다.

04 출제년도 : 18

배점 5점

조명기구에서 기구배광에 따른 조명방식의 종류 5가지를 쓰시오.

-
-
-
-
-

답안

① 직접조명
② 반직접조명
③ 전반확산조명
④ 간접조명
⑤ 반간접조명

05 출제년도 : 00, 18 배점 12점

도면은 어떤 배전용 변전소의 단선결선도이다. 이 도면과 주어진 조건을 이용하여 다음 각 물음에 답하시오.

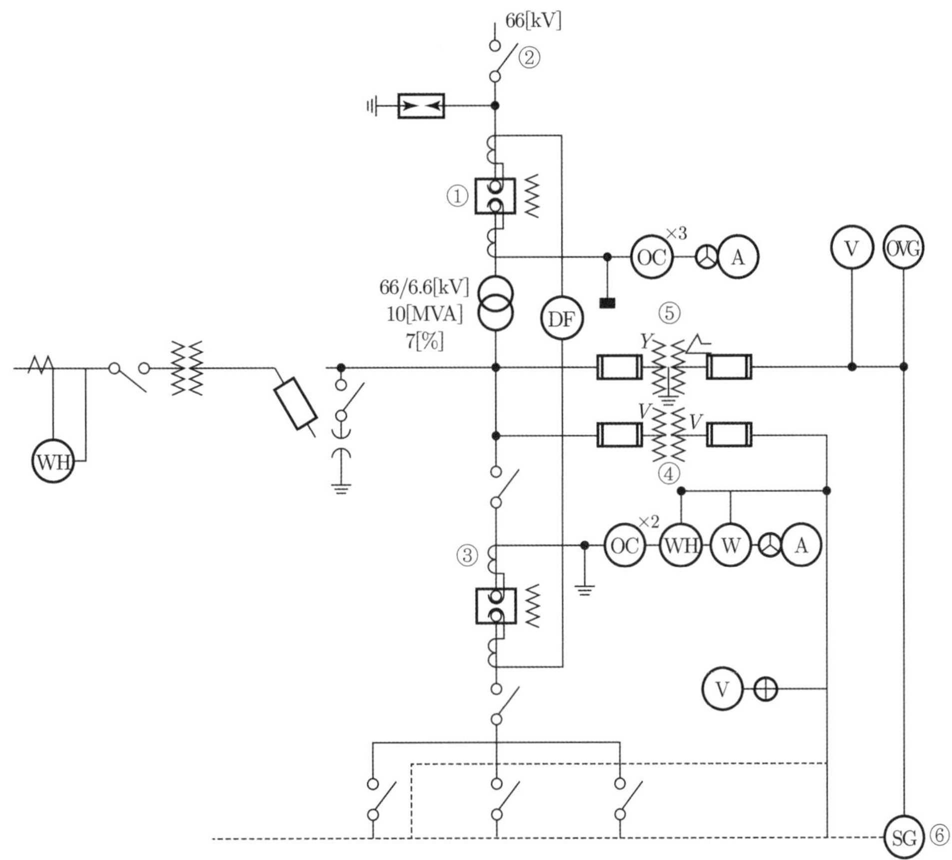

조건

① 주변압기의 정격은 1차 정격전압 66[kV], 2차 정격전압 6.6[kV], 정격용량은 3상 10[MVA]라고 한다.
② 주변압기의 1차측(즉, 1차 모선)에서 본 전원측 등가 임피던스는 100[MVA] 기준으로 16[%]이고, 변압기의 내부 임피던스는 자기 용량 기준으로 7[%]라고 한다.
③ 또한 Feeder에 연결된 부하는 거의 동일하다고 한다.
④ 차단기의 정격차단용량, 정격전류, 단로기의 정격전류, 변류기의 1차 정격전류표준은 다음과 같다.

2018

정격전압[kV]	공칭전압[kV]	정격차단용량[MVA]	정격전류[A]	정격차단시간[Hz]
7.2	6.6	25	200	5
		50	400, 600	5
		100	400, 600, 800, 1200	5
		150	400, 600, 800, 1200	5
		200	600, 800, 1200	5
		250	600, 800, 1200, 2000	5
72	66	1000	600, 800	3
		1500	600, 800, 1200	3
		2500	600, 800, 1200	3
		3500	800, 1200	3

- 단로기(또는 선로 개폐기 정격전류의 표준규격)
  72[kV] : 600[A], 1200[A]
  7.2[kV] 이하 : 400[A], 600[A], 1200[A], 2000[A]
- CT 1차 정격전류 표준규격(단위 : [A])
  50, 75, 100, 150, 200, 300, 400, 600, 800, 1200, 1500, 2000
- CT 2차 정격전류는 5[A], PT 2차 정격전압은 110[V]이다.

1) 차단기 ①에 대한 정격차단용량과 정격전류를 산정하시오.
- 계산 : • 답 :

2) 선로 개폐기 ②에 대한 정격전류를 산정하시오.
- 계산 : • 답 :

3) 변류기 ③에 대한 1차 정격전류를 산정하시오.
- 계산 : • 답 :

4) PT ④에 대한 1차 정격전압은 얼마인가?

5) ⑤로 표시된 기기의 명칭은 무엇인가?

6) ⑥의 역할을 간단히 설명하시오.

1) • 계산

$$P_s = \frac{100}{\%Z} P_n = \frac{100}{16} \times 100 = 625[\text{MVA}]$$

(단락용량은 문제에서 제시한 100[MVA] 기준과 16[%]를 이용)

∴ [표]에서 1000[MVA] 선정

$$I_n = \frac{P}{\sqrt{3} \cdot V} = \frac{10 \times 10^3}{\sqrt{3} \times 66} = 87.477[\text{A}]$$

[정격전류는 부하전류 개폐를 기준으로 부하용량(변압기 용량) 10[MVA]를 이용]

∴ [표]에서 600[A] 선정

• 답 : 차단용량 1000[MVA], 정격전류 600[A]

2) • 계산

$$I_n = \frac{P}{\sqrt{3} \cdot V} = \frac{10 \times 10^3}{\sqrt{3} \times 66} = 87.477[\text{A}]$$

∴ 조건에서 600[A] 선정

• 답 : 600[A]

3) • 계산

$$I_{2n} = \frac{10 \times 10^3}{\sqrt{3} \times 6.6} = 874.773[\text{A}]$$

$$I_{2n} \times (1.25 \sim 1.5) = 874.773 \times (1.25 \sim 1.5) = 1093.466 \sim 1312.159[\text{A}]$$

∴ 변류기 1차 정격전류는 [표]에서 1200[A] 선정

• 답 : 1200[A]

4) 6600[V]

5) 접지형 계기용 변압기

6) 병행 2회선 이상의 배전선로에서 1회선에 지락고장이 일어났을 경우 이것을 검출해서 고장회선만을 선택차단한다.

06

출제년도 : 18 / 유사 : 02, 03, 08, 11, 14, 15, 16, 17

배점 5점

다음 표의 시험전압 몇 [V]인가?

공칭전압[V]	최대사용전압[V]	시험전압[V]
6600	6900	
13200	13800(중성점 다중접지)	
22900	24000(중성점 다중접지)	

공칭전압[V]	최대사용전압[V]	시험전압[V]
6600	6900	$6900 \times 1.5 = 10350$[V]
13200	13800(중성점 다중접지)	$13800 \times 0.92 = 12696$[V]
22900	24000(중성점 다중접지)	$24000 \times 0.92 = 22080$[V]

① 시험전압 = 최대사용전압(7000[V] 이하) × 1.5배

② 시험전압 = 최대사용전압(25000[V] 이하 중성점 다중접지방식) × 0.92배

07 출제년도 : 00, 18 **배점 5점**

55[mm²](0.3195[Ω/km]), 전장 3.6[km] 인 3심 전력 케이블의 어떤 중간지점에서 1선 지락사고가 발생하여 전기적 사고점 탐지법의 하나인 머레이 루프법으로 측정한 결과 그림과 같은 상태에서 평형이 되었다고 한다. 측정점에서 사고지점까지의 거리를 구하시오.

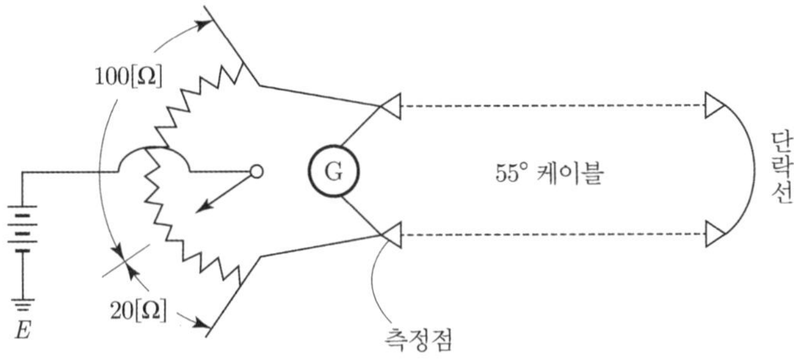

• 계산 : • 답 :

답안

• 계산 : 등가회로

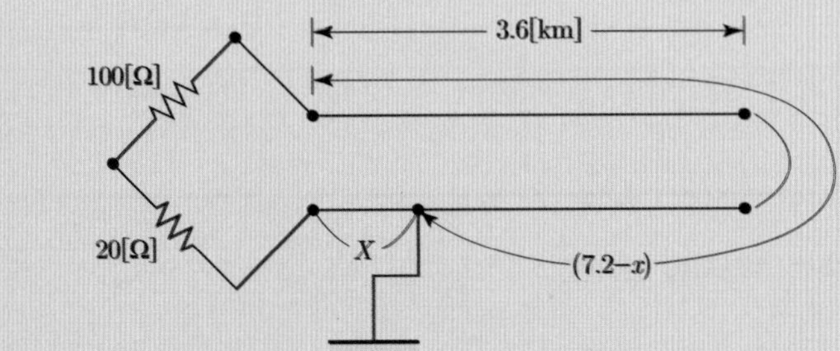

$$100 \times x = (7.2 - x) \times 20$$

$$100x = 144 - 20x$$

$$x = \frac{144}{120} = 1.2 \qquad \therefore\ x = 1.2[\text{km}]$$

• 답 : 1.2[km]

$R = \rho \dfrac{\ell}{A}$ 식에서 단면적 A가 일정하면 $R \propto \ell$이 되어 전선의 길이(ℓ) = 저항(R)이 같다.

08 출제년도 : 18 / 유사 : 03, 04, 07, 11, 12, 16, 18

배점 4점

다음 그림에서 간선의 최소허용전류를 구하시오.

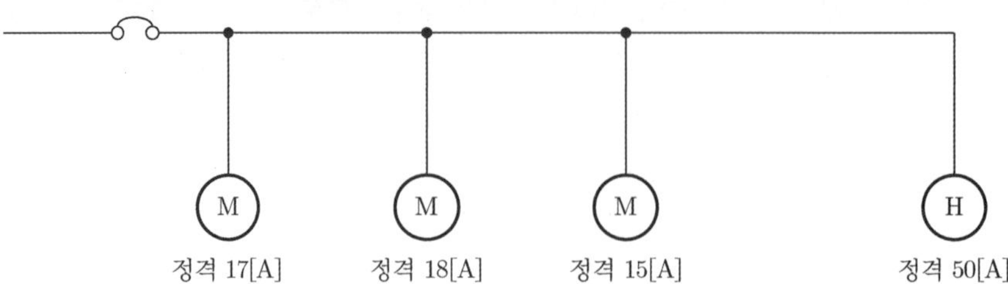

• 계산 :

• 답 :

• 계산 : 간선의 허용전류 $I_a = (17+18+15)+50 = 100[A]$

• 답 : 100[A]

간선의 허용전류(I_a), I_H : 전열기, I_M : 전동기

• $\Sigma I_m \leqq \Sigma I_H$일 경우 간선의 허용전류($I_a$) → $I_a \geqq \Sigma I_m + \Sigma I_H$ 적용

09 출제년도 : 18

배점 6점

최대전력을 억제하는 방법 3가지를 쓰시오.

•

•

•

① 설비부하의 피크컷 및 피크시프트

② 자가발전기 가동에 의한 피크제어

③ 디멘드 컨트롤러를 이용한 프로그램제어

10 출제년도 : 18 **배점 8점**

다음 도면은 3상 농형 유도전동기의 Y－△ 기동 운전 제어의 미완성 회로도이다. 이 회로도를 보고 다음 각 물음에 답하시오.

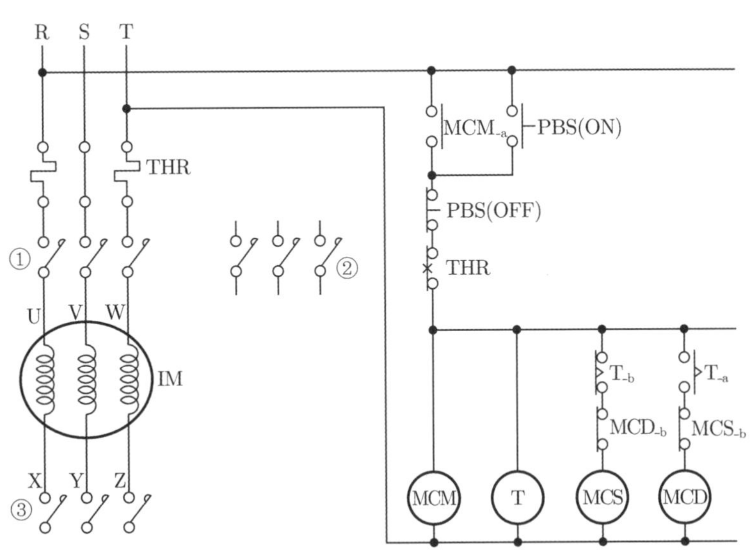

1) ①~③에 해당되는 전자 접촉기 접점의 약호는 무엇인가?
2) 전자접촉기 MCS는 운전 중에는 어떤 상태인가?
3) 미완성 회로도에서 주회로 부분에 Y－△ 기동 운전 결선도를 작성하시오.

답안

1) ① MCM ② MCD ③ MCS
2) 소자 또는 개방상태
3)

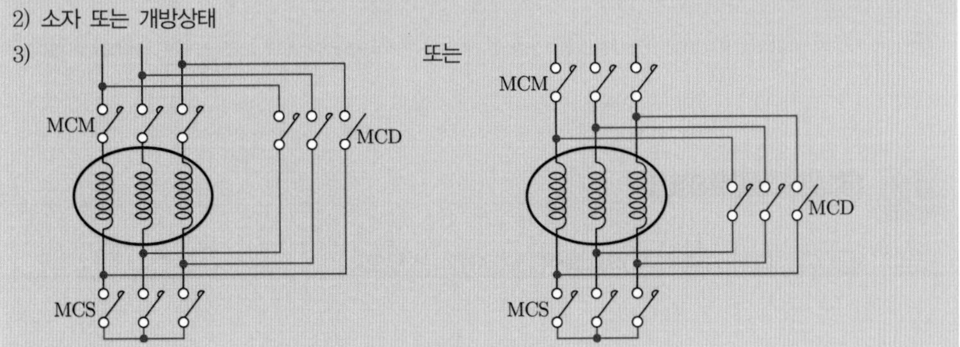

해설

1) ① 주전원 전자접촉기 : MCM
② 설정시간 이후 운전되는 전자접촉기로서 △결선이므로 MCD를 사용
③ 기동전류를 줄이기 위하여 기동되는 전자접촉기로서 Y결선이므로 MCS를 사용
2) 운전중에는 MCD만 여자되어 있는 상태이기 때문에 이 때 MCS는 소자 또는 개방 상태가 된다.
3) Y－△ 주회로 결선시 Y결선은 3선을 하나로 묶어주고 △결선은 한상씩 밀어주면서 결선한다.

11 출제년도 : 18 배점 6점

다음 명령어를 참고하여 다음 물음에 답하시오.

OP	ADD
S AN ON W	P000 M000 M001 P011

1) PLC 로직회로 그리시오.

2) 논리식을 쓰시오.
[단, S:시작, A(AND), O(OR), N(NOT), AB(직렬묶음), OB(병렬묶음), W(출력)]

답안

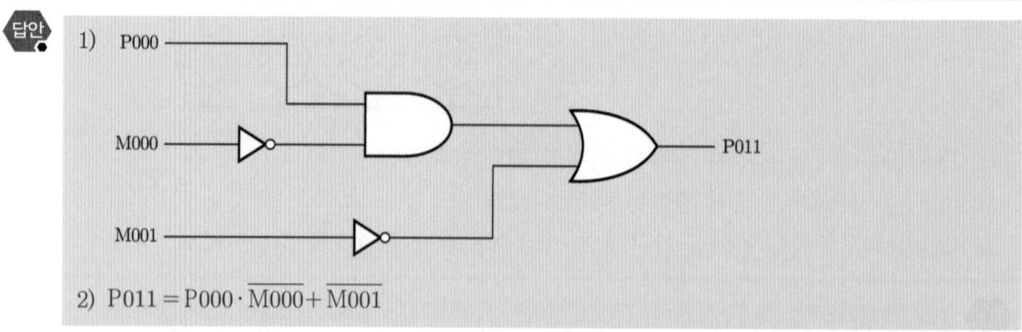

2) $P011 = P000 \cdot \overline{M000} + \overline{M001}$

해설 PLC 프로그램을 이용하여 논리식을 먼저 작성 후 무접점 로직(논리)회로 또는 유접점 회로를 작성하도록 한다.

12 출제년도 : 18 / 유사 : 15, 16 배점 5점

변압기 중성점 접지(계통접지)의 목적 3가지를 쓰시오.

•
•
•

① 지락고장시 건전상의 대지 전위상승을 억제해서 전선로 및 기기의 절연레벨 경감
② 뇌 · 아크지락, 기타에 의한 이상전압 경감 및 발생억제
③ 지락고장시 접지(보호)계전기 동작을 확실하게 한다.

13 출제년도 : 12, 18

배점 4점

다음 상용전원과 예비전원 운전시 유의하여야 할 사항이다. ( ) 안에 알맞은 내용을 쓰시오.

상용전원과 예비전원 사이에는 병렬운전을 하지 않는 것이 원칙이므로 수전용 차단기와 발전용 차단기 사이에는 전기적 또는 기계적 (①)을 시설해야 하며 (②)를 사용해야 한다.

① 인터록
② 전환 개폐기

전환개폐기의 설치

① 상시전원의 정전시에 상시전원에서 예비전원으로 전환하는 경우에 그 접속하는 부하 및 배선이 동일한 경우는 양전원의 접속점에 전환개폐기를 사용하여야 한다.

② 전항의 전환개폐기는 예비전원에서 공급하는 전력이 상시 선로에 송전되지 않도록 시설하여야 한다. (전기기준 72)

[주] 정전 시에 일반 사용 시와 다른 전압 또는 직류로 전환하여 공급하는 경우는 부하기기가 손상될 우려가 있으므로 주의

14 출제년도 : 18

배점 4점

200[kVA] 단상변압기 2대로 V결선하여 사용할 경우 계약수전전력에 의한 최대전력을 구하시오. (단, 소숫점 첫째자리에서 반올림할 것)

• 계산 : • 답 :

• 계산 : 계약전력 $= (200+200) \times 0.866 = 346.4[kW]$ 또는 계약전력 $= 200 \times \sqrt{3} = 346.4[kW]$
• 답 : $346[kW]$

① 계약전력은 전기를 공급받는 1차 변압기 표시용량의 합계([kVA]를 [kW]로 본다)로 한다.
② 동일 Tr를 V결선한 경우 결선된 단상용량 합계의 86.6[%] 적용함.

15 출제년도 : 03, 05, 07, 13, 18 / 유사 : 11

배점 14점

그림과 같은 송전계통 S점에서 3상 단락사고가 발생하였다. 주어진 도면과 조건을 참고하여 다음 각 물음에 답하시오.

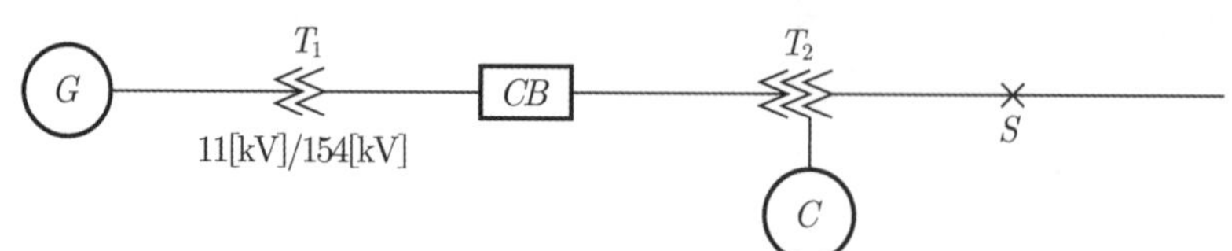

조건

번호	기기명	용량[kVA]	전압[kV]	%Z
1	발전기(G)	50,000	11	25
2	변압기(T_1)	50,000	11/154	10
3	송전선		154	8(10,000[kVA] 기준)
4	변압기(T_2)	1차 25,000	154	12(25,000[kVA] 기준, 1차~2차)
		2차 30,000	77	16(25,000[kVA] 기준, 2차~3차)
		3차 10,000	11	9.5(10,000[kVA] 기준, 3차~1차)
5	조상기(C)	10,000	11	15

1) 변압기(T_2)의 1차, 2차, 3차 권선의 % 임피던스를 기준용량 10[MVA]로 환산하시오.
   - 계산 :
   - 답 :

2) 변압기(T_2)의 1차($\%Z_1$), 2차($\%Z_2$), 3차($\%Z_3$)를 구하시오.
   - 계산 :
   - 답 :

3) 단락점 S에서 바라본 전원측의 합성 % 임피던스를 구하시오.
   - 계산 :
   - 답 :

4) 단락점의 차단용량을 구하시오.
   - 계산 :
   - 답 :

5) 단락점의 고장전류를 구하시오.
   - 계산 :
   - 답 :

답안

1) 1차 : $12 \times \frac{10}{25} = 4.8[\%]$ (1차 ~ 2차)

2차 : $16 \times \frac{10}{25} = 6.4[\%]$ (2차 ~ 3차)

3차 : $9.5 \times \frac{10}{10} = 9.5[\%]$ (3차 ~ 1차)

2) • $\%Z_1$

계산 : $\%Z_1 = \frac{1}{2}(4.8 + 9.5 - 6.4) = 3.95[\%]$ • 답 : 3.95[%]

• $\%Z_2$

계산 : $\%Z_2 = \frac{1}{2}(4.8 + 6.4 - 9.5) = 0.85[\%]$ • 답 : 0.85[%]

• $\%Z_3$

계산 : $\%Z_3 = \frac{1}{2}(6.4 + 9.5 - 4.8) = 5.55[\%]$ • 답 : 5.55[%]

3) 발전기 10[MVA] 기준으로 환산하면 $25 \times \frac{10}{50} = 5[\%]$

변압기 10[MVA] 기준으로 환산하면 $10 \times \frac{10}{50} = 2[\%]$

송전선 8[%]이므로 $\%Z = \frac{(5+2+8+3.95) \times (5.55+15)}{(5+2+8+3.95)+(5.55+15)} + 0.85 = 10.708[\%]$

• 답 : 10.71[%]

4) • 계산 : $P_s = \frac{100}{10.71} \times 10 = 93.370[\text{MVA}]$ • 답 : 93.37[MVA]

5) • 계산 : $I_s = \frac{100}{10.71} \times \frac{10 \times 10^6}{\sqrt{3} \times 77 \times 10^3} = 700.098[\text{A}]$ • 답 : 700.1[A]

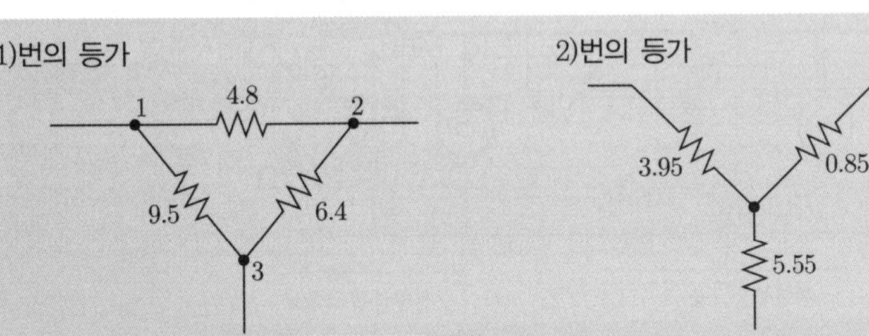

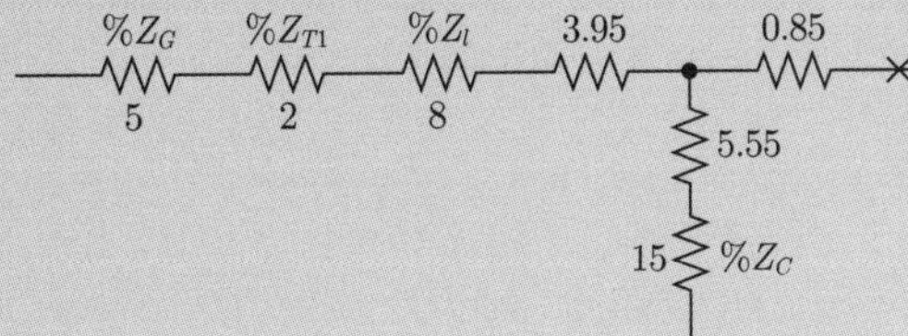

16 출제년도 : 06, 10, 18

배점 6점

어느 건물의 부하는 하루에 240[kW]로 5시간, 100[kW]로 8시간, 75[kW]로 나머지 시간을 사용한다. 이에 따른 수전설비를 450[kVA]로 하였을 때 부하의 평균 역률이 0.8이라면 이 건물의 수용률과 일부하율은 얼마인가?

1) 수용률

- 계산 :
- 답 :

2) 부하율

- 계산 :
- 답 :

1) 수용률

- 계산 : $\text{수용률} = \dfrac{\text{최대전력}}{\text{설비용량}} \times 100 = \dfrac{240}{450 \times 0.8} \times 100 = 66.666[\%]$
- 답 : 66.67[%]

2) 부하율

- 계산 : $\text{부하율} = \dfrac{\text{평균 전력}}{\text{최대전력}} \times 100 = \dfrac{240 \times 5 + 100 \times 8 + 75 \times 11}{240 \times 24} \times 100$

  $= 49.045[\%]$
- 답 : 49.05[%]

전기기사 실기 기출문제 2018년 3회

01 출제년도 : 06, 09, 18 **배점 9점**

오실로스코프의 감쇄 probe는 입력 전압의 크기를 10배의 배율로 감소시키도록 설계되어 있다. 그림에서 오실로스코프의 입력 임피던스 R_s는 $1[\text{M}\Omega]$이고, probe의 내부 저항 R_p는 $9[\text{M}\Omega]$이다.

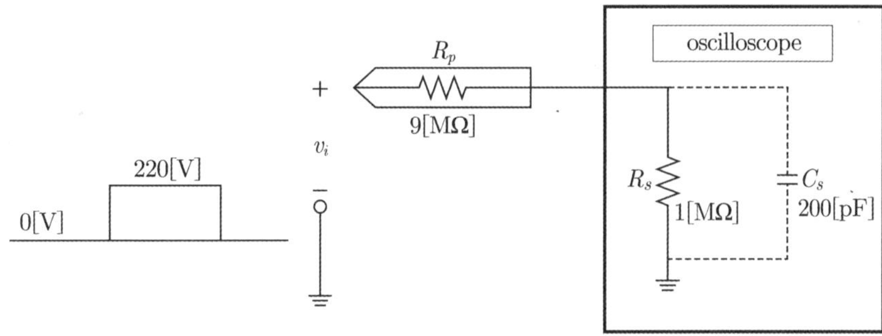

1) 이 때 Probe의 입력전압을 $v_i = 220[\text{V}]$라면 Oscilloscope에 나타나는 전압은?

- 계산 :
- 답 :

2) Oscilloscope의 내부저항 $R_s = 1[\text{M}\Omega]$과 $C_s = 200[\text{pF}]$의 콘덴서가 병렬로 연결되어 있을 때 콘덴서 C_s에 대한 테브난의 등가회로가 다음과 같다면 시정수 τ와 $v_i = 220[\text{V}]$일 때의 테브난의 등가전압 E_{th}를 구하시오.

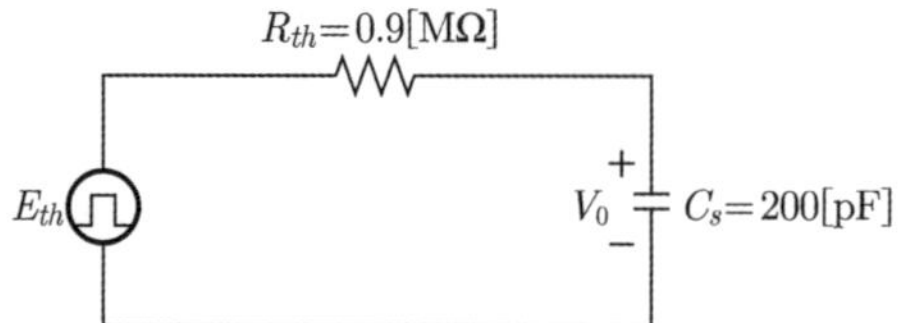

• 계산 :

• 답 :

3) 인가 주파수가 10[kHz]일 때 주기는 몇 [ms]인가?

• 계산 :

• 답 :

1) • 계산 : 오실로스코프에 나타나는 전압$(V_0)=\dfrac{220}{10}=22[\text{V}]$

• 답 : 22[V]

2) • 계산

시정수 $\tau = R_{th}\,C_s = 0.9\times10^6\times200\times10^{-12} = 180\times10^{-6}[\text{sec}] = 180[\mu\text{s}]$

등가전압 $E_{th} = \dfrac{R_s}{R_p+R_s}\times v_i = \dfrac{1}{9+1}\times220 = 22[\text{V}]$

• 답 : 22[V]

3) • 계산 : $T=\dfrac{1}{f}=\dfrac{1}{10\times10^3}=0.1\times10^{-3}[\text{sec}] = 0.1[\text{msec}]$

• 답 : 0.1[ms]

02 출제년도 : 15, 18 / 유사 : 16 배점 12점

다음은 $3\phi 4\omega$ 22.9[kV] 수전설비 단선결선도이다. 다음 각 물음에 답하시오.

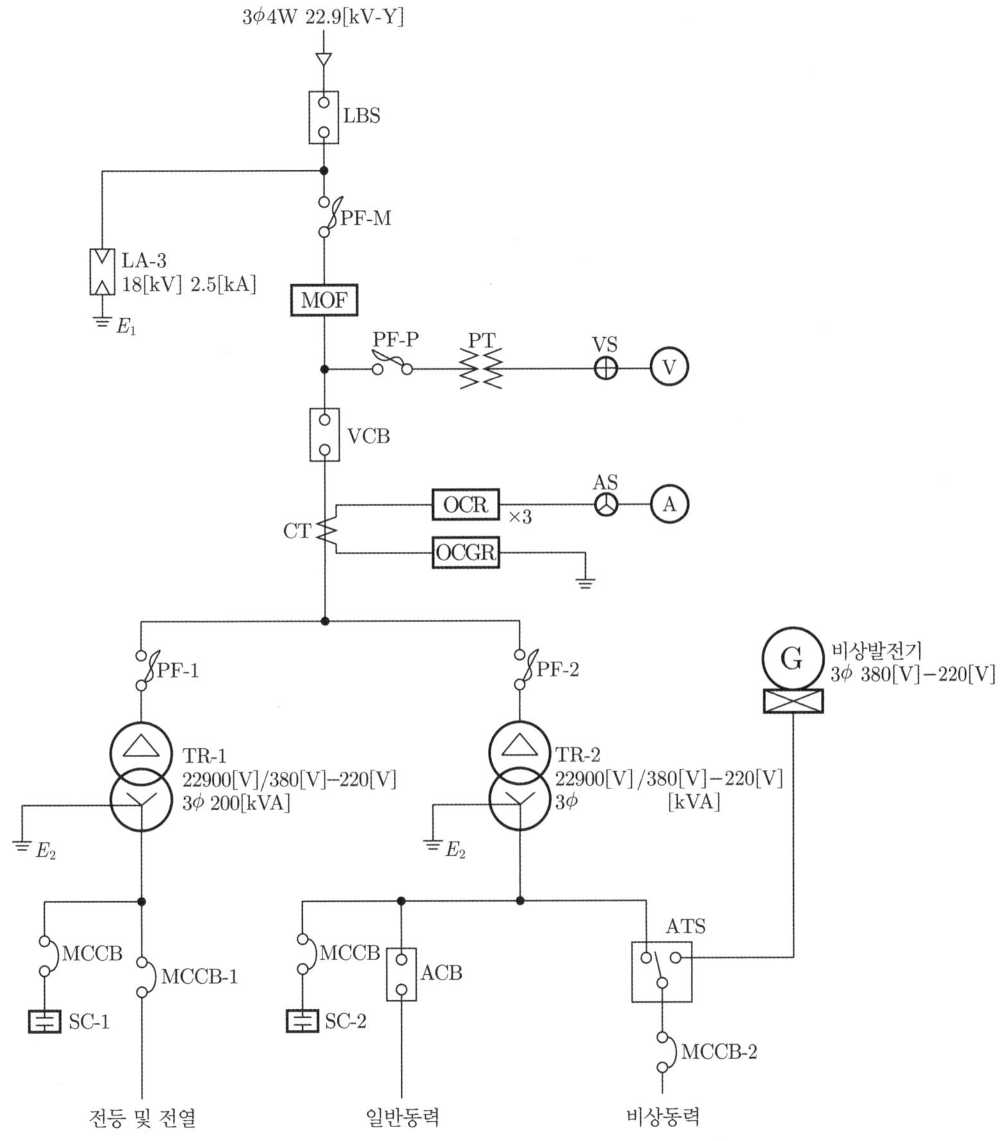

1) 단선결선도에서 LA에 대한 다음 물음에 답하시오.

① 우리말 명칭을 쓰시오.

② 기능과 역할에 대해 설명하시오.

③ 성능조건 2가지를 쓰시오.

2) 수전설비 단선결선도의 부하집계 및 입력환산표를 완성하시오.
(단, 입력환산[kVA]은 계산값은 소수 둘째자리에서 반올림한다)

구 분	전등 및 전열	일반동력	비상동력
설비용량 및 효율	합계 350[kW] 100[%]	합계 635[kW] 85[%]	유도전동기1 7.5[kW] 2대 85[%] 유도전동기2 11[kW] 1대 85[%] 유도전동기3 15[kW] 1대 85[%] 비상조명 8000[W] 100[%]
평균(종합)역률	80[%]	90[%]	90[%]
수용률	60[%]	45[%]	100[%]

• 부하집계 및 입력환산표

구 분		설비용량[kW]	효율[%]	역률[%]	입력환산[kVA]
전등 및 전열		350			
일 반 동 력		635			①
비상동력	유도전동기1	7.5×2			
	유도전동기2	11			②
	유도전동기3	15			
	비상조명	8			③
	소 계	–			

① • 계산 : • 답 :

② • 계산 : • 답 :

③ • 계산 : • 답 :

3) TR−2의 적정용량은 몇 [kVA]인지 단선결선도와 "(2)"항의 부하집계표를 참고하여 구하시오.

참고사항

- 일반 동력군과 비상 동력군 간의 부등률은 1.3이다.
- 변압기 용량은 15[%] 정도의 여유를 갖는다.
- 변압기의 표준규격[kVA]은 200, 300, 400, 500, 600이다.

• 계산 : • 답 :

1) ① 피뢰기

② 이상전압이 내습하면 즉시 방전해서 전압 상승을 억제하고 속류차단

③ • 상용 주파 방전 개시 전압이 높을 것
- 충격 방전 개시 전압이 낮을 것
- 방전내량이 크면서 제한 전압이 낮을 것
- 속류 차단능력이 클 것

2) ① • 계산 : $\frac{635}{0.85 \times 0.9} = 830.06$ • 답 : 830.1[kVA]

② • 계산 : $\frac{11}{0.85 \times 0.9} = 14.37$ • 답 : 14.4[kVA]

③ • 계산 : $\frac{8}{1 \times 0.9} = 8.88$ • 답 : 8.9[kVA]

구 분		설비용량[kW]	효율[%]	역률[%]	입력환산[kVA]
전등 및 전열		350	100	80	437.5
일반동력		635	85	90	① 830.1
비상동력	유도전동기 1	7.5×2	85	90	19.6
	유도전동기 2	11	85	90	② 14.4
	유도전동기 3	15	85	90	19.6
	비상조명	8	100	90	③ 8.9
	소계	–	–	–	62.5

3) • 계산 : 변압기 용량 $\text{TR}-2 = \frac{(830.1 \times 0.45) + [(19.6 + 14.4 + 19.6 + 8.9) \times 1]}{1.3} \times 1.15$

$= 385.732[\text{kVA}]$

• 답 : 400[kVA]

해설

변압기 용량 = $\frac{\text{개개의 최대전력의 합}}{\text{부등률}}$으로서 본 문제는 입력환산[kVA]에서 이미 효율과 역률을 적용했기 때문에 부등률과 문제의 조건 여유율만을 적용함.

4)번 계산은 I_n이 차단기 정격전류이며 변압기 정격전류의 1.5배 조건을 적용함.

이 때 변압기 정격전류는 3)번에서 구한 변압기 용량을 대입

접지선 굵기의 산정기초

1. 접지선의 온도상승

   동선에 단시간전류가 흘렀을 경우의 온도상승은 보통 다음 식으로 주어진다.

   $$\theta = 0.008\left(\frac{I}{A}\right)^2 t$$

   여기서, θ : 동선의 온도상승(℃)　　I : 전류[A]

   A : 동선의 단면적[mm^2]　　t : 통전시간[초]

2. 계산조건

   접지선의 굵기를 결정하기 위한 계산조건은 다음과 같다.

   ① 접지선에 흐르는 고장전류의 값은 전원측 과전류차단기 정격전류의 20배로 한다.

   ② 과전류차단기는 정격전류 20배의 전류에서는 0.1초 이하에서 끊어지는 것으로 한다.

   ③ 고장전류가 흐르기 전의 접지선 온도는 30[℃]로 한다.

   ④ 고장전류가 흘렀을 때의 접지선의 허용온도는 160[℃]로 한다.
   (따라서, 허용온도상승은 130[℃]가 된다)

3. 계산식

   먼저 계산식에 상기의 조건을 넣으면 다음과 같다.

   $$130 = 0.008 \times \left(\frac{20I_n}{A}\right)^2 \times 0.1$$

   즉 $A = 0.0496\, I_n$

   여기서, I_n : 과전류차단기의 정격전류

03 출제년도 : 18

배점 5점

그림에서 각 지점간의 저항을 동일하다고 가정하고 간선 AD 사이에 전원을 공급하려고 한다. 전력손실이 최소가 되는 지점을 구하시오.

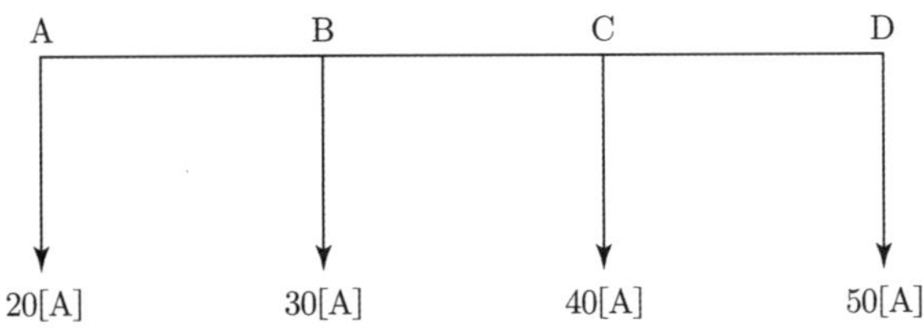

• 계산 :

• 답 :

답안

• 계산

* 각 구간의 저항을 R로 놓고 전력손실$(P_\ell) = I^2R$[W] 공식 적용

A점을 급전점으로 하였을 경우의 전력 손실은

$$P_{\ell A} = (30+40+50)^2R + (40+50)^2R + 50^2R = 25000R\text{[W]}$$

B점을 급전점으로 하였을 경우의 전력 손실은

$$P_{\ell B} = 20^2R + (40+50)^2R + 50^2R = 11000R\text{[W]}$$

C점을 급전점으로 하였을 경우의 전력 손실은

$$P_{\ell C} = 20^2R + (20+30)^2R + 50^2R = 5400R\text{[W]}$$

D점을 급전점으로 하였을 경우의 전력 손실은

$$P_{\ell D} = 20^2R + (20+30)^2R + (20+30+40)^2R = 11000R\text{[W]}$$

C점에서 전력 공급시 전력 손실이 최소가 된다.

• 답 : C점

04 출제년도 : 16, 18   배점 5점

정격출력 500[kW]의 디젤 발전기가 있다. 이 발전기를 발열량 10000[kcal/L]인 중유 250[L]를 사용하여 1/2부하에서 운전하는 경우 몇 시간 운전이 가능한지 계산하시오. (단, 발전기의 열효율은 34.4[%]이다)

• 계산 :   • 답 :

답안

• 계산

$P=\dfrac{BH\eta}{860t\cos\theta}$ 에서 B : 연료소비량[L], H : 발열량[kcal/L]

$P'=\dfrac{1}{2}P=250[\mathrm{kW}]$

(반부하)

$\therefore\ t=\dfrac{250\times10000\times0.344}{860\times250}=4[\mathrm{h}]$

• 답 : 4[h]

05 출제년도 : 18   배점 6점

22.9[kV], 1000[kVA] 폐쇄형 큐비클식 변전실을 수변전 설계하려고 한다. 다음 물음에 답하시오.

1) 변전실의 유효높이는 몇 [m]인가?
   • 답 :
2) 추정 면적은 몇 [m^2]인가? (단, 추정계수는 1.4이다)
   • 계산 :   • 답 :

1) • 답 : 4.5[m] 이상
2) • 계산 : 면적(A) $=k$(변압기 용량[kVA]$)^{0.7}=1.4\times1000^{0.7}=176.249$
   • 답 : 176.25[m^2]

해설

1) 건축전기설비설계기준
   특별고압 수전 : 4500[mm] = 4.5[m] 이상
   고압 수전 : 3000[mm] = 3[m] 이상
2) 면적(A)$=K$(TR용량$)^{0.7}$[m^2]   (단, K : 특고압 → 고압 : 1.7
   특고압 → 저압 : 1.4 적용)

06 출제년도 : 09, 18

배점 6점

다음은 가공 송전선로의 코로나 임계전압을 나타낸 식이다. 이 식을 보고 다음 각 물음에 답하시오.

$$E_0 = 24.3 m_0 m_1 \delta d \log_{10} \frac{D}{r} [\text{kV}]$$

1) 기온 t[℃]에서의 기압을 b[mmHg]라고 할 때 $\delta = \frac{0.386b}{273+t}$로 나타내는데 이 δ는 무엇을 의미하는지 쓰시오.

2) m_1이 날씨에 의한 계수라면, m_0는 무엇에 의한 계수인지 쓰시오.

3) 코로나에 의한 장해의 종류 2가지만 쓰시오.

4) 코로나 발생을 방지하기 위한 주요 대책을 2가지만 쓰시오.

1) 상대 공기 밀도
2) 전선의 표면 상태 계수
3) ① 코로나 손실 ② 통신선에 유도 장해
4) ① 굵은 전선을 사용한다. ② 복도체를 사용한다.

1) 코로나 임계전압(E_0) $= 24.3 m_0 m_1 \delta d \log_{10} \frac{D}{r}$ [kV]

m_0 : 전선의 표면상태계수

m_1 : 날씨에 관계되는 계수(기후에 관계되는 계수)

δ : 상대공기밀도

d : 전선의 지름

r : 전선의 반지름

D : 전선의 등가 선간거리

3) 그 외 코로나 잡음, 전선등의 부식, 소호리액터의 소호능력 저하
4) 그 외 가선금구를 개량한다.

07 출제년도 : 00, 15, 18

배점 8점

지중선에 대한 장점과 단점을 가공선과 비교하여 각각 4개씩 적으시오.

1) 장점
-
-
-
-

2) 단점
-
-
-
-

1) **장점**(4가지)
① 외부 기상여건 등의 영향이 거의 없다.
② 쾌적한 도심환경조성이 가능하다.
③ 차폐케이블 사용으로 유도장해 경감
④ 충전부 절연으로 안전성 확보가 용이

2) **단점**
① 동일굵기의 가공선로에 비해 송전용량이 작다.
② 고장점 발견이 어렵고 복구가 어렵다.
③ 설비구성상 신규수용대응 탄력성이 떨어진다.
④ 건설비용이 고가이다.

1) 그 외 경과지 확보가 용이하다. 인축접촉사고가 적다. 지하시설로 설비보안이 유리하다.
2) 그 밖의 건설기간 장기간 소요된다. 건설시 교통장해를 유발한다.

08 출제년도 : 18

배점 4점

ALTS의 명칭과 용도를 쓰시오.

-
-

- 명칭 : 자동부하전환개폐기
- 용도 : 특고압 수전설비에 사용되며 이중전원을 확보하여 주전원 정전 또는 기준전압 이하 시 예비전원으로 자동전환시켜 주는 기기이다.

09 출제년도 : 18 배점 7점

공칭전압이 140[kV]인 송전선로가 있다. 이 송전선로의 4단자 정수는 $A=0.9$, $B=j70.7$, $C=j0.52\times10^{-3}$, $D=0.9$이라고 한다. 무부하시 송전단에 154[kV]를 인가하였을 때 다음을 구하시오.

1) 수전단 전압[kV] 및 송전단 전류[A]를 구하시오.
   - 수전단 전압
     - 계산 : • 답 :
   - 송전단 전류
     - 계산 : • 답 :

2) 수전단의 전압을 140[kV]로 유지하려고 할 때 수전단에서 공급하여야 할 조상용량 Q_c[kVA]를 구하시오.
   - 계산 : • 답 :

2018

1) ① 수전단 전압

- 계산

무부하시 조건은 $I_r=0$, 이 때 전파방정식

$$\begin{bmatrix} E_s \\ I_s \end{bmatrix}=\begin{bmatrix} A & B \\ C & D \end{bmatrix}\begin{bmatrix} E_r \\ I_r \end{bmatrix} \Rightarrow \begin{bmatrix} \frac{154}{\sqrt{3}} \\ I_s \end{bmatrix}=\begin{bmatrix} 0.9 & j70.7 \\ j0.52\times10^{-3} & 0.9 \end{bmatrix}\begin{bmatrix} \frac{V_r}{\sqrt{3}} \\ I_r \end{bmatrix} \qquad \therefore I_r=0$$

$$\frac{154}{\sqrt{3}}=\frac{0.9}{\sqrt{3}}\times V_r \quad \Rightarrow V_r=\frac{154}{0.9}=171.111[\text{kV}]$$

- 답 : 171.11[kV]

② 송전단 전류

- 계산 : $I_s=CE_r+DI_r \qquad \therefore I_r=0 \Rightarrow I_s=CE_r$

$$I_s=j0.52\times10^{-3}\times\frac{V_r}{\sqrt{3}}\times10^3=j0.52\times10^{-3}\times\frac{171.11}{\sqrt{3}}\times10^3=j51.371$$
$$=51.371\angle 90$$

- 답 : 51.37[A]

2) • 계산 : $\begin{bmatrix} \frac{154}{\sqrt{3}} \\ I_s \end{bmatrix}=\begin{bmatrix} 0.9 & j70.7 \\ j0.52\times10^{-3} & 0.9 \end{bmatrix}=\begin{bmatrix} \frac{140}{\sqrt{3}} \\ I_c \end{bmatrix}$ 단, I_c는 무효분 전류이다.

$$\frac{154}{\sqrt{3}}=0.9\times\frac{140}{\sqrt{3}}+j70.7\times I_c \qquad \therefore I_c=\frac{\left(\frac{154}{\sqrt{3}}-\frac{140\times0.9}{\sqrt{3}}\right)\times10^3}{j70.7}$$
$$=-j228.653[\text{A}]$$

조상용량(Q_c) $=\sqrt{3}\,V_rI_c=\sqrt{3}\times140\times228.653=55445.405[\text{kVA}]$

- 답 : 55445.41[kVA]

10 출제년도 : 00, 05, 14, 18 배점 10점

도면은 어느 154[kV] 수용가의 수전설비 단선결선도의 일부분이다. 주어진 표와 도면을 이용하여 다음 각 물음에 답하시오.

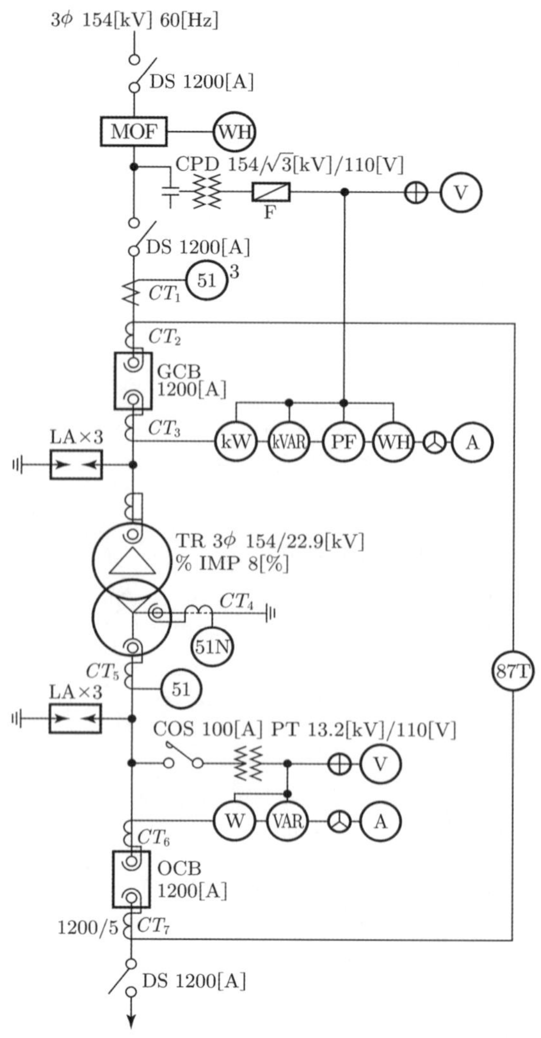

CT의 정격

1차 정격전류[A]	200	400	600	800	1200	1500
2차 정격전류[A]	5					

1) 변압기 2차 부하 설비용량이 51[MW], 수용률이 70[%], 부하 역률이 90[%]일 때 도면의 변압기 용량은 몇 [MVA]가 되는가?
   - 계산 :　　　　　　　　　　　　　　　　　　　• 답 :

2) 변압기 1차측 DS의 정격전압은 몇 [kV]인가?
- 계산 : • 답 :

3) CT_1의 비는 얼마인지를 계산하고 표에서 선정하시오.(단, 여유율 1.25배)
- 계산 : • 답 :

4) GCB 내에 사용되는 가스는 주로 어떤 가스가 사용되는지 그 가스의 명칭을 쓰시오.

5) OCB의 정격 차단전류가 23[kA]일 때, 이 차단기의 차단용량은 몇 [MVA]인가?
- 계산 : • 답 :

6) 과전류 계전기의 정격부담이 9[VA]일 때 이 계전기의 임피던스는 몇 [Ω]인가?
- 계산 : • 답 :

7) CT_7 1차 전류가 600[A]일 때 CT_7의 2차에서 비율 차동 계전기의 단자에 흐르는 전류는 몇 [A]인가?
- 계산 : • 답 :

1) • 계산 : 변압기 용량 $= \dfrac{\text{설비용량[kW]} \times \text{수용률}}{\text{역률}} = \dfrac{51 \times 0.7}{0.9} = 39.666$
- 답 : 39.67[MVA], 40[MVA]

(규격용량을 알고 있을 때는 40[MVA]를 답으로 하는 것을 권함)

2) • 계산 : $154 \times \dfrac{1.2}{1.1} = 168$ • 답 : 170[kV]

3) • 계산 : CT의 1차 전류 $= \dfrac{39.67 \times 10^6}{\sqrt{3} \times 154 \times 10^3} = 148.723$

(1)번의 결과 답을 40[MVA]로 한 경우에는 40[MVA]로 대입

배수 적용하면 $148.723 \times 1.25 = 185.903$ ∴ 표에서 200/5 선정
- 답 : 200/5

4) SF_6(육불화유황)

5) • 계산 : $P_s = \sqrt{3}\ V_n I_s$ [MVA] $= \sqrt{3} \times 25.8 \times 23 = 1027.798$ • 답 : 1027.8[MVA]

6) • 계산 : $P = I^2 Z \quad \therefore\ Z = \dfrac{P}{I^2} = \dfrac{9}{5^2} = 0.36$ [Ω] • 답 : 0.36[Ω]

7) • 계산 : $I_2 = 600 \times \dfrac{5}{1200} \times \sqrt{3} = 4.33$ [A]

┌변압기 Y결선쪽
└비율차동계전기 CT결선은 △결선이며 △결선에서 계전기 쪽으로 흐르는 전류는 $\sqrt{3}$ 배
- 답 : 4.33[A]

11 출제년도 : 06, 10, 18

배점 5점

어느 건물의 부하는 하루에 240[kW]로 5시간, 100[kW]로 8시간, 75[kW]로 나머지 시간을 사용한다. 이에 따른 수전설비를 450[kVA]로 하였을 때, 부하의 평균역률이 0.8인 경우 다음 각 물음에 답하시오.

1) 이 건물의 수용률[%]을 구하시오.
- 계산 :
- 답 :

2) 이 건물의 일부하율[%]을 구하시오.
- 계산 :
- 답 :

1) • 계산 : $수용률 = \frac{최대전력}{설비용량} \times 100[\%] = \frac{240}{450 \times 0.8} \times 100 = 66.666[\%]$

• 답 : 66.67[%]

2) • 계산 : $부하율 = \frac{평균전력}{최대전력} \times 100[\%] = \frac{240 \times 5 + 100 \times 8 + 75 \times 11}{240 \times 24} \times 100 = 49.045[\%]$

• 답 : 49.05[%]

12 출제년도 : 00, 05, 18

배점 7점

교류용 적산전력계에 대한 다음 각 물음에 답하시오.

1) 잠동(creeping) 현상에 대하여 설명하고 잠동을 막기 위한 유효한 방법을 2가지만 쓰시오.

2) 적산전력계가 구비해야 할 전기적, 기계적 및 기능상 특성을 3가지만 쓰시오.

1) ① **잠동현상** : 무부하 상태에서 정격 주파수 및 정격전압의 110[%]를 인가하여 계기의 원판이 1회전 이상 회전하는 현상

② **방지대책** :
- 원판에 작은 구멍을 뚫는다.
- 원판에 작은 철편을 붙인다.

2) **구비조건**

① 옥내 및 옥외에 설치가 적당한 것

② 온도나 주파수 변화에 보상이 되도록 할 것

③ 기계적 강도가 클 것

④ 부하특성이 좋을 것

⑤ 과부하 내량이 클 것

2) 구비조건 그 외

① 오차가 적을 것 ② 내구성이 좋을 것

13 출제년도 : 18

배점 5점

변압기 모선방식을 3가지 쓰시오.

-
-
-

① 단모선 방식(단일 모선방식) ② 복모선 방식(2중 모선방식)

③ 환상모선방식

모선(BUS) : 주변압기, 조상설비, 송배전선 등이 접속되어 전력의 집중과 배분이 이루어지는 공통의 도체

모선의 종류 : 1. 단모선

2. 복모선 : ① 2중모선 ② 1.5 차단모선 ③ 절환모선

3. 환상모선

2018

14

배점 5점

주어진 표는 어떤 부하 데이터의 예이다. 이 부하 데이터를 수용할 수 있는 발전기 용량을 계산하시오.

부하의 종류	출력[kW]	전부하 특성			
		역률[%]	효율[%]	입력[kVA]	입력[kW]
유도전동기	37×6	87	81	52.5×6	45.7×6
유도전동기	11	84	77	17	14.3
전등·전열기 등	30	100		30	30
합계		88			

1) 전부하 정상 운전시의 발전기 용량은 몇 [kVA]인지 구하시오

- 계산 :
- 답 :

2) 이 때 필요한 엔진 출력은 몇 [PS]인지 구하시오. (단, 효율은 92[%]이다)

- 계산 :
- 답 :

답안

1) • 계산 : 발전기 용량 $P[\text{kVA}] = \dfrac{\Sigma \text{kW}}{\cos\theta}$ or ΣkVA

$$\therefore P = \frac{45.7 \times 6 + 14.3 + 30}{0.88} = 361.93[\text{kVA}]$$

• 답 : 361.93[kVA]

2) • 계산 : 엔진 출력 $P = \dfrac{\Sigma \text{kW}}{\eta} \times 1.36 = \dfrac{45.7 \times 6 + 14.3 + 30}{0.92} \times 1.36 = 470.83[\text{PS}]$

• 답 : 470.83[PS]

참조

※ 1[kW] = 1.36[PS] (독일·프랑스식 마력)
1[kW] = 1.34[HP] (영국·미국식 마력)

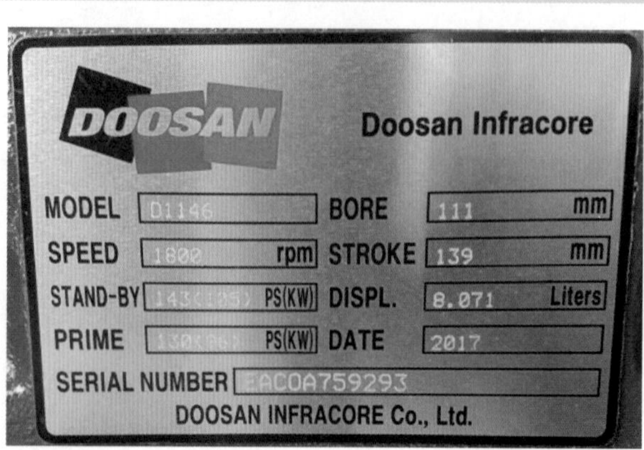

15 출제년도 : 18 / 유사 : 01, 08 배점 6점

다음 각 용어의 정의를 쓰시오.

1) 중성선

2) 분기회로

3) 등전위 본딩

1) 중성선 : 다선식 전로에서 전원의 중성극에 접속된 전선
2) 분기회로 : 간선에서 분기하여 분기과전류차단기를 거쳐서 부하에 이르는 사이의 배선
3) 등전위 본딩 : 등전위성을 얻기 위해 전선간(도체간)을 전기적으로 접속하는 조치

전기기사 실기 기출문제

2019

2019년 실기 기출문제 분석

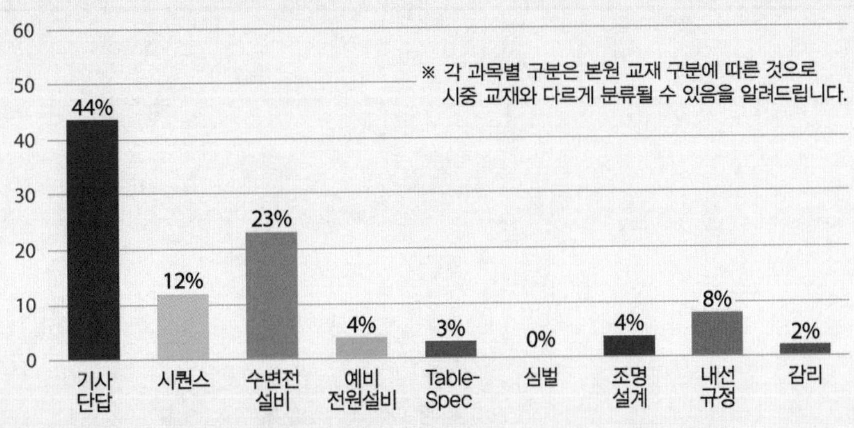

전기기사 실기 기출문제 2019년 1회

01 출제년도 : 19

배점 4점

다음 표에서 번호에 맞는 전압강하를 구하시오.

전선길이 60[m]를 초과하는 경우의 전압강하

공급 변압기의 2차측 단자 또는 인입선 접속점에서 최원단 부하에 이르는 사이의 전선 길이	전압강하[%]	
	전기 사업자로부터 저압으로 전기를 공급받는 경우	사용장소 안에 시설한 전용변압기에서 공급하는 경우
120[m] 이하	4 이하	③ 이하
200[m] 이하	① 이하	6 이하
200[m] 초과	② 이하	④ 이하

①	②	③	④

답안

①	②	③	④
5	6	5	7

참고 내선규정 1415-1 전선길이 60[m]를 초과하는 경우의 전압강하

공급 변압기의 2차측 단자 또는 인입선 접속점에서 최원단 부하에 이르는 사이의 전선 길이	전압강하[%]	
	전기 사업자로부터 저압으로 전기를 공급받는 경우	사용장소 안에 시설한 전용변압기에서 공급하는 경우
120[m] 이하	4 이하	5 이하
200[m] 이하	5 이하	6 이하
200[m] 초과	6 이하	7 이하

02 출제년도 : 11, 19 배점 6점

태양광 발전의 장점 4가지, 단점 2가지를 쓰시오.

1) 장점 4가지
-
-
-
-

2) 단점 2가지
-
-

1) **장점**
- 규모에 관계없이 발전효율이 일정하다.
- 설치가 용이
- 자원이 반영구적이다.
- 친환경 에너지

그 외 : • 다양한 장소에 다양한 규모로 설치 가능
• 긴 수명과 낮은 유지·보수 비용

2) **단점**
- 일몰 후에는 발전 불가능
- 대규모 발전일 경우 넓은 설치 면적 필요

그 외 : • 발전단가가 상대적 열세

태양열 발전과 태양광 발전설비의 비교

구분	태양열 발전	태양광 발전
전환효율	최대 40[%]까지 가능	효율이 가장 높은 단결정 실리콘의 경우 15~18[%] 수준
장점	• 높은 전환효율과 낮은 재료비 부담으로 발전 단가 저렴 • 터빈 구동방식으로 기존 화력발전과 조합 • 축열기술 발전으로 일몰 후에도 발전 가능 • 긴 수명과 낮은 유지·보수 비용	• 다양한 장소에 다양한 규모로 설치 가능 • 긴 수명과 낮은 유지·보수 비용 • 발전효율이 규모에 관계없이 일정 • 자원이 반영구적 • 친환경에너지 • 설치가 용이
단점	• 사막 등 일사량이 풍부한 지역에만 설치 가능 • 대규모 설치면적 필요	• 높은 재료비 부담과 낮은 전환효율로 발전 단가 상대적 열세 • 일몰 후에는 발전 불가능 • 대규모 발전의 경우 넓은 설치면적 필요

03 출제년도 : 09, 15, 19

배점 6점

스폿 네트워크(Spot Network) 방식의 특징을 3가지만 쓰시오.

•
•
•

- 무정전 전원공급이 가능하다.
- 공급신뢰도가 가장 우수하다.
- 전압변동률이 낮다.

1) **스폿 네트워크**

변전소로부터 2회선 이상을 수전하여 수용가측 변압기를 병렬 운전하는 방식으로 네트워크 프로텍터에 의해 자동 Trip 및 재투입이 되는 무정전 수전방식이다.

2) **특징**

① 장점
- 무정전 전원공급이 가능하다.
- 공급신뢰도가 가장 우수하다.
- 전압 변동률이 낮다.
- 기기의 이용률 향상
- 부하증가에 대한 적응성이 좋다.

② 단점
- 시설비가 고가이다.
- 보호계전 복잡하다.
- 국내적용 여건 미흡

04 출제년도 : 14, 19

배점 6점

다음 그림과 같은 3상 3선식 급전선에서 분기하여 세 개의 부하를 운용하고 있다. 각 물음에 답하시오. (단, 전선 1가닥의 저항은 0.5[Ω/km]이다)

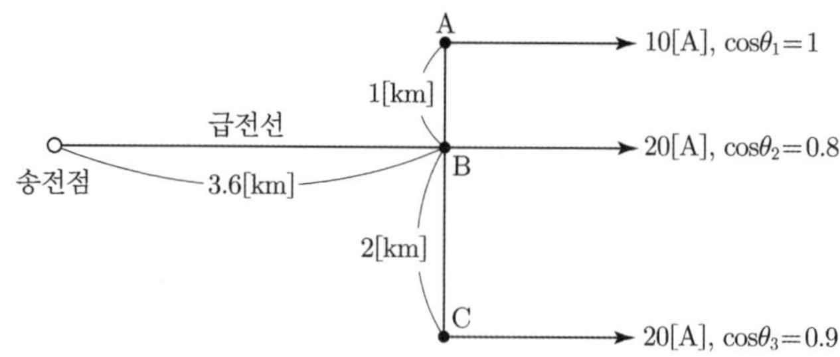

1) 급전선에 흐르는 전류는 몇 [A]인가?
- 계산 : • 답 :

2) 전체 선로손실은 몇 [kW]인가?
- 계산 : • 답 :

답안

1) • 계산 : 급전선의 전류$(I) = 10 + 20 \times (0.8 - j0.6) + 20 \times (0.9 - j\sqrt{1 - 0.9^2})$

$= 44 - j20.72 = \sqrt{44^2 + 20.72^2} = 48.634$[A]

- 답 : 48.63[A]

2) • 계산 : 전체전력손실(P_l)

$= 3I^2 R_{송-B}$(급전선 손실)$+ 3I^2 R_{B-A}$(A점 손실)$+ 3I^2 R_{B-C}$(C점 손실)

$= 3 \times \{48.63^2 \times 0.5 \times 3.6 + 10^2 \times 0.5 \times 1 + 20^2 \times 0.5 \times 2\} \times 10^{-3} = 14.12$[kW]

- 답 : 14.12[kW]

05 출제년도 : 04, 10, 19

배점 5점

그림과 같은 3상 3선식 220[V]의 수전회로가 있다. Ⓗ는 전열부하이고, Ⓜ은 역률 0.8의 전동기이다. 이 그림을 보고 다음 각 물음에 답하시오.

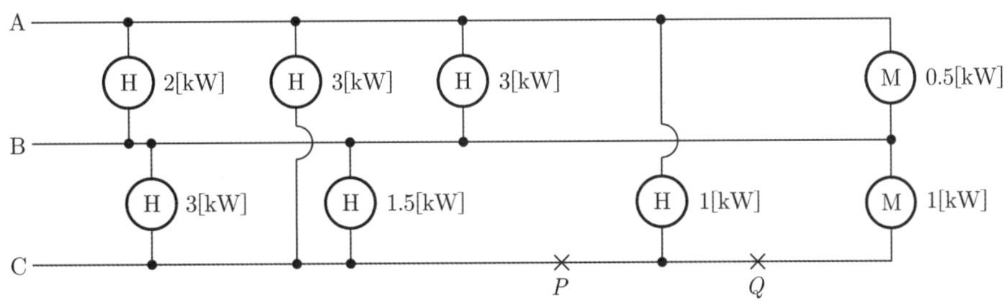

1) 저압 수전의 3상 3선식 선로인 경우에 설비불평형률은 몇 [%] 이하로 하여야 하는가?

2) 그림의 설비불평형률은 몇 [%]인가? (단, P, Q점은 단선이 아닌 것으로 계산한다)
- 계산 : • 답 :

3) P, Q점에서 단선이 되었다면 설비불평형률은 몇 [%]가 되겠는가?
- 계산 : • 답 :

답안

1) 30[%]

2) • 계산 : $P_{AB} = 2 + 3 + \dfrac{0.5}{0.8} = 5.625[\text{kVA}]$

$$P_{BC} = 3 + 1.5 + \frac{1}{0.8} = 5.75[\text{kVA}]$$

$$P_{CA} = 3 + 1 = 4[\text{kVA}]$$

$$\text{설비불평형률} = \frac{5.75 - 4}{(5.625 + 5.75 + 4) \times \frac{1}{3}} \times 100[\%] = 34.146[\%]$$

• 답 : 34.15[%]

3) • 계산 : $P_{AB} = \left(2 + 3 + \dfrac{0.5}{0.8}\right) = 5.625[\text{kVA}]$

$$P_{BC} = 3 + 1.5 = 4.5[\text{kVA}]$$

$$P_{CA} = 3[\text{kVA}]$$

$$\text{설비불평형률} = \frac{5.625 - 3}{(5.625 + 4.5 + 3) \times \frac{1}{3}} \times 100 = 60[\%]$$

• 답 : 60[%]

- 3ϕ3w 설비불평형률 $= \dfrac{\text{각 선간에 접속되는 단상부하 총 설비용량의 최대와 최소의 차}}{\text{총 부하설비 용량} \times \frac{1}{3}} \times 100$
- P, Q 점 단선 후 수전회로

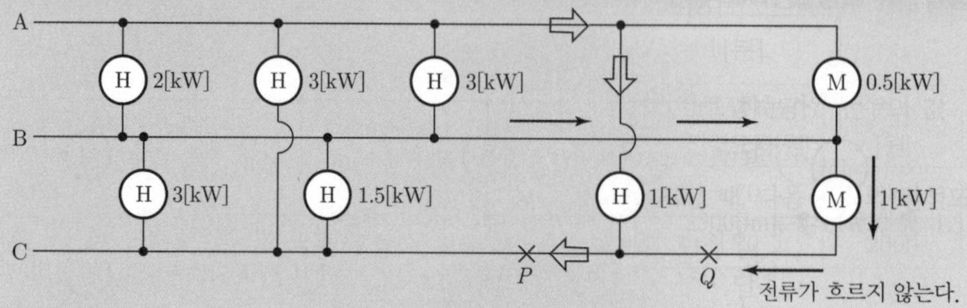

P_{AC} 전열기 1[kW], P_{BC} 전동기 1[kW] 사용 못한다.

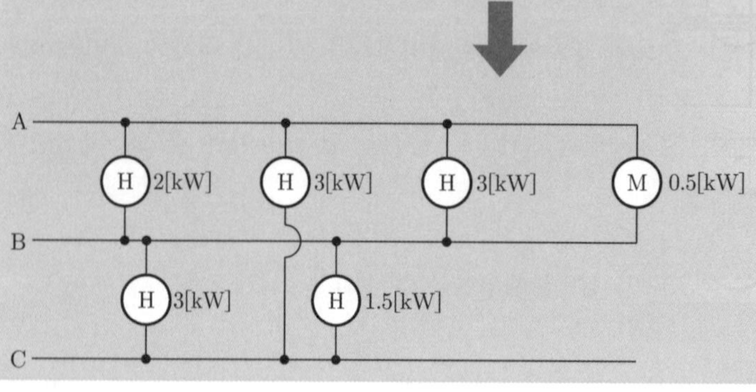

06 출제년도 : 19 / 유사 : 02

배점 6점

다음은 그림은 3상 유도전동기의 무접점 회로도이다. 다음 각 물음에 답하시오.

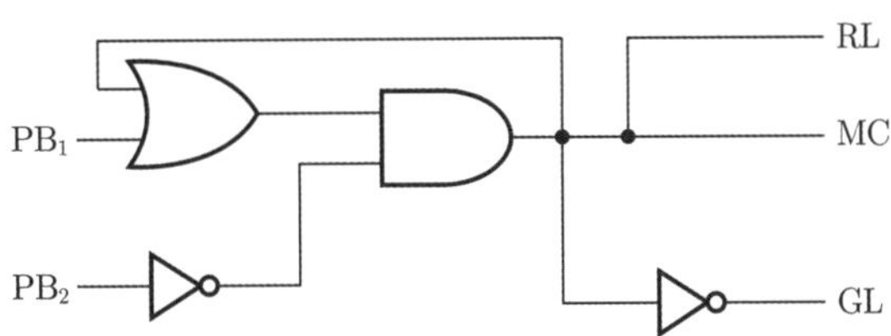

1) 유접점 회로를 완성하시오.

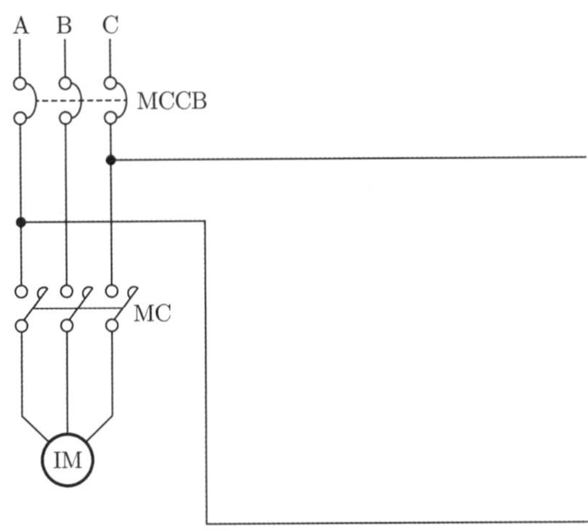

2) MC, RL, GL의 논리식을 각각 쓰시오.

- MC :
- RL :
- GL :

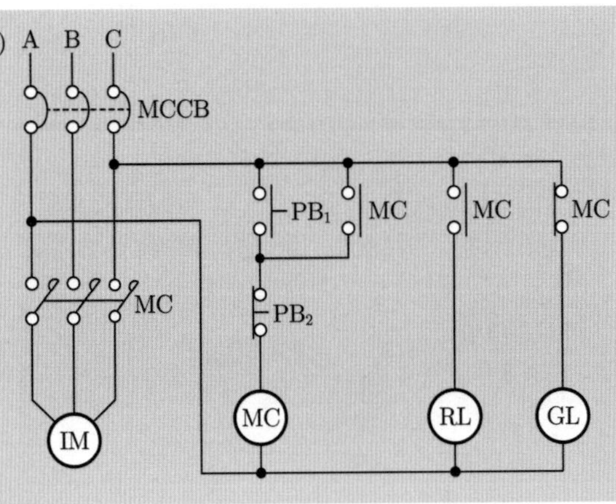

2) • $MC = (PB_1 + MC) \cdot \overline{PB_2}$

• $RL = MC$

• $GL = \overline{MC}$

해설

상세 동작 설명

1. 전원(MCCB) 투입시 GL 점등
2. PB_1 ON시 MC 여자
3. MC_{-b} 접점 개로되며 GL 소등
4. MC_{-a} 접점 폐로되며 RL 점등, MC 자기유지
5. MC 주전원 개폐기가 폐로되며 전동기 운전
6. PB_2 ON시 MC 소자
   이 때, 주전원 개폐기 개로되며 전동기 정지, MC_{-a} 접점 개로되며 자기유지 해제, RL 소등, MC_{-b} 접점 폐로되며 GL 점등

07

출제년도 : 19 / 유사 : 07, 10, 11, 13, 17

배점 6점

그림과 같은 완전 확산형의 조명 기구가 설치되어 있다. 완전확산형 전 광속이 18,500[lm]일 때 A점에서의 수평면 조도를 계산하시오.

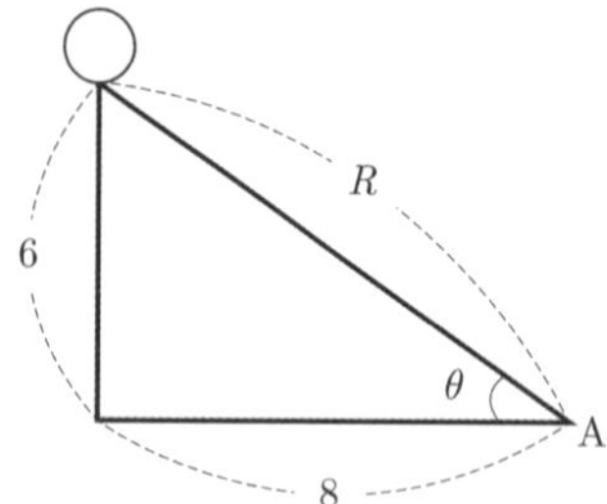

1) 광도 I값을 구하시오.
   - 계산 :
   - 답 :

2) A점에서 수평면 조도를 구하시오.
   - 계산 :
   - 답 :

답안

1) • 계산 : $I = \dfrac{F}{4\pi} = \dfrac{18500}{4\pi} = 1472.183[\text{cd}]$

   • 답 : 1472.18[cd]

2) • 계산 : $E_h = \dfrac{I}{R^2}\cos(90-\theta) = \dfrac{1472.18}{6^2+8^2} \times \dfrac{6}{\sqrt{6^2+8^2}} = 8.833[\text{lx}]$

   • 답 : 8.83[lx]

08 출제년도 : 01, 02, 19 **배점 6점**

부하 역률개선에 대해서 물음에 답하시오.

1) 부하 역률 개선의 원리를 설명하시오.

2) 부하설비의 역률이 저하될 때 수용가 측에서 볼 수 있는 손해 2가지를 쓰시오.
-
-

3) 어느 공장의 3상 부하가 30[kW]이고, 역률이 65[%]일 때 콘덴서를 설치하여 역률을 90[%]로 개선하려면 전력용 콘덴서 몇 [kVA]가 필요한가?
- 계산 :
- 답 :

1) 콘덴서를 부하와 병렬로 설치하여 진상전류를 흘려줌으로서 지상 무효전력을 감소시켜 역률을 개선한다.

2) • 전력손실 증가
• 전압강하 증가

3) • 계산 : 콘덴서 용량(Q_c) $= P(\tan\theta_1 - \tan\theta_2)$[kVA]

$$= 30\left(\frac{\sqrt{1-0.65^2}}{0.65} - \frac{\sqrt{1-0.9^2}}{0.9}\right) = 20.544[\text{kVA}]$$

• 답 : 20.54[kVA]

2) **역률 저하시 일어나는 현상**
- 전력손실 증가
- 전압강하 증가
- 필요한 전원설비 용량 증가(변압기 용량 증가)
- 전기요금 증가

3) 콘덴서 용량(Q_c)

$$Q_c = P(\tan\theta_1 - \tan\theta_2)[\text{kVA}]$$

$$= P\left(\frac{\sqrt{1-\cos^2\theta_1}}{\cos\theta_1} - \frac{\sqrt{1-\cos^2\theta_2}}{\cos\theta_2}\right)$$

2019

09 출제년도 : 00, 02, 12, 19 배점 **15점**

그림은 통상적인 단락, 지락 보호에 쓰이는 방식으로서 주보호와 후비보호의 기능을 지니고 있다. 도면을 보고 물음에 답하시오.

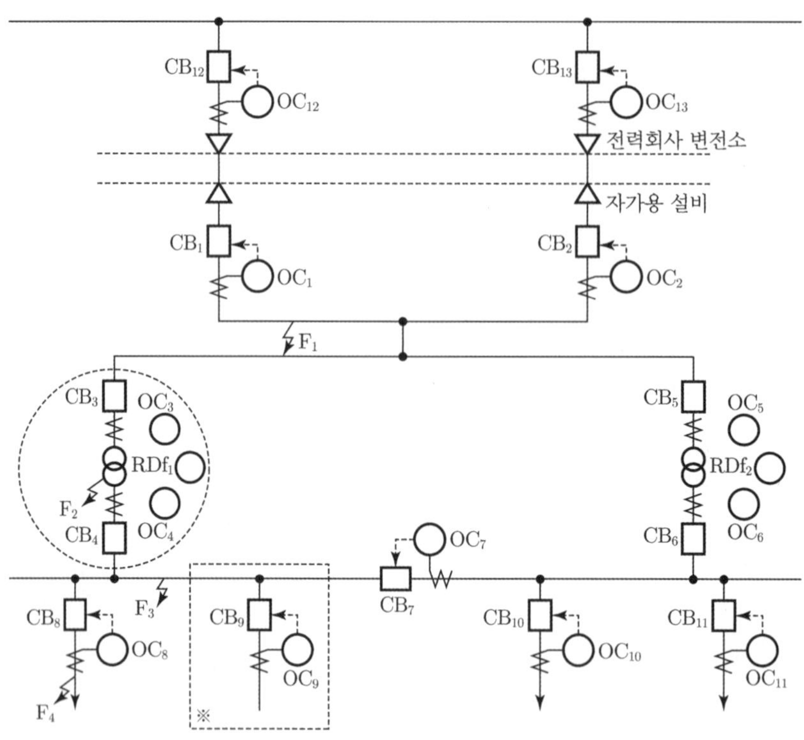

1) 사고점이 F_1, F_2, F_3, F_4라고 할 때 주보호와 후비보호에 대한 다음 표의 (　　) 안을 채우시오.

사고점	주 보 호	후 비 보 호
F_1	$OC_1 + CB_1$ And $OC_2 + CB_2$	(①)
F_2	(②)	$OC_1 + CB_1$ And $OC_2 + CB_2$
F_3	$OC_4 + CB_4$ And $OC_7 + CB_7$	$OC_3 + CB_3$ And $OC_6 + CB_6$
F_4	$OC_8 + CB_8$	$OC_4 + CB_4$ And $OC_7 + CB_7$

2) 그림은 도면의 * 표 부분을 좀 더 상세하게 나타낸 도면이다. 각 부분 ①~④에 대한 명칭을 쓰고, 보호기능 구성상 ⑤~⑦의 부분을 검출부, 판정부, 동작부로 나누어 표현하시오.

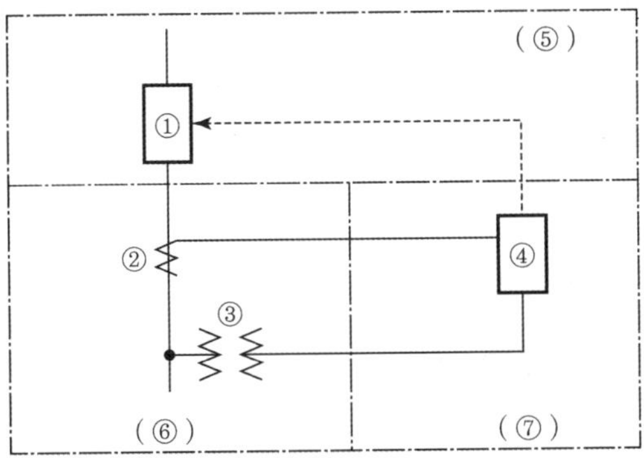

3) 답란의 그림 F_2사고와 관련된 검출부, 판정부, 동작부의 도면을 완성하시오. 단, 질문 "2)"의 도면을 참고하시오.

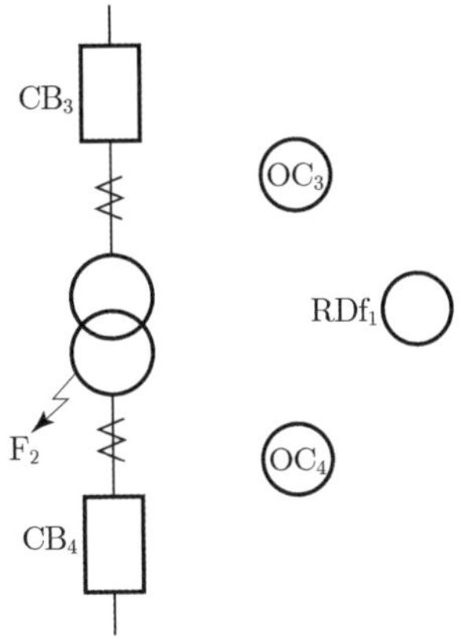

4) 자가용 전기 설비에 발전 시설이 구비되어 있을 경우 자가용 수용가에 설치되어야 할 계전기는 어떤 계전기인가?

1) ① $OC_{12} + CB_{12}$ And $OC_{13} + CB_{13}$
② $RDf_1 + CB_3$, CB_4 And $OC_3 + CB_3$

2) ① (교류) 차단기 ② 변류기 ③ 계기용 변압기 ④ (보호) 계전기
⑤ 동작부 ⑥ 검출부 ⑦ 판정부

3)

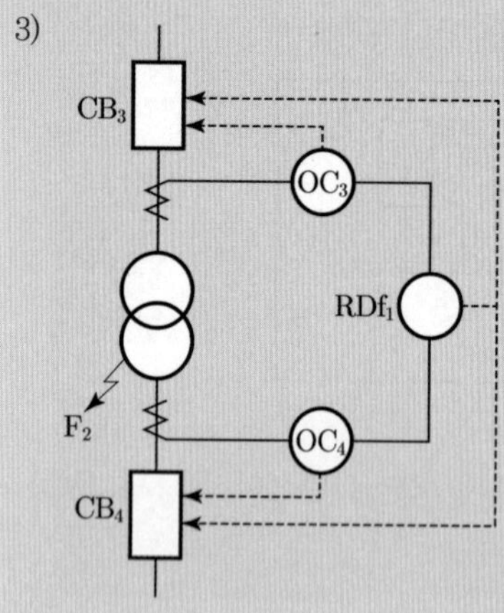

4) ① 과전류 계전기 ② 주파수 계전기 ③ 부족전압 계전기 ④ 과전압 계전기

10 출제년도 : 19 **배점 12점**

답안지의 그림과 같은 수전설비 계통도의 미완성 도면을 보고 다음 각 물음에 답하시오.

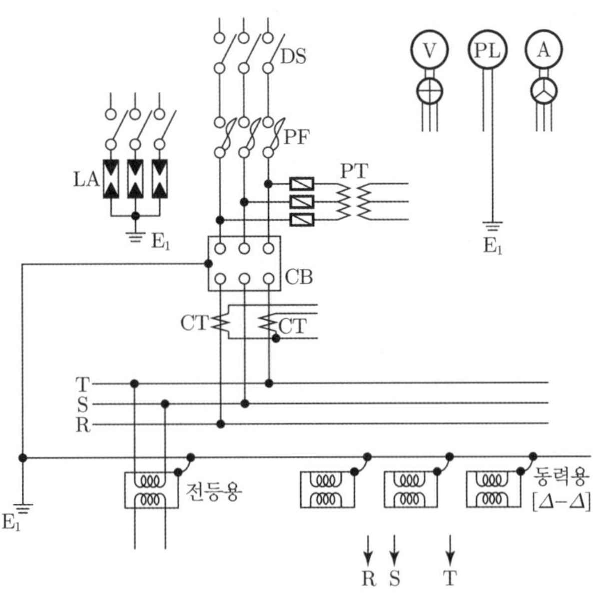

1) 계통도를 완성하시오.

2) 통전중에 있는 변류기 2차측 기기를 교체하고자 할 때 가장 먼저 취하여야 할 조치는 무엇이며 그 이유에 대해 서술하시오.

3) 인입개폐기 DS 대신에 쓸 수 있는 개폐기 명칭과 그 약호를 쓰시오.

4) 차단기 VCB와 몰드변압기를 설치하는 경우 보호기기와 그 위치를 설명하시오.

1)

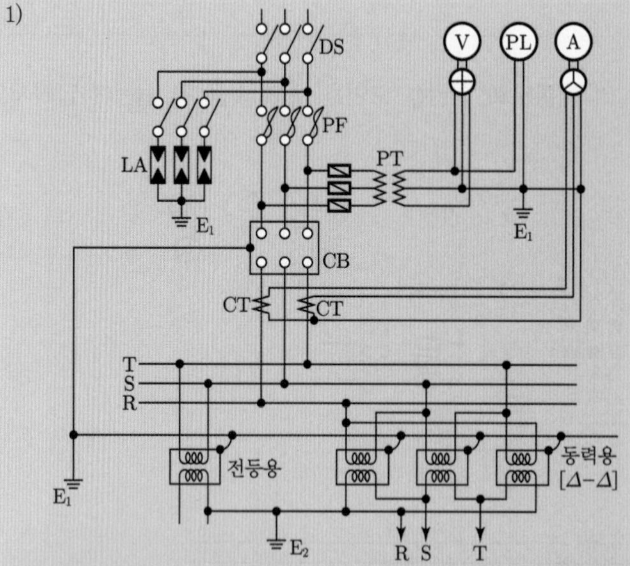

2) 2차측을 단락시킨다. 만약 개방하면 2차측에(과전압에 의한) 절연파괴

3) 부하 개폐기 LBS

4) 서지 흡수기, 진공 차단기와 몰드 변압기 사이
(진공차단기와 전등용 변압기 사이, 진공차단기와 동력용 변압기 사이)

11 출제년도 : 19

배점 6점

진공차단기의 특징 3가지를 쓰시오.

•

•

•

- 소형이고, 경량이다.
- 화재나 폭발 위험이 적다.
- 저소음 차단기이다.

1) **진공차단기(VCB)** : 진공중의 높은 절연내력과 아크의 급속한 확산을 이용하여 소호하는 구조

2) **진공차단기 특징**

① 소형이고 경량이다.
② 화재나 폭발 위험이 적다.
③ 저소음 차단기이다.
④ 개폐수명이 길다.
⑤ 보수, 점검이 용이하다.
⑥ 동작시 높은 서지전압을 발생한다.
⑦ 차단시간이 짧고 차단성능이 주파수의 영향을 받지 않는다.

12 출제년도 : 19 / 유사 : 11 배점 6점

다음 물음에 답하시오.

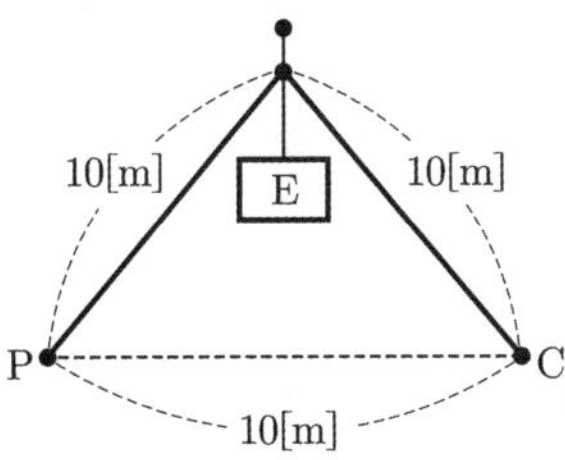

1) 접지저항을 측정하는 계측기의 명칭과 방법을 쓰시오.
   - 명칭 :
   - 방법 :

2) 본 접지극과 P점 사이의 저항은 86[Ω], 본 접지극과 C점 사이의 저항은 92[Ω], PC간의 측정저항은 160[Ω]일 때 본 접지극의 저항은 얼마인지 계산하시오.
   - 계산 : • 답 :

답안

1) • 명칭 : 어스테스터(접지저항계)
   • 방법 : 콜라우시브리지법에 의한 3전극법 또는 3전극법

2) • 계산 : $R_E = \frac{1}{2}(R_{EP} + R_{EC} - R_{PC}) = \frac{1}{2}(86 + 92 - 160) = 9[\Omega]$
   • 답 : $9[\Omega]$

13 출제년도 : 19

배점 4점

단상변압기 2대로 V결선하여 운전하는 부하가 있다. 출력 11[kW], 역률 80[%], 효율 0.85[%]인 3상 유도전동기를 운전하는 경우 단상변압기의 1대의 용량은 얼마인가?

변압기 용량[kVA]				
5	7.5	10	15	20

• 계산 :

• 답 :

• 계산 : 전동기 용량$(W) = \frac{P}{\eta \times \cos\theta}[\text{kVA}] = \frac{11}{0.85 \times 0.8} = 16.176[\text{kVA}]$

V결선 출력$(P_V) = \sqrt{3}P_1$에서 변압기 1대의 용량(P_1)

$$= \frac{P_V}{\sqrt{3}} = \frac{W}{\sqrt{3}} = \frac{16.176}{\sqrt{3}} = 9.339[\text{kVA}]$$

표에서 10[kVA] 선정

• 답 : 10[kVA]

14 출제년도 : 19

배점 4점

3상 3선식 1회전 배전선로에 역률 80[%](지상)인 평형 3상 부하가 접속되어 있다. 변전소 인출구 전압이 6,600[V], 부하측 전압이 6,000[V]인 경우 부하전력[kW]을 구하시오. (단, 전선 1가닥의 저항은 1.4[Ω], 리액턴스는 1.8[Ω]이고 기타 선로정수는 무시한다)

• 계산 :

• 답 :

• 계산 : 전압강하(e) = 변전소 인출구 전압 − 부하측 전압 $= \frac{P}{V}(R + X\tan\theta)[\text{V}]$

$$e = 6600 - 6000 = \frac{P[\text{W}]}{6000}\left(1.4 + 1.8 \times \frac{0.6}{0.8}\right)[\text{V}]$$

$$\therefore \text{ 부하전력}(P) = \frac{600 \times 6000}{\left(1.4 + 1.8 \times \frac{0.6}{0.8}\right)} \times 10^{-3} = 1309.09[\text{kW}]$$

• 답 : 1309.09[kW]

15 출제년도 : 19 배점 4점

어떤 건물에 전등, 동력, 하계, 동계 부하가 각각 아래 그림과 같이 설치되어 있을 때 변압기의 용량[kVA]을 선정하시오.

조건

- 부하의 종합 역률 90[%]
- 각 부하간의 부등률 1.35
- 최대 부하의 여유도 15[%]

변압기 용량[kVA]					
100	150	200	250	300	500

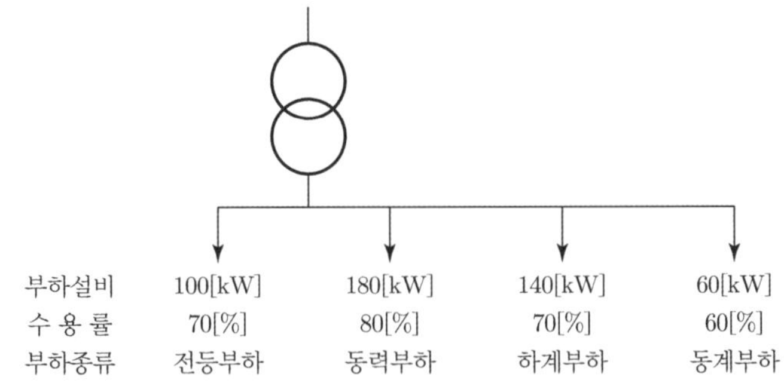

부하설비	100[kW]	180[kW]	140[kW]	60[kW]
수 용 률	70[%]	80[%]	70[%]	60[%]
부하종류	전등부하	동력부하	하계부하	동계부하

• 계산 :　　　　　　　　　　　　　　　　• 답 :

- 계산 : 변압기 용량 $= \dfrac{\sum(\text{설비용량} \times \text{수용률})}{\text{부등률} \times \text{역률}} \times \text{여유율}$

$$= \frac{(100 \times 0.7 + 180 \times 0.8 + 140 \times 0.7)}{1.35 \times 0.9} \times 1.15 = 295.308[\text{kVA}]$$

표에서 300[kVA] 선정

- 답 : 300[kVA]

사용설비 또는 변압기 설비 중 다른 설비와 동시에 사용할 수 없도록 시설한 교대성 설비 및 예비 설비가 있는 경우에는 그 중에서 용량이 큰 쪽의 설비로 변압기 용량을 구한다.
(즉, 동계부하용량은 용량계산에서 뺀다)

16 출제년도 : 11, 19

배점 4점

그림과 같은 논리회로를 이용하여 다음 각 물음에 답하시오.

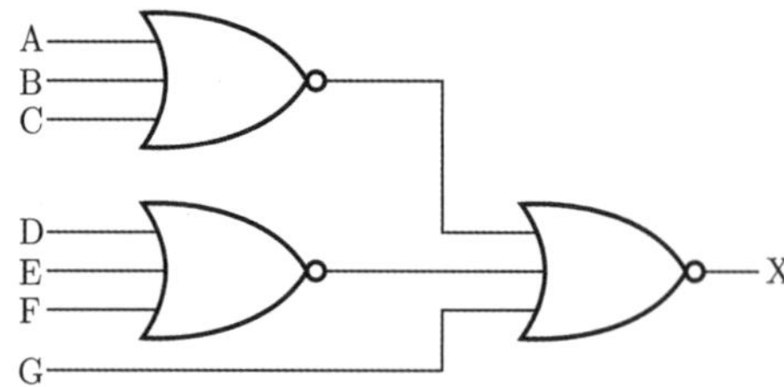

1) 주어진 논리회로를 논리식으로 표현하시오.

2) AND, OR, NOT 만의 소자로 논리회로를 그리시오.

답안

1) 논리식 $X = \overline{\overline{(A+B+C)}+\overline{(D+E+F)}+G}$

$= \overline{\overline{(A+B+C)}} \cdot \overline{\overline{(D+E+F)}} \cdot \overline{G}$

$= (A+B+C) \cdot (D+E+F) \cdot \overline{G}$

2)

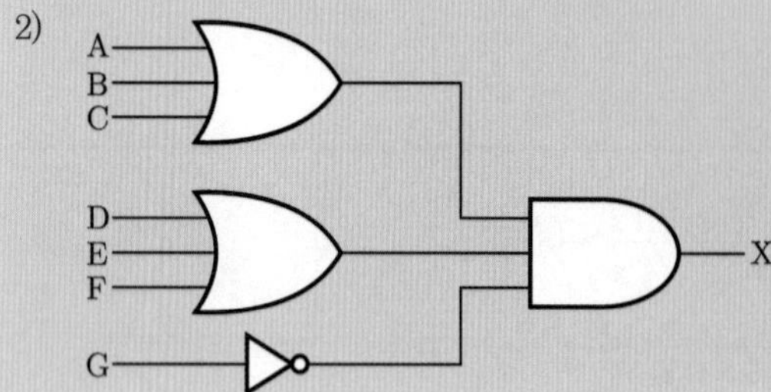

논리회로를 이용하여 초기식을 전개 후 드모르간의 법칙을 이용하여 간략화시킨다.

※ **드모르간의 법칙** ※

논리식을 간략화 하는데 간단히 사용할 수 있는 것으로서 논리곱으로 표현된 논리식을 논리합으로, 논리합으로 표현된 논리식을 논리곱으로 표현할 수 있는 변환 정리이다.

이 때 최소항을 최대항으로, 최대항을 최소항으로 변환하기 위해 드모르간의 법칙 4단계를 이용한다.

STEP1. 모든 OR를 AND로, 모든 AND를 OR로 바꾼다.

STEP2. 각 변수에 보수(오버바)를 취한다.

STEP3. 전체 함수에 보수(오버바)를 취한다.

STEP4. 보수(오버바)가 이중으로 생기면 그 보수(오버바)를 삭제한다.

ex) ① $\overline{A+B}=\overline{A}\cdot\overline{B}$

② $\overline{A\cdot B}=\overline{A}+\overline{B}$

전체 보수(오버바)를 분할하는 경우 부호가 바뀌게 된다.

OR(+) → AND(·), AND(·) → OR(+)

※ 출력식 $X=\overline{\overline{(A+B+C)}+\overline{(D+E+F)}+G}$

$=\overline{\overline{(A+B+C)}}\cdot\overline{\overline{(D+E+F)}}\cdot\overline{G}$ → 전체 보수(오버바)를 분할시켰기 때문에 논리식 내부 부호가 바뀐다.
OR(+) → AND(·)
단, 괄호안의 부호는 바뀌지 않는다.

$=(A+B+C)\cdot(D+E+F)\cdot\overline{G}$ → 보수(오버바)가 이중으로 생겼던 것을 삭제시켜 해당 논리식을 전개시킨다.

2019

전기기사 실기 기출문제 2019년 2회

01 출제년도 : 15, 19 　　　　　　　　　　　　　　　　　　　　　　배점 6점

지중선에 대한 장점과 단점을 가공선과 비교하여 각각 3가지만 쓰시오.

1) 지중선의 장점
-
-
-

2) 지중선의 단점
-
-
-

1) 장점
- 동일루트에 다회선을 시설할 수 있다.
- 충전부의 절연으로 안전성 확보가 용이하다.
- 외부기상조건에 영향을 받지 않는다.

2) 단점
- 동일 굵기의 가공선로에 비해 송전용량이 작다.
- 건설비가 고가이다.
- 고장점 발견이 어렵고 복구가 어렵다.

지중전선로의 특징

1) 장점

① 충전부 절연으로 안전성 확보가 용이하다.
② 동일 루트에 다회선을 시설할 수 있다.
③ 외부기상조건에 영향을 받지 않는다.
④ 차폐케이블 사용으로 유도장해 경감

2) 단점

① 고장점 발견이 어렵고 복구가 어렵다.
② 건설비용이 고가이다.
③ 동일한 굵기의 가공선로에 비해 송전용량이 작다.
④ 설비 구성상 신규 수용에 대한 탄력성 결여

02 출제년도 : 19 배점 **7점**

다음 각 물음에 답하시오.

1) 묽은 황산의 농도는 표준이고, 액면이 저하하여 극판이 노출되어 있다. 어떤 조치를 하는가?

2) 축전지의 과방전 및 방치 상태, 가벼운 Sulfation(설페이션) 현상 등이 생겼을 때 기능 회복을 위해 실시하는 충전 방식은?

3) 알칼리 축전지의 공칭전압은 몇 [V]인가?

4) 부하의 허용 최저 전압이 115[V]이고, 축전지와 부하 사이의 전압강하가 5[V]일 경우 직렬로 접속한 축전지 개수가 55개라면 축전지 한 셀당 허용최저전압은 몇 [V]인가?

- 계산 :
- 답 :

1) 증류수를 보충한다.
2) 회복충전방식
3) 1.2[V]
4) 한 셀당 허용최저전압

$$V = \frac{V_a + V_e}{n} = \frac{115+5}{55} = 2.18[V]$$

여기서, V_a : 부하의 허용최저전압 V_e : 축전지와 부하간의 전압강하

n : 직렬로 접속된 셀 수

03 출제년도 : 01, 15, 19

배점 13점

도면과 같이 345[kV] 변전소의 단선도와 변전소에 사용되는 주요 제원을 이용하여 다음 각 물음에 답하시오.

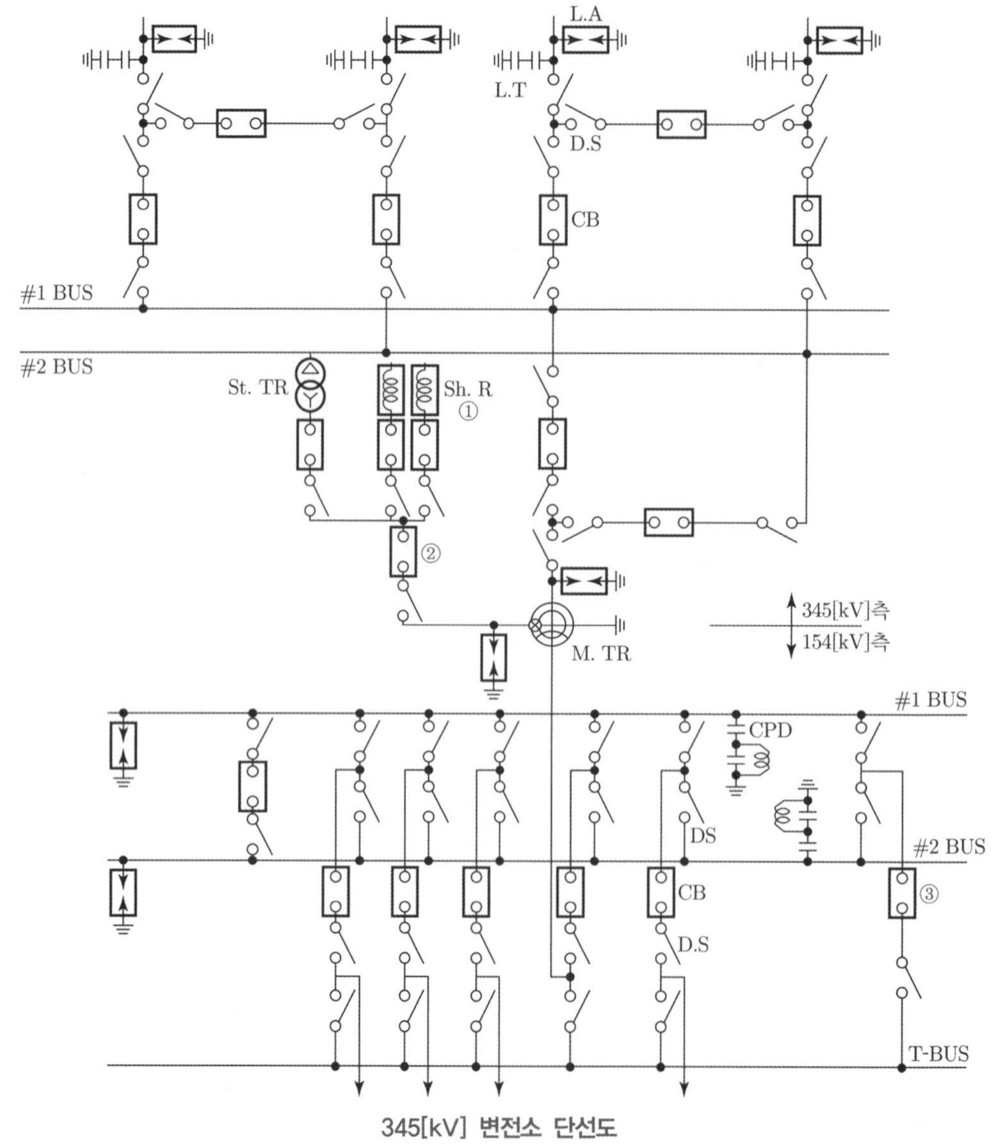

345[kV] 변전소 단선도

1) 도면의 345[kV]측 모선 방식은 어떤 모선 방식인가?

2) 도면에서 ①번 기기의 설치목적은 무엇인가?

3) 도면에 주어진 제원을 참조하여 주변압기에 대한 등가 %임피던스(Z_H, Z_M, Z_L)를 구하고 ②번 23[kV] VCB의 차단용량을 계산하시오.

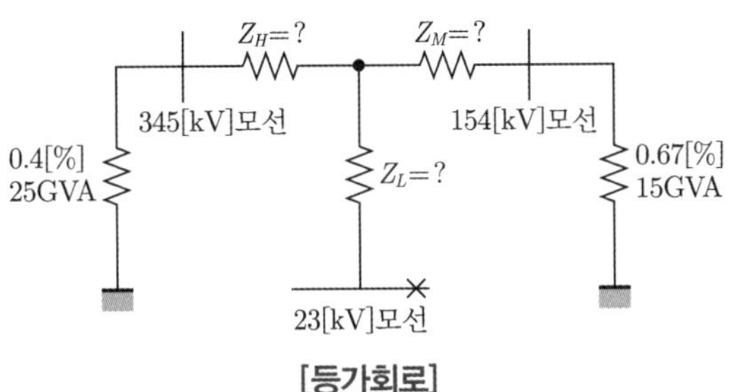

[등가회로]

① 등가 %임피던스

• 계산 : • 답 :

② VCB 차단용량

• 계산 : • 답 :

2019

4) 도면의 345[kV] GCB에 내장된 계전기용 BCT의 오차계급은 C800이다. 부담은 몇 [VA]인가?

• 계산 : • 답 :

5) 도면의 ③번 차단기의 설치 목적을 설명하시오.

6) 도면의 주변압기 1Bank(단상×3대)를 증설하여 병렬 운전시키고자 한다. 이 때 병렬운전 조건 4가지를 쓰시오.

•

•

•

•

[주변압기]

단권변압기 345[kV]/154[kV]/23[kV](Y−Y−△)

166.7[MVA]×3대≒500[MVA],

OLTC부 %임피던스(500[MVA] 기준) : 1차~2차 : 10[%]

1차~3차 : 78[%]

2차~3차 : 67[%]

[차단기]

362[kV] GCB 25[GVA] 4000[A]~2000[A]

170[kV] GCB 15[GVA] 4000[A]~2000[A]

25.8[kV] VCB (　　)[MVA] 2500[A]~1200[A]

[단로기]

362[kV] D.S 4000[A]~2000[A]
170[kV] D.S 4000[A]~2000[A]
25.8[kV] D.S 2500[A]~1200[A]

[피뢰기]

288[kV] LA 10[kA]
144[kV] LA 10[kA]
21[kV] LA 10[kA]

[분로 리액터]

23[kV] sh.R 30[MVAR]

[주모선]

Al−Tube 200ϕ

1) 2중 모선방식

2) 페란티 현상 방지

3) ① 등가 %임피던스

- 계산 : 500[MVA] 기준으로 환산하면

$$Z_H = \frac{1}{2}(10+78-67) = 10.5[\%]$$

$$Z_M = \frac{1}{2}(10+67-78) = -0.5[\%]$$

$$Z_L = \frac{1}{2}(78+67-10) = 67.5[\%]$$

- 답 : $Z_H = 10.5[\%]$, $Z_M = -0.5[\%]$, $Z_L = 67.5[\%]$

② VCB 차단용량

- 계산 : 500[MVA] 기준으로 환산하면

$$\%Z_{S345} = 0.4 \times \frac{500}{25000} = 0.008$$

$$\%Z_{S154} = 0.67 \times \frac{500}{15000} = 0.022$$

VCB 설치점까지의 전체 임피던스 $\%Z_{VCB}$

$$= 67.5 + \frac{(10.5+0.008)\times(-0.5+0.022)}{(10.5+0.008)+(-0.5+0.022)} = 67.208[\%]$$

$$P_s = \frac{100}{67.208} \times 500 = 743.959$$

- 답 : 743.96[MVA]

4) • 계산 : 오차 계급 C800에서 임피던스는 8[Ω]이므로

부담 $I^2R = 5^2 \times 8 = 200[VA]$

- 답 : 200[VA]

5) 모선절체 : 무정전으로 점검하기 위해

6) ① 정격전압(전압비)이 같을 것
② 극성이 같을 것
③ %임피던스가 같을 것
④ 내부 저항과 누설 리액턴스 비가 같을 것

1) 345측 #1BUS, #BUS → 2중 모선방식이며

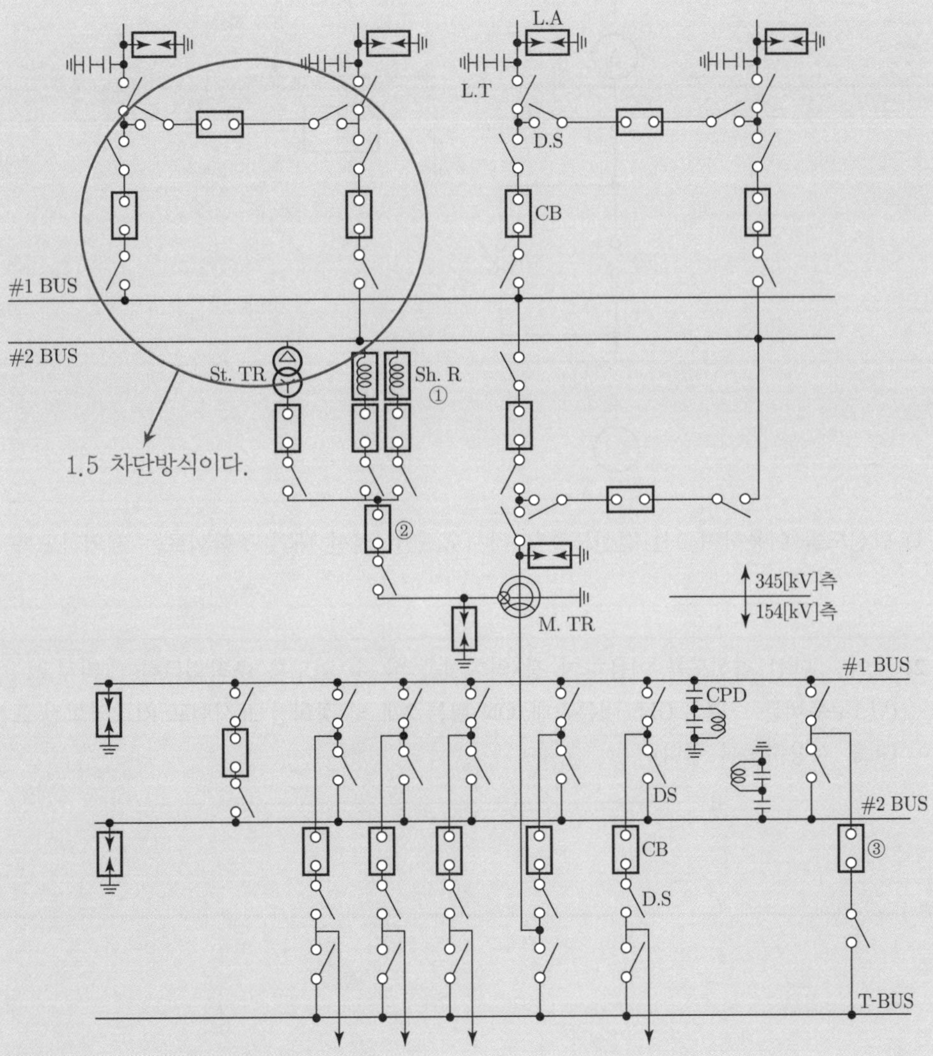

L.A
L.T
D.S
CB
#1 BUS
#2 BUS
St. TR
Sh. R
①
1.5 차단방식이다.
②
345[kV]측
154[kV]측
M. TR
#1 BUS
CPD
DS
#2 BUS
CB
③
D.S
T-BUS

2) Sh.R : 분로 리액터를 의미한다.

5) #1BUS와 #2BUS 그리고 T-BUS(Transfer BUS) 있는 경우로서 평상시 주모선으로 운전하며 회선 또는 차단기의 점검시 T-BUS(절환모선) CB(③번 차단기)를 사용한다.

2019

04 출제년도 : 04, 09, 19 / 유사 : 04, 08, 13 **배점 8점**

도면은 유도 전동기 IM의 정회전 및 역회전용 운전의 단선 결선도이다. 이 도면을 이용하여 다음 각 물음에 답하시오. (단, 52F는 정회전용 전자접촉기이고, 52R은 역회전용 전자접촉기이다)

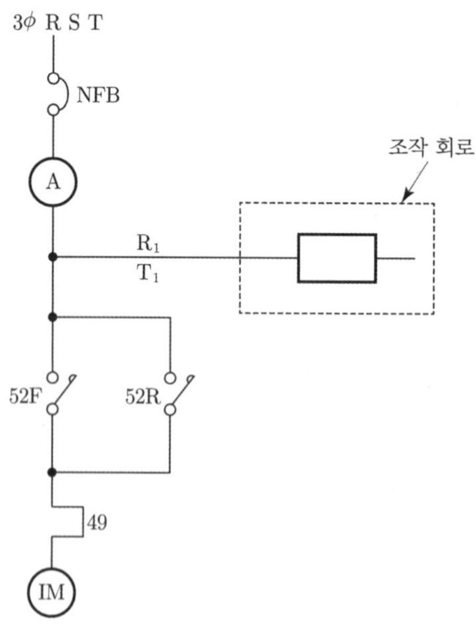

1) 단선도를 이용하여 3선 결선도를 그리시오. (단, 점선 내의 조작회로는 제외하도록 한다)

2) 주어진 단선 결선도를 이용하여 정·역회전을 할 수 있도록 조작회로를 그리시오. (단, 누름버튼 스위치 OFF 버튼 2개, ON 버튼 2개 및 정회전 표시램프 RL, 역회전 표시램프 GL도 사용하도록 한다)

R

52F RL 52R GL

S

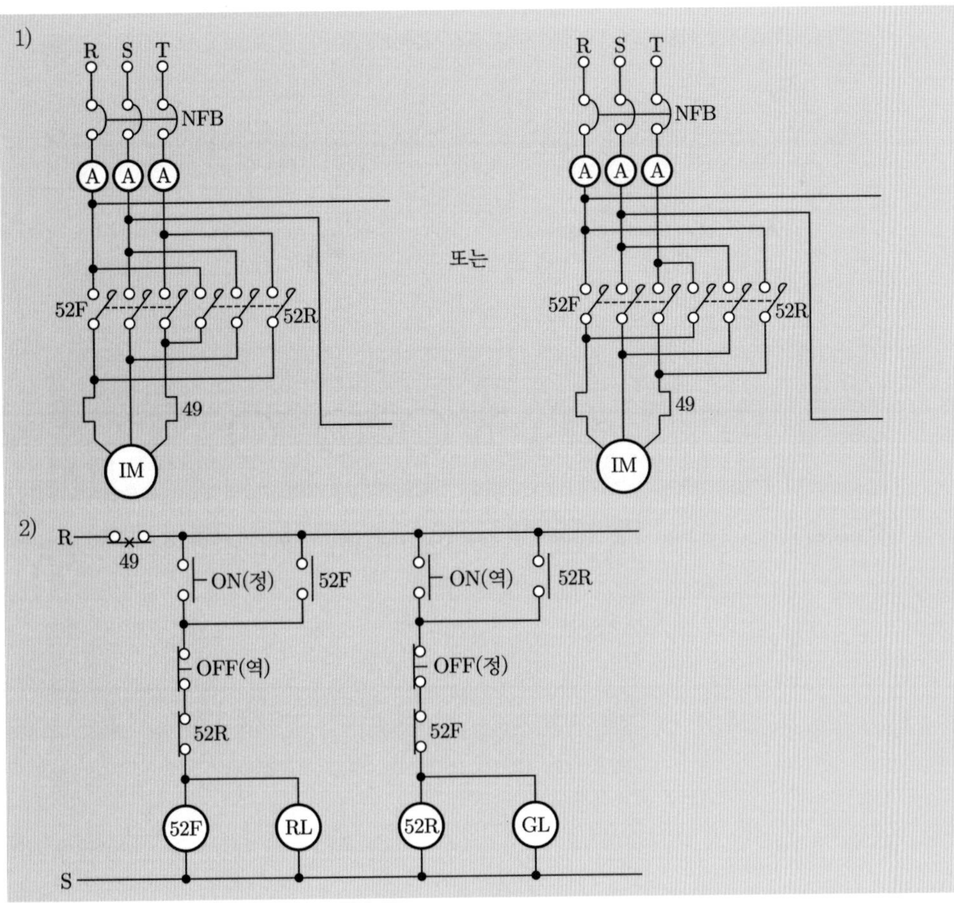

1) 정·역 운전의 주회로 결선시 아무상이나 두상을 바꿔 결선한다.

예) ① R상 ↔ T상 바꾸고 S상 그대로

② R상 ↔ S상 바꾸고 T상 그대로

③ S상 ↔ T상 바꾸고 R상 그대로

2) 푸시버튼 사용 개수에 따라 보조회로(조작회로)를 작성할 수 있다.

① OFF 스위치 1개, ON스위치 2개 사용시

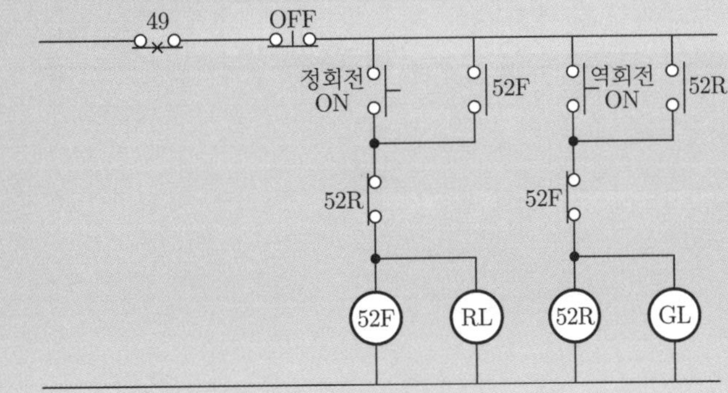

② OFF 스위치 1개, ON-OFF 스위치 2개 사용시

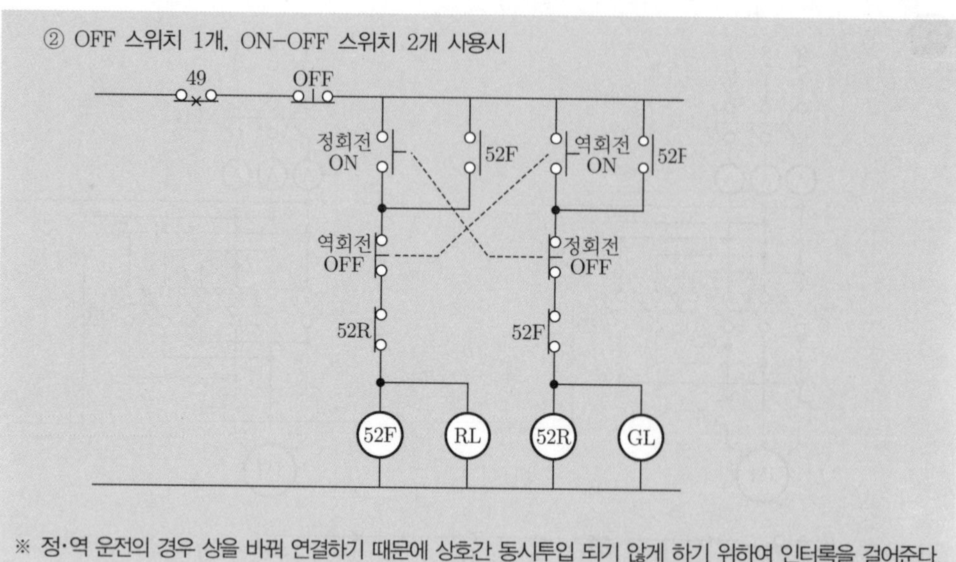

※ 정·역 운전의 경우 상을 바꿔 연결하기 때문에 상호간 동시투입 되기 않게 하기 위하여 인터록을 걸어준다.

05 출제년도 : 19 / 유사 : 06 배점 14점

주어진 도면은 어떤 수용가의 수전설비의 단선 결선도이다. 도면을 참고하여 물음에 답하시오.

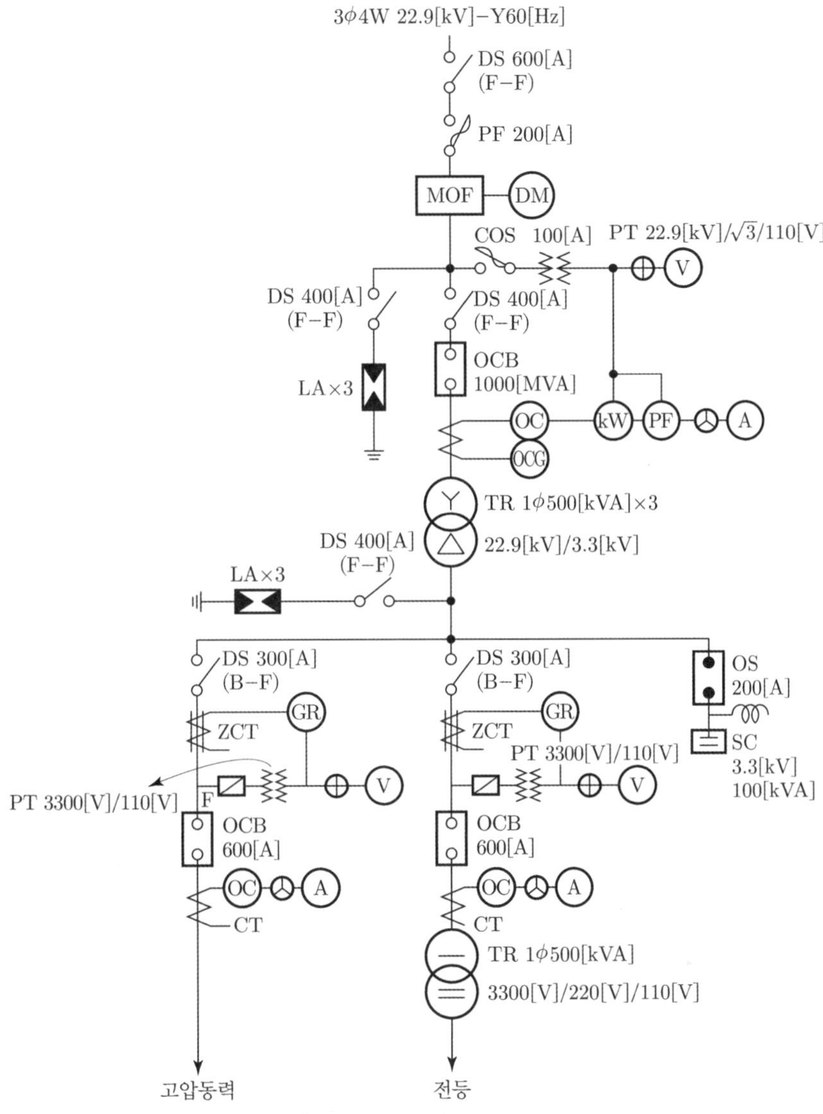

1) 22.9[kV] 측에 DS의 정격전압은 몇 [kV]인가?

2) ZCT 기능을 쓰시오.

3) GR 기능을 쓰시오.

4) MOF에 연결되어 있는 (DM)은 무엇인가?

5) 1대의 전압계로 3상 전압을 측정하기 위한 개폐기를 약호로 쓰시오.

6) 1대의 전류계로 3상 전류를 측정하기 위한 개폐기를 약호로 쓰시오.

7) 22.9측 LA의 정격전압은 몇 [kV]인가?

8) PF의 기능을 쓰시오.

9) MOF의 기능을 쓰시오.

10) 차단기의 기능을 쓰시오.

11) SC의 기능을 쓰시오.

12) OS의 명칭을 쓰시오.

13) 3.3[kV]측에 차단기에 적힌 전류값 600[A]는 무엇을 의미하는지 쓰시오.

1) 25.8[kV]
2) 지락 사고시 지락 전류(영상 전류)를 검출하는 것으로 지락 계전기를 동작시킨다.
3) 영상변류기(ZCT)에 의해 검출된 영상 전류에 의해 동작하며 지락 고장시 차단기를 트립시킨다.
4) 최대 수요 전력량계
5) VS
6) AS
7) 18[kV]
8) 부하전류는 안전하게 통전하고 어떤 일정값 이상의 과전류는 차단하여 전로나 기기를 보호한다.
9) 고압을 저압으로, 대전류를 소전류로 변성하여 전력량계에 전원 공급
10) 부하전로 개폐 및 사고전류 차단
11) 부하의 역률 개선
12) 유입 개폐기
13) 정격전류

06 출제년도 : 13, 19 배점 5점

다음은 전압등급 3[kV]인 SA의 시설 적용을 나타낸 표이다. 빈 칸에 적용 또는 불필요를 구분하여 쓰시오.

2차 보호기기 / 차단기 종류	전동기	변압기			콘덴서
		유입식	몰드식	건식	
VCB	①	②	③	④	⑤

답안

① 적용 ② 불필요 ③ 적용 ④ 적용 ⑤ 불필요

해설

서지흡수기의 적용 예

차단기 종류 / 전압등급 / 2차보호기기		VCB				
		3[kV]	6[kV]	10[kV]	20[kV]	30[kV]
전동기		적용	적용	적용	–	–
변압기	유입식	불필요	불필요	불필요	불필요	불필요
	몰드식	적용	적용	적용	적용	적용
	건식	적용	적용	적용	적용	적용
콘 덴 서		불필요	불필요	불필요	불필요	불필요
변압기와 유도기기와의 혼용 사용시		적용	적용	–	–	–

서지 흡수기 정격			
공칭전압	3.3[kV]	6.6[kV]	22.9[kV]
정격전압	4.5[kV]	7.5[kV]	18[kV]
공칭방전전류	5[kA]	5[kA]	5[kA]

2019

07 출제년도 : 19 배점 6점

전압 22900[V], 주파수 60[Hz], 선로길이 7[km] 1회선의 3상 지중 송전선로가 있다. 이 지중 전선로의 3상 무부하 충전전류[A] 및 충전용량[kVA]을 구하시오. (단, 케이블의 1선당 작용 정전용량은 0.4[μF/km]라고 한다)

1) 충전전류
- 계산 :
- 답 :

2) 충전용량
- 계산 :
- 답 :

1) • 계산 : 충전전류(I_c) $= \omega CE = 2\pi \times 60 \times 0.4 \times 10^{-6} \times 7 \times \dfrac{22900}{\sqrt{3}} = 13.956$[A]

• 답 : 13.96[A]

2) • 계산 : 충전용량(Q_c) $= 3\omega CE^2 \times 10^{-3}$[kVA]

$= 3 \times 2\pi \times 60 \times 0.4 \times 10^{-6} \times 7 \times \left(\dfrac{22900}{\sqrt{3}}\right)^2 \times 10^{-3}$[kVA]

$= 553.554$[kVA]

• 답 : 553.55[kVA]

08 출제년도 : 19 배점 5점

3상 4선식 교류 380[V], 50[kVA] 부하가 변전실 배전반에서 270[m] 떨어져 설치되어 있다. 허용전압강하를 계산하고 이 경우 배전용 케이블의 최소 굵기는 얼마로 하여야 하는지 계산하시오. (단, 전기사용장소 내 시설한 변압기이며, 케이블은 IEC 규격에 의하며 6, 10, 16, 25, 35, 50, 70[mm²]이다)

1) 허용전압강하를 계산하시오.
- 계산 :
- 답 :

2) 케이블의 굵기를 선정하시오.
- 계산 :
- 답 :

1) • 계산 : 전선 길이가 200[m] 초과시 전기사용장소 내 시설한 변압기의 경우 허용전압강하 : 7[%]
허용전압강하 $e = 220 \times 0.07 = 15.4[V]$
• 답 : 15.4[V]

2) • 계산 : $I = \frac{P}{\sqrt{3}\,V} = \frac{50 \times 10^3}{\sqrt{3} \times 380} = 75.97[A]$
$A = \frac{17.8LI}{1000e}$ 에서 $A = \frac{17.8 \times 270 \times 75.97}{1000 \times 220 \times 0.07} = 23.71[mm^2]$
• 답 : 25[mm²]

전선길이 60[m]를 초과하는 경우의 전압강하

공급 변압기의 2차측 단자 또는 인입선 접속점에서 최원단 부하에 이르는 사이의 전선 길이	전압강하[%]	
	전기 사업자로부터 저압으로 전기를 공급받는 경우	사용 장소 안에 시설한 전용변압기에서 공급하는 경우
120[m] 이하	4 이하	5 이하
200[m] 이하	5 이하	6 이하
200[m] 초과	6 이하	7 이하

09 출제년도 : 19 배점 6점

차도폭 20[m], 등주 길이가 10[m](폴)인 등을 대칭배열로 설계하고자 한다. 조도 22.5[lx], 감광보상률 1.5, 조명률 0.5, 등은 20,000[lm] 250[W]의 메탈할라이드등을 사용한다.

1) 등주간격을 구하시오.
- 계산 :
- 답 :

2) 운전자의 눈부심을 방지하기 위하여 컷오프(Cutoff) 조명일 때 최소 등간격을 구하시오.
- 계산 :
- 답 :

3) 보수율을 구하시오.
- 계산 :
- 답 :

1) • 계산 : $FUN = DE \times \frac{a \times b}{2}$ 에서

$$b = \frac{2 \times 20000 \times 0.5}{1.5 \times 22.5 \times 20} = 29.629[\text{m}]$$

• 답 : 29.63[m]

2) • 계산 : $S \leqq 3.0H$ 에서

$$S = 3 \times 10 = 30[\text{m}]$$

• 답 : 30[m]

3) • 계산 : 보수율 $= \frac{1}{\text{감광 보상률}}$ 에서

$$\text{보수율} = \frac{1}{1.5} = 0.666$$

• 답 : 0.67

10 출제년도 : 19 **배점 4점**

고압 전로에 변압비가 $\dfrac{3300}{\sqrt{3}} / \dfrac{110}{\sqrt{3}}$ 인 GPT가 설치되어 있을 때 1선 지락 사고시 2차측 영상전압계에 나타나는 전압은 몇 [V]인가?

• 계산 : • 답 :

• 계산 : 영상전압$(V_0) = \dfrac{110}{\sqrt{3}} \times 3 = 110 \times \sqrt{3} = 190.525$

• 답 : 190.53[V]

영상전압$(V_0) = \sqrt{110^2 + 110^2 + 2 \times 110 \times 110 \times \cos 60°}$

$= 110 \times \sqrt{3} = 190.525$[V]

A, B, C, 120°

[정상시]

A, B, C, 60°

[a선 지락시]

11 출제년도 : 19

배점 5점

지락사고시 계전기가 동작하기 위하여 영상전류를 검출하는 방법 3가지를 쓰시오.

-
-
-

- CT Y결선 잔류회로 방식
- ZCT(영상 변류기)를 이용하는 방식
- 3권선 CT방식

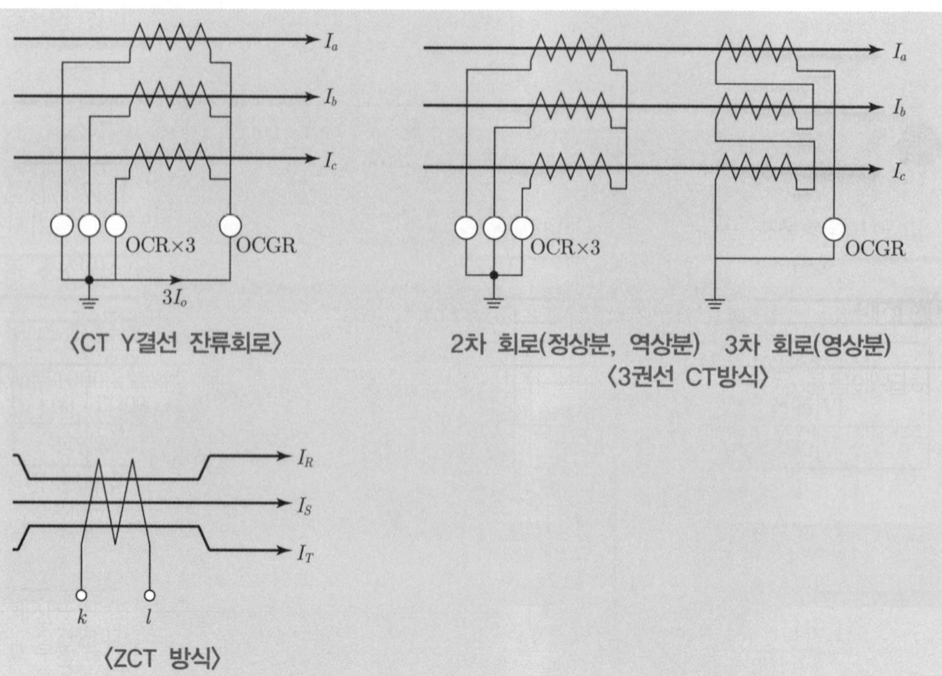

〈CT Y결선 잔류회로〉

2차 회로(정상분, 역상분) 3차 회로(영상분)
〈3권선 CT방식〉

〈ZCT 방식〉

12 출제년도 : 17, 19

배점 5점

감리원은 설계도서 등에 대하여 공사계약문서 상호간의 모순되는 사항, 현장 실정과의 부합여부 등 현장 시공을 주안으로 하여 해당 공사 시작 전에 검토하여야 한다. 검토하여야 할 사항 3가지를 적으시오.

-
-
-

- 현장조건에 부합여부
- 관련법, 규정에 적합성 여부
- 설계도면, 시방서, 기술계산서, 산출내역서 등의 내용에 대한 상호일치 여부
- 설계도서의 누락, 오류 등 불명확한 부분의 존재여부
- 다른 공사 또는 주변 공정과의 상호부합 여부
- 시공의 실제가능여부
- 시공시 예상문제점 등
- 안전성 및 유지관리성

2019

13 출제년도 : 19

배점 5점

고압 동력 부하의 사용 전력량을 측정하려고 한다. CT 및 PT 취부 3상 적산 전력량계를 그림과 같이 오결선(1S와 1L 및 P1과 P3가 바뀜) 하였을 경우 어느 기간 동안 사용전력량이 300[kWh]였다면 그 기간 동안 실제 사용 전력량은 몇 [kWh]이겠는가? (단, 부하 역률은 0.8이라 한다)

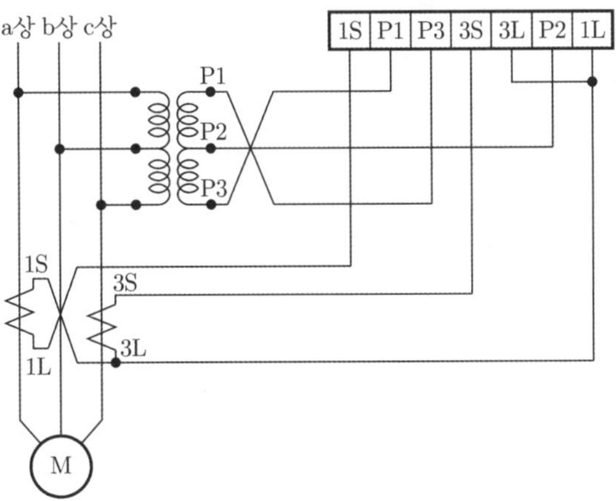

- 계산 :
- 답 :

• 계산 : 사용전력$(P)= W_1 + W_2$[W]

$P= V_{32} \cdot I_1 \cdot \cos(90-\theta) + V_{12} I_3 \cos(90-\theta)$

단, $V_{32} = V_{12} = V$, $I_1 = I_3 = I$

$P= VI\cos(90-\theta) + VI\cos(90-\theta) = 2VI\cos(90-\theta) = 2VI\sin\theta$ [W]

따라서 사용전력량$(W)= P \cdot T$[kWh]$= 2VI\sin\theta \times T = 300$[kWh]

$VIT = \dfrac{300}{2\sin\theta} = \dfrac{300}{2\times 0.6} = 250$ 단) $\cos\theta = 0.8$이면 $\sin\theta = 0.6$

그러므로 실제 사용전력량$(W') = \sqrt{3}\,VI\cos\theta \times T = \sqrt{3} \times \cos\theta \times VIT$

$W' = \sqrt{3} \times 0.8 \times 250 = 346.41$[kWh]

• 답 : 346.41[kWh]

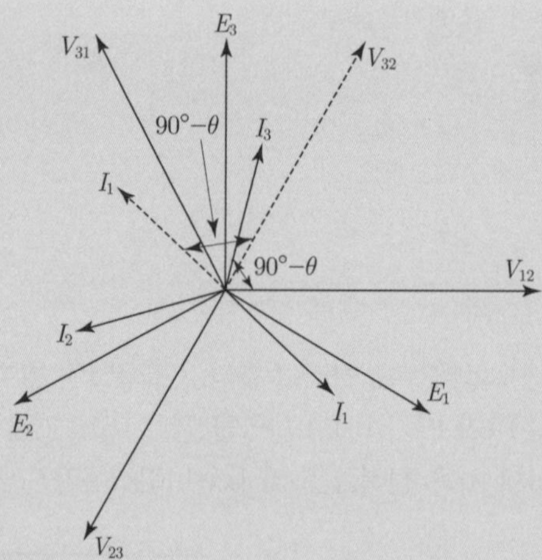

E : 상전압, I : 선전류, V : 선간전압, $\cos\theta$: 역률(θ는 E와 I의 각)

• $W_1 = V_{32}(-I_1) = V_{32} I_1 \cos(90-\theta)$
$= VI\cos(90-\theta)$

• $W_2 = V_{12}(I_3) = V_{12} I_3 \cos(90-\theta)$
$= VI\cos(90-\theta)$

$\therefore\ W = W_1 + W_2 = VI\cos(90-\theta) + VI\cos(90-\theta)$
$= 2VI\cos(90-\theta)$ 「$\cos(90-\theta) = \cos 90 \cdot \cos\theta + \sin 90 \cdot \sin\theta = \sin\theta$」
$= 2VI\sin\theta$

따라서 $2VI\sin\theta \cdot T$[h]$=300$[kWh] $\therefore\ VIT = \dfrac{300}{2\sin\theta} = \dfrac{300}{2\times 0.6} = 250$

그러므로 실제 사용전력량$(W) = \sqrt{3}\,VI\cos\theta\, T = \sqrt{3}\cos\theta\, VIT = \sqrt{3} \times 0.8 \times 250 = 346.4$[kWh]

$\therefore$ 답 : 346.41[kWh]

14 출제년도 : 19 배점 5점

CT 비오차에 관하여 다음 물음에 답하시오.

1) 비오차가 무엇인지 설명하시오.

2) 비오차를 구하는 공식을 쓰시오. (비오차 ϵ, 공칭 변류비 K_n, 측정 변류비 K이다)

답안

1) 측정 변류비가 공칭 변류비가 얼마만큼 다른지를 나타내는 것

2) 비오차 $(\epsilon) = \left(\dfrac{\text{공칭변류비}(K_n) - \text{측정변류비}(K)}{\text{측정 변류비}(K)} \right) \times 100[\%]$

해설

비오차

① 실제(측정) 변류비와 공칭 변류비가 다른지를 나타내는 것

② 비오차 $(\epsilon) = \dfrac{K_n - K}{K} \times 100[\%]$

(단, K_n : 공칭변류비, K : 실제(측정) 변류비)

15 출제년도 : 19 배점 6점

다음은 분전반 설치에 관한 내용이다. (   ) 안에 들어갈 내용을 완성하시오.

1) 분전반은 각 층마다 설치한다.
2) 분전반은 분기회로의 길이가 (①)[m] 이하가 되도록 설계하며, 사무실용도인 경우 하나의 분전반에 담당하는 면적은 일반적으로 1,000[m^2] 내외로 한다.
3) 1개 분전반 또는 개폐기함 내에 설치할 수 있는 과전류장치는 예비회로(10~20[%])를 포함하여 42개 이하(주 개폐기 제외)로 하고, 이 회로수를 넘는 경우는 2개 분전반으로 분리하거나 (②)으로 한다. 다만, 2극, 3극 배선용 차단기는 과전류장치 소자 수량의 합계로 계산한다.
4) 분전반의 설치높이는 긴급 시 도구를 사용하거나 바닥에 앉지 않고 조작할 수 있어야 하며, 일반적으로 분전반 상단을 기준하여 바닥 위 (③)[m]로 하고, 크기가 작은 경우는 분전반의 중간을 기준하여 바닥 위 (④)[m]로 하거나 하단을 기준하여 바닥 위 (⑤)[m] 정도로 한다.
5) 분전반과 분전반은 도어의 열림 반경 이상으로 이격하여 안전성을 확보하고, 2개 이상의 전원이 하나의 분전반에 수용되는 경우에는 각각의 전원 사이에는 해당하는 분전반과 동일한 재질로 (⑥)을 설치해야 한다.

① 30　② 자립형　③ 1.8　④ 1.4　⑤ 1.0　⑥ 격벽

분전반 설치 - 건축전기설비설계기준

1) 분전반은 각 층마다 설치한다.
2) 분전반은 분기회로의 길이가 30[m] 이하가 되도록 설계하며, 사무실용도인 경우 하나의 분전반에 담당하는 면적은 일반적으로 1,000[m^2] 내외로 한다.
3) 1개 분전반 또는 개폐기함 내에 설치할 수 있는 과전류장치는 예비회로(10~20[%])를 포함하여 42개 이하(주 개폐기 제외)로 하고, 이 회로수를 넘는 경우는 2개 분전반으로 분리하거나 자립형으로 한다. 다만, 2극, 3극 배선용 차단기는 과전류장치 소자 수량의 합계로 계산한다.
4) 분전반의 설치높이는 긴급 시 도구를 사용하거나 바닥에 앉지 않고 조작할 수 있어야 하며, 일반적으로 분전반 상단을 기준하여 바닥 위 1.8[m]로 하고, 크기가 작은 경우는 분전반의 중간을 기준하여 바닥 위 1.4[m]로 하거나 하단을 기준하여 바닥 위 1.0[m] 정도로 한다.
5) 분전반과 분전반은 도어의 열림 반경 이상으로 이격하여 안전성을 확보하고, 2개 이상의 전원이 하나의 분전반에 수용되는 경우에는 각각의 전원 사이에는 해당하는 분전반과 동일한 재질로 격벽을 설치해야 한다.

전기기사 실기 기출문제 2019년 3회

01 출제년도 : 19 **배점 4점**

역률이 0.6인 단상 전동기 30[kW] 부하와 전열기 24[kW] 부하에 전원을 공급하는 변압기가 있다. 이 때 변압기 용량을 구하시오.

단상 변압기 표준용량[kVA]

1, 2, 3, 5, 7.5, 10, 15, 20, 30, 50, 75, 100, 150, 200

• 계산 : • 답 :

• 계산 : 전동기 유효전력(P_1)$= 30[\mathrm{kW}]$

전동기 무효전력(P_{r1})$= P_1 \tan\theta = 30 \times \dfrac{0.8}{0.6} = 40[\mathrm{kVar}]$

전열기 유효전력(P_2)$= 24[\mathrm{kW}]$

합성부하 $= \sqrt{(P_1 + P_2)^2 + P_r^2} = \sqrt{(30+24)^2 + 40^2} = 67.201[\mathrm{kVA}]$

표에 의해서 변압기 용량 75[kVA] 선정

• 답 : 75[kVA]

• 역률이 서로 다른 두 개 부하의 변압기 용량 구하기
• 무효전력(P_r) $= P_a \cdot \sin\theta = P \cdot \tan\theta[\mathrm{kVar}]$
• 변압기 용량 ≧ 합성부하 $= \sqrt{\text{합성 유효전력}^2 + \text{합성 무효전력}^2}$

02 출제년도 : 17, 19 배점 13점

다음은 고압 전동기 100[HP] 미만을 사용하는 고압 수전설비 결선도이다. 이 그림을 보고 다음 각 물음에 답하시오.

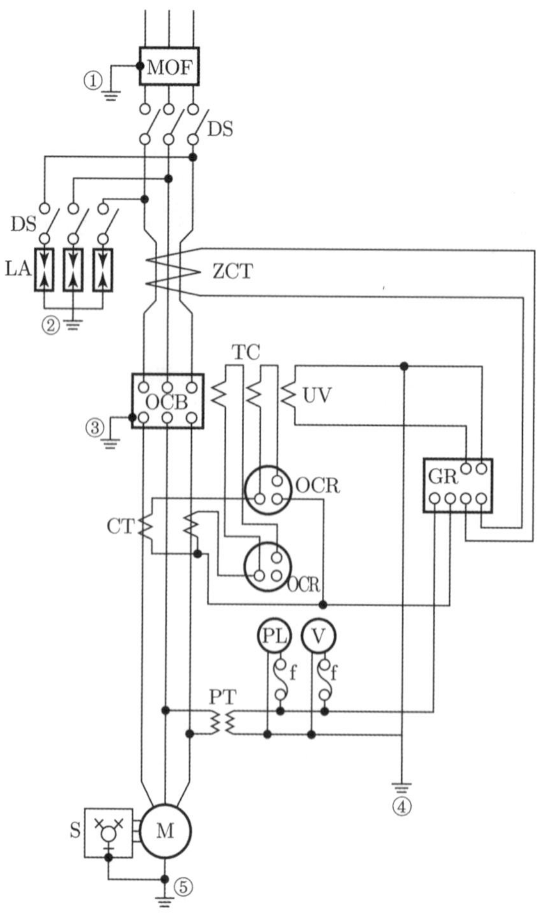

1) 변류기를 차단기의 1차측에 설치시 장점은 무엇인가?

2) 본 도면 설계시 생략할 수 있는 부분은?

3) 진상 콘덴서에 연결하는 방전코일의 목적은?

4) 도면에서 다음의 명칭을 적으시오.

- ZCT :

- TC :

1) 보호 범위를 넓히기 위하여
2) LA용 DS
3) 콘덴서에 축적된 잔류 전하 방전
4) • ZCT : 영상 변류기
   • TC : 트립 코일

1) 옛 한자판 표준품셈(고압 수전설비) 표준결선도 내용 발췌
2) 옛 표준품셈~현재 표준품셈(특고압 수전설비) 내용 발췌
3) 옛 고압수전설비 표준결선도는 여러 개의 도면이 있으며 본 도면의 문제는 진상 콘덴서가 생략되어 있으나 다른 도면에는 진상 콘덴서가 포함되어 있음. 이 때 콘덴서 : 부하의 역률 개선, 방전코일 : 잔류전하 방전, 직렬리액터 : 제5고조파 제거
4) 고압수전설비의 특성으로 ZCT로 보호계전이 출발한다는 것이 있으며(MOF가 책임분계점 1차측) TC는 고압, 특고압 어느 경우라도 필요함

03 출제년도 : 05, 07, 19 배점 4점

콘덴서 회로에 제3고조파의 유입으로 인한 사고를 방지하기 위하여 콘덴서 용량의 11[%]인 직렬 리액터를 설치하고자 한다. 이 경우에 콘덴서의 정격 전류(정상시 전류)가 10[A]라면 콘덴서 투입시의 전류는 몇 [A]가 되겠는가?

- 계산 :
- 답 :

- 계산 : 콘덴서 투입시 전류$(I)=I_c\left(1+\sqrt{\frac{X_C}{X_L}}\right)=10\times\left(1+\sqrt{\frac{X_C}{0.11X_C}}\right)$

$$=10\times\left(1+\sqrt{\frac{1}{0.11}}\right)=40.151[\text{A}]$$

- 답 : 40.15[A]

- 콘덴서 투입시 돌입전류$=I_c\left(1+\sqrt{\frac{X_C}{X_L}}\right)$[A] 단, I_c : 콘덴서 정격전류
- 직렬리액터 용량이 콘덴서 용량의 11[%]일 때 $X_L=0.11X_C$가 된다.

04 출제년도 : 19

배점 6점

다음 PLC 프로그램을 보고 물음에 답하시오.

STEP	명령어	번지
0	LOAD	P000
1	OR	P010
2	AND NOT	P001
3	AND NOT	P002
4	OUT	P010

1) 래더 다이어그램을 그리시오.

2) 논리회로를 그리시오.

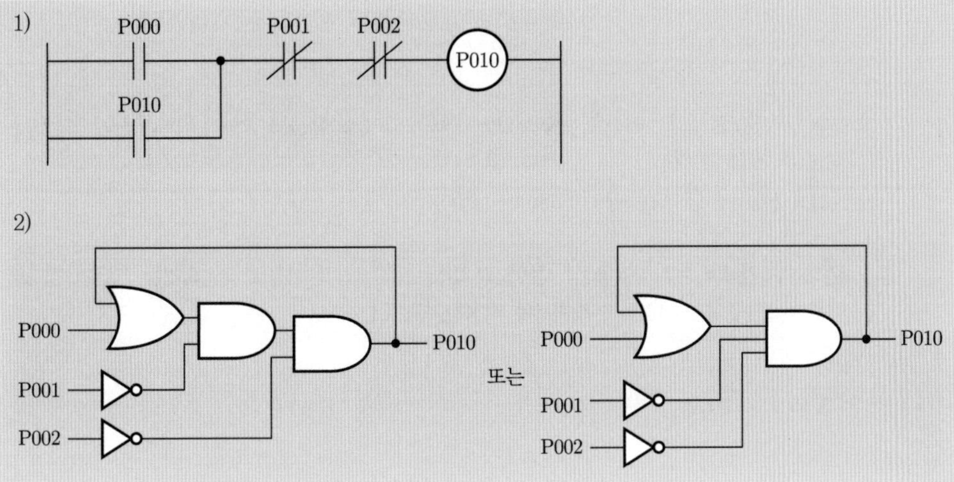

1) 프로그램상 명령어와 번지를 이용하여 각 STEP에 맞게 차례대로 래더 다이어그램을 완성시킨다.

STEP	명령어	번지	래더 다이어그램	비 고
0	LOAD	P000	P000	
1	OR	P010	P000 P010	OR 명령어는 항상 최근에 입력된 시작명령어와 연결한다.
2	AND NOT	P001	P000 P001 P010	b접점 명령어 : 모든 명령어 +NOT
3	AND NOT	P002	P000 P001 P002 P010	
4	OUT	P010	P000 P001 P002 P010 P010	

2) 래더 다이어그램에서 논리회로, 논리회로에서 래더 다이어그램을 작성하기 위하여 중간 과정인 논리식을 작성 후 완성시킨다.

논리식 $P010 = (P000 + P010) \cdot \overline{P001} \cdot \overline{P002}$

※ 문제의 조건에서 논리회로 작성 시 2입력 이하 또는 3입력 이하로 작성하라는 조건이 별도로 없기 때문에 2입력 또는 3입력 논리회로로 작성하여도 무방하다.

05 출제년도 : 19

배점 5점

3상 교류회로의 전압이 3000[V]이다. 전압비가 3000/210[V]의 승압기 2대를 V결선으로 사용하여 승압할 경우 승압기 1대의 용량은 얼마인가? (단, 부하는 40[kW], 역률 0.75이다)

• 계산 :

• 답 :

• 계산

① 승압 후 전압$(V_2) = V_1\left(\frac{e_1+e_2}{e_1}\right) = 3000 \times \frac{3000+210}{3000} = 3210[V]$

② 승압기 1대 용량 $= e_2 I_2 = e_2 \times \frac{P_L}{\sqrt{3} \times V_2 \times \cos\theta} = 210[V] \times \frac{40[kW]}{\sqrt{3} \times 3210 \times 0.75}[kA]$

$= 2.014[kVA]$

• 답 : 2.01[kVA] 또는 표준변압기 3[kVA]

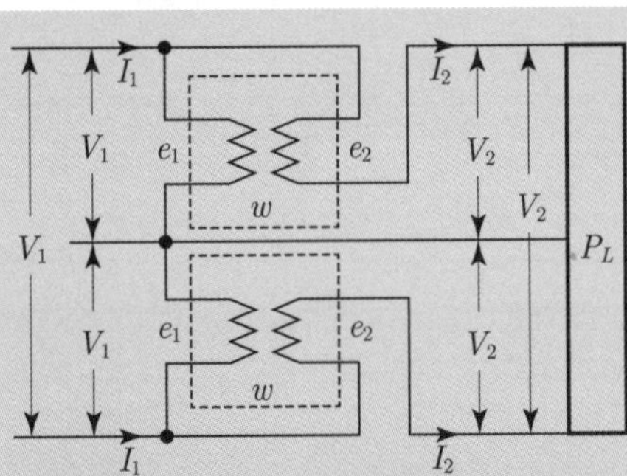

여기서, E_1 : 승압 전 전압[V]
E_2 : 승압 후 전압[V]
e_1 : 승압기 1차 정격전압
e_2 : 승압기 2차 정격전압
w : 승압기 용량[kVA]
P_L : 부하용량[kVA]
I_1 : 승압기 1차 정격전류[A]
I_2 : 승압기 2차 정격전류[A]

3상 V결선 승압기 : 단상 변압기 2대로 V형으로 접속해서 3상을 승압하는 경우의 결선도

① 승압 후 전압$(V_2) = V_1\left(\frac{e_1+e_2}{e_1}\right) = 3000 \times \frac{3000+210}{3000} = 3210[V]$

② 승압기 1대 용량$(w) = e_2 I_2 = e_2[V] \times \frac{P_L[kW]}{\sqrt{3} \times V_2[V] \times \cos\theta}$

$= 210 \times \frac{40}{\sqrt{3} \times 3210 \times 0.75} = 2.014[kVA]$

③ 승압기 2대 용량 = 총 용량 $= 2w$

④ $\frac{자기용량}{부하용량} = \frac{2}{\sqrt{3}} \cdot \frac{V_2 - V_1}{V_2}$

2019

06 출제년도 : 19

배점 6점

우리나라에서 송전계통에 사용하는 차단기의 정격전압과 정격차단시간을 나타낸 표이다. 다음 빈칸을 채우시오. (단, 사이클은 60[Hz] 기준이다)

공칭전압[kV]	22.9	154	345
정격전압[kV]	①	②	③
정격차단시간 (cycle은 60[Hz] 기준)	④	⑤	⑥

① 25.8　② 170　③ 362
④ 5　⑤ 3　⑥ 3

차단기 정격차단시간

공칭전압[kV]	6.6	22.9	66	154	345	765
정격전압[kV]	7.2	25.8	72.5	170	362	800
정격차단시간 (cycle은 60[Hz] 기준)	5	5	3	3	3	2

07 출제년도 : 09, 19 **배점 4점**

전압 1.0183[V]를 측정하는데 측정값이 1.0092[V] 이었다. 이 경우의 다음 각 물음에 답하시오.(단, 소수점 이하 넷째자리까지 구하시오.)

1) 오차
- 계산 :
- 답 :

2) 오차율
- 계산 :
- 답 :

3) 보정(값)
- 계산 :
- 답 :

4) 보정률
- 계산 :
- 답 :

2019

1) • 계산 : 오차 = 측정값 − 참값 $= 1.0092 - 1.0183 = -0.0091$[V]
• 답 : -0.0091[V]

2) • 계산 : 오차율 $= \dfrac{\text{측정값} - \text{참값}}{\text{참값}} \times 100 = \dfrac{1.0092 - 1.0183}{1.0183} \times 100 = -0.8936$[%]
• 답 : -0.8936[%] 또는 -0.0089[PU]

3) • 계산 : 보정(값) = 참값−측정값 $= 1.0183 - 1.0092 = 0.0091$[V]
• 답 : 0.0091[V]

4) • 계산 : 보정률 $= \dfrac{\text{참값}(T) - \text{측정값}(M)}{\text{측정값}(M)} \times 100 = \dfrac{1.0183 - 1.0092}{1.0092} \times 100 = 0.9017$[%]
• 답 : 0.9017[%] 또는 0.009[PU]

① 오차 = 측정값(M) − 참값(T)

② 오차율 $= \dfrac{\text{오차}}{\text{참값}} \times 100 = \dfrac{\text{측정값} - \text{참값}}{\text{참값}} \times 100 = \dfrac{\text{측정값} - \text{참값}}{\text{참값}}$[PU]

③ 보정값 = 참값(T) − 측정값(M)

④ 보정률 $= \dfrac{\text{보정값}}{\text{측정값}} = \dfrac{\text{참값} - \text{측정값}}{\text{측정값}} \times 100 = \dfrac{\text{참값} - \text{측정값}}{\text{측정값}}$[PU]

08 출제년도 : 16, 19 / 유사 : 11 배점 6점

피뢰기 접지공사를 실시한 후 그림과 같이 접지저항을 보조 접지 2개(A와 B)를 시설하여 측정하였더니 본 접지와 A 사이의 저항은 86[Ω], A와 B 사이의 저항은 156[Ω], B와 본 접지 사이의 저항은 80[Ω]이었다. 이 때 다음 물음에 답하시오.

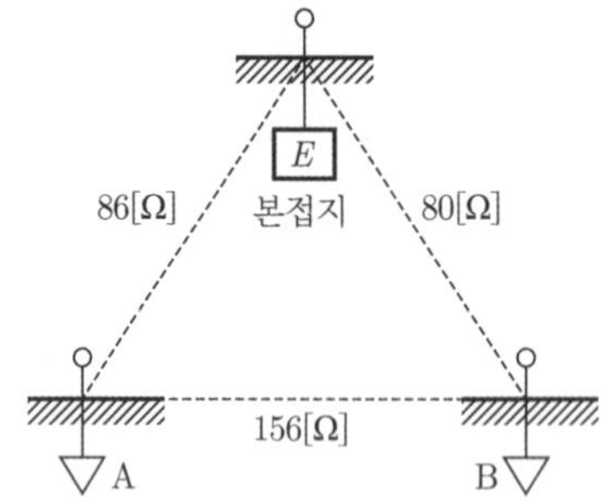

1) 피뢰기의 접지저항값을 구하시오.
- 계산 :
- 답 :

2) 접지공사의 적합여부를 판단하고, 그 이유를 설명하시오.
- 적합여부 :
- 이유 :

답안

1) • 계산 : $R_E = \frac{1}{2}(R_{EA} + R_{BE} - R_{AB}) = \frac{1}{2}(86 + 80 - 156) = 5[\Omega]$
- 답 : 5[Ω]

2) • 적합여부 : 적합하다.
- 이유 : 피뢰기 접지는 접지저항값이 10[Ω] 이하인 접지공사를 하여야 한다.
  따라서 접지저항값이 5[Ω]이므로 규정값 10[Ω] 이하가 되어 적합하다.

해설

1. 접지저항 측정방법 : 콜라우시브리지법에 의한 3전극법 또는 3전극법
2. 피뢰기 접지는 접지저항값이 10[Ω] 이하로 하여야 한다.

09 출제년도 : 07, 11, 19

배점 6점

설치장소별 적용조건에 대한 피뢰기의 공칭방전전류를 쓰시오.

1) 적용조건이 다음과 같을 경우 피뢰기의 공칭방전전류[A]는?

- 154[kV] 이상의 계통
- 66[kV] 및 그 이하의 계통에서 Bank 용량이 3,000[kVA]를 초과하거나 특히 중요한 곳
- 장거리 송전케이블(배전선로 인출용 단거리케이블은 제외) 및 정전축전기 Bank를 개폐하는 곳
- 배전선로 인출측(배전 간선 인출용 장거리 케이블은 제외)

2) 적용조건이 다음과 같은 경우 피뢰기의 공칭방전전류[A]는?

- 66[kV] 및 그 이하의 계통에서 Bank 용량이 3,000[kVA] 이하인 곳

3) 적용조건이 다음과 같을 경우 피뢰기의 공칭방전전류[A]는?

- 배전선로

1) 10,000[A]
2) 5,000[A]
3) 2,500[A]

설치장소별 피뢰기 공칭방전전류

공칭방전전류	설치장소	적용 조건
10,000[A]	변전소	1. 154[kV] 이상의 계통 2. 66[kV] 및 그 이하의 계통에서 Bank 용량이 3,000[kVA]를 초과하거나 특히 중요한 곳 3. 장거리 송전선케이블(배전선로 인출용 단거리케이블은 제외) 및 정전축전기 Bank를 개폐하는 곳 4. 배전선로 인출측(배전 간선 인출용 장거리 케이블은 제외)
5,000[A]	변전소	66[kV] 및 그 이하 계통에서 Bank 용량이 3,000[kVA] 이하인 곳
2,500[A]	선로	배전선로

[주] 전압 22.9[kV-Y] 이하(22[kV] 비접지 제외)의 배전선로에 수정하는 설비의 피뢰기 공칭방전전류는 일반적으로 2,500[A]의 것을 적용한다.

2019

10 출제년도 : 19 배점 13점

다음 그림은 리액터 기동 정지 조작회로의 미완성 도면이다. 다음 도면에 대하여 물음에 답하시오.

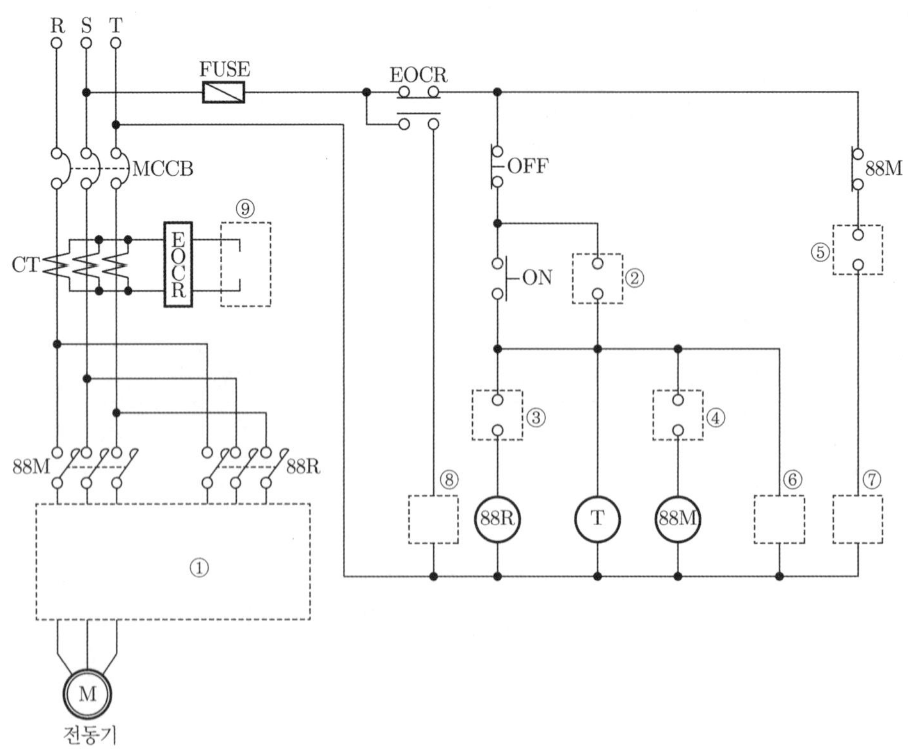

1) ①부분의 미완성 주회로를 회로도에 직접 그리시오.

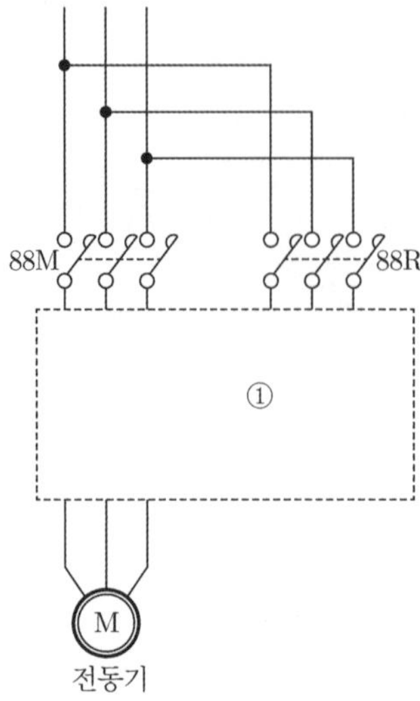

2) 제어회로에서 ②, ③, ④, ⑤부분의 접점을 완성하고 그 기호를 쓰시오.

구 분	②	③	④	⑤
접점 및 기호				

3) ⑥, ⑦, ⑧, ⑨부분에 들어갈 LAMP와 계기의 그림기호를 그리시오.
(예 : Ⓖ 정지, Ⓡ 기동 및 운전, Ⓨ 과부하로 인한 정지)

구 분	⑥	⑦	⑧	⑨
그림기호				

4) 직입기동시 기동전류가 정격전류의 6배가 되는 전동기를 65[%] 탭에서 리액터를 기동한 경우 기동전류는 약 몇 배 정도가 되는지 계산하시오.

• 계산 : • 답 :

5) 직입기동시 기동토크가 정격토크의 2배였다고 하면 65[%] 탭에서 리액터를 기동한 경우 기동토크는 어떻게 되는지 계산하시오.

• 계산 : • 답 :

1)

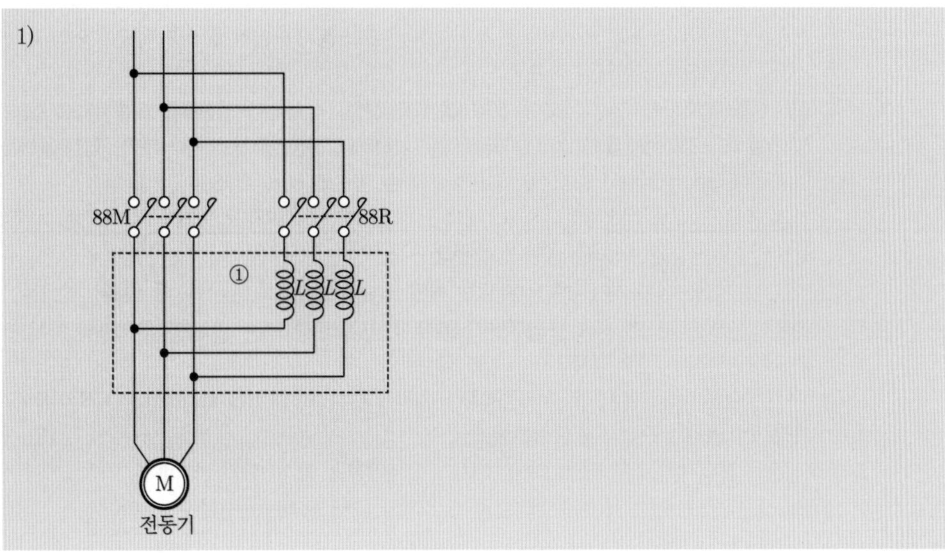

2)

구 분	②	③	④	⑤
접점 및 기호	T-a	88M	T-a	88R

3)

구 분	⑥	⑦	⑧	⑨
그림기호	R	G	Y	A

4) • 계산 : $I_s \propto V_1$, 기동전류=정격전류 6배

$$I_s = I \times 0.65 = 6I \times 0.65 = 3.9I$$

• 답 : 3.9배

5) • 계산 : $T_s = V_1^2$, 기동토크=정격토크 2배

$$T_s = T \times 0.65^2 = 2T \times 0.65^2 = 0.845T$$

• 답 : 0.85배

1) 기동스위치(ON) 누를 시 88R이 최초 여자되고 설정시간 후 88M이 여자되기 때문에 주회로 작성시 88R 전자접촉기 부분에 리액터를 그리고 88M은 직렬로 연결한다.
이 때 리액터 기동은 상이 바뀌면 안되기 때문에 R상→R상, S상→S상, T상→T상에 알맞게 연결한다.

2) ② 정지스위치(OFF)를 누르기 전까지 전동기가 계속 운전되어야 하기 때문에 자기유지가 될 수 있도록 타이머 접점(순시동작 순시복귀 a접점)을 작성한다.

※ 타이머 접점
- 순시동작 순시복귀 : 타이머 여자시 즉시 동작하고 타이머 소자시 즉시 복귀
- 한시동작 순시복귀 : 타이머 여자시 설정시간 후 동작하고 타이머 소자시 즉시 복귀

③ 기동스위치(ON) 누를시 88R이 최초 여자되며 88M과 동시 투입될 수 없기 때문에 인터록 접점으로 88M-b 접점을 작성한다.

④ 최초 88R 전자접촉기가 여자되어 리액터를 통해 설정시간 동안 기동전류를 제한시키고 기동완료(설정시간) 후 88M 전자접촉기가 여자되기 때문에 타이머 접점(한시동작 순시복귀 a접점)을 작성한다.

⑤ 88R 전자접촉기 여자시 정지스위치가 소등될 수 있도록 88R-b접점을 작성한다.

3) ⑥ 기동스위치(ON) 스위치 누를시 88R, 88M 전자접촉기가 여자되어 전동기가 운전되었을 시 점등되는 램프로 기동 및 운전표시등 Ⓡ을 작성한다.

⑦ 88R, 88M 전자접촉기가 여자되어 있는 동안 소등되는 램프로 정지표시등 Ⓖ를 작성한다.

⑧ 전동기 운전 중 과전류 흐를 시 EOCR이 트립되어 EOCR a접점에서 b접점으로 변환됐을 시 점등되는 램프로 과부하로 인한 정지표시등 Ⓨ를 작성한다.

⑨ CT가 Y결선 잔류회로이므로 지락전류를 검출하기 위하여 EOCR을 설치하고 EOCR 이후에 전류를 측정하기 위하여 전류계 Ⓐ를 설치한다.

4) 기동전류는 전압 감압비에 비례하여 감소하고, 기동전류는 정격전류의 6배이다.

5) 기동토크는 전압 감압비의 2승에 비례하여 감소하고, 기동토크는 정격전류의 2배이다.

11 출제년도 : 19

배점 5점

그림과 같이 50[kW], 30[kW], 15[kW], 25[kW]의 부하설비에 수용률이 각각 50[%], 65[%], 75[%], 60[%]로 할 경우 변압기 용량은 몇 [kVA]가 필요한지 선정하시오. (단, 부등률은 1.2, 종합 부하역률은 80[%]로 한다)

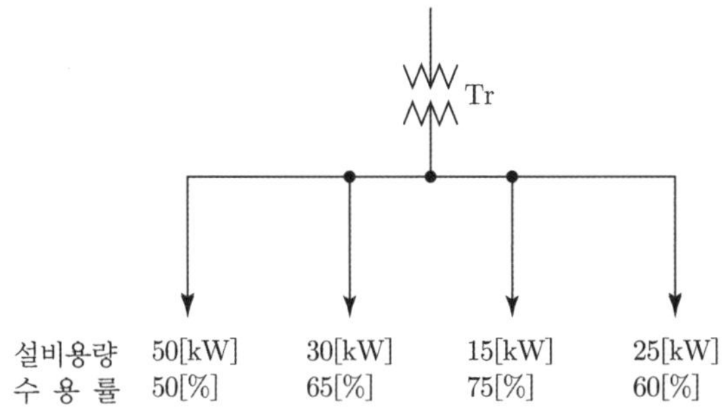

변압기 표준용량[kVA]

25	30	50	75	100	150

• 계산 : • 답 :

답안

• 계산 : 변압기 용량 $= \dfrac{\sum(\text{설비용량} \times \text{수용률})}{\text{부등률} \times \cos\theta}$ [kVA]

$$= \frac{50 \times 0.5 + 30 \times 0.65 + 15 \times 0.75 + 25 \times 0.6}{1.2 \times 0.8}$$

$= 73.697$[kVA]

표에 의해서 75[kVA] 선정

• 답 : 75[kVA]

해설

• 부등률 $= \dfrac{\text{개별최대전력 합}}{\text{합성최대전력}}$

• 변압기 용량 ≥ 합성최대전력 $= \dfrac{\sum(\text{설비용량} \times \text{수용률})}{\text{부등률} \times \text{역률}}$ [kVA]

12 출제년도 : 19 배점 5점

가스절연 변전소의 특징을 5가지만 설명하시오. (단, 경제적이거나 비용에 관한 답은 제외한다)

①
②
③
④
⑤

① 설비의 소형화 가능하다.
② 주변 환경과 조화 이룰 수 있다.
③ 설치 공기 단축 가능하다.
④ 점검보수가 간단하다.
⑤ 한냉지에선 가스의 액화방지장치가 필요하다.

① GIS 변전소 : GIS(Gas Insulated Switch gear)와 변압기를 GIB(Gas Insulated Bus)로 연결해서 사용하는 변전소
② 가스절연 개폐장치(GIS)는 밀폐된 탱크 내에 각종 기기를 넣고 그 공간을 SF_6가스를 사용하여 절연한 개폐장치로서 내장기기는 모선, 차단기, 단로기, 피뢰기, 접지개폐기, 계기용 변압기, 계기용 변류기 등이 있다.

〈GIS 장점〉
① 설비의 소형화 : SF_6가스는 절연내력이 커서 충전부의 절연거리를 줄일 수 있어 종래 변전소보다 $(\frac{1}{10} \sim \frac{1}{15})$ 정도 축소 가능
② 주변환경과의 조화 : 개폐음이 적고 소형이며 외부환경에 미치는 악영향이 적다.
③ 설치공기의 단축 : 공장에서 조립시험이 완료된 상태에서 수송 · 반입되므로 설치가 간단하여 공기가 단축된다.
④ 점검보수의 간소화 : 밀폐형 기기이므로 보수 및 점검 주기가 길어진다.

〈GIS 단점〉
① 밀폐구조로 육안점검이 곤란하다.
② SF_6가스의 압력과 수분함량에 주의가 필요하다.
③ 한냉지에선 가스의 액화방지장치가 필요하다.
④ 고장발생시 조기복구가 거의 불가능하다.

13 출제년도 : 08, 19

배점 6점

차단기 명판(name plate)에 BIL 150[kV], 정격차단전류 20[kA], 차단시간 5사이클, 솔레노이드(solenoid)형이라고 기재되어 있다. 비유효 접지계에서 계산하는 것으로 할 경우 다음 각 물음에 답하시오.

1) BIL이란 무엇인가?

2) 이 차단기의 정격전압은 몇 [kV]인가?
- 계산 :　　　　　　　　　　　　　　　　　　• 답 :

3) 이 차단기의 정격차단용량은 몇 [MVA]인가?
- 계산 :　　　　　　　　　　　　　　　　　　• 답 :

2019

1) 기준충격 절연강도

2) • 계산 : BIL = 절연계급×5+50[kV]에서 절연계급 $= \dfrac{\mathrm{BIL}-50}{5}$[kV]

$$\text{절연계급} = \frac{150-50}{5} = 20[\mathrm{kV}]$$

$$\text{공칭전압} = \text{절연계급} \times 1.1 = 20 \times 1.1 = 22[\mathrm{kV}]$$

$$\text{정격전압}(V_s) = 22 \times \frac{1.2}{1.1} = 24[\mathrm{kV}]$$

정격전압 24[kV] 선정

- 답 : 24[kV]

3) • 계산 : $P_s = \sqrt{3}\,V_s I_s = \sqrt{3} \times 24 \times 20 = 831.384[\mathrm{MVA}]$

- 답 : 831.38[MVA]

① BIL(Basic Impulse Insulation Level) : 기준충격 절연강도

② BIL = 절연계급×5+50[kV]

단, 절연계급 $= \dfrac{\text{공칭전압}}{1.1}$

14 출제년도 : 19

배점 4점

투과율 τ, 반사율 ρ, 반지름 r인 완전 확산성 구형 글로브 중심의 광도 I의 점광원을 켰을 때, 광속발산도 R은 얼마인가?

• 계산 :  • 답 :

• 계산 : 광속발산도 $R=\dfrac{F}{A}\cdot\eta=\dfrac{4\pi I}{4\pi r^2}\times\dfrac{\tau}{1-\rho}=\dfrac{I\cdot\tau}{r^2(1-\rho)}$ [rlx]

• 답 : $\dfrac{I\cdot\tau}{r^2(1-\rho)}$ [rlx]

① 구형 글로브의 효율 : $\eta=\dfrac{\tau}{1-\rho}$

② 구광원의 광속 : $F=4\pi I$ [lm]

③ 구의 표면적 : $A=4\pi r^2[\text{m}^2]$

15 출제년도 : 19 / 유사 : 01, 03 배점 **8점**

변압기 단락시험을 하고자 한다. 그림과 같이 있을 때 다음 각 물음에 답하시오.

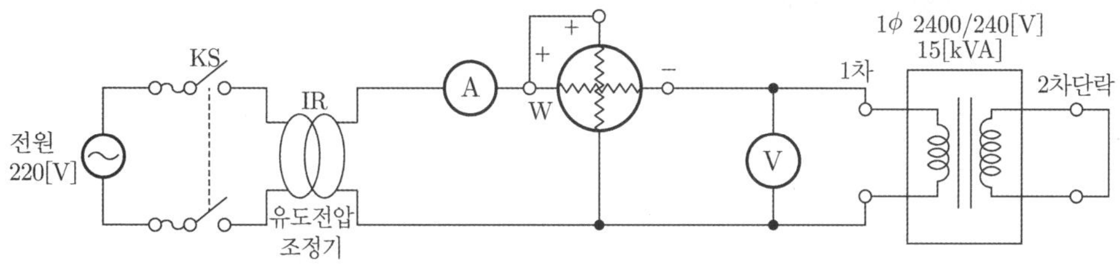

1) KS를 투입하기 전에 유도전압조정기(IR) 핸들은 어디에 위치시켜야 하는가?

2) 시험할 변압기를 사용할 수 있는 상태로 두고, 유도전압조정기의 핸들을 서서히 돌려 전류계의 지시값이 ( )과 같게 될 때까지 전압을 가한다. 이 때 어떤 전류가 전류계에 표시되는가?

3) 유도전압조정기의 핸들을 서서히 돌려 전압을 인가하여 단락시험을 하였다.
이 때 전압계의 지시값을 ( ) 전압, 전력계의 지시값을 ( )와트라 한다. ( )에 공통으로 들어갈 말은?

4) %임피던스는 $\dfrac{\text{교류 전압계의 지시값}}{(\qquad)} \times 100[\%]$이다. ( ) 안에 들어갈 말은?

1) 전압조정기 핸들을 0[V] 위치에 놓는다. 또는 전압조정기 핸들을 Zero Start로 위치한다.
2) 1차 정격전류
3) 임피던스
4) 1차 정격전압

1. **단락시험**

그림과 같이 변압기 2차측을 단락하여 정격주파수의 전압을 서서히 증가시켜 전류계의 지시값이 **1차 정격전류**(I_{1n})값이 될 때까지 전압을 가한다.
이 때 전압계 지시값을 **임피던스 전압**, 전력계의 지시값을 **임피던스 와트** 즉, 동손이라고 한다.

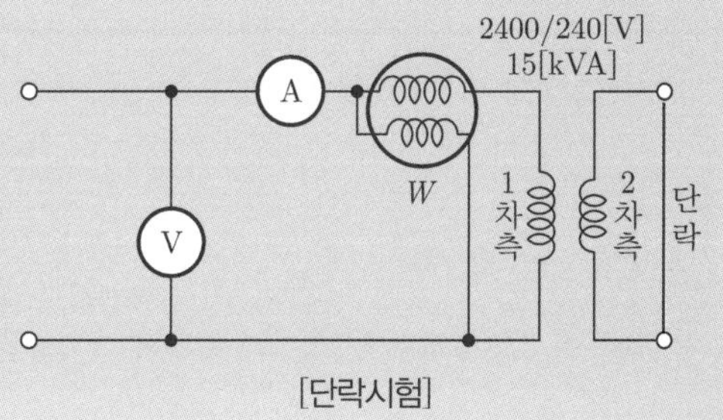

[단락시험]

2. **무부하시험(=개방시험)**

그림과 같이 변압기 1차측(고압측)을 개방하여 정격주파수의 전압을 서서히 증가시켜 전압계의 지시값이 2차측(저압측) 정격전압(V_{2n}) 값이 될 때까지 전압을 가한다.
이 때 전류계 지시값을 무부하 여자전류, 전력계 지시값을 철손이라 한다.

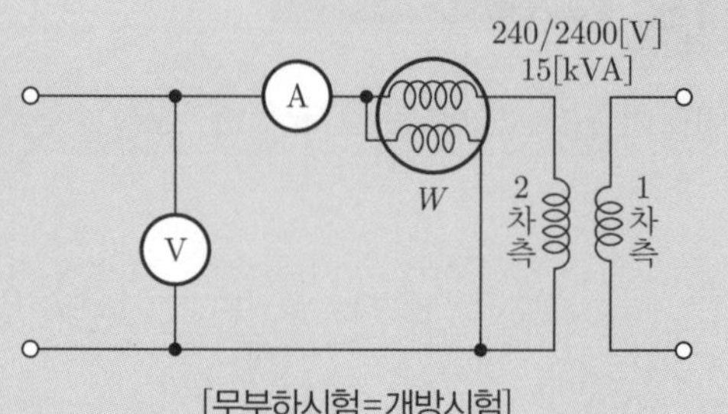

[무부하시험=개방시험]

3. %임피던스 $= \%Z = \dfrac{\text{임피던스 전압(교류전압계 지시값)}}{\text{1차 정격 전압}} \times 100[\%]$

[내전압 시험기 전압조정기 핸들]

16 출제년도 : 19

배점 5점

선로의 길이가 30[km]인 3상 3선식 2회선 송전선로가 있다. 수전단에 30[kV], 6000[kW], 역률 0.8의 3상 부하에 공급할 경우 송전손실을 10[%] 이하로 하기 위해서는 전선의 굵기를 얼마로 하여야 하는가? (단, 사용 전선의 고유저항은 1/55[Ω/mm²·m]이고 전선의 굵기는 2.5, 4, 6, 10, 16, 25, 35, 70, 90[mm²]이다)

• 계산 :

• 답 :

• 계산 : 2회선의 수전단 전력이 6000[kW]이므로

1회선의 수전단 전력은 $6000\times\frac{1}{2}=3000$[kW]이다.

송전손실 10[%] 이하 조건

$$P_\ell=\frac{P^2R}{V^2\cos^2\theta}=0.1P \qquad R=\frac{0.1\times V^2\times\cos^2\theta}{P}=\rho\frac{\ell}{A}$$

$$A=\frac{P\rho\ell}{0.1\times V^2\times\cos^2\theta}=\frac{3000\times10^3\times\frac{1}{55}\times30\times10^3}{0.1\times30000^2\times0.8^2}=28.409[\text{mm}^2]$$

• 답 : 35[mm²]

[별해]

① 먼저 2회선 전력값을 1회선 전력값으로 바꾼다.

② $P_{1회선}=6000\times\frac{1}{2}=3000[\text{kW}]$

③ 송전손실 10[%] 이하 조건

$P_\ell=3I^2R=0.1\times P=0.1\times3000=300[\text{kW}]$

④ $R=\frac{300[\text{kW}]}{3\times I^2}=\rho\frac{\ell[\text{m}]}{A[\text{mm}^2]}$ 단) $I=\frac{P}{\sqrt{3}\times V\times\cos\theta}[\text{A}]$

⑤ $$A=\frac{\rho\times\ell\times3\times I^2}{300\times10^3[\text{W}]}=\frac{\rho\times\ell\times3\times\left(\frac{P}{\sqrt{3}\times V\times\cos\theta}\right)^2}{300\times10^3[\text{W}]}=\frac{\rho\times\ell\times\frac{P^2}{V^2\times\cos^2\theta}}{300\times10^3[\text{W}]}$$

$$=\frac{1}{55}\times30\times10^3\times\frac{\frac{(3000\times10^3)^2}{(30\times10^3)^2\times0.8^2}}{300\times10^3}=28.409[\text{mm}^2]$$

⑥ 공칭단면적 35[mm²] 선정

* 전력손실 = 선로손실 = 송전손실 $=P_\ell=3I^2R=3\times\left(\frac{P}{\sqrt{3}\,V\cos\theta}\right)^2\times R$

$$P_\ell=\frac{P^2R}{V^2\cos^2\theta}=\frac{P^2\rho\ell}{V^2\cos^2\theta\,A}[\text{W}]$$

전기기사 실기 기출문제

2020

2020년 실기 기출문제 분석

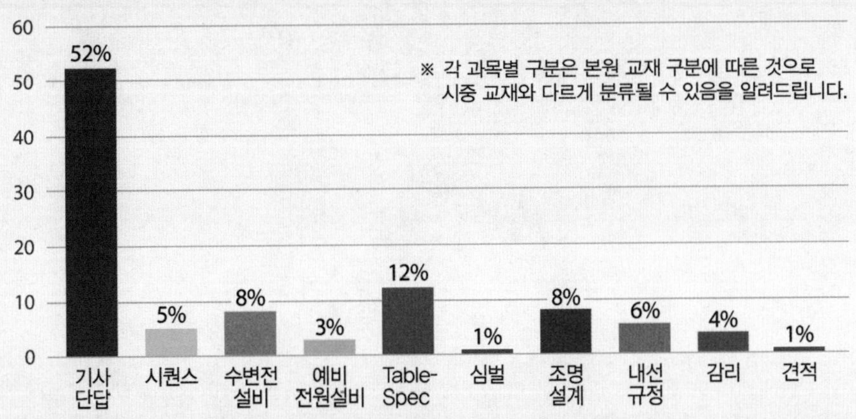

전기기사 실기 기출문제

2020년 1회

01

출제년도 : 20

배점 4점

공칭변류비가 100/5인 변류기의 1차에 250[A]가 흐를 때 2차에 10[A] 전류가 흘렀을 경우 변류기의 비오차를 구하시오.

• 계산 :

• 답 :

• 계산 : 비오차(ϵ) $= \dfrac{\text{공칭변류비} - \text{실제변류비}}{\text{실제변류비}} \times 100[\%]$

$$= \frac{\frac{100}{5} - \frac{250}{10}}{\frac{250}{10}} \times 100 = \frac{5\times 10 \times \frac{100}{5} - \frac{250}{10} \times 5 \times 10}{\frac{250}{10} \times 5 \times 10} \times 100$$

$$= \frac{1000 - 1250}{1250} \times 100 = \frac{-250}{1250} \times 100 = -20[\%]$$

• 답 : $-20[\%]$

비오차

① 실제 변류비가 공칭 변류비와 얼마만큼 다른지를 나타냄

② 비오차(ϵ) $= \dfrac{\text{공칭 변류비} - \text{실제변류비}}{\text{실제변류비}} \times 100[\%]$

③ 비보정계수 $= \dfrac{\text{실제 변류비}}{\text{공칭 변류비}}$

02 출제년도 : 20

배점 4점

어느 선로에서 500[kVA] 변압기 3개를 사용하고 예비용으로 500[kVA] 변압기 1대를 가지고 있다. 부하가 급격하게 증가하여 예비용 변압기까지 운용할 때 사용가능한 최대 용량은 몇 [kVA]인가?

• 계산 :　　　　　　　　　　　　　　　　　　　　• 답 :

• 계산 : 최대부하용량은 V결선 2뱅크이므로

최대부하용량 $= 2\times P_V = 2\times \sqrt{3}\times P_1$[kVA]

$= 2\times \sqrt{3}\times 500 = 1732.05$[kVA]

• 답 : 1732.05[kVA]

03 출제년도 : 20

배점 14점

다음 간이수전설비도를 보고 물음에 답하시오.

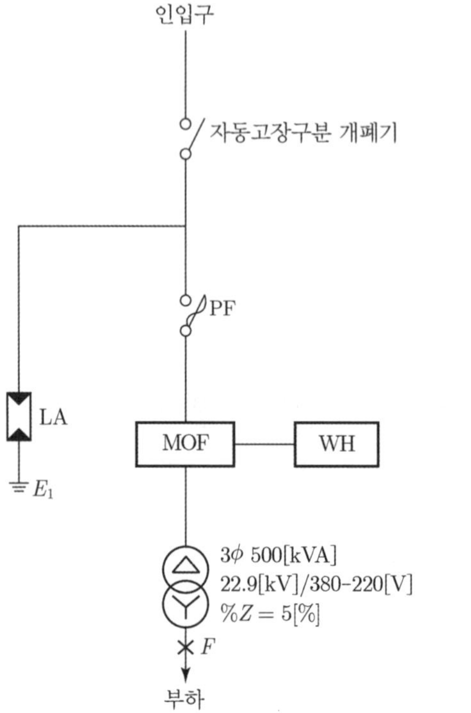

1) ASS의 최대 과전류 LOCK 전류값과 최대 과전류 LOCK 기능은 무엇인가?
① 최대 과전류 LOCK 전류값[A] :
② 최대 과전류 LOCK 기능 :

2) LA 정격전압과 제1보호대상은 무엇인가?
① 정격 전압 :
② 제1보호대상 :

3) 한류용 퓨즈(PF)의 단점은? (2가지)
•
•

4) MOF의 과전류 강도는 기기 설치점에서 단락전류에 의하여 계산 적용하되, 22.9[kV]급으로서 60[A] 이하의 MOF 과전류 강도 몇 (　　)배로 하고, 계산한 값이 75[배] 이상인 경우에는 (　　)배를 적용하며 60[A] 초과시 MOF 과전류 강도는 (　　)배로 적용한다.

5) 고장점 F에 흐르는 3상 단락전류와 2상(선간) 단락전류를 구하시오.
① 3상 단락전류
• 계산 : 　　　　• 답 :

② 2상(선간) 단락전류
• 계산 : 　　　　• 답 :

1) ① 800[A]±10[%]
② 정격차단전류(900[A]) 이상의 고장 발생시 개폐기를 보호하면서 전류가 LOCK 전류 이상인 경우에는 개폐기는 LOCK 되며 후비보호장치의 차단에 의해 고장전류가 제거된 후 무전압상태에서 차단시키는 기능이다.
2) ① 18[kV]
② 변압기
3) • 재투입할 수 없다.
• 비보호 영역이 있다.
그 외 한류 퓨즈는 차단시 과전압 발생한다. 동작시간-전류특성을 계전기처럼 조정 불가능하다.
4) 75, 150, 40

5) ① 3상 단락전류

- 계산 : $I_s = \frac{100}{\%Z} I_n = \frac{100}{5} \times \frac{500}{\sqrt{3} \times 0.38} = 15193.428[A]$
- 답 : 15193.43[A]

② 2상(선간) 단락전류

- 계산 : $I_{s2} = \frac{100}{\%Z} I_n = \frac{100}{5} \times \frac{500}{\sqrt{3} \times 0.38} \times \frac{\sqrt{3}}{2} = 13157.894[A]$
- 답 : 13157.89[A]

[참고1] **내선규정 발췌**

번호	제 목	관련조항
300-16	전력수급용 계기용변성기(MOF) 과전류 강도	3220-6

1. 과전류강도 적용기준

가. 계기용변성기(MOF)

① MOF의 과전류강도는 기기 설치점에서 단락전류에 의하여 계산 적용하되, 22.9[kV]급으로서 60[A] 이하의 MOF 최소 과전류강도는 전기사업자규격에 의한 75배로 하고, 계산한 값이 75배 이상인 경우에는 150배를 적용하며, 60[A] 초과시 MOF의 과전류강도는 40배로 적용한다.

② MOF 전단에 한류형 전력퓨즈를 설치하였을 때는 그 퓨즈로 제한되는 단락전류를 기준으로 과전류강도를 계산형 상기 ①과 같이 적용한다.

③ 다만, 수요자 또는 설계자의 요구에 의하여 MOF 또는 CT 과전류강도를 150배 이상 요구한 경우는 그 값을 적용한다.

나. 변류기(CT)

C.T의 과전류강도는 기기 설치점에서 단락전류에 대한 과전류 강도 계산값을 적용한다.

[참고2] **3상 단락전류**

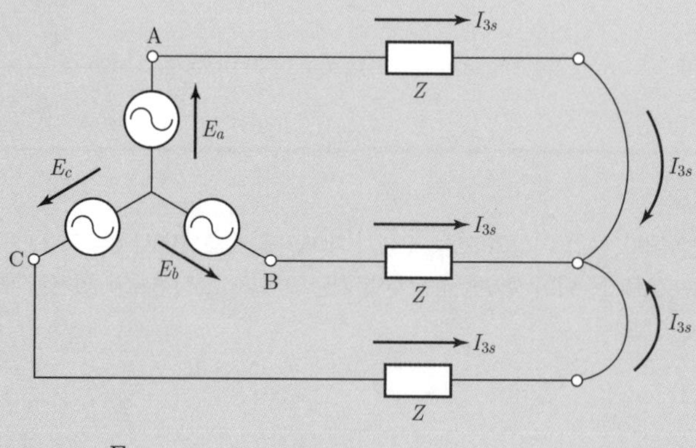

$$I_{3s} = \frac{E}{Z}$$

각 선에 흐르는 전류 크기는 모두 같으며, 이 때 Z : 한 상의 임피던스, E : 한 상의 기전력(상전압)이다.

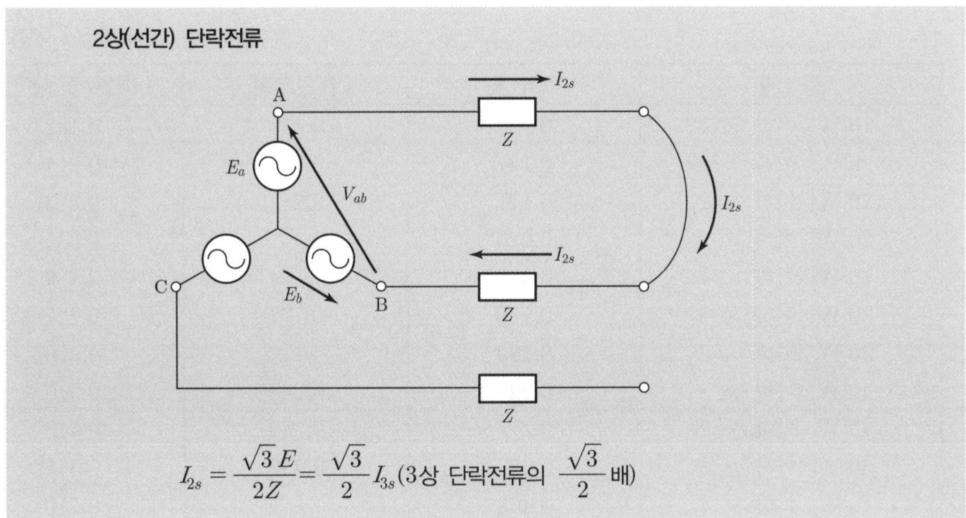

04 출제년도 : 20 **배점 5점**

건물의 보수공사를 하는데 32[W]×2 매입 하면(下面) 개방형 형광등 30등을 32[W]×3 매입 루버형으로 교체하고, 20[W]×2 팬던트 하면(下面) 개방형 형광등 20등을 20[W]×2 직부 하면(下面) 개방형으로 교체하였다. 철거되는 20[W]×2 팬던트 하면(下面) 개방형 등기구는 재사용할 것이다. 천장 구멍 뚫기 및 취부테 설치와 등기구 보강 작업은 계상하지 않으며, 공구손료 등을 제외한 직접 노무비만 계산하시오. (단, 인공계산은 소수점 셋째 자리까지 구하고, 내선전공의 노임은 239,716원으로 한다)

• 계산 :　　　　　　　　　　　　　　• 답 :

(단위 : 등, 적용직종 : 내선전공)

종 별	직부형	팬던트형	반매입 및 매입형
10[W] 이하 × 1	0.123	0.150	0.182
20[W] 이하 × 1	0.141	0.168	0.214
20[W] 이하 × 2	0.177	0.2145	0.273
20[W] 이하 × 3	0.223	–	0.335
20[W] 이하 × 4	0.323	–	0.489
30[W] 이하 × 1	0.150	0.177	0.227
30[W] 이하 × 2	0.189	–	0.310
40[W] 이하 × 1	0.223	0.268	0.340
40[W] 이하 × 2	0.277	0.332	0.418
40[W] 이하 × 3	0.359	0.432	0.545
40[W] 이하 × 4	0.468	–	0.710
110[W] 이하 × 1	0.414	0.495	0.627
110[W] 이하 × 2	0.505	0.601	0.764

[해설] ① 하면 개방형 기준임. 루버 또는 아크릴 커버형일 경우 해당등기구 설치 품의 110[%]
② 등기구 조립·설치, 결선, 지지금구류 설치, 장내 소운반 및 잔재정리 포함
③ 매입 또는 반매입 등기구의 천정 구멍뚫기 및 취부테 설치 별도 가산
④ 매입 및 반매입 등기구에 등기구보강대를 별도로 설치할 경우 이 품의 20[%] 별도 계상
⑤ 광천정 방식은 직부형 품 적용
⑥ 방폭형 200[%]
⑦ 높이 1.5[m] 이하의 Pole형 등기구는 직부형 품의 150[%] 적용(기초대 설치 별도)
⑧ 형광등 안정기 교환은 해당 등기구 신설품의 110[%]. 다만, 펜던트형은 90[%]
⑨ 아크릴간판의 형광등 안정기 교환은 매입형 등기구 설치 품의 120[%]
⑩ 공동주택 및 교실 등과 같이 동일 반복공정으로 비교적 쉬운 공사의 경우는 90[%]
⑪ 형광램프만 교체시 해당 등기구 1등용 설치 품의 10[%]
⑫ T−5(28W) 및 FPL(36[W], 55[W])는 FL 40[W] 기준품 적용
⑬ 펜던트형은 파이프 펜던트형 기준, 체인펜던트는 90[%]
⑭ 등의 증가 시 매 증가 1등에 대하여 직부형은 0.005인, 매입 및 반매입형은 0.008인 가산
⑮ 고조도 반사판 청소시 형별에 관계없이 내선전공 20[W] 이하 0.03인, 40[W] 이하 0.05인을 가산
⑯ 철거 30[%], 재사용 철거 50[%]

- 계산 : 철거인공 : 0.418 × 30 × 0.3(32[W] × 2 매입하면 개방형 형광등 30등 철거)
  + 0.2145 × 20 × 0.5(20[W] × 2 팬던트형 형광등 20등 재사용 철거)
  = 5.907

  설치인공 : 0.545 × 30 × 1.1(32[W] × 3 매입 루버형 30등 설치)
  + 0.177 × 20(20[W] × 2 직부 개방형 20등 설치)
  = 21.525

  총 소요인공 = 5.907 + 21.525 = 27.432

  직접 노무비 = 27.432 × 239716 = 6575889.31
- 답 : 6575889[원]

05 출제년도 : 03, 15, 20 배점 6점

그림과 같은 방전특성을 갖는 부하에 필요한 축전지 용량은 몇 [Ah]인가?
(단, 방전전류 : $I_1 = 200[A]$, $I_2 = 300[A]$, $I_3 = 150[A]$, $I_4 = 100[A]$
방전시간 : $T_1 = 130$[분], $T_2 = 120$[분], $T_3 = 40$[분], $T_4 = 5$[분]
용량환산시간 : $K_1 = 2.45$, $K_2 = 2.45$, $K_3 = 1.46$, $K_4 = 0.45$
보수율은 0.7로 적용한다)

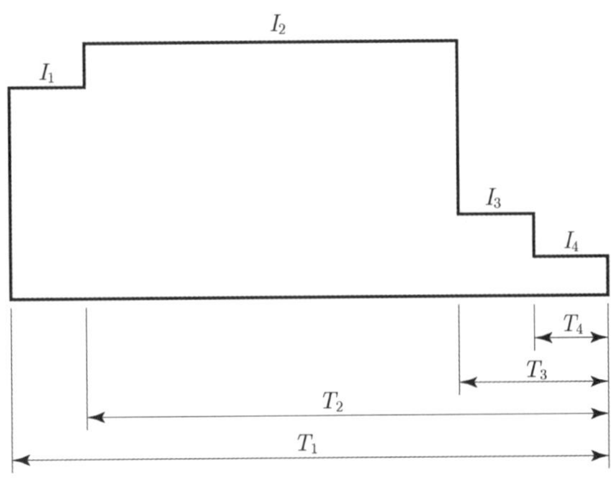

• 계산 : • 답 :

• 계산 : $C = \frac{1}{L}\{K_1 I_1 + K_2(I_2 - I_1) + K_3(I_3 - I_2) + K_4(I_4 - I_3)\}$

$= \frac{1}{0.7}\{2.45 \times 200 + 2.45 \times (300 - 200) + 1.46 \times (150 - 300) + 0.45 \times (100 - 150)\}$

$= 705[Ah]$

• 답 : 705[Ah]

06 출제년도 : 12, 20 　　배점 12점

3층 사무실용 건물에 3상 3선식의 6000[V]를 200[V]로 강압하여 수전하는 설비이다. 각종 부하 설비가 표와 같을 때 참고자료를 이용하여 다음 물음에 답하시오.

[표 1] 동력 부하 설비

사용 목적	용량 [kVA]	대수	상용동력 [kW]	하계동력 [kW]	동계동력 [kW]
난방관계					
• 보일러 펌프	6.0	1			6.0
• 오일 기어 펌프	0.4	1			0.4
• 온수 순환 펌프	3.0	1			3.0
공기조화관계					
• 1, 2, 3 중 패키지 콤프레셔	7.5	6		45.0	
• 콤프레셔 팬	5.5	3	16.5		
• 냉각수 펌프	5.5			5.5	
• 쿨링 타워	1.5	1		1.5	
급수·배관 관계					
• 양수 펌프	3.0	1	3.0		
기타					
• 소화 펌프	5.5	1	5.5		
• 셔터	0.4	2	0.8		
합 계			25.8	52.0	9.4

[표 2] 조명 및 콘센트 부하 설비

사용 목적	와트수 [W]	설 치 수 량	환산용량 [VA]	총 용량 [VA]	계동력 [kW]
전등관계					
• 수은등 A	200	4	260	1040	200[V] 고역률
• 수은등 B	100	8	140	1120	200[V] 고역률
• 형광등	40	820	55	45100	200[V] 고역률
• 백열전등	60	10	60	600	
콘센트 관계					
• 일반 콘센트		80	150	12000	2P 15A
• 환기팬용 콘센트		8	55	440	
• 히터용 콘센트	1500	2		3000	
• 복사기용 콘센트		4		3600	
• 텔레타이프용 콘센트		2		2400	
• 룸 쿨러용 콘센트		6		7200	
기 타					
• 전화교환용 정류기		1		800	
계				77300	

[참고자료 1] 변압기 보호용 전력퓨즈의 정격 전류

상수	단상				3상			
공칭전압	3.3[kV]		6.6[kV]		3.3[kV]		6.6[kV]	
변압기 용량 [kVA]	변압기 정격전류 [A]	정격전류 [A]	변압기 정격전류 [A]	정격전류 [A]	변압기 정격전류 [A]	정격전류 [A]	변압기 정격전류 [A]	정격전류 [A]
5	1.52	3	0.76	1.5	0.88	1.5	–	–
10	3.03	7.5	1.52	3	1.75	3	0.88	1.5
15	4.55	7.5	2.28	3	2.63	3	1.3	1.5
20	6.06	7.5	3.03	7.5	–	–	–	–
30	9.10	15	4.56	7.5	5.26	7.5	2.63	3
50	15.2	20	7.60	15	8.45	15	4.38	7.5
75	22.7	30	11.4	15	13.1	15	6.55	7.5
100	30.3	50	15.2	20	17.5	20	8.75	15
150	45.5	50	22.7	30	26.3	30	13.1	15
200	60.7	75	30.3	50	35.0	50	17.5	20
300	91.0	100	45.5	50	52.0	75	26.3	30
400	121.4	150	60.7	75	70.0	75	35.0	50
500	152.0	200	75.8	100	87.5	100	43.8	50

[참고자료 2] 배전용 변압기의 정격

항 목			소형 6[kV] 유입 변압기								중형 6[kV] 유입 변압기					
정격 용량[kVA]			3	5	7.5	10	15	20	30	50	75	100	150	200	300	500
정격 2차 전류[A]	단상	105[V]	28.6	47.6	71.4	95.2	143	190	286	476	714	852	1430	1904	2857	4762
		210[V]	14.3	23.8	35.7	47.6	71.4	95.2	143	238	357	476	714	952	1429	2381
	3상	210[V]	8	13.7	20.6	27.5	41.2	55	82.5	137	206	275	412	550	825	1376

항 목			소형 6[kV] 유입 변압기	중형 6[kV] 유입 변압기
정격 전압	정격 2차 전압		6300[V] 6/3[kV] 공용 : 6300[V]/3150[V]	6300[V] 6/3[kV] 공용 : 6300[V]/3150[V]
	정격 2차전압	단상	210[V] 및 105[V]	200[kVA] 이하의 것 : 210[V] 및 105[V] 200[kVA] 이하의 것 : 210[V]
		3상	210[V]	210[V]
탭 전압	전용량 탭전압	단상	6900[V], 6600[V] 6/3[kV] 공용 : 6300[V]/3150[V] 6600[V]/3300[V]	6900[V], 6600[V]
		3상	6900[V], 6600[V] 6/3[kV] 공용 : 6600[V]/3300[V]	6/3[kV] 공용 : 6300[V]/3150[V] 6600[V]/3300[V]
	저감용량 탭전압	단상	6000[V], 5700[V] 6/3[kV] 공용 : 6000[V]/3000[V] 5700[V]/2850[V]	6000[V], 5700[V]
		3상	6600[V] 6/3[kV] 공용 : 6000[V]/3300[V]	6/3[kV] 공용 : 6000[V]/3000[V] 5700[V]/2850[V]
변압기의 결선		단상	2차 권선 : 분할 결선	3상: 1차 권선 : 성형 권선 2차 권선 : 삼각 권선
		3상	1차 권선 : 성형 권선, 2차 권선 : 성형 권선	

[참고자료 3] 역률개선용 콘덴서의 용량 계산표[%]

개선 전의 역률	개선 후의 역률																	
	1.00	0.99	0.98	0.97	0.96	0.95	0.94	0.93	0.92	0.91	0.90	0.89	0.88	0.87	0.86	0.85	0.83	0.80
0.50	173	159	153	148	144	140	137	134	131	128	125	122	119	117	114	111	106	98
0.55	152	138	132	127	123	119	116	112	108	106	103	101	98	95	92	90	85	77
0.60	133	119	113	108	104	100	97	94	91	88	85	82	79	77	74	71	66	58
0.62	127	112	106	102	97	94	90	87	84	81	78	75	73	70	67	65	59	52
0.64	120	106	100	95	91	87	84	81	78	75	72	69	66	63	61	58	53	45
0.66	114	100	94	89	85	81	78	74	71	68	65	63	60	57	55	52	47	39
0.68	108	94	88	83	79	75	72	68	65	62	59	57	54	51	49	46	41	33
0.70	102	88	82	77	73	69	66	63	59	56	54	51	48	45	43	40	35	27
0.72	96	82	76	71	67	64	60	57	54	51	48	45	42	40	37	34	29	21
0.74	91	77	71	68	62	58	55	51	48	45	43	40	37	34	32	29	24	16
0.76	86	71	65	60	58	53	49	46	43	40	37	34	32	29	26	24	18	11
0.78	80	66	60	55	51	47	44	41	38	35	32	29	26	24	21	18	13	5
0.79	78	63	57	53	48	45	41	38	35	32	29	26	24	21	18	16	10	2.6
0.80	75	61	55	50	46	42	39	36	32	29	27	24	21	18	16	13	8	
0.81	72	58	52	47	43	40	36	33	30	27	24	21	18	16	13	10	5	
0.82	70	56	50	45	41	37	34	30	27	24	21	18	16	13	10	8	2.6	
0.83	67	53	47	42	38	34	31	28	25	22	19	16	13	11	8	5		
0.84	65	50	44	40	35	32	28	25	22	19	16	13	11	8	5	2.6		
0.85	62	48	42	37	33	29	25	23	19	16	14	11	8	5	2.7			
0.86	59	45	39	34	30	28	23	20	17	14	11	8	5	2.6				
0.87	57	42	36	32	28	24	20	17	14	11	8	6	2.7					
0.88	54	40	34	29	25	21	18	15	11	8	6	2.8						
0.89	51	37	31	26	22	18	15	12	9	6	2.8							
0.90	48	34	28	23	19	16	12	9	6	2.8								
0.91	46	31	25	21	16	13	9	8	3									
0.92	43	28	22	18	13	10	8	3.1										
0.93	40	25	19	14	10	7	3.2											
0.94	36	22	16	11	7	3.4												
0.95	33	19	13	8	3.7													
0.96	29	15	9	4.1														
0.97	25	11	4.8															
0.98	20	8																
0.99	14																	

1) 동계 난방 때 온수 순환 펌프는 상시 운전하고, 보일러용과 오일 기어 펌프의 수용률이 60[%]일 때 난방 동력 수용 부하는 몇 [kW]인가?

- 계산 :
- 답 :

2) 동력 부하의 역률이 전부 80[%]라고 한다면 피상 전력은 각각 몇 [kVA]인가?
(단, 상용 동력, 하계 동력, 동계 동력별로 각각 계산하시오.)

① 상용 동력
- 계산 :
- 답 :

② 하계 동력
- 계산 :
- 답 :

③ 동계 동력
- 계산 :
- 답 :

3) 총 전기 설비 용량은 몇 [kVA]를 기준으로 하여야 하는가?
- 계산 :
- 답 :

4) 전등의 수용률은 70[%], 콘센트 설비의 수용률은 50[%]라고 한다면 몇 [kVA]의 단상 변압기에 연결하여야 하는가? (단, 전화 교환용 정류기는 100[%] 수용률로서 계산한 결과에 포함시키며 변압기 예비율은 무시한다.)
- 계산 :
- 답 :

5) 동력 설비 부하의 수용률이 모두 60[%]라면 동력 부하용 3상 변압기의 용량은 몇 [kVA]인가? (단, 동력 부하의 역률은 80[%]로 하며 변압기의 예비율은 무시한다.)
- 계산 :
- 답 :

6) 상기 건물에 시설된 변압기 총 용량은 몇 [kVA]인가?
- 계산 :
- 답 :

7) 단상 변압기와 3상 변압기의 1차측의 전력 퓨즈의 정격 전류는 각각 몇 [A]의 것을 선택하여야 하는가?
- 단상 변압기 :

- 3상 변압기 :

8) 선정된 동력용 변압기 용량에서 역률을 95[%]로 개선하려면 콘덴서 용량은 몇 [kVA]인가?
- 계산 :
- 답 :

2020

1) • 계산 : 수용부하 $= 3.0 + (6.0 + 0.4) \times 0.6 = 6.84$[kW]
   • 답 : 6.84[kW]

2) ① 상용 동력
   • 계산 : $\frac{25.8}{0.8} = 32.25$ • 답 : 32.25[kVA]
   ② 하계 동력
   • 계산 : $\frac{52.0}{0.8} = 65$ • 답 : 65[kVA]
   ③ 동계 동력
   • 계산 : $\frac{9.4}{0.8} = 11.75$ • 답 : 11.75[kVA]

3) • 계산 : 설비용량 $= 32.25 + 65 + 11.75 + 77.3 = 186.3$[kVA]
   • 답 : 186.3[kVA]

4) • 계산 :

구분	수용률	계 산	수용부하[kVA]
전등 관계	0.7	$(1.04 + 1.12 + 45.1 + 0.6) \times 0.7$	33.5
콘센트 관계	0.5	$(12 + 0.44 + 3 + 3.6 + 2.4 + 7.2) \times 0.5$	14.32
기타	1	0.8×1	0.8
합 계			48.62

   • 답 : 단상 50[kVA] 변압기

5) • 계산 : 수용부하 $= (32.25 + 65) \times 0.6 = 58.35$[kVA]
   • 답 : 3상 75[kVA] 변압기

6) • 계산 : 단상 변압기 용량+3상 변압기 용량 $= 50 + 75 = 125$[kVA]
   • 답 : 125[kVA]

7) ① 단상 변압기 : 15[A]
   ② 3상 변압기 : 7.5[A]

8) • 계산 : [참고자료3]에 의하여 $K = 0.42$
   $Q_c = P \times K = 75 \times 0.8 \times 0.42 = 25.2$[kVA]
   • 답 : 25.2[kVA]

07 출제년도 : 20

배점 5점

다음 그림은 전등을 3개소에서 점멸이 가능하기 위하여 3로 스위치 2개, 4로 스위치 1개를 이용하는 경우 실체 배선도를 완성하시오.

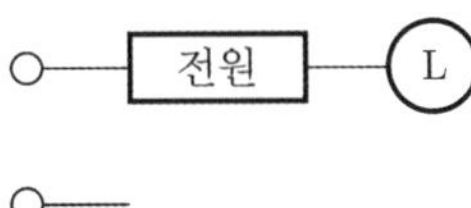

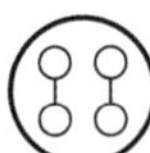

답안

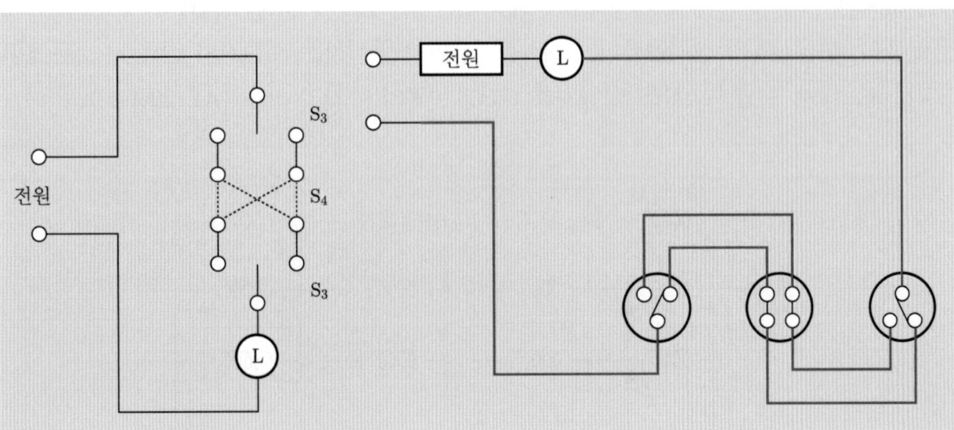

08

출제년도 : 20 / 유사 : 04, 16

배점 4점

방의 가로 길이가 10[m], 세로 길이 8[m], 방바닥에서 천장까지 높이가 4.8[m]인 방의 실지수를 구하시오. (단, 바닥에서 0.8[m] 높이에서 작업한다)

• 계산 :

• 답 :

• 계산 : $R.I = \dfrac{X \cdot Y}{H(X+Y)}$

$= \dfrac{10 \times 8}{(4.8-0.8) \times (10+8)} = 1.111$

• 답 : 1.11

09

출제년도 : 15, 20

배점 6점

그림과 같이 차동계전기에 의하여 보호되고 있는 3상 △－Y 결선 30[MVA], 33/11[kV] 변압기가 있다. 고장전류가 정격전류의 200[%] 이상에서 동작하는 계전기의 전류값(i_r)은 얼마인지 구하시오. (단, 변압기 1차측 및 2차측 CT의 변류비는 각각 500/5[A], 2000/5[A]이다)

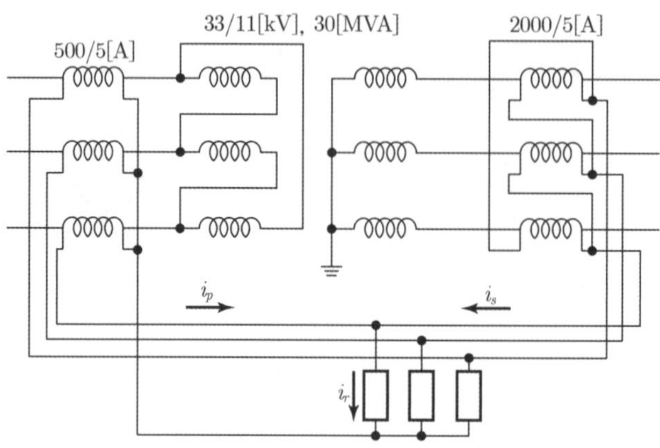

• 계산 :

• 답 :

- 계산 : $i_p = \frac{30000}{\sqrt{3} \times 33} \times \frac{5}{500} = 5.248[A]$

  (변압기 결선은 △-Y이며 변압기 1차측 CT는 Y결선으로서 그대로 적용한다.)

  $i_s = \frac{30000}{\sqrt{3} \times 11} \times \frac{5}{2000} \times \sqrt{3} = 6.818[A]$

  (변압기 2차측 CT는 △결선으로서 선전류는 상전류의 $\sqrt{3}$ 배이므로 △결선 CT에서 계전기 쪽으로 흐르는 전류는 $\sqrt{3}$ 배를 곱함)

  $i_r = (i_s - i_p) \times 2 = (6.818 - 5.248) \times 2 = 3.14[A]$

- 답 : 3.14[A]

10 출제년도 : 20 배점 5점

소선의 지름이 3.2[mm]인 37가닥의 연선을 사용할 경우 연선의 외경은 몇 [mm]인가?

- 계산 :
- 답 :

- 계산 : 소선 가닥수가 37일 때 층수(n)는 3이므로

  연선의 외경(D) $= (2n+1)d = (2 \times 3 + 1) \times 3.2$

  $= 22.4[mm]$ (단, d : 소선의 지름)

- 답 : 22.4[mm]

11 출제년도 : 20 배점 4점

ACSR 가공전선로에 댐퍼를 설치하는 이유를 쓰시오.

전선의 진동에너지를 흡수하여 전선 진동을 방지한다.

12 출제년도 : 20

배점 3점

설계자가 크기, 형상 등 전체적인 조화를 생각하여 형광등기구를 벽면 상방 모서리에 숨겨서 설치하는 방식으로 기구로부터 빛이 직접 벽면을 조명하는 건축화 조명은 무엇인가?

코오니스 조명

13 출제년도 : 20

배점 5점

뇌서지, 개폐서지 등에 의하여 이상전압이 발생하였을 때 선로와 기기를 보호하기 위하여 피뢰기를 설치한다. 피뢰기 설치장소 3개소를 쓰시오.

①
②
③

① 발전소·변전소 또는 이에 준하는 장소의 가공전선 인입구 및 인출구
② 가공전선로에 접속하는 배전용 변압기의 고압측 및 특고압측
③ 고압 및 특고압 가공전선로로부터 공급받는 수용장소의 인입구
④ 가공전선로와 지중전선로가 접속되는 곳

중 3개 선택

14 출제년도 : 04, 05, 20 배점 **8점**

다음 그림은 변류기를 영상 접속시켜 그 잔류 회로에 지락 계전기 DG를 삽입시킨 것이다. 선로 전압은 66[kV], 중성점에 300[Ω]의 저항 접지로 하였고, 변류기의 변류비는 300/5이다. 송전 전력 20000[kW], 역률 0.8(지상)이고, a상에 완전 지락사고가 발생하였다고 할 때 다음 각 물음에 답하시오.

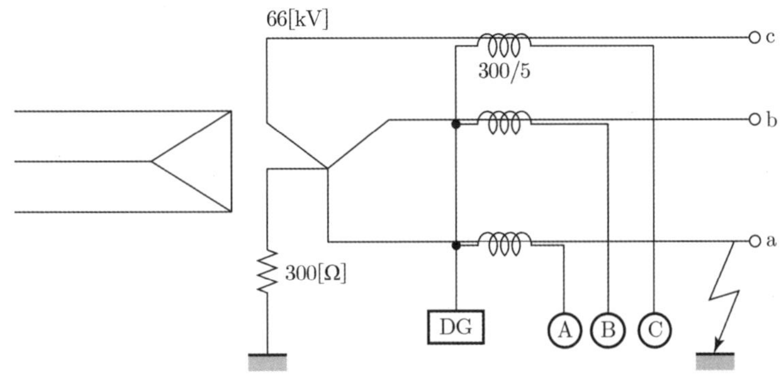

1) 지락 계전기 DG에 흐르는 전류는 몇 [A]인가?
- 계산 : • 답 :

2) a상 전류계 A에 흐르는 전류는 몇 [A]인가?
- 계산 : • 답 :

3) b상 전류계 B에 흐르는 전류는 몇 [A]인가?
- 계산 : • 답 :

4) c상 전류계 C에 흐르는 전류는 몇 [A]인가?
- 계산 : • 답 :

답안

1) • 계산 : $I_g = \dfrac{V/\sqrt{3}}{R} = \dfrac{66000}{\sqrt{3}\times 300} = 127.017[A]$

∴ 지락 계전기 DG에 흐르는 전류 $i_{DG} = I_g \times \dfrac{1}{\text{CT비}} = 127.017 \times \dfrac{5}{300} = 2.116[A]$

• 답 : 2.12[A]

2) • 계산 : 전류계 A에는 부하 전류와 지락 전류의 합이 흐르므로

$$I_a = I_L + I_g = \frac{20000}{\sqrt{3}\times 66\times 0.8}\times(0.8 - j0.6) + \frac{66\times 10^3/\sqrt{3}}{300}$$

$$= 174.954 - j131.215 + 127.017 = 301.971 - j131.215$$

$$= \sqrt{301.971^2 + 131.215^2} = 329.247$$

$$\therefore\ A = I_g \times \frac{1}{\text{CT비}} = 329.247 \times \frac{5}{300} = 5.487[\text{A}]$$

• 답 : 5.49[A]

3) • 계산 : 전류계 B에는 부하 전류가 흐르므로

$$I_b = \frac{20000}{\sqrt{3}\times 66\times 0.8} = 218.693[\text{A}]$$

$$\therefore\ B = I_b \times \frac{1}{\text{CT비}} = 218.693 \times \frac{5}{300} = 3.644[\text{A}]$$

• 답 : 3.64[A]

4) • 계산 : 전류계 C에도 부하 전류가 흐르므로

$$I_c = \frac{20000}{\sqrt{3}\times 66\times 0.8} = 218.693[\text{A}]$$

$$\therefore\ C = I_c \times \frac{1}{\text{CT비}} = 218.693 \times \frac{5}{300} = 3.644[\text{A}]$$

• 답 : 3.64[A]

15 출제년도 : 20 배점 6점

계기용 변류기(CT)의 열적 과전류강도와 기계적 과전류강도에 대하여 답하시오.

1) 열적 과전류강도 관계식을 쓰시오.

S_n : 정격 과전류강도[kA]
S : 통전시간 t초에 대한 열적 과전류강도
t : 통전시간[s]

2) 기계적 과전류강도 관계식을 쓰시오.

1) 열적 과전류강도$(S) = \dfrac{S_n}{\sqrt{t}}$ [kA]

2) 기계적 과전류강도 $\geq \dfrac{\text{회로의 최대 고장전류[A]}}{\text{변류기의 정격 1차 전류[A]}}$

① 정격 과전류 강도 : CT 1차 권선에 단락전류에 흐를 때 정격 1차 전류의 몇 배까지 견디는지 나타내는 수치
② 열적 과전류 강도 : 온도상승에 의한 권선 용단에 견디는 정도
③ 기계적 과전류 강도 : 전자력에 의한 권선 변경에 견디는 강도

16 출제년도 : 99, 20 **배점 9점**

그림과 같은 평형 3상 회로로 운전하는 유도전동기가 있다. 이 회로에 그림과 같이 2개의 전력계 W_1, W_2, 전압계 Ⓥ, 전류계 Ⓐ를 접속한 후 지시값은 $W_1 = 6$[kW], $W_2 = 2.9$[kW], $V = 200$[V], $I = 30$[A]이다.

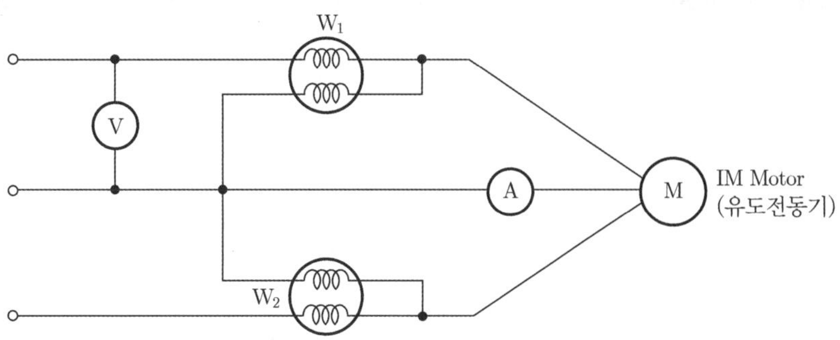

1) 이 유도전동기의 역률은 몇 [%]인가?
- 계산 : • 답 :

2) 역률을 90[%]로 개선시키려면 몇 [kVA] 용량의 콘덴서가 필요한가?
- 계산 : • 답 :

3) 이 전동기로 만일 매분 20[m]의 속도로 물체를 권상한다면 몇 [ton]까지 가능한가? (단, 종합효율은 80[%]로 한다)
- 계산 : • 답 :

1) • 계산 : 역률$(\cos\theta) = \dfrac{P}{P_a} \times 100 = \dfrac{W_1 + W_2}{\sqrt{3}\,VI} \times 100$

$$= \frac{(6+2.9) \times 10^3}{\sqrt{3} \times 200 \times 30} \times 100 = 85.64[\%]$$

• 계산 : 85.64[%]

2) • 계산 : 콘덴서 용량$(Q_c) = P(\tan\theta_1 - \tan\theta_2)$[kVA]

$$= 8.9\left(\frac{\sqrt{1-0.856^2}}{0.856} - \frac{\sqrt{1-0.9^2}}{0.9}\right) = 1.064[\text{kVA}]$$

• 답 : 1.06[kVA]

3) • 계산 : 권상하중$(W) = \dfrac{6.12 \times \eta \times P}{V}$[ton]

$$= \frac{6.12 \times 0.8 \times 8.9}{20} = 2.178[\text{ton}]$$

• 답 : 2.18[ton]

① $\cos\theta = \dfrac{P}{P_a} = \dfrac{W_1 + W_2}{2\sqrt{W_1^2 + W_2^2 - W_1 W_2}}$ 와 $\cos\theta = \dfrac{P}{P_a} = \dfrac{W_1 + W_2}{\sqrt{3}\,VI}$ 는 역률값이 같다.

(일반적으로는 출제위원이 전류를 임의값을 주기 때문에 역률이 다르다.)

이 문제는 둘 다 맞는 풀이이다.

② 권상기 출력$(P) = \dfrac{W \cdot V}{6.12 \times \eta}$[kW] (단, W : 중량[ton], V : 권상속도[m/min])

전기기사 실기 기출문제 2020년 2회

01 출제년도 : 01, 14, 20 **배점 7점**

3.7[kW]와 7.5[kW]의 직입기동 농형 전동기 및 22[kW]의 3상 권선형 유도전동기 3대를 그림과 같이 접속하였다. 이 때 다음 각 물음에 답하시오. (단, 공사방법 B1이고, XLPE 절연전선을 사용하였으며, 정격전압은 200[V]이고, 간선 및 분기회로에 사용되는 전선 도체의 재질 및 종류는 같다)

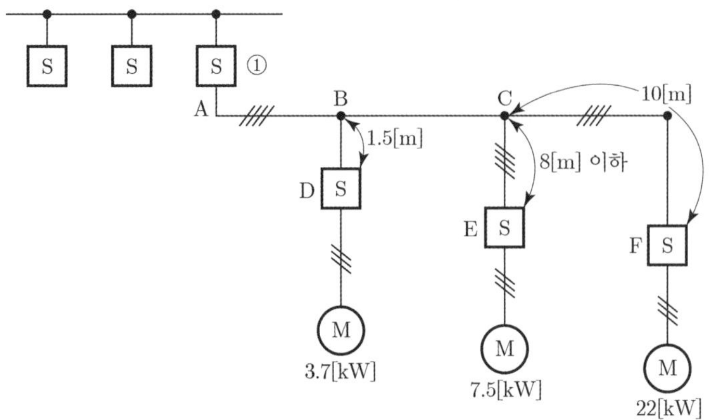

1) 간선에 사용되는 과전류 차단기와 개폐기 ①의 최소 용량은 몇 [A]인가?
   - 계산 :
   - 과전류 차단기 용량 :
   - 개폐기 용량 :

2) 간선의 최소 굵기는 몇 [mm^2]인가?

3) C와 E 사이의 분기회로에 사용되는 전선의 최소 굵기는 몇 [mm^2]인가?
   - 계산 :
   - 전선의 굵기 :

4) C와 F 사이의 분기회로에 사용되는 전선의 최소 굵기는 몇 [mm^2]인가?
   - 계산 :
   - 전선의 굵기 :

[표 1] 전동기 공사에서 간선의 전선 굵기·개폐기 용량 및 적정 퓨즈(200[V], B종 퓨즈)

전동기 (kW)수의 총계 ①(kW) 이하	최대 사용 전류 ①'(A) 이하	배선종류에 의한 간선의 최소굵기(mm^2)②						직입기동 전동기 중 최대용량의 것											
		공사방법 A1		공사방법 B1		공사방법 C		0.75 이하	1.5	2.2	3.7	5.5	7.5	11	15	18.5	22	30	37~55
		3개선		3개선		3개선		기동기사용 전동기 중 최대용량의 것											
								–	–	–	5.5	7.5	11 15	18.5 22	–	30 37	–	45	55
		PVC	XLPE, EPR	PVC	XLPE, EPR	PVC	XLPE, EPR	과전류차단기(A) ········ (칸 위 숫자) ③ 개폐기 용량 (A) ········ (칸 아래 숫자) ④											
3	15	2.5	2.5	2.5	2.5	2.5	2.5	15 30	20 30	30 30	–	–	–	–	–	–	–	–	–
4.5	20	4	2.5	2.5	2.5	2.5	2.5	20 30	20 30	30 30	50 60	–	–	–	–	–	–	–	–
6.3	30	6	4	6	4	4	2.5	30 30	30 30	50 60	50 60	75 100	–	–	–	–	–	–	–
8.2	40	10	6	10	6	6	4	50 60	50 60	50 60	75 100	75 100	100 100	–	–	–	–	–	–
12	50	16	10	10	10	10	6	50 60	50 60	50 60	75 100	75 100	100 100	150 200	–	–	–	–	–
15.7	75	35	25	25	16	16	16	75 100	75 100	75 100	75 100	100 100	100 100	150 200	150 200	–	–	–	–
19.5	90	50	25	35	25	25	16	100 100	100 100	100 100	100 100	100 100	150 200	150 200	200 200	200 200	–	–	–
23.2	100	50	35	35	25	35	25	100 100	100 100	100 100	100 100	100 100	150 200	150 200	200 200	200 200	200 200	–	–
30	125	70	50	50	35	50	35	150 200	150 200	150 200	150 200	150 200	150 200	150 200	200 200	200 200	200 200	–	–
37.5	150	95	70	70	50	70	50	150 200	150 200	150 200	150 200	150 200	150 200	150 200	200 200	300 300	300 300	300 300	–
45	175	120	70	95	50	70	50	200 200	200 200	200 200	200 200	200 200	200 200	200 200	200 200	300 300	300 300	300 300	300 300
52.5	200	150	95	95	70	95	70	200 200	200 200	200 200	200 200	200 200	200 200	200 200	200 200	300 300	300 300	400 400	400 400
63.7	250	240	150	–	95	120	95	300 300	300 300	300 300	300 300	300 300	300 300	300 300	300 300	300 300	400 400	400 400	500 600
75	300	300	185	–	120	185	120	300 300	300 300	300 300	300 300	300 300	300 300	300 300	300 300	300 300	400 400	400 400	500 600
86.2	350	–	240	–	–	240	150	400 400	400 400	400 400	400 400	400 400	400 400	400 400	400 400	400 400	400 400	400 400	600 600

[비고]

1. 최소 전선 굵기는 1회선에 대한 것이며, 2회선 이상일 경우는 복수회로 보정계수를 적용하여야 한다.
2. 공사방법 A1은 벽 내의 전선관에 공사한 절연전선 또는 단심케이블, B1은 벽면의 전선관에 공사한 절연전선 또는 단심케이블, 공사방법 C는 벽면에 공사한 단심 또는 다심케이블을 시설하는 경우의 전선 굵기를 표시하였다.
3. 「전동기중 최대의 것」에는 동시 기동하는 경우를 포함함
4. 과전류차단기의 용량은 해당 조항에 규정되어 있는 범위에서 실용상 거의 최대값을 표시함
5. 과전류차단기의 선정은 최대용량의 정격전류의 3배에 다른 전동기의 정격전류의 합계를 가산한 값 이하를 표시함

[표 2] 200[V] 3상 유도전동기 1대인 경우의 분기회로(B종 퓨즈의 경우)

정격출력 [kW]	전부하 전류 [A]	배선종류에 의한 간선의 최소 굵기[mm²]					
		공사방법 A1 (3개선)		공사방법 B1 (3개선)		공사방법 C (3개선)	
		PVC	XLPE, EPR	PVC	XLPE, EPR	PVC	XLPE, EPR
0.2	1.8	2.5	2.5	2.5	2.5	2.5	2.5
0.4	3.2	2.5	2.5	2.5	2.5	2.5	2.5
0.75	4.8	2.5	2.5	2.5	2.5	2.5	2.5
1.5	8	2.5	2.5	2.5	2.5	2.5	2.5
2.2	11.1	2.5	2.5	2.5	2.5	2.5	2.5
3.7	17.4	2.5	2.5	2.5	2.5	2.5	2.5
5.5	26	6	4	4	2.5	4	2.5
7.5	34	10	6	6	4	6	4
11	48	16	10	10	6	10	6
15	65	25	16	16	10	16	10
18.5	79	35	25	25	16	25	16
22	93	50	25	35	25	25	16
30	124	70	50	50	35	50	35
37	152	95	70	70	50	70	50

정격출력 [kW]	전부하 전류 [A]	개폐기 용량[A]				과전류 차단기(B종 퓨즈)[A]				전동기용 초과눈금 전류계의 정격전류[A]	접지선의 최소 굵기 [mm²]
		직입기동		기동기 사용		직입기동		기동기 사용			
		현장조작	분기	현장조작	분기	현장조작	분기	현장조작	분기		
0.2	1.8	15	15			15	15			3	2.5
0.4	3.2	15	15			15	15			5	2.5
0.75	4.8	15	15			15	15			5	2.5
1.5	8	15	30			15	20			10	4
2.2	11.1	30	30			20	30			15	4
3.7	17.4	30	60			30	50			20	6
5.5	26	60	60	30	60	50	60	30	50	30	6
7.5	34	100	100	60	100	75	100	50	75	30	10
11	48	100	200	100	100	100	150	75	100	60	16
15	65	100	200	100	100	100	150	100	100	60	16
18.5	79	200	200	100	200	150	200	100	150	100	16
22	93	200	200	100	200	150	200	100	150	100	16
30	124	200	400	200	200	200	300	150	200	150	25
37	152	200	400	200	200	200	300	150	200	200	25

[비고]

1. 최소 전선 굵기는 1회선에 대한 것이며, 2회선 이상일 경우는 복수회로 보정계수를 적용하여야 한다.
2. 공사방법 A1은 벽 내의 전선관에 공사한 절연전선 또는 단심케이블, B1은 벽면의 전선관에 공사한 절연전선 또는 단심케이블, 공사방법 C는 벽면에 공사한 단심 또는 다심케이블을 시설하는 경우의 전선 굵기를 표시하였다.
3. 전동기 2대 이상을 동일회로로 할 경우는 간선의 표를 적용할 것

1) • 계산 : 전동기수의 총화 $=3.7+7.5+22=33.2$[kW]이므로
[표 1]에서 전동기수의 총화 37.5[kW]란과 기동기 사용 22[kW]란에서 과전류 차단기 150[A]와 개폐기 200[A] 선정
• 답 : 과전류 차단기 용량 : 150[A], 개폐기 용량 : 200[A]

2) • 계산 : 전동기 수의 총화 $=3.7+7.5+22=33.2$[kW]이므로
[표 1]에서 전동기수의 총화 37.5[kW]란과 공사방법 B1란에서 전선 50[mm^2] 선정
• 답 : 50[mm^2]

3) • 계산 : [표 2]에서 정격 7.5[kW]란과 공사방법 B1, XLPE에 의하여 4[mm^2] 선정
• 답 : 4[mm^2]

4) • 계산 : [표 2]에서 정격 22[kW]란과 공사방법 B1, XLPE에 의하여 25[mm^2] 선정
• 답 : 25[mm^2]

※ 추가설명
[표 2]가 주어지지 않았으면, 아래와 같이 풀이된다.
단, 이 문제에서는 표가 주어졌으므로 반드시 표를 이용하여 답을 구한다.

3) • 계산 : 8[m] 이내이므로 $50\times\frac{1}{5}=10$[mm^2]
• 전선의 굵기 : 10[mm^2] 선정

4) • 계산 : 8[m]를 초과하였으므로 $50\times\frac{1}{2}=25$[mm^2]
• 답 : 25[mm^2]

02 출제년도 : 04, 08, 20 　　　　배점 6점

고압 선로에서의 접지사고 검출 및 경보장치를 그림과 같이 시설하였다. A선에 누전사고가 발생하였을 때 다음 각 물음에 답하시오. (단, 전원이 인가되고 경보벨의 스위치는 닫혀있는 상태라고 한다)

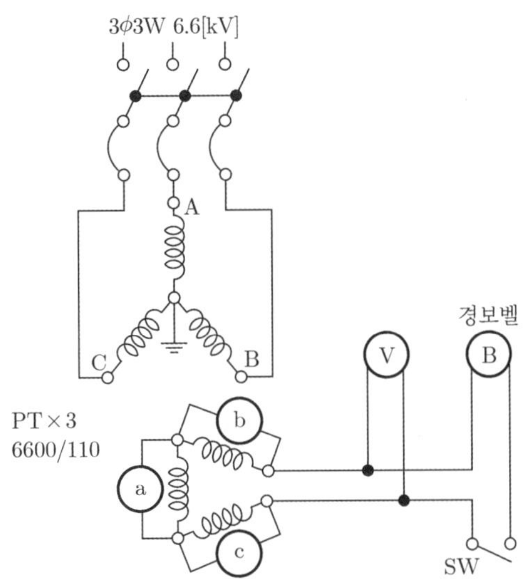

1) 1차측 A선의 대지 전압이 0[V]인 경우 B선 및 C선의 대지 전압은 각각 몇 [V]인가?

① B선의 대지전압

- 계산 : 　　　　• 답 :

② C선의 대지전압

- 계산 : 　　　　• 답 :

2) 2차측 전구 ⓐ의 전압이 0[V] 경우 ⓑ 및 ⓒ 전구의 전압과 전압계 Ⓥ의 지시 전압, 경보벨 Ⓑ에 걸리는 전압은 각각 몇 [V]인가?

① ⓑ 전구의 전압

- 계산 : 　　　　• 답 :

② ⓒ 전구의 전압

- 계산 : 　　　　• 답 :

③ 전압계 Ⓥ의 지시 전압

- 계산 : 　　　　• 답 :

④ 경보벨 Ⓑ에 걸리는 전압

- 계산 : 　　　　• 답 :

답안

1) ① B선의 대지전압

• 계산 : $\frac{6600}{\sqrt{3}} \times \sqrt{3} = 6600[V]$ • 답 : 6600[V]

② C선의 대지전압

• 계산 : $\frac{6600}{\sqrt{3}} \times \sqrt{3} = 6600[V]$ • 답 : 6600[V]

2) ① ⓑ전구의 전압

• 계산 : $\frac{110}{\sqrt{3}} \times \sqrt{3} = 110[V]$ • 답 : 110[V]

② ⓒ전구의 전압

• 계산 : $\frac{110}{\sqrt{3}} \times \sqrt{3} = 110[V]$ • 답 : 110[V]

③ 전압계 Ⓥ의 지시 전압

• 계산 : $\frac{110}{\sqrt{3}} \times 3 = 190.525[V]$ • 답 : 190.53[V]

④ 경보벨 Ⓑ에 걸리는 전압

• 계산 : $\frac{110}{\sqrt{3}} \times 3 = 190.525[V]$ • 답 : 190.53[V]

03 출제년도 : 02, 13, 16, 20 배점 10점

변전소에서 그림과 같은 일부하 곡선을 가진 3개의 부하 A, B, C에 전력을 공급하고 있다. A, B, C 세 수용가의 하루 동안의 전력소비가 다음과 같을 때 다음에 답하시오.

A의 평균전력 : 4500[kW], 역률 100[%]
B의 평균전력 : 2400[kW], 역률 80[%]
C의 평균전력 : 900[kW], 역률 60[%]

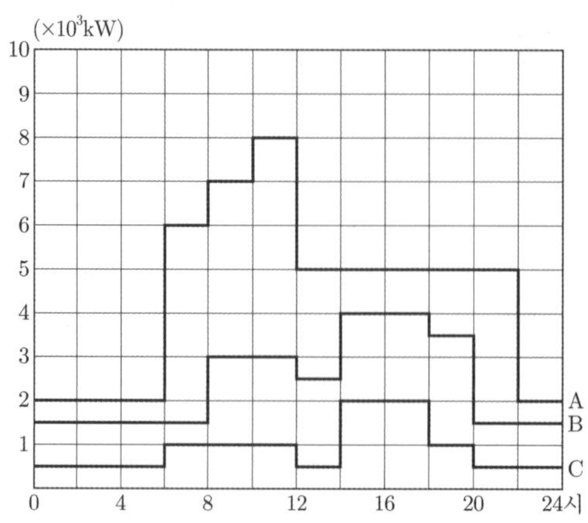

1) 합성최대전력[kW]을 구하시오.
   • 계산 : • 답 :
2) 종합 부하율[%]을 구하시오.
   • 계산 : • 답 :
3) 부등률을 구하시오.
   • 계산 : • 답 :
4) 최대부하시 종합 역률[%]을 구하시오.
   • 계산 : • 답 :
5) A 수용가에 관한 다음 물음에 답하시오.
   ① 첨두부하는 몇 [kW]인가?
   ② 첨두부하가 지속되는 시간은 몇 시부터 몇 시까지인가?

답안

1) • 계산 : 합성최대전력(P) $= 8000+3000+1000 = 12000$[kW]
   • 답 : 12000[kW]

2) • 계산 : 종합부하율 $= \dfrac{\sum(\text{평균전력})}{\text{합성최대전력}} = \dfrac{4500+2400+900}{12000} \times 100 = 65[\%]$
   • 답 : 65[%]

3) • 계산 : 부등률 $= \dfrac{\text{개별최대전력합}}{\text{합성최대전력}} = \dfrac{8000+4000+2000}{12000} = 1.166$
   • 답 : 1.17

4) • 계산
   최대부하시 종합역률 : A부하 유효전력(P_1) $= 8000$[kW]
   A부하 무효전력(P_{r1}) $= 0$[kVar]
   B부하 유효전력(P_2) $= 3000$[kW]
   B부하 무효전력(P_{r2}) $= 3000 \times \dfrac{0.6}{0.8}$[kVar]
   C부하 유효전력(P_3) $= 1000$[kW]
   C부하 무효전력(P_{r3}) $= 1000 \times \dfrac{0.8}{0.6}$[kVar]

$$\cos\theta = \frac{P}{\sqrt{P^2+P_r^2}} = \frac{(8000+3000+1000)}{\sqrt{(8000+3000+1000)^2+\left(0+3000\times\dfrac{0.6}{0.8}+1000\times\dfrac{0.8}{0.6}\right)^2}}\times 100$$

$= 95.819[\%]$

   • 답 : 95.82[%]

5) ① A부하의 첨두부하[kW] : 8000[kW]
   ② A부하의 첨두부하시간 : 10시~12시

2020

04 출제년도 : 20

배점 5점

퓨즈 정격사항에 대하여 주어진 표의 빈 칸을 채우시오.

계통전압[kV]	퓨즈 정격	
	퓨즈 정격전압[kV]	최대 설계전압[kV]
6.6	①	8.25
13.2	15	②
22 또는 22.9	③	25.8
66	69	④
154	⑤	169

계통전압[kV]	퓨즈 정격	
	퓨즈 정격전압[kV]	최대 설계전압[kV]
6.6	**7.5**	8.25
13.2	15	**15.5**
22 또는 22.9	**23**	25.8
66	69	**72.5**
154	**161**	169

6.6[kV]의 퓨즈 정격전압은 "6.9 또는 7.5"라고 내선규정에 적용되어 있으며
실제 답을 작성할 때 "6.9" 또는 "7.5" 둘 중 하나를 적용하면 됩니다.

05 출제년도 : 20

배점 4점

축전지의 정격용량 200[Ah], 상시부하 10[kW], 표준전압 100[V]인 부동충전방식의 2차 충전 전류값은 얼마인지 계산하시오. (단, 연축전지의 방전율은 10시간율, 알칼리축전지는 5시간 방전율로 한다)

1) 연축전지
- 계산 :
- 답 :

2) 알칼리축전지
- 계산 :
- 답 :

1) • 계산 : 충전기 2차전류[A]= $\frac{\text{축전지 용량[Ah]}}{\text{정격방전율[h]}} + \frac{\text{상시 부하용량[VA]}}{\text{표준전압[V]}}$

$$I = \frac{200}{10} + \frac{10 \times 10^3}{100} = 120[A]$$

• 답 : 120[A]

※ 추가설명 : 연축전지이므로 정격방전율 10시간율 적용

2) • 계산 : 충전기 2차전류[A] = $\frac{\text{축전지 용량[Ah]}}{\text{정격방전율[h]}} + \frac{\text{상시 부하용량[VA]}}{\text{표준전압[V]}}$

$$I = \frac{200}{5} + \frac{10 \times 10^3}{100} = 140[A]$$

• 답 : 140[A]

※ 추가설명 : 알칼리축전지이므로 정격방전율 5시간율 적용

06 출제년도 : 11, 14, 18, 20

배점 6점

수전 전압 6600[V], 가공 전선로의 %임피던스가 60.5[%]일 때 수전점의 3상 단락전류가 7000[A]인 경우 기준 용량을 구하고 수전용차단기의 차단용량을 선정하시오.

차단기의 정격용량[MVA]

10	20	30	50	75	100	150	250	300	400	500

1) 기준용량을 구하시오.

• 계산 : • 답 :

2) 1)번의 기준용량을 이용하여 차단용량을 구하시오.

• 계산 : • 답 :

1) •계산 : 단락전류 $I_s = \frac{100}{\%Z} I_n$에서

정격전류$(I_n) = \frac{I_s \cdot \%Z}{100} = \frac{7000 \times 60.5}{100} = 4235[A]$

기준용량$(P_n) = \sqrt{3}\, VI_n = \sqrt{3} \times 6600 \times 4235 \times 10^{-6} = 48.412[MVA]$

• 답 : 48.41[MVA]

2) • 계산 : 차단용량$(P_s) = \frac{100}{\%Z} \times P_n = \frac{100}{60.5} \times 48.41 = 80.016[MVA]$

표에 의하여 직상위값 100[MVA] 선정

• 답 : 100[MVA]

07 출제년도 : 20 　　　　배점 6점

옥내 배선의 시설에 있어서 인입구 부근에 대지간의 전기저항값이 3[Ω] 이하의 값을 유지하는 수도관 또는 철골이 있는 경우에는 이것을 접지극으로 사용하여 이를 중성점 접지 공사한 저압 전로의 접지측 전선에 그림과 같이 추가 접지를 하였다. 이 추가 접지의 목적은 저압 전로에 침입하는 뇌격이나 고저압 혼촉으로 인한 이상전압에 의한 옥내 배선의 전위 상승을 억제하는 역할을 한다. 또 지락 사고시에 단락전류를 증가시킴으로서 과전류 차단기의 동작을 확실하게 하는 것이다. 그림에 있어서 (나)점에서 지락이 발생한 경우 추가 접지가 없는 경우의 지락 전류와 추가 접지가 있는 경우의 지락전류값을 구하시오.

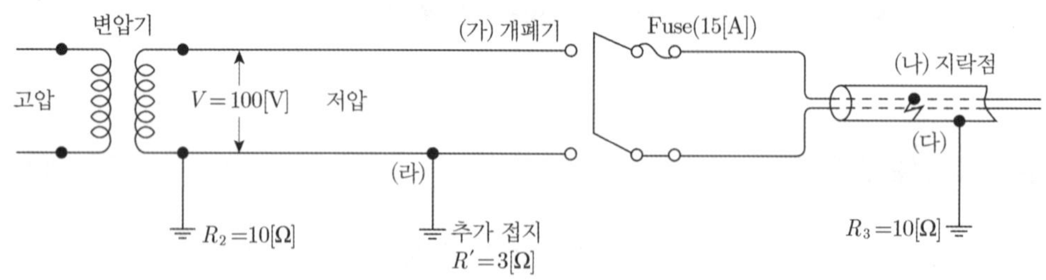

1) 추가 접지가 없는 경우
- 계산 : 　　　　• 답 :

2) 추가 접지가 있는 경우
- 계산 : 　　　　• 답 :

답안

1) • 계산 : $I_g = \dfrac{V}{R_2 + R_3} = \dfrac{100}{10+10} = 5[A]$

- 답 : 5[A]

2) • 계산 : $I_g = \dfrac{V}{R_2 + \dfrac{R_3 \times R'}{R_3 + R'}} = \dfrac{100}{10 + \dfrac{10 \times 3}{10+3}} = 8.125[A]$

- 답 : 8.13[A]

08 출제년도 : 20

배점 12점

다음 도면을 보고 물음에 답하시오. (단, 기준용량은 100[MVA]이며, 소수점 다섯째 자리에서 반올림하시오)

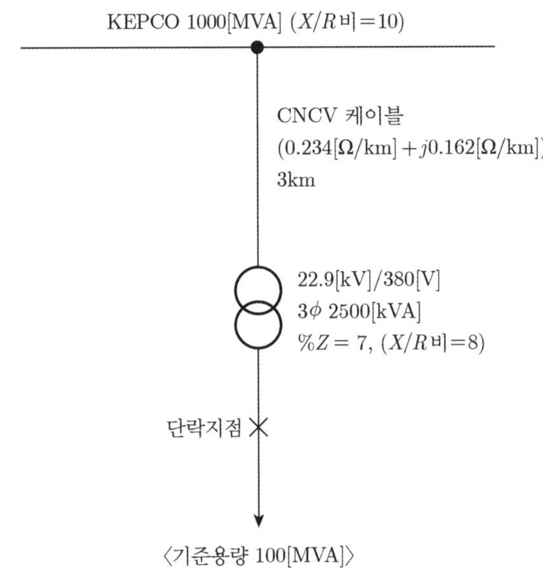

1) 전원측 임피던스를 구하시오.
   - $\%R_s$
   - $\%X_s$
   - $\%Z_s$

2) 케이블의 임피던스를 구하시오.
   - $\%Z_L$

3) 변압기 $\%R$, $\%X$ 및 $\%Z$를 구하시오.
   - $\%R_t$
   - $\%X_t$
   - $\%Z_t$

4) 단락점까지 합성 % 임피던스를 구하시오.
   - 계산 :
   - 답 :

5) 단락점의 단락전류를 구하시오.
   - 계산 :
   - 답 :

답안

1) 전원측 $\%R_s$, $\%X_s$, $\%Z_s(P_n = 100[\text{MVA}],\ \frac{X}{R} = 10)$

① 전원측 임피던스$(\%Z_s) = \frac{100}{P_s} \times P_n = \frac{100}{1000} \times 100 = 10[\%]$

② 전원측 저항$(\%R_s) = \frac{\%Z_s \times \%R_s}{\%Z_s} = \frac{\%Z_s \times \%R_s}{\sqrt{\%R_s^2 + \%X_s^2}} = \frac{\%Z_s}{\sqrt{1+\left(\frac{\%X}{\%R}\right)}} = \frac{10}{\sqrt{1+10^2}}[\%]$

$= 0.995037[\%]$

③ $\frac{X}{R} = 10$에서 $X = 10R$이므로

전원측 리액턴스$(\%X_s) = 10 \times \%R_s = 10 \times 0.995037 = 9.95037[\%]$

• 답 : $\%R_s = 0.995[\%]$

$\%X_s = 9.9504[\%]$

$\%Z_s = 10[\%]$

2) 케이블 임피던스

[계산방법1]

• 계산 : $\%Z_L = \frac{P_n \cdot Z}{10 \times V^2} = \frac{100 \times 10^3 \times (0.234 + j0.162) \times 3}{10 \times 22.9^2}[\%]$

$= 13.38647 + j9.26755[\%]$

• 답 : $13.3865 + j9.2676[\%]$ 또는 $16.2814[\%]$

[계산방법2]

• 계산 : $\%R_L = \frac{P_n \cdot R}{10 \times V^2} = \frac{100 \times 10^3 \times 0.234 \times 3}{10 \times 22.9^2} = 13.38647[\%]$

$\%X_L = \frac{P_n \cdot X}{10 \times V^2} = \frac{100 \times 10^3 \times 0.162 \times 3}{10 \times 22.9^2} = 9.26755[\%]$

$\%Z = \sqrt{13.38647^2 + 9.26755^2} = 16.28143[\%]$

• 답 : $16.2814[\%]$

3) 변압기$\left(\frac{X}{R} = 8\right)$

① $\%Z_t = \%Z^{\text{자기}} \times \frac{\text{기준용량}}{\text{자기용량}} = 7 \times \frac{100 \times 10^3}{2500} = 280[\%]$

② $\%R_t = \frac{\%Z}{\sqrt{1+\left(\frac{\%X}{\%R}\right)^2}} = \frac{280}{\sqrt{1+8^2}} = 34.72972[\%]$

③ $\frac{X}{R} = 8$에서 $X = 8 \cdot R$이므로 $\%X_t = 8 \times \%R = 8 \times 34.72972 = 277.83776[\%]$

• 답 : $\%R_t = 34.7297[\%]$

$\%X_t = 277.8378[\%]$

$\%Z_t = 280[\%]$

4) 합성임피던스

- 계산 : $\%Z = \sqrt{(0.995+13.3865+34.7297)^2+(9.9504+9.2676+277.8378)^2}$
  $= 301.08812[\%]$
- 답 : 301.0881[%]

5) 단락전류(I_s)

- 계산 : $I_s = \dfrac{100}{\%Z} \times I_n = \dfrac{100}{301.0881} \times \dfrac{100\times 10^3}{\sqrt{3}\times 0.38} = 50461.73574[\text{A}]$
- 답 : 50461.7357[A] 또는 50.4617[kA]

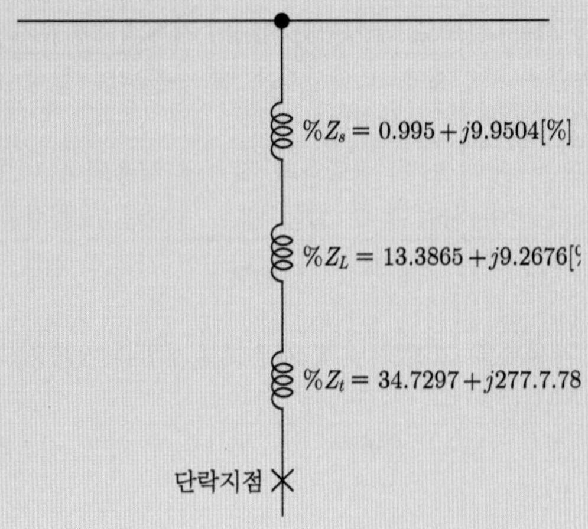

$\%Z_s = 0.995 + j9.9504[\%]$

$\%Z_L = 13.3865 + j9.2676[$

$\%Z_t = 34.7297 + j277.7.78$

단락지점

09 출제년도 : 12, 20

배점 8점

아래의 표에서 금속관 부품의 특징에 해당하는 부품명을 쓰시오.

부품명	특 징
①	관과 박스를 접속한 경우 파이프 나사를 죄어 고정시키는데 사용되며 6각형과 기어형이 있다.
②	금속관을 아웃렛 박스의 노크아웃에 취부할 때 노크아웃의 구멍이 관의 구멍보다 클 때 사용된다.
③	전선 관단에 끼우고 전선을 넣거나 빼는데 있어서 전선의 피복을 보호하여 전선이 손상되지 않게 하는 것으로 금속제와 합성수지제의 2종류가 있다.
④	노출 배관에서 금속관을 조영재에 고정시키는 데 사용되며 합성수지 전선관, 가요 전선관, 케이블 공사에도 사용된다.
⑤	금속관 상호 접속 또는 관과 노멀 밴드와의 접속에 사용되며 내면에 나사가 있으며 관의 양측을 돌리어 사용할 수 없는 경우 유니온 커플링을 사용한다.
⑥	배관의 직각 굴곡에 사용하며 양단에 나사가 나있어 관과의 접속에는 커플링을 사용한다.
⑦	매입형의 스위치나 콘센트를 고정하는 데 사용되며 1개용, 2개용, 3개용 등이 있다.
⑧	전선관 공사에 있어 전등 기구나 점멸기 또는 콘센트의 고정, 접속함으로 사용되며 4각 및 8각이 있다.

① 로크너트 ② 링 리듀서 ③ 부싱 ④ 새들
⑤ 커플링 ⑥ 노멀밴드 ⑦ 스위치 박스 ⑧ 아웃렛 박스

10 출제년도 : 20

배점 5점

최대 전류가 흐를 때의 손실이 100[kW]이며 부하율이 60[%]인 전선로의 평균 손실은 몇 [kW]인가? (단, 배전선로의 손실계수를 구하는 α는 0.2이다)

• 계산 : • 답 :

• 계산 : 손실계수$(H) = \alpha F + (1-\alpha)F^2$에서

$$H = 0.2 \times 0.6 + (1-0.2) \times 0.6^2 = 0.408$$

손실계수$(H) = \dfrac{\text{평균 전력손실}(P_\ell)}{\text{최대 전력손실}(P_{\ell m})}$에서

평균전력손실(P) = 최대전력손실×손실계수 $= 100 \times 0.408 = 40.8$[kW]

• 답 : 40.8[kW]

11 출제년도 : 20 **배점 5점**

도로의 너비가 30[m]인 곳의 양쪽으로 30[m] 간격으로 지그재그식으로 등주를 배치하여 도로 위의 평균 조도를 6[lx]가 되도록 하고자 한다. 도로면의 광속 이용률은 32[%], 유지율은 80[%]로 한다고 할 때 각 등주에 사용되는 수은등의 규격은 몇 [W]의 것을 사용하여야 하는지 전광속을 계산하고, 주어진 수은등의 규격표에서 찾아 쓰시오.

수은등의 규격표

용량[W]	**전광속**[lm]
100	3200 ~ 3500
200	7700 ~ 8500
300	10000 ~ 11000
400	13000 ~ 14000
500	18000 ~ 20000

• 계산 : • 답 :

• 계산

1) 전광속 $= \dfrac{D \cdot E \cdot \dfrac{a \times b}{2}}{u \cdot N}$ 에서

$= \dfrac{6 \times 30 \times 30}{2 \times 0.32 \times 0.8} = 10546.875[\text{lm}]$

2) 수은등의 규격표에서 300[W] 선정

• 답 : 300[W]

12 출제년도 : 20 배점 5점

다음 도면은 전동기 Y－△ 기동 회로에 관한 시퀀스 회로도이다. 주어진 동작과 그림을 이용하여 주회로를 완성하고 틀린 것을 바르게 고치시오.

동작 설명

PBS(ON)을 누르면 MCM과 MCS로 Y결선 기동하고 MCM은 자기유지된다.
설정시간 t초 후 MCS가 소자되어 MCD로 △결선 운전된다.
이 때 MCS와 MCD는 인터록에 의해 동시투입할 수 없으며 PBS(OFF)를 누르면 전동기는 정지한다.

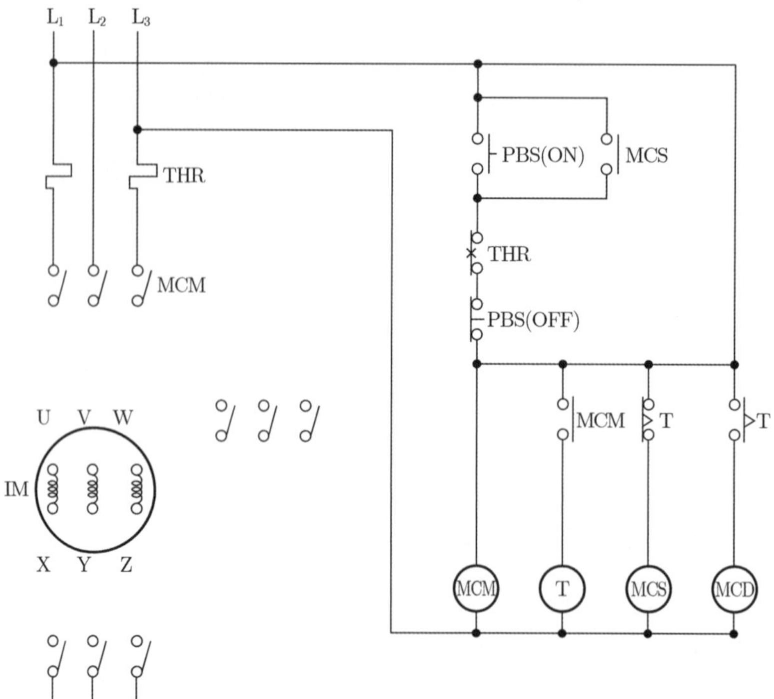

1) 주회로를 완성하시오.

2) 틀린 부분을 고쳐 올바르게 그리시오.

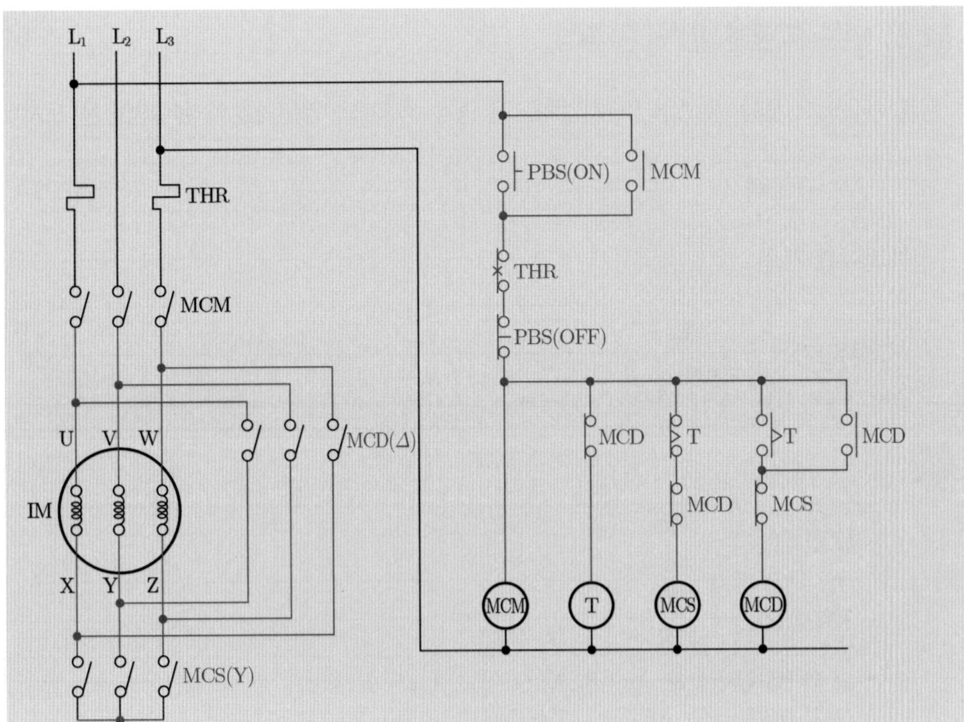
L₁ L₂ L₃
THR
MCM
U V W
IM
X Y Z
MCD(Δ)
MCS(Y)
PBS(ON)
MCM
THR
PBS(OFF)
MCD
T
T
MCD
MCD
MCS
MCM
T
MCS
MCD

13 출제년도 : 11, 13 / 유사 : 03, 05, 07, 18

배점 6점

현재 사용되고 있는 특고압 및 저압차단기 종류 3가지의 영문약호와 한글명칭을 쓰시오.

구 분		(1)	(2)	(3)
특고압차단기	약호			
	명칭			
저압차단기	약호			
	명칭			

구 분		(1)	(2)	(3)
특고압차단기	약호	VCB	GCB	OCB
	명칭	진공차단기	가스차단기	유입차단기
저압차단기	약호	ACB	MCCB	ELB
	명칭	기중차단기	배선용차단기	누전차단기

- 그 외 특고압차단기는 ABB(공기차단기) 또는 MBB(자기차단기) 등이 있다.
- 그 외 저압차단기는 저압 Fuse 또는 MC+THR 등이 있다.

14 출제년도 : 20

배점 5점

다음에 주어진 단상 유도전동기들의 역회전 방법을 보기에서 골라 쓰시오.

[보기]
㉠ 역회전이 불가능하다.
㉡ 기동권선의 접속을 반대로 한다.
㉢ 브러시의 위치를 바꾼다.

1) 반발기동형 – (①)
2) 분상기동형 – (②)
3) 셰이딩코일형 – (③)

① ㉢ 브러시의 위치를 바꾼다.
② ㉡ 기동권선의 접속을 반대로 한다.
③ ㉠ 역회전이 불가능하다.

15 출제년도 : 20 배점 5점

감리원은 공사가 시작된 경우에는 공사업자로부터 착공신고서를 제출받아 적정성 여부를 검토하여 7일 이내 발주자에게 보고한다. 이 때 필요한 서류에 대하여 다음 빈 칸을 완성하시오.

1. 시공관리책임자 지정 통지서(현장관리조직, 안전관리자)
2. (①)
3. (②)
4. 공사도급 계약서 사본 및 산출내역서
5. 공사 시작 전 사진
6. 현장기술자 경력사항 확인서 및 자격증 사본
7. (③)
8. 작업인원 및 장비투입 계획서
9. 그 밖에 발주자가 지정한 사항

① 공사 예정 공정표
② 품질관리계획서
③ 안전관리계획서

16 출제년도 : 11, 13, 20 / 유사 : 03, 05, 07, 18

배점 5점

그림과 같은 송전계통 S점에서 3상 단락사고가 발생하였다. 주어진 도면과 조건을 참고하여 변압기(T_2)의 각각의 %리액턴스를 100[MVA] 출력으로 환산하고, 1차(P), 2차(S), 3차(T)의 %리액턴스를 구하시오.

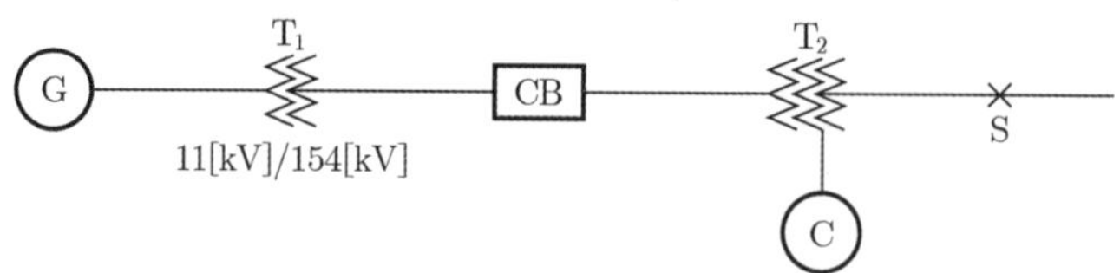

[조 건]

번호	기기명	용 량	전 압	$\%X$
1	발전기(G)	50000[kVA]	11[kV]	30
2	변압기(T_1)	50000[kVA]	11/154[kV]	12
3	송전선		154[kV]	10(10000[kVA])
4	변압기(T_2)	1차 25000[kVA]	154[kV]	12(25000[kVA]) 1~2차
		2차 30000[kVA]	77[kV]	15(25000[kVA]) 2~3차
		3차 10000[kVA]	11[kV]	10.8(10000[kVA]) 3~1차
5	조상기(C)	10000[kVA]	11[kV]	20(10000[kVA])

- 1차(P)
- 2차(S)
- 3차(T)

답안

1) • 1차~2차 %리액턴스($\%X_{12}$) : $\%X_{12} = 12 \times \frac{100}{25} = 48[\%]$

• 2차~3차 %리액턴스($\%X_{23}$) : $\%X_{23} = 15 \times \frac{100}{25} = 60[\%]$

• 3차~1차 %리액턴스($\%X_{31}$) : $X_{31} = 10.8 \times \frac{100}{10} = 108[\%]$

2) • 1차 %리액턴스($\%X_p$) : $\%X_p = \frac{1}{2}(48+108-60) = 48[\%]$

• 2차 %리액턴스($\%X_s$) : $\%X_s = \frac{1}{2}(48+60-108) = 0[\%]$

• 3차 %리액턴스($\%X_T$) : $\%X_T = \frac{1}{2}(60+108-48) = 60[\%]$

• 답 : 1차(P) : 48[%]
2차(S) : 0[%]
3차(T) : 60[%]

전기기사 실기 기출문제 2020년 3회

01 출제년도 : 20 배점 5점

그림과 같이 20[kVA]의 단상 변압기 3대를 사용하여 45[kW], 역률 0.8(지상)인 3상 전동기 부하에 전력을 공급하는 배전선이 있다. 지금 변압기 a, b의 중성점 n에 1선을 접속하여 an, nb 사이에 같은 수의 전구를 점등하고자 한다. 60[W]의 전구를 사용하여 변압기가 과부하 되지 않는 한도 내에서 몇 등까지 점등할 수 있겠는가?

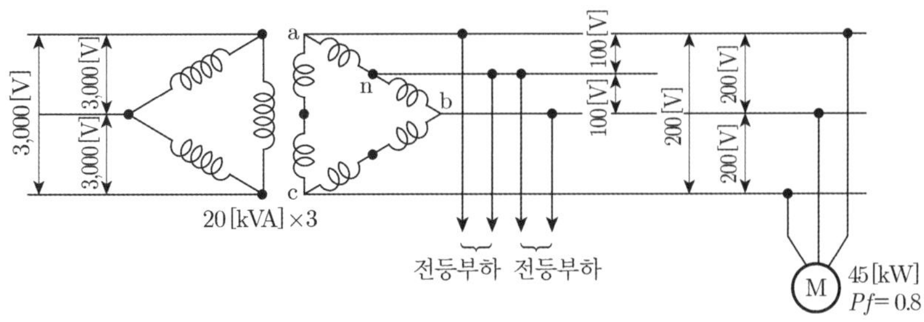

• 계산 : • 답 :

• 계산 : 1상의 유효전력 $P=\frac{45}{3}=15[\text{kW}]$

1상의 무효전력 $Q=P\times\frac{\sin\theta}{\cos\theta}=15\times\frac{0.6}{0.8}=11.25[\text{kVar}]$

즉, 20[kVA] 단상 변압기를 과부하시키지 않는 범위에서의 변압기 용량 여유분 ΔP는

$P_a=\sqrt{(P+\Delta P)^2+Q^2}$ 에서

$20=\sqrt{(15+\Delta P)^2+11.25^2}$ $\quad\therefore\ \Delta P=1.535[\text{kW}]$

증가시킬 수 있는 부하 $\Delta P'=\Delta P\times\frac{3}{2}=1.535\times\frac{3}{2}=2.302[\text{kW}]$

따라서, 변압기를 과부하시키지 않고 사용할 수 있는 전등의 수는

$\therefore$ 등수 $n=\frac{2.302\times10^3}{60}=38.36$이므로 38등이 된다.

• 답 : 38[등]

02 출제년도 : 20 배점 10점

다음 전동기의 결선도이다. 물음에 답하시오.

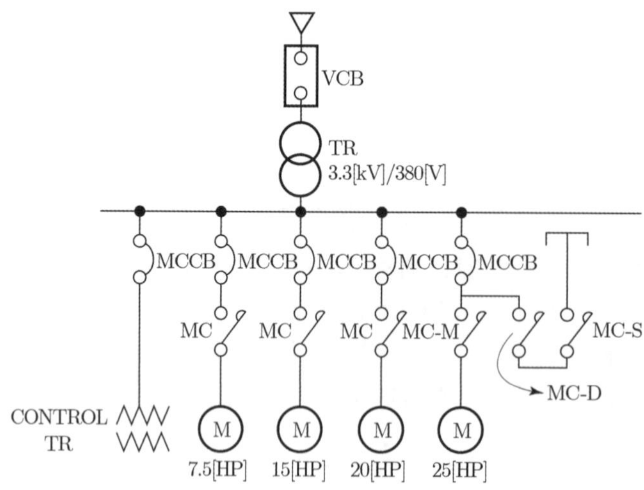

1) 3상 교류 유도전동기이다. 20[HP] 전동기의 분기회로의 케이블 선정시 허용전류를 계산하시오. (단, 수용률은 0.65이고, 역률 0.9, 효율 0.8이다)
 - 계산 :
 - 답 :

2) 상기 결선도에서 3상 교류 유도전동기용 변압기 용량을 계산하여 선정하시오. (단, 수용률은 0.65이고, 역률 0.9, 효율 0.8이다)
 - 계산 :
 - 답 :

3) 25[HP] 3상 농형 유도 전동기의 3선 결선도를 작성하시오.

4) Control TR(제어용 변압기)의 설치 목적은?

5) 옥내간선을 보호하기 위하여 시설하는 과전류 차단기는 그 저압 옥내간선의 허용전류 이하인 정격전류의 것이어야 한다. 전동기 부하만의 경우 과전류 차단기의 정격전류는 전동기 정격전류의 몇 배 이하로 결정하는가?
 - 답 :

답안

1) • 계산 : $I = \dfrac{20 \times 746}{\sqrt{3} \times 380 \times 0.9 \times 0.8} = 31.484[A]$

전동기의 전류가 50[A] 이하이므로 1.25배를 적용하면

$I = 31.484 \times 1.25 = 39.355[A]$

• 답 : 39.36[A]

2) • 계산 : 전동기의 총 출력 $P = 7.5 + 15 + 20 + 25 = 67.5[HP]$

$\therefore$ 변압기 용량$= \dfrac{67.5 \times 0.746 \times 0.65}{0.9 \times 0.8} = 45.459[kVA]$

• 답 : 표준용량 50[kVA] 선정

3)

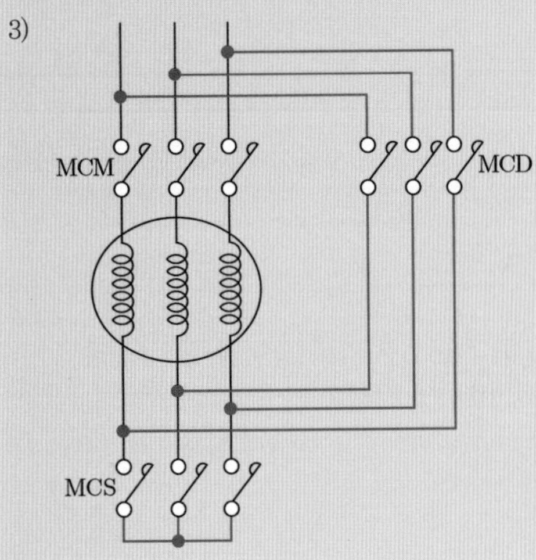

4) 전자접촉기, 릴레이 등 제어회로에 필요한 전압으로 변환하여 공급하는 목적으로 설치

5) 3배

03 출제년도 : 20

배점 5점

폭 15[m] 의 무한히 긴 도로의 양측에 간격 20[m]를 두고 수많은 가로등이 점등되고 있다. 1등당 전광속은 3000[lm]으로 그 45[%]가 도로 전면에 방사하는 것으로 하면 도로면의 평균조도는 얼마인가?

• 계산 :

• 답 :

• 계산 : $FUN = DES$에서

$$E = \dfrac{3000 \times 0.45}{\dfrac{15 \times 20}{2}} = 9[lx]$$

• 답 : 9[lx]

04 출제년도 : 20

배점 5점

154[kV]의 병행 2회선 송전선이 있는데 현재 1회선만이 송전 중에 있다고 할 때, 휴전 회선의 전선에 대한 정전 유도 전압을 구하여라. (단, 송전 중인 회선의 전선과 이들 전선간의 상호 정전용량은 $C_a = 0.001[\mu\text{F/km}]$, $C_b = 0.0006[\mu\text{F/km}]$, $C_c = 0.0004[\mu\text{F/km}]$ 그 선의 대지 정전용량은 $C_s = 0.0052[\mu\text{F/km}]$라고 한다)

• 계산 :

• 답 :

답안

• 계산

정전유도전압(E_s)

$$E_s = \frac{\sqrt{C_a(C_a - C_b) + C_b(C_b - C_c) + C_c(C_c - C_a)}}{C_a + C_b + C_c + C_s} \cdot \frac{V}{\sqrt{3}}[\text{V}]$$

$$= \frac{\sqrt{0.001(0.001-0.0006)+0.0006(0.0006-0.0004)+0.0004(0.0004-0.0001)}}{0.001+0.0006+0.0004+0.0052} \times \frac{154000}{\sqrt{3}}$$

$$= 6534.413[\text{V}]$$

• 답 : 6534.41[V]

05 출제년도 : 20

배점 5점

면적 100[m^2] 강당에 분전반을 설치하려고 한다. 단위면적당 부하가 10[VA/m^2]이고 공사시공법에 의한 전류 감소율은 0.7이라면 간선의 최소 허용전류가 얼마인 것을 사용하여야 하는가? (단, 배전전압은 220[V]이다)

• 계산 :

• 답 :

• 계산 : $P = 100 \times 10 = 1000[\text{VA}]$

$$I = \frac{1000}{220 \times 0.7} = 6.493[\text{A}]$$

• 답 : 6.49[A]

06 출제년도 : 20 배점 7점

변압기용량이 1000[kVA]에 200[kW], 500[kVar] 부하가 있다. 400[kW] 역률 0.8 부하 증설하고 350[kVA]의 커패시터를 병렬로 연결하여 역률을 개선할 때 다음 물음에 답하시오.

1) 커패시터 설치전의 종합 역률을 구하시오.
- 계산 : • 답 :

2) 커패시터 설치 후, 부하 200[kW]를 추가할 때 변압기 1000[kVA]가 과부하가 되지 않으려면 200[kW]의 역률은 몇 이상이어야 하는가?
- 계산 : • 답 :

3) 부하가 추가되었을 때 종합역률은 얼마인가?
- 계산 : • 답 :

1) • 계산 : 커패시터 설치전 종합역률($\cos\theta_1$)
- 합성 유효전력 $= 200 + 400 = 600[\text{kW}]$
- 합성 무효전력$= 500 + 400 \times \dfrac{0.6}{0.8} = 800[\text{kVar}]$
- 합성 피상전력$= \sqrt{600^2 + 800^2} = 1000[\text{kVA}]$
- 커패시터 설치 전 역률 $= \dfrac{P}{P_a} = \dfrac{600}{1000} \times 100 = 60[\%]$

• 답 : 60[%]

2) • 계산 : 커패시터 설치 후 200[kW] 역률($\cos\theta_3$)

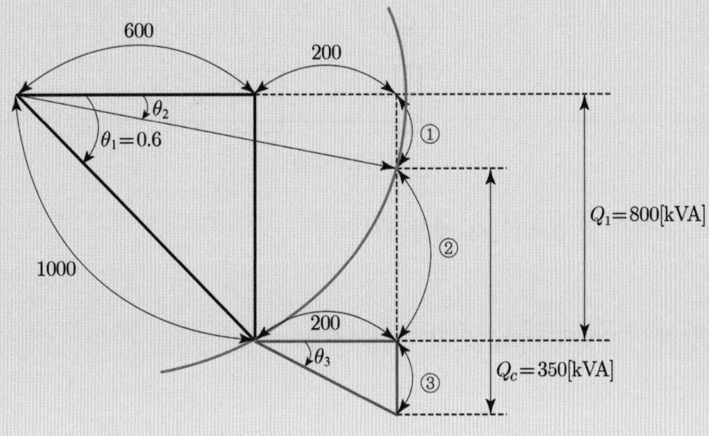

(1) 미지값 계산

① $= \sqrt{1000^2 - (600+200)^2} = 600[\text{kVar}]$

② $= Q_1 -$ ① $= 800 - 600 = 200[\text{kVar}]$

③ $= Q_c -$ ② $= 350 - 200 = 150[\text{kVar}]$

(2) 역률($\cos\theta_3$)

$$\cos\theta_3 = \frac{P}{P_a} = \frac{200}{\sqrt{200^2 + ③^2}} = \frac{200}{\sqrt{200^2 + 150^2}} \times 100 = 80[\%]$$

• 답 : 80[%]

3) • 계산 : 200[kW] 부하추가시 종합역률($\cos\theta_2$)

$$\cos\theta_2 = \frac{(600+200)}{\sqrt{(600+200)^2 + (800+150-350)^2}} \times 100 = 80[\%]$$

또는 $\cos\theta_2 = \frac{\text{합성유효전력}}{\text{합성피상전력}} = \frac{600+200}{1000} \times 100 = 80[\%]$

• 답 : 80[%]

07 출제년도 : 09, 20 **배점 6점**

그림과 같은 2:1 로핑의 기어레스 엘리베이터에서 적재하중은 1000[kg], 속도는 140[m/min]이다. 구동 로프 바퀴의 직경은 760[mm]이며, 기체의 무게는 1500[kg]인 경우 다음 각 물음에 답하시오. (단, 평형률은 0.6, 엘리베이터의 효율은 기어레스에서 1:1 로핑인 경우는 85[%], 2:1 로핑인 경우는 80[%]이다)

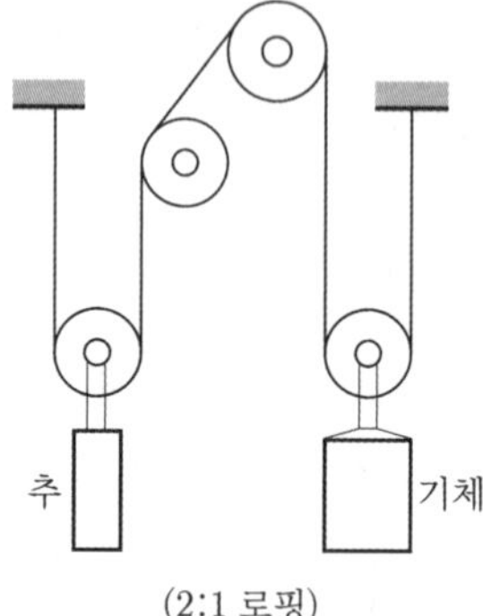

(2:1 로핑)

1) 권상소요 동력은 몇 [kW]인지 계산하시오.

• 계산 : • 답 :

2) 전동기의 회전수는 몇 [rpm] 인지 계산하시오.

• 계산 : • 답 :

1) • 계산 : $P = \frac{WV}{6.12\eta} \times k = \frac{1 \times 140}{6.12 \times 0.8} \times 0.6 = 17.156$[kW]

• 답 : 17.16[kW]

2) • 계산 : $N = \frac{V}{D\pi} = \frac{140 \times 2}{\frac{760}{1000} \times \pi} = 117.272$[rpm]

• 답 : 117.27[rpm]

1) $P = \frac{WV}{6.12\eta} \times k$

W : 적재하중[ton]

V : 속도[m/min]

η : 2:1로핑 효율

k : 평형률

2) $N = \frac{V}{D\pi}$

V : 전동기속도[m/min]

D : 구동로프바퀴직경[m]

※ 주의할 것은 전동기 속도는 2:1로핑이므로 기체속도(140[m/min])의 2배인 280[m/min]이다.

08 출제년도 : 02, 20

배점 5점

그림과 같은 논리 회로를 보고 각 물음에 답하시오.

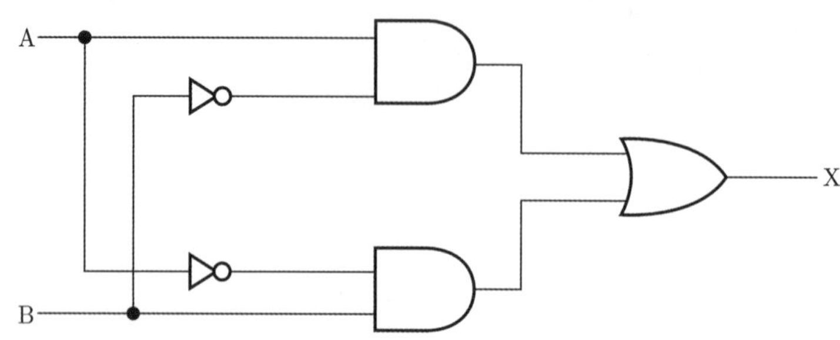

1) 회로의 명칭을 쓰시오.

2) 출력식을 쓰시오.

3) 진리표를 완성하시오.

A	B	X
0	0	
0	1	
1	0	
1	1	

답안

1) EOR회로(배타적 논리합 회로)

2) $X = A\overline{B} + \overline{A}B$

3)

A	B	X
0	0	0
0	1	1
1	0	1
1	1	0

09 출제년도 : 13, 20

배점 5점

전동기에 개별로 콘덴서를 설치할 경우 발생할 수 있는 자기여자현상의 발생 이유와 현상을 설명하시오.

- 이유 :
- 현상 :

- 이유 : 콘덴서 용량이 유도전동기 여자 용량보다 클 때 발생
- 현상 : 충전전류가 전동기에 흘러서 전동기 단자전압이 정격전압을 초과하여 전동기 권선의 절연 파괴가 발생된다.

10 출제년도 : 20

배점 5점

다음 옥내용 변류기의 다른 사용상태에 대하여 ( ) 안에 알맞은 내용을 기입하시오.

① 24시간 동안 측정한 상대습도의 평균값은 ( )[%]를 초과하지 않는다.
② 24시간 동안 측정한 수증기압의 평균값은 ( )[kPa]를 초과하지 않는다.
③ 1달 동안 측정한 습도의 평균값은 ( )[%]를 초과하지 않는다.
④ 1달 동안 측정한 수증기압의 평균값은 ( )[kPa]를 초과하지 않는다.

① 95 ② 2.2 ③ 90 ④ 1.8

KS C IEC 60044

- **옥내용 변류기의 다른 사용상태**

① 태양열 복사에너지의 영향은 무시해도 좋다.
② 주위의 공기는 먼지, 연기, 부식가스 및 염분에 의해 심각하게 오염되지 않는다.
③ 습도의 상태는 다음과 같다.
  ㉠ 24시간 동안 측정한 상대습도의 평균값은 95[%]를 초과하지 않는다.
  ㉡ 24시간 동안 측정한 수증기압의 평균값은 2.2[kPa]을 초과하지 않는다.
  ㉢ 1달 동안 측정한 상대습도의 평균값은 90[%]를 초과하지 않는다.
  ㉣ 1달 동안 측정한 수증기압의 평균값은 1.8[kPa]을 초과하지 않는다.

11 출제년도 : 20 배점 6점

그림은 모선단락보호 방식을 나타낸 것이다. 그림을 보고 다음 각 물음에 답하시오.

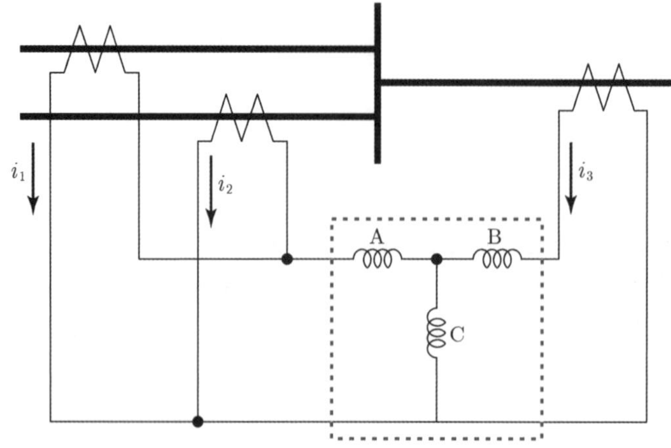

1) 점선안의 계전기 명칭은?

2) A, B, C 코일의 명칭을 쓰시오.

3) 모선에 상간 단락이 생길 때 코일 C의 전류 i_C는 어떻게 표현되는가?

답안

1) 비율차동계전기
2) A : 억제코일, B : 억제코일, C : 동작코일
3) $i_C = |(i_1 + i_2) - i_3|$

12 출제년도 : 20 배점 5점

3상 3선 380[V] 회로에 전열기 20[A]와 전동기 3.75[kW], 역률 88[%], 전동기 2.2[kW] 역률, 85[%], 전동기 7.5[kW] 역률 90[%]가 있다. 간선의 허용전류를 계산하시오.

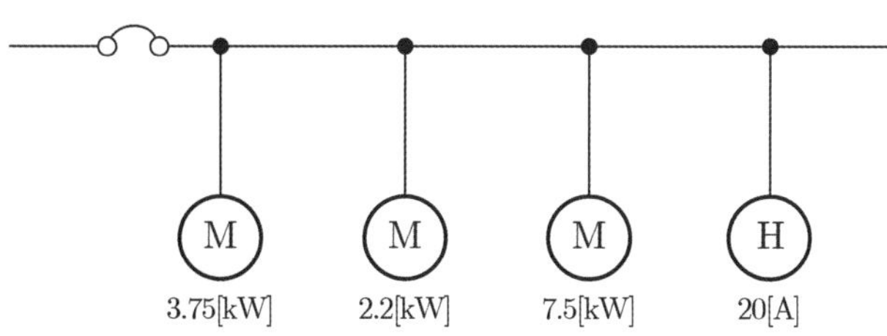

• 계산 : • 답 :

• 계산

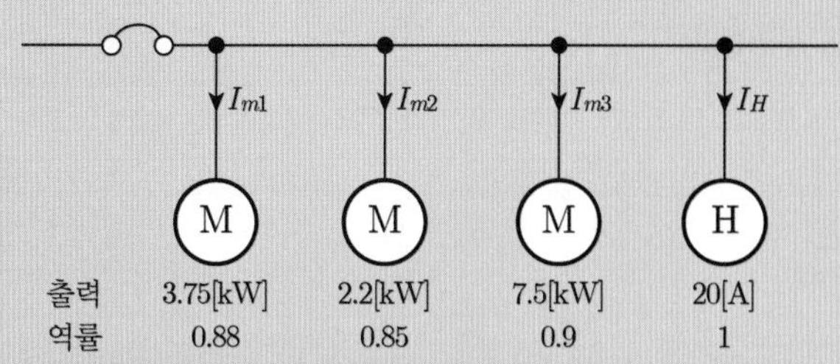

1) 전동기 정격전류(I_m)

① $I_{m1} = \dfrac{P[\mathrm{W}]}{\sqrt{3}\,V\cos\theta} \times (\cos\theta - j\sin\theta) = \dfrac{3750}{\sqrt{3} \times 380 \times 0.88} \times (0.88 - j\sqrt{1-0.88^2})$
$= 5.697 - j3.075[\mathrm{A}]$

② $I_{m2} = \dfrac{2200}{\sqrt{3} \times 380 \times 0.85} \times (0.85 - j\sqrt{1-0.85^2}) = 3.342 - j2.071[\mathrm{A}]$

③ $I_{m3} = \dfrac{7500}{\sqrt{3} \times 380 \times 0.9} \times (0.9 - \sqrt{1-0.9^2}) = 11.395 - j5.518[\mathrm{A}]$

④ $I_m = I_{m1} + I_{m2} + I_{m3} = 20.434 - j10.664$

2) 간선의 허용전류(I_a)

$I_a = I_m \times 1.25 + I_H = (20.434 - j10.664) \times 1.25 + 20 + j0$
$= 25.542 - j13.33 + 20 + j0 = 45.542 - j13.33[\mathrm{A}]$
$= 47.452[\mathrm{A}]$

• 답 : 47.45[A]

13 출제년도 : 20 배점 5점

다음 동작설명을 이용하여 주회로 및 제어회로의 미완성 결선도를 직접 그려 완성하시오. (단, 접점기호와 명칭등을 정확히 나타내시오)

동작 설명

- 전원스위치 $MCCB$를 투입하면 주회로 및 제어회로에 전원이 공급된다.
- 누름버튼스위치(PB_1)를 누르면 MC_1이 여자되고 MC_1의 보조접점에 의하여 RL이 점등되며, 전동기는 정회전한다.
- 누름버튼스위치(PB_1)를 누른 후 손을 떼어도 MC_1은 자기유지되어 전동기는 계속 정회전한다.
- 전동기 운전 중 누름버튼스위치(PB_2)를 누르면 연동에 의하여 MC_1이 소자되어 전동기가 정지되고, RL은 소등된다. 이 때 MC_2는 자기유지되어 전동기는 역회전하고 타이머가 여자되며, GL이 점등된다.
- 타이머 설정시간 후 역회전 중인 전동기는 정지하고 GL도 소등된다. 또한 MC_1과 MC_2의 보조접점에 의하여 상호 인터록이 되어 동시에 동작되지 않는다.
- 전동기 운전 중 과전류가 감지되어 $EOCR$이 동작되면, 모든 제어회로의 전원은 차단되고 OL만 점등된다.
- $EOCR$을 리셋하면 초기상태로 복귀한다.

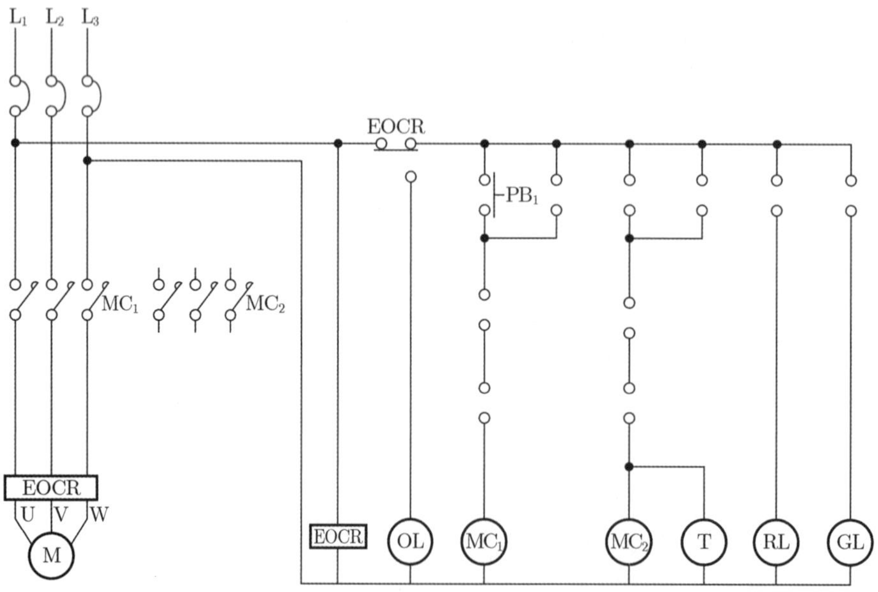

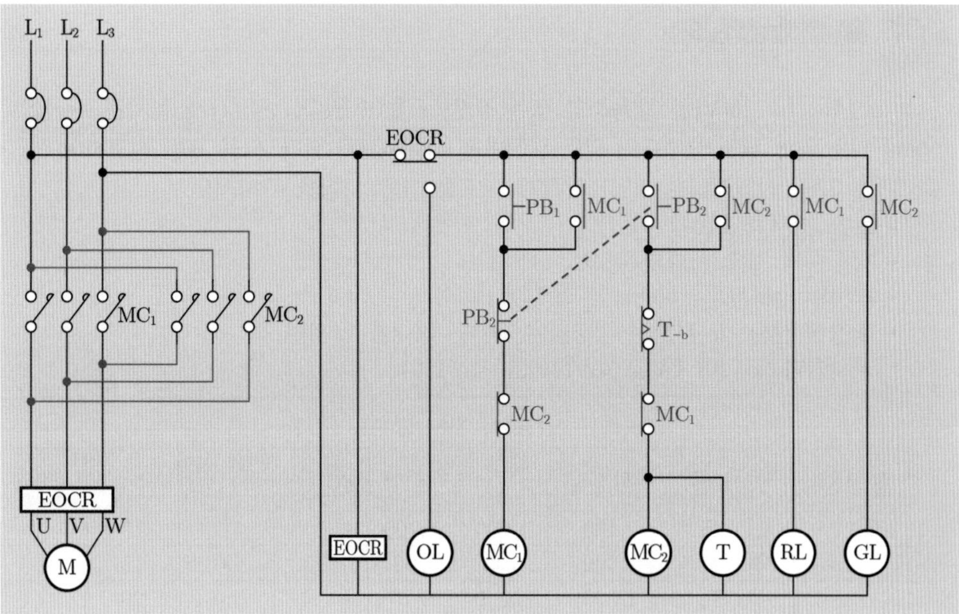

14 출제년도 : 20 배점 5점

100[kVA] 6600/210[V] 단상변압기 2대로 1차 및 2차에 병렬로 접속하였을 때 2차측에서 단락 시 전원에 유입되는 단락전류의 값은? (단, 단상변압기 임피던스는 6[%]이다)

• 계산 : • 답 :

• 계산 : 1차측 단락전류$(I_{s1}) = \dfrac{100}{\%Z} \times I_{n1} = \dfrac{100}{\%Z} \times \dfrac{P_n}{V_1} = \dfrac{100}{\dfrac{6}{2}} \times \dfrac{100 \times 10^3}{6600}$

$= 505.05[A]$

• 답 : 505.05[A]

15 출제년도 : 00, 04, 18, 20

배점 11점

단상 3선식 110/220[V]를 채용하고 있는 어떤 건물이 있다. 변압기가 설치된 수전실로부터 60[m] 되는 곳에 부하 집계표와 같은 분전반을 시설하고자 한다. 다음 표를 참고하여 전압 변동률 2[%] 이하, 전압강하율 2[%] 이하가 되도록 다음 사항을 구하시오.

단, • 후강 전선관 공사로 한다.
- 3선 모두 같은 선으로 한다.
- 부하의 수용률은 100[%]로 적용한다.
- 후강 전선관 내 전선의 점유율은 48[%] 이내를 유지할 것
- 공사방법 B1이며 PVC 절연전선을 사용한다.

[표 1] 부하 집계표

회로번호	부하명칭	부하[VA]	부하 분담[VA]		NFB 크기			비고
			A	B	극수	AF	AT	
1	전 등	2,400	1,200	1,200	2	50	15	
2	전 등	1,400	700	700	2	50	15	
3	콘센트	1,000	1,000	–	1	50	20	
4	콘센트	1,400	1,400	–	1	50	20	
5	콘센트	600	–	600	1	50	20	
6	콘센트	1,000	–	1,000	1	50	20	
7	팬코일	700	700	–	1	30	15	
8	팬코일	700	–	700	1	30	15	
합 계		9,200	5,000	4,200				

[표 2] 전선(피복 절연물을 포함)의 단면적 ※표의 형태나 숫자는 추정값입니다.

도체 단면적 [mm²]	허용전류	$1\phi 3\omega$일 경우 허용전류	피복절연물을 포함한 전선의 단면적[mm²]
1.5	14.5	6.59	9
2.5	19.5	8.87	13
4	26	11.83	17
6	34	15.47	21
10	46	20.93	35
16	61	27.76	48
25	80	36.4	88
35	99	45.05	93
50	119	54.15	128
70	151	68.71	167
95	182	82.81	230
120	210	95.55	277
150	240	109.2	343
185	273	124.22	426
240	321	146.06	555
300	367	166.99	688

[표 3] 간선의 굵기, 개폐기 및 과전류 차단기의 용량

최대 상정 부하 전류 [A]	배선 종류에 의한 간선의 동 전선 최소 굵기[mm^2]												개폐기의 정격 [A]	과전류차단기의 정격[A]	
	공사방법 A1				공사방법 B1				공사방법 C					B종 퓨즈	A종 퓨즈 또는 배선용 차단기
	2개선		3개선		2개선		3개선		2개선		3개선				
	PVC	XLPE, EPR	PVC	XLPE, EPR	PVC	XLPE, EPR	PVC	XLPE, EPR	PVC	XLPE, EPR	PVC	XLPE, EPR			
20	4	2.5	4	2.5	2.5	2.5	2.5	2.5	2.5	2.5	2.5	2.5	30	20	20
30	6	4	6	4	4	2.5	6	4	4	2.5	4	2.5	30	30	30
40	10	6	10	6	6	4	10	6	6	4	6	4	60	40	40
50	16	10	16	10	10	6	10	10	10	6	10	6	60	50	50
60	16	10	25	16	16	10	16	10	10	10	16	10	60	60	60
75	25	16	35	25	16	10	25	16	16	10	16	16	100	75	75
100	50	25	50	35	25	16	35	25	25	16	35	25	100	100	100
125	70	35	70	50	35	25	50	35	35	25	50	35	200	125	125
150	70	50	95	70	50	35	70	50	50	35	70	50	200	150	150
175	95	70	120	70	70	50	95	50	70	50	70	50	200	200	175
200	120	70	150	95	95	70	95	70	70	50	95	70	200	200	200
250	185	120	240	150	120	70	–	95	95	70	120	95	300	250	250
300	240	150	300	185	–	95	–	120	150	95	185	120	300	300	300
350	300	185	–	240	–	120	–	–	185	120	240	150	400	400	350
400	–	240	–	300	–	–	–	–	240	120	240	185	400	400	400

[비고]

1. 단상 3선식 또는 3상 4선식 간선에서 전압강하를 감소하기 위하여 전선을 굵게 할 경우라도 중성선은 표의 값보다 굵은 것으로 할 필요는 없다.
2. 최소 전선 굵기는 1회선에 대한 것이며, 2회선 이상일 경우는 복수회로 보정계수를 적용하여야 한다.
3. 공사방법 A1은 벽 내의 전선관에 공사한 절연전선 또는 단심케이블, B1은 벽면의 전선관에 공사한 절연전선 또는 단심 케이블, 공사방법 C는 벽면에 공사한 단심 또는 다심케이블을 시설하는 경우의 전선 굵기를 표시하였다.
4. B종 퓨즈의 정격전류는 전선의 허용전류의 0.96배를 초과하지 않는 것으로 한다.

2020

1) 간선의 굵기를 구하고 간선용 차단기의 AT 및 AF를 구하시오.

[AT 및 AF 규격]

- Frame 용량 : 30, 50, 60, 100
- AT 용량 : 15, 20, 30, 40, 50, 60, 75, 80, 100

- 계산 : • 답 :

2) 후강 전선관의 굵기는?

- 계산 : • 답 :

3) 간선 보호용 퓨즈(A종)의 정격전류[A]는?

4) 분전반의 복선 결선도를 완성하시오.

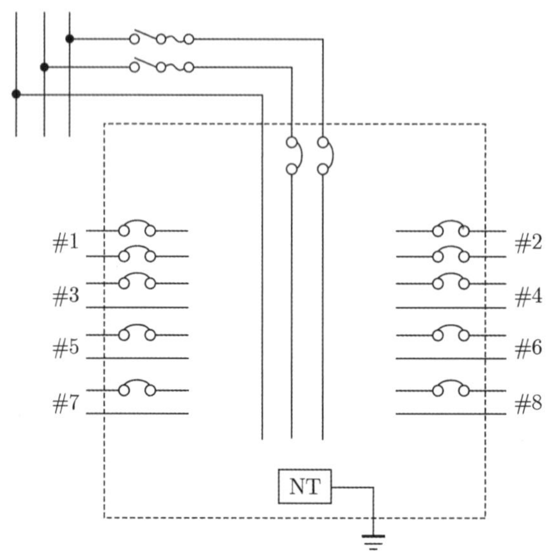

5) 설비 불평형률은?

- 계산 : • 답 :

답안

1) ① 간선의 굵기

- 계산 : A선의 전류 $I_A = \frac{5000}{110} = 45.454[A]$　　B선의 전류 $I_B = \frac{4200}{110} = 38.181[A]$

  I_A, I_B 중 큰 값인 45.454[A]를 기준으로 전선의 굵기를 선정

  $A = \frac{17.8LI}{1000e} = \frac{17.8 \times 60 \times 45.454}{1000 \times 110 \times 0.02} = 22.06[mm^2]$　　$\therefore$ 25[mm²]

- 답 : 25[mm²]

② AT 및 AF

- 계산 : A선의 부하가 더 크므로 A선의 전류 $I_A = \frac{5,000}{110} = 45.45[A]$

  따라서 50[AT], 50[AF] 선정

- 답 : 50[AT], 50[AF]

2) • 계산 : [표 2]에서 25[mm²] 전선의 피복 포함 단면적이 88[mm²]

  $\therefore$ 전선의 총 단면적 $A = 88 \times 3 = 264[mm^2]$

  $A = \frac{1}{4}\pi d^2 \times 0.48 \geq 264$에서 $d = \sqrt{\frac{264 \times 4}{0.48 \times \pi}} = 26.462[mm]$

  $\therefore$ 28[호] 후강전선관 선정

- 답 : 28[호] 후강전선관

〈참고〉 금속제 전선관의 치수에서 후강전선관의 호칭
16, 22, 28, 36, 42, 54, 70, 82, 92, 104

3) [표 3]에서 공사방법 B1, PVC 25[mm²] 표에 따라 과전류 차단기 정격(A종 퓨즈) 75[A]

- 답 : 75[A]

4)

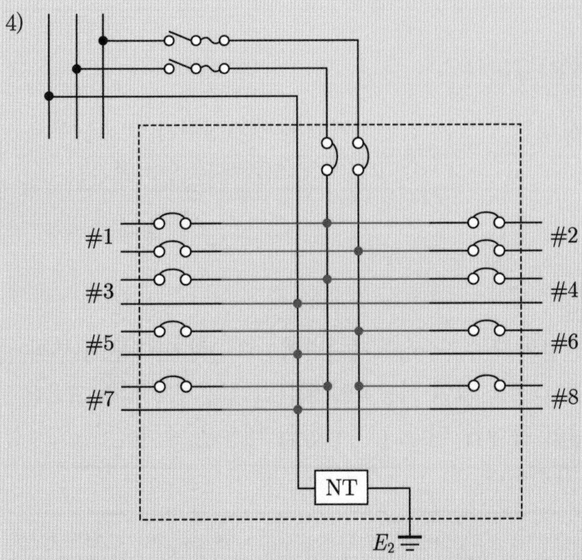

- 변압기가 설치된 곳은 수전실이므로 E_2 접지한다.

5) • 계산

  설비 불평형률 $= \frac{3100 - 2300}{\frac{1}{2}(5000 + 4200)} \times 100 = 17.391$ 또는 $\frac{5000 - 4200}{\frac{1}{2}(5000 + 4200)} \times 100 = 17.391$

- 답 : 17.39[%]

2020

16 출제년도 : 20

배점 5점

책임 설계감리원이 설계감리의 기성 및 준공을 처리한 때에는 다음 각 호의 준공서류를 구비하여 발주자에게 제출하여야 한다. 이 때 필요한 감리기록 서류 5가지를 쓰시오.

-
-
-
-
-

① 설계감리일지
② 설계감리지시부
③ 설계감리기록부
④ 설계감리요청서
⑤ 설계자와 협의사항 기록부

17 출제년도 : 00, 15, 20

배점 5점

교류 발전기에 대한 다음 각 물음에 답하시오.

1) 정격전압 6000[V], 용량 5000[kVA]인 3상 동기 발전기에서 계자전류가 10[A], 무부하 단자전압은 6000[V], 단락전류 700[A]라고 한다. 이 발전기의 단락비는 얼마인가?
  - 계산 :
  - 답 :

2) 단락비가 큰 발전기는 전기자 권선의 권수가 적고 자속량이 (①)하기 때문에 부피가 크고, 중량이 무거우며, 동이 비교적 적고 철을 많이 사용하여 이른바 철기계가 되며 효율은 (②), 안정도는 (③), 선로 충전용량이 증대가 된다. ( ) 안의 내용은 증가(감소), 크다(작고), 높다(낮고), 적다(많고) 등으로 표현한다.

1) • 계산 : $K_s = \dfrac{I_s}{I_n} = \dfrac{I_s}{\dfrac{P}{\sqrt{3}\,V}} = \dfrac{700}{\dfrac{5{,}000\times 10^3}{\sqrt{3}\times 6{,}000}} = 1.454$ • 답 : 1.45

2) ① 증가
② 낮고
③ 크고

전기기사 실기 기출문제 2020년 4회

01 출제년도 : 05, 15, 20 배점 6점

CT에 관한 다음 각 물음에 답하시오.

1) Y−△로 결선한 주변압기의 보호로 비율차동계전기를 사용한다면 CT의 결선은 어떻게 하여야 하는지를 설명하시오.

2) 통전 중에 있는 변류기의 2차측 기기를 교체하고자 할 때 가장 먼저 취하여야 할 조치를 설명하시오.

3) 수전전압이 22.9[kV], 수전설비의 부하전류가 40[A]이다. 60/5[A]의 변류기를 통하여 과부하 계전기를 시설하였다. 120[%]의 과부하에서 차단시킨다면 과부하 트립 전류값은 몇 [A]로 설정해야 하는가?

- 계산 :
- 답 :

1) 변압기 1차 CT는 △, 2차 CT는 Y로 결선한다.

2) 변류기 2차측을 단락한다.

3) • 계산 : 과부하 트립전류 $= 1\text{차전류} \times \dfrac{1}{\text{CT비}} \times \text{여유계수}$

$$= 40 \times \frac{5}{60} \times 1.2$$

$$= 4[\text{A}]$$

• 답 : 4[A]

02 출제년도 : 20

배점 7점

380/220[V] 3상 4선식 선로에서 180[m] 떨어진 곳에 다음 표와 같이 부하가 연결되어 있다. 간선의 허용전류와 굵기를 구하시오. (단, 전압강하는 3[%]로 한다)

종 류	출 력	수량	역률×효율	수용률
급수펌프	380[V]/7.5[kW]	4	0.7	0.7
소방펌프	380[V]/20[kW]	2	0.7	0.7
전 열 기	220[V]/10[kW]	3(각 상 평형배치)	1	0.5

1) 간선의 허용전류를 구하시오.

- 계산 :
- 답 :

2) 간선의 굵기를 구하시오.

- 계산 :
- 답 :

[KS C IEC **전선규격**]

전선의 공칭단면적[mm^2]		
1.5	2.5	4
6	10	16
25	35	50
70	95	120
150	185	240
300	400	500
630		

답안

1) • 계산

급수펌프의 허용전류 $I_{M1} = \dfrac{7.5 \times 10^3 \times 4}{\sqrt{3} \times 380 \times 0.7} \times 0.7 = 45.58[A]$

소방펌프의 허용전류 $I_{M2} = \dfrac{20 \times 10^3 \times 2}{\sqrt{3} \times 380 \times 0.7} \times 0.7 = 60.77[A]$

전열기 전류 $I_M = \dfrac{10 \times 10^3}{220 \times 1} \times 0.5 = 22.73[A]$

간선의 전체 허용전류 $I_a = I_{M1} + I_{M2} + I_H = 45.58 + 60.77 + 22.73 = 129.08[A]$

- 답 : 129.08[A]

2) • 계산 : $A = \dfrac{30.8LI}{1000e} = \dfrac{30.8 \times 180 \times 129.08}{1000 \times 380 \times 0.03} = 62.773[\text{mm}^2]$

- 답 : 70[mm^2]

03 출제년도 : 20 배점 4점

다음 레더 다이어그램을 보고 PLC 프로그램을 완성하시오. (단, 타이머 설정시간은 0.1초 단위임)

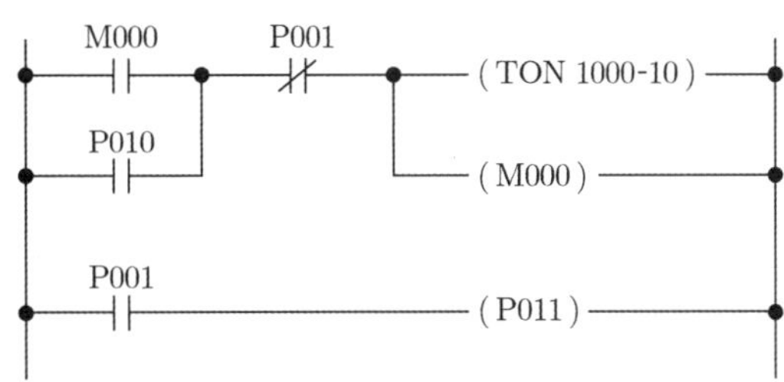

ADD	OP	DATA
0	LOAD	M000
1		
2		
3	TON	1000
4	DATA	100
5		
6		
7	OUT	P011
8	END	

답안

ADD	OP	DATA
0	LOAD	M000
1	**OR**	**P010**
2	**AND NOT**	**P001**
3	TON	1000
4	DATA	100
5	**OUT**	**M000**
6	**LOAD**	**P001**
7	OUT	P011
8	END	

04 출제년도 : 20 **배점 7점**

3상 6600[V], ACSR 전선굵기 240[mm^2], 저항 0.2[Ω/km], 선로길이 1000[m]인 경우 다음 물음에 답하시오. (단, 부하의 역률은 0.9이다)

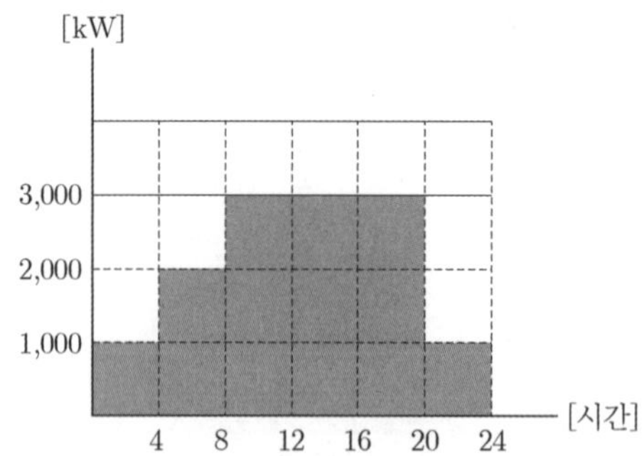

1) 부하율을 구하시오.
- 계산 :
- 답 :

2) 손실계수를 구하시오.
- 계산 :
- 답 :

3) 1일 손실 전력량을 구하시오.
- 계산 :
- 답 :

1) • 계산

$$\text{부하율} = \frac{\text{평균전력[kW]}}{\text{최대전력[kW]}} \times 100$$

$$= \frac{\text{사용전력량[kWh]}}{\text{최대전력[kW]} \times \text{사용시간[h]}} \times 100$$

$$= \frac{(1000+2000+3000+3000+3000+1000) \times 4}{3000 \times 24} \times 100$$

$$= 72.222[\%]$$

- 답 : 72.22[%]

2) • 계산

$$평균전력(P_{av}) = \frac{사용전력량[kWh]}{사용시간[h]}$$

$$= \frac{(1000+2000+3000+3000+3000+1000)\times 4}{24}$$

$$= 2166.666[kW]$$

$$평균전류(I_{av}) = \frac{P_{av}}{\sqrt{3}\times V\times \cos\theta} = \frac{2166.666\times 10^3}{\sqrt{3}\times 6600\times 0.9} = 210.593[A]$$

$$최대전력(I_m) = \frac{최대전력(P_m)}{\sqrt{3}\times V\times \cos\theta} = \frac{3000\times 10^3}{\sqrt{3}\times 6600\times 0.9} = 291.591[A]$$

$$손실계수(H) = \frac{평균\ 손실전력}{최대\ 손실전력} = \frac{3I_{av}^2 R}{3I_m^2 R}$$

$$= \frac{3\times 210.593^2\times(0.2\times 1)}{3\times 291.591^2\times(0.2\times 1)}$$ 단) $R = 0.2\left[\frac{\Omega}{km}\right]\times 1[km] = 0.2[\Omega]$

$$= 0.5216$$

• 답 : 0.52 또는 52.16[%]

3) • 계산

$$손실전력량(P_L^{1일}) = 3\times I_m^2\times R\times T\times H\times 10^{-3}$$

$$= 3\times 291.591^2\times(0.2\times 1)\times 24\times 0.52\times 10^{-3}$$

$$= 636.669[kWh]$$

• 답 : 636.67[kWh]

2020

05 출제년도 : 00, 01, 06, 20

배점 8점

가로 10[m], 세로 14[m], 천장 높이 2.75[m], 작업면 높이 0.75[m]인 사무실에 천장 직부 형광등 F32×2를 설치하려고 한다.

1) 이 사무실의 실지수는 얼마인가?
   - 계산 :
   - 답 :

2) F32×2의 심벌을 그리시오.

3) 이 사무실의 작업면 조도를 250[lx], 천장 반사율 70[%], 벽 반사율 50[%], 바닥 반사율 10[%], 32[W] 형광등 1등의 광속 3200[lm], 보수율 70[%], 조명률 50[%]로 한다면 이 사무실에 필요한 소요 등기구 수는 몇 등인가?
   - 계산 :
   - 답 :

답안

1) • 계산 : $R.I = \dfrac{XY}{H(X+Y)} = \dfrac{10 \times 14}{(2.75 - 0.75) \times (10 + 14)} = 2.916$

   •답 : 2.92

2) 

   F32×2

3) • 계산 : $FUN = DES$ 에서

$$N = \frac{250 \times 10 \times 14}{3200 \times 2 \times 0.5 \times 0.7} = 15.625[\text{등}]$$

   • 답 : 16[등]

06 출제년도 : 20

배점 5점

감리원은 해당공사 완료 후 준공검사 전에 사전 시운전 등이 필요한 부분에 대하여 공사업자에게 시운전을 위한 계획을 수립하여 30일 이내 제출하도록 하여야 하는데, 이 때 발주자에게 제출하여야 할 서류에 대하여 5가지 적으시오.

-
-
-
-
-

① 시운전 일정
② 시운전 항목 및 종류
③ 시운전 절차
④ 시험장비 확보 및 보정
⑤ 기계 기구 사용계획

07 출제년도 : 16, 20 배점 16점

다음 그림은 어느 수용가의 수전설비 계통도이다. 다음 각 물음에 답하시오.

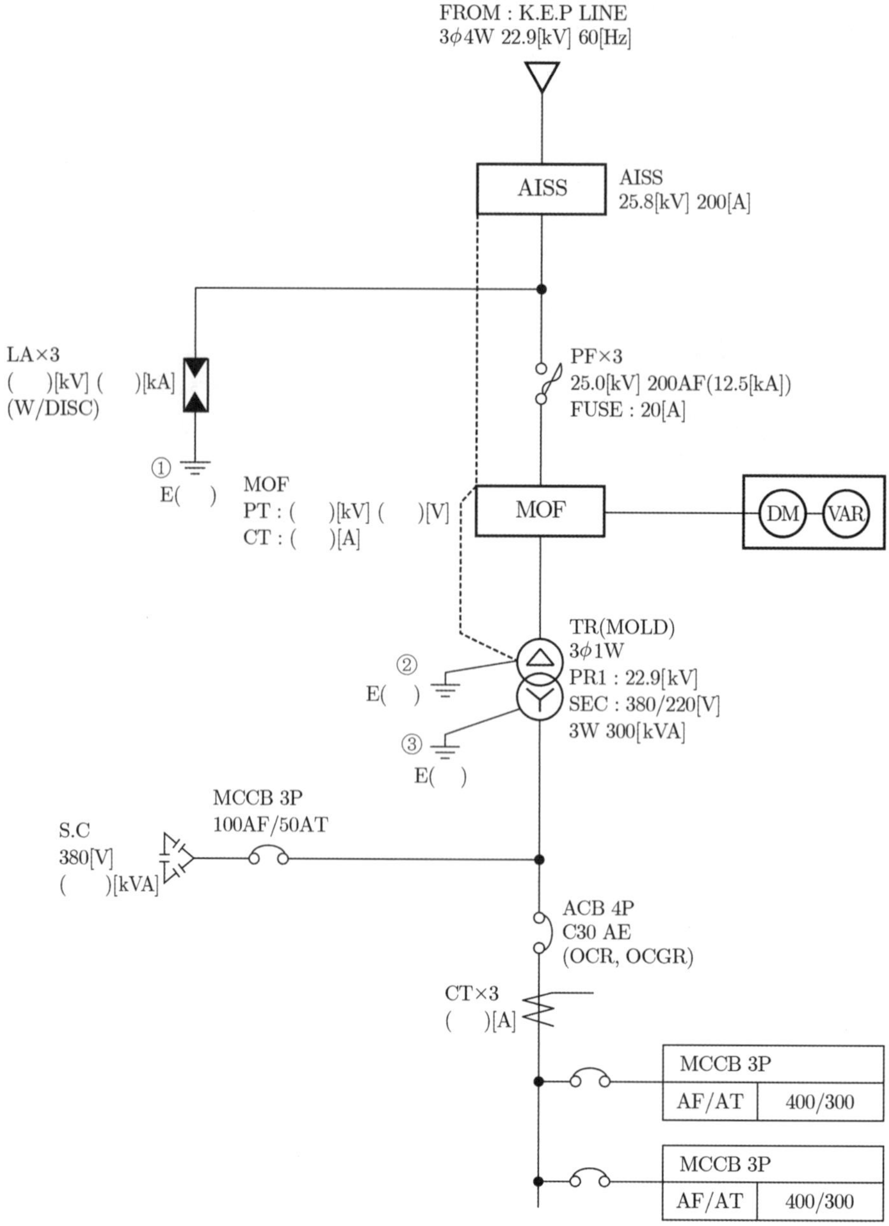

MCCB 3P	
AF/AT	400/300

MCCB 3P	
AF/AT	400/300

1) AISS의 명칭을 쓰고 기능을 2가지 쓰시오.

- 명칭 :
- 기능 :

2) 피뢰기의 정격전압 및 공칭 방전전류를 쓰고 그림에서의 DISC의 기능을 간단히 설명하시오.

- 피뢰기 규격 : [kV] [kA]
- DISC(Disconnector) 의 기능 :

3) MOF의 정격을 구하시오. (CT의 여유율은 1.25배로 한다)

- 계산 : • 답 :

4) MOLD TR의 장점 및 단점을 각각 2가지만 쓰시오. (단, 경제성 및 유지보수는 쓰지 말 것)

- 장점 : ①
  ②
- 단점 : ①
  ②

5) ACB의 명칭을 쓰시오.

6) CT의 정격(변류비)을 구하시오. (CT의 여유율은 1.25배로 한다)

- 계산 : • 답 :

1) • 명칭 : 기중형 자동고장구분개폐기
   • 기능 : 수용가 수전 인입점에 설치하여 수용가의 고장구분을 후비보호장치와 협조하여 자동으로 고장 구간만을 차단하여 고장으로 인한 정전피해를 최소화시킨다.

2) • 피뢰기 규격 : 18[kV], 2.5[kA]
   • DISC(Disconnector)의 기능 : 피뢰기의 고장시 계통은 지락사고 등의 고장상태가 될 수 있다. 따라서 이러한 경우에 피뢰기의 접지측을 대지로부터 분리시키는 역할을 한다.

3) • 계산 : PT비 : $\frac{22,900}{\sqrt{3}} \Big/ \frac{190}{\sqrt{3}}$

   CT비 : $I = \frac{300}{\sqrt{3} \times 22.9} \times 1.25 = 9.45[A]$

   ∴ 변류비 10/5 선정

• 답 : PT비 : $\frac{22{,}900}{\sqrt{3}} \bigg/ \frac{190}{\sqrt{3}}$

CT비 : 10/5

4) • 장점 : ① 난연성이 우수하다.
② 저 손실이므로 에너지 절약이 가능하다.
• 단점 : ① 고가이다.
② 충격파 내전압이 낮다.

5) 기중차단기

6) • 계산 : $I_1{}' = \frac{300 \times 10^3}{\sqrt{3} \times 380} \times (1.25 \sim 1.5) = 569.753 \sim 683.704$

$\therefore$ 600/5 선정

• 답 : 600/5

08 출제년도 : 20 배점 5점

조명에서 광원이 발광하는 원리 3가지 쓰시오.

•
•
•

① 온도복사에 의한 백열발광
② 온도방사에 의한 연소발광
③ 루미네센스에 의한 방전발광
④ 일렉트로 루미네센스에 의한 전계발광
⑤ 유도방사에 의한 레이저 발광

중 3가지 선택

09 출제년도 : 03, 05, 14, 20 배점 5점

다음 그림과 같은 3상 3선식 380[V] 수전의 경우 설비불평형률[%]은 얼마인가?

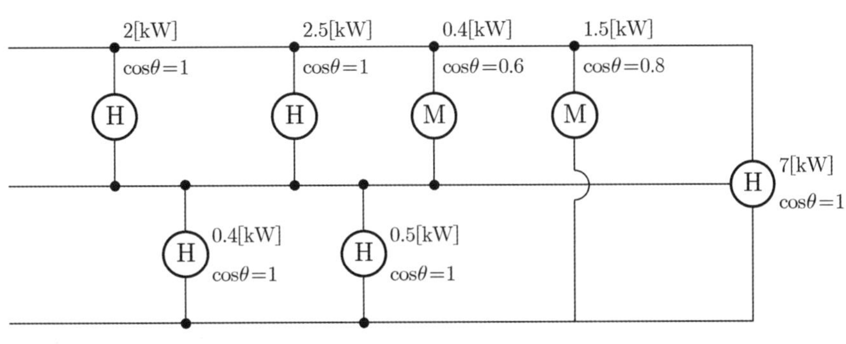

• 계산 : • 답 :

답안

• 계산 : $P_{AB} = \frac{2}{1} + \frac{2.5}{1} + \frac{0.4}{0.6} = 5.166[\text{kVA}]$

$P_{BC} = \frac{0.4}{1} + \frac{0.5}{1} = 0.9[\text{kVA}]$

$P_{CA} = \frac{1.5}{0.8} = 1.875[\text{kVA}]$

$P_{ABC} = \frac{7}{1} = 7[\text{kVA}]$

$\text{설비불평형률} = \frac{5.166 - 0.9}{(5.166 + 0.9 + 1.875 + 7) \times \frac{1}{3}} = 85.656[\%]$

• 답 : 85.66[%]

10 출제년도 : 05, 13, 20 배점 6점

전력계통의 발전기, 변압기 등의 증설이나 송전선의 신·증설로 인하여 단락·지락전류가 증가하여 송변전 기기에의 손상이 증대되고, 부근에 있는 통신선의 유도장해가 증가하는 등의 문제점이 예상되므로, 단락용량의 경감대책을 세워야 한다. 이 대책을 3가지만 쓰시오.

답안

① 한류리액터 설치한다.
② 고 임피던스 기기를 채용한다.
③ 모선 계통을 분리 운용한다.

2020

11 출제년도 : 12, 20

배점 11점

다음과 같은 아파트 단지를 계획하고 있다. 주어진 규모 및 참고자료를 이용하여 다음 각 물음에 답하시오.

규모

① 아파트 동수 및 세대수 : 2동, 300세대

② 세대당 면적과 세대수 : 표

동 별	세대당 면적[m^2]	세대수
1 동	50	30
	70	40
	90	50
	110	30
2 동	50	50
	70	30
	90	40
	110	30

③ 가산부하[VA] : 80[m^2] 이하 750[VA]
150[m^2] 이하 1000[VA]

④ 계단, 복도, 지하실 등의 공용면적 1동 : 1700[m^2], 2동 : 1700[m^2]

⑤ [m^2] 당 상정 부하
아파트 : 30[VA/m^2], 공용 부분 : 7[VA/m^2]

⑥ 수용률
70세대 이하 65[%]
100세대 이하 60[%]
150세대 이하 55[%]
200세대 이하 50[%]

조건

① 모든 계산은 피상 전력을 기준한다.

② 역률은 100[%]로 보고 계산한다.

③ 주변전실로부터 1동까지는 150[m]이며 동내의 전압 강하는 무시한다.

④ 각 세대의 공급 방식은 110/220[V]의 단상 3선식으로 한다.

⑤ 변전실의 변압기는 단상 변압기 3대로 구성한다.

⑥ 동간 부등률은 1.4로 본다.

⑦ 공용 부분의 수용률은 100[%]로 한다.

⑧ 주변전실에서 각 동까지의 전압 강하는 3[%]로 한다.

⑨ 간선은 후강전선관 배관으로 IV 전선을 사용하며 간선의 굵기는 300[mm^2] 이하를 사용하여야 한다.

⑩ 이 아파트 단지의 수전은 13200/22900[V]의 Y 3상 4선식의 계통에서 수전한다.

계약 최대 진리표

설비용량	계약 전력 환산율[%]	비 고
처음 75[kW]에 대하여	100	1[kW] 미만일 경우 소숫점 이하 첫째자리에서 4사5입한다.
다음 75[kW]에 대하여	85	
다음 75[kW]에 대하여	75	
다음 75[kW]에 대하여	65	
300[kW] 초과분에 대하여	60	

1) 1동의 상정부하는 몇 [VA]인가?
- 계산 :
- 답 :

2) 2동의 수용부하는 몇 [VA]인가?
- 계산 :
- 답 :

3) 이 단지의 변압기는 단상 몇 [kVA]짜리 3대를 설치하여야 하는가? (단, 변압기 용량은 10[%]의 여유율을 보며 단상변압기의 표준용량은 75, 100, 150, 200, 300[kVA] 등이다)
- 계산 :
- 답 :

4) 공급사(한국전력공사)와 변압기 설비에 의하여 계약한다면, 용량은 얼마인가?

5) 공급사(한국전력공사)와 사용설비에 의하여 계약한다면, 용량은 얼마인가?
- 계산 :
- 답 :

1) • 계산 : 상정부하=(바닥면적×[m^2]당 상정부하)+가산부하

세대당 면적 [m^2]	상정 부하 [VA/m^2]	가산 부하 [VA]	세대수	상정 부하[VA]
50	30	750	30	$\{(50\times30)+750\}\times30 = 67,500$
70	30	750	40	$\{(70\times30)+750\}\times40 = 114,000$
90	30	1000	50	$\{(90\times30)+1000\}\times50 = 185,000$
110	30	1000	30	$\{(110\times30)+1000\}\times30 = 129,000$
합 계	495,500[VA]			

∴ 공용 면적까지 고려한 상정부하 $= 495,500 + 1700\times7 = 507,400$[VA]

• 답 : 507,400[VA]

2) • 계산

세대당 면적 $[m^2]$	상정부하 $[VA/m^2]$	가산부하 [VA]	세대수	상정부하[VA]
50	30	750	50	{(50×30)+750}×50 = 112,500
70	30	750	30	{(70×30)+750}×30 = 85,500
90	30	1000	40	{(90×30)+1000}×40 = 148,000
110	30	1000	30	{(110×30)+1000}×30 = 129,000
합 계	475,000[VA]			

∴ 공용면적까지 고려한 수용부하 = 475,000×0.55 + 1700×7 = 273,150[VA]

• 답 : 273,150[VA]

3) • 계산 : 합성최대전력 $= \dfrac{\text{최대 수용 전력}}{\text{부등률}} = \dfrac{\text{설비 용량} \times \text{수용률}}{\text{부등률}}$

$= \dfrac{(495500 \times 0.55 + 1700 \times 7) + (475000 \times 0.55 + 1700 \times 7)}{1.4}$

$= 398270[VA]$

변압기 용량 $= \dfrac{398270}{3} \times 1.1 \times 10^{-3} = 146.03[kVA]$

따라서, 표준용량 150[kVA]를 선정한다.

• 답 : 150[kVA]

4) 변압기 용량 150[kVA] 3대이므로 450[kVA]로 계약한다.

5) • 계산 : 설비용량 = 507.4 + 486.9 = 994.3[kVA]

계약전력 $= 75 + (75 \times 0.85) + (75 \times 0.75) + (75 \times 0.65) + (994.3 - 300) \times 0.6$

$= 660[kW]$

• 답 : 660[kW]

12 출제년도 : 07, 14, 20

배점 5점

방폭 구조에 관한 다음 물음에 답하시오.

1) 방폭형 전동기에 대하여 설명하시오.

2) 전기설비의 방폭구조의 종류 3가지를 쓰시오.

1) 가스증기위험장소에서 사용에 적합하도록 특별히 고려한 구조로 된 전동기를 말한다.

2) ① 내압 방폭구조 ② 유입 방폭구조 ③ 안전증 방폭구조
④ 본질안전방폭구조 ⑤ 특수방폭구조
중 3가지 선택

13 출제년도 : 00, 06, 17, 20 배점 5점

답안지의 그림은 3상 4선식 전력량계의 결선도를 나타낸 것이다. PT와 CT를 사용하여 미완성 부분의 결선도를 완성하시오. (단, 접지종별은 적지 않는다)

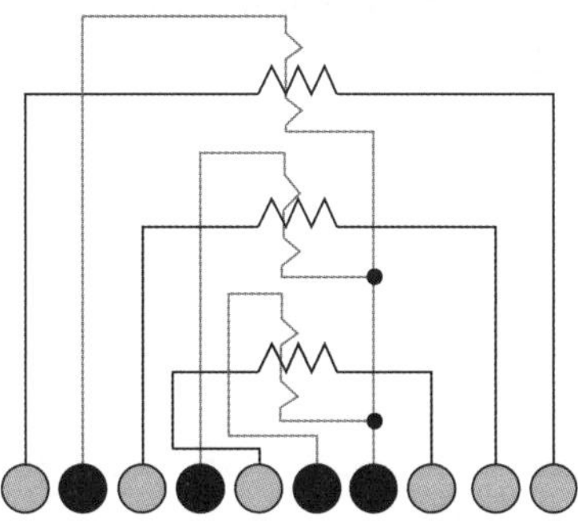

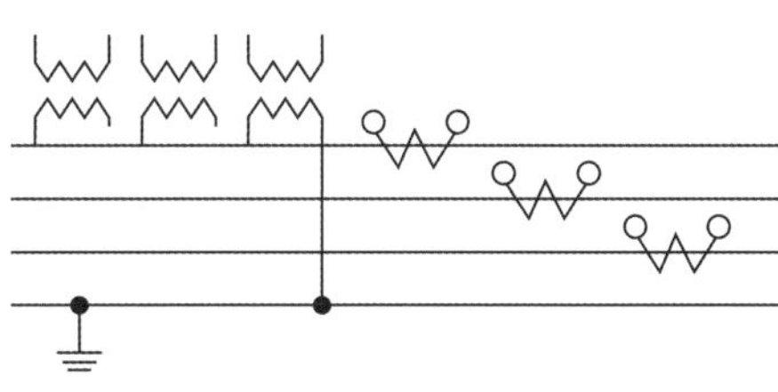

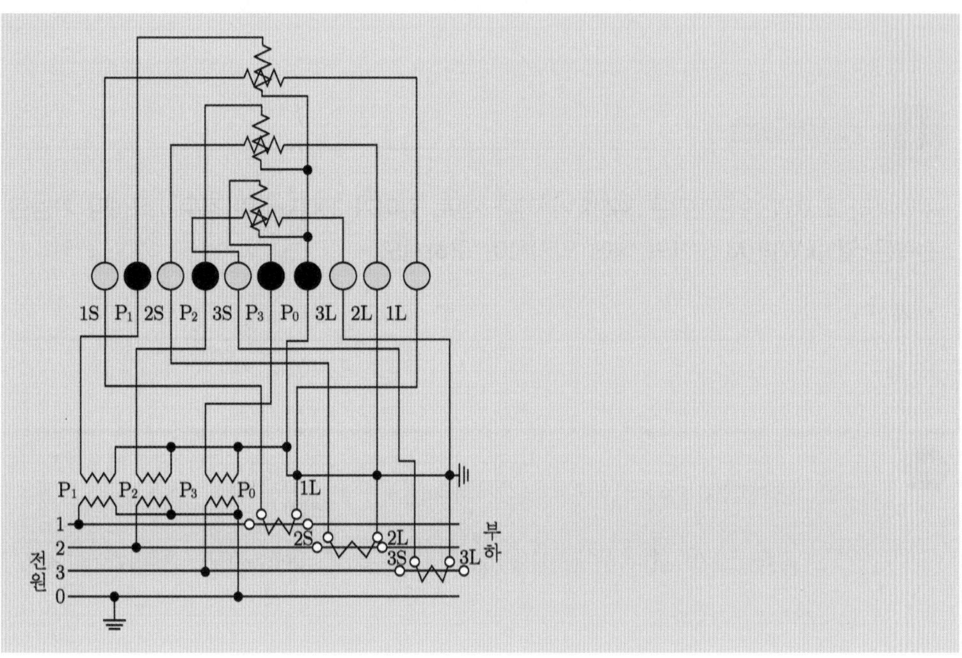

14 출제년도 : 20

배점 5점

종량제 요금은 1개월(30일) 기본요금 100[원] 그리고 1[kWh]당 10원 추가된다. 정액제 요금은 1개월(30일)에 1등당 205[원]이다. 등수는 8[등]이고 1등당 전력은 60[W], 전구요금은 65[원]이다. 정액제 사용시 수용가에서 전구요금은 부담하지 않는다. 종량제에서 일일 평균 몇 시간을 사용해야 정액제 요금과 같아질 수 있겠는가? (단, 전구의 수명은 1000[h]이다)

• 계산 :　　　　　　　　　　　　• 답 :

• 계산

	정액제	종량제
전력요금	205×8	$100+60\times 8\times t\times 30\times 10\times 10^{-3}$
전구요금	−	$\frac{65}{1000}\times 8\times t\times 30$

$$205\times 8=100+(60\times 8\times t\times 30\times 10\times 10^{-3})+\left(\frac{65}{1000}\times 8\times t\times 30\right)$$

$$1640=100+144t+15.6t$$

$$1540=159.6t$$

$$t=\frac{1540}{159.6}=9.649[\text{h}]$$

• 답 : 9.65[h]

15 출제년도 : 16, 20

배점 5점

우리나라 초고압 송전전압은 345[kV] 이다. 선로 길이가 200[km]인 경우 1회선당 가능한 송전전력은 몇 [kW]인지 Still의 식에 의거하여 구하시오.

• 계산 :　　　　　　　　　　　　• 답 :

• 계산 : 사용전압[kV] $=5.5\sqrt{0.6\times \text{송전거리[km]}+\frac{\text{송전전력[kW]}}{100}}$

$$\text{송전전력}(P)=\left(\frac{E^2}{5.5^2}-0.6l\right)\times 100=\left(\frac{345^2}{5.5^2}-0.6\times 200\right)\times 100=381471.07[\text{kW}]$$

• 답 : 381471.07[kWh]

전기기사 실기 11개년 기출문제집 값 32,000원

	이	종	칠
저 자	강	성	진
	하	상	호
발행인	문	형	진

판 권
검 인

2020년 1월 21일 제1판 제1쇄 발행
2021년 4월 7일 제2판 제1쇄 발행

발행처 세 진 사
㊌02859 서울특별시 성북구 보문로 38 세진빌딩
TEL : 02)922-6371~3, 923-3422 / FAX : 02)927-2462
Homepage : www.sejinbook.com
〈등록. 1976. 9. 21 / 서울 제307-2009-22호〉